中国伦理道德发展数据库

第五卷（下）

樊 浩 王 珏 等著

中国社会科学出版社

第五卷目录

（上）

第一章　2017 年江苏省伦理道德发展状况频数分析表 …………………………（1）
第二章　2017 年江苏省伦理道德发展数据库交互分析表 …………………（319）
江苏省伦理道德评价的户口差异………………………………………………（319）
江苏省伦理道德评价的年龄差异………………………………………………（489）

（中）

江苏省伦理道德评价的收入差异………………………………………………（661）
江苏省伦理道德评价的教育差异………………………………………………（834）
江苏省伦理道德评价的性别差异 ……………………………………………（1010）
江苏省伦理道德评价的政治面貌差异 ………………………………………（1180）

（下）

江苏省伦理道德评价的职业差异 ……………………………………………（1355）
江苏省伦理道德评价的诸群体差异 …………………………………………（1530）
江苏省伦理道德评价的宗教信仰差异 ………………………………………（1725）
后记　数字写春秋 ……………………………………………………………（1898）

江苏省伦理道德评价的职业差异

B1a by A10

过去一年，您对纸质报纸的使用情况是 ＊ 职业 Crosstabulation

	高级白领	低级白领	工人/做小生意者	农民	无业/失业/下岗	总计
从不	22.4%	32.9%	58.5%	79.9%	56.1%	55.4%
很少	39.3%	39.4%	28.0%	13.4%	33.7%	28.7%
有时	21.7%	17.3%	8.4%	4.1%	7.8%	9.9%
经常	12.7%	7.8%	4.1%	2.0%	2.0%	4.7%
非常频繁	3.9%	2.5%	1.0%	0.6%	0.5%	1.3%
总计	100.0%	100.0%	100.0%	100.0%	100.0%	100.0%
列总计	433	510	1949	790	656	4338

Chi-square test：df = 16，卡方值为 581.322，sig = 0.000 < 0.05，所以不同职业的居民对于“过去一年，您对纸质报纸的使用情况是”的回答有显著差异。

B1b by A10

过去一年，您对纸质杂志的使用情况是 ＊ 职业 Crosstabulation

	高级白领	低级白领	工人/做小生意者	农民	无业/失业/下岗	总计
从不	31.3%	38.0%	66.9%	84.3%	56.8%	61.6%
很少	34.8%	35.2%	23.3%	11.3%	31.6%	24.9%
有时	21.6%	19.9%	7.2%	2.8%	9.3%	9.6%
经常	9.5%	6.1%	2.2%	1.3%	2.0%	3.2%
非常频繁	2.8%	0.8%	0.5%	0.4%	0.3%	0.7%
总计	100.0%	100.0%	100.0%	100.0%	100.0%	100.0%
列总计	431	508	1949	789	655	4332

Chi-square test：df = 16，卡方值为 586.551，sig = 0.000 < 0.05，所以不同职业的居民对于“过去一年，您对纸质杂志的使用情况是”的回答有显著差异。

B1c by A10

过去一年，您对广播的使用情况是 ＊ 职业 Crosstabulation

	高级白领	低级白领	工人/做小生意者	农民	无业/失业/下岗	总计
从不	37.4%	49.4%	65.2%	75.8%	65.1%	62.5%
很少	32.0%	30.2%	21.2%	12.8%	22.6%	22.0%
有时	17.2%	13.5%	8.6%	7.1%	8.0%	9.7%
经常	10.4%	5.4%	3.9%	3.7%	3.8%	4.7%

续表

	高级白领	低级白领	工人/做小生意者	农民	无业/失业/下岗	总计
非常频繁	3.0%	1.6%	1.0%	0.6%	0.5%	1.1%
总计	100.0%	100.0%	100.0%	100.0%	100.0%	100.0%
列总计	431	504	1941	790	654	4320

Chi-square test：df = 16，卡方值为 246.553，sig = 0.000 < 0.05，所以不同职业的居民对于“过去一年，您对广播的使用情况”的回答有显著差异。

B1d by A10

过去一年，您对电视的使用情况是 ＊ 职业 Crosstabulation

	高级白领	低级白领	工人/做小生意者	农民	无业/失业/下岗	总计
从不	2.1%	2.0%	1.4%	0.3%	2.5%	1.5%
很少	10.6%	8.2%	6.6%	3.7%	10.1%	7.2%
有时	29.4%	27.0%	24.4%	12.9%	21.5%	22.7%
经常	42.1%	45.4%	48.2%	58.0%	44.3%	48.4%
非常频繁	15.7%	17.4%	19.4%	25.2%	21.6%	20.2%
总计	100.0%	100.0%	100.0%	100.0%	100.0%	100.0%
列总计	432	511	1950	790	652	4335

Chi-square test：df = 16，卡方值为 132.246，sig = 0.000 < 0.05，所以不同职业的居民对于“过去一年，您对电视的使用情况是”的回答有显著差异。

B1e by A10

过去一年，您对各种政府网站的使用情况是 ＊ 职业 Crosstabulation

	高级白领	低级白领	工人/做小生意者	农民	无业/失业/下岗	总计
从不	30.3%	37.8%	69.9%	87.5%	64.7%	64.5%
很少	34.3%	32.0%	19.0%	7.5%	21.9%	20.4%
有时	18.8%	16.3%	6.7%	2.9%	9.4%	8.8%
经常	14.1%	12.4%	3.6%	1.8%	3.5%	5.4%
非常频繁	2.5%	1.6%	0.8%	0.3%	0.5%	0.9%
总计	100.0%	100.0%	100.0%	100.0%	100.0%	100.0%
列总计	432	510	1939	782	649	4312

Chi-square test：df = 16，卡方值为 631.427，sig = 0.000 < 0.05，所以不同职业的居民对于“过去一年，您对各种政府网站的使用情况是”的回答有显著差异。

B1f by A10

过去一年，您对社交媒体（微博、微信、博客、播客等）的使用情况是 * 职业 Crosstabulation

	高级白领	低级白领	工人/做小生意者	农民	无业/失业/下岗	总计
从不	5.6%	9.0%	24.8%	63.5%	29.9%	28.8%
很少	3.0%	3.5%	6.7%	8.0%	4.3%	5.8%
有时	16.0%	12.2%	16.5%	11.0%	10.6%	14.0%
经常	41.4%	37.1%	32.1%	11.9%	24.3%	28.8%
非常频繁	34.0%	38.2%	19.9%	5.6%	30.9%	22.5%
总计	100.0%	100.0%	100.0%	100.0%	100.0%	100.0%
列总计	432	510	1946	788	653	4329

Chi-square test：df = 16，卡方值为 867.083，sig = 0.000 < 0.05，所以不同职业的居民对于“过去一年，您对社交媒体的使用情况是”的回答有显著差异。

B1g by A10

过去一年，您对新媒体（如数字报纸、移动电视等）的使用情况是 * 职业 Crosstabulation

	高级白领	低级白领	工人/做小生意者	农民	无业/失业/下岗	总计
从不	18.9%	25.9%	50.7%	78.9%	41.8%	48.4%
很少	15.0%	20.0%	15.2%	8.0%	12.3%	14.0%
有时	22.9%	18.9%	13.2%	6.9%	13.4%	13.7%
经常	26.8%	22.2%	13.4%	4.6%	18.6%	15.0%
非常频繁	16.4%	13.0%	7.5%	1.6%	14.0%	8.9%
总计	100.0%	100.0%	100.0%	100.0%	100.0%	100.0%
列总计	433	509	1945	788	651	4326

Chi-square test：df = 16，卡方值为 622.241，sig = 0.000 < 0.05，所以不同职业的居民对于“过去一年，您对新媒体的使用情况是”的回答有显著差异。

B2 by A10

跟五年前相比，您觉得自己的社会经济地位有什么变化 * 职业 Crosstabulation

	高级白领	低级白领	工人/做小生意者	农民	无业/失业/下岗	总计
上升了	69.5%	63.0%	54.6%	54.2%	59.6%	57.8%
差不多	26.9%	33.7%	40.5%	40.4%	33.4%	37.3%
下降了	3.6%	3.3%	4.9%	5.4%	7.0%	5.0%
总计	100.0%	100.0%	100.0%	100.0%	100.0%	100.0%
列总计	417	486	1860	727	602	4092

Chi-square test：df = 8，卡方值为 18.504，sig = 0.000 < 0.05，所以不同职业的居民对于“跟五年前相比，您觉得自己的社会经济地位有什么变化”的回答有显著差异。

B3 by A10

您感觉在未来的五年中，您的生活水平将会有什么变化 * 职业 Crosstabulation

	高级白领	低级白领	工人/做小生意者	农民	无业/失业/下岗	总计
上升很多	33.8%	28.8%	18.9%	14.2%	27.9%	22.1%
略有上升	53.6%	57.1%	59.8%	57.5%	56.0%	57.9%
没有变化	10.6%	13.5%	17.9%	24.6%	12.2%	17.0%
略有下降	1.7%	0.6%	2.9%	2.6%	2.4%	2.4%
下降很多	0.2%		0.5%	1.0%	1.4%	0.6%
总计	100.0%	100.0%	100.0%	100.0%	100.0%	100.0%
列总计	405	473	1757	690	573	3898

Chi-square test：df = 16，卡方值为 140.119，sig = 0.001 < 0.05 所以不同职业的居民对于“您感觉未来五年中，您的生活水平将会有什么变化”的回答有显著差异。

B4 by A10

总的来说，您觉得目前的生活幸福吗 * 职业 Crosstabulation

	高级白领	低级白领	工人/做小生意者	农民	无业/失业/下岗	总计
非常不幸福	0.9%	0.8%	0.5%	0.6%	0.6%	0.6%
不太幸福	2.8%	3.1%	3.5%	3.7%	4.3%	3.5%
谈不上幸福不幸福	12.9%	15.6%	20.5%	20.3%	18.0%	18.7%
比较幸福	65.6%	64.8%	64.5%	65.4%	59.6%	64.1%
非常幸福	17.8%	15.6%	11.1%	10.0%	17.5%	13.0%
总计	100.0%	100.0%	100.0%	100.0%	100.0%	100.0%
列总计	433	512	1954	790	656	4345

Chi-square test：df = 16，卡方值为 52.234，sig = 0.000 < 0.05，所以不同职业的居民对于“总的来说，您觉得目前的生活幸福吗”的回答有显著差异。

B5 by A10

您对自己目前的生活状态满意吗 * 职业 Crosstabulation

	高级白领	低级白领	工人/做小生意者	农民	无业/失业/下岗	总计
非常满意	15.3%	13.0%	9.3%	9.8%	14.7%	11.2%
比较满意	77.5%	76.5%	77.3%	77.5%	71.3%	76.4%
不太满意	6.7%	10.5%	13.0%	12.7%	13.4%	12.1%
非常不满意	0.5%		0.4%		0.6%	0.3%

续表

	高级白领	低级白领	工人/做小生意者	农民	无业/失业/下岗	总计
总计	100.0%	100.0%	100.0%	100.0%	100.0%	100.0%
列总计	432	507	1950	787	647	4323

Chi-square test：df = 12，卡方值为 45.543，sig = 0.000 < 0.05，所以不同职业的居民对于“您对自己目前生活状况的满意度”的回答有显著差异。

B6 by A10

社会上发生的一些事情，您一般是从什么渠道最先知道 ＊ 职业 Crosstabulation

	高级白领	低级白领	工人/做小生意者	农民	无业/失业/下岗	总计
电视	46.0%	43.0%	65.1%	89.3%	50.5%	62.8%
报纸	7.2%	6.3%	4.3%	3.7%	2.0%	4.3%
电台广播	1.8%	2.0%	2.0%	3.2%	1.8%	2.2%
微博微信等网络社交媒介	57.7%	57.6%	42.3%	15.0%	45.9%	41.2%
网络	45.0%	49.0%	29.2%	8.4%	35.4%	30.3%
和朋友亲友同事交谈	18.5%	20.9%	35.9%	53.6%	29.6%	34.6%
单位传达	5.3%	2.9%	0.8%	0.1%		1.3%
列总计	433	512	1956	788	656	4345

据上表所示，不同职业的居民对于“社会上发生的一些事情，您一般是从什么渠道最先知道”的回答有显著差异。

B7 by A10

从网络中获得的信息对您的思想行为有多大程度的影响 ＊ 职业 Crosstabulation

	高级白领	低级白领	工人/做小生意者	农民	无业/失业/下岗	总计
影响很大	30.3%	27.7%	17.4%	11.2%	28.3%	21.7%
有一些影响	58.5%	50.8%	58.3%	56.7%	49.6%	55.7%
影响很小	8.7%	17.4%	20.6%	24.7%	15.7%	18.2%
完全没有影响	2.4%	4.0%	3.8%	7.4%	6.4%	4.4%
总计	100.0%	100.0%	100.0%	100.0%	100.0%	100.0%
列总计	412	476	1488	312	484	3172

Chi-square test：df = 12，卡方值为 117.762，sig = 0.000 < 0.05，所以不同职业的居民对于“从网络中获得的信息对您的思想行为有多大程度的影响”的回答有显著差异。

B8 by A10

您认为中国梦和您个人、家庭追求美好生活有多大程度的关系 * 职业 Crosstabulation

	高级白领	低级白领	工人/做小生意者	农民	无业/失业/下岗	总计
关系很大	61.3%	51.7%	30.4%	21.8%	39.1%	35.7%
关系不大	33.8%	37.6%	43.5%	35.2%	32.0%	38.6%
根本没有关系	2.8%	6.8%	9.7%	9.9%	8.0%	8.5%
不清楚什么是中国梦	2.1%	3.9%	16.4%	33.1%	21.0%	17.2%
总计	100.0%	100.0%	100.0%	100.0%	100.0%	100.0%
列总计	432	511	1956	789	653	4341

Chi-square test：df = 12，卡方值为455.947，sig = 0.000 < 0.05，所以不同职业的居民对于“您认为中国梦和个人、家庭追求美好生活有多大程度的关系”的回答有显著差异。

B9 by A10

您对当前我国社会道德状况的总体满意度是 * 职业 Crosstabulation

	高级白领	低级白领	工人/做小生意者	农民	无业/失业/下岗	总计
非常满意	6.9%	6.0%	4.2%	3.8%	5.3%	4.8%
比较满意	63.0%	70.2%	68.1%	76.7%	64.0%	68.8%
不太满意	27.3%	22.4%	25.6%	18.5%	27.9%	24.5%
非常不满意	2.8%	1.4%	2.1%	0.9%	2.8%	2.0%
总计	100.0%	100.0%	100.0%	100.0%	100.0%	100.0%
列总计	432	504	1911	755	642	4244

Chi-square test：df = 12，卡方值为46.207，sig = 0.000 < 0.05，所以不同职业的居民对于“您对当前我国社会道德状况的总体满意度”的回答有显著差异。

B10 by A10

您对当前我国社会人与人之间的关系的总体满意度是 * 职业 Crosstabulation

	高级白领	低级白领	工人/做小生意者	农民	无业/失业/下岗	总计
非常满意	6.9%	5.8%	3.8%	5.6%	5.1%	4.9%
比较满意	67.4%	66.7%	69.2%	75.7%	65.7%	69.4%
不太满意	24.0%	25.0%	25.0%	18.5%	27.2%	24.0%
非常不满意	1.6%	2.6%	2.1%	0.1%	2.0%	1.7%
总计	100.0%	100.0%	100.0%	100.0%	100.0%	100.0%

续表

	高级白领	低级白领	工人/做小生意者	农民	无业/失业/下岗	总计
列总计	433	504	1915	762	648	4262

Chi-square test：df = 12，卡方值为 45. 137，sig = 0. 000 < 0. 05，所以不同职业的居民对于“您对当前我国社会人与人关系的总体满意度”的回答有显著差异。

B11 by A10

您对自己的道德状况的满意度是 * 职业 Crosstabulation

	高级白领	低级白领	工人/做小生意者	农民	无业/失业/下岗	总计
非常满意	19. 7%	16. 9%	13. 5%	16. 6%	20. 8%	16. 2%
比较满意	74. 8%	78. 1%	80. 1%	76. 7%	75. 6%	78. 0%
不太满意	5. 3%	4. 1%	5. 8%	6. 4%	3. 5%	5. 3%
非常不满意	0. 2%	0. 8%	0. 6%	0. 3%		0. 4%
总计	100. 0%	100. 0%	100. 0%	100. 0%	100. 0%	100. 0%
列总计	432	508	1933	765	648	4286

Chi-square test：df = 12，卡方值为 37. 050，sig = 0. 000 < 0. 05，所以不同职业的居民对于“您对自己的道德状况满意度”的回答有显著差异。

B12 by A10

您觉得今后中国社会的道德状况会变成什么样 * 职业 Crosstabulation

	高级白领	低级白领	工人/做小生意者	农民	无业/失业/下岗	总计
越来越差	6. 0%	4. 5%	5. 9%	5. 3%	5. 7%	5. 6%
不变	9. 3%	9. 6%	11. 3%	9. 2%	6. 1%	9. 7%
越来越好	78. 5%	78. 1%	73. 7%	73. 3%	76. 1%	75. 0%
不知道	6. 3%	7. 8%	9. 2%	12. 2%	12. 1%	9. 7%
总计	100. 0%	100. 0%	100. 0%	100. 0%	100. 0%	100. 0%
列总计	432	511	1955	790	652	4340

Chi-square test：df = 12，卡方值为 33. 906，sig = 0. 001 < 0. 05，所以不同职业的居民对于“您觉得今后中国社会的道德状况会变成什么样”的回答有显著差异。

B13 by A10

您认为我国目前人与人之间的关系受什么影响 * 职业 Crosstabulation

	高级白领	低级白领	工人/做小生意者	农民	无业/失业/下岗	总计
利益	64. 4%	66. 9%	66. 6%	61. 5%	70. 0%	66. 1%

续表

	高级白领	低级白领	工人/做小生意者	农民	无业/失业/下岗	总计
情感	45.9%	40.7%	46.9%	54.4%	48.9%	47.7%
国家倡导的主流价值观	29.5%	32.1%	27.7%	27.1%	16.4%	26.6%
中国传统价值观	27.6%	31.3%	27.4%	30.0%	22.4%	27.6%
西方价值观	4.4%	3.4%	4.0%	3.2%	2.2%	3.6%
列总计	427	501	1892	717	634	3243

据上表所示，不同职业的居民对于“您认为我国目前人与人之间关系受什么影响”的回答有显著差异。

B14 by A10

对中国社会，您最担忧的问题是 * 职业 Crosstabulation

	高级白领	低级白领	工人/做小生意者	农民	无业/失业/下岗	总计
腐败不能根治	44.1%	40.2%	44.9%	40.1%	33.9%	41.7%
生态环境恶化	45.9%	43.0%	39.9%	31.4%	41.4%	39.6%
分配不公，两极分化	34.0%	36.4%	31.6%	29.6%	26.4%	31.3%
老无所养，未来没有把握	16.8%	23.0%	25.0%	35.5%	20.2%	25.1%
生活水平下降	8.9%	10.7%	15.7%	19.1%	16.1%	15.1%
道德滑坡，社会风气恶化	27.3%	24.0%	17.5%	17.0%	23.2%	20.0%
人际关系紧张	11.2%	10.3%	10.4%	11.3%	11.8%	10.9%
列总计	429	505	1910	749	628	4221

据上表所示，不同职业的居民对于“对中国社会，您最担忧的问题是”的回答有显著差异。

B15 by A10

对伦理关系和道德生活，您最向往的是 * 职业 Crosstabulation

	高级白领	低级白领	工人/做小生意者	农民	无业/失业/下岗	总计
传统社会的伦理和道德（如仁、义、礼、智、信）	59.9%	62.8%	54.6%	57.6%	59.1%	57.3%
战争年代为理想而献身的革命精神（如革命烈士无私献身精神）	18.3%	14.7%	22.3%	22.8%	13.6%	19.8%
新中国成立后到“文化大革命”前的大公无私的集体主义精神	7.2%	6.7%	9.7%	9.5%	8.0%	8.8%
追求个人利益的市场经济下的道德	9.0%	9.0%	8.3%	8.7%	9.7%	8.7%
西方道德（如个人主义、实用主义、功利主义）	3.5%	4.5%	3.7%	0.6%	6.9%	3.7%
其他	2.1%	2.3%	1.4%	0.6%	2.8%	1.7%

续表

	高级白领	低级白领	工人/做小生意者	农民	无业/失业/下岗	总计
总计	100. 0%	100. 0%	100. 0%	100. 0%	100. 0%	100. 0%
列总计	431	511	1943	779	641	4305

Chi-square test：df = 20，卡方值为 94. 228，sig = 0. 000 < 0. 05，所以不同职业的居民对于“对伦理关系和道德生活，您最向往的是”的回答有显著差异。

B16a by A10

您认为当前我国社会道德生活中最重要的内容是什么？第一重要 * 职业 Crosstabulation

	高级白领	低级白领	工人/做小生意者	农民	无业/失业/下岗	总计
意识形态中所提倡的社会主义道德	33. 9%	30. 5%	32. 6%	35. 7%	28. 8%	32. 5%
中国传统道德	49. 4%	51. 5%	48. 8%	48. 9%	57. 3%	50. 5%
西方文化影响而形成的道德	4. 6%	5. 1%	6. 8%	4. 4%	3. 4%	5. 4%
市场经济中形成的道德	12. 1%	13. 0%	11. 7%	10. 9%	10. 5%	11. 6%
其他			0. 1%	0. 1%		
总计	100. 0%	100. 0%	100. 0%	100. 0%	100. 0%	100. 0%
列总计	431	509	1948	781	646	4315

Chi-square test：df = 16，卡方值为 31. 572，sig = 0. 011 < 0. 05，所以不同职业的居民对于“您认为当前我国社会道德生活中最重要的内容是什么？第一重要”的回答有显著差异。

B16b by A10

您认为当前我国社会道德生活中最重要的内容是什么？第二重要 * 职业 Crosstabulation

	高级白领	低级白领	工人/做小生意者	农民	无业/失业/下岗	总计
意识形态中所提倡的社会主义道德	39. 7%	39. 7%	40. 8%	37. 6%	47. 0%	40. 9%
中国传统道德	29. 3%	31. 1%	28. 5%	29. 6%	25. 1%	28. 6%
西方文化影响而形成的道德	11. 1%	10. 4%	10. 2%	11. 1%	7. 5%	10. 1%
市场经济中形成的道德	19. 9%	18. 8%	20. 6%	21. 7%	20. 4%	20. 5%
总计	100. 0%	100. 0%	100. 0%	100. 0%	100. 0%	100. 0%
列总计	423	501	1919	757	638	4238

Chi-square test：df = 12，卡方值为 19. 147，sig = 0. 085 > 0. 05，所以不同职业的居民对于“您认为当前我国社会道德生活中最重要的内容是什么？第二重要”的回答没有显著差异。

B16c by A10

您认为当前我国社会道德生活中最重要的内容是什么？第三重要 ＊ 职业 Crosstabulation

	高级白领	低级白领	工人/做小生意者	农民	无业/失业/下岗	总计
意识形态中所提倡的社会主义道德	21.3%	23.2%	21.8%	21.0%	21.5%	21.7%
中国传统道德	14.7%	12.7%	14.4%	14.8%	11.6%	13.9%
西方文化影响而形成的道德	18.6%	17.9%	18.0%	15.0%	14.7%	17.0%
市场经济中形成的道德	45.4%	46.2%	45.7%	49.2%	52.3%	47.3%
总计	100.0%	100.0%	100.0%	100.0%	100.0%	100.0%
列总计	414	496	1885	738	614	4147

Chi-square test：df = 12，卡方值为 15.542，sig = 0.213 > 0.05，所以不同职业的居民对于“您认为当前我国社会道德生活中最重要的内容是什么？第三重要”的回答没有显著差异。

B17 by A10

您认为目前我国社会中伦理道德对人际关系的调节能力如何 ＊ 职业 Crosstabulation

	高级白领	低级白领	工人/做小生意者	农民	无业/失业/下岗	总计
良好	21.8%	20.9%	15.5%	18.0%	25.0%	18.7%
一般	62.1%	63.4%	64.8%	67.9%	61.9%	64.5%
很差	9.6%	8.7%	9.7%	7.0%	6.7%	8.7%
几乎没有，一切都听从利益支配	6.6%	7.0%	10.0%	7.0%	6.4%	8.2%
总计	100.0%	100.0%	100.0%	100.0%	100.0%	100.0%
列总计	427	503	1885	711	627	4153

Chi-square test：df = 12，卡方值为 51.082，sig = 0.000 < 0.05，所以不同职业的居民对于“您认为目前我国社会中伦理道德对人际关系调节能力如何”的回答有显著差异。

B18 by A10

您认为目前我国社会中伦理道德对个人行为的约束能力如何 ＊ 职业 Crosstabulation

	高级白领	低级白领	工人/做小生意者	农民	无业/失业/下岗	总计
良好	18.9%	19.2%	15.7%	18.3%	26.9%	18.6%
一般	63.1%	62.6%	64.2%	65.6%	59.2%	63.4%
很差	11.0%	11.6%	10.9%	9.1%	8.3%	10.3%
几乎没有，一切都听从利益支配	7.0%	6.6%	9.2%	7.1%	5.6%	7.7%

续表

	高级白领	低级白领	工人/做小生意者	农民	无业/失业/下岗	总计
总计	100.0%	100.0%	100.0%	100.0%	100.0%	100.0%
列总计	428	500	1886	717	628	4159

Chi-square test：df = 12，卡方值为 49.685，sig = 0.000 < 0.05，所以不同职业的居民对于“您认为目前我国社会中伦理道德对个人行为的约束能力如何”的回答有显著差异。

B19 by A10

您认为当今中国社会最基本的伦理冲突是 ＊ 职业 Crosstabulation

	高级白领	低级白领	工人/做小生意者	农民	无业/失业/下岗	总计
人与自然的冲突	20.1%	22.5%	15.7%	15.9%	16.3%	17.1%
人与自身的冲突	25.3%	29.4%	25.1%	22.1%	18.6%	24.1%
人与人之间的冲突	58.3%	61.5%	61.9%	65.3%	64.6%	62.5%
个人与社会的冲突	48.5%	48.2%	46.8%	44.4%	39.4%	45.6%
个人与政府的冲突	10.3%	8.7%	11.2%	15.4%	9.5%	11.3%
列总计	427	506	1915	755	619	4222

据上表所示，不同职业的居民对于“您认为当今中国社会最基本的伦理冲突是”的回答没有显著差异。

B20a by A10

在下列关系中，您认为哪些关系对您来说最重要？第一位 ＊ 职业 Crosstabulation

	高级白领	低级白领	工人/做小生意者	农民	无业/失业/下岗	总计
父母与子女	66.5%	67.8%	66.5%	60.6%	73.0%	66.6%
夫妇	19.2%	17.6%	20.1%	24.7%	14.8%	19.7%
兄弟姐妹	0.7%	0.4%	0.5%	0.5%	0.3%	0.5%
同事或同学	0.7%	1.0%	0.8%	0.3%		0.6%
上级或下级	0.2%	0.8%	0.4%	0.3%	0.2%	0.3%
师生			0.1%			
人与自然的关系	0.2%	0.8%	0.5%	0.6%		0.5%
个人与社会	2.8%	1.6%	2.2%	3.2%	1.4%	2.2%
个人与国家	7.4%	7.6%	7.2%	7.8%	8.4%	7.6%
个人与工作单位	0.7%	0.4%	0.7%	0.8%	0.2%	0.6%
通过网络建立的各种“群”的关系			0.2%	0.4%	0.2%	0.2%

续表

	高级白领	低级白领	工人/做小生意者	农民	无业/失业/下岗	总计
朋友	0.5%	0.4%	0.6%	0.3%	0.8%	0.5%
个人与自身的关系（身心和谐）	1.2%	1.8%	0.4%	0.6%	0.9%	0.8%
总计	100.0%	100.0%	100.0%	100.0%	100.0%	100.0%
列总计	433	512	1957	790	656	4348

Chi-square test：df = 48，卡方值为 75.508，sig = 0.007 <0.05，所以不同职业的居民对于“在下列关系中，您认为哪些关系对您来说最重要？第一位”的回答有显著差异。

B20b by A10

在下列关系中，您认为哪些关系对您来说最重要？第二位 ＊ 职业 Crosstabulation

	高级白领	低级白领	工人/做小生意者	农民	无业/失业/下岗	总计
父母与子女	22.6%	21.9%	22.2%	27.3%	20.8%	22.9%
夫妇	52.2%	52.5%	53.1%	48.1%	47.2%	51.2%
兄弟姐妹	8.8%	11.7%	10.6%	11.4%	18.8%	11.9%
同事或同学	3.0%	2.0%	2.4%	1.9%	2.1%	2.3%
上级或下级	0.5%	1.2%	1.6%	1.1%	1.4%	1.3%
师生	0.5%			0.3%	0.6%	0.2%
人与自然的关系	0.9%	0.8%	1.2%	1.8%	0.6%	1.2%
个人与社会	3.9%	3.5%	3.2%	2.7%	1.8%	3.0%
个人与国家	3.0%	3.3%	2.3%	2.7%	2.6%	2.6%
个人与工作单位	1.8%	1.0%	1.4%	0.9%	0.5%	1.2%
通过网络建立的各种“群”的关系	0.2%			0.1%	0.2%	0.1%
朋友	1.8%	1.8%	1.4%	1.1%	2.8%	1.6%
个人与自身的关系（身心和谐）	0.7%	0.4%	0.6%	0.6%	0.6%	0.6%
总计	100.0%	100.0%	100.0%	100.0%	100.0%	100.0%
列总计	433	512	1955	790	654	4344

Chi-square test：df = 48，卡方值为 95.726，sig = 0.000 <0.05，所以不同职业的居民对于“在下列关系中，您认为哪些关系对您来说最重要？第二位”的回答有显著差异。

B20c by A10

在下列关系中，您认为哪些关系对您来说最重要？第三位 * 职业 Crosstabulation

	高级白领	低级白领	工人/做小生意者	农民	无业/失业/下岗	总计
父母与子女	5.8%	5.3%	4.2%	3.8%	3.1%	4.2%
夫妇	10.9%	11.9%	11.9%	13.7%	14.6%	12.6%
兄弟姐妹	50.3%	47.7%	53.8%	57.3%	46.6%	52.3%
同事或同学	9.5%	8.2%	6.0%	3.6%	8.8%	6.6%
上级或下级	3.0%	2.0%	2.0%	1.7%	1.2%	1.9%
师生	2.1%	1.0%	0.6%	0.4%	1.7%	0.9%
人与自然的关系	2.1%	2.0%	2.1%	1.7%	2.6%	2.1%
个人与社会	3.5%	3.7%	3.7%	5.2%	3.5%	3.9%
个人与国家	3.5%	5.5%	6.7%	5.2%	8.2%	6.2%
个人与工作单位	3.9%	3.1%	2.2%	1.4%	1.1%	2.2%
通过网络建立的各种“群”的关系		0.2%	0.3%		0.3%	0.2%
朋友	5.1%	7.0%	5.5%	5.1%	7.5%	5.9%
个人与自身的关系（身心和谐）	0.5%	2.2%	0.9%	0.6%	0.8%	0.9%
其他		0.2%	0.1%	0.4%		0.1%
总计	100.0%	100.0%	100.0%	100.0%	100.0%	100.0%
列总计	433	511	1953	787	650	4334

Chi-square test：df = 52，卡方值为 123.673，sig = 0.000 < 0.05，所以不同职业的居民对于“在下列关系中，您认为哪些关系对您来说最重要？第三位”的回答有显著差异。

B20d by A10

在下列关系中，您认为哪些关系对您来说最重要？第四位 * 职业 Crosstabulation

	高级白领	低级白领	工人/做小生意者	农民	无业/失业/下岗	总计
父母与子女	2.3%	2.9%	2.4%	2.4%	0.6%	2.2%
夫妇	4.2%	3.7%	3.8%	3.1%	3.8%	3.7%
兄弟姐妹	14.6%	13.3%	13.8%	11.3%	14.4%	13.5%
同事或同学	26.2%	24.9%	21.6%	16.4%	15.2%	20.6%
上级或下级	5.3%	4.7%	3.3%	4.0%	2.8%	3.7%
师生	3.5%	3.1%	2.6%	2.3%	4.8%	3.0%

续表

	高级白领	低级白领	工人/做小生意者	农民	无业/失业/下岗	总计
人与自然的关系	2.8%	2.5%	3.3%	4.6%	2.5%	3.3%
个人与社会	9.3%	9.0%	10.0%	14.4%	12.0%	10.9%
个人与国家	8.1%	6.9%	8.9%	13.3%	11.1%	9.7%
个人与工作单位	7.9%	8.2%	6.5%	2.8%	3.8%	5.8%
通过网络建立的各种“群”的关系	1.2%	0.6%	0.8%	0.3%	0.5%	0.7%
朋友	12.7%	18.4%	21.1%	22.4%	27.3%	21.1%
个人与自身的关系（身心和谐）	2.1%	1.6%	1.8%	1.9%	0.9%	1.7%
其他			0.1%	0.8%	0.3%	0.2%
总计	100.0%	100.0%	100.0%	100.0%	100.0%	100.0%
列总计	432	510	1942	780	640	4304

Chi-square test：df = 52，卡方值为 175.602，sig = 0.000 < 0.05，所以不同职业的居民对于“在下列关系中，您认为哪些关系对您来说最重要？第四位”的回答有显著差异。

B20e by A10

在下列关系中，您认为哪些关系对您来说最重要？第五位 * 职业 Crosstabulation

	高级白领	低级白领	工人/做小生意者	农民	无业/失业/下岗	总计
父母与子女	0.9%	1.2%	0.8%	1.2%	0.3%	0.9%
夫妇	2.1%	1.6%	2.0%	2.6%	1.3%	2.0%
兄弟姐妹	6.3%	5.4%	4.8%	4.8%	4.9%	5.0%
同事或同学	11.0%	15.9%	14.3%	12.0%	17.4%	14.2%
上级或下级	8.9%	11.4%	6.8%	4.9%	4.8%	6.9%
师生	7.5%	4.2%	4.5%	3.0%	4.6%	4.5%
人与自然的关系	3.5%	2.8%	3.6%	5.0%	4.1%	3.8%
个人与社会	11.7%	13.5%	15.1%	21.1%	16.5%	15.8%
个人与国家	14.9%	11.4%	13.5%	16.3%	17.4%	14.5%
个人与工作单位	9.3%	9.0%	7.9%	4.7%	5.4%	7.2%
通过网络建立的各种“群”的关系	2.3%	1.0%	1.5%	1.2%	2.2%	1.6%
朋友	17.5%	18.1%	21.2%	18.5%	16.3%	19.3%
个人与自身的关系（身心和谐）	4.2%	4.4%	3.8%	3.8%	4.6%	4.0%
其他		0.2%	0.1%	1.0%	0.2%	0.3%

续表

	高级白领	低级白领	工人/做小生意者	农民	无业/失业/下岗	总计
总计	100.0%	100.0%	100.0%	100.0%	100.0%	100.0%
列总计	429	502	1925	773	631	4260

Chi-square test：df = 52，卡方值为 143.976，sig = 0.000 < 0.05，所以不同职业的居民对于“在下列关系中，您认为哪些关系对您来说最重要？第五位”的回答有显著差异。

B21 by A10

您认为哪一种关系对社会秩序最具根本性意义 ＊ 职业 Crosstabulation

	高级白领	低级白领	工人/做小生意者	农民	无业/失业/下岗	总计
家庭关系或血缘关系	27.6%	22.5%	26.1%	28.2%	34.7%	27.5%
个人与社会的关系	35.5%	44.8%	44.2%	40.9%	38.2%	41.9%
职业关系	7.4%	2.9%	3.7%	2.2%	1.6%	3.4%
个人与国家民族的关系	23.4%	24.1%	20.2%	23.3%	20.3%	21.6%
人与自然的关系	1.9%	2.9%	1.7%	1.0%	1.3%	1.7%
个人与自身的关系	4.2%	2.7%	4.2%	4.4%	3.9%	4.0%
总计	100.0%	100.0%	100.0%	100.0%	100.0%	100.0%
列总计	431	511	1937	777	636	4292

Chi-square test：df = 20，卡方值为 74.836，sig = 0.000 < 0.05，所以不同职业的居民对于“对社会秩序最具根本性意义的关系”的回答有显著差异。

B22 by A10

您认为哪一种关系对个人生活最具根本性意义 ＊ 职业 Crosstabulation

	高级白领	低级白领	工人/做小生意者	农民	无业/失业/下岗	总计
家庭关系或血缘关系	54.1%	52.5%	59.4%	61.4%	70.0%	60.0%
个人与社会的关系	19.0%	18.8%	16.6%	15.3%	11.1%	16.1%
职业关系	9.0%	7.4%	4.3%	3.1%	3.1%	4.7%
个人与国家民族的关系	11.4%	15.4%	11.5%	10.2%	8.0%	11.2%
人与自然的关系	2.1%	1.0%	1.6%	1.8%	1.4%	1.6%
个人与自身的关系	4.4%	4.9%	6.5%	8.3%	6.3%	6.4%
总计	100.0%	100.0%	100.0%	100.0%	100.0%	100.0%
列总计	431	512	1942	784	647	4316

Chi-square test：df = 20，卡方值为 93.234，sig = 0.000 < 0.05，所以不同职业的居民对于“对个人生活最具根本性意义的关系”的回答有显著差异。

B23a by A10

对于个人而言，您认为家庭、社会和国家三者的重要性程度如何？第一位 * 职业 Crosstabulation

	高级白领	低级白领	工人/做小生意者	农民	无业/失业/下岗	总计
国家	54.2%	50.8%	52.7%	60.9%	41.5%	52.4%
社会	3.5%	3.9%	3.0%	2.4%	2.7%	3.0%
家庭	42.4%	45.3%	44.3%	36.7%	55.7%	44.6%
总计	100.0%	100.0%	100.0%	100.0%	100.0%	100.0%
列总计	432	512	1955	787	655	4341

Chi-square test：df = 8，卡方值为 58.550，sig = 0.000 < 0.05，所以不同职业的居民对于“对于个人而言，您认为家庭、社会和国家三者的重要性程度：第一位”的回答有显著差异。

B23b by A10

对于个人而言，您认为家庭、社会和国家三者的重要性程度如何？第二位 * 职业 Crosstabulation

	高级白领	低级白领	工人/做小生意者	农民	无业/失业/下岗	总计
国家	28.7%	33.2%	36.9%	30.8%	44.4%	35.6%
社会	30.6%	29.7%	18.3%	20.0%	18.9%	21.3%
家庭	40.7%	37.1%	44.8%	49.2%	36.7%	43.1%
总计	100.0%	100.0%	100.0%	100.0%	100.0%	100.0%
列总计	432	509	1942	786	646	4315

Chi-square test：df = 8，卡方值为 90.393，sig = 0.000 < 0.05，所以不同职业的居民对于“对于个人而言，您认为家庭、社会和国家三者的重要性程度：第二位”的回答有显著差异。

B24a by A10

信息技术、网络技术的发展对伦理道德的影响 * 职业 Crosstabulation

	高级白领	低级白领	工人/做小生意者	农民	无业/失业/下岗	总计
消极影响	12.1%	18.5%	13.4%	14.1%	19.1%	14.8%
没有影响	18.2%	22.0%	23.4%	25.2%	19.3%	22.4%
积极影响	69.7%	59.5%	63.2%	60.6%	61.6%	62.8%
总计	100.0%	100.0%	100.0%	100.0%	100.0%	100.0%
列总计	346	405	1469	503	404	3127

Chi-square test：df = 8，卡方值为 23.237，sig = 0.003 < 0.05，所以不同职业的居民对于“信息技术、网络技术的发展对伦理道德的影响”的回答有显著差异。

B24b by A10

市场经济对我国伦理道德的影响 ＊ 职业 Crosstabulation

	高级白领	低级白领	工人/做小生意者	农民	无业/失业/下岗	总计
消极影响	14.8%	19.3%	16.9%	13.8%	19.4%	16.8%
没有影响	16.6%	22.1%	21.8%	23.1%	22.7%	21.6%
积极影响	68.6%	58.6%	61.3%	63.1%	57.8%	61.6%
总计	100.0%	100.0%	100.0%	100.0%	100.0%	100.0%
列总计	344	394	1478	536	422	3174

Chi-square test：df = 8，卡方值为 16.291，sig = 0.038 < 0.05，所以不同职业的居民对于“市场经济对我国伦理道德的影响”的回答有显著差异。

B24c by A10

西方文化对我国伦理道德的影响 ＊ 职业 Crosstabulation

	高级白领	低级白领	工人/做小生意者	农民	无业/失业/下岗	总计
消极影响	21.3%	22.6%	19.1%	23.3%	24.9%	21.2%
没有影响	17.8%	27.9%	30.7%	31.5%	28.9%	28.8%
积极影响	61.0%	49.4%	50.2%	45.2%	46.3%	50.0%
总计	100.0%	100.0%	100.0%	100.0%	100.0%	100.0%
列总计	315	358	1294	451	374	2792

Chi-square test：df = 8，卡方值为 33.157，sig = 0.000 < 0.05，所以不同职业的居民对于“西方文化对我国伦理道德的影响”的回答有显著差异。

B25 by A10

如果国外报道与国家主流媒体的宣传内容不一致，您倾向于相信 ＊ 职业 Crosstabulation

	高级白领	低级白领	工人/做小生意者	农民	无业/失业/下岗	总计
主流媒体	61.5%	66.5%	70.7%	76.0%	70.8%	70.2%
国外报道	5.5%	5.1%	2.2%	1.3%	2.7%	2.8%
谁都不相信，自己判断	33.0%	28.4%	27.1%	22.7%	26.6%	27.0%
总计	100.0%	100.0%	100.0%	100.0%	100.0%	100.0%
列总计	418	489	1832	704	595	4038

Chi-square test：df = 8，卡方值为 47.641，sig = 0.000 < 0.05，所以不同职业的居民对于“如果国外报道与国家主流媒体的宣传内容不一致，您倾向于相信”的回答有显著差异。

B26 by A10

如果朋友圈的消息与国家主流媒体的报道不一致，您会相信哪一个 * 职业 Crosstabulation

	高级白领	低级白领	工人/做小生意者	农民	无业/失业/下岗	总计
主流媒体	58.3%	61.3%	61.8%	64.1%	64.8%	62.2%
朋友圈/亲朋圈子	8.1%	7.6%	11.7%	14.1%	8.8%	10.9%
都不相信，自己比较判断	33.3%	30.9%	26.2%	20.6%	26.0%	26.4%
其他	0.2%	0.2%	0.3%	1.3%	0.5%	0.5%
总计	100.0%	100.0%	100.0%	100.0%	100.0%	100.0%
列总计	432	511	1949	788	650	4330

Chi-square test：df = 12，卡方值为 56.590，sig = 0.000 < 0.05，所以不同职业的居民对于“如果朋友圈消息与国家主流媒体的报道不一致，您倾向于相信”的回答有显著差异。

C1 by A10

您认为当前中国社会个人道德素质的主要问题是 * 职业 Crosstabulation

	高级白领	低级白领	工人/做小生意者	农民	无业/失业/下岗	总计
道德上无知	11.6%	9.2%	9.7%	10.2%	7.5%	9.6%
有道德知识，但不见诸行动	78.7%	81.6%	78.6%	78.5%	83.6%	79.7%
道德上既无知，也不见道德行动	9.7%	9.2%	11.4%	11.0%	8.6%	10.5%
其他			0.4%	0.3%	0.3%	0.3%
总计	100.0%	100.0%	100.0%	100.0%	100.0%	100.0%
列总计	432	511	1946	781	651	4321

Chi-square test：df = 12，卡方值为 15.421，sig = 0.219 > 0.05，所以不同职业的居民对于“当前中国社会个人道德素质的主要问题”的回答没有显著差异。

C2 by A10

您根据什么来判断某种行为是否符合伦理或道德 * 职业 Crosstabulation

	高级白领	低级白领	工人/做小生意者	农民	无业/失业/下岗	总计
传统道德观念	63.3%	64.6%	58.4%	56.0%	57.5%	59.1%
风俗习惯	36.3%	29.5%	34.6%	36.4%	29.8%	33.8%
大多数人认同的道德规范	53.3%	47.5%	47.9%	48.2%	38.1%	47.0%
当事人共同利益和意志	20.7%	23.4%	19.2%	16.9%	14.3%	18.7%
自己的良心	54.0%	63.1%	62.2%	64.8%	68.1%	62.8%

续表

	高级白领	低级白领	工人/做小生意者	农民	无业/失业/下岗	总计
意识形态的要求	16.0%	15.9%	11.9%	10.5%	9.9%	12.2%
列总计	430	509	1934	789	637	4299

据上表所示，不同职业的居民对于“判断某种行为是否符合伦理或道德的根据”的回答没有显著差异。

C3a by A10

我会经常关心比我不幸的人 ＊ 职业 Crosstabulation

	高级白领	低级白领	工人/做小生意者	农民	无业/失业/下岗	总计
完全不符合	3.0%	2.0%	3.2%	3.7%	4.1%	3.3%
有点符合	16.6%	21.7%	21.3%	23.1%	20.1%	21.0%
一般	34.6%	34.2%	35.1%	32.2%	31.8%	33.9%
比较符合	33.0%	28.3%	31.3%	34.3%	37.8%	32.6%
完全符合	12.7%	13.9%	9.1%	6.7%	6.1%	9.1%
总计	100.0%	100.0%	100.0%	100.0%	100.0%	100.0%
列总计	433	512	1956	788	651	4340

Chi-square test：df = 16，卡方值为 52.934，sig = 0.000 < 0.05，所以不同职业的居民对于“我会经常关心比我不幸的人”的回答有显著差异。

C3b by A10

我时常会同情他人的难处 ＊ 职业 Crosstabulation

	高级白领	低级白领	工人/做小生意者	农民	无业/失业/下岗	总计
完全不符合	1.6%	1.0%	1.9%	2.7%	3.4%	2.1%
有点符合	15.6%	20.5%	22.3%	22.0%	16.4%	20.5%
一般	28.1%	28.2%	33.7%	33.2%	33.1%	32.3%
比较符合	41.9%	39.5%	34.8%	34.2%	40.6%	36.8%
完全符合	12.8%	10.8%	7.3%	8.0%	6.6%	8.3%
总计	100.0%	100.0%	100.0%	100.0%	100.0%	100.0%
列总计	430	511	1953	790	653	4337

Chi-square test：df = 16，卡方值为 60.483，sig = 0.000 < 0.05，所以不同职业的居民对于“我时常会同情他人的难处”的回答有显著差异。

C3c by A10

在做决定前，我会试着从每个人的立场去考虑问题 * 职业 Crosstabulation

	高级白领	低级白领	工人/做小生意者	农民	无业/失业/下岗	总计
完全不符合	3.2%	2.9%	3.1%	4.1%	3.2%	3.3%
有点符合	21.1%	20.7%	19.6%	19.3%	18.8%	19.7%
一般	28.5%	31.9%	38.5%	40.2%	33.7%	36.3%
比较符合	34.1%	33.1%	30.8%	31.1%	35.0%	32.1%
完全符合	13.0%	11.4%	8.0%	5.3%	9.3%	8.6%
总计	100.0%	100.0%	100.0%	100.0%	100.0%	100.0%
列总计	431	511	1947	788	655	4332

Chi-square test：df = 16，卡方值为 48.896，sig = 0.000 < 0.05，所以不同职业的居民对于“在做决定前，我会试着从每个人的立场去考虑问题”的回答有显著差异。

C3d by A10

当我看到有人被利用时，时常想要保护他们 * 职业 Crosstabulation

	高级白领	低级白领	工人/做小生意者	农民	无业/失业/下岗	总计
完全不符合	5.1%	3.5%	4.3%	4.7%	4.8%	4.4%
有点符合	19.4%	17.9%	23.3%	24.9%	18.9%	21.9%
一般	31.7%	36.6%	38.9%	38.0%	36.8%	37.5%
比较符合	34.0%	34.1%	28.1%	27.7%	33.8%	30.2%
完全符合	9.7%	7.9%	5.4%	4.7%	5.7%	6.0%
总计	100.0%	100.0%	100.0%	100.0%	100.0%	100.0%
列总计	432	508	1949	787	647	4323

Chi-square test：df = 16，卡方值为 47.791，sig = 0.000 < 0.05，所以不同职业的居民对于“当我看到有人被利用时，时常想要保护他们”的回答有显著差异。

C3e by A10

我有时会试图站在他人的角度，以更好地理解我的朋友 * 职业 Crosstabulation

	高级白领	低级白领	工人/做小生意者	农民	无业/失业/下岗	总计
完全不符合	1.9%	1.6%	2.8%	3.4%	2.9%	2.7%
有点符合	16.9%	18.6%	20.3%	20.7%	17.6%	19.4%
一般	28.5%	30.3%	32.8%	37.4%	28.8%	32.3%
比较符合	34.5%	38.9%	35.5%	32.3%	39.8%	35.9%

续表

	高级白领	低级白领	工人/做小生意者	农民	无业/失业/下岗	总计
完全符合	18.3%	10.6%	8.6%	6.1%	10.9%	9.7%
总计	100.0%	100.0%	100.0%	100.0%	100.0%	100.0%
列总计	432	511	1948	786	653	4330

Chi-square test：df = 16，卡方值为 75.226，sig = 0.000 < 0.05，所以不同职业的居民对于“我有时会试图站在他人的角度，以更好地理解我的朋友”的回答有显著差异。

C3f by A10

他人的不幸通常不会给我带来很大的不安 ＊ 职业 Crosstabulation

	高级白领	低级白领	工人/做小生意者	农民	无业/失业/下岗	总计
完全不符合	13.7%	12.7%	11.3%	11.1%	14.6%	12.2%
有点符合	18.6%	17.8%	22.3%	22.2%	21.8%	21.3%
一般	35.3%	34.5%	36.8%	37.2%	32.1%	35.7%
比较符合	24.7%	26.5%	24.3%	25.5%	27.6%	25.3%
完全符合	7.7%	8.4%	5.3%	4.0%	3.8%	5.5%
总计	100.0%	100.0%	100.0%	100.0%	100.0%	100.0%
列总计	430	510	1948	783	651	4322

Chi-square test：df = 16，卡方值为 36.274，sig = 0.003 < 0.05，所以不同职业的居民对于“他人的不幸通常不会给我带来很大的不安”的回答有显著差异。

C3g by A10

在观看电视剧或电影之后，我会感觉到自己仿佛成了其中的一个角色 ＊ 职业 Crosstabulation

	高级白领	低级白领	工人/做小生意者	农民	无业/失业/下岗	总计
完全不符合	17.9%	12.9%	17.3%	19.6%	27.7%	18.8%
有点符合	17.5%	19.4%	21.0%	21.4%	21.1%	20.5%
一般	33.8%	32.7%	32.3%	33.5%	24.2%	31.5%
比较符合	21.9%	26.9%	23.4%	20.2%	21.0%	22.7%
完全符合	8.9%	8.0%	6.0%	5.4%	6.0%	6.4%
总计	100.0%	100.0%	100.0%	100.0%	100.0%	100.0%
列总计	429	510	1944	782	649	4314

Chi-square test：df = 16，卡方值为 71.032，sig = 0.000 < 0.05，所以不同职业的居民对于“在观看电视剧或电影之后，我会感觉到自己仿佛成了其中的一个角色”的回答有显著差异。

C3h by A10

当我对某人很不耐烦的时候，我通常会暂时站在他/她的位置上 * 职业 Crosstabulation

	高级白领	低级白领	工人/做小生意者	农民	无业/失业/下岗	总计
完全不符合	9.1%	6.7%	8.7%	8.0%	9.3%	8.5%
有点符合	25.6%	22.4%	23.7%	23.7%	23.6%	23.7%
一般	33.3%	36.5%	35.9%	37.4%	36.4%	36.1%
比较符合	24.7%	29.6%	25.7%	26.4%	23.6%	25.9%
完全符合	7.2%	4.9%	6.0%	4.5%	7.1%	5.9%
总计	100.0%	100.0%	100.0%	100.0%	100.0%	100.0%
列总计	429	510	1948	784	648	4319

Chi-square test：df = 16，卡方值为 16.215，sig = 0.438 > 0.05，所以不同职业的居民对于“当我对某人很不耐烦的时候，我通常会暂时站在他/她的位置上”的回答没有显著差异。

C3i by A10

读故事时会想象如果这些事情发生在自己身上，我会是怎样的感受 * 职业 Crosstabulation

	高级白领	低级白领	工人/做小生意者	农民	无业/失业/下岗	总计
完全不符合	10.9%	9.4%	13.0%	16.5%	18.9%	13.9%
有点符合	17.9%	17.3%	21.2%	19.5%	21.4%	20.1%
一般	35.3%	35.2%	33.8%	35.9%	25.5%	33.2%
比较符合	26.5%	29.3%	26.0%	22.6%	26.6%	25.9%
完全符合	9.5%	8.8%	6.1%	5.6%	7.7%	6.9%
总计	100.0%	100.0%	100.0%	100.0%	100.0%	100.0%
列总计	431	509	1933	771	640	4284

Chi-square test：df = 16，卡方值为 63.231，sig = 0.000 < 0.05，所以不同职业的居民对于“读故事时会想象如果这些事情发生在自己身上，我会是怎样的感受”的回答有显著差异。

C3j by A10

在批评他人之前，我会尝试想象一下如果我处于那个位置会是什么感受 * 职业 Crosstabulation

	高级白领	低级白领	工人/做小生意者	农民	无业/失业/下岗	总计
完全不符合	3.5%	2.8%	3.0%	4.7%	5.1%	3.7%
有点符合	18.8%	14.4%	20.0%	18.7%	20.7%	19.1%

续表

	高级白领	低级白领	工人/做小生意者	农民	无业/失业/下岗	总计
一般	32.9%	39.1%	36.9%	38.4%	34.2%	36.6%
比较符合	34.3%	36.7%	32.9%	33.0%	31.4%	33.3%
完全符合	10.4%	7.1%	7.1%	5.2%	8.7%	7.3%
总计	100.0%	100.0%	100.0%	100.0%	100.0%	100.0%
列总计	431	507	1946	782	647	4313

Chi-square test：df = 16，卡方值为 36.064，sig = 0.003 < 0.05，所以不同职业的居民对于“在批评他人之前，我会尝试想象一下如果我处于那个位置会是什么感受”的回答有显著差异。

C4a by A10

您认为当今中国社会最重要和最需要的德性是？第一位 ＊ 职业 Crosstabulation

	高级白领	低级白领	工人/做小生意者	农民	无业/失业/下岗	总计
爱（仁爱、博爱、友爱）	30.8%	32.2%	22.8%	21.1%	26.5%	24.9%
义（道义、义务）	4.6%	2.9%	3.5%	3.8%	3.8%	3.7%
宽容	2.8%	4.1%	4.1%	4.1%	3.1%	3.8%
责任	6.0%	5.7%	5.8%	4.4%	5.4%	5.5%
公正	14.6%	14.8%	14.2%	15.1%	15.6%	14.7%
诚信	14.6%	13.7%	18.3%	18.0%	16.9%	17.1%
忠恕（将心比心）	2.1%	1.0%	1.7%	2.2%	1.7%	1.8%
理智	0.2%	0.8%	0.4%	0.3%	0.8%	0.5%
节制	0.7%	0.4%	1.0%	1.5%	0.6%	0.9%
谦让	1.6%	2.0%	3.5%	4.1%	1.4%	2.9%
勇敢	0.9%	1.0%	1.8%	1.5%	1.2%	1.5%
正直	2.3%	4.1%	3.8%	2.0%	1.8%	3.1%
善良	3.7%	5.1%	6.5%	7.4%	9.0%	6.6%
孝敬	14.1%	11.7%	12.0%	14.1%	11.7%	12.5%
敬业	0.9%	0.6%	0.4%	0.4%	0.3%	0.5%
其他			0.1%	0.1%	0.2%	0.1%
总计	100.0%	100.0%	100.0%	100.0%	100.0%	100.0%
列总计	432	512	1953	788	652	4337

Chi-square test：df = 60，卡方值为 106.179，sig = 0.000 < 0.05，所以不同职业的居民对于“当今中国社会最重要和最需要的德性：第一位”的回答有显著差异。

C4b by A10

您认为当今中国社会最重要和最需要的德性是？第二位 ＊ 职业 Crosstabulation

	高级白领	低级白领	工人/做小生意者	农民	无业/失业/下岗	总计
爱（仁爱、博爱、友爱）	13.0%	13.1%	11.1%	9.8%	9.0%	11.0%
义（道义、义务）	14.8%	20.4%	12.0%	10.0%	10.6%	12.7%
宽容	9.0%	5.3%	6.6%	5.0%	6.6%	6.4%
责任	6.9%	8.2%	8.7%	6.0%	10.3%	8.2%
公正	12.3%	10.0%	13.9%	14.1%	11.7%	13.0%
诚信	16.7%	17.0%	15.2%	16.8%	20.9%	16.7%
忠恕（将心比心）	2.5%	1.2%	2.5%	3.4%	2.0%	2.4%
理智	1.9%	1.6%	1.1%	1.1%	1.2%	1.3%
节制	1.2%	1.4%	2.8%	4.4%	2.5%	2.7%
谦让	2.5%	2.0%	3.3%	3.8%	1.8%	2.9%
勇敢	0.5%	2.2%	2.5%	2.5%	1.2%	2.1%
正直	2.3%	2.7%	3.3%	2.4%	2.0%	2.8%
善良	7.6%	5.9%	8.1%	10.5%	9.5%	8.4%
孝敬	6.0%	8.8%	8.1%	8.6%	9.8%	8.3%
敬业	2.8%	0.4%	1.0%	1.3%	0.9%	1.1%
其他				0.1%		
总计	100.0%	100.0%	100.0%	100.0%	100.0%	100.0%
列总计	432	511	1953	787	652	4335

Chi-square test：df = 60，卡方值为 153.082，sig = 0.000 < 0.05，所以不同职业的居民对于“当今中国社会最重要和最需要的德性：第二位”的回答有显著差异。

C4c by A10

您认为当今中国社会最重要和最需要的德性是？第三位 ＊ 职业 Crosstabulation

	高级白领	低级白领	工人/做小生意者	农民	无业/失业/下岗	总计
爱（仁爱、博爱、友爱）	10.6%	6.9%	7.4%	5.5%	7.5%	7.4%
义（道义、义务）	5.8%	8.4%	7.0%	6.1%	6.2%	6.8%
宽容	19.2%	21.4%	16.7%	18.9%	16.2%	17.8%
责任	15.3%	15.9%	12.8%	12.9%	13.5%	13.6%
公正	6.0%	6.1%	7.7%	7.7%	9.7%	7.7%

续表

	高级白领	低级白领	工人/做小生意者	农民	无业/失业/下岗	总计
诚信	11.6%	11.0%	10.7%	11.1%	12.0%	11.1%
忠恕（将心比心）	3.0%	2.0%	3.7%	4.1%	2.0%	3.3%
理智	3.2%	3.7%	3.7%	3.8%	4.2%	3.8%
节制	0.9%	1.0%	2.5%	2.4%	1.1%	1.9%
谦让	1.9%	1.6%	2.5%	2.4%	2.3%	2.3%
勇敢	2.8%	1.8%	3.4%	2.9%	3.2%	3.0%
正直	5.3%	4.3%	5.6%	5.9%	7.1%	5.7%
善良	6.7%	7.1%	6.1%	8.6%	8.3%	7.0%
孝敬	4.6%	6.5%	7.4%	6.8%	5.5%	6.6%
敬业	3.0%	2.5%	2.5%	0.9%	1.2%	2.1%
总计	100.0%	100.0%	100.0%	100.0%	100.0%	100.0%
列总计	432	510	1949	783	650	4324

Chi-square test：df = 56，卡方值为 87.095，sig = 0.005 < 0.05，所以不同职业的居民对于“认为当今中国社会最重要和最需要的德性：第三位”的回答有显著差异。

C4d by A10

您认为当今中国社会最重要和最需要的德性是？第四位 ＊ 职业 Crosstabulation

	高级白领	低级白领	工人/做小生意者	农民	无业/失业/下岗	总计
爱（仁爱、博爱、友爱）	4.9%	6.1%	4.9%	6.2%	7.6%	5.7%
义（道义、义务）	6.3%	4.7%	5.4%	4.5%	5.7%	5.3%
宽容	5.6%	9.2%	8.7%	7.3%	9.1%	8.3%
责任	19.7%	21.4%	19.3%	18.2%	18.6%	19.3%
公正	10.0%	8.4%	8.6%	8.1%	7.7%	8.5%
诚信	13.7%	8.6%	10.5%	9.0%	10.4%	10.3%
忠恕（将心比心）	1.6%	3.7%	2.3%	2.1%	2.5%	2.4%
理智	2.1%	2.8%	3.2%	3.6%	2.9%	3.1%
节制	2.8%	2.4%	2.7%	3.5%	2.2%	2.7%
谦让	4.4%	4.7%	4.1%	5.8%	3.6%	4.4%
勇敢	1.6%	1.4%	1.6%	3.2%	2.3%	2.0%
正直	6.3%	4.5%	5.0%	4.2%	4.2%	4.8%
善良	10.6%	13.6%	13.0%	13.1%	11.3%	12.6%
孝敬	7.2%	6.3%	8.6%	10.0%	10.7%	8.7%

续表

	高级白领	低级白领	工人/做小生意者	农民	无业/失业/下岗	总计
敬业	3.5%	2.2%	2.0%	1.3%	1.2%	1.9%
总计	100.0%	100.0%	100.0%	100.0%	100.0%	100.0%
列总计	432	509	1944	779	646	4310

Chi-square test：df=56，卡方值为74.728，sig=0.048<0.05，所以不同职业的居民对于“当今中国社会最重要和最需要的德性：第四位”的回答有显著差异。

C4e by A10

您认为当今中国社会最重要和最需要的德性是？第五位 ＊ 职业 Crosstabulation

	高级白领	低级白领	工人/做小生意者	农民	无业/失业/下岗	总计
爱（仁爱、博爱、友爱）	5.3%	9.1%	7.8%	7.5%	7.5%	7.6%
义（道义、义务）	4.9%	8.3%	7.3%	8.5%	9.5%	7.7%
宽容	5.6%	2.6%	4.3%	5.1%	3.3%	4.2%
责任	6.3%	9.3%	7.6%	6.7%	8.7%	7.7%
公正	10.6%	13.4%	9.7%	8.9%	9.5%	10.0%
诚信	8.6%	7.7%	9.4%	10.4%	7.9%	9.1%
忠恕（将心比心）	3.5%	2.8%	4.7%	4.0%	3.6%	4.1%
理智	3.5%	2.0%	3.6%	3.5%	4.0%	3.4%
节制	4.2%	2.0%	2.9%	1.3%	1.7%	2.5%
谦让	3.7%	5.3%	5.9%	4.9%	4.0%	5.1%
勇敢	3.5%	3.0%	3.6%	3.7%	3.4%	3.5%
正直	8.6%	7.1%	5.1%	6.3%	6.5%	6.1%
善良	14.1%	12.8%	13.6%	13.4%	15.4%	13.8%
孝敬	9.3%	11.4%	10.3%	12.1%	11.7%	10.9%
敬业	8.6%	3.5%	4.2%	3.9%	3.1%	4.4%
总计	100.0%	100.0%	100.0%	100.0%	100.0%	100.0%
列总计	432	508	1936	778	642	4296

Chi-square test：df=14，卡方值为100.063，sig=0.125>0.05，所以不同职业的居民对于“当今中国社会最重要和最需要的德性：第五位”的回答没有显著差异。

C5 by A10

一个制药厂做药品销售时，出资 50 万元请您向公众介绍自己服药后的良好效果，您过去服用这药时并没有效果，但也没有发现有很大的副作用，您将如何决定 ＊职业 Crosstabulation

	高级白领	低级白领	工人/做小生意者	农民	无业/失业/下岗	总计
接受邀请，心安理得	10.4%	9.6%	13.6%	15.3%	6.9%	12.1%
接受邀请，心里不安，但这笔巨款很有吸引力	15.1%	16.3%	14.6%	11.8%	12.7%	14.1%
拒绝，这是虚假广告欺骗大众	74.2%	73.9%	71.5%	72.7%	79.8%	73.5%
其他	0.2%	0.2%	0.3%	0.3%	0.6%	0.3%
总计	100.0%	100.0%	100.0%	100.0%	100.0%	100.0%
列总计	431	510	1953	790	655	4339

Chi-square test：df = 56，卡方值为 42.336，sig = 0.000 < 0.05，所以不同职业的居民对于“一个制药厂做药品销售时，出资 50 万元请您向公众介绍自己服药后的良好效果，您过去服用这药时并没有效果，但也没有发现有很大的副作用，您将如何决定”的回答有显著差异。

C6 by A10

您正在申请一个重要的职位，如果具有两次以上在敬老院做义工的经历（不需要出具证据），将可能优先获得这个职位，您将如何决定 ＊ 职业 Crosstabulation

	高级白领	低级白领	工人/做小生意者	农民	无业/失业/下岗	总计
如实填报，没做过义工，今后多参加这类活动	75.1%	74.0%	75.4%	78.7%	77.9%	76.2%
填报参加过两次义工，这机会太重要了，反正不需要出具证据	15.9%	15.2%	15.3%	14.7%	10.8%	14.6%
先填报，交表之后去做两次义工	8.5%	10.5%	9.0%	6.1%	11.1%	8.9%
其他	0.5%	0.2%	0.2%	0.5%	0.2%	0.3%
总计	100.0%	100.0%	100.0%	100.0%	100.0%	100.0%
列总计	433	512	1948	784	648	4325

Chi-square test：df = 12，卡方值为 24.123，sig = 0.020 < 0.05，所以不同职业的居民对于“您正在申请一个重要的职位，如果具有两次以上在敬老院做义工的经历（不需要出具证据），将可能优先获得这个职位，您将如何决定”的回答有显著差异。

C7 by A10

如果您全权代表本单位与另一单位进行项目谈判，对方要求您给予一千万元的优惠，事成之后将您正在寻找工作的女儿安排到这一单位并且获得较好职位，您将如何决定 ＊ 职业 Crosstabulation

	高级白领	低级白领	工人/做小生意者	农民	无业/失业/下岗	总计
拒绝，不能以公谋私	81.7%	82.0%	75.6%	75.3%	74.7%	76.8%
接受，女儿前途重要，并且我有权决定	17.2%	17.0%	24.0%	24.6%	24.1%	22.6%
其他	1.2%	1.0%	0.4%	0.1%	1.2%	0.6%
总计	100.0%	100.0%	100.0%	100.0%	100.0%	100.0%
列总计	431	505	1939	784	648	4307

Chi-square test：df = 8，卡方值为 32.968，sig = 0.000 < 0.05，所以不同职业的居民对于“如果您全权代表本单位与另一单位进行项目谈判，对方要求您给予一千万元的优惠，事成之后将您正在寻找工作的女儿安排到这一单位并且获得较好职位，您将如何决定”的回答有显著差异。

C8 by A10

现在社会上有些人不守道德反而占了便宜，您会不会效仿 ＊ 职业 Crosstabulation

	高级白领	低级白领	工人/做小生意者	农民	无业/失业/下岗	总计
从来不这么做	58.7%	56.6%	51.7%	52.5%	55.9%	53.8%
通常不这么做，关键时刻会这么做	22.7%	24.4%	28.8%	26.2%	26.4%	26.8%
经常这么做	0.9%	0.8%	0.9%	1.0%	0.8%	0.9%
相信善有善报，恶有恶报，终将会善恶报应	17.2%	18.0%	18.6%	20.3%	16.5%	18.4%
其他	0.5%	0.2%			0.5%	0.1%
总计	100.0%	100.0%	100.0%	100.0%	100.0%	100.0%
列总计	431	512	1956	790	655	4344

Chi-square test：df = 16，卡方值为 27.474，sig = 0.037 < 0.05，所以不同职业的居民对于“现在社会上有些人不守道德反而占了便宜，您会不会效仿”的回答有显著差异。

C9a by A10

下列说法您是否认同：目前大多数人将职业当作谋生的手段，缺乏责任感和奉献精神 ＊ 职业 Crosstabulation

	高级白领	低级白领	工人/做小生意者	农民	无业/失业/下岗	总计
完全不同意	2.8%	3.7%	3.1%	3.8%	3.8%	3.4%

续表

	高级白领	低级白领	工人/做小生意者	农民	无业/失业/下岗	总计
不太同意	31.7%	34.1%	30.4%	29.1%	28.1%	30.4%
比较同意	51.6%	50.2%	55.0%	57.8%	57.1%	54.9%
完全同意	13.9%	12.0%	11.5%	9.3%	11.0%	11.3%
总计	100.0%	100.0%	100.0%	100.0%	100.0%	100.0%
列总计	432	508	1918	742	627	4227

Chi-square test：df = 12，卡方值为 15.825，sig = 0.199 > 0.05，所以不同职业的居民对于“下列说法您是否认同：目前大多数人将职业当作谋生的手段，缺乏责任感和奉献精神”的回答没有显著差异。

C9b by A10

下列说法您是否认同：企业老板剥削员工，利益关系不公正 ＊ 职业 Crosstabulation

	高级白领	低级白领	工人/做小生意者	农民	无业/失业/下岗	总计
完全不同意	5.2%	5.2%	5.5%	4.9%	4.7%	5.2%
不太同意	38.0%	36.4%	31.8%	33.9%	29.4%	33.0%
比较同意	46.0%	49.7%	51.6%	52.8%	54.7%	51.4%
完全同意	10.8%	8.7%	11.0%	8.4%	11.3%	10.3%
总计	100.0%	100.0%	100.0%	100.0%	100.0%	100.0%
列总计	426	503	1893	716	602	4140

Chi-square test：df = 12，卡方值为 18.927，sig = 0.090 > 0.05，所以不同职业的居民对于“下列说法您是否认同：企业老板剥削员工，利益关系不公正”的回答没有显著差异。

C9c by A10

下列说法您是否认同：老板和员工、上级和下级相互勾结，共同对社会不负责任 ＊ 职业 Crosstabulation

	高级白领	低级白领	工人/做小生意者	农民	无业/失业/下岗	总计
完全不同意	8.6%	10.8%	6.0%	6.0%	5.6%	6.8%
不太同意	46.3%	44.4%	40.1%	42.4%	38.2%	41.4%
比较同意	34.9%	36.3%	43.4%	42.8%	47.5%	42.1%
完全同意	10.2%	8.5%	10.5%	8.8%	8.6%	9.7%
总计	100.0%	100.0%	100.0%	100.0%	100.0%	100.0%
列总计	421	493	1845	705	568	4032

Chi-square test：df = 12，卡方值为 39.845，sig = 0.000 < 0.05，所以不同职业的居民对于“下列说法您是否认同：老板和员工、上级和下级相互勾结，共同对社会不负责任”的回答有显著差异。

C9d by A10

下列说法您是否认同：是否离婚主要考虑自己的感受和利益 * 职业 Crosstabulation

	高级白领	低级白领	工人/做小生意者	农民	无业/失业/下岗	总计
完全不同意	26.4%	29.3%	23.9%	23.3%	24.2%	24.7%
不太同意	47.7%	48.6%	53.6%	56.7%	49.7%	52.4%
比较同意	20.1%	17.7%	19.9%	18.6%	22.8%	19.9%
完全同意	5.8%	4.4%	2.5%	1.4%	3.3%	3.0%
总计	100.0%	100.0%	100.0%	100.0%	100.0%	100.0%
列总计	428	502	1896	759	628	4213

Chi-square test：df = 12，卡方值为 39.977，sig = 0.000 < 0.05，所以不同职业的居民对于“下列说法您是否认同：是否离婚主要考虑自己的感受和利益”的回答有显著差异。

C9e by A10

下列说法您是否认同：是否离婚应该从家庭整体（包括子女）考虑 * 职业 Crosstabulation

	高级白领	低级白领	工人/做小生意者	农民	无业/失业/下岗	总计
完全不同意	1.4%	1.2%	0.8%	0.9%	1.4%	1.0%
不太同意	5.6%	8.3%	5.3%	5.6%	5.9%	5.8%
比较同意	59.6%	52.7%	55.8%	61.1%	55.9%	56.8%
完全同意	33.4%	37.8%	38.1%	32.4%	36.9%	36.4%
总计	100.0%	100.0%	100.0%	100.0%	100.0%	100.0%
列总计	431	503	1925	772	632	4263

Chi-square test：df = 12，卡方值为 21.002，sig = 0.050 = 0.05，所以不同职业的居民对于“下列说法您是否认同：是否离婚应该从家庭整体（包括子女）考虑”的回答有显著差异。

C9f by A10

下列说法您是否认同：婚姻是社会的事，应当兼顾社会评价和社会后果 * 职业 Crosstabulation

	高级白领	低级白领	工人/做小生意者	农民	无业/失业/下岗	总计
完全不同意	8.6%	5.4%	4.1%	2.9%	7.7%	5.1%
不太同意	22.0%	25.1%	20.8%	18.8%	22.8%	21.4%
比较同意	43.0%	48.4%	55.0%	57.2%	50.6%	52.7%
完全同意	26.4%	21.1%	20.0%	21.1%	18.9%	20.8%
总计	100.0%	100.0%	100.0%	100.0%	100.0%	100.0%
列总计	428	502	1906	754	623	4213

Chi-square test：df = 12，卡方值为 58.960，sig = 0.000 < 0.05，所以不同职业的居民对于“下列说法您是否认同：婚姻是社会的事，应当兼顾社会评价和社会后果”的回答有显著差异。

C9g by A10

下列说法您是否认同：婚姻应当是自由的，如果有更满意或更合适的人就与现在的配偶离婚 ＊ 职业 Crosstabulation

	高级白领	低级白领	工人/做小生意者	农民	无业/失业/下岗	总计
完全不同意	47.9%	47.9%	47.3%	45.7%	38.4%	45.8%
不太同意	41.6%	43.1%	44.9%	46.9%	50.7%	45.6%
比较同意	9.6%	6.8%	6.8%	6.4%	9.0%	7.3%
完全同意	0.9%	2.2%	1.0%	1.0%	1.9%	1.3%
总计	100.0%	100.0%	100.0%	100.0%	100.0%	100.0%
列总计	428	503	1937	781	631	4280

Chi-square test：df = 12，卡方值为 30.135，sig = 0.003 < 0.05，所以不同职业的居民对于“下列说法您是否认同：婚姻应当是自由的，如果有更满意或更合适的人就与现在的配偶离婚”的回答有显著差异。

C9h by A10

下列说法您是否认同：婚姻意味着责任，要考虑给对方造成什么后果，不能轻率地选择离婚 ＊ 职业 Crosstabulation

	高级白领	低级白领	工人/做小生意者	农民	无业/失业/下岗	总计
完全不同意	1.6%	1.6%	1.0%	0.8%	1.3%	1.1%
不太同意	4.2%	3.2%	2.8%	2.3%	5.3%	3.3%
比较同意	45.4%	48.8%	49.5%	52.4%	52.2%	49.9%
完全同意	48.8%	46.4%	46.7%	44.6%	41.2%	45.7%
总计	100.0%	100.0%	100.0%	100.0%	100.0%	100.0%
列总计	432	506	1943	783	638	4302

Chi-square test：df = 12，卡方值为 24.408，sig = 0.018 < 0.05，所以不同职业的居民对于“下列说法您是否认同：婚姻意味着责任，要考虑给对方造成什么后果，不能轻率地选择离婚”的回答有显著差异。

C9i by A10

下列说法您是否认同：遇到困难的时候，兄弟姐妹通常都会给予力所能及的帮助 ＊ 职业 Crosstabulation

	高级白领	低级白领	工人/做小生意者	农民	无业/失业/下岗	总计
完全不同意	1.4%	0.6%	0.4%	0.9%	0.5%	0.6%
不太同意	3.5%	5.3%	5.1%	4.3%	4.4%	4.7%
比较同意	51.5%	47.8%	54.3%	56.7%	54.7%	53.7%

续表

	高级白领	低级白领	工人/做小生意者	农民	无业/失业/下岗	总计
完全同意	43.6%	46.3%	40.2%	38.1%	40.5%	40.9%
总计	100.0%	100.0%	100.0%	100.0%	100.0%	100.0%
列总计	431	508	1942	783	640	4304

Chi-square test：df = 12，卡方值为 20.710，sig = 0.055 > 0.05，所以不同职业的居民对于“下列说法您是否认同：遇到困难的时候，兄弟姐妹通常都会给予力所能及的帮助”的回答没有显著差异。

C9j by A10

下列说法您是否认同：无论父母对自己如何，都应当尽赡养义务 * 职业 Crosstabulation

	高级白领	低级白领	工人/做小生意者	农民	无业/失业/下岗	总计
完全不同意	1.6%	0.4%	0.3%	0.8%	1.2%	0.6%
不太同意	6.0%	3.7%	3.6%	1.9%	3.2%	3.5%
比较同意	37.4%	39.8%	42.8%	41.5%	42.9%	41.7%
完全同意	55.0%	56.1%	53.3%	55.8%	52.7%	54.2%
总计	100.0%	100.0%	100.0%	100.0%	100.0%	100.0%
列总计	431	508	1947	788	651	4325

Chi-square test：df = 12，卡方值为 33.432，sig = 0.001 < 0.05，所以不同职业的居民对于“下列说法您是否认同：无论父母对自己如何，都应当尽赡养义务”的回答有显著差异。

C9k by A10

下列说法您是否认同：为了家庭利益可以一定程度上牺牲国家利益 * 职业 Crosstabulation

	高级白领	低级白领	工人/做小生意者	农民	无业/失业/下岗	总计
完全不同意	23.4%	20.1%	15.3%	15.6%	18.5%	17.3%
不太同意	47.4%	46.5%	51.5%	51.8%	51.4%	50.5%
比较同意	22.7%	26.3%	26.4%	26.9%	24.6%	25.8%
完全同意	6.5%	7.1%	6.7%	5.6%	5.4%	6.3%
总计	100.0%	100.0%	100.0%	100.0%	100.0%	100.0%
列总计	418	482	1840	735	626	4101

Chi-square test：df = 12，卡方值为 25.248，sig = 0.014 < 0.05，所以不同职业的居民对于“下列说法您是否认同：为了家庭利益可以一定程度上牺牲国家利益”的回答有显著差异。

C9l by A10

下列说法您是否认同：为了国家利益可以一定程度上牺牲家庭利益 ＊ 职业 Crosstabulation

	高级白领	低级白领	工人/做小生意者	农民	无业/失业/下岗	总计
完全不同意	6.7%	5.4%	5.0%	4.6%	5.9%	5.3%
不太同意	25.8%	28.8%	24.4%	23.8%	27.5%	25.4%
比较同意	46.7%	49.6%	51.1%	51.1%	52.1%	50.6%
完全同意	20.7%	16.2%	19.6%	20.5%	14.5%	18.7%
总计	100.0%	100.0%	100.0%	100.0%	100.0%	100.0%
列总计	415	482	1835	732	622	4086

Chi-square test：df = 12，卡方值为 20.141，sig = 0.064 > 0.05，所以不同职业的居民对于“下列说法您是否认同：为了国家利益可以一定程度上牺牲家庭利益”的回答没有显著差异。

C10 by A10

假设您的上司或老板是外国人，他侮辱了中国，您会选择 ＊ 职业 Crosstabulation

	高级白领	低级白领	工人/做小生意者	农民	无业/失业/下岗	总计
当面抗议	67.0%	64.8%	65.9%	68.0%	65.9%	66.3%
保持沉默	20.3%	22.6%	19.2%	15.7%	16.5%	18.7%
暗地里报复	3.2%	1.8%	2.9%	1.7%	2.6%	2.5%
以屈求伸，背后骂几句就行了	7.9%	8.3%	8.7%	8.0%	11.5%	8.8%
无所谓	1.6%	2.6%	3.3%	6.6%	3.4%	3.7%
总计	100.0%	100.0%	100.0%	100.0%	100.0%	100.0%
列总计	433	509	1948	785	643	4318

Chi-square test：df = 16，卡方值为 48.982，sig = 0.000 < 0.05，所以不同职业的居民对于“假设您的上司或老板是外国人，他侮辱了中国，您会选择”的回答有显著差异。

C11 by A10

如果条件允许的话，您希望您的孩子生活在国内，还是到国外定居 ＊ 职业 Crosstabulation

	高级白领	低级白领	工人/做小生意者	农民	无业/失业/下岗	总计
还是在国内生活好	59.1%	53.9%	58.4%	62.3%	58.9%	58.7%
到国外定居	12.5%	14.5%	9.2%	4.8%	10.4%	9.5%
走一步看一步	14.3%	14.1%	10.3%	8.5%	13.3%	11.2%
没考虑过	14.1%	17.6%	22.1%	24.4%	17.4%	20.5%

续表

	高级白领	低级白领	工人/做小生意者	农民	无业/失业/下岗	总计
总计	100.0%	100.0%	100.0%	100.0%	100.0%	100.0%
列总计	433	512	1957	790	655	4347

Chi-square test：df = 12，卡方值为 78.981，sig = 0.000 < 0.05，所以不同职业的居民对于“如果条件允许的话，您希望您的孩子生活在国内，还是到国外定居”的回答有显著差异。

C12a by A10

您常常体验到自己身上一种“伦理感”的存在吗？人与人之间 ＊ 职业 Crosstabulation

	高级白领	低级白领	工人/做小生意者	农民	无业/失业/下岗	总计
没有，只感受到自己实实在在的生活	17.6%	20.8%	21.3%	20.2%	17.3%	20.1%
偶尔有，但主要是因为那种情况下我的利益与它高度一致	27.5%	33.9%	32.8%	28.9%	28.4%	31.0%
偶尔有，是在受某种作品或生活情境的影响之后	26.8%	19.0%	20.2%	19.5%	23.9%	21.1%
时常有，它是一种内在的信念	28.2%	26.3%	25.7%	31.4%	30.4%	27.7%
总计	100.0%	100.0%	100.0%	100.0%	100.0%	100.0%
列总计	433	510	1954	781	654	4332

Chi-square test：df = 12，卡方值为 33.655，sig = 0.001 < 0.05，所以不同职业的居民对于“您常常体验到自己身上一种‘伦理感’的存在吗？人与人之间”的回答有显著差异。

C12b by A10

您常常体验到自己身上一种“伦理感”的存在吗？家庭 ＊ 职业 Crosstabulation

	高级白领	低级白领	工人/做小生意者	农民	无业/失业/下岗	总计
没有，只感受到自己实实在在的生活	14.3%	17.2%	19.5%	19.4%	11.3%	17.5%
偶尔有，但主要是因为那种情况下我的利益与它高度一致	16.4%	19.6%	17.2%	14.9%	14.9%	16.6%
偶尔有，是在受某种作品或生活情境的影响之后	15.7%	16.6%	15.8%	13.5%	20.1%	16.1%
时常有，它是一种内在的信念	53.6%	46.6%	47.5%	52.1%	53.8%	49.8%
总计	100.0%	100.0%	100.0%	100.0%	100.0%	100.0%

续表

	高级白领	低级白领	工人/做小生意者	农民	无业/失业/下岗	总计
列总计	433	511	1953	783	653	4333

Chi-square test：df = 12，卡方值为 45.472，sig = 0.000 < 0.05，所以不同职业的居民对于“您常常体验到自己身上一种‘伦理感’的存在吗？家庭”的回答有显著差异。

C12c by A10

您常常体验到自己身上一种“伦理感”的存在吗？单位 * 职业 Crosstabulation

	高级白领	低级白领	工人/做小生意者	农民	无业/失业/下岗	总计
没有，只感受到自己实实在在的生活	17.3%	19.6%	20.7%	23.1%	24.8%	21.3%
偶尔有，但主要是因为那种情况下我的利益与它高度一致	29.1%	32.0%	34.7%	32.4%	27.7%	32.4%
偶尔有，是在受某种作品或生活情境的影响之后	28.4%	30.0%	26.8%	27.6%	29.1%	27.8%
时常有，它是一种内在的信念	25.2%	18.4%	17.8%	16.9%	18.3%	18.5%
总计	100.0%	100.0%	100.0%	100.0%	100.0%	100.0%
列总计	433	510	1949	775	649	4316

Chi-square test：df = 12，卡方值为 32.419，sig = 0.001 < 0.05，所以不同职业的居民对于“您常常体验到自己身上一种‘伦理感’的存在吗？单位”的回答有显著差异。

C12d by A10

您常常体验到自己身上一种“伦理感”的存在吗？社区、城市 * 职业 Crosstabulation

	高级白领	低级白领	工人/做小生意者	农民	无业/失业/下岗	总计
没有，只感受到自己实实在在的生活	18.3%	22.0%	21.6%	25.2%	24.1%	22.4%
偶尔有，但主要是因为那种情况下我的利益与它高度一致	28.7%	28.9%	29.9%	27.9%	24.0%	28.4%
偶尔有，是在受某种作品或生活情境的影响之后	28.9%	28.5%	28.6%	26.8%	31.2%	28.7%
时常有，它是一种内在的信念	24.1%	20.6%	19.9%	20.1%	20.7%	20.6%
总计	100.0%	100.0%	100.0%	100.0%	100.0%	100.0%
列总计	432	509	1952	781	651	4325

Chi-square test：df = 12，卡方值为 19.100，sig = 0.086 > 0.05，所以不同职业的居民对于“您常常体验到自己身上一种‘伦理感’的存在吗？社区、城市”的回答没有显著差异。

C13 by A10

您常常体验到自己身上有一种“道德感”的存在和满足吗 * 职业 Crosstabulation

	高级白领	低级白领	工人/做小生意者	农民	无业/失业/下岗	总计
没有，只是凭自己的感觉和利益办事	12.2%	15.0%	15.1%	16.0%	8.6%	14.0%
在有监督的环境中或有别人在场时有，其他环境中没有	14.1%	12.1%	15.2%	12.3%	9.7%	13.4%
经常有，问心无愧、不做亏心事最重要	57.0%	51.8%	48.6%	49.2%	56.1%	51.1%
没有特别的感觉，但从来不做不道德的事	16.4%	21.1%	21.0%	22.5%	25.3%	21.5%
其他	0.2%		0.1%		0.3%	0.1%
总计	100.0%	100.0%	100.0%	100.0%	100.0%	100.0%
列总计	433	512	1955	788	652	4340

Chi-square test：df = 16，卡方值为 37.189，sig = 0.000 < 0.05，所以不同职业的居民对于“您常常体验到自己身上有一种‘道德感’的存在和满足吗”的回答有显著差异。

C14 by A10

您认为国家对于个人存在的意义是 * 职业 Crosstabulation

	高级白领	低级白领	工人/做小生意者	农民	无业/失业/下岗	总计
国家离我们很遥远，个人最重要	13.6%	17.6%	23.7%	23.3%	15.9%	20.7%
国家最重要，是我们的安身之地，国家富强个人才能过得好	85.5%	82.2%	76.2%	76.6%	83.5%	79.0%
其他	0.9%	0.2%	0.1%	0.1%	0.6%	0.3%
总计	100.0%	100.0%	100.0%	100.0%	100.0%	100.0%
列总计	433	511	1954	791	653	4342

Chi-square test：df = 8，卡方值为 50.175，sig = 0.000 < 0.05，所以不同职业的居民对于“您认为国家对于个人存在的意义是”的回答有显著差异。

C15 by A10

您认为对社会生活而言，个体德性和社会公正哪个更重要 * 职业 Crosstabulation

	高级白领	低级白领	工人/做小生意者	农民	无业/失业/下岗	总计
个体德性最重要	14.3%	13.1%	14.7%	18.5%	12.4%	14.8%

续表

	高级白领	低级白领	工人/做小生意者	农民	无业/失业/下岗	总计
社会公正最重要	25.9%	30.9%	33.3%	37.3%	27.8%	32.2%
二者应当统一，但二者矛盾时应先追求个体德性	27.5%	22.5%	26.4%	22.9%	31.5%	26.2%
二者应当统一，但二者矛盾时应先追求社会公正	32.3%	33.5%	25.6%	21.3%	28.4%	26.8%
总计	100.0%	100.0%	100.0%	100.0%	100.0%	100.0%
列总计	433	511	1956	790	655	4345

Chi-square test：df = 12，卡方值为 64.945 ，sig = 0.000 < 0.05，所以不同职业的居民对于“您认为对社会生活而言，个体德性和社会公正哪个更重要”的回答有显著差异。

C16 by A10

在公共生活中，个人之所以要遵守道德，是因为 ＊ 职业 Crosstabulation

	高级白领	低级白领	工人/做小生意者	农民	无业/失业/下岗	总计
遵守道德有利于自身利益的实现	20.6%	17.8%	21.7%	24.1%	16.6%	20.8%
个人是社会的一分子，应当遵守道德	42.5%	38.6%	38.6%	37.8%	40.5%	39.2%
遵守道德社会才能有序和美好	33.9%	40.6%	34.3%	32.7%	39.6%	35.5%
不遵守道德会被别人议论或谴责	2.5%	2.9%	5.2%	5.4%	3.2%	4.4%
其他	0.5%		0.2%		0.2%	0.1%
总计	100.0%	100.0%	100.0%	100.0%	100.0%	100.0%
列总计	433	510	1954	790	652	4339

Chi-square test：df = 16，卡方值为 42.178 ，sig = 0.000 < 0.05，所以不同职业的居民对于“在公共生活中，个人之所以要遵守道德，是因为”的回答有显著差异。

C17 by A10

关于职业劳动的说法，您最认同的是 ＊ 职业 Crosstabulation

	高级白领	低级白领	工人/做小生意者	农民	无业/失业/下岗	总计
职业劳动是个人和家庭谋生的手段	40.4%	42.7%	56.0%	61.1%	57.5%	54.0%
职业劳动是为社会创造财富	26.2%	29.6%	25.1%	23.4%	19.0%	24.5%
职业劳动是个人兴趣和价值实现的方式	32.9%	27.6%	18.7%	15.3%	22.9%	21.2%
其他	0.5%		0.2%	0.3%	0.6%	0.3%
总计	100.0%	100.0%	100.0%	100.0%	100.0%	100.0%

续表

	高级白领	低级白领	工人/做小生意者	农民	无业/失业/下岗	总计
列总计	431	510	1950	778	647	4316

Chi-square test：df = 12，卡方值为 114.987，sig = 0.000 < 0.05，所以不同职业的居民对于“关于职业劳动的说法，您最认同的是”的回答有显著差异。

C18a by A10

您认为造成有些人忧郁、自杀原因的是？欲望过多过大，不能知足常乐 * 职业 Crosstabulation

	高级白领	低级白领	工人/做小生意者	农民	无业/失业/下岗	总计
未选中	59.5%	67.9%	70.8%	70.7%	69.0%	69.1%
选中	40.5%	32.1%	29.2%	29.3%	31.0%	30.9%
总计	100.0%	100.0%	100.0%	100.0%	100.0%	100.0%
列总计	430	507	1945	778	651	4311

Chi-square test：df = 4，卡方值为 22.490，sig = 0.000 < 0.05，所以不同职业的居民对于“您认为造成有些人忧郁、自杀的原因是？欲望过多过大，不能知足常乐”的回答有显著差异。

C18b by A10

您认为造成有些人忧郁、自杀原因的是？对自己和未来没有把握 * 职业 Crosstabulation

	高级白领	低级白领	工人/做小生意者	农民	无业/失业/下岗	总计
未选中	66.7%	67.3%	69.7%	71.5%	78.3%	70.7%
选中	33.3%	32.7%	30.3%	28.5%	21.7%	29.3%
总计	100.0%	100.0%	100.0%	100.0%	100.0%	100.0%
列总计	430	507	1945	778	651	4311

Chi-square test：df = 4，卡方值为 25.732，sig = 0.000 < 0.05，所以不同职业的居民对于“您认为造成有些人忧郁、自杀的原因是？对自己和未来没有把握”的回答有显著差异。

C18c by A10

您认为造成有些人忧郁、自杀的原因是？竞争激烈，工作压力过大，身心疲惫 * 职业 Crosstabulation

	高级白领	低级白领	工人/做小生意者	农民	无业/失业/下岗	总计
未选中	48.1%	51.9%	48.9%	53.2%	46.4%	49.6%
选中	51.9%	48.1%	51.1%	46.8%	53.6%	50.4%

续表

	高级白领	低级白领	工人/做小生意者	农民	无业/失业/下岗	总计
总计	100.0%	100.0%	100.0%	100.0%	100.0%	100.0%
列总计	430	507	1945	778	651	4311

Chi-square test：df = 4，卡方值为 8.495，sig = 0.075 > 0.05，所以不同职业的居民对于“您认为造成有些人忧郁、自杀的原因是？竞争激烈，工作压力过大，身心疲惫”的回答没有显著差异。

C18d by A10

您认为造成有些人忧郁、自杀的原因是？人与人之间缺乏信任感，人际关系紧张 ＊ 职业 Crosstabulation

	高级白领	低级白领	工人/做小生意者	农民	无业/失业/下岗	总计
未选中	62.1%	60.6%	61.0%	61.2%	67.4%	62.1%
选中	37.9%	39.4%	39.0%	38.8%	32.6%	37.9%
总计	100.0%	100.0%	100.0%	100.0%	100.0%	100.0%
列总计	430	507	1945	778	651	4311

Chi-square test：df = 4，卡方值为 9.611，sig = 0.048 < 0.05，所以不同职业的居民对于“您认为造成有些人忧郁、自杀的原因是？人与人之间缺乏信任感，人际关系紧张”的回答有显著差异。

C18e by A10

您认为造成有些人忧郁、自杀的原因是？有烦恼很难找到人倾诉和排解 ＊ 职业 Crosstabulation

	高级白领	低级白领	工人/做小生意者	农民	无业/失业/下岗	总计
未选中	72.1%	76.7%	74.9%	77.9%	76.7%	75.6%
选中	27.9%	23.3%	25.1%	22.1%	23.3%	24.4%
总计	100.0%	100.0%	100.0%	100.0%	100.0%	100.0%
列总计	430	507	1945	778	651	4311

Chi-square test：df = 4，卡方值为 6.403，sig = 0.171 > 0.05，所以不同职业的居民对于“您认为造成有些人忧郁、自杀的原因是？有烦恼很难找到人倾诉和排解”的回答没有显著差异。

C18f by A10

您认为造成有些人忧郁、自杀的原因是？缺乏自我理解和自我调节能力 ＊ 职业 Crosstabulation

	高级白领	低级白领	工人/做小生意者	农民	无业/失业/下岗	总计
未选中	71.6%	75.3%	76.4%	75.3%	79.0%	76.0%

续表

	高级白领	低级白领	工人/做小生意者	农民	无业/失业/下岗	总计
选中	28.4%	24.7%	23.6%	24.7%	21.0%	24.0%
总计	100.0%	100.0%	100.0%	100.0%	100.0%	100.0%
列总计	430	507	1945	778	651	4311

Chi-square test：df=4，卡方值为8.109，sig=0.088>0.05，所以不同职业的居民对于“您认为造成有些人忧郁、自杀的原因是？缺乏自我理解和自我调节能力”的回答没有显著差异。

C18g by A10

您认为造成有些人忧郁、自杀的原因是？现代人缺乏安顿自己、化解内心矛盾的能力 ＊ 职业 Crosstabulation

	高级白领	低级白领	工人/做小生意者	农民	无业/失业/下岗	总计
未选中	71.9%	68.4%	75.2%	77.2%	73.7%	74.2%
选中	28.1%	31.6%	24.8%	22.8%	26.3%	25.8%
总计	100.0%	100.0%	100.0%	100.0%	100.0%	100.0%
列总计	430	507	1945	778	651	4311

Chi-square test：df=4，卡方值为14.816，sig=0.005<0.05，所以不同职业的居民对于“您认为造成有些人忧郁、自杀的原因是？现代人缺乏安顿自己、化解内心矛盾的能力”的回答有显著差异。

C18h by A10

您认为造成有些人忧郁、自杀的原因是？缺乏道德公正，没有道德的人总是占便宜 ＊ 职业 Crosstabulation

	高级白领	低级白领	工人/做小生意者	农民	无业/失业/下岗	总计
未选中	78.1%	73.0%	74.9%	74.0%	85.9%	76.5%
选中	21.9%	27.0%	25.1%	26.0%	14.1%	23.5%
总计	100.0%	100.0%	100.0%	100.0%	100.0%	100.0%
列总计	430	507	1945	778	651	4311

Chi-square test：df=4，卡方值为41.284，sig=0.000<0.05，所以不同职业的居民对于“您认为造成有些人忧郁、自杀的原因是？缺乏道德公正，没有道德的人总是占便宜”的回答有显著差异。

C18i by A10

您认为造成有些人忧郁、自杀的原因是？缺乏理想和信念支持，精神没有寄托和归宿 ＊ 职业 Crosstabulation

	高级白领	低级白领	工人/做小生意者	农民	无业/失业/下岗	总计
未选中	71.6%	70.4%	79.7%	80.2%	77.1%	77.5%

续表

	高级白领	低级白领	工人/做小生意者	农民	无业/失业/下岗	总计
选中	28.4%	29.6%	20.3%	19.8%	22.9%	22.5%
总计	100.0%	100.0%	100.0%	100.0%	100.0%	100.0%
列总计	430	507	1945	778	651	4311

Chi-square test：df = 4，卡方值为 31.780，sig = 0.000 < 0.05，所以不同职业的居民对于“您认为造成有些人忧郁、自杀的原因是？缺乏理想和信念支持，精神没有寄托和归宿”的回答有显著差异。

C18j by A10

您认为造成有些人忧郁、自杀的原因是？生活压力大 * 职业 Crosstabulation

	高级白领	低级白领	工人/做小生意者	农民	无业/失业/下岗	总计
未选中	44.0%	43.8%	44.3%	46.8%	40.1%	44.0%
选中	56.0%	56.2%	55.7%	53.2%	59.9%	56.0%
总计	100.0%	100.0%	100.0%	100.0%	100.0%	100.0%
列总计	430	507	1945	778	651	4311

Chi-square test：df = 4，卡方值为 6.574，sig = 0.160 > 0.05，所以不同职业的居民对于“您认为造成有些人忧郁、自杀的原因是？生活压力大”的回答没有显著差异。

C18k by A10

您认为造成有些人忧郁、自杀的原因是？生活孤独无聊 * 职业 Crosstabulation

	高级白领	低级白领	工人/做小生意者	农民	无业/失业/下岗	总计
未选中	88.4%	89.9%	90.9%	91.9%	87.7%	90.2%
选中	11.6%	10.1%	9.1%	8.1%	12.3%	9.8%
总计	100.0%	100.0%	100.0%	100.0%	100.0%	100.0%
列总计	430	507	1945	778	651	4311

Chi-square test：df = 4，卡方值为 9.878，sig = 0.043 < 0.05，所以不同职业的居民对于“您认为造成有些人忧郁、自杀的原因是？生活孤独无聊”的回答有显著差异。

C19a by A10

如果您与家庭成员之间发生重大利益冲突，您会首先选择哪种途径来解决 * 职业 Crosstabulation

	高级白领	低级白领	工人/做小生意者	农民	无业/失业/下岗	总计
诉诸法律，打官司	0.9%	1.4%	0.6%	0.6%	2.0%	1.0%

续表

	高级白领	低级白领	工人/做小生意者	农民	无业/失业/下岗	总计
直接找对方沟通但得理让人，适可而止	51.1%	49.6%	51.6%	49.6%	68.3%	53.4%
通过第三方（如社会机构、朋友等）从中调解，尽量不伤和气	9.4%	8.7%	9.9%	12.7%	8.3%	10.0%
能忍则忍	38.6%	40.3%	37.9%	37.1%	21.4%	35.6%
总计	100.0%	100.0%	100.0%	100.0%	100.0%	100.0%
列总计	425	506	1933	774	641	4279

Chi-square test：df = 12，卡方值为96.001 ，sig = 0.000 < 0.05，所以不同职业的居民对于“如果您与家庭成员之间发生重大利益冲突，您会首先选择哪种途径来解决”的回答有显著差异。

C19b by A10

如果您与朋友之间发生重大利益冲突，您会首先选择哪种途径来解决 * 职业 Crosstabulation

	高级白领	低级白领	工人/做小生意者	农民	无业/失业/下岗	总计
诉诸法律，打官司	1.4%	2.7%	2.6%	1.6%	2.3%	2.3%
直接找对方沟通但得理让人，适可而止	51.3%	51.6%	51.8%	49.2%	68.4%	53.7%
通过第三方（如社会机构、朋友等）从中调解，尽量不伤和气	24.6%	22.4%	22.3%	24.0%	16.6%	22.0%
能忍则忍	22.7%	23.3%	23.3%	25.3%	12.7%	22.0%
总计	100.0%	100.0%	100.0%	100.0%	100.0%	100.0%
列总计	431	510	1931	768	640	4280

Chi-square test：df = 12，卡方值为78.229，sig = 0.000 < 0.05，所以不同职业的居民对于“如果您与朋友之间发生重大利益冲突，您会首先选择哪种途径来解决”的回答有显著差异。

C19c by A10

如果您与同事之间发生重大利益冲突，您会首先选择哪种途径来解决 * 职业 Crosstabulation

	高级白领	低级白领	工人/做小生意者	农民	无业/失业/下岗	总计
诉诸法律，打官司	2.1%	4.5%	4.5%	3.0%	5.4%	4.1%
直接找对方沟通但得理让人，适可而止	50.7%	53.3%	52.4%	50.1%	64.1%	53.5%

续表

	高级白领	低级白领	工人/做小生意者	农民	无业/失业/下岗	总计
通过第三方（如社会机构、朋友等）从中调解，尽量不伤和气	30.5%	31.2%	28.5%	33.0%	24.7%	29.3%
能忍则忍	16.7%	11.0%	14.6%	13.9%	5.8%	13.1%
总计	100.0%	100.0%	100.0%	100.0%	100.0%	100.0%
列总计	430	507	1881	699	538	4055

Chi-square test：df = 12，卡方值为 63.427，sig = 0.000 < 0.05，所以不同职业的居民在对于“如果您与同事之间发生重大利益冲突，您会首先选择哪种途径来解决”的回答有显著差异。

C19d by A10

如果您与商业伙伴之间发生重大利益冲突，您会首先选择哪种途径来解决 * 职业 Crosstabulation

	高级白领	低级白领	工人/做小生意者	农民	无业/失业/下岗	总计
诉诸法律，打官司	37.8%	49.2%	40.2%	39.6%	36.7%	40.5%
直接找对方沟通但得理让人，适可而止	30.3%	20.3%	25.6%	25.3%	35.2%	26.7%
通过第三方（如社会机构、朋友等）从中调解，尽量不伤和气	25.6%	25.2%	28.4%	29.6%	25.4%	27.5%
能忍则忍	6.2%	5.3%	5.7%	5.6%	2.7%	5.3%
总计	100.0%	100.0%	100.0%	100.0%	100.0%	100.0%
列总计	402	449	1710	609	477	3647

Chi-square test：df = 12，卡方值为 45.106，sig = 0.000 < 0.05，所以不同职业的居民在对于“如果您与商业伙伴之间发生重大利益冲突，您会首先选择哪种途径来解决”的回答有显著差异。

C20 by A10

您认为在自己的成长中得到道德训练的最重要场所或机构是 * 职业 Crosstabulation

	高级白领	低级白领	工人/做小生意者	农民	无业/失业/下岗	总计
家庭	26.8%	28.4%	33.8%	36.1%	42.4%	34.2%
学校	27.3%	28.0%	21.4%	19.6%	28.7%	23.6%
社会（如工作单位、社区等）	31.2%	34.5%	33.7%	30.3%	21.7%	31.1%
国家或政府	7.9%	3.9%	6.5%	11.3%	3.4%	6.7%
媒体	1.8%	1.8%	2.2%	1.0%	0.6%	1.7%
其他	5.1%	3.3%	2.4%	1.6%	3.2%	2.7%

续表

	高级白领	低级白领	工人/做小生意者	农民	无业/失业/下岗	总计
总计	100.0%	100.0%	100.0%	100.0%	100.0%	100.0%
列总计	433	510	1946	789	654	4332

Chi-square test：df = 20，卡方值为 140.001，sig = 0.000 < 0.05，所以不同职业的居民对于“您认为在自己的成长中得到道德训练的最重要场所或机构是”的回答有显著差异。

C21 by A10

您的思想行为受什么人影响最大 * 职业 Crosstabulation

	高级白领	低级白领	工人/做小生意者	农民	无业/失业/下岗	总计
政府官员	22.6%	20.2%	26.1%	33.2%	16.4%	24.9%
企业家	16.8%	17.8%	24.5%	21.6%	13.0%	20.7%
演艺明星	8.9%	13.4%	7.1%	6.6%	4.0%	7.5%
教师	47.6%	54.5%	44.0%	41.5%	45.8%	45.4%
知识精英	22.6%	19.2%	15.7%	15.0%	11.4%	16.1%
公众人物	27.5%	31.2%	29.2%	27.3%	14.3%	26.7%
农民	4.4%	2.8%	6.9%	15.1%	5.6%	7.5%
工人	1.4%	2.0%	4.0%	3.6%	2.2%	3.2%
先哲先贤	21.2%	18.4%	13.3%	10.9%	12.4%	14.2%
父母	70.2%	68.4%	66.8%	66.8%	79.0%	69.2%
网络大V	4.7%	6.5%	3.1%	2.0%	2.5%	3.4%
宗教人士	0.5%	1.2%	0.7%	1.1%	0.5%	0.8%
列总计	429	494	1881	754	629	4187

据上表所示，不同职业的居民对于“您的思想行为受什么人影响最大”的回答有显著差异。

C22 by A10

影响您道德判断和道德选择的最主要的因素是 * 职业 Crosstabulation

	高级白领	低级白领	工人/做小生意者	农民	无业/失业/下岗	总计
自己的良心	70.2%	70.4%	71.5%	72.7%	79.4%	72.7%
大多数人持有的观点	35.1%	35.7%	41.3%	41.8%	32.6%	38.8%
公众人士和权威人物的观点	8.8%	9.5%	7.1%	6.4%	4.9%	7.1%
国外媒体的观点	4.4%	5.6%	5.4%	6.2%	2.5%	5.0%
自己的利益	10.4%	17.1%	15.0%	16.1%	11.7%	14.5%
他人的评价	4.2%	6.0%	6.9%	8.3%	5.9%	6.6%

续表

	高级白领	低级白领	工人/做小生意者	农民	无业/失业/下岗	总计
社会后果	22.4%	19.6%	13.4%	9.2%	11.7%	14.1%
大多数人认可的道德规范	21.7%	18.3%	17.0%	18.5%	21.2%	18.5%
先贤教导	9.5%	7.5%	4.3%	3.8%	6.3%	5.4%
“朋友圈”的观点	0.5%	1.0%	3.2%	3.5%	1.1%	2.4%
列总计	433	504	1927	763	647	4274

据上表所示，不同职业的居民对于“影响您道德判断和道德选择的最主要的因素”的回答有显著差异。

C23 by A10

现在经常有一些网民在网络上曝光别人的隐私，您怎么看待这种行为 * 职业 Crosstabulation

	高级白领	低级白领	工人/做小生意者	农民	无业/失业/下岗	总计
这是违法行为，应该制止	46.1%	50.8%	43.4%	38.1%	42.5%	43.5%
这是不道德行为，应该进行谴责	35.5%	37.6%	44.7%	51.5%	45.4%	44.2%
这是社会监督的重要途径，不必完全禁止，但需要规范和引导	17.7%	11.4%	10.1%	7.6%	10.9%	10.7%
这是网民的自由，别人不应该干涉	0.7%	0.2%	1.8%	2.8%	1.1%	1.6%
总计	100.0%	100.0%	100.0%	100.0%	100.0%	100.0%
列总计	423	502	1898	724	614	4161

Chi-square test：df = 12，卡方值为 76.005，sig = 0.000 < 0.05，所以不同职业的居民对于“现在经常有一些网民在网络上曝光别人的隐私，您怎么看待这种行为”的回答有显著差异。

C24a by A10

您最近两年是否参加过以下活动？志愿者活动 * 职业 Crosstabulation

	高级白领	低级白领	工人/做小生意者	农民	无业/失业/下岗	总计
是	35.8%	31.4%	12.4%	6.7%	25.0%	17.8%
否	64.2%	68.6%	87.6%	93.3%	75.0%	82.2%
总计	100.0%	100.0%	100.0%	100.0%	100.0%	100.0%
列总计	433	512	1954	790	656	4345

Chi-square test：df = 4，卡方值为 289.355，sig = 0.000 < 0.05，所以不同职业的居民对于“您最近两年是否参加过以下活动？志愿者活动”的回答有显著差异。

C24b by A10

您参加的频率：志愿者活动 ＊ 职业 Crosstabulation

	高级白领	低级白领	工人/做小生意者	农民	无业/失业/下岗	总计
从来没有	64.2%	68.6%	87.6%	93.3%	75.0%	82.2%
参加过一两次	14.8%	14.5%	6.2%	2.9%	14.6%	8.7%
偶尔参加一次	14.5%	11.9%	5.2%	2.8%	7.3%	6.8%
经常参加	6.5%	5.1%	1.0%	1.0%	3.0%	2.3%
总计	100.0%	100.0%	100.0%	100.0%	100.0%	100.0%
列总计	433	512	1954	790	656	4345

Chi-square test：df = 12，卡方值为 314.813，sig = 0.000 < 0.05，所以不同职业的居民对于“您参加的频率：志愿者活动”的回答有显著差异。

C24c by A10

您最近两年是否参加过以下活动？无偿献血 ＊ 职业 Crosstabulation

	高级白领	低级白领	工人/做小生意者	农民	无业/失业/下岗	总计
是	30.9%	19.9%	9.2%	3.3%	11.4%	11.9%
否	69.1%	80.1%	90.8%	96.7%	88.6%	88.1%
总计	100.0%	100.0%	100.0%	100.0%	100.0%	100.0%
列总计	433	512	1954	791	656	4346

Chi-square test：df = 4，卡方值为 251.847，sig = 0.000 < 0.05，所以不同职业的居民对于“您最近两年是否参加过以下活动？无偿献血”的回答有显著差异。

C24d by A10

您参加的频率：无偿献血 ＊ 职业 Crosstabulation

	高级白领	低级白领	工人/做小生意者	农民	无业/失业/下岗	总计
从来没有	69.1%	80.1%	90.8%	96.7%	88.6%	88.1%
参加过一两次	14.5%	9.2%	4.3%	1.9%	6.4%	5.8%
偶尔参加一次	13.6%	9.4%	4.0%	1.0%	4.3%	5.1%
经常参加	2.8%	1.4%	0.8%	0.4%	0.8%	1.0%
总计	100.0%	100.0%	100.0%	100.0%	100.0%	100.0%
列总计	433	512	1954	791	656	4346

Chi-square test：df = 12，卡方值为 255.838，sig = 0.000 < 0.05，所以不同职业的居民对于“您参加的频率：无偿献血”的回答有显著差异。

C24e by A10

您最近两年是否参加过以下活动？捐款、捐物 ＊ 职业 Crosstabulation

	高级白领	低级白领	工人/做小生意者	农民	无业/失业/下岗	总计
是	66.3%	50.6%	38.4%	26.0%	54.6%	42.8%
否	33.7%	49.4%	61.6%	74.0%	45.4%	57.2%
总计	100.0%	100.0%	100.0%	100.0%	100.0%	100.0%
列总计	433	512	1954	791	656	4346

Chi-square test：df = 4，卡方值为 253.644，sig = 0.000 < 0.05，所以不同职业的居民对于“您最近两年是否参加过以下活动？捐款、捐物”的回答有显著差异。

C24f by A10

您参加的频率：捐款、捐物＊ 职业 Crosstabulation

	高级白领	低级白领	工人/做小生意者	农民	无业/失业/下岗	总计
从来没有	33.7%	49.4%	61.6%	74.0%	45.4%	57.2%
参加过一两次	24.9%	20.1%	18.5%	11.8%	26.4%	19.3%
偶尔参加一次	23.8%	22.1%	14.6%	8.8%	18.8%	16.0%
经常参加	17.6%	8.4%	5.3%	5.4%	9.5%	7.5%
总计	100.0%	100.0%	100.0%	100.0%	100.0%	100.0%
列总计	433	512	1954	791	656	4346

Chi-square test：df = 12，卡方值为 294.617，sig = 0.000 < 0.05，所以不同职业的居民对于“您参加的频率：捐款、捐物”的回答有显著差异。

C25 by A10

目前中国社会的两性关系日益开放，它对社会风尚的影响是 ＊ 职业 Crosstabulation

	高级白领	低级白领	工人/做小生意者	农民	无业/失业/下岗	总计
是社会进步的表现	11.8%	10.4%	11.9%	10.7%	9.4%	11.1%
两性关系混乱必然导致道德沦丧、污染社会风气	60.5%	62.6%	59.8%	64.4%	58.2%	60.8%
个人选择，无所谓好坏	27.0%	26.2%	28.2%	24.9%	32.4%	27.8%
其他	0.7%	0.8%	0.1%			0.2%
总计	100.0%	100.0%	100.0%	100.0%	100.0%	100.0%
列总计	433	511	1950	784	649	4327

Chi-square test：df = 12，卡方值为 31.209，sig = 0.002 < 0.05，所以不同职业的居民对于“目前中国社会的两性关系日益开放，它对社会风尚的影响是”的回答有显著差异。

C26 by A10

您对一些重要事情所持的观点和回答与其他人一致的时候有多少 * 职业 Crosstabulation

	高级白领	低级白领	工人/做小生意者	农民	无业/失业/下岗	总计
非常少	2.4%	2.3%	2.3%	2.7%	1.0%	2.2%
比较少	11.9%	10.7%	9.7%	11.0%	9.8%	10.3%
一般	40.2%	46.6%	51.5%	50.7%	45.7%	48.7%
比较多	39.2%	36.7%	32.4%	30.3%	39.4%	34.3%
非常多	6.3%	3.7%	4.1%	5.3%	4.1%	4.5%
总计	100.0%	100.0%	100.0%	100.0%	100.0%	100.0%
列总计	413	485	1817	694	630	4039

Chi-square test：df = 16，卡方值为 38.125，sig = 0.001 < 0.05，所以不同职业的居民对于“您对一些重要事情所持的观点和回答与其他人一致的时候有多少”的回答有显著差异。

C27 by A10

您对待目前社会上一部分人的奢侈消费行为的态度是 * 职业 Crosstabulation

	高级白领	低级白领	工人/做小生意者	农民	无业/失业/下岗	总计
钞票是他们自己的，他们愿意怎么花就怎么花	26.1%	30.3%	32.5%	32.6%	30.7%	31.3%
他们应该遵守勤俭的传统美德，适度消费	58.4%	54.9%	55.6%	58.4%	53.9%	56.0%
过度消费行为只要对别人无害，就不应干涉	14.5%	14.6%	11.9%	9.0%	15.3%	12.5%
其他	0.9%	0.2%	0.1%		0.2%	0.2%
总计	100.0%	100.0%	100.0%	100.0%	100.0%	100.0%
列总计	433	512	1956	791	655	4347

Chi-square test：df = 12，卡方值为 41.464，sig = 0.000 < 0.05，所以不同职业的居民在对于“您对待目前社会上一部分人的奢侈消费行为的态度是”的回答有显著差异。

C28 by A10

孝敬、礼让、仁爱、节俭等优良传统，您认为现在还需要这些吗 * 职业 Crosstabulation

	高级白领	低级白领	工人/做小生意者	农民	无业/失业/下岗	总计
这些好传统什么时候都不能丢	85.2%	85.0%	82.5%	84.0%	86.3%	83.9%

续表

	高级白领	低级白领	工人/做小生意者	农民	无业/失业/下岗	总计
可有可无	4.6%	6.3%	6.7%	7.7%	4.3%	6.3%
已经过时，没必要讲这些	2.8%	3.1%	3.1%	2.3%	1.1%	2.6%
有些要，有些不要	7.4%	5.7%	7.7%	6.0%	8.4%	7.2%
总计	100.0%	100.0%	100.0%	100.0%	100.0%	100.0%
列总计	433	512	1957	789	656	4347

Chi-square test：df = 12，卡方值为 24.399，sig = 0.018 < 0.05，所以不同职业的居民在对于“孝敬、礼让、仁爱、节俭等优良传统，您认为现在还需要这些吗”的回答有显著差异。

C29 by A10

民族英雄和新时期的先进人物，您觉得他们的精神还值得在全社会大力倡导吗 ＊ 职业 Crosstabulation

	高级白领	低级白领	工人/做小生意者	农民	无业/失业/下岗	总计
我很佩服他们，现在社会就缺这种精神，要加大宣传	79.2%	72.8%	67.8%	71.1%	75.2%	71.3%
以前知道一些，现在不太关注了	13.4%	19.0%	24.8%	23.0%	16.5%	21.4%
时过境迁，这些典型的影响力越来越小了，没太多人关心了	7.4%	6.8%	5.4%	2.9%	6.7%	5.5%
不知道，也不关心		1.4%	2.0%	2.9%	1.5%	1.8%
总计	100.0%	100.0%	100.0%	100.0%	100.0%	100.0%
列总计	432	511	1956	790	654	4343

Chi-square test：df = 12，卡方值为 71.905，sig = 0.000 < 0.05，所以不同职业的居民对于“民族英雄和新时期的先进人物，您觉得他们的精神还值得在全社会大力倡导吗”的回答有显著差异。

C30 by A10

当在公交车上遇到小偷正在偷乘客钱包时，您会选择以下哪种做法 ＊ 职业 Crosstabulation

	高级白领	低级白领	工人/做小生意者	农民	无业/失业/下岗	总计
马上冲上去制止	27.1%	22.5%	23.4%	18.3%	21.4%	22.4%
出于害怕，装作什么都没有看到	5.3%	4.5%	5.9%	8.9%	6.9%	6.4%
不敢直接与小偷对抗，但以适当方式悄悄提醒当事人或报警	63.9%	68.9%	64.1%	64.7%	66.8%	65.2%
只要偷的不是我，不用多管闲事，免得惹麻烦	2.8%	3.3%	6.0%	7.5%	4.0%	5.3%

续表

	高级白领	低级白领	工人/做小生意者	农民	无业/失业/下岗	总计
其他	0.9%	0.8%	0.5%	0.6%	0.9%	0.7%
总计	100.0%	100.0%	100.0%	100.0%	100.0%	100.0%
列总计	432	512	1955	788	651	4338

Chi-square test：df = 16，卡方值为 47.222，sig = 0.000 < 0.05，所以不同职业的居民对于“当在公交车上遇到小偷正在偷乘客钱包时，您会选择哪种做法”的回答有显著差异。

C31 by A10

小王知道做某件事是道德的但没去行动，哪种因素是他采取行动最大障碍 * 职业 Crosstabulation

	高级白领	低级白领	工人/做小生意者	农民	无业/失业/下岗	总计
采取行动会损害自己利益	21.8%	21.8%	17.8%	18.5%	20.2%	19.1%
采取行动也难以取得预期效果	15.5%	15.1%	17.9%	17.1%	12.2%	16.3%
大家都不做，我何必管闲事	16.4%	14.1%	19.1%	18.5%	15.0%	17.5%
自身能力有限，心有余而力不足	36.3%	37.9%	32.8%	32.6%	40.3%	34.8%
即使我不做，相信还会有别人去做	7.2%	8.3%	8.6%	9.0%	8.5%	8.5%
明白就行，让别人去做吧	2.5%	1.6%	3.4%	4.3%	3.2%	3.2%
其他	0.2%	1.2%	0.5%	0.1%	0.6%	0.5%
总计	100.0%	100.0%	100.0%	100.0%	100.0%	100.0%
列总计	432	509	1948	774	648	4311

Chi-square test：df = 24，卡方值为 52.762，sig = 0.001 < 0.05，所以不同职业的居民对于“小王知道做某件事是道德的但没去行动，哪种因素是他行动最大障碍”的回答有显著差异。

C32 by A10

当与他人发生分歧时，能否体谅宽容他人 * 职业 Crosstabulation

	高级白领	低级白领	工人/做小生意者	农民	无业/失业/下岗	总计
不宽容，必须弄清是非曲直	11.6%	7.3%	7.2%	6.0%	6.6%	7.3%
偶尔	27.9%	26.3%	26.9%	28.4%	23.2%	26.7%
有时	34.0%	41.8%	46.9%	43.9%	41.7%	43.7%
经常	26.5%	24.7%	19.0%	21.8%	28.5%	22.3%
总计	100.0%	100.0%	100.0%	100.0%	100.0%	100.0%
列总计	430	510	1952	789	655	4336

Chi-square test：df = 12，卡方值为 58.527，sig = 0.000 < 0.05，所以不同职业的居民对于“当与他人发生分歧时，能否体谅宽容他人”的回答有显著差异。

C33 by A10

您认为解决当前我国的公民道德和社会风尚问题，最关键的途径是 ＊ 职业 Crosstabulation

	高级白领	低级白领	工人/做小生意者	农民	无业/失业/下岗	总计
加强法制	44.1%	46.3%	43.8%	43.1%	50.8%	45.1%
弘扬优秀传统道德	49.4%	51.4%	49.9%	55.9%	48.7%	50.9%
建设伦理道德的核心价值	26.0%	22.9%	16.4%	12.8%	12.6%	16.9%
惩治官员腐败	16.2%	17.6%	27.0%	27.9%	18.7%	23.7%
解决分配不公问题	15.8%	14.6%	14.4%	13.7%	6.8%	13.3%
提高个人道德素质	30.2%	33.8%	33.6%	34.5%	37.5%	34.0%
列总计	431	512	1951	786	651	4331

据上表所示，不同职业的居民对于“您认为解决当前我国的公民道德和社会风尚问题，最关键的途径”的回答有显著差异。

C34 by A10

您知道社会主义核心价值观吗？请您把它们选出来 ＊ 职业 Crosstabulation

	高级白领	低级白领	工人/做小生意者	农民	无业/失业/下岗	总计
文明	86.4%	86.3%	81.4%	81.3%	82.8%	82.7%
诚信	90.2%	90.6%	89.2%	88.5%	90.3%	89.5%
勇敢	25.7%	29.0%	36.7%	43.5%	27.3%	34.4%
爱国	84.3%	86.3%	77.1%	77.5%	81.1%	79.6%
创新	24.8%	24.1%	32.9%	31.6%	27.1%	29.9%
友善	65.7%	63.2%	49.9%	44.8%	56.7%	53.3%
勤劳	16.4%	14.1%	22.9%	21.6%	19.7%	20.4%
列总计	428	511	1883	728	609	4159

据上表所示，不同职业的居民对于“您知道的社会主义核心价值观”的回答有显著差异。

C35 by A10

您认为社会主义核心价值观与您的工作、生活有关系吗 ＊ 职业 Crosstabulation

	高级白领	低级白领	工人/做小生意者	农民	无业/失业/下岗	总计
对改变社会风气有好处，每个人都应该这样做人做事	90.5%	88.4%	83.7%	85.0%	86.9%	85.7%

续表

	高级白领	低级白领	工人/做小生意者	农民	无业/失业/下岗	总计
与个人工作、生活没关系	9.5%	11.6%	16.3%	15.0%	13.1%	14.3%
总计	100.0%	100.0%	100.0%	100.0%	100.0%	100.0%
列总计	409	483	1794	698	595	3979

Chi-square test：df = 4，卡方值为 17.156，sig = 0.002 < 0.05，所以不同职业的居民对于“您认为社会主义核心价值观与您的工作、生活有关系吗”的回答有显著差异。

C36 by A10

在全社会特别是青少年中开展革命传统教育，您认为有没有这个必要 * 职业 Crosstabulation

	高级白领	低级白领	工人/做小生意者	农民	无业/失业/下岗	总计
很有必要，什么时候都不能忘本	90.1%	88.9%	89.7%	91.3%	92.0%	90.3%
可有可无	6.2%	5.9%	6.1%	5.9%	5.4%	5.9%
没有必要，已经过时了	3.7%	5.3%	4.2%	2.8%	2.6%	3.8%
总计	100.0%	100.0%	100.0%	100.0%	100.0%	100.0%
列总计	433	512	1956	790	654	4345

Chi-square test：df = 8，卡方值为 9.604，sig = 0.294 > 0.05，所以不同职业的居民对于“在全社会特别是青少年中开展革命传统教育，您认为有没有这个必要”的回答没有显著差异。

C37 by A10

当您途经一场所，正遇到升国旗仪式，看到国旗在国歌声中升起的时候，您会怎么做 * 职业 Crosstabulation

	高级白领	低级白领	工人/做小生意者	农民	无业/失业/下岗	总计
原地站立，面向国旗行注目礼	40.2%	29.3%	20.2%	17.0%	31.5%	24.4%
停下来看一看	53.8%	62.3%	67.7%	66.6%	61.4%	64.5%
只当没看见，该干吗干吗	6.0%	8.4%	12.1%	16.5%	7.0%	11.1%
总计	100.0%	100.0%	100.0%	100.0%	100.0%	100.0%
列总计	433	512	1954	790	653	4342

Chi-square test：df = 8，卡方值为 152.907，sig = 0.000 < 0.05，所以不同职业的居民对于“当您途经一场所，正遇到升国旗仪式，看到国旗在国歌声中升起的时候，您会怎么做”的回答有显著差异。

C38 by A10

今年您参加过纪念中国共产党成立 96 周年等主题教育活动吗 * 职业 Crosstabulation

	高级白领	低级白领	工人/做小生意者	农民	无业/失业/下岗	总计
参加过，很受教育	25.9%	15.4%	4.6%	3.4%	10.7%	8.7%
听说过，但是没有参加过	53.7%	66.8%	66.4%	59.0%	64.5%	63.5%
这种活动基本都是形式大于内容	12.5%	8.6%	10.9%	9.6%	9.0%	10.3%
不关心这些	7.9%	9.2%	18.1%	28.0%	15.8%	17.5%
总计	100.0%	100.0%	100.0%	100.0%	100.0%	100.0%
列总计	432	512	1957	790	653	4344

Chi-square test：df = 12，卡方值为 351.019，sig = 0.000 < 0.05，所以不同职业的居民对于“今年您参加过纪念中国共产党成立 96 周年等主题教育活动吗”的回答有显著差异。

D1 by A10

您认为现代家庭关系中最令人担忧的问题是 * 职业 Crosstabulation

	高级白领	低级白领	工人/做小生意者	农民	无业/失业/下岗	总计
只有一个孩子，对家庭的未来没把握	27.2%	23.8%	25.8%	24.7%	22.2%	25.0%
独生子女难以承担养老责任，老无所养	33.7%	37.9%	33.9%	38.0%	28.7%	34.4%
年轻人不愿结婚，或不愿生孩子，家族传承危机	14.2%	16.9%	17.3%	17.3%	13.1%	16.3%
婚姻不稳定，年轻人缺乏守护婚姻的意识和能力	26.7%	25.0%	26.5%	24.3%	25.6%	25.8%
子女尤其是独生子女缺乏责任感，孝道意识薄弱	17.9%	20.4%	18.7%	14.9%	13.0%	17.3%
代沟严重，父母与子女之间难以沟通	19.3%	22.2%	22.7%	24.7%	25.6%	23.1%
婆媳关系紧张	3.7%	3.9%	5.5%	11.0%	6.8%	6.3%
父母不民主，不能容忍差异	6.7%	6.7%	7.1%	7.7%	8.3%	7.3%
“啃老”现象严重	15.1%	11.0%	11.1%	10.8%	11.5%	11.5%
父母只培养孩子的知识和技能，忽视良好品德的养成	14.4%	15.7%	11.8%	9.5%	14.6%	12.6%
两性关系过度开放	4.0%	4.9%	4.3%	3.0%	5.2%	4.2%
列总计	430	509	1895	744	617	4195

据上表所示，不同职业的居民对于“您认为现代家庭关系中最令人担忧的问题是”的回答有显著差异。

D2 by A10

您对家庭的感觉是 * 职业 Drosstabulation

	高级白领	低级白领	工人/做小生意者	农民	无业/失业/下岗	总计
温馨幸福	25.6%	22.4%	15.4%	17.2%	26.4%	19.2%
比较幸福	67.2%	71.2%	74.7%	71.2%	63.2%	71.2%
不太幸福	2.1%	0.4%	2.9%	4.7%	2.9%	2.9%
一般，没感觉	4.4%	5.9%	6.8%	6.3%	7.0%	6.4%
很不幸福，希望逃离	0.7%		0.2%	0.3%	0.5%	0.3%
其他		0.2%	0.1%	0.3%		0.1%
总计	100.0%	100.0%	100.0%	100.0%	100.0%	100.0%
列总计	433	510	1954	789	655	4341

Chi-square test：df = 20，卡方值为 90.180，sig = 0.000 < 0.05，所以不同职业的居民对于“您对家庭的感觉是”的回答有显著差异。

D3a by A10

您对以下现象的态度是？不婚 * 职业 Crosstabulation

	高级白领	低级白领	工人/做小生意者	农民	无业/失业/下岗	总计
完全赞同	0.5%	1.2%	0.6%	0.3%	1.5%	0.7%
比较赞同	3.3%	3.5%	2.7%	2.3%	4.0%	3.0%
中立	51.2%	55.9%	41.2%	23.7%	49.1%	41.9%
比较反对	28.8%	29.4%	38.0%	50.4%	28.5%	36.9%
强烈反对	16.3%	10.0%	17.6%	23.3%	16.9%	17.5%
总计	100.0%	100.0%	100.0%	100.0%	100.0%	100.0%
列总计	430	510	1944	789	646	4319

Chi-square test：df = 16，卡方值为 218.916，sig = 0.000 < 0.05，所以不同职业的居民对于“您对以下现象的态度是？不婚”的回答有显著差异。

D3b by A10

您对以下现象的态度是？试婚 * 职业 Crosstabulation

	高级白领	低级白领	工人/做小生意者	农民	无业/失业/下岗	总计
完全赞同		0.8%	0.3%	0.5%	0.8%	0.4%
比较赞同	6.3%	4.9%	3.7%	2.2%	5.7%	4.1%
中立	44.5%	46.3%	37.8%	22.6%	42.6%	37.5%
比较反对	30.5%	34.7%	41.0%	50.3%	34.1%	39.9%

续表

	高级白领	低级白领	工人/做小生意者	农民	无业/失业/下岗	总计
强烈反对	18.6%	13.3%	17.3%	24.3%	16.7%	18.1%
总计	100.0%	100.0%	100.0%	100.0%	100.0%	100.0%
列总计	429	510	1936	773	645	4293

Chi-square test：df = 16，卡方值为 155.022，sig = 0.000 < 0.05，所以不同职业的居民对于“您对以下现象的态度是？试婚”的回答有显著差异。

D3c by A10

您对以下现象的态度是？同居 * 职业 Crosstabulation

	高级白领	低级白领	工人/做小生意者	农民	无业/失业/下岗	总计
完全赞同	0.9%	1.2%	0.8%	0.3%	0.9%	0.8%
比较赞同	7.0%	6.1%	5.3%	2.8%	6.8%	5.3%
中立	49.1%	56.3%	47.2%	33.9%	54.2%	47.1%
比较反对	28.4%	26.1%	32.9%	46.7%	27.1%	33.3%
强烈反对	14.7%	10.4%	13.9%	16.4%	10.9%	13.6%
总计	100.0%	100.0%	100.0%	100.0%	100.0%	100.0%
列总计	430	510	1938	782	649	4309

Chi-square test：df = 16，卡方值为 137.103，sig = 0.000 < 0.05，所以不同职业的居民对于“您对以下现象的态度是？同居”的回答有显著差异。

D3d by A10

您对以下现象的态度是？同性恋 * 职业 Crosstabulation

	高级白领	低级白领	工人/做小生意者	农民	无业/失业/下岗	总计
完全赞同	0.5%	1.0%	0.4%	0.1%	1.4%	0.6%
比较赞同	1.9%	1.8%	0.8%	0.5%	1.7%	1.1%
中立	26.7%	28.2%	15.8%	8.4%	28.1%	18.9%
比较反对	33.2%	39.4%	39.8%	41.9%	32.2%	38.3%
强烈反对	37.8%	29.6%	43.2%	49.1%	36.5%	41.1%
总计	100.0%	100.0%	100.0%	100.0%	100.0%	100.0%
列总计	431	507	1937	774	643	4292

Chi-square test：df = 16，卡方值为 192.146，sig = 0.000 < 0.05，所以不同职业的居民对于“您对以下现象的态度是？同性恋”的回答有显著差异。

D3e by A10

您对以下现象的态度是？婚外恋 * 职业 Crosstabulation

	高级白领	低级白领	工人/做小生意者	农民	无业/失业/下岗	总计
完全赞同		0.2%	0.1%		0.2%	0.1%
比较赞同	0.9%	1.6%	0.3%	0.5%	0.3%	0.6%
中立	10.2%	7.1%	6.6%	3.1%	10.7%	7.0%
比较反对	37.1%	41.6%	37.3%	36.8%	32.6%	37.0%
强烈反对	51.7%	49.6%	55.8%	59.6%	56.3%	55.4%
总计	100.0%	100.0%	100.0%	100.0%	100.0%	100.0%
列总计	431	510	1946	785	647	4319

Chi-square test：df = 16，卡方值为65.290，sig = 0.000 < 0.05，所以不同职业的居民对于“您对以下现象的态度是？婚外恋”的回答有显著差异。

D3f by A10

您对以下现象的态度是？丁克家庭 * 职业 Crosstabulation

	高级白领	低级白领	工人/做小生意者	农民	无业/失业/下岗	总计
完全赞同	0.2%	1.0%	0.4%	0.1%	1.3%	0.5%
比较赞同	1.9%	2.4%	1.3%	0.8%	2.0%	1.5%
中立	45.7%	43.6%	30.4%	13.4%	43.0%	32.4%
比较反对	24.9%	32.5%	38.0%	46.0%	29.5%	36.2%
强烈反对	27.3%	20.4%	29.9%	39.7%	24.2%	29.4%
总计	100.0%	100.0%	100.0%	100.0%	100.0%	100.0%
列总计	422	495	1860	744	611	4132

Chi-square test：df = 16，卡方值为260.833，sig = 0.000 < 0.05，所以不同职业的居民对于“您对以下现象的态度是？丁克家庭”的回答有显著差异。

D3g by A10

您对以下现象的态度是？代孕 * 职业 Crosstabulation

	高级白领	低级白领	工人/做小生意者	农民	无业/失业/下岗	总计
完全赞同		0.2%	0.2%	0.1%	0.2%	0.2%
比较赞同	1.9%	3.4%	0.6%	0.7%	1.9%	1.3%
中立	31.6%	34.5%	26.4%	14.6%	33.3%	26.8%
比较反对	32.5%	35.3%	37.8%	48.2%	34.0%	38.3%
强烈反对	34.0%	26.5%	34.9%	36.4%	30.6%	33.4%

续表

	高级白领	低级白领	工人/做小生意者	农民	无业/失业/下岗	总计
总计	100. 0%	100. 0%	100. 0%	100. 0%	100. 0%	100. 0%
列总计	415	498	1879	747	624	4163

Chi-square test：df = 16，卡方值为 135. 011，sig = 0. 000 < 0. 05，所以不同职业的居民对于“您对以下现象的态度是？代孕”的回答有显著差异。

D4 by A10

您如何看待为了应对拆迁、征地、买房等而出现的“假离婚”现象 * 职业 Crosstabulation

	高级白领	低级白领	工人/做小生意者	农民	无业/失业/下岗	总计
完全赞同	1. 6%	0. 2%	1. 3%	0. 8%	1. 3%	1. 1%
比较赞同	11. 5%	10. 4%	10. 2%	6. 8%	7. 8%	9. 4%
不太赞同	45. 1%	47. 7%	46. 1%	39. 8%	50. 0%	45. 7%
坚决反对	41. 8%	41. 7%	42. 3%	52. 6%	40. 9%	43. 8%
总计	100. 0%	100. 0%	100. 0%	100. 0%	100. 0%	100. 0%
列总计	426	501	1883	763	638	4211

Chi-square test：df = 12，卡方值为 45. 512，sig = 0. 000 < 0. 05，所以不同职业的居民对于“您如何看待为了应对拆迁、征地、买房等而出现的‘假离婚’现象”的回答有显著差异。

D5 by A10

如果夫妻中需要一方为对方或家庭做出牺牲，您的态度是 * 职业 Crosstabulation

	高级白领	低级白领	工人/做小生意者	农民	无业/失业/下岗	总计
非常不愿意	2. 8%	1. 4%	1. 4%	1. 7%	2. 5%	1. 8%
不太愿意	18. 9%	17. 4%	14. 7%	9. 9%	17. 5%	15. 0%
比较愿意	55. 9%	57. 8%	58. 3%	58. 5%	55. 6%	57. 7%
愿意，时常这么做	22. 4%	23. 4%	25. 5%	29. 9%	24. 4%	25. 6%
总计	100. 0%	100. 0%	100. 0%	100. 0%	100. 0%	100. 0%
列总计	424	488	1899	757	611	4179

Chi-square test：df = 12，卡方值为 37. 083，sig = 0. 000 < 0. 05，所以不同职业的居民对于“如果夫妻中需要一方为对方或家庭做出牺牲，您的态度是”的回答有显著差异。

D6 by A10

在恋爱或婚姻中，您有为对方而改变自己的意识吗 ＊ 职业 Crosstabulation

	高级白领	低级白领	工人/做小生意者	农民	无业/失业/下岗	总计
有，经常这样做	41.5%	46.5%	44.8%	46.4%	44.8%	45.0%
有，但做起来有些困难	41.3%	34.9%	36.2%	30.7%	27.5%	34.2%
没想过这个问题	12.8%	13.3%	15.1%	19.5%	24.1%	16.8%
无须改变，只有找到愿为我改变的人才是真爱	3.9%	4.9%	3.4%	2.9%	2.8%	3.5%
其他	0.5%	0.4%	0.5%	0.5%	0.9%	0.6%
总计	100.0%	100.0%	100.0%	100.0%	100.0%	100.0%
列总计	431	510	1951	786	648	4326

Chi-square test：df = 16，卡方值为 63.860，sig = 0.000 < 0.05，所以不同职业的居民对于“在恋爱或婚姻中，您有为对方而改变自己的意识吗”的回答有显著差异。

D7 by A10

在恋爱或婚姻中，你与对方相处的原则是 ＊ 职业 Crosstabulation

	高级白领	低级白领	工人/做小生意者	农民	无业/失业/下岗	总计
我首先对他/她好，然后希望他/她对我好	72.4%	72.9%	68.3%	64.4%	70.2%	68.8%
他/她对我好，我才对他/她好	11.4%	16.5%	17.4%	20.6%	16.7%	17.2%
他/她对我好就行了	8.1%	5.5%	7.9%	6.9%	4.9%	7.0%
总是我对他/她好，他/她对我不那么好	2.8%	1.4%	2.3%	1.9%	1.7%	2.1%
他/她对我不好，我没必要对他/她好	1.2%	2.2%	0.8%	0.9%	1.9%	1.2%
其他	4.2%	1.6%	3.3%	5.3%	4.6%	3.7%
总计	100.0%	100.0%	100.0%	100.0%	100.0%	100.0%
列总计	431	509	1948	778	647	4313

Chi-square test：df = 20，卡方值为 53.341，sig = 0.000 < 0.05，所以不同职业的居民对于“在恋爱或婚姻中，你与对方相处的原则是”的回答有显著差异。

D8 by A10

你认为生育孩子是否是一种人生义务 ＊ 职业 Crosstabulation

	高级白领	低级白领	工人/做小生意者	农民	无业/失业/下岗	总计
是，如果大家都不生育，人种会灭绝	30.7%	32.7%	26.7%	27.4%	21.8%	27.2%

续表

	高级白领	低级白领	工人/做小生意者	农民	无业/失业/下岗	总计
是，不生孩子家族延续会中断	29.3%	31.7%	43.2%	48.0%	41.5%	41.1%
不是，但没有孩子将老无所养也过于孤独	26.3%	24.8%	23.0%	18.6%	25.1%	23.1%
不是，自己觉得快乐就行，有孩子负担过重	11.8%	9.4%	6.5%	5.7%	10.2%	7.8%
其他	1.8%	1.4%	0.6%	0.3%	1.4%	0.9%
总计	100.0%	100.0%	100.0%	100.0%	100.0%	100.0%
列总计	433	508	1949	789	650	4329

Chi-square test：df = 16，卡方值为 99.122，sig = 0.000 < 0.05，所以不同职业的居民对于“你认为生育孩子是否是一种人生义务”的回答有显著差异。

D9 by A10

如果孩子面临重大问题（婚姻、升学、就业等）时，您的态度是 * 职业 Crosstabulation

	高级白领	低级白领	工人/做小生意者	农民	无业/失业/下岗	总计
全部包办，替他们做决定或搞定	4.2%	2.9%	4.3%	2.7%	4.1%	3.8%
积极建议，努力说服他们采纳	30.9%	25.0%	28.4%	25.1%	21.4%	26.6%
只提建议，让他们自己选择	42.3%	38.5%	44.4%	48.7%	43.9%	44.2%
不表态，免得子女将来埋怨	2.8%	3.1%	6.1%	14.7%	4.9%	6.8%
经常提出建议，但大多不起作用	1.6%	2.3%	3.2%	3.8%	1.8%	2.8%
没孩子/孩子太小	17.8%	27.9%	13.4%	4.4%	23.7%	15.5%
其他	0.5%	0.2%	0.2%	0.5%	0.2%	0.3%
总计	100.0%	100.0%	100.0%	100.0%	100.0%	100.0%
列总计	433	512	1955	788	654	4342

Chi-square test：df = 24，卡方值为 285.587，sig = 0.000 < 0.05，所以不同职业的居民对于“如果孩子面临重大问题（婚姻、升学、就业等）时，您的态度”的回答有显著差异。

D10 by A10

您对子女所提出的有关人生发展方面的建议，是否经常被采纳 * 职业 Crosstabulation

	高级白领	低级白领	工人/做小生意者	农民	无业/失业/下岗	总计
经常被采纳	21.0%	14.5%	14.6%	12.7%	15.3%	14.9%
较多被采纳	67.1%	66.4%	65.2%	52.4%	64.7%	62.8%

续表

	高级白领	低级白领	工人/做小生意者	农民	无业/失业/下岗	总计
基本不采纳	11.7%	18.3%	19.6%	32.8%	19.0%	21.4%
从不被采纳并遭到嘲讽	0.3%	0.9%	0.6%	2.1%	0.9%	0.9%
总计	100.0%	100.0%	100.0%	100.0%	100.0%	100.0%
列总计	334	345	1647	725	431	3482

Chi-square test：df = 12，卡方值为 104.265，sig = 0.000 < 0.05，所以不同职业的居民对于“您对子女所提出的有关人生发展方面的建议，是否经常被采纳”的回答有显著差异。

D11 by A10

您认为现在孩子价值观的形成受何种因素影响最大 * 职业 Crosstabulation

	高级白领	低级白领	工人/做小生意者	农民	无业/失业/下岗	总计
父母	68.2%	58.3%	59.4%	58.4%	71.7%	61.8%
老师	51.9%	50.6%	52.7%	53.2%	50.9%	52.2%
同伴	24.2%	21.2%	29.3%	33.7%	20.9%	27.4%
网络、朋友圈	24.4%	24.0%	21.6%	18.3%	22.7%	21.7%
明星	2.6%	4.2%	3.0%	1.8%	2.7%	2.8%
道德模范	9.0%	18.1%	10.8%	11.9%	4.7%	10.7%
伟大人物	6.2%	10.1%	8.3%	9.6%	2.5%	7.6%
列总计	422	496	1911	774	640	4243

据上表所示，不同职业的居民对于“您认为现在孩子价值观的形成受何种因素影响最大”的回答有显著差异。

D12 by A10

您认为老人是否有义务帮子女带孩子 * 职业 Crosstabulation

	高级白领	低级白领	工人/做小生意者	农民	无业/失业/下岗	总计
有，天经地义的	15.2%	9.2%	19.2%	31.1%	23.7%	20.5%
没有，老人帮助带孙辈，子女应感恩	46.2%	48.4%	44.3%	35.7%	40.2%	42.8%
没有义务，不过带孙辈也是天伦之乐，应该帮助带	35.1%	39.3%	33.8%	30.8%	32.1%	33.8%
没想过	3.5%	3.1%	2.7%	2.4%	4.1%	3.0%
总计	100.0%	100.0%	100.0%	100.0%	100.0%	100.0%

续表

	高级白领	低级白领	工人/做小生意者	农民	无业/失业/下岗	总计
列总计	433	512	1955	791	655	4346

Chi-square test：df = 12，卡方值为 114.712，sig = 0.000 < 0.05，所以不同职业的居民对于“您认为老人是否有义务帮子女带孩子”的回答有显著差异。

D13 by A10

您认为最理想的养老方式是哪种 ＊ 职业 Crosstabulation

	高级白领	低级白领	工人/做小生意者	农民	无业/失业/下岗	总计
敬老院、护理院等专业养老机构	17.6%	20.1%	14.2%	10.5%	15.1%	14.7%
与子女同住	39.3%	45.9%	55.0%	68.5%	49.2%	53.9%
自己单住，生活难以自理时找护工	15.0%	12.3%	15.0%	13.8%	15.9%	14.6%
与兄弟姐妹抱团养老	7.6%	5.7%	5.7%	2.4%	5.3%	5.2%
与志趣相投的人一起养老	19.6%	15.2%	9.1%	4.2%	13.3%	10.6%
其他	0.9%	0.8%	0.9%	0.6%	1.2%	0.9%
总计	100.0%	100.0%	100.0%	100.0%	100.0%	100.0%
列总计	433	512	1952	791	656	4344

Chi-square test：df = 20，卡方值为 185.599，sig = 0.000 < 0.05，所以不同职业的居民对于“您认为最理想的养老方式是哪种”的回答有显著差异。

D14 by A10

当父母一方长期生活不能自理时，主要承担照顾工作的人应该是 ＊ 职业 Crosstabulation

	高级白领	低级白领	工人/做小生意者	农民	无业/失业/下岗	总计
子女照顾	47.3%	52.8%	56.6%	64.6%	57.4%	56.8%
父母中还有能力的另一方（老伴儿）	27.6%	26.4%	29.5%	25.2%	29.2%	28.1%
雇保姆，老伴儿协助	7.4%	4.5%	4.7%	2.4%	4.0%	4.4%
雇保姆，子女协助	8.6%	10.2%	4.4%	2.4%	5.2%	5.3%
送护理机构，家人经常探望	8.6%	6.1%	4.7%	5.2%	4.0%	5.2%
其他	0.5%		0.2%	0.3%	0.3%	0.2%
总计	100.0%	100.0%	100.0%	100.0%	100.0%	100.0%
列总计	431	511	1954	790	655	4341

Chi-square test：df = 20，卡方值为 101.096，sig = 0.000 < 0.055，所以不同职业的居民对于“当父母一方长期生活不能自理时，主要承担照顾工作的人应该是”的回答有显著差异。

D15 by A10

在过去的十天里，您为父母做过以下哪些事情 * 职业 Crosstabulation

	高级白领	低级白领	工人/做小生意者	农民	无业/失业/下岗	总计
看望	33.9%	25.2%	23.2%	16.4%	18.2%	22.5%
打电话	43.6%	45.7%	35.6%	18.1%	33.0%	34.0%
买东西	34.6%	37.1%	29.6%	20.6%	30.7%	29.5%
陪看病	4.8%	5.3%	4.3%	3.2%	3.4%	4.1%
生活照料	29.3%	31.4%	30.1%	23.0%	20.9%	27.5%
做家务	31.4%	34.4%	33.5%	24.5%	36.6%	32.2%
谈心聊天	34.2%	39.3%	29.9%	16.4%	31.9%	29.3%
给钱	9.5%	8.2%	6.9%	5.3%	2.3%	6.3%
外出游玩	3.0%	2.9%	1.0%	0.6%	1.8%	1.5%
无	4.2%	3.1%	7.7%	9.0%	4.9%	6.6%
父母已去世	12.7%	10.7%	17.2%	44.4%	23.4%	21.9%
列总计	433	512	1956	791	655	4347

据上表所示，不同职业的居民对于“在过去的十天里，您为父母做过以下哪些事情”的回答有显著差异。

D16 by A10

您是否觉得孤独 * 职业 Crosstabulation

	高级白领	低级白领	工人/做小生意者	农民	无业/失业/下岗	总计
经常	3.0%	1.2%	3.0%	3.5%	6.4%	3.4%
有时	24.5%	21.9%	18.1%	19.6%	31.6%	21.5%
不太觉得	29.8%	32.5%	36.4%	32.7%	27.4%	33.2%
不觉得	42.7%	44.4%	42.5%	44.2%	34.6%	41.9%
总计	100.0%	100.0%	100.0%	100.0%	100.0%	100.0%
列总计	433	511	1954	790	656	4344

Chi-square test：df = 12，卡方值为95.186，sig = 0.000 < 0.05，所以不同职业的居民对于“您是否觉得孤独”的回答有显著差异。

D17 by A10

现在开展的弘扬好家风好家训活动，您认为有意义吗 * 职业 Crosstabulation

	高级白领	低级白领	工人/做小生意者	农民	无业/失业/下岗	总计
很有意义	84.4%	81.4%	82.8%	81.5%	88.5%	83.4%

续表

	高级白领	低级白领	工人/做小生意者	农民	无业/失业/下岗	总计
可有可无	9.7%	11.2%	9.5%	11.4%	8.3%	9.9%
没有必要	5.9%	7.4%	7.7%	7.1%	3.1%	6.7%
总计	100.0%	100.0%	100.0%	100.0%	100.0%	100.0%
列总计	424	499	1893	747	635	4198

Chi-square test：df = 8，卡方值为 22.650，sig = 0.004 < 0.05，所以不同职业的居民对于“现在开展的弘扬好家风好家训活动，您认为有意义吗”的回答有显著差异。

D18 by A10

您所在的地方发生过虐待儿童的事件吗 ＊ 职业 Crosstabulation

	高级白领	低级白领	工人/做小生意者	农民	无业/失业/下岗	总计
经常会发生	1.4%	1.0%	0.6%	0.9%	1.7%	0.9%
偶尔发生	13.0%	6.8%	6.3%	3.8%	10.5%	7.2%
没听说过	85.6%	92.2%	93.1%	95.3%	87.8%	91.8%
总计	100.0%	100.0%	100.0%	100.0%	100.0%	100.0%
列总计	432	512	1954	789	655	4342

Chi-square test：df = 8，卡方值为 56.775，sig = 0.000 < 0.05，所以不同职业的居民对于“您所在的地方发生过虐待儿童的事件吗”的回答有显著差异。

D19 by A10

在大街或社区里，看到行走或生活困难的老人，您经常的反应是 ＊ 职业 Crosstabulation

	高级白领	低级白领	工人/做小生意者	农民	无业/失业/下岗	总计
想到自己的（祖）父母或自己的未来，情不自禁地想帮助他	48.3%	51.0%	39.6%	33.7%	44.0%	41.4%
出于义务责任感，想帮助他	27.3%	25.6%	27.3%	27.8%	31.9%	27.9%
有同情感，但没有想帮助的冲动	22.2%	20.1%	29.0%	34.1%	20.6%	26.9%
没有感觉，习以为常	1.8%	3.1%	3.8%	4.4%	3.4%	3.6%
其他	0.5%	0.2%	0.3%		0.2%	0.2%
总计	100.0%	100.0%	100.0%	100.0%	100.0%	100.0%
列总计	433	512	1955	787	655	4342

Chi-square test：df = 16，卡方值为 84.737，sig = 0.000 < 0.05，所以不同职业的居民对于“在大街或社区里，看到行走或生活困难的老人，您经常的反应是”的回答有显著差异。

D20 by A10

如果您的父母或兄妹偷了别人的东西，您的行为反应可能是 ＊ 职业 Crosstabulation

	高级白领	低级白领	工人/做小生意者	农民	无业/失业/下岗	总计
批评他，但不会告发	22.8%	18.9%	19.2%	17.3%	20.1%	19.3%
批评他，陪他送回原处或去承认错误	60.9%	66.0%	61.7%	59.7%	65.4%	62.3%
默认，因为他得到的东西正是家庭所急需	4.9%	4.3%	4.8%	5.7%	2.8%	4.6%
告发，因为出于正义感	7.4%	7.8%	8.4%	10.4%	5.4%	8.2%
告发，因为可能会连累自己	0.9%	0.8%	1.8%	1.9%	0.5%	1.4%
不管不问，由他自己决定	3.0%	1.6%	3.7%	4.7%	5.8%	3.9%
其他		0.6%	0.4%	0.3%	0.2%	0.3%
总计	100.0%	100.0%	100.0%	100.0%	100.0%	100.0%
列总计	430	512	1954	790	653	4339

Chi-square test：df = 24，卡方值为 33.431，sig = 0.000 < 0.05，所以不同职业的居民对于“如果您的父母或兄妹偷了别人的东西，您的行为反应可能是”的回答有显著差异。

D21 by A10

当独生子女单独组成家庭后，父母和子女哪一种居住方式更好 ＊ 职业 Crosstabulation

	高级白领	低级白领	工人/做小生意者	农民	无业/失业/下岗	总计
单独居住	30.3%	33.7%	30.3%	23.9%	34.8%	30.2%
和父母同住	22.5%	25.2%	30.3%	40.5%	24.1%	29.8%
和父母及祖辈共同居住	7.4%	4.3%	6.8%	7.6%	6.7%	6.7%
和父母靠近居住	39.4%	36.4%	32.0%	27.2%	34.0%	32.7%
其他	0.5%	0.4%	0.5%	0.8%	0.5%	0.5%
总计	100.0%	100.0%	100.0%	100.0%	100.0%	100.0%
列总计	432	511	1949	786	656	4334

Chi-square test：df = 16，卡方值为 88.110，sig = 0.000 < 0.05，所以不同职业的居民对于“当独生子女单独组成家庭后，父母和子女哪一种居住方式更好”的回答有显著差异。

D22 by A10

您是否认为把老人送到养老院是不孝行为 ＊ 职业 Crosstabulation

	高级白领	低级白领	工人/做小生意者	农民	无业/失业/下岗	总计
是	9.3%	5.5%	17.3%	25.0%	16.5%	16.4%

续表

	高级白领	低级白领	工人/做小生意者	农民	无业/失业/下岗	总计
相对而言，部分是	49.9%	51.0%	44.3%	39.9%	46.9%	45.3%
不是	40.4%	43.6%	38.0%	34.9%	36.5%	38.1%
其他	0.5%		0.4%	0.3%	0.2%	0.3%
总计	100.0%	100.0%	100.0%	100.0%	100.0%	100.0%
列总计	431	512	1955	789	655	4342

Chi-square test：df = 12，卡方值为 108.484，sig = 0.000 < 0.05，所以不同职业的居民对于“您是否认为把老人送到养老院是不孝行为”的回答有显著差异。

E1 by A10

您认为企业最重要的社会责任是什么 ＊ 职业 Crosstabulation

	高级白领	低级白领	工人/做小生意者	农民	无业/失业/下岗	总计
为企业和企业股东自身赚钱	15.7%	12.0%	18.9%	22.9%	22.1%	18.9%
通过依法纳税为国家积累财富	21.1%	24.3%	21.8%	19.9%	17.1%	21.0%
通过诚信经营提供质量可靠的产品，满足社会大众生活需求	60.2%	60.0%	53.4%	49.7%	53.5%	54.3%
为员工谋福利	3.0%	3.6%	5.6%	7.6%	7.3%	5.7%
其他		0.2%	0.3%			0.1%
总计	100.0%	100.0%	100.0%	100.0%	100.0%	100.0%
列总计	427	502	1896	725	620	4170

Chi-square test：df = 16，卡方值为 62.570，sig = 0.000 < 0.05，所以不同职业的居民对于“您认为企业最重要的社会责任是什么”的回答有显著差异。

E2a by A10

关于企业的说法，您的同意程度是：只要能为员工谋福利就是一个好单位 ＊ 职业 Crosstabulation

	高级白领	低级白领	工人/做小生意者	农民	无业/失业/下岗	总计
完全同意	8.1%	9.4%	8.4%	6.5%	6.3%	7.8%
比较同意	41.9%	39.6%	49.0%	55.5%	49.8%	48.5%
不太同意	39.4%	35.9%	33.5%	32.6%	37.3%	34.8%
完全不同意	10.6%	15.0%	9.0%	5.4%	6.6%	8.9%
总计	100.0%	100.0%	100.0%	100.0%	100.0%	100.0%
列总计	432	512	1935	757	640	4276

Chi-square test：df = 3，卡方值为 69.779，sig = 0.000 < 0.05，所以不同职业的居民在对于“只要能为员工谋福利就是一个好单位”的同意程度有显著差异。

E2b by A10

关于企业的说法，您的同意程度是：经济效益好坏是衡量企业成败的唯一标准 * 职业 Erosstabulation

	高级白领	低级白领	工人/做小生意者	农民	无业/失业/下岗	总计
完全同意	5.3%	4.0%	3.8%	3.7%	3.2%	3.9%
比较同意	27.3%	23.1%	33.0%	35.5%	28.0%	30.9%
不太同意	54.9%	55.7%	52.3%	52.4%	58.5%	53.9%
完全不同意	12.5%	17.2%	10.9%	8.4%	10.4%	11.3%
总计	100.0%	100.0%	100.0%	100.0%	100.0%	100.0%
列总计	432	506	1918	738	626	4220

Chi-square test：df = 12，卡方值为 50.631，sig = 0.000 < 0.05，所以不同职业的居民对于“经济效益好坏是衡量企业成败的唯一标准”的同意程度有显著差异。

E2c by A10

关于企业的说法，您的同意程度是：企业做慈善都是做做样子，其实还是为自己做广告 * 职业 Crosstabulation

	高级白领	低级白领	工人/做小生意者	农民	无业/失业/下岗	总计
完全同意	3.3%	3.4%	4.3%	3.9%	4.7%	4.0%
比较同意	31.4%	37.2%	39.6%	36.9%	44.9%	38.8%
不太同意	53.2%	48.1%	46.2%	48.1%	43.0%	47.0%
完全不同意	12.1%	11.3%	10.0%	11.1%	7.4%	10.2%
总计	100.0%	100.0%	100.0%	100.0%	100.0%	100.0%
列总计	423	505	1850	675	597	4050

Chi-square test：df = 12，卡方值为 28.278，sig = 0.005 < 0.05，所以不同职业的居民对于“企业做慈善都是做做样子，其实还是为自己做广告”的同意程度有显著差异。

E2d by A10

关于企业的说法，您的同意程度是：企业和员工之间只是合同关系，效益好就好好干，效益不好就跳槽 * 职业 Crosstabulation

	高级白领	低级白领	工人/做小生意者	农民	无业/失业/下岗	总计
完全同意	2.3%	2.2%	3.0%	2.8%	3.8%	2.9%
比较同意	21.1%	25.2%	28.8%	35.9%	27.8%	28.7%
不太同意	55.6%	48.7%	51.2%	45.6%	56.1%	51.1%
完全不同意	21.1%	23.9%	17.0%	15.7%	12.3%	17.3%
总计	100.0%	100.0%	100.0%	100.0%	100.0%	100.0%
列总计	432	511	1928	739	627	4237

Chi-square test：df = 12，卡方值为 64.135，sig = 0.000 < 0.05，所以不同职业的居民对于“企业和员工之间只是合同关系，效益好就好好干，效益不好就跳槽”的同意程度有显著差异。

E2c by A10

关于企业的说法，您的同意程度是：企业不需要对员工讲什么伦理关怀，员工表现好就发奖金，不好就辞退 * 职业 Crosstabulation

	高级白领	低级白领	工人/做小生意者	农民	无业/失业/下岗	总计
完全同意	1.4%	2.2%	2.4%	1.5%	3.1%	2.2%
比较同意	16.7%	15.3%	18.9%	21.1%	18.5%	18.6%
不太同意	53.1%	53.6%	56.1%	58.4%	61.0%	56.6%
完全不同意	28.8%	29.0%	22.6%	19.0%	17.4%	22.6%
总计	100.0%	100.0%	100.0%	100.0%	100.0%	100.0%
列总计	431	511	1933	743	638	4256

Chi-square test：df = 12，卡方值为45.268，sig = 0.000 < 0.05，所以不同职业的居民对于“企业不需要对员工讲什么伦理关怀，员工表现好就发奖金，不好就辞退”的同意程度有显著差异。

E2f by A10

关于企业的说法，您的同意程度是：企业为了履行社会责任，应当放弃一些自身利益 * 职业 Crosstabulation

	高级白领	低级白领	工人/做小生意者	农民	无业/失业/下岗	总计
完全同意	23.5%	24.7%	23.0%	20.6%	21.4%	22.6%
比较同意	52.1%	55.7%	54.4%	57.5%	58.7%	55.5%
不太同意	20.0%	16.3%	17.8%	17.4%	16.2%	17.5%
完全不同意	4.4%	3.3%	4.8%	4.4%	3.6%	4.3%
总计	100.0%	100.0%	100.0%	100.0%	100.0%	100.0%
列总计	430	510	1925	751	635	4251

Chi-square test：df = 12，卡方值为11.462，sig = 0.490 > 0.05，所以不同职业的居民对于“企业为了履行社会责任，应当放弃一些自身利益”的同意程度没有显著差异。

E2g by A10

关于企业的说法，您的同意程度是：讲信用、遵循道德规范的企业能够获得更好的利益 * 职业 Crosstabulation

	高级白领	低级白领	工人/做小生意者	农民	无业/失业/下岗	总计
完全同意	31.9%	31.7%	25.5%	24.9%	28.5%	27.2%
比较同意	50.9%	52.7%	57.7%	60.5%	59.3%	57.2%
不太同意	13.1%	11.9%	13.4%	11.3%	9.4%	12.2%
完全不同意	4.0%	3.8%	3.5%	3.3%	2.8%	3.4%

续表

	高级白领	低级白领	工人/做小生意者	农民	无业/失业/下岗	总计
总计	100.0%	100.0%	100.0%	100.0%	100.0%	100.0%
列总计	426	505	1932	760	639	4262

Chi-square test：df = 12，卡方值为 26.301，sig = 0.010 < 0.05，所以不同职业的居民对于“讲信用、遵循道德规范的企业能够获得更好的利益”的同意程度有显著差异。

E2h by A10

关于企业的说法，您的同意程度是：企业只是一台赚钱的机器，能赚钱就行，无所谓社会责任，声誉也不重要 * 职业 Crosstabulation

	高级白领	低级白领	工人/做小生意者	农民	无业/失业/下岗	总计
完全同意	1.4%	0.4%	1.2%	0.9%	1.7%	1.2%
比较同意	10.7%	9.8%	10.7%	12.8%	8.9%	10.7%
不太同意	55.2%	63.6%	64.9%	66.5%	66.5%	64.3%
完全不同意	32.7%	26.2%	23.2%	19.8%	22.9%	23.9%
总计	100.0%	100.0%	100.0%	100.0%	100.0%	100.0%
列总计	431	508	1922	744	641	4246

Chi-square test：df = 12，卡方值为 37.955，sig = 0.000 < 0.05，所以不同职业的居民对于“企业只是一台赚钱的机器，能赚钱就行，无所谓社会责任，声誉也不重要”的同意程度有显著差异。

E2i by A10

关于企业的说法，您的同意程度是：同样的产品，国企生产的比私企的更有保障 * 职业 Crosstabulation

	高级白领	低级白领	工人/做小生意者	农民	无业/失业/下岗	总计
完全同意	10.1%	6.6%	5.7%	7.9%	6.3%	6.8%
比较同意	32.8%	39.9%	39.4%	38.2%	47.8%	39.8%
不太同意	46.5%	43.7%	44.7%	41.7%	40.2%	43.6%
完全不同意	10.6%	9.8%	10.2%	12.1%	5.6%	9.8%
总计	100.0%	100.0%	100.0%	100.0%	100.0%	100.0%
列总计	424	501	1867	717	604	4113

Chi-square test：df = 12，卡方值为 46.119，sig = 0.000 < 0.05，所以不同职业的居民对于“同样的产品，国企生产的比私企的更有保障”的同意程度有显著差异。

E3 by A10

下面哪种说法更符合或接近您的个人想法 * 职业 Crosstabulation

	高级白领	低级白领	工人/做小生意者	农民	无业/失业/下岗	总计
个人和工作单位之间是聘用或雇用关系，通过工资和付出劳动满足彼此需求	33.8%	35.2%	44.1%	46.0%	48.5%	43.0%
不只是利益关系，应当还有很多情感的联系，应当共命运	41.9%	42.0%	37.0%	34.7%	36.4%	37.6%
个人是单位的一分子，单位如同个人的另一个家	24.1%	22.8%	18.9%	19.3%	14.5%	19.3%
其他	0.2%		0.1%		0.5%	0.1%
总计	100.0%	100.0%	100.0%	100.0%	100.0%	100.0%
列总计	432	509	1949	772	653	4315

Chi-square test：df = 12，卡方值为 54.964，sig = 0.000 < 0.05，所以不同职业的居民对于“下面哪种说法更符合或接近您的个人想法”的回答有显著差异。

E4a by A10

您对自己所在企业履行下列责任的满意情况如何？劳动安全保障 * 职业 Crosstabulation

	高级白领	低级白领	工人/做小生意者	农民	无业/失业/下岗	总计
非常不满意	3.5%	2.2%	2.8%	3.7%	3.2%	3.0%
不太满意	20.1%	21.9%	27.1%	26.9%	26.9%	25.6%
比较满意	66.0%	69.0%	63.8%	62.4%	65.1%	64.7%
非常满意	10.3%	6.8%	6.3%	7.0%	4.8%	6.7%
总计	100.0%	100.0%	100.0%	100.0%	100.0%	100.0%
列总计	427	497	1799	588	499	3810

Chi-square test：df = 12，卡方值为 26.183，sig = 0.010 < 0.05，所以不同职业的居民对于“您对自己所在企业履行下列责任的满意情况如何？劳动安全保障”的回答有显著差异。

E4b by A10

您对自己所在企业履行下列责任的满意情况如何？员工薪酬合理 * 职业 Crosstabulation

	高级白领	低级白领	工人/做小生意者	农民	无业/失业/下岗	总计
非常不满意	4.0%	3.4%	4.1%	5.0%	3.1%	4.0%
不太满意	20.8%	31.3%	35.5%	31.7%	32.1%	32.3%

续表

	高级白领	低级白领	工人/做小生意者	农民	无业/失业/下岗	总计
比较满意	64.7%	56.0%	54.9%	57.4%	60.2%	57.3%
非常满意	10.5%	9.2%	5.5%	5.9%	4.5%	6.5%
总计	100.0%	100.0%	100.0%	100.0%	100.0%	100.0%
列总计	428	498	1799	580	508	3813

Chi-square test：df = 12，卡方值为 55.583，sig = 0.000 < 0.05，所以不同职业的居民对于“您对自己所在企业履行下列责任的满意情况如何？员工薪酬合理”的回答有显著差异。

E4c by A10

您对自己所在企业履行下列责任的满意情况如何？关心员工生活 * 职业 Crosstabulation

	高级白领	低级白领	工人/做小生意者	农民	无业/失业/下岗	总计
非常不满意	4.7%	2.8%	3.5%	4.5%	3.8%	3.7%
不太满意	24.3%	28.8%	32.3%	29.7%	32.1%	30.5%
比较满意	56.8%	60.0%	56.0%	57.4%	57.5%	57.0%
非常满意	14.3%	8.3%	8.2%	8.4%	6.6%	8.7%
总计	100.0%	100.0%	100.0%	100.0%	100.0%	100.0%
列总计	428	493	1797	573	501	3792

Chi-square test：df = 12，卡方值为 31.161，sig = 0.002 < 0.05，所以不同职业的居民对于“您对自己所在企业履行下列责任的满意情况如何？关心员工生活”的回答有显著差异。

E4d by A10

您对自己所在企业履行下列责任的满意情况如何？诚实守法经营 * 职业 Crosstabulation

	高级白领	低级白领	工人/做小生意者	农民	无业/失业/下岗	总计
非常不满意	3.6%	2.4%	1.5%	1.3%	1.7%	1.9%
不太满意	15.9%	13.3%	17.9%	16.4%	18.5%	16.9%
比较满意	67.8%	76.0%	71.5%	71.5%	71.8%	71.7%
非常满意	12.8%	8.3%	9.1%	10.8%	7.9%	9.5%
总计	100.0%	100.0%	100.0%	100.0%	100.0%	100.0%
列总计	422	495	1817	636	518	3888

Chi-square test：df = 12，卡方值为 26.314，sig = 0.010 < 0.05，所以不同职业的居民对于“您对自己所在企业履行下列责任的满意情况如何？诚实守法经营”的回答有显著差异。

E4e by A10

您对自己所在企业履行下列责任的满意情况如何？产品质量可靠＊职业 Crosstabulation

	高级白领	低级白领	工人/做小生意者	农民	无业/失业/下岗	总计
非常不满意	2.6%	2.0%	1.8%	0.6%	2.3%	1.8%
不太满意	14.4%	16.4%	16.9%	17.0%	15.7%	16.4%
比较满意	69.0%	70.9%	71.9%	71.9%	75.1%	71.9%
非常满意	13.9%	10.7%	9.4%	10.4%	6.8%	9.9%
总计	100.0%	100.0%	100.0%	100.0%	100.0%	100.0%
列总计	423	494	1820	634	515	3886

Chi-square test：df = 12，卡方值为 23.135，sig = 0.027 < 0.05，所以不同职业的居民对于“您对自己所在企业履行下列责任的满意情况如何？产品质量可靠”的回答有显著差异。

E4f by A10

您对自己所在企业履行下列责任的满意情况如何？环境保护措施＊职业 Crosstabulation

	高级白领	低级白领	工人/做小生意者	农民	无业/失业/下岗	总计
非常不满意	3.4%	1.7%	3.2%	1.5%	4.6%	2.9%
不太满意	23.2%	23.0%	28.3%	26.0%	27.9%	26.6%
比较满意	58.6%	64.1%	58.5%	62.1%	59.9%	60.0%
非常满意	14.8%	11.3%	10.0%	10.4%	7.6%	10.4%
总计	100.0%	100.0%	100.0%	100.0%	100.0%	100.0%
列总计	406	479	1737	588	499	3709

Chi-square test：df = 12，卡方值为 32.624，sig = 0.001 < 0.05，所以不同职业的居民对于“您对自己所在企业履行下列责任的满意情况如何？环境保护措施”的回答有显著差异。

E4g by A10

您对自己所在企业履行下列责任的满意情况如何？慈善公益事业＊职业 Crosstabulation

	高级白领	低级白领	工人/做小生意者	农民	无业/失业/下岗	总计
非常不满意	3.6%	2.4%	3.9%	3.4%	3.2%	3.5%
不太满意	21.8%	22.2%	25.4%	27.8%	25.9%	25.0%
比较满意	59.0%	64.7%	60.0%	55.7%	63.5%	60.3%
非常满意	15.6%	10.6%	10.7%	13.1%	7.4%	11.2%

续表

	高级白领	低级白领	工人/做小生意者	农民	无业/失业/下岗	总计
总计	100.0%	100.0%	100.0%	100.0%	100.0%	100.0%
列总计	385	451	1557	497	433	3323

Chi-square test：df = 12，卡方值为 25.526，sig = 0.013 < 0.05，所以不同职业的居民对于“您对自己所在企业履行下列责任的满意情况如何？慈善公益事业”的回答有显著差异。

E5 by A10

您对本地的或自己熟悉的企业家的道德状况怎么评价＊职业 Crosstabulation

	高级白领	低级白领	工人/做小生意者	农民	无业/失业/下岗	总计
总体还不错	61.1%	58.6%	52.2%	54.1%	52.8%	54.3%
普遍比较差	13.8%	15.6%	15.9%	15.6%	17.3%	15.8%
和普通群众没有太大差别	25.1%	25.8%	31.9%	30.3%	29.9%	29.9%
总计	100.0%	100.0%	100.0%	100.0%	100.0%	100.0%
列总计	398	473	1785	627	525	3808

Chi-square test：df = 8，卡方值为 16.676，sig = 0.034 < 0.05，所以不同职业的居民对于“您对本地的或自己熟悉的企业家的道德状况怎么评价”的回答有显著差异。

E6a by A10

对公务员道德状况的满意度＊职业 Crosstabulation

	高级白领	低级白领	工人/做小生意者	农民	无业/失业/下岗	总计
非常满意	5.1%	5.5%	3.2%	2.8%	4.5%	3.8%
比较满意	62.1%	63.0%	59.1%	65.1%	63.5%	61.6%
不太满意	28.5%	28.5%	32.7%	28.1%	25.8%	29.9%
非常不满意	4.3%	3.0%	5.0%	3.9%	6.2%	4.7%
总计	100.0%	100.0%	100.0%	100.0%	100.0%	100.0%
列总计	414	494	1824	737	578	4047

Chi-square test：df = 12，卡方值为 30.231，sig = 0.003 < 0.05，所以不同职业的居民对于“对公务员道德状况的满意度”的回答有显著差异。

E6b by A10

对医生道德状况的满意度＊职业 Crosstabulation

	高级白领	低级白领	工人/做小生意者	农民	无业/失业/下岗	总计
非常满意	3.3%	5.0%	2.2%	3.3%	5.2%	3.3%

续表

	高级白领	低级白领	工人/做小生意者	农民	无业/失业/下岗	总计
比较满意	57.6%	58.3%	62.6%	67.1%	64.7%	62.7%
不太满意	32.9%	32.1%	30.9%	26.2%	25.8%	29.6%
非常不满意	6.1%	4.6%	4.4%	3.4%	4.3%	4.4%
总计	100.0%	100.0%	100.0%	100.0%	100.0%	100.0%
列总计	425	499	1915	766	635	4240

Chi-square test：df = 12，卡方值为 38.949，sig = 0.000 < 0.05，所以不同职业的居民对于“对医生道德状况的满意度”的回答有显著差异。

E6c by A10

对教师道德状况的满意度 * 职业 Crosstabulation

	高级白领	低级白领	工人/做小生意者	农民	无业/失业/下岗	总计
非常满意	6.6%	6.6%	4.0%	4.1%	8.3%	5.2%
比较满意	61.7%	65.0%	67.3%	69.7%	66.8%	66.8%
不太满意	26.0%	25.2%	23.6%	22.7%	20.9%	23.5%
非常不满意	5.7%	3.2%	5.0%	3.6%	4.0%	4.5%
总计	100.0%	100.0%	100.0%	100.0%	100.0%	100.0%
列总计	423	503	1904	758	626	4214

Chi-square test：df = 12，卡方值为 34.553，sig = 0.001 < 0.05，所以不同职业的居民对于“对教师道德状况的满意度”的回答有显著差异。

E6d by A10

对个体工商户道德状况的满意度 * 职业 Crosstabulation

	高级白领	低级白领	工人/做小生意者	农民	无业/失业/下岗	总计
非常满意	3.1%	4.4%	2.4%	2.7%	3.4%	2.9%
比较满意	54.5%	56.0%	58.1%	62.5%	61.2%	58.7%
不太满意	33.6%	33.1%	30.9%	28.7%	29.6%	30.9%
非常不满意	8.9%	6.5%	8.6%	6.1%	5.8%	7.5%
总计	100.0%	100.0%	100.0%	100.0%	100.0%	100.0%
列总计	426	505	1910	750	624	4215

Chi-square test：df = 12，卡方值为 23.299，sig = 0.025 < 0.05，所以不同职业的居民对于“对个体工商户道德状况的满意度”的回答有显著差异。

E7a by A10

怎么称呼周围那些经营企业或做生意发了财的人？企业家 * 职业 Crosstabulation

	高级白领	低级白领	工人/做小生意者	农民	无业/失业/下岗	总计
未选中	75.3%	78.5%	80.0%	78.7%	90.2%	80.7%
选中	24.7%	21.5%	20.0%	21.3%	9.8%	19.3%
总计	100.0%	100.0%	100.0%	100.0%	100.0%	100.0%
列总计	433	512	1956	790	655	4346

Chi-square test：df = 4，卡方值为 50.395，sig = 0.000 < 0.05，所以不同职业的居民对于“怎么称呼周围那些经营企业或做生意发了财的人？企业家”的回答有显著差异。

E7b by A10

怎么称呼周围那些经营企业或做生意发了财的人？老板 * 职业 Crosstabulation

	高级白领	低级白领	工人/做小生意者	农民	无业/失业/下岗	总计
未选中	10.4%	7.6%	4.5%	2.3%	9.5%	5.8%
选中	89.6%	92.4%	95.5%	97.7%	90.5%	94.2%
总计	100.0%	100.0%	100.0%	100.0%	100.0%	100.0%
列总计	433	512	1956	790	655	4346

Chi-square test：df = 4，卡方值为 59.925，sig = 0.000 < 0.05，所以不同职业的居民对于“怎么称呼周围那些经营企业或做生意发了财的人？老板”的回答有显著差异。

E7c by A10

怎么称呼周围那些经营企业或做生意发了财的人？商人 * 职业 Crosstabulation

	高级白领	低级白领	工人/做小生意者	农民	无业/失业/下岗	总计
未选中	70.0%	69.1%	67.3%	66.7%	84.9%	70.3%
选中	30.0%	30.9%	32.7%	33.3%	15.1%	29.7%
总计	100.0%	100.0%	100.0%	100.0%	100.0%	100.0%
列总计	433	512	1956	790	655	4346

Chi-square test：df = 4，卡方值为 80.285，sig = 0.000 < 0.05，所以不同职业的居民对于“怎么称呼周围那些经营企业或做生意发了财的人？商人”的回答有显著差异。

E7d by A10

怎么称呼周围那些经营企业或做生意发了财的人？生意人 * 职业 Crosstabulation

	高级白领	低级白领	工人/做小生意者	农民	无业/失业/下岗	总计
未选中	61. 2%	54. 1%	57. 3%	53. 4%	79. 8%	60. 0%
选中	38. 8%	45. 9%	42. 7%	46. 6%	20. 2%	40. 0%
总计	100. 0%	100. 0%	100. 0%	100. 0%	100. 0%	100. 0%
列总计	433	512	1956	790	655	4346

Chi-square test：df = 4，卡方值为 135. 554，sig = 0. 000 < 0. 05，所以不同职业的居民对于“怎么称呼周围那些经营企业或做生意发了财的人？生意人”的回答有显著差异。

E7e by A10

怎么称呼周围那些经营企业或做生意发了财的人？土豪 * 职业 Crosstabulation

	高级白领	低级白领	工人/做小生意者	农民	无业/失业/下岗	总计
未选中	86. 4%	84. 6%	91. 1%	93. 0%	90. 4%	90. 1%
选中	13. 6%	15. 4%	8. 9%	7. 0%	9. 6%	9. 9%
总计	100. 0%	100. 0%	100. 0%	100. 0%	100. 0%	100. 0%
列总计	433	512	1956	790	655	4346

Chi-square test：df = 4，卡方值为 34. 223，sig = 0. 000 < 0. 05，所以不同职业的居民对于“怎么称呼周围那些经营企业或做生意发了财的人？土豪”的回答有显著差异。

E7f by A10

怎么称呼周围那些经营企业或做生意发了财的人？暴发户 * 职业 Crosstabulation

	高级白领	低级白领	工人/做小生意者	农民	无业/失业/下岗	总计
未选中	86. 8%	87. 5%	89. 9%	91. 4%	93. 9%	90. 2%
选中	13. 2%	12. 5%	10. 1%	8. 6%	6. 1%	9. 8%
总计	100. 0%	100. 0%	100. 0%	100. 0%	100. 0%	100. 0%
列总计	433	512	1956	790	655	4346

Chi-square test：df = 4，卡方值为 21. 302，sig = 0. 000 < 0. 05，所以不同职业的居民对于“怎么称呼周围那些经营企业或做生意发了财的人？暴发户”的回答有显著差异。

E8 by A10

如果您有一个不错的家庭企业，儿子或女儿缺乏经营能力或经营兴趣，难以交班，您可能选择＊职业 Crosstabulation

	高级白领	低级白领	工人/做小生意者	农民	无业/失业/下岗	总计
培养儿媳或女婿，交给她/他经营	33.6%	36.7%	44.9%	47.0%	46.5%	43.4%
交给儿媳和女婿有风险，离婚了怎么办，还是自己撑到有第三代接管	8.3%	8.6%	14.1%	16.4%	6.5%	12.1%
找一个懂经营的职业经理人，我们家庭成员做董事长	48.6%	48.7%	33.4%	25.2%	37.2%	35.9%
做一天是一天，最后将钞票留给子孙，但外人不可靠，不能交给外人	8.1%	4.9%	7.2%	11.3%	9.5%	8.1%
其他	1.4%	1.0%	0.3%	0.1%	0.3%	0.5%
总计	100.0%	100.0%	100.0%	100.0%	100.0%	100.0%
列总计	432	509	1947	758	643	4291

Chi-square test：df = 16，卡方值为 168.373，sig = 0.000 < 0.05，所以不同职业的居民对于“儿子或女儿缺乏经营能力或经营兴趣，难以交班，您可能选择”的回答有显著差异。

E9 by A10

在市场上购买食品、衣物、家用电器等商品时，您觉得有安全感吗＊职业 Crosstabulation

	高级白领	低级白领	工人/做小生意者	农民	无业/失业/下岗	总计
有安全感，相信产品质量	32.8%	26.4%	25.7%	24.2%	28.7%	26.6%
没安全感，不相信他们的标签，常担心质量问题影响自己的健康	19.4%	21.5%	20.2%	20.4%	12.7%	19.2%
没安全感，担心在价格上被欺骗，要货比三家	14.8%	16.2%	18.4%	19.5%	13.6%	17.2%
一般还可以，相信大商店的产品，不相信小商店和地摊货	33.0%	35.9%	35.7%	35.9%	44.7%	36.9%
其他			0.1%		0.5%	0.1%
总计	100.0%	100.0%	100.0%	100.0%	100.0%	100.0%
列总计	433	512	1956	790	656	4347

Chi-square test：df = 16，卡方值为 63.031，sig = 0.000 < 0.05，所以不同职业的居民对于“在市场上购买食品、衣物、家用电器等商品时，您是否觉得有安全感”的回答有显著差异。

E10 by A10

您怎么看待电视、报纸和其他主流媒体上的广告 * 职业 Crosstabulation

	高级白领	低级白领	工人/做小生意者	农民	无业/失业/下岗	总计
相信，因为是明星们推荐	10.6%	8.0%	8.1%	9.3%	7.2%	8.4%
将信将疑，眼见为真	53.5%	51.9%	50.9%	48.7%	56.9%	51.8%
不相信，是企业和那些明星联合起来忽悠大众	19.2%	25.0%	29.7%	33.7%	28.9%	28.7%
讨厌，既欺骗大众，又占用公共媒体资源	15.7%	14.9%	11.2%	8.1%	6.6%	10.8%
其他	0.9%	0.2%	0.1%	0.3%	0.5%	0.3%
总计	100.0%	100.0%	100.0%	100.0%	100.0%	100.0%
列总计	432	511	1951	787	655	4336

Chi-square test：df = 16，卡方值为 79.404，sig = 0.000 < 0.05，所以不同职业的居民对于“您怎么看待电视、报纸和其他主流媒体上的广告”的回答有显著差异。

E11 by A10

您怎么看待现在一些企业做公益和慈善 * 职业 Crosstabulation

	高级白领	低级白领	工人/做小生意者	农民	无业/失业/下岗	总计
是做善事，把赚的公众的钱还给社会	28.2%	26.1%	19.9%	24.5%	20.8%	22.4%
是在作秀，为自己树牌坊	11.7%	14.1%	19.2%	17.9%	15.3%	17.0%
是做广告，把弱势群体当作宣传自己的工具	25.4%	28.2%	27.0%	24.7%	19.0%	25.4%
做总比不做好，随他去吧	34.5%	31.0%	33.7%	32.7%	44.4%	34.9%
其他	0.2%	0.6%	0.2%	0.1%	0.6%	0.3%
总计	100.0%	100.0%	100.0%	100.0%	100.0%	100.0%
列总计	429	510	1946	776	649	4310

Chi-square test：df = 16，卡方值为 74.999，sig = 0.000 < 0.05，所以不同职业的居民对于“您怎么看待现在一些企业做公益和慈善”的回答有显著差异。

E12 by A10

一些政府机关、企事业单位利用权力为本单位的职工子女在入学、招工中提供特殊政策，您认为这种行为道德吗 * 职业 Crosstabulation

	高级白领	低级白领	工人/做小生意者	农民	无业/失业/下岗	总计
为本单位人员谋福利，符合道德	13.7%	13.1%	13.9%	12.8%	9.8%	13.0%

续表

	高级白领	低级白领	工人/做小生意者	农民	无业/失业/下岗	总计
以权谋私，不道德	40.7%	40.6%	44.8%	48.8%	53.6%	45.9%
是对社会公众的不公平，严重不道德	30.6%	33.8%	27.5%	22.2%	23.3%	27.0%
符合本单位员工利益，但严重侵蚀社会道德	11.6%	7.4%	6.7%	6.2%	8.3%	7.4%
无所谓道德不道德	3.5%	5.1%	7.1%	10.0%	5.1%	6.7%
总计	100.0%	100.0%	100.0%	100.0%	100.0%	100.0%
列总计	432	512	1957	789	653	4343

Chi-square test：df = 16，卡方值为 82.021，sig = 0.000 < 0.05，所以不同职业的居民对于“一些政府机关、企事业单位提供特殊政策，您认为这种行为道德吗”的回答有显著差异。

E13 by A10

如果您所在的单位有一项举措可以提高集体福利并使您个人得到利益，但会造成环境污染或社会公害，您会举报吗 * 职业 Crosstabulation

	高级白领	低级白领	工人/做小生意者	农民	无业/失业/下岗	总计
会	70.4%	76.3%	76.6%	76.2%	76.8%	75.9%
不会	29.6%	23.7%	23.4%	23.8%	23.2%	24.1%
总计	100.0%	100.0%	100.0%	100.0%	100.0%	100.0%
列总计	433	511	1950	787	650	4331

Chi-square test：df = 4，卡方值为 7.896，sig = 0.095 > 0.05，所以不同职业的居民对于“如果您所在的单位有一项举措可以提高集体福利并使您个人得到利益，但会造成环境污染或社会公害，您会举报吗”的回答没有显著差异。

E14 by A10

您认为您所工作的单位同事之间是何种关系 * 职业 Crosstabulation

	高级白领	低级白领	工人/做小生意者	农民	无业/失业/下岗	总计
平等合作关系	75.8%	76.7%	74.8%	72.1%	67.3%	73.5%
利益竞争关系	18.0%	18.8%	16.4%	11.0%	13.5%	15.5%
彼此没有关系	5.3%	4.3%	7.4%	12.1%	9.1%	7.9%
其他	0.9%	0.2%	1.4%	4.8%	10.1%	3.1%
总计	100.0%	100.0%	100.0%	100.0%	100.0%	100.0%
列总计	433	510	1948	770	646	4307

Chi-square test：df = 12，卡方值为 200.553，sig = 0.000 < 0.05，所以不同职业的居民对于“您认为您所工作的单位同事之间是何种关系”的回答有显著差异。

E15 by A10

为了单位组织的利益，你的单位是否会默认员工做违背道德的事情 * 职业 Crosstabulation

	高级白领	低级白领	工人/做小生意者	农民	无业/失业/下岗	总计
常常	4.1%	2.7%	3.2%	2.6%	2.0%	3.0%
较多	10.5%	9.0%	7.3%	7.9%	6.9%	8.0%
一般	18.9%	21.7%	27.2%	28.5%	25.9%	25.5%
较少	28.1%	24.9%	24.1%	19.2%	30.2%	24.7%
从来没有	38.4%	41.6%	38.1%	41.7%	35.0%	38.8%
总计	100.0%	100.0%	100.0%	100.0%	100.0%	100.0%
列总计	391	442	1558	494	394	3279

Chi-square test：df = 16，卡方值为 37.767，sig = 0.002 < 0.05，所以不同职业的居民对于“为了单位组织的利益，你的单位是否会默认员工做违背道德的事情”的回答有显著差异。

E16a by A10

您所工作的单位是否存在如下现象：给领导干部送礼讨好 * 职业 Crosstabulation

	高级白领	低级白领	工人/做小生意者	农民	无业/失业/下岗	总计
未选中	62.2%	65.7%	60.8%	60.5%	59.5%	61.3%
选中	37.8%	34.3%	39.2%	39.5%	40.5%	38.7%
总计	100.0%	100.0%	100.0%	100.0%	100.0%	100.0%
列总计	431	508	1911	775	620	4245

Chi-square test：df = 4，卡方值为 5.607，sig = 0.231 > 0.05，所以不同职业的居民对于“您所工作的单位是否存在如下现象：给领导干部送礼讨好”的回答没有显著差异。

E16b by A10

您所工作的单位是否存在如下现象：背后互相告恶状 * 职业 Crosstabulation

	高级白领	低级白领	工人/做小生意者	农民	无业/失业/下岗	总计
未选中	71.9%	73.0%	71.6%	72.3%	79.2%	73.0%
选中	28.1%	27.0%	28.4%	27.7%	20.8%	27.0%
总计	100.0%	100.0%	100.0%	100.0%	100.0%	100.0%
列总计	431	508	1911	775	620	4245

Chi-square test：df = 4，卡方值为 14.483，sig = 0.006 < 0.05，所以不同职业的居民对于“您所工作的单位是否存在如下现象：背后互相告恶状”的回答有显著差异。

E16c by A10

您所工作的单位是否存在如下现象：拉帮结派 * 职业 Crosstabulation

	高级白领	低级白领	工人/做小生意者	农民	无业/失业/下岗	总计
未选中	74.9%	81.5%	79.7%	81.5%	79.2%	79.7%
选中	25.1%	18.5%	20.3%	18.5%	20.8%	20.3%
总计	100.0%	100.0%	100.0%	100.0%	100.0%	100.0%
列总计	431	508	1911	775	620	4245

Chi-square test：df = 4，卡方值为 8.776，sig = 0.067 > 0.05，所以不同职业的居民对于“您所工作的单位是否存在如下现象：拉帮结派”的回答没有显著差异。

E16d by A10

您所工作的单位是否存在如下现象：为谋私利找关系走后门 * 职业 Crosstabulation

	高级白领	低级白领	工人/做小生意者	农民	无业/失业/下岗	总计
未选中	63.1%	65.9%	57.7%	59.1%	58.1%	59.6%
选中	36.9%	34.1%	42.3%	40.9%	41.9%	40.4%
总计	100.0%	100.0%	100.0%	100.0%	100.0%	100.0%
列总计	431	508	1911	775	620	4245

Chi-square test：df = 4，卡方值为 14.186，sig = 0.007 < 0.05，所以不同职业的居民对于“您所工作的单位是否存在如下现象：为谋私利找关系走后门”的回答有显著差异。

E16e by A10

您所工作的单位是否存在如下现象：奖惩制度不公平 * 职业 Crosstabulation

	高级白领	低级白领	工人/做小生意者	农民	无业/失业/下岗	总计
未选中	77.0%	82.5%	80.8%	82.8%	81.0%	81.0%
选中	23.0%	17.5%	19.2%	17.2%	19.0%	19.0%
总计	100.0%	100.0%	100.0%	100.0%	100.0%	100.0%
列总计	431	508	1911	775	620	4245

Chi-square test：df = 4，卡方值为 6.895，sig = 0.142 > 0.05，所以不同职业的居民对于“您所工作的单位是否存在如下现象：奖惩制度不公平”的回答没有显著差异。

E16f by A10

您所工作的单位是否存在如下现象：领导干部滥用职权 * 职业 Crosstabulation

	高级白领	低级白领	工人/做小生意者	农民	无业/失业/下岗	总计
未选中	77.7%	78.0%	74.1%	71.5%	69.0%	73.7%
选中	22.3%	22.0%	25.9%	28.5%	31.0%	26.3%
总计	100.0%	100.0%	100.0%	100.0%	100.0%	100.0%
列总计	431	508	1911	775	620	4245

Chi-square test：df = 4，卡方值为 17.437，sig = 0.002 < 0.05，所以不同职业的居民对于“您所工作的单位是否存在如下现象：领导干部滥用职权”的回答有显著差异。

E16g by A10

您所工作的单位是否存在如下现象：都不存在 * 职业 Crosstabulation

	高级白领	低级白领	工人/做小生意者	农民	无业/失业/下岗	总计
未选中	68.0%	63.2%	65.1%	60.3%	62.9%	64.0%
选中	32.0%	36.8%	34.9%	39.7%	37.1%	36.0%
总计	100.0%	100.0%	100.0%	100.0%	100.0%	100.0%
列总计	431	508	1911	775	620	4245

Chi-square test：df = 4，卡方值为 9.134，sig = 0.058 > 0.05，所以不同职业的居民对于“您所工作的单位是否存在如下现象：都不存在”的回答没有显著差异。

E17a by A10

关于企业履行社会责任的说法，您的同意程度是：只有国企才应该履行社会责任 * 职业 Crosstabulation

	高级白领	低级白领	工人/做小生意者	农民	无业/失业/下岗	总计
完全同意	1.9%	1.8%	2.7%	2.1%	1.9%	2.3%
比较同意	11.7%	8.3%	16.4%	18.3%	15.7%	15.2%
不太同意	58.3%	59.9%	61.4%	63.6%	62.8%	61.5%
完全不同意	28.2%	30.0%	19.4%	16.1%	19.6%	21.1%
总计	100.0%	100.0%	100.0%	100.0%	100.0%	100.0%
列总计	429	506	1908	728	623	4194

Chi-square test：df = 3，卡方值为 71.947，sig = 0.000 < 0.05，所以不同职业的居民对于“只有国企才应该履行社会责任”的同意程度有显著差异。

E17b by A10

关于企业履行社会责任的说法，您的同意程度是：只有大企业才应该履行社会责任＊ 职业 Crosstabulation

	高级白领	低级白领	工人/做小生意者	农民	无业/失业/下岗	总计
完全同意	1.2%	1.2%	2.6%	2.3%	1.9%	2.1%
比较同意	11.4%	9.1%	16.4%	17.5%	13.2%	14.7%
不太同意	58.4%	56.7%	60.4%	62.4%	65.7%	60.9%
完全不同意	29.1%	33.0%	20.6%	17.8%	19.1%	22.3%
总计	100.0%	100.0%	100.0%	100.0%	100.0%	100.0%
列总计	430	506	1919	731	627	4213

Chi-square test：df = 12，卡方值为 80.155，sig = 0.000 < 0.05，所以不同职业的居民对于“只有大企业才应该履行社会责任”的同意程度有显著差异。

E17c by A10

关于企业履行社会责任的说法，您的同意程度是：只有盈利多的企业才需要履行社会责任＊ 职业 Crosstabulation

	高级白领	低级白领	工人/做小生意者	农民	无业/失业/下岗	总计
完全同意	1.2%	1.0%	2.7%	2.7%	2.2%	2.3%
比较同意	11.9%	9.1%	16.9%	20.5%	12.6%	15.4%
不太同意	56.5%	53.4%	57.4%	58.9%	63.0%	57.9%
完全不同意	30.4%	36.6%	23.0%	17.9%	22.3%	24.4%
总计	100.0%	100.0%	100.0%	100.0%	100.0%	100.0%
列总计	428	506	1917	737	629	4217

Chi-square test：df = 12，卡方值为 100.567，sig = 0.000 < 0.05，所以不同职业的居民对于“只有盈利多的企业才需要履行社会责任”的同意程度有显著差异。

E17d by A10

关于企业履行社会责任的说法，您的同意程度是：污染类企业要履行更多的社会责任＊ 职业 Crosstabulation

	高级白领	低级白领	工人/做小生意者	农民	无业/失业/下岗	总计
完全同意	28.5%	26.3%	25.7%	20.9%	29.5%	25.8%
比较同意	41.0%	43.0%	45.6%	50.7%	47.3%	46.0%
不太同意	19.7%	20.0%	20.8%	21.9%	16.7%	20.2%
完全不同意	10.9%	10.7%	7.8%	6.5%	6.5%	8.0%
总计	100.0%	100.0%	100.0%	100.0%	100.0%	100.0%

续表

	高级白领	低级白领	工人/做小生意者	农民	无业/失业/下岗	总计
列总计	432	505	1920	750	634	4241

Chi-square test：df = 12，卡方值为 36.965，sig = 0.000 < 0.05，所以不同职业的居民对于“污染类企业要履行更多的社会责任”的同意程度有显著差异。

E17e by A10

关于企业履行社会责任的说法，您的同意程度是：小企业只要管好自己就行了，不要履行社会责任 * 职业 Crosstabulation

	高级白领	低级白领	工人/做小生意者	农民	无业/失业/下岗	总计
完全同意	1.4%	0.8%	1.3%	1.2%	1.6%	1.3%
比较同意	8.2%	7.5%	12.4%	10.1%	9.7%	10.6%
不太同意	58.8%	55.2%	60.3%	64.0%	62.4%	60.5%
完全不同意	31.6%	36.5%	26.0%	24.6%	26.3%	27.7%
总计	100.0%	100.0%	100.0%	100.0%	100.0%	100.0%
列总计	427	507	1914	731	627	4206

Chi-square test：df = 12，卡方值为 40.647，sig = 0.000 < 0.05，所以不同职业的居民对于“小企业只要管好自己就行了，不要履行社会责任”的同意程度有显著差异。

E18a by A10

您觉得下列哪类单位最讲道德 * 职业 Crosstabulation

	高级白领	低级白领	工人/做小生意者	农民	无业/失业/下岗	总计
国有（控股）企业	19.6%	21.3%	22.3%	24.1%	20.9%	22.0%
民营企业	3.1%	1.1%	2.2%	3.4%	1.0%	2.2%
私营企业	1.3%	1.4%	2.2%	2.2%	2.1%	2.0%
外资企业	10.1%	10.8%	10.5%	7.9%	4.9%	9.2%
学校	37.2%	37.8%	36.8%	33.6%	50.0%	38.3%
医院	4.9%	3.2%	2.7%	2.5%	3.0%	3.0%
政府机关	20.4%	21.5%	20.5%	24.3%	16.0%	20.6%
民间组织	3.4%	3.0%	2.8%	2.0%	2.1%	2.6%
总计	100.0%	100.0%	100.0%	100.0%	100.0%	100.0%
列总计	387	437	1658	643	526	3651

Chi-square test：df = 28，卡方值为 74.358，sig = 0.000 < 0.05，所以不同职业的居民对于“您觉得下列哪类单位最讲道德”的回答有显著差异。

E18b by A10

您觉得下列哪类单位道德水平最差＊职业 Crosstabulation

	高级白领	低级白领	工人/做小生意者	农民	无业/失业/下岗	总计
国有（控股）企业	3.3%	3.7%	3.6%	3.1%	2.8%	3.4%
民营企业	11.9%	11.9%	14.0%	13.8%	11.2%	13.1%
私营企业	37.4%	31.4%	37.2%	37.9%	38.2%	36.8%
外资企业	3.6%	3.2%	3.6%	2.6%	2.8%	3.3%
学校	2.1%	2.4%	2.7%	2.8%	3.9%	2.8%
医院	21.4%	29.6%	21.9%	19.3%	16.8%	21.6%
政府机关	8.0%	4.7%	8.5%	10.3%	11.9%	8.8%
民间组织	12.5%	13.2%	8.5%	10.3%	12.3%	10.3%
总计	100.0%	100.0%	100.0%	100.0%	100.0%	100.0%
列总计	337	379	1490	544	463	3213

Chi-square test：df = 28，卡方值为 54.892，sig = 0.002 < 0.05，所以不同职业的居民对于“您觉得下列哪类单位道德水平最差”的回答有显著差异。

E19a by A10

关于学校的说法，您的同意程度是：学校越来越以营利为目的＊职业 Crosstabulation

	高级白领	低级白领	工人/做小生意者	农民	无业/失业/下岗	总计
完全同意	13.3%	16.9%	12.2%	8.0%	10.0%	11.8%
比较同意	40.9%	39.1%	47.2%	49.3%	44.8%	45.6%
不太同意	34.3%	35.7%	34.3%	36.5%	37.9%	35.4%
完全不同意	11.4%	8.3%	6.3%	6.2%	7.4%	7.2%
总计	100.0%	100.0%	100.0%	100.0%	100.0%	100.0%
列总计	428	504	1891	754	623	4200

Chi-square test：df = 12，卡方值为 50.526，sig = 0.000 < 0.05，所以不同职业的居民对于“学校越来越以营利为目的”的同意程度有显著差异。

E19b by A10

关于学校的说法，您的同意程度是：学校主要传授知识和技能，培养道德不重要＊职业 Crosstabulation

	高级白领	低级白领	工人/做小生意者	农民	无业/失业/下岗	总计
完全同意	1.4%	1.6%	0.6%	0.8%	1.4%	0.9%
比较同意	7.4%	5.7%	8.8%	8.6%	7.9%	8.1%
不太同意	48.6%	45.7%	56.4%	62.9%	56.7%	55.6%

续表

	高级白领	低级白领	工人/做小生意者	农民	无业/失业/下岗	总计
完全不同意	42.6%	47.0%	34.2%	27.7%	34.0%	35.4%
总计	100.0%	100.0%	100.0%	100.0%	100.0%	100.0%
列总计	432	508	1925	765	645	4275

Chi-square test：df = 12，卡方值为 72.926，sig = 0.000 < 0.05，所以不同职业的居民对于“学校主要传授知识和技能，培养道德不重要”的同意程度有显著差异。

E19c by A10

关于学校的说法，您的同意程度是：学校升学率高比素质教育更重要 * 职业 Crosstabulation

	高级白领	低级白领	工人/做小生意者	农民	无业/失业/下岗	总计
完全同意	2.6%	2.6%	1.6%	0.5%	2.0%	1.7%
比较同意	9.3%	7.5%	9.1%	10.4%	10.8%	9.4%
不太同意	51.0%	49.1%	52.8%	58.0%	56.9%	53.7%
完全不同意	37.1%	40.8%	36.5%	31.1%	30.3%	35.2%
总计	100.0%	100.0%	100.0%	100.0%	100.0%	100.0%
列总计	431	505	1927	762	641	4266

Chi-square test：df = 12，卡方值为 35.589，sig = 0.000 < 0.05，所以不同职业的居民对于“学校升学率高比素质教育更重要”的同意程度有显著差异。

E19d by A10

关于学校的说法，您的同意程度是：青少年儿童行为不端，主要是学校没教好 * 职业 Crosstabulation

	高级白领	低级白领	工人/做小生意者	农民	无业/失业/下岗	总计
完全同意	1.6%	1.2%	1.3%	1.0%	1.2%	1.3%
比较同意	11.8%	8.9%	10.8%	9.9%	7.5%	10.0%
不太同意	54.1%	57.4%	56.5%	62.1%	61.1%	58.1%
完全不同意	32.5%	32.5%	31.4%	27.0%	30.2%	30.7%
总计	100.0%	100.0%	100.0%	100.0%	100.0%	100.0%
列总计	431	505	1925	771	642	4274

Chi-square test：df = 12，卡方值为 18.075，sig = 0.113 > 0.05，所以不同职业的居民对于“青少年儿童行为不端，主要是学校没教好”的同意程度没有显著差异。

E19e by A10

关于学校的说法，您的同意程度是：要想孩子培养得好，就要多给老师送礼 ＊ 职业 Crosstabulation

	高级白领	低级白领	工人/做小生意者	农民	无业/失业/下岗	总计
完全同意	2.8%	1.0%	1.2%	1.4%	1.1%	1.4%
比较同意	6.5%	5.7%	5.7%	5.2%	4.8%	5.6%
不太同意	36.8%	40.4%	44.6%	49.7%	47.2%	44.7%
完全不同意	53.8%	52.9%	48.4%	43.7%	46.9%	48.4%
总计	100.0%	100.0%	100.0%	100.0%	100.0%	100.0%
列总计	429	507	1924	769	646	4275

Chi-square test：df = 12，卡方值为 31.228，sig = 0.002 < 0.05，所以不同职业的居民对于“要想孩子培养得好，就要多给老师送礼”的同意程度有显著差异。

E20 by A10

您所在单位当员工或村民受到不应该的对待时，员工或村民有没有申诉的机会 ＊ 职业 Crosstabulation

	高级白领	低级白领	工人/做小生意者	农民	无业/失业/下岗	总计
有	81.5%	79.8%	75.9%	74.2%	76.3%	76.8%
没有	18.5%	20.2%	24.1%	25.8%	23.7%	23.2%
总计	100.0%	100.0%	100.0%	100.0%	100.0%	100.0%
列总计	270	267	971	365	434	2307

Chi-square test：df = 4，卡方值为 6.494，sig = 0.165 > 0.05，所以不同职业的居民对于“您所在单位当员工或村民受到不应该的对待时，员工或村民有没有申诉的机会”的回答没有显著差异。

E21 by A10

您所在单位当员工或村民受到不应该的对待时，员工或村民有没有申诉的地方或渠道 ＊ 职业 Crosstabulation

	高级白领	低级白领	工人/做小生意者	农民	无业/失业/下岗	总计
有	81.4%	81.0%	77.4%	74.7%	78.3%	78.1%
没有	18.6%	19.0%	22.6%	25.3%	21.7%	21.9%
总计	100.0%	100.0%	100.0%	100.0%	100.0%	100.0%
列总计	269	263	934	340	419	2225

Chi-square test：df = 4，卡方值为 5.560，sig = 0.234 > 0.05，所以不同职业的居民对于“您所在单位当员工或村民受到不应该的对待时，员工或村民有没有申诉的地方或渠道”的回答没有显著差异。

E22 by A10

您所在单位当员工或村民受到不应该的对待时，有没有人进行过申诉 * 职业 Crosstabulation

	高级白领	低级白领	工人/做小生意者	农民	无业/失业/下岗	总计
全部会申诉	3.3%	3.6%	1.1%	2.4%	4.1%	2.5%
大部分会申诉	33.3%	26.6%	18.7%	16.1%	17.8%	21.1%
小部分会申诉	45.7%	55.0%	57.2%	58.6%	58.8%	55.9%
无人申诉	17.7%	14.9%	23.0%	22.9%	19.3%	20.5%
总计	100.0%	100.0%	100.0%	100.0%	100.0%	100.0%
列总计	243	222	718	249	342	1774

Chi-square test：df = 12，卡方值为 50.955，sig = 0.000 < 0.05，所以不同职业的居民对于“您所在单位当员工或村民受到不应该的对待时，有没有人进行过申诉”的回答有显著差异。

E23 by A10

您所在单位在多大程度上认真对待员工或村民的申诉 * 职业 Crosstabulation

	高级白领	低级白领	工人/做小生意者	农民	无业/失业/下岗	总计
完全不认真	1.4%	2.8%	6.3%	10.4%	8.1%	6.3%
不太认真	19.0%	13.2%	20.5%	23.5%	20.4%	19.9%
一般	32.4%	31.1%	41.8%	38.8%	36.6%	37.8%
比较认真	38.9%	43.4%	27.7%	24.3%	30.1%	30.9%
非常认真	8.3%	9.4%	3.8%	3.0%	4.8%	5.1%
总计	100.0%	100.0%	100.0%	100.0%	100.0%	100.0%
列总计	216	212	716	268	372	1784

Chi-square test：df = 16，卡方值为 74.351，sig = 0.000 < 0.05，所以不同职业的居民对于“您所在单位在多大程度上认真对待员工或村民的申诉”的回答有显著差异。

E24 by A10

您所在单位是否有道德方面的教育或活动 * 职业 Crosstabulation

	高级白领	低级白领	工人/做小生意者	农民	无业/失业/下岗	总计
有	22.0%	17.1%	8.9%	5.2%	11.0%	10.8%
没有	26.5%	25.4%	37.3%	38.5%	41.0%	35.6%
不知道	51.5%	57.5%	53.8%	56.3%	48.0%	53.6%
总计	100.0%	100.0%	100.0%	100.0%	100.0%	100.0%

续表

	高级白领	低级白领	工人/做小生意者	农民	无业/失业/下岗	总计
列总计	423	503	1937	782	637	4282

Chi-square test：df = 8，卡方值为 136.086，sig = 0.000 < 0.05，所以不同职业的居民对于“您所在单位是否有道德方面的教育或活动”的回答有显著差异。

E25a by A10

对当地企业道德状况的满意度 * 职业 Crosstabulation

	高级白领	低级白领	工人/做小生意者	农民	无业/失业/下岗	总计
非常不满意	3.3%	1.9%	2.5%	2.1%	2.3%	2.4%
不太满意	26.6%	22.7%	26.5%	24.0%	27.2%	25.7%
比较满意	67.3%	71.1%	68.7%	71.2%	69.0%	69.3%
非常满意	2.8%	4.3%	2.2%	2.7%	1.4%	2.5%
总计	100.0%	100.0%	100.0%	100.0%	100.0%	100.0%
列总计	391	485	1793	671	555	3895

Chi-square test：df = 12，卡方值为 16.547，sig = 0.167 > 0.05，所以不同职业的居民对于“对当地企业道德状况的满意度”的回答没有显著差异。

E25b by A10

对当地医院道德状况的满意度 * 职业 Crosstabulation

	高级白领	低级白领	工人/做小生意者	农民	无业/失业/下岗	总计
非常不满意	4.8%	4.0%	4.7%	3.7%	4.0%	4.3%
不太满意	27.7%	26.7%	30.7%	26.3%	26.3%	28.5%
比较满意	63.2%	65.1%	61.0%	64.5%	66.6%	63.2%
非常满意	4.3%	4.2%	3.6%	5.5%	3.1%	4.0%
总计	100.0%	100.0%	100.0%	100.0%	100.0%	100.0%
列总计	419	498	1898	750	620	4185

Chi-square test：df = 12，卡方值为 16.973，sig = 0.151 > 0.05，所以不同职业的居民对于“对当地医院道德状况的满意度”的回答没有显著差异。

E25c by A10

对当地政府道德状况的满意度 * 职业 Crosstabulation

	高级白领	低级白领	工人/做小生意者	农民	无业/失业/下岗	总计
非常不满意	3.4%	2.0%	4.4%	4.3%	5.1%	4.1%

续表

	高级白领	低级白领	工人/做小生意者	农民	无业/失业/下岗	总计
不太满意	22.8%	22.2%	26.9%	25.6%	25.5%	25.5%
比较满意	65.5%	66.9%	63.6%	64.6%	65.1%	64.6%
非常满意	8.3%	8.8%	5.1%	5.5%	4.4%	5.8%
总计	100.0%	100.0%	100.0%	100.0%	100.0%	100.0%
列总计	412	490	1850	746	593	4091

Chi-square test：df = 12，卡方值为 28.009，sig = 0.006 < 0.05，所以不同职业的居民对于“对当地政府道德状况的满意度”的回答有显著差异。

E25d by A8

对当地学校的道德状况的满意度 * 职业 Crosstabulation

	高级白领	低级白领	工人/做小生意者	农民	无业/失业/下岗	总计
非常不满意	2.4%	2.5%	3.1%	2.8%	2.1%	2.8%
不太满意	18.3%	17.2%	20.3%	18.4%	19.2%	19.2%
比较满意	67.3%	69.5%	68.0%	71.3%	72.3%	69.4%
非常满意	12.0%	10.8%	8.5%	7.4%	6.4%	8.6%
总计	100.0%	100.0%	100.0%	100.0%	100.0%	100.0%
列总计	410	489	1864	739	610	4112

Chi-square test：df = 12，卡方值为 19.388，sig = 0.080 > 0.05，所以不同职业的居民对于“对当地学校的道德状况的满意度”的回答没有显著差异。

E25e by A10

对当地的 NGO 组织（如红十字会等）道德状况的满意度 * 职业 Crosstabulation

	高级白领	低级白领	工人/做小生意者	农民	无业/失业/下岗	总计
非常不满意	2.7%	1.6%	2.1%	2.2%	2.2%	2.1%
不太满意	18.4%	17.4%	20.3%	14.4%	16.4%	18.3%
比较满意	68.6%	70.3%	66.0%	72.4%	75.5%	69.2%
非常满意	10.3%	10.7%	11.6%	11.1%	5.9%	10.5%
总计	100.0%	100.0%	100.0%	100.0%	100.0%	100.0%
列总计	331	384	1240	416	372	2743

Chi-square test：df = 12，卡方值为 22.038，sig = 0.037 < 0.05，所以不同职业的居民对于“对当地的 NGO 组织（如红十字会等）道德状况的满意度”的回答有显著差异。

F1a by A10

您认为以下行为是否关乎道德？随地吐痰＊ 职业 Crosstabulation

	高级白领	低级白领	工人/做小生意者	农民	无业/失业/下岗	总计
有关	97.0%	96.3%	93.1%	88.3%	97.2%	93.6%
无关	3.0%	3.7%	6.9%	11.7%	2.8%	6.4%
总计	100.0%	100.0%	100.0%	100.0%	100.0%	100.0%
列总计	432	511	1950	789	654	4336

Chi-square test：df = 4，卡方值为 66.401，sig = 0.000 < 0.05，所以不同职业的居民对于“您认为以下行为是否关乎道德？随地吐痰”的回答有显著差异。

F1b by A10

您认为以下行为是否关乎道德？插队＊ 职业 Crosstabulation

	高级白领	低级白领	工人/做小生意者	农民	无业/失业/下岗	总计
有关	96.5%	97.1%	93.1%	90.6%	97.4%	94.1%
无关	3.5%	2.9%	6.9%	9.4%	2.6%	5.9%
总计	100.0%	100.0%	100.0%	100.0%	100.0%	100.0%
列总计	432	511	1950	789	654	4336

Chi-square test：df = 4，卡方值为 46.162，sig = 0.000 < 0.05，所以不同职业的居民对于“您认为以下行为是否关乎道德？插队”的回答有显著差异。

F1c by A10

您认为以下行为是否关乎道德？公交或地铁上大声打电话＊ 职业 Crosstabulation

	高级白领	低级白领	工人/做小生意者	农民	无业/失业/下岗	总计
有关	94.7%	93.2%	89.5%	86.8%	95.3%	90.8%
无关	5.3%	6.8%	10.5%	13.2%	4.7%	9.2%
总计	100.0%	100.0%	100.0%	100.0%	100.0%	100.0%
列总计	431	511	1947	788	655	4332

Chi-square test：df = 4，卡方值为 45.979，sig = 0.000 < 0.05，所以不同职业的居民对于“您认为以下行为是否关乎道德？公交或地铁上大声打电话”的回答有显著差异。

F1d by A10

您认为以下行为是否关乎道德？餐馆里说话声音很大 * 职业 Crosstabulation

	高级白领	低级白领	工人/做小生意者	农民	无业/失业/下岗	总计
有关	93.8%	93.3%	88.5%	85.9%	94.5%	90.0%
无关	6.2%	6.7%	11.5%	14.1%	5.5%	10.0%
总计	100.0%	100.0%	100.0%	100.0%	100.0%	100.0%
列总计	433	511	1949	787	655	4335

Chi-square test：df = 4，卡方值为 47.881，sig = 0.000 < 0.05，所以不同职业的居民对于“您认为以下行为是否关乎道德？餐馆里说话声音很大”的回答有显著差异。

F1e by A10

您认为以下行为是否关乎道德？在公共场所的椅子或沙发上躺着睡觉 * 职业 Crosstabulation

	高级白领	低级白领	工人/做小生意者	农民	无业/失业/下岗	总计
有关	94.9%	93.5%	89.6%	88.8%	93.9%	91.1%
无关	5.1%	6.5%	10.4%	11.2%	6.1%	8.9%
总计	100.0%	100.0%	100.0%	100.0%	100.0%	100.0%
列总计	432	511	1949	789	655	4336

Chi-square test：df = 4，卡方值为 28.242，sig = 0.000 < 0.05，所以不同职业的居民对于“您认为以下行为是否关乎道德？在公共场所的椅子或沙发上躺着睡觉”的回答有显著差异。

F1f by A10

您本人是否做出过这些行为？随地吐痰 * 职业 Crosstabulation

	高级白领	低级白领	工人/做小生意者	农民	无业/失业/下岗	总计
经常做	2.1%	1.0%	3.5%	4.7%	3.4%	3.3%
偶尔做	31.1%	31.2%	35.9%	37.6%	25.1%	33.5%
从来不做	66.8%	67.8%	60.6%	57.7%	71.5%	63.2%
总计	100.0%	100.0%	100.0%	100.0%	100.0%	100.0%
列总计	428	506	1936	785	650	4305

Chi-square test：df = 8，卡方值为 53.249，sig = 0.000 < 0.05，所以不同职业的居民对于“您本人是否做出过这些行为？随地吐痰”的回答有显著差异。

F1g by A10

您本人是否做出过这些行为？插队＊ 职业 Crosstabulation

	高级白领	低级白领	工人/做小生意者	农民	无业/失业/下岗	总计
经常做	1.4%	0.2%	1.0%	0.9%	0.3%	0.8%
偶尔做	15.7%	14.8%	16.7%	18.8%	10.8%	15.9%
从来不做	82.9%	85.0%	82.2%	80.4%	88.9%	83.3%
总计	100.0%	100.0%	100.0%	100.0%	100.0%	100.0%
列总计	427	506	1935	784	649	4301

Chi-square test：df = 8，卡方值为 26.871，sig = 0.001 < 0.05，所以不同职业的居民对于“您本人是否做出过这些行为？插队”的回答有显著差异。

F1h by A10

您本人是否做出过这些行为？公交或地铁上大声打电话＊ 职业 Crosstabulation

	高级白领	低级白领	工人/做小生意者	农民	无业/失业/下岗	总计
经常做	2.6%	0.6%	1.1%	1.3%	0.3%	1.1%
偶尔做	18.2%	20.1%	20.6%	18.2%	16.0%	19.2%
从来不做	79.2%	79.3%	78.2%	80.5%	83.6%	79.7%
总计	100.0%	100.0%	100.0%	100.0%	100.0%	100.0%
列总计	428	507	1931	784	648	4298

Chi-square test：df = 8，卡方值为 21.344，sig = 0.006 < 0.05，所以不同职业的居民对于“您本人是否做出过这些行为？公交或地铁上大声打电话”的回答有显著差异。

F1i by A10

您本人是否做出过这些行为？餐馆里说话声音很大＊ 职业 Crosstabulation

	高级白领	低级白领	工人/做小生意者	农民	无业/失业/下岗	总计
经常做	1.9%	0.8%	1.2%	2.3%	0.5%	1.3%
偶尔做	25.1%	17.0%	20.3%	19.3%	17.4%	19.8%
从来不做	73.1%	82.2%	78.5%	78.4%	82.1%	78.9%
总计	100.0%	100.0%	100.0%	100.0%	100.0%	100.0%
列总计	427	507	1929	784	648	4295

Chi-square test：df = 8，卡方值为 25.418，sig = 0.001 < 0.05，所以不同职业的居民对于“您本人是否做出过这些行为？餐馆里说话声音很大”的回答有显著差异。

F1j by A10

您本人是否做出过这些行为？在公共场所的椅子或沙发上躺着睡觉＊职业 Crosstabulation

	高级白领	低级白领	工人/做小生意者	农民	无业/失业/下岗	总计
经常做	3.0%	1.0%	0.9%	0.5%	0.5%	1.0%
偶尔做	8.4%	7.9%	9.1%	6.4%	9.1%	8.4%
从来不做	88.6%	91.1%	90.0%	93.1%	90.4%	90.6%
总计	100.0%	100.0%	100.0%	100.0%	100.0%	100.0%
列总计	430	507	1937	784	648	4306

Chi-square test：df = 8，卡方值为 27.767，sig = 0.001 < 0.05，所以不同职业的居民对于“您本人是否做出过这些行为？在公共场所的椅子或沙发上躺着睡觉”的回答有显著差异。

F2 by A10

入夜后，很多中老年朋友在广场上伴着录音机的音乐跳舞，产生噪声，有人向政府或物管投诉，要求阻止。对这件事您怎么看＊职业 Crosstabulation

	高级白领	低级白领	工人/做小生意者	农民	无业/失业/下岗	总计
在广场上跳舞是居民的自由，不应干预	6.9%	7.4%	8.4%	7.5%	8.0%	7.9%
跳舞如果破坏了别人的清静，就应该停止	24.2%	20.1%	20.8%	21.1%	16.4%	20.5%
中老年人没地方活动，即便跳舞构成干扰，也应尽量容忍和理解	22.6%	24.8%	21.8%	21.1%	15.4%	21.1%
请跳舞者降低音量，大家相互妥协	45.5%	47.3%	48.5%	49.7%	59.8%	50.0%
其他（请说明）	0.7%	0.4%	0.4%	0.5%	0.5%	0.5%
总计	100.0%	100.0%	100.0%	100.0%	100.0%	100.0%
列总计	433	512	1953	782	651	4331

Chi-square test：df = 16，卡方值为 40.877，sig = 0.001 < 0.05，所以不同职业的居民对于“入夜后，中老年朋友在广场上伴着音乐跳舞，产生噪声，有人向政府或物管投诉，要求阻止。对这件事您怎么看”的回答有显著差异。

F3a by A10

因个人认为自身受到不公正待遇而导致的社会泄愤事件，你对于下列回答的评价是：这是暴徒行为，无论何种情况下，都不应该采取暴力手段＊职业 Crosstabulation

	高级白领	低级白领	工人/做小生意者	农民	无业/失业/下岗	总计
完全同意	42.8%	37.8%	37.2%	32.6%	40.7%	37.5%

续表

	高级白领	低级白领	工人/做小生意者	农民	无业/失业/下岗	总计
比较同意	44.2%	45.9%	53.2%	59.4%	51.8%	52.3%
不太同意	6.0%	6.1%	5.9%	6.0%	4.9%	5.8%
完全不同意	7.0%	10.2%	3.8%	2.1%	2.6%	4.4%
总计	100.0%	100.0%	100.0%	100.0%	100.0%	100.0%
列总计	430	508	1943	773	649	4303

Chi-square test：df = 12，卡方值为 89.824，sig = 0.000 < 0.05，所以不同职业的居民对于“这是暴徒行为，无论何种情况下，都不应该采取暴力手段”的评价有显著差异。

F3b by A10

因个人认为自身受到不公正待遇而导致的社会泄愤事件，你对于下列回答的评价是：其他社会成员在需要的时候没有及时给予帮助，因此我们每个人都有责任 * 职业 Crosstabulation

	高级白领	低级白领	工人/做小生意者	农民	无业/失业/下岗	总计
完全同意	19.9%	16.3%	16.5%	14.8%	15.3%	16.4%
比较同意	57.4%	57.9%	55.9%	54.0%	62.7%	57.0%
不太同意	19.2%	23.0%	24.1%	26.8%	19.5%	23.3%
完全不同意	3.5%	2.8%	3.5%	4.4%	2.5%	3.4%
总计	100.0%	100.0%	100.0%	100.0%	100.0%	100.0%
列总计	432	508	1947	770	646	4303

Chi-square test：df = 12，卡方值为 26.489，sig = 0.009 < 0.05，所以不同职业的居民对于“其他社会成员在需要的时候没有及时给予帮助，因此我们每个人都有责任”的评价有显著差异。

F3c by A10

因个人认为自身受到不公正待遇而导致的社会泄愤事件，你对于下列回答的评价是：应该去报复那些给予他们不公待遇的人，而不是伤及无辜 * 职业 Crosstabulation

	高级白领	低级白领	工人/做小生意者	农民	无业/失业/下岗	总计
完全同意	10.4%	8.8%	10.0%	7.9%	12.0%	9.8%
比较同意	26.5%	29.2%	33.3%	32.6%	42.0%	33.3%
不太同意	40.4%	43.9%	41.0%	45.3%	32.1%	40.7%
完全不同意	22.7%	18.0%	15.7%	14.3%	13.9%	16.1%
总计	100.0%	100.0%	100.0%	100.0%	100.0%	100.0%

续表

	高级白领	低级白领	工人/做小生意者	农民	无业/失业/下岗	总计
列总计	431	510	1942	764	648	4295

Chi-square test：df = 12，卡方值为64.239，sig = 0.000 < 0.05，所以不同职业的居民对于“应该去报复那些给予他们不公待遇的人，而不是伤及无辜”的评价有显著差异。

F3d by A10

因个人认为自身受到不公正待遇而导致的社会泄愤事件，你对于下列回答的评价是：受到不公平待遇，应该充分相信政府，积极寻求相关部门的帮助 * 职业 Crosstabulation

	高级白领	低级白领	工人/做小生意者	农民	无业/失业/下岗	总计
完全同意	32.2%	29.1%	23.3%	21.5%	23.7%	24.6%
比较同意	56.9%	60.1%	63.9%	67.1%	65.3%	63.5%
不太同意	9.1%	9.7%	11.1%	10.1%	8.9%	10.2%
完全不同意	1.9%	1.2%	1.7%	1.3%	2.2%	1.7%
总计	100.0%	100.0%	100.0%	100.0%	100.0%	100.0%
列总计	429	506	1939	772	642	4288

Chi-square test：df = 12，卡方值为30.462，sig = 0.002 < 0.05，所以不同职业的居民对于“受到不公平待遇，应该充分相信政府，积极寻求相关部门的帮助”的评价有显著差异。

F4 by A10

总的来说，您认为当今的社会公不公平 * 职业 Crosstabulation

	高级白领	低级白领	工人/做小生意者	农民	无业/失业/下岗	总计
完全不公平	3.3%	4.8%	5.5%	3.3%	6.5%	5.0%
比较不公平	25.3%	30.9%	30.1%	28.8%	30.7%	29.6%
说不上公平但也不能说不公平	37.9%	36.6%	37.3%	36.1%	31.7%	36.2%
比较公平	31.6%	26.3%	25.7%	31.2%	30.3%	28.1%
非常公平	1.9%	1.4%	1.3%	0.7%	0.8%	1.2%
总计	100.0%	100.0%	100.0%	100.0%	100.0%	100.0%
列总计	430	505	1934	765	644	4278

Chi-square test：df = 16，卡方值为34.600，sig = 0.005 < 0.05，所以不同职业的居民对于“总的来说，您认为当今的社会公不公平”的回答有显著差异。

F5 by A10

和前几年相比，您认为目前我国社会的分配不公、两极分化现象 * 职业 Crosstabulation

	高级白领	低级白领	工人/做小生意者	农民	无业/失业/下岗	总计
有较大改善	35.1%	32.8%	28.6%	29.9%	33.8%	30.7%
没什么变化	37.9%	45.6%	46.9%	45.1%	36.5%	44.0%
更加恶化	27.0%	21.6%	24.5%	25.0%	29.7%	25.2%
总计	100.0%	100.0%	100.0%	100.0%	100.0%	100.0%
列总计	422	485	1869	720	589	4085

Chi-square test：df = 8，卡方值为 31.242，sig = 0.000 < 0.05，所以不同职业的居民对于“和前几年相比，您认为目前我国社会的分配不公、两极分化现象”的回答有显著差异。

F6 by A10

您认为目前我国社会成员之间的收入差距有多大 * 职业 Crosstabulation

	高级白领	低级白领	工人/做小生意者	农民	无业/失业/下岗	总计
合理，可以接受	17.8%	15.1%	11.7%	14.3%	14.3%	13.6%
不合理，但可以接受	61.6%	55.2%	56.6%	53.9%	54.3%	56.1%
不合理，不能接受	20.6%	29.7%	31.7%	31.8%	31.5%	30.3%
总计	100.0%	100.0%	100.0%	100.0%	100.0%	100.0%
列总计	422	498	1882	726	610	4138

Chi-square test：df = 8，卡方值为 30.316，sig = 0.000 < 0.05，所以不同职业的居民对于“您认为目前我国社会成员之间的收入差距有多大”的回答有显著差异。

F7a by A10

请问您是否同意当前的社会是人人为自己 * 职业 Crosstabulation

	高级白领	低级白领	工人/做小生意者	农民	无业/失业/下岗	总计
完全同意	12.8%	12.3%	15.7%	13.1%	18.5%	14.9%
比较同意	53.7%	61.8%	58.8%	57.9%	56.3%	58.1%
不太同意	29.8%	23.7%	23.2%	26.7%	23.9%	24.6%
完全不同意	3.7%	2.2%	2.4%	2.3%	1.2%	2.3%
总计	100.0%	100.0%	100.0%	100.0%	100.0%	100.0%
列总计	430	511	1942	784	648	4315

Chi-square test：df = 12，卡方值为 29.736，sig = 0.003 < 0.05，所以不同职业的居民对于“您是否同意当前的社会是人人为自己”的回答有显著差异。

F7b by A10

请问您是否同意现在社会的大多数人是见利忘义的 * 职业 Crosstabulation

	高级白领	低级白领	工人/做小生意者	农民	无业/失业/下岗	总计
完全同意	10.2%	9.2%	11.5%	10.2%	14.2%	11.3%
比较同意	35.8%	45.6%	50.0%	46.5%	51.0%	47.6%
不太同意	49.3%	40.9%	35.1%	39.7%	31.9%	37.6%
完全不同意	4.7%	4.3%	3.4%	3.6%	2.8%	3.6%
总计	100.0%	100.0%	100.0%	100.0%	100.0%	100.0%
列总计	430	511	1941	781	639	4302

Chi-square test：df = 12，卡方值为 55.248，sig = 0.000 < 0.05，所以不同职业的居民对于“您是否同意现在社会的大多数人是见利忘义的”的回答有显著差异。

F7c by A10

请问您是否同意现在社会是一个物欲横流的社会 * 职业 Crosstabulation

	高级白领	低级白领	工人/做小生意者	农民	无业/失业/下岗	总计
完全同意	14.9%	17.4%	14.5%	11.9%	13.9%	14.3%
比较同意	46.3%	42.6%	48.5%	48.3%	57.1%	48.8%
不太同意	34.0%	35.6%	33.4%	35.2%	26.8%	33.0%
完全不同意	4.9%	4.4%	3.6%	4.5%	2.2%	3.8%
总计	100.0%	100.0%	100.0%	100.0%	100.0%	100.0%
列总计	430	505	1916	749	638	4238

Chi-square test：df = 12，卡方值为 37.428，sig = 0.000 < 0.05，所以不同职业的居民对于“您是否同意现在社会是一个物欲横流的社会”的回答有显著差异。

F7d by A10

请问您是否同意当前大多数人都是以集体利益为重 * 职业 Crosstabulation

	高级白领	低级白领	工人/做小生意者	农民	无业/失业/下岗	总计
完全同意	5.6%	5.7%	6.1%	4.5%	3.3%	5.3%
比较同意	34.6%	36.8%	37.8%	40.1%	30.9%	36.7%
不太同意	54.9%	53.3%	50.5%	49.9%	59.8%	52.6%
完全不同意	4.9%	4.2%	5.6%	5.6%	6.0%	5.4%
总计	100.0%	100.0%	100.0%	100.0%	100.0%	100.0%
列总计	428	505	1928	764	635	4260

Chi-square test：df = 12，卡方值为 29.356，sig = 0.003 < 0.05，所以不同职业的居民对于“您是否同意当前大多数人都是以集体利益为重”的回答有显著差异。

F7e by A10

请问您是否同意当前大多数人都是家庭利益至上 * 职业 Crosstabulation

	高级白领	低级白领	工人/做小生意者	农民	无业/失业/下岗	总计
完全同意	12.7%	15.1%	18.6%	15.7%	19.5%	17.2%
比较同意	67.4%	62.7%	62.7%	63.6%	60.2%	63.0%
不太同意	17.4%	19.4%	16.6%	18.5%	18.1%	17.6%
完全不同意	2.6%	2.7%	2.1%	2.2%	2.2%	2.3%
总计	100.0%	100.0%	100.0%	100.0%	100.0%	100.0%
列总计	426	510	1939	783	641	4299

Chi-square test：df = 12，卡方值为 17.364，sig = 0.136 > 0.05，所以不同职业的居民对于“您是否同意当前大多数人都是家庭利益至上”的回答没有显著差异。

F7f by A10

请问您是否同意当前的社会是个金钱至上的社会 * 职业 Crosstabulation

	高级白领	低级白领	工人/做小生意者	农民	无业/失业/下岗	总计
完全同意	16.3%	17.9%	21.6%	17.4%	21.3%	19.8%
比较同意	47.3%	51.2%	50.4%	53.3%	53.3%	51.2%
不太同意	31.9%	27.0%	25.1%	26.6%	23.8%	26.1%
完全不同意	4.4%	3.9%	2.9%	2.7%	1.5%	3.0%
总计	100.0%	100.0%	100.0%	100.0%	100.0%	100.0%
列总计	429	508	1935	782	647	4301

Chi-square test：df = 12，卡方值为 29.617，sig = 0.000 < 0.05，所以不同职业的居民对于“您是否同意当前的社会是个金钱至上的社会”的回答有显著差异。

F7g by A10

请问您是否同意现在社会守道德的人大都吃亏，不守道德的人占便宜 * 职业 Crosstabulation

	高级白领	低级白领	工人/做小生意者	农民	无业/失业/下岗	总计
完全同意	5.9%	7.3%	9.8%	8.0%	10.9%	9.0%
比较同意	37.8%	38.6%	43.9%	50.5%	40.9%	43.4%
不太同意	49.1%	47.3%	41.5%	37.3%	44.4%	42.6%
完全不同意	7.3%	6.7%	4.8%	4.2%	3.8%	5.0%
总计	100.0%	100.0%	100.0%	100.0%	100.0%	100.0%

续表

	高级白领	低级白领	工人/做小生意者	农民	无业/失业/下岗	总计
列总计	426	505	1911	777	631	4250

Chi-square test：df = 12，卡方值为 50. 052，sig = 0. 000 < 0. 05，所以不同职业的居民对于“您是否同意现在社会守道德的人大都吃亏，不守道德的人占便宜”的回答有显著差异。

F7h by A10

请问您是否同意现在社会中好人有好报，恶人终归会受到惩罚 * 职业 Crosstabulation

	高级白领	低级白领	工人/做小生意者	农民	无业/失业/下岗	总计
完全同意	14. 6%	17. 2%	18. 7%	18. 1%	16. 3%	17. 6%
比较同意	54. 7%	49. 0%	52. 4%	59. 4%	57. 8%	54. 3%
不太同意	27. 2%	29. 4%	25. 3%	19. 9%	22. 1%	24. 5%
完全不同意	3. 5%	4. 3%	3. 6%	2. 7%	3. 8%	3. 5%
总计	100. 0%	100. 0%	100. 0%	100. 0%	100. 0%	100. 0%
列总计	426	506	1930	785	638	4285

Chi-square test：df = 12，卡方值为 31. 185，sig = 0. 002 < 0. 05，所以不同职业的居民对于“您是否同意现在社会中好人有好报，恶人终归会受到惩罚”的回答有显著差异。

F7i by A10

请问您是否同意人们的生活水平越高，就越幸福 * 职业 Crosstabulation

	高级白领	低级白领	工人/做小生意者	农民	无业/失业/下岗	总计
完全同意	15. 5%	17. 1%	19. 4%	21. 1%	18. 4%	18. 9%
比较同意	47. 6%	48. 8%	52. 4%	55. 3%	46. 5%	51. 1%
不太同意	33. 2%	31. 2%	25. 6%	21. 3%	32. 4%	27. 2%
完全不同意	3. 7%	2. 9%	2. 7%	2. 3%	2. 8%	2. 8%
总计	100. 0%	100. 0%	100. 0%	100. 0%	100. 0%	100. 0%
列总计	431	510	1946	788	648	4323

Chi-square test：df = 12，卡方值为 42. 537，sig = 0. 000 < 0. 05，所以不同职业的居民对于“您是否同意人们的生活水平越高，就越幸福”的回答有显著差异。

F7j by A10

请问您是否同意我们的社会中道德能够很好地约束人们的行为 * 职业 Crosstabulation

	高级白领	低级白领	工人/做小生意者	农民	无业/失业/下岗	总计
完全同意	10.1%	11.2%	11.6%	11.5%	10.1%	11.2%
比较同意	53.6%	53.8%	53.4%	58.6%	49.9%	53.9%
不太同意	33.5%	32.5%	32.1%	27.0%	36.8%	32.1%
完全不同意	2.8%	2.4%	2.9%	2.9%	3.2%	2.9%
总计	100.0%	100.0%	100.0%	100.0%	100.0%	100.0%
列总计	427	507	1932	758	633	4257

Chi-square test：df = 12，卡方值为 17.846，sig = 0.120 > 0.05，所以不同职业的居民对于“您是否同意我们的社会中道德能够很好地约束人们的行为”的回答没有显著差异。

F7k by A10

请问您是否同意现有的规范和习俗能够很好地调节人与人的关系 * 职业 Crosstabulation

	高级白领	低级白领	工人/做小生意者	农民	无业/失业/下岗	总计
完全同意	8.4%	10.5%	8.7%	10.1%	7.7%	9.0%
比较同意	56.9%	51.6%	56.1%	58.1%	55.0%	55.8%
不太同意	30.2%	35.8%	31.7%	28.3%	34.1%	31.8%
完全不同意	4.4%	2.2%	3.5%	3.6%	3.2%	3.4%
总计	100.0%	100.0%	100.0%	100.0%	100.0%	100.0%
列总计	427	506	1923	756	633	4245

Chi-square test：df = 12，卡方值为 16.791，sig = 0.158 > 0.05，所以不同职业的居民对于“您是否同意现有的规范和习俗能够很好地调节人与人的关系”的回答没有显著差异。

F7l by A10

请问您是否同意现在社会大多数人都有荣辱感 * 职业 Crosstabulation

	高级白领	低级白领	工人/做小生意者	农民	无业/失业/下岗	总计
完全同意	8.7%	9.4%	6.1%	5.1%	6.1%	6.6%
比较同意	59.0%	54.4%	55.5%	58.4%	56.6%	56.4%
不太同意	28.1%	32.1%	34.0%	33.1%	32.7%	32.8%
完全不同意	4.2%	4.2%	4.3%	3.5%	4.5%	4.2%
总计	100.0%	100.0%	100.0%	100.0%	100.0%	100.0%

续表

	高级白领	低级白领	工人/做小生意者	农民	无业/失业/下岗	总计
列总计	424	502	1904	752	620	4202

Chi-square test：df = 12，卡方值为 18. 966，sig = 0. 089 > 0. 05，所以不同职业的居民对于“您是否同意现在社会大多数人都有荣辱感”的回答没有显著差异。

F8 by A10

您听说过或参加过道德讲堂吗 * 职业 Crosstabulation

	高级白领	低级白领	工人/做小生意者	农民	无业/失业/下岗	总计
参加过	20. 8%	13. 7%	4. 4%	1. 8%	9. 0%	7. 4%
听说过，但没参加过	50. 6%	54. 4%	44. 3%	32. 4%	41. 9%	43. 6%
没听说过	28. 6%	31. 9%	51. 3%	65. 9%	49. 1%	49. 1%
总计	100. 0%	100. 0%	100. 0%	100. 0%	100. 0%	100. 0%
列总计	433	511	1957	791	656	4348

Chi-square test：df = 8，卡方值为 349. 517，sig = 0. 000 < 0. 05，所以不同职业的居民对于“您听说过或参加过道德讲堂吗”的回答有显著差异。

F9 by A10

如果您参加过道德讲堂，您觉得开展这样的活动有意义吗 * 职业 Crosstabulation

	高级白领	低级白领	工人/做小生意者	农民	无业/失业/下岗	总计
很有意义	92. 1%	92. 6%	97. 6%	100. 0%	93. 2%	94. 3%
可有可无	6. 7%	7. 4%	1. 2%		6. 8%	5. 1%
没有必要	1. 1%		1. 2%			0. 6%
总计	100. 0%	100. 0%	100. 0%	100. 0%	100. 0%	100. 0%
列总计	89	68	84	14	59	314

Chi-square test：df = 8，卡方值为 6. 560，sig = 0. 585 > 0. 05，所以不同职业的居民对于“如果您参加过道德讲堂，您觉得开展这样的活动有意义吗”的回答没有显著差异。

F10 by A10

您对您生活的地方（您所在的社区）社会公德状况满意吗 * 职业 Crosstabulation

	高级白领	低级白领	工人/做小生意者	农民	无业/失业/下岗	总计
非常满意	8. 7%	11. 7%	5. 1%	5. 9%	7. 0%	6. 7%

续表

	高级白领	低级白领	工人/做小生意者	农民	无业/失业/下岗	总计
比较满意	70.7%	69.7%	75.9%	75.9%	72.5%	74.1%
不太满意	18.7%	16.0%	17.5%	17.5%	18.8%	17.6%
非常不满意	1.9%	2.6%	1.5%	0.7%	1.8%	1.6%
总计	100.0%	100.0%	100.0%	100.0%	100.0%	100.0%
列总计	427	495	1837	710	628	4097

Chi-square test：df = 12，卡方值为 41.558，sig = 0.000 < 0.05，所以不同职业的居民对于“您对您生活的地方（您所在的社区）社会公德状况满意吗”的回答有显著差异。

F11a by A10

当前社会坑蒙拐骗现象的严重程度如何 * 职业 Crosstabulation

	高级白领	低级白领	工人/做小生意者	农民	无业/失业/下岗	总计
非常不严重	7.5%	7.3%	6.0%	8.0%	6.8%	6.8%
比较不严重	41.3%	45.5%	39.4%	42.5%	37.4%	40.6%
比较严重	39.9%	35.6%	41.8%	38.5%	38.5%	39.8%
非常严重	11.2%	11.5%	12.7%	11.0%	17.3%	12.8%
总计	100.0%	100.0%	100.0%	100.0%	100.0%	100.0%
列总计	429	505	1941	785	636	4296

Chi-square test：df = 12，卡方值为 28.560，0.001 < 0.05，所以不同职业的居民对于“当前社会坑蒙拐骗现象的严重程度如何”的回答有显著差异。

F11b by A10

当前社会人际关系冷漠，见危不救的严重程度如何 * 职业 Crosstabulation

	高级白领	低级白领	工人/做小生意者	农民	无业/失业/下岗	总计
非常不严重	4.4%	6.5%	3.8%	6.4%	4.3%	4.7%
比较不严重	39.4%	39.8%	43.2%	51.4%	42.6%	43.8%
比较严重	46.5%	44.1%	43.7%	36.8%	42.5%	42.6%
非常严重	9.7%	9.6%	9.3%	5.4%	10.5%	8.9%
总计	100.0%	100.0%	100.0%	100.0%	100.0%	100.0%
列总计	432	508	1940	778	645	4303

Chi-square test：df = 12，卡方值为 49.035，0.001 < 0.05，所以不同职业的居民对于“当前社会人际关系冷漠，见危不救的严重程度如何”的回答有显著差异。

F11c by A10

当前社会诚信缺乏，不讲信用的严重程度如何 * 职业 Crosstabulation

	高级白领	低级白领	工人/做小生意者	农民	无业/失业/下岗	总计
非常不严重	3.0%	5.9%	4.9%	5.7%	3.9%	4.8%
比较不严重	42.5%	42.2%	40.4%	47.1%	42.2%	42.3%
比较严重	42.9%	40.9%	44.9%	39.4%	43.1%	43.0%
非常严重	11.6%	11.0%	9.8%	7.8%	10.8%	9.9%
总计	100.0%	100.0%	100.0%	100.0%	100.0%	100.0%
列总计	431	509	1947	785	647	4319

Chi-square test：df = 12，卡方值为 23.435，0.024 < 0.05，所以不同职业的居民对于“当前社会诚信缺乏，不讲信用的严重程度如何”的回答没有显著差异。

F11d by A10

当前社会人与人之间缺乏信任，社会安全度低的严重程度如何 * 职业 Crosstabulation

	高级白领	低级白领	工人/做小生意者	农民	无业/失业/下岗	总计
非常不严重	5.1%	6.1%	4.1%	4.7%	4.0%	4.6%
比较不严重	37.8%	32.0%	33.5%	39.0%	33.5%	34.7%
比较严重	45.5%	47.0%	49.5%	45.3%	48.8%	47.9%
非常严重	11.7%	14.9%	12.9%	11.0%	13.7%	12.8%
总计	100.0%	100.0%	100.0%	100.0%	100.0%	100.0%
列总计	429	509	1936	783	648	4305

Chi-square test：df = 12，卡方值为 19.175，sig = 0.084 > 0.05，所以不同职业的居民对于“当前社会人与人之间缺乏信任，社会安全度低的严重程度如何”的回答没有显著差异。

F11e by A10

当前社会缺乏公德，如公共场所大声喧哗、随地吐痰等的严重程度如何 * 职业 Crosstabulation

	高级白领	低级白领	工人/做小生意者	农民	无业/失业/下岗	总计
非常不严重	5.4%	6.9%	4.7%	4.7%	4.3%	5.0%
比较不严重	46.0%	52.6%	51.2%	57.1%	50.5%	51.8%
比较严重	39.7%	32.1%	36.7%	31.0%	37.5%	35.6%
非常严重	8.9%	8.5%	7.4%	7.2%	7.7%	7.7%
总计	100.0%	100.0%	100.0%	100.0%	100.0%	100.0%

续表

	高级白领	低级白领	工人/做小生意者	农民	无业/失业/下岗	总计
列总计	428	508	1949	781	646	4312

Chi-square test：df = 12，卡方值为 23.749，sig = 0.022 < 0.05，所以不同职业的居民对于“当前社会缺乏公德，如公共场所大声喧哗、随地吐痰等的严重程度如何”的回答有显著差异。

F11f by A10

当前社会自私自利，损人利己的严重程度如何 * 职业 Crosstabulation

	高级白领	低级白领	工人/做小生意者	农民	无业/失业/下岗	总计
非常不严重	6.1%	7.7%	5.2%	4.8%	4.7%	5.4%
比较不严重	43.8%	41.6%	44.9%	50.7%	43.4%	45.2%
比较严重	41.7%	44.2%	41.1%	38.1%	43.1%	41.3%
非常严重	8.4%	6.5%	8.8%	6.4%	8.9%	8.1%
总计	100.0%	100.0%	100.0%	100.0%	100.0%	100.0%
列总计	427	507	1941	777	643	4295

Chi-square test：df = 12，卡方值为 23.447，sig = 0.024 < 0.05，所以不同职业的居民对于“当前社会自私自利，损人利己的严重程度如何”的回答有显著差异。

F11g by A10

当前社会缺乏公正心和正义感的严重程度如何 * 职业 Crosstabulation

	高级白领	低级白领	工人/做小生意者	农民	无业/失业/下岗	总计
非常不严重	5.6%	5.1%	5.3%	5.1%	4.8%	5.2%
比较不严重	39.3%	43.2%	42.5%	49.5%	43.6%	43.7%
比较严重	43.3%	40.4%	41.7%	37.4%	42.5%	41.0%
非常严重	11.9%	11.2%	10.5%	8.1%	9.0%	10.1%
总计	100.0%	100.0%	100.0%	100.0%	100.0%	100.0%
列总计	430	507	1942	770	644	4293

Chi-square test：df = 12，卡方值为 18.650，sig = 0.097 > 0.05，所以不同职业的居民对于“当前社会缺乏公正心和正义感的严重程度如何”的回答没有显著差异。

F11h by A10

当前社会私欲膨胀，物欲横流的严重程度如何 * 职业 Crosstabulation

	高级白领	低级白领	工人/做小生意者	农民	无业/失业/下岗	总计
非常不严重	4.4%	5.4%	4.1%	3.5%	4.7%	4.3%

续表

	高级白领	低级白领	工人/做小生意者	农民	无业/失业/下岗	总计
比较不严重	36.0%	37.5%	37.8%	46.9%	35.8%	38.9%
比较严重	45.3%	42.1%	44.6%	39.9%	48.6%	44.1%
非常严重	14.2%	15.1%	13.6%	9.8%	10.9%	12.7%
总计	100.0%	100.0%	100.0%	100.0%	100.0%	100.0%
列总计	430	504	1911	747	640	4232

Chi-square test：df = 12，卡方值为 35.776，sig = 0.000 < 0.05，所以不同职业的居民对于“当前社会私欲膨胀，物欲横流的严重程度如何”的回答有显著差异。

F11i by A10

当前社会缺乏羞耻感的严重程度如何 * 职业 Crosstabulation

	高级白领	低级白领	工人/做小生意者	农民	无业/失业/下岗	总计
非常不严重	7.5%	8.3%	5.2%	4.2%	5.5%	5.7%
比较不严重	45.9%	47.7%	48.2%	59.7%	49.3%	50.1%
比较严重	37.5%	36.8%	37.4%	30.6%	38.0%	36.2%
非常严重	9.1%	7.2%	9.2%	5.5%	7.2%	8.0%
总计	100.0%	100.0%	100.0%	100.0%	100.0%	100.0%
列总计	429	503	1923	764	637	4256

Chi-square test：df = 12，卡方值为 49.393，sig = 0.000 < 0.05，所以不同职业的居民对于“当前社会缺乏羞耻感的严重程度如何”的回答有显著差异。

F11j by A10

当前社会干部贪污受贿，以权谋利的严重程度如何 * 职业 Crosstabulation

	高级白领	低级白领	工人/做小生意者	农民	无业/失业/下岗	总计
非常不严重	3.3%	4.5%	2.6%	1.9%	2.0%	2.7%
比较不严重	41.2%	34.7%	28.4%	34.3%	37.1%	32.8%
比较严重	39.5%	47.6%	48.9%	46.8%	40.6%	46.2%
非常严重	16.0%	13.3%	20.1%	17.0%	20.4%	18.4%
总计	100.0%	100.0%	100.0%	100.0%	100.0%	100.0%
列总计	420	490	1862	737	604	4113

Chi-square test：df = 12，卡方值为 59.223，sig = 0.000 < 0.05，所以不同职业的居民对于“当前社会干部贪污受贿，以权谋利的严重程度如何”的回答有显著差异。

F11k by A10

当前社会生活奢侈，铺张浪费的严重程度如何＊ 职业 Crosstabulation

	高级白领	低级白领	工人/做小生意者	农民	无业/失业/下岗	总计
非常不严重	5.4%	6.2%	3.5%	2.7%	2.9%	3.8%
比较不严重	45.4%	47.6%	37.6%	42.6%	45.4%	41.6%
比较严重	36.9%	34.8%	43.1%	41.6%	38.1%	40.5%
非常严重	12.2%	11.4%	15.7%	13.2%	13.6%	14.1%
总计	100.0%	100.0%	100.0%	100.0%	100.0%	100.0%
列总计	425	500	1906	752	625	4208

Chi-square test：df＝12，卡方值为47.954，sig＝0.000＜0.05，所以不同职业的居民对于“当前社会生活奢侈，铺张浪费的严重程度如何”的回答有显著差异。

F11l by A10

当前社会干部不作为，扯皮推诿的严重程度如何＊ 职业 Crosstabulation

	高级白领	低级白领	工人/做小生意者	农民	无业/失业/下岗	总计
非常不严重	6.2%	4.9%	2.4%	1.6%	3.0%	3.0%
比较不严重	35.0%	30.9%	27.6%	31.0%	35.9%	30.6%
比较严重	39.0%	46.1%	48.0%	50.2%	42.5%	46.5%
非常严重	19.8%	18.1%	22.0%	17.1%	18.5%	19.9%
总计	100.0%	100.0%	100.0%	100.0%	100.0%	100.0%
列总计	420	486	1859	741	604	4110

Chi-square test：df＝12，卡方值为59.670，sig＝0.000＜0.05，所以不同职业的居民对于“当前社会干部不作为，扯皮推诿的严重程度如何”的回答有显著差异。

F12a by A10

您怎么看待周围那些经营企业或做生意发了财的人：他们自己有本事，应该发财＊ 职业 Crosstabulation

	高级白领	低级白领	工人/做小生意者	农民	无业/失业/下岗	总计
未选中	26.3%	22.9%	23.1%	20.2%	25.0%	23.2%
选中	73.7%	77.1%	76.9%	79.8%	75.0%	76.8%
总计	100.0%	100.0%	100.0%	100.0%	100.0%	100.0%
列总计	433	510	1953	788	652	4336

Chi-square test：df＝4，卡方值为7.640，sig＝0.106＞0.05，所以不同职业的居民对于“您怎么看待周围那些经营企业或做生意发了财的人：他们自己有本事，应该发财”的回答没有显著差异。

F12b by A10

您怎么看待周围那些经营企业或做生意发了财的人：尊重他们，他们为社会做了贡献＊ 职业 Crosstabulation

	高级白领	低级白领	工人/做小生意者	农民	无业/失业/下岗	总计
未选中	37.6%	37.1%	47.1%	49.6%	58.7%	47.2%
选中	62.4%	62.9%	52.9%	50.4%	41.3%	52.8%
总计	100.0%	100.0%	100.0%	100.0%	100.0%	100.0%
列总计	433	510	1953	788	652	4336

Chi-square test：df = 4，卡方值为 73.625，sig = 0.000 < 0.05，所以不同职业的居民对于“您怎么看待周围那些经营企业或做生意发了财的人：尊重他们，他们为社会做了贡献”的回答有显著差异。

F12c by A10

您怎么看待周围那些经营企业或做生意发了财的人：没什么了不起，他们常用不正当手段发财＊ 职业 Crosstabulation

	高级白领	低级白领	工人/做小生意者	农民	无业/失业/下岗	总计
未选中	93.3%	94.3%	93.2%	94.0%	96.5%	94.0%
选中	6.7%	5.7%	6.8%	6.0%	3.5%	6.0%
总计	100.0%	100.0%	100.0%	100.0%	100.0%	100.0%
列总计	433	510	1953	788	652	4336

Chi-square test：df = 4，卡方值为 9.770，sig = 0.044 < 0.05，所以不同职业的居民对于“您怎么看待周围那些经营企业或做生意发了财的人：没什么了不起，他们常用不正当手段发财”的回答有显著差异。

F12d by A10

您怎么看待周围那些经营企业或做生意发了财的人：是土豪，没文化，没教养＊ 职业 Crosstabulation

	高级白领	低级白领	工人/做小生意者	农民	无业/失业/下岗	总计
未选中	93.1%	94.5%	92.1%	91.5%	94.0%	92.6%
选中	6.9%	5.5%	7.9%	8.5%	6.0%	7.4%
总计	100.0%	100.0%	100.0%	100.0%	100.0%	100.0%
列总计	433	510	1953	788	652	4336

Chi-square test：df = 4，卡方值为 7.013，sig = 0.135 > 0.05，所以不同职业的居民对于“您怎么看待周围那些经营企业或做生意发了财的人：是土豪，没文化，没教养”的回答没有显著差异。

F12e by A10

您怎么看待周围那些经营企业或做生意发了财的人：是他们运气好 * 职业 Crosstabulation

	高级白领	低级白领	工人/做小生意者	农民	无业/失业/下岗	总计
未选中	84.1%	78.6%	80.9%	77.7%	88.0%	81.4%
选中	15.9%	21.4%	19.1%	22.3%	12.0%	18.6%
总计	100.0%	100.0%	100.0%	100.0%	100.0%	100.0%
列总计	433	510	1953	788	652	4336

Chi-square test：df=4，卡方值为31.211，sig=0.000<0.05，所以不同职业的居民对于“您怎么看待周围那些经营企业或做生意发了财的人：是他们运气好”的回答有显著差异。

F12f by A10

您怎么看待周围那些经营企业或做生意发了财的人：有钱没钱，这都是命 * 职业 Crosstabulation

	高级白领	低级白领	工人/做小生意者	农民	无业/失业/下岗	总计
未选中	90.8%	84.9%	81.6%	79.9%	84.5%	83.0%
选中	9.2%	15.1%	18.4%	20.1%	15.5%	17.0%
总计	100.0%	100.0%	100.0%	100.0%	100.0%	100.0%
列总计	433	510	1953	788	652	4336

Chi-square test：df=4，卡方值为28.749，sig=0.000<0.05，所以不同职业的居民对于“您怎么看待周围那些经营企业或做生意发了财的人：有钱没钱，这都是命”的回答有显著差异。

F12g by A10

您怎么看待周围那些经营企业或做生意发了财的人：天道不公，希望他们明天就破产 * 职业 Crosstabulation

	高级白领	低级白领	工人/做小生意者	农民	无业/失业/下岗	总计
未选中	99.1%	99.4%	98.6%	99.2%	99.7%	99.0%
选中	0.9%	0.6%	1.4%	0.8%	0.3%	1.0%
总计	100.0%	100.0%	100.0%	100.0%	100.0%	100.0%
列总计	433	510	1953	788	652	4336

Chi-square test：df=4，卡方值为7.596，sig=0.108>0.05，所以不同职业的居民对于“您怎么看待周围那些经营企业或做生意发了财的人：天道不公，希望他们明天就破产”的回答没有显著差异。

F13a by A10

企业损害社会利益，如污染环境、以虚假广告误导公众等严重程度如何＊职业 Crosstabulation

	高级白领	低级白领	工人/做小生意者	农民	无业/失业/下岗	总计
非常不严重	3.3%	3.4%	2.2%	2.6%	2.6%	2.6%
比较不严重	39.1%	37.6%	36.6%	42.6%	36.2%	38.0%
比较严重	42.9%	38.8%	44.9%	42.2%	48.8%	44.1%
非常严重	14.7%	20.1%	16.3%	12.6%	12.4%	15.4%
总计	100.0%	100.0%	100.0%	100.0%	100.0%	100.0%
列总计	422	497	1862	725	607	4113

Chi-square test：df = 12，卡方值为 31.974，sig = 0.001 < 0.05，所以不同职业的居民对于“企业损害社会利益，如污染环境、以虚假广告误导公众等严重程度如何”的回答有显著差异。

F13b by A10

娱乐界以丑闻、绯闻炒作，污染社会风气严重程度如何＊职业 Crosstabulation

	高级白领	低级白领	工人/做小生意者	农民	无业/失业/下岗	总计
非常不严重	1.7%	1.9%	1.3%	1.3%	2.0%	1.5%
比较不严重	23.9%	20.0%	21.2%	25.8%	23.3%	22.4%
比较严重	55.6%	55.5%	58.3%	56.3%	59.1%	57.4%
非常严重	18.9%	22.7%	19.2%	16.7%	15.7%	18.7%
总计	100.0%	100.0%	100.0%	100.0%	100.0%	100.0%
列总计	423	481	1746	629	562	3841

Chi-square test：df = 12，卡方值为 18.071，sig = 0.114 > 0.05，所以不同职业的居民对于“娱乐界以丑闻、绯闻炒作，污染社会风气严重程度如何”的回答没有显著差异。

F13c by A10

媒体缺乏社会责任，炒作新闻严重程度如何＊职业 Crosstabulation

	高级白领	低级白领	工人/做小生意者	农民	无业/失业/下岗	总计
非常不严重	2.4%	2.5%	1.2%	1.6%	1.8%	1.6%
比较不严重	24.3%	20.1%	22.6%	30.7%	24.2%	24.0%
比较严重	54.2%	52.0%	51.4%	46.2%	57.9%	51.9%
非常严重	19.1%	25.4%	24.8%	21.6%	16.1%	22.5%
总计	100.0%	100.0%	100.0%	100.0%	100.0%	100.0%

续表

	高级白领	低级白领	工人/做小生意者	农民	无业/失业/下岗	总计
列总计	424	488	1745	639	558	3854

Chi-square test：df = 12，卡方值为 48. 847，sig = 0. 000 < 0. 05，所以不同职业的居民对于“媒体缺乏社会责任，炒作新闻严重程度如何”的回答有显著差异。

F13d by A10

社会财富分配不公，贫富悬殊过大严重程度如何 * 职业 Crosstabulation

	高级白领	低级白领	工人/做小生意者	农民	无业/失业/下岗	总计
非常不严重	1. 4%	2. 0%	1. 0%	0. 7%	1. 8%	1. 2%
比较不严重	23. 2%	20. 4%	17. 5%	18. 6%	20. 4%	19. 1%
比较严重	46. 8%	43. 3%	45. 7%	45. 6%	51. 2%	46. 3%
非常严重	28. 6%	34. 3%	35. 8%	35. 1%	26. 6%	33. 4%
总计	100. 0%	100. 0%	100. 0%	100. 0%	100. 0%	100. 0%
列总计	427	504	1921	769	627	4248

Chi-square test：df = 12，卡方值为 34. 386，sig = 0. 001 < 0. 05，所以不同职业的居民对于“社会财富分配不公，贫富悬殊过大严重程度如何”的回答有显著差异。

F13e by A10

教师不尽职严重程度如何 * 职业 Crosstabulation

	高级白领	低级白领	工人/做小生意者	农民	无业/失业/下岗	总计
非常不严重	13. 1%	8. 5%	7. 5%	8. 3%	7. 9%	8. 4%
比较不严重	51. 3%	51. 3%	54. 6%	58. 2%	62. 1%	55. 6%
比较严重	26. 0%	29. 4%	28. 2%	26. 7%	24. 1%	27. 2%
非常严重	9. 6%	10. 7%	9. 7%	6. 8%	6. 0%	8. 7%
总计	100. 0%	100. 0%	100. 0%	100. 0%	100. 0%	100. 0%
列总计	427	503	1923	775	636	4264

Chi-square test：df = 12，卡方值为 40. 258，sig = 0. 000 < 0. 05，所以不同职业的居民对于“教师不尽职严重程度如何”的回答有显著差异。

F13f by A10

医生不守职业道德严重程度如何 * 职业 Crosstabulation

	高级白领	低级白领	工人/做小生意者	农民	无业/失业/下岗	总计
非常不严重	7. 9%	6. 8%	7. 4%	9. 8%	7. 5%	7. 8%

续表

	高级白领	低级白领	工人/做小生意者	农民	无业/失业/下岗	总计
比较不严重	51.2%	49.2%	49.2%	51.9%	57.8%	51.2%
比较严重	30.1%	32.9%	33.4%	30.9%	26.4%	31.5%
非常严重	10.7%	11.2%	10.1%	7.3%	8.3%	9.5%
总计	100.0%	100.0%	100.0%	100.0%	100.0%	100.0%
列总计	428	502	1928	782	640	4280

Chi-square test：df = 12，卡方值为 28.639，sig = 0.004 < 0.05，所以不同职业的居民对于“医生不守职业道德严重程度如何”的回答有显著差异。

F13g by A10

公众人物用知名度攫取财富严重程度如何 * 职业 Crosstabulation

	高级白领	低级白领	工人/做小生意者	农民	无业/失业/下岗	总计
非常不严重	3.7%	3.3%	2.8%	2.3%	3.6%	3.0%
比较不严重	35.3%	34.1%	32.2%	41.7%	34.3%	34.7%
比较严重	40.0%	41.0%	43.1%	39.2%	49.9%	42.8%
非常严重	21.0%	21.5%	21.9%	16.8%	12.2%	19.5%
总计	100.0%	100.0%	100.0%	100.0%	100.0%	100.0%
列总计	405	478	1771	655	551	3860

Chi-square test：df = 12，卡方值为 49.226，sig = 0.000 < 0.05，所以不同职业的居民对于“公众人物用知名度攫取财富严重程度如何”的回答有显著差异。

F13h by A10

两性关系过度开放导致婚姻不稳定严重程度如何 * 职业 Crosstabulation

	高级白领	低级白领	工人/做小生意者	农民	无业/失业/下岗	总计
非常不严重	1.4%	3.0%	2.3%	2.4%	3.0%	2.4%
比较不严重	38.6%	40.4%	37.6%	43.0%	38.0%	39.1%
比较严重	45.3%	42.1%	42.7%	42.3%	46.4%	43.4%
非常严重	14.7%	14.4%	17.4%	12.3%	12.6%	15.2%
总计	100.0%	100.0%	100.0%	100.0%	100.0%	100.0%
列总计	415	492	1843	721	595	4066

Chi-square test：df = 12，卡方值为 22.334，sig = 0.034 < 0.05，所以不同职业的居民对于“两性关系过度开放导致婚姻不稳定严重程度如何”的回答有显著差异。

F13i by A10

年轻人缺乏责任感，不孝敬父母严重程度如何＊ 职业 Crosstabulation

	高级白领	低级白领	工人/做小生意者	农民	无业/失业/下岗	总计
非常不严重	6.3%	6.0%	7.0%	4.7%	4.6%	6.0%
比较不严重	50.7%	50.9%	50.4%	58.1%	54.2%	52.4%
比较严重	33.4%	30.9%	31.7%	29.1%	34.0%	31.6%
非常严重	9.6%	12.2%	11.0%	8.2%	7.2%	9.9%
总计	100.0%	100.0%	100.0%	100.0%	100.0%	100.0%
列总计	428	499	1908	771	627	4233

Chi-square test：df = 12，卡方值为 29.769，sig = 0.003 < 0.05，所以不同职业的居民对于“年轻人缺乏责任感，不孝敬父母严重程度如何”的回答有显著差异。

F14 by A10

您是否知道您生活的社区（村）有社区公约、村规民约＊ 职业 Crosstabulation

	高级白领	低级白领	工人/做小生意者	农民	无业/失业/下岗	总计
知道有	61.7%	59.5%	47.3%	49.2%	45.6%	50.2%
知道没有	7.4%	8.2%	9.7%	8.1%	8.7%	8.9%
不知道有没有	30.9%	32.3%	43.0%	42.7%	45.7%	40.9%
总计	100.0%	100.0%	100.0%	100.0%	100.0%	100.0%
列总计	431	511	1949	787	652	4330

Chi-square test：df = 8，卡方值为 56.233，sig = 0.000 < 0.05，所以不同职业的居民对于“您是否知道您生活的社区（村）有社区公约、村规民约”的回答有显著差异。

F15a by A10

您周围的人在日常生活中遵守步行、骑车不闯红灯规则吗＊ 职业 Crosstabulation

	高级白领	低级白领	工人/做小生意者	农民	无业/失业/下岗	总计
不遵守	7.2%	7.2%	8.1%	8.0%	7.2%	7.7%
基本遵守	67.4%	67.9%	67.8%	72.0%	63.4%	67.9%
自觉遵守	25.4%	24.9%	24.1%	20.0%	29.4%	24.4%
总计	100.0%	100.0%	100.0%	100.0%	100.0%	100.0%
列总计	433	511	1957	790	656	4347

Chi-square test：df = 8，卡方值为 18.251，sig = 0.019 < 0.05，所以不同职业的居民对于“您周围的人在日常生活中遵守步行、骑车不闯红灯的规则吗”的回答有显著差异。

F15b by A10

您周围的人在日常生活中遵守乘车、购物自觉排队的规则吗 * 职业 Crosstabulation

	高级白领	低级白领	工人/做小生意者	农民	无业/失业/下岗	总计
不遵守	4.8%	2.2%	3.9%	4.1%	3.4%	3.7%
基本遵守	66.3%	70.3%	72.7%	77.1%	66.5%	71.6%
自觉遵守	28.9%	27.6%	23.4%	18.9%	30.2%	24.6%
总计	100.0%	100.0%	100.0%	100.0%	100.0%	100.0%
列总计	433	511	1957	790	656	4347

Chi-square test：df = 8，卡方值为 38.613，sig = 0.000 < 0.05，所以不同职业的居民对于“您周围的人在日常生活中遵守乘车、购物自觉排队的规则吗”的回答有显著差异。

F15c by A10

您周围的人在日常生活中遵守文明游览的规则吗 * 职业 Crosstabulation

	高级白领	低级白领	工人/做小生意者	农民	无业/失业/下岗	总计
不遵守	3.5%	3.9%	3.7%	4.3%	3.5%	3.8%
基本遵守	72.3%	67.7%	75.9%	78.8%	71.3%	74.4%
自觉遵守	24.2%	28.4%	20.4%	16.9%	25.2%	21.8%
总计	100.0%	100.0%	100.0%	100.0%	100.0%	100.0%
列总计	433	511	1956	788	655	4343

Chi-square test：df = 8，卡方值为 32.857，sig = 0.000 < 0.05，所以不同职业的居民对于“周围的人在日常生活中遵守文明游览的规则吗”的回答有显著差异。

F15d by A10

您周围的人在日常生活中遵守社区公约、村规民约的规则吗 * 职业 Crosstabulation

	高级白领	低级白领	工人/做小生意者	农民	无业/失业/下岗	总计
不遵守	3.3%	4.3%	3.3%	3.8%	3.2%	3.5%
基本遵守	73.4%	68.9%	77.6%	80.6%	72.1%	75.9%
自觉遵守	23.3%	26.8%	19.1%	15.6%	24.7%	20.6%
总计	100.0%	100.0%	100.0%	100.0%	100.0%	100.0%
列总计	429	508	1950	783	653	4323

Chi-square test：df = 8，卡方值为 37.522，sig = 0.000 < 0.05，所以不同职业的居民对于“您周围的人在日常生活中遵守社区公约、村规民约的规则吗”的回答有显著差异。

F16a by A10

您对下列关于网络的说法是否赞同：网络是个虚拟空间，不受现实生活中的道德规范约束＊职业 Crosstabulation

	高级白领	低级白领	工人/做小生意者	农民	无业/失业/下岗	总计
非常不赞同	40.9%	44.7%	32.4%	26.3%	36.5%	34.3%
不太赞同	45.0%	43.3%	51.7%	57.0%	51.4%	50.9%
比较赞同	10.9%	9.4%	12.6%	14.6%	10.4%	12.0%
非常赞同	3.2%	2.5%	3.3%	2.1%	1.7%	2.8%
总计	100.0%	100.0%	100.0%	100.0%	100.0%	100.0%
列总计	433	510	1931	756	644	4274

Chi-square test：df = 12，卡方值为 68.562，sig = 0.000 < 0.05，所以不同职业的居民对于“网络是个虚拟空间，不受现实生活中的道德规范约束”的同意程度有显著差异。

F16b by A10

您对下列关于网络的说法是否赞同：人肉搜索侵犯个人隐私，应该杜绝＊职业 Crosstabulation

	高级白领	低级白领	工人/做小生意者	农民	无业/失业/下岗	总计
非常不赞同	3.0%	3.7%	2.9%	3.7%	3.9%	3.3%
不太赞同	13.0%	10.4%	9.9%	9.4%	13.5%	10.7%
比较赞同	57.2%	53.9%	63.5%	68.9%	60.2%	62.2%
非常赞同	26.9%	32.0%	23.7%	18.0%	22.4%	23.8%
总计	100.0%	100.0%	100.0%	100.0%	100.0%	100.0%
列总计	432	510	1928	756	643	4269

Chi-square test：df = 12，卡方值为 52.610，sig = 0.000 < 0.05，所以不同职业的居民对于“人肉搜索侵犯个人隐私，应该杜绝”的同意程度有显著差异。

F16c by A10

您对下列关于网络的说法是否赞同：明知网络谣言仍转发的，应该受到惩罚＊职业 Crosstabulation

	高级白领	低级白领	工人/做小生意者	农民	无业/失业/下岗	总计
非常不赞同	2.3%	3.1%	1.7%	2.1%	3.2%	2.2%
不太赞同	8.5%	7.1%	6.9%	7.7%	10.4%	7.8%
比较赞同	53.8%	53.5%	62.4%	69.0%	58.3%	61.0%
非常赞同	35.3%	36.3%	29.0%	21.2%	28.1%	29.0%
总计	100.0%	100.0%	100.0%	100.0%	100.0%	100.0%

续表

	高级白领	低级白领	工人/做小生意者	农民	无业/失业/下岗	总计
列总计	433	510	1941	765	647	4296

Chi-square test：df = 12，卡方值为 64. 941，sig = 0. 000 < 0. 05，所以不同职业的居民对于“明知网络谣言仍转发的，应该受到惩罚”的同意程度有显著差异。

F17 by A10

假如您走在街上被陌生人不小心踩到并发出“哎哟”一声后，您认为对方会做何种反应 * 职业 Crosstabulation

	高级白领	低级白领	工人/做小生意者	农民	无业/失业/下岗	总计
用言语或手势表达歉意	86. 9%	88. 3%	80. 4%	82. 3%	88. 1%	83. 5%
不会有任何表示	9. 3%	8. 5%	14. 2%	13. 4%	9. 7%	12. 2%
反而说你大惊小怪	3. 8%	3. 2%	5. 4%	4. 3%	2. 3%	4. 3%
总计	100. 0%	100. 0%	100. 0%	100. 0%	100. 0%	100. 0%
列总计	421	495	1874	747	621	4158

Chi-square test：df = 8，卡方值为 37. 365，sig = 0. 000 < 0. 05，所以不同职业的居民对于“假如您走在街上被陌生人不小心踩到并发出‘哎哟’一声后，您认为对方会做何种反应”的回答有显著差异。

F18 by A10

您觉得您周围大多数人工作生活的精神状态怎么样 * 职业 Crosstabulation

	高级白领	低级白领	工人/做小生意者	农民	无业/失业/下岗	总计
精神饱满、积极向上	49. 0%	47. 7%	46. 3%	53. 0%	40. 7%	47. 1%
安于现状、按部就班	48. 5%	50. 2%	51. 9%	45. 1%	57. 3%	50. 9%
精神萎靡、无所事事	2. 5%	2. 1%	1. 8%	1. 9%	2. 0%	2. 0%
总计	100. 0%	100. 0%	100. 0%	100. 0%	100. 0%	100. 0%
列总计	433	512	1954	791	653	4343

Chi-square test：df = 8，卡方值为 24. 444，sig = 0. 002 < 0. 05，所以不同职业的居民对于“您觉得您周围大多数人工作生活的精神状态怎么样”的回答有显著差异。

F19a by A10

这些现象在您身边常见吗？占卜算命 * 职业 Crosstabulation

	高级白领	低级白领	工人/做小生意者	农民	无业/失业/下岗	总计
经常见到	10. 4%	6. 1%	8. 3%	9. 6%	12. 1%	9. 0%

续表

	高级白领	低级白领	工人/做小生意者	农民	无业/失业/下岗	总计
偶尔见到	51.7%	46.0%	49.4%	49.1%	55.9%	50.2%
没见到	37.9%	47.9%	42.3%	41.3%	32.1%	40.8%
总计	100.0%	100.0%	100.0%	100.0%	100.0%	100.0%
列总计	433	511	1956	791	655	4346

Chi-square test：df = 8，卡方值为 41.331，sig = 0.000 < 0.05，所以不同职业的居民对于“这些现象在您身边常见吗？占卜算命”的回答有显著差异。

F19b by A10

这些现象在您身边常见吗？操办喜事比富斗阔 * 职业 Crosstabulation

	高级白领	低级白领	工人/做小生意者	农民	无业/失业/下岗	总计
经常见到	15.9%	11.7%	12.6%	12.9%	16.6%	13.5%
偶尔见到	50.3%	41.2%	41.0%	40.5%	45.6%	42.6%
没见到	33.7%	47.1%	46.3%	46.6%	37.7%	43.9%
总计	100.0%	100.0%	100.0%	100.0%	100.0%	100.0%
列总计	433	512	1955	790	655	4345

Chi-square test：df = 8，卡方值为 39.954，sig = 0.000 < 0.05，所以不同职业的居民对于“这些现象在您身边常见吗？操办喜事比富斗阔”的回答有显著差异。

F19c by A10

这些现象在您身边常见吗？在父母生前不尽孝却对父母的丧事大操大办 * 职业 Crosstabulation

	高级白领	低级白领	工人/做小生意者	农民	无业/失业/下岗	总计
经常见到	12.7%	7.8%	9.3%	7.3%	11.1%	9.4%
偶尔见到	42.0%	42.3%	40.2%	44.3%	42.7%	41.7%
没见到	45.3%	49.9%	50.5%	48.4%	46.2%	48.9%
总计	100.0%	100.0%	100.0%	100.0%	100.0%	100.0%
列总计	433	511	1955	790	656	4345

Chi-square test：df = 8，卡方值为 18.001，sig = 0.021 < 0.05，所以不同职业的居民对于“这些现象在您身边常见吗？在父母生前不尽孝却对父母的丧事大操大办”的回答有显著差异。

F19d by A10

这些现象在您身边常见吗？赌博或变相赌博＊ 职业 Crosstabulation

	高级白领	低级白领	工人/做小生意者	农民	无业/失业/下岗	总计
经常见到	14.5%	12.1%	14.7%	14.9%	21.7%	15.5%
偶尔见到	51.5%	47.7%	47.9%	43.4%	51.6%	48.0%
没见到	33.9%	40.2%	37.4%	41.7%	26.7%	36.6%
总计	100.0%	100.0%	100.0%	100.0%	100.0%	100.0%
列总计	433	512	1953	791	655	4344

Chi-square test：df = 8，卡方值为 53.826，sig = 0.000 < 0.05，所以不同职业的居民对于“这些现象在您身边常见吗？赌博或变相赌博”的回答有显著差异。

F19e by A10

这些现象在您身边常见吗？封建迷信活动＊ 职业 Crosstabulation

	高级白领	低级白领	工人/做小生意者	农民	无业/失业/下岗	总计
经常见到	9.7%	5.1%	5.1%	6.4%	6.7%	6.0%
偶尔见到	32.5%	28.6%	31.1%	33.6%	39.6%	32.7%
没见到	57.8%	66.3%	63.8%	59.9%	53.7%	61.3%
总计	100.0%	100.0%	100.0%	100.0%	100.0%	100.0%
列总计	431	511	1955	791	656	4344

Chi-square test：df = 8，卡方值为 39.966，sig = 0.000 < 0.05，所以不同职业的居民对于“这些现象在您身边常见吗？封建迷信活动”的回答有显著差异。

F19f by A10

这些现象在您身边常见吗？非法宗教活动＊ 职业 Crosstabulation

	高级白领	低级白领	工人/做小生意者	农民	无业/失业/下岗	总计
经常见到	3.0%	1.2%	1.1%	1.1%	1.7%	1.4%
偶尔见到	17.1%	12.3%	10.8%	7.4%	13.0%	11.3%
没见到	79.9%	86.5%	88.1%	91.5%	85.3%	87.3%
总计	100.0%	100.0%	100.0%	100.0%	100.0%	100.0%
列总计	433	511	1954	789	655	4342

Chi-square test：df = 8，卡方值为 41.521，sig = 0.000 < 0.05，所以不同职业的居民对于“这些现象在您身边常见吗？非法宗教活动”的回答有显著差异。

F20 by A10

您认为目前我国社会中道德和幸福的现实关系是＊ 职业 Crosstabulation

	高级白领	低级白领	工人/做小生意者	农民	无业/失业/下岗	总计
总体上道德和幸福能够一致，能惩恶扬善	73.3%	76.8%	70.1%	71.3%	76.6%	72.4%
有道德讲伦理的人大都吃亏，不守道德的人更能讨便宜	22.6%	20.3%	23.4%	21.9%	18.9%	22.0%
道德与幸福没有关系，能挣钱有发展无论怎样行动都行	4.0%	2.8%	6.5%	6.8%	4.5%	5.6%
总计	100.0%	100.0%	100.0%	100.0%	100.0%	100.0%
列总计	420	492	1847	704	620	4083

Chi-square test：df = 8，卡方值为 23.821，sig = 0.002 < 0.05，所以不同职业的居民对于“您认为目前我国社会中道德和幸福的现实关系是”的回答有显著差异。

F21a by A10

您在所在单位，有没有一种亲切和踏实的感觉＊ 职业 Crosstabulation

	高级白领	低级白领	工人/做小生意者	农民	无业/失业/下岗	总计
有	38.8%	38.7%	28.6%	25.3%	26.0%	29.8%
还可以	55.7%	57.9%	62.6%	59.7%	59.4%	60.4%
没有	5.5%	3.3%	8.8%	15.0%	14.6%	9.8%
总计	100.0%	100.0%	100.0%	100.0%	100.0%	100.0%
列总计	433	511	1948	780	651	4323

Chi-square test：df = 8，卡方值为 107.595，sig = 0.000 < 0.05，所以不同职业的居民对于“您在所在单位，有没有一种亲切和踏实的感觉”的回答有显著差异。

F21b by A10

您在所在社区/村，有没有一种亲切和踏实的感觉＊ 职业 Crosstabulation

	高级白领	低级白领	工人/做小生意者	农民	无业/失业/下岗	总计
有	32.1%	34.6%	29.4%	31.8%	30.4%	30.9%
还可以	60.7%	60.3%	64.1%	63.7%	62.0%	62.9%
没有	7.2%	5.1%	6.5%	4.6%	7.6%	6.2%
总计	100.0%	100.0%	100.0%	100.0%	100.0%	100.0%
列总计	433	511	1952	790	655	4341

Chi-square test：df = 8，卡方值为 13.200，sig = 0.105 > 0.05，所以不同职业的居民对于“您在所在社区/村，有没有一种亲切和踏实的感觉”的回答没有显著差异。

F21c by A10

您在所在城市，有没有一种亲切和踏实的感觉 * 职业 Crosstabulation

	高级白领	低级白领	工人/做小生意者	农民	无业/失业/下岗	总计
有	31.6%	34.1%	28.1%	28.3%	27.5%	29.1%
还可以	63.5%	61.2%	64.6%	62.4%	62.9%	63.4%
没有	4.8%	4.7%	7.3%	9.4%	9.7%	7.5%
总计	100.0%	100.0%	100.0%	100.0%	100.0%	100.0%
列总计	433	510	1951	789	652	4335

Chi-square test：df = 8，卡方值为 25.103，sig = 0.001 < 0.05，所以不同职业的居民对于“您在所在城市，有没有一种亲切和踏实的感觉”的回答有显著差异。

F22 by A10

您认为您目前的状况是 * 职业 Crosstabulation

	高级白领	低级白领	工人/做小生意者	农民	无业/失业/下岗	总计
生活富裕，但不感到幸福和快乐	3.2%	1.2%	2.4%	1.8%	1.8%	2.1%
生活富裕，幸福也快乐	16.7%	11.1%	8.8%	10.4%	7.2%	9.9%
生活小康，幸福且快乐	57.6%	58.2%	56.4%	52.5%	64.4%	57.2%
生活小康，但不感到幸福和快乐	9.7%	6.1%	6.4%	5.7%	6.4%	6.6%
生活清贫，幸福且快乐	10.6%	21.5%	21.8%	25.4%	17.0%	20.6%
生活贫困，既不幸福也不快乐	2.1%	2.0%	4.2%	4.2%	3.2%	3.6%
总计	100.0%	100.0%	100.0%	100.0%	100.0%	100.0%
列总计	432	512	1957	790	654	4345

Chi-square test：df = 20，卡方值为 96.671，sig = 0.000 < 0.05，所以不同职业的居民对于“您认为您目前的状况是”的回答有显著差异。

F23 by A10

最近这些年，您的生活水平对幸福感的影响是怎样的 * 职业 Crosstabulation

	高级白领	低级白领	工人/做小生意者	农民	无业/失业/下岗	总计
生活水平提高了，但幸福感和快乐感降低了	12.5%	7.4%	7.6%	5.4%	9.5%	8.0%
生活水平提高了，幸福感和快乐感提高了	64.8%	61.9%	59.1%	61.9%	69.8%	62.1%

续表

	高级白领	低级白领	工人/做小生意者	农民	无业/失业/下岗	总计
生活水平没变，幸福感和快乐感提高了	17.1%	22.3%	25.3%	26.2%	13.3%	22.5%
生活水平没变，幸福感和快乐感降低了	4.4%	7.0%	5.8%	3.0%	3.8%	5.0%
生活水平下降，但幸福感和快乐感提高了	0.7%	0.8%	0.6%	0.9%	1.1%	0.8%
生活水平下降，幸福感和快乐感也降低了	0.5%	0.6%	1.6%	2.5%	2.5%	1.7%
总计	100.0%	100.0%	100.0%	100.0%	100.0%	100.0%
列总计	432	512	1956	790	653	4343

Chi-square test：df = 20，卡方值为 100.970，sig = 0.000 < 0.05，所以不同职业的居民对于“最近这些年，您的生活水平对幸福感的影响是怎样的”的回答有显著差异。

F24a by A10

近十年来，您认为下列哪一类人获得的利益最多 * 职业 Crosstabulation

	高级白领	低级白领	工人/做小生意者	农民	无业/失业/下岗	总计
工人		0.4%	0.6%	0.8%	0.3%	0.5%
农民	2.9%	1.0%	1.5%	1.4%	2.0%	1.7%
公务员	12.5%	11.3%	13.1%	11.0%	9.5%	11.9%
国有企业的经营管理者	11.3%	11.7%	9.9%	11.3%	8.2%	10.3%
集体企业的经营管理者	4.3%	1.2%	2.3%	1.6%	1.2%	2.1%
私营企业家	18.8%	22.1%	19.8%	22.7%	28.5%	21.7%
外商、境外来大陆的投资者	15.1%	12.1%	9.3%	7.4%	9.9%	10.0%
个体户	3.1%	6.6%	4.9%	6.6%	4.7%	5.2%
私营、外资企业中的管理人员	7.9%	6.4%	6.8%	8.1%	5.5%	6.9%
专家学者、专业技术人员	5.8%	7.4%	6.2%	5.8%	4.5%	6.0%
政府官员	17.8%	19.5%	25.1%	23.4%	25.1%	23.4%
其他	0.5%	0.4%	0.3%		0.5%	0.3%
总计	100.0%	100.0%	100.0%	100.0%	100.0%	100.0%
列总计	416	488	1874	728	597	4103

Chi-square test：df = 44，卡方值为 104.465，sig = 0.000 < 0.05，所以不同职业的居民对于“近十年来，您认为下列哪一类人获得的利益最多”的回答有显著差异。

F24b by A10

近十年来，您认为下列哪一类人获得的利益最少 * 职业 Crosstabulation

	高级白领	低级白领	工人/做小生意者	农民	无业/失业/下岗	总计
工人	28.6%	32.7%	27.4%	13.0%	19.5%	24.4%
农民	63.4%	60.8%	67.6%	83.6%	75.6%	70.5%
公务员	1.2%	1.2%	0.8%		0.6%	0.7%
国有企业的经营管理者	0.9%	0.2%	0.3%	0.3%	0.3%	0.4%
集体企业的经营管理者	0.5%	0.2%	0.3%	0.4%	0.2%	0.3%
私营企业家	0.9%	0.8%	0.5%	0.4%	0.5%	0.5%
外商、境外来大陆的投资者		0.2%	0.4%	0.4%		0.3%
个体户	1.2%	1.4%	1.6%	0.7%	1.0%	1.3%
私营、外资企业中的管理人员	0.5%	0.4%	0.2%	0.7%	0.2%	0.3%
专家学者、专业技术人员	2.1%	1.0%	0.4%		1.1%	0.7%
政府官员	0.7%	0.6%	0.5%	0.7%	1.0%	0.6%
其他		0.4%	0.1%		0.2%	0.1%
总计	100.0%	100.0%	100.0%	100.0%	100.0%	100.0%
列总计	423	492	1922	762	627	4226

Chi-square test：df = 44，卡方值为 165.430，sig = 0.000 < 0.05，所以不同职业的居民对于“近十年来，您认为下列哪一类人获得的利益最少”的回答有显著差异。

F25 by A10

您认为弱势群体产生的最主要原因是 * 职业 Crosstabulation

	高级白领	低级白领	工人/做小生意者	农民	无业/失业/下岗	总计
制度不合理，社会关怀不够	47.2%	39.1%	38.9%	36.8%	41.6%	39.8%
收入分配不公	41.2%	44.6%	51.1%	50.7%	40.5%	47.6%
机会不平等	27.4%	35.1%	34.6%	36.4%	30.3%	33.6%
弱势群体自己不努力	23.0%	21.0%	20.3%	21.2%	17.4%	20.4%
缺乏生存技能	36.5%	39.5%	33.4%	38.5%	30.6%	34.9%
列总计	430	504	1925	756	637	4252

据上表所示，不同职业的居民对于“您认为弱势群体产生的最主要原因”的回答没有显著差异。

F26 by A10

我们经常看到一些老人或流浪者在垃圾桶中找东西，弄得满身污物，您认为我们是否应该改造城市的垃圾桶，如调整垃圾桶的角度、集中放矿泉水瓶等，以为他们提供方便＊ 职业 Crosstabulation

	高级白领	低级白领	工人/做小生意者	农民	无业/失业/下岗	总计
应该，社会有义务为他们提供一种有尊严的生活	81.9%	85.3%	84.8%	80.5%	90.5%	84.7%
不应该，这些人本来就与城市不和谐	13.0%	10.4%	9.4%	13.4%	4.8%	9.9%
做这样的事不值得，应该将钱花到更重要的地方	3.9%	3.9%	5.6%	6.0%	4.1%	5.1%
其他	1.2%	0.4%	0.2%		0.6%	0.3%
总计	100.0%	100.0%	100.0%	100.0%	100.0%	100.0%
列总计	432	511	1951	781	651	4326

Chi-square test：df = 12，卡方值为 57.857，sig = 0.000 < 0.05，所以不同职业的居民对于“您认为我们是否应该改造城市的垃圾桶，以为老人及流浪者提供方便”的回答有显著差异。

F27 by A10

对当今中国社会，您更担忧哪种问题＊ 职业 Crosstabulation

	高级白领	低级白领	工人/做小生意者	农民	无业/失业/下岗	总计
坑蒙拐骗，不守信用	29.3%	34.1%	30.2%	31.8%	34.8%	31.5%
人与人之间互不信任，相互提防，没有安全感	49.2%	44.9%	46.7%	45.8%	44.4%	46.2%
可信任的人很少，遇到问题难以找到人倾诉和帮助	19.2%	19.2%	19.2%	16.6%	16.3%	18.3%
其他	2.3%	1.8%	3.9%	5.8%	4.5%	3.9%
总计	100.0%	100.0%	100.0%	100.0%	100.0%	100.0%
列总计	433	510	1952	789	649	4333

Chi-square test：df = 12，卡方值为 27.424，sig = 0.007 < 0.05，所以不同职业的居民对于“对当今中国社会，您更担忧哪种问题”的回答有显著差异。

F28 by A10

您觉得大多数人都是可以相信的吗？如果 1 分代表“大多数人都可以相信”，5 分代表“对其他人都应该小心防备”，您会选几分＊ 职业 Crosstabulation

	高级白领	低级白领	工人/做小生意者	农民	无业/失业/下岗	总计
大多数人都可以相信	11.8%	8.8%	8.7%	10.1%	9.8%	9.5%

续表

	高级白领	低级白领	工人/做小生意者	农民	无业/失业/下岗	总计
2	35.0%	35.3%	32.1%	39.0%	33.0%	34.1%
3	40.5%	42.5%	44.0%	36.6%	41.9%	41.8%
4	11.3%	11.6%	13.8%	12.0%	12.1%	12.7%
对其他人都应小心防备	1.4%	1.8%	1.4%	2.3%	3.2%	1.9%
总计	100.0%	100.0%	100.0%	100.0%	100.0%	100.0%
列总计	432	510	1955	790	654	4341

Chi-square test：df = 16，卡方值为 33.790，sig = 0.006 < 0.05，所以不同职业的居民对于“您觉得大多数人都是可以相信的吗”的回答有显著差异。

F29a by A10

您对下面这些人的信任程度如何？您的家人 * 职业 Crosstabulation

	高级白领	低级白领	工人/做小生意者	农民	无业/失业/下岗	总计
完全信任	83.4%	76.9%	80.5%	82.5%	82.9%	81.1%
比较信任	15.7%	22.5%	19.1%	17.5%	16.9%	18.6%
不太信任	0.7%	0.4%	0.4%			0.3%
根本不信任	0.2%	0.2%	0.1%		0.2%	0.1%
总计	100.0%	100.0%	100.0%	100.0%	100.0%	100.0%
列总计	433	511	1955	790	655	4344

Chi-square test：df = 12，卡方值为 20.179，sig = 0.064 > 0.05，所以不同职业的居民对于“您对下面这些人的信任程度如何？您的家人”的回答没有显著差异。

F29b by A10

您对下面这些人的信任程度如何？您的邻居 * 职业 Crosstabulation

	高级白领	低级白领	工人/做小生意者	农民	无业/失业/下岗	总计
完全信任	12.4%	12.0%	10.6%	16.3%	11.7%	12.1%
比较信任	79.0%	79.9%	80.2%	79.7%	74.9%	79.2%
不太信任	8.4%	7.3%	8.6%	3.7%	12.6%	8.1%
根本不信任	0.2%	0.8%	0.6%	0.3%	0.8%	0.6%
总计	100.0%	100.0%	100.0%	100.0%	100.0%	100.0%
列总计	429	508	1952	790	650	4329

Chi-square test：df = 12，卡方值为 57.128，sig = 0.000 < 0.05，所以不同职业的居民对于“您对下面这些人的信任程度如何？您的邻居”的回答有显著差异。

F29c by A10

您对下面这些人的信任程度如何？外地人 * 职业 Crosstabulation

	高级白领	低级白领	工人/做小生意者	农民	无业/失业/下岗	总计
完全信任	1.7%	1.6%	0.8%	0.9%	0.8%	1.0%
比较信任	22.9%	23.1%	19.7%	17.4%	15.7%	19.4%
不太信任	60.0%	59.0%	56.0%	56.8%	66.8%	58.5%
根本不信任	15.5%	16.3%	23.5%	24.9%	16.7%	21.1%
总计	100.0%	100.0%	100.0%	100.0%	100.0%	100.0%
列总计	420	498	1910	770	642	4240

Chi-square test：df = 12，卡方值为 55.425，sig = 0.000 < 0.05，所以不同职业的居民对于“您对下面这些人的信任程度如何？外地人”的回答有显著差异。

F29d by A10

您对下面这些人的信任程度如何？陌生人 * 职业 Crosstabulation

	高级白领	低级白领	工人/做小生意者	农民	无业/失业/下岗	总计
完全信任	1.7%	0.4%	0.4%	1.2%	0.6%	0.7%
比较信任	9.1%	8.3%	8.3%	6.9%	6.5%	7.9%
不太信任	60.5%	62.1%	53.3%	52.1%	64.2%	56.5%
根本不信任	28.7%	29.2%	38.0%	39.8%	28.6%	35.0%
总计	100.0%	100.0%	100.0%	100.0%	100.0%	100.0%
列总计	418	493	1894	768	643	4216

Chi-square test：df = 12，卡方值为 59.651，sig = 0.000 < 0.05，所以不同职业的居民对于“您对下面这些人的信任程度如何？陌生人”的回答有显著差异。

F29e by A10

您对下面这些人的信任程度如何？外国人 * 职业 Crosstabulation

	高级白领	低级白领	工人/做小生意者	农民	无业/失业/下岗	总计
完全信任	1.2%	1.3%	0.4%	1.0%	0.9%	0.8%
比较信任	15.5%	12.5%	10.5%	8.9%	10.8%	11.0%
不太信任	55.1%	59.3%	55.0%	52.3%	64.2%	56.4%
根本不信任	28.2%	26.9%	34.1%	37.7%	24.1%	31.8%
总计	100.0%	100.0%	100.0%	100.0%	100.0%	100.0%
列总计	401	464	1719	705	584	3873

Chi-square test：df = 12，卡方值为 54.065，sig = 0.000 < 0.05，所以不同职业的居民对于“您对下面这些人的信任程度如何？外国人”的回答有显著差异。

F29f by A10

您对下面这些人的信任程度如何？同事或同学 * 职业 Crosstabulation

	高级白领	低级白领	工人/做小生意者	农民	无业/失业/下岗	总计
完全信任	9.3%	6.7%	6.6%	7.5%	5.7%	6.9%
比较信任	80.9%	81.1%	78.0%	79.2%	84.3%	79.8%
不太信任	9.1%	11.2%	14.0%	12.5%	9.1%	12.2%
根本不信任	0.7%	1.0%	1.4%	0.8%	0.9%	1.1%
总计	100.0%	100.0%	100.0%	100.0%	100.0%	100.0%
列总计	430	509	1941	761	637	4278

Chi-square test：df = 12，卡方值为 25.739，sig = 0.012 < 0.05，所以不同职业的居民对于“您对下面这些人的信任程度如何？同事或同学”的回答有显著差异。

F29g by A10

您对下面这些人的信任程度如何？您的上司或领导 * 职业 Crosstabulation

	高级白领	低级白领	工人/做小生意者	农民	无业/失业/下岗	总计
完全信任	10.6%	6.2%	7.0%	8.0%	4.3%	7.0%
比较信任	73.5%	79.4%	74.1%	75.9%	76.6%	75.3%
不太信任	13.6%	13.8%	17.6%	15.3%	17.6%	16.3%
根本不信任	2.3%	0.6%	1.4%	0.8%	1.5%	1.3%
总计	100.0%	100.0%	100.0%	100.0%	100.0%	100.0%
列总计	426	500	1894	713	603	4136

Chi-square test：df = 12，卡方值为 30.789，sig = 0.002 < 0.05，所以不同职业的居民对于“您对下面这些人的信任程度如何？您的上司或领导”的回答有显著差异。

F29h by A10

您对下面这些人的信任程度如何？您的朋友 * 职业 Crosstabulation

	高级白领	低级白领	工人/做小生意者	农民	无业/失业/下岗	总计
完全信任	17.1%	16.3%	14.4%	15.1%	14.4%	15.0%
比较信任	79.2%	80.1%	80.4%	82.5%	82.4%	80.9%
不太信任	2.8%	3.0%	4.6%	1.8%	2.6%	3.4%
根本不信任	0.9%	0.6%	0.6%	0.6%	0.6%	0.6%
总计	100.0%	100.0%	100.0%	100.0%	100.0%	100.0%
列总计	433	508	1950	784	653	4328

Chi-square test：df = 12，卡方值为 20.156，sig = 0.064 > 0.05，所以不同职业的居民对于“您对下面这些人的信任程度如何？您的朋友”的回答没有显著差异。

F30 by A10

您是否同意“在这个社会上，您一不小心别人就会想办法占您的便宜”＊职业 Crosstabulation

	高级白领	低级白领	工人/做小生意者	农民	无业/失业/下岗	总计
非常不同意	5.6%	4.2%	3.8%	5.0%	4.0%	4.3%
比较不同意	31.7%	31.2%	26.6%	26.8%	26.6%	27.7%
说不上同意不同意	32.9%	31.6%	31.0%	31.6%	27.3%	30.8%
比较同意	27.5%	30.0%	35.1%	34.1%	38.6%	34.1%
非常同意	2.3%	3.0%	3.5%	2.5%	3.4%	3.1%
总计	100.0%	100.0%	100.0%	100.0%	100.0%	100.0%
列总计	429	503	1924	765	642	4263

Chi-square test：df = 16，卡方值为 28.265，sig = 0.029 < 0.05，所以不同职业的居民对于“您是否同意‘在这个社会上，您一不小心别人就会想办法占您的便宜’”的回答有显著差异。

F31 by A10

您对所生活的地方道德建设满意吗＊职业 Crosstabulation

	高级白领	低级白领	工人/做小生意者	农民	无业/失业/下岗	总计
满意	13.2%	9.9%	11.4%	12.6%	9.9%	11.4%
基本满意	78.1%	81.9%	78.1%	79.9%	79.5%	79.1%
不满意	8.7%	8.2%	10.5%	7.5%	10.6%	9.5%
总计	100.0%	100.0%	100.0%	100.0%	100.0%	100.0%
列总计	424	497	1908	751	625	4205

Chi-square test：df = 8，卡方值为 12.378，sig = 0.135 > 0.05，所以不同职业的居民对于“您对所生活的地方道德建设满意吗”的回答没有显著差异。

F32a by A10

您对下面群体的信任程度如何？商人＊职业 Crosstabulation

	高级白领	低级白领	工人/做小生意者	农民	无业/失业/下岗	总计
完全信任	2.1%	1.8%	1.1%	1.2%	1.3%	1.3%
比较信任	44.9%	39.9%	44.9%	48.6%	43.2%	44.7%
不太信任	50.4%	53.3%	48.4%	44.7%	50.2%	48.8%
根本不信任	2.6%	5.0%	5.6%	5.6%	5.3%	5.2%
总计	100.0%	100.0%	100.0%	100.0%	100.0%	100.0%

续表

	高级白领	低级白领	工人/做小生意者	农民	无业/失业/下岗	总计
列总计	423	499	1912	768	625	4227

Chi-square test：df = 12，卡方值为 20.976，sig = 0.051 > 0.05，所以不同职业的居民对于“您对下面群体的信任程度如何？商人”的回答没有显著差异。

F32b by A10

您对下面群体的信任程度如何？单位领导/社区（村）干部 * 职业 Crosstabulation

	高级白领	低级白领	工人/做小生意者	农民	无业/失业/下岗	总计
完全信任	5.9%	6.1%	4.0%	5.2%	4.0%	4.7%
比较信任	70.0%	69.1%	61.8%	62.5%	65.2%	64.1%
不太信任	20.4%	22.8%	30.6%	29.4%	27.0%	27.9%
根本不信任	3.8%	2.0%	3.6%	3.0%	3.8%	3.3%
总计	100.0%	100.0%	100.0%	100.0%	100.0%	100.0%
列总计	426	505	1913	775	630	4249

Chi-square test：df = 12，卡方值为 36.004，sig = 0.000 < 0.05，所以不同职业的居民对于“您对下面群体的信任程度如何？单位领导/社区（村）干部”的回答有显著差异。

F32c by A10

您对下面群体的信任程度如何？公务员 * 职业 Crosstabulation

	高级白领	低级白领	工人/做小生意者	农民	无业/失业/下岗	总计
完全信任	8.5%	8.8%	6.0%	8.4%	5.8%	7.0%
比较信任	61.6%	58.1%	60.3%	63.4%	66.1%	61.6%
不太信任	25.7%	27.7%	29.7%	26.4%	25.5%	27.8%
根本不信任	4.2%	5.4%	4.0%	1.8%	2.6%	3.6%
总计	100.0%	100.0%	100.0%	100.0%	100.0%	100.0%
列总计	424	501	1905	764	619	4213

Chi-square test：df = 12，卡方值为 32.710，sig = 0.001 < 0.05，所以不同职业的居民对于“您对下面群体的信任程度如何？公务员”的回答有显著差异。

F32d by A10

您对下面群体的信任程度如何？教师 * 职业 Crosstabulation

	高级白领	低级白领	工人/做小生意者	农民	无业/失业/下岗	总计
完全信任	12.8%	10.8%	10.9%	13.1%	12.5%	11.7%

续表

	高级白领	低级白领	工人/做小生意者	农民	无业/失业/下岗	总计
比较信任	69.4%	69.2%	69.8%	71.9%	73.8%	70.7%
不太信任	15.5%	15.7%	16.8%	13.1%	12.8%	15.3%
根本不信任	2.3%	4.3%	2.4%	1.9%	0.8%	2.3%
总计	100.0%	100.0%	100.0%	100.0%	100.0%	100.0%
列总计	431	509	1949	778	646	4313

Chi-square test：df = 12，卡方值为 29.210，sig = 0.001 < 0.05，所以不同职业的居民对于“您对下面群体的信任程度如何？教师”的回答有显著差异。

F32e by A10

您对下面群体的信任程度如何？警察 * 职业 Crosstabulation

	高级白领	低级白领	工人/做小生意者	农民	无业/失业/下岗	总计
完全信任	18.6%	20.9%	19.9%	22.4%	19.0%	20.2%
比较信任	65.0%	62.8%	65.4%	66.7%	70.4%	66.0%
不太信任	13.3%	12.8%	12.3%	9.1%	9.6%	11.5%
根本不信任	3.0%	3.5%	2.4%	1.8%	0.9%	2.2%
总计	100.0%	100.0%	100.0%	100.0%	100.0%	100.0%
列总计	429	508	1948	781	646	4312

Chi-square test：df = 12，卡方值为 25.792，sig = 0.011 < 0.05，所以不同职业的居民对于“您对下面群体的信任程度如何？警察”的回答有显著差异。

F32f by A10

您对下面群体的信任程度如何？医生 * 职业 Crosstabulation

	高级白领	低级白领	工人/做小生意者	农民	无业/失业/下岗	总计
完全信任	10.9%	9.6%	9.9%	9.8%	12.9%	10.4%
比较信任	64.0%	66.5%	65.9%	69.6%	68.1%	66.8%
不太信任	20.9%	20.5%	21.2%	17.3%	17.7%	19.8%
根本不信任	4.2%	3.3%	3.0%	3.3%	1.4%	3.0%
总计	100.0%	100.0%	100.0%	100.0%	100.0%	100.0%
列总计	431	508	1950	786	645	4320

Chi-square test：df = 12，卡方值为 20.913，sig = 0.052 > 0.05，所以不同职业的居民对于“您对下面群体的信任程度如何？医生”的回答没有显著差异。

F32g by A10

您对下面群体的信任程度如何？法官 * 职业 Crosstabulation

	高级白领	低级白领	工人/做小生意者	农民	无业/失业/下岗	总计
完全信任	18.4%	16.9%	16.9%	16.9%	15.8%	16.9%
比较信任	68.5%	72.0%	70.6%	72.1%	71.9%	71.0%
不太信任	10.8%	9.7%	10.9%	9.7%	11.0%	10.6%
根本不信任	2.4%	1.4%	1.6%	1.3%	1.3%	1.5%
总计	100.0%	100.0%	100.0%	100.0%	100.0%	100.0%
列总计	425	504	1922	774	638	4263

Chi-square test：df = 12，卡方值为 5.509，sig = 0.939 > 0.05，所以不同职业的居民对于“您对下面群体的信任程度如何？法官”的回答没有显著差异。

F32h by A10

您对下面群体的信任程度如何？农民 * 职业 Crosstabulation

	高级白领	低级白领	工人/做小生意者	农民	无业/失业/下岗	总计
完全信任	10.8%	12.4%	11.0%	13.7%	8.7%	11.3%
比较信任	76.9%	75.0%	76.7%	76.4%	78.6%	76.7%
不太信任	11.1%	10.8%	11.3%	8.4%	11.2%	10.7%
根本不信任	1.2%	1.8%	1.0%	1.5%	1.6%	1.3%
总计	100.0%	100.0%	100.0%	100.0%	100.0%	100.0%
列总计	425	507	1942	789	645	4308

Chi-square test：df = 12，卡方值为 16.653，sig = 0.163 > 0.05，所以不同职业的居民对于“您对下面群体的信任程度如何？农民”的回答没有显著差异。

F32i by A10

您对下面群体的信任程度如何？工人 * 职业 Crosstabulation

	高级白领	低级白领	工人/做小生意者	农民	无业/失业/下岗	总计
完全信任	10.4%	12.3%	11.0%	11.1%	5.7%	10.3%
比较信任	75.6%	74.8%	75.1%	78.9%	79.2%	76.4%
不太信任	12.3%	11.3%	12.7%	9.5%	13.8%	12.1%
根本不信任	1.7%	1.6%	1.2%	0.5%	1.2%	1.2%
总计	100.0%	100.0%	100.0%	100.0%	100.0%	100.0%
列总计	422	504	1944	783	644	4297

Chi-square test：df = 12，卡方值为 29.840，sig = 0.003 < 0.05，所以不同职业的居民对于“您对下面群体的信任程度如何？工人”的回答有显著差异。

F32j by A10

您对下面群体的信任程度如何？专家学者 * 职业 Crosstabulation

	高级白领	低级白领	工人/做小生意者	农民	无业/失业/下岗	总计
完全信任	10.7%	12.3%	10.2%	11.1%	8.2%	10.4%
比较信任	62.8%	56.7%	62.5%	70.1%	66.4%	63.7%
不太信任	23.5%	26.9%	24.4%	16.5%	22.2%	22.9%
根本不信任	3.1%	4.0%	2.9%	2.4%	3.2%	3.0%
总计	100.0%	100.0%	100.0%	100.0%	100.0%	100.0%
列总计	422	494	1836	722	599	4073

Chi-square test：df=12，卡方值为36.075，sig=0.000<0.05，所以不同职业的居民对于“您对下面群体的信任程度如何？专家学者”的回答有显著差异。

F32k by A10

您对下面群体的信任程度如何？演艺娱乐圈 * 职业 Crosstabulation

	高级白领	低级白领	工人/做小生意者	农民	无业/失业/下岗	总计
完全信任	2.3%	2.5%	1.2%	2.0%	1.3%	1.6%
比较信任	29.8%	29.4%	33.6%	40.2%	36.0%	34.1%
不太信任	47.5%	50.9%	48.0%	44.4%	47.9%	47.7%
根本不信任	20.5%	17.2%	17.2%	13.4%	14.8%	16.6%
总计	100.0%	100.0%	100.0%	100.0%	100.0%	100.0%
列总计	400	477	1683	635	547	3742

Chi-square test：df=12，卡方值为30.956，sig=0.002<0.05，所以不同职业的居民对于“您对下面群体的信任程度如何？演艺娱乐圈”的回答有显著差异。

F32l by A10

您对下面群体的信任程度如何？公众人物 * 职业 Crosstabulation

	高级白领	低级白领	工人/做小生意者	农民	无业/失业/下岗	总计
完全信任	5.2%	3.6%	2.9%	3.0%	2.4%	3.2%
比较信任	45.8%	44.0%	47.1%	54.0%	47.7%	47.8%
不太信任	39.9%	43.0%	40.7%	35.8%	41.6%	40.2%
根本不信任	9.2%	9.4%	9.4%	7.2%	8.3%	8.8%
总计	100.0%	100.0%	100.0%	100.0%	100.0%	100.0%
列总计	404	477	1717	656	553	3807

Chi-square test：df=12，卡方值为21.649，sig=0.042<0.05，所以不同职业的居民对于“您对下面群体的信任程度如何？公众人物”的回答有显著差异。

F33 by A10

您在生活中经常买到假冒伪劣商品吗 * 职业 Crosstabulation

	高级白领	低级白领	工人/做小生意者	农民	无业/失业/下岗	总计
经常	7.4%	3.9%	4.9%	5.4%	5.0%	5.1%
偶尔	68.5%	71.7%	70.3%	63.0%	69.4%	68.9%
没有	24.1%	24.4%	24.8%	31.6%	25.6%	26.0%
总计	100.0%	100.0%	100.0%	100.0%	100.0%	100.0%
列总计	406	488	1803	702	625	4024

Chi-square test: df = 8, 卡方值为 21.063, sig = 0.007 < 0.05, 所以不同职业的居民对于“您在生活中经常买到假冒伪劣商品吗”的回答有显著差异。

F34 by A10

您在购物、就医、理财等方面经常遇到虚假广告吗 * 职业 Crosstabulation

	高级白领	低级白领	工人/做小生意者	农民	无业/失业/下岗	总计
经常	20.9%	13.2%	14.2%	12.6%	16.4%	14.8%
偶尔	55.0%	58.9%	58.7%	56.6%	58.1%	57.9%
没有	24.1%	27.9%	27.1%	30.9%	25.5%	27.3%
总计	100.0%	100.0%	100.0%	100.0%	100.0%	100.0%
列总计	402	477	1742	693	611	3925

Chi-square test: df = 8, 卡方值为 21.218, sig = 0.007 < 0.05, 所以不同职业的居民对于“您在购物、就医、理财等方面经常遇到虚假广告吗”的回答有显著差异。

F35 by A10

如果在路边看到一个老人摔倒，您的反应是 * 职业 Crosstabulation

	高级白领	低级白领	工人/做小生意者	农民	无业/失业/下岗	总计
立即扶起	42.1%	41.0%	35.3%	38.0%	38.8%	37.7%
等有证人时再扶	23.6%	23.4%	28.7%	28.1%	27.1%	27.2%
先拍照，再扶起	16.9%	14.3%	11.5%	8.1%	12.4%	11.9%
不扶，避免惹是生非	5.1%	6.4%	10.1%	10.1%	10.4%	9.2%
报警	11.1%	14.8%	13.7%	14.9%	10.4%	13.3%
其他	1.2%		0.7%	0.8%	0.9%	0.7%
总计	100.0%	100.0%	100.0%	100.0%	100.0%	100.0%

续表

	高级白领	低级白领	工人/做小生意者	农民	无业/失业/下岗	总计
列总计	432	512	1953	790	654	4341

Chi-square test：df = 20，卡方值为 64.190，sig = 0.000 < 0.05，所以不同职业的居民对于“如果在路边看到一个老人摔倒，您的反应是”的回答有显著差异。

F36 by A10

我们都听说过或见证过好心人救助老人却反被诬陷。假如您是这位好心人，您会 * 职业 Crosstabulation

	高级白领	低级白领	工人/做小生意者	农民	无业/失业/下岗	总计
我是多管闲事，下次再也不会帮助别人了	13.9%	18.4%	25.8%	26.4%	21.7%	23.2%
我正直善良真心待人，对得起良知和良心	45.1%	43.0%	43.1%	47.5%	36.1%	43.0%
下次还是会伸出援手，但是会提高警惕，注意保护自己	40.7%	38.5%	30.9%	26.0%	42.0%	33.6%
其他	0.2%	0.2%	0.2%	0.1%	0.2%	0.2%
总计	100.0%	100.0%	100.0%	100.0%	100.0%	100.0%
列总计	432	512	1949	789	653	4335

Chi-square test：df = 12，卡方值为 83.970，sig = 0.051 > 0.05，所以不同职业的居民对于“我们都听说过或见证过好心人救助老人却反被诬陷。假如您是这位好心人，您会”的回答没有显著差异。

F37a by A10

您对下列群体的伦理道德整体状况的满意度？政府官员 * 职业 Crosstabulation

	高级白领	低级白领	工人/做小生意者	农民	无业/失业/下岗	总计
非常不满意	5.8%	5.3%	5.2%	4.5%	6.7%	5.3%
比较不满意	34.2%	34.9%	38.3%	36.2%	31.1%	36.0%
比较满意	56.1%	55.6%	53.6%	57.5%	59.2%	55.6%
非常满意	3.9%	4.2%	2.9%	1.8%	3.0%	3.0%
总计	100.0%	100.0%	100.0%	100.0%	100.0%	100.0%
列总计	415	495	1879	760	610	4159

Chi-square test：df = 12，卡方值为 20.945，sig = 0.023 < 0.05，所以不同职业的居民对于“您对下列群体的伦理道德整体状况的满意度？政府官员”的回答有显著差异。

F37b by A10

您对下列群体的伦理道德整体状况的满意度？一般公务员 * 职业 Crosstabulation

	高级白领	低级白领	工人/做小生意者	农民	无业/失业/下岗	总计
非常不满意	4.3%	3.8%	4.2%	3.7%	4.3%	4.1%
比较不满意	27.3%	29.8%	35.1%	29.3%	26.9%	31.4%
比较满意	63.5%	61.8%	57.2%	63.0%	66.2%	60.8%
非常满意	4.8%	4.6%	3.5%	4.0%	2.6%	3.7%
总计	100.0%	100.0%	100.0%	100.0%	100.0%	100.0%
列总计	417	497	1874	757	606	4151

Chi-square test：df = 12，卡方值为 29.131，sig = 0.004 < 0.05，所以不同职业的居民对于“您对下列群体的伦理道德整体状况的满意度？一般公务员”的回答有显著差异。

F37c by A10

您对下列群体的伦理道德整体状况的满意度？企业家 * 职业 Crosstabulation

	高级白领	低级白领	工人/做小生意者	农民	无业/失业/下岗	总计
非常不满意	2.4%	3.3%	2.7%	2.2%	2.5%	2.6%
比较不满意	27.7%	28.4%	30.4%	27.1%	26.2%	28.7%
比较满意	64.3%	63.8%	61.6%	63.1%	68.4%	63.4%
非常满意	5.5%	4.5%	5.3%	7.6%	2.9%	5.3%
总计	100.0%	100.0%	100.0%	100.0%	100.0%	100.0%
列总计	415	489	1838	724	591	4057

Chi-square test：df = 12，卡方值为 23.045，sig = 0.027 < 0.05，所以不同职业的居民对于“您对下列群体的伦理道德整体状况的满意度？企业家”的回答有显著差异。

F37d by A10

您对下列群体的伦理道德整体状况的满意度？演艺娱乐界 * 职业 Crosstabulation

	高级白领	低级白领	工人/做小生意者	农民	无业/失业/下岗	总计
非常不满意	13.4%	13.4%	11.9%	7.1%	7.1%	10.8%
比较不满意	43.3%	42.2%	45.2%	42.1%	38.3%	43.1%
比较满意	37.6%	40.3%	39.6%	46.6%	51.7%	42.3%
非常满意	5.7%	4.0%	3.4%	4.2%	2.9%	3.8%

续表

	高级白领	低级白领	工人/做小生意者	农民	无业/失业/下岗	总计
总计	100.0%	100.0%	100.0%	100.0%	100.0%	100.0%
列总计	402	476	1635	592	509	3614

Chi-square test：df = 12，卡方值为 50.744，sig = 0.000 < 0.05，所以不同职业的居民对于“您对下列群体的伦理道德整体状况的满意度？演艺娱乐界”的回答有显著差异。

F37e by A10

您对下列群体的伦理道德整体状况的满意度？教师 * 职业 Crosstabulation

	高级白领	低级白领	工人/做小生意者	农民	无业/失业/下岗	总计
非常不满意	3.3%	2.4%	2.4%	1.4%	2.2%	2.3%
比较不满意	19.6%	21.6%	20.0%	14.9%	16.5%	18.7%
比较满意	64.7%	65.1%	68.6%	73.8%	73.3%	69.5%
非常满意	12.4%	10.9%	8.9%	9.9%	8.0%	9.5%
总计	100.0%	100.0%	100.0%	100.0%	100.0%	100.0%
列总计	428	505	1938	778	637	4286

Chi-square test：df = 12，卡方值为 29.909，sig = 0.003 < 0.05，所以不同职业的居民对于“您对下列群体的伦理道德整体状况的满意度？教师”的回答有显著差异。

F37f by A10

您对下列群体的伦理道德整体状况的满意度？青少年 * 职业 Crosstabulation

	高级白领	低级白领	工人/做小生意者	农民	无业/失业/下岗	总计
非常不满意	3.3%	2.0%	2.1%	1.2%	1.6%	2.0%
比较不满意	19.9%	18.8%	17.3%	11.0%	15.9%	16.4%
比较满意	65.2%	69.9%	68.4%	77.0%	74.5%	70.7%
非常满意	11.6%	9.4%	12.2%	10.9%	8.0%	10.9%
总计	100.0%	100.0%	100.0%	100.0%	100.0%	100.0%
列总计	423	501	1915	774	636	4249

Chi-square test：df = 12，卡方值为 44.851，sig = 0.000 < 0.05，所以不同职业的居民对于“您对下列群体的伦理道德整体状况的满意度？青少年”的回答有显著差异。

F37g by A10

您对下列群体的伦理道德整体状况的满意度？弱势群体 * 职业 Crosstabulation

	高级白领	低级白领	工人/做小生意者	农民	无业/失业/下岗	总计
非常不满意	2.0%	2.3%	2.4%	1.8%	2.8%	2.3%
比较不满意	26.5%	24.1%	22.3%	20.5%	15.0%	21.5%
比较满意	68.3%	71.5%	73.8%	76.0%	80.5%	74.4%
非常满意	3.3%	2.1%	1.5%	1.7%	1.7%	1.8%
总计	100.0%	100.0%	100.0%	100.0%	100.0%	100.0%
列总计	400	473	1806	716	599	3994

Chi-square test：df = 12，卡方值为 32.211，sig = 0.001 < 0.05，所以不同职业的居民对于“您对下列群体的伦理道德整体状况的满意度？弱势群体”的回答有显著差异。

F37h by A10

您对下列群体的伦理道德整体状况的满意度？自由职业者 * 职业 Crosstabulation

	高级白领	低级白领	工人/做小生意者	农民	无业/失业/下岗	总计
非常不满意	1.0%	1.5%	1.7%	1.6%	1.8%	1.6%
比较不满意	21.5%	15.2%	19.4%	17.8%	16.7%	18.4%
比较满意	72.4%	78.9%	76.0%	75.5%	79.8%	76.5%
非常满意	5.1%	4.4%	2.9%	5.1%	1.8%	3.5%
总计	100.0%	100.0%	100.0%	100.0%	100.0%	100.0%
列总计	395	475	1762	687	564	3883

Chi-square test：df = 12，卡方值为 25.455，sig = 0.013 < 0.05，所以不同职业的居民对于“您对下列群体的伦理道德整体状况的满意度？自由职业者”的回答有显著差异。

F37i by A10

您对下列群体的伦理道德整体状况的满意度？农民 * 职业 Crosstabulation

	高级白领	低级白领	工人/做小生意者	农民	无业/失业/下岗	总计
非常不满意	1.2%	2.2%	1.7%	1.8%	1.1%	1.6%
比较不满意	12.2%	10.6%	11.8%	7.5%	10.8%	10.8%
比较满意	75.1%	78.4%	75.8%	77.8%	82.7%	77.4%
非常满意	11.5%	8.8%	10.7%	12.9%	5.3%	10.2%

续表

	高级白领	低级白领	工人/做小生意者	农民	无业/失业/下岗	总计
总计	100.0%	100.0%	100.0%	100.0%	100.0%	100.0%
列总计	418	499	1935	785	636	4273

Chi-square test：df = 12，卡方值为 38.854，sig = 0.000 < 0.05，所以不同职业的居民对于“您对下列群体的伦理道德整体状况的满意度？农民”的回答有显著差异。

F37j by A10

您对下列群体的伦理道德整体状况的满意度？商人 * 职业 Crosstabulation

	高级白领	低级白领	工人/做小生意者	农民	无业/失业/下岗	总计
非常不满意	1.2%	2.8%	3.1%	1.6%	2.4%	2.5%
比较不满意	33.7%	34.0%	31.6%	28.1%	28.6%	31.0%
比较满意	61.3%	59.2%	61.1%	65.7%	66.9%	62.6%
非常满意	3.8%	4.0%	4.1%	4.7%	2.1%	3.9%
总计	100.0%	100.0%	100.0%	100.0%	100.0%	100.0%
列总计	419	503	1909	770	629	4230

Chi-square test：df = 12，卡方值为 26.619，sig = 0.009 < 0.05，所以不同职业的居民对于“您对下列群体的伦理道德整体状况的满意度？商人”的回答有显著差异。

F37k by A10

您对下列群体的伦理道德整体状况的满意度？工人 * 职业 Crosstabulation

	高级白领	低级白领	工人/做小生意者	农民	无业/失业/下岗	总计
非常不满意	1.2%	1.2%	1.0%	1.1%	0.6%	1.0%
比较不满意	14.5%	11.1%	11.6%	9.7%	12.9%	11.7%
比较满意	77.4%	82.1%	80.9%	81.9%	82.8%	81.2%
非常满意	6.9%	5.6%	6.5%	7.3%	3.6%	6.1%
总计	100.0%	100.0%	100.0%	100.0%	100.0%	100.0%
列总计	420	504	1927	783	635	4269

Chi-square test：df = 12，卡方值为 18.215，sig = 0.109 > 0.05，所以不同职业的居民对于“您对下列群体的伦理道德整体状况的满意度？工人”的回答没有显著差异。

F37l by A10

您对下列群体的伦理道德整体状况的满意度？专家学者 * 职业 Crosstabulation

	高级白领	低级白领	工人/做小生意者	农民	无业/失业/下岗	总计
非常不满意	1.9%	2.0%	1.8%	0.5%	1.3%	1.5%
比较不满意	20.9%	21.9%	17.8%	11.7%	15.0%	17.1%
比较满意	68.0%	67.6%	72.3%	79.6%	77.4%	73.4%
非常满意	9.2%	8.4%	8.1%	8.2%	6.3%	8.0%
总计	100.0%	100.0%	100.0%	100.0%	100.0%	100.0%
列总计	412	488	1847	734	601	4082

Chi-square test：df = 12，卡方值为 43.796，sig = 0.000 < 0.05，所以不同职业的居民对于“您对下列群体的伦理道德整体状况的满意度？专家学者”的回答有显著差异。

F37m by A10

您对下列群体的伦理道德整体状况的满意度？医生 * 职业 Crosstabulation

	高级白领	低级白领	工人/做小生意者	农民	无业/失业/下岗	总计
非常不满意	4.4%	4.2%	3.3%	2.8%	3.6%	3.5%
比较不满意	23.7%	24.8%	23.2%	19.6%	19.7%	22.2%
比较满意	64.4%	65.3%	67.3%	71.5%	71.1%	68.1%
非常满意	7.5%	5.7%	6.3%	6.1%	5.6%	6.2%
总计	100.0%	100.0%	100.0%	100.0%	100.0%	100.0%
列总计	427	505	1932	782	640	4286

Chi-square test：df = 12，卡方值为 15.560，sig = 0.212 > 0.05，所以不同职业的居民对于“您对下列群体的伦理道德整体状况的满意度？医生”的回答没有显著差异。

F38 by A10

下列哪些因素可能影响人际关系紧张 * 职业 Crosstabulation

	高级白领	低级白领	工人/做小生意者	农民	无业/失业/下岗	总计
社会资源缺乏，引发恶性竞争	28.0%	26.8%	22.5%	21.1%	23.6%	23.5%
过度宣扬竞争意识	25.9%	26.0%	24.2%	21.5%	14.9%	22.7%
社会财富分配不公，贫富差距过大	38.1%	35.8%	33.3%	33.8%	31.8%	33.9%
个人主义盛行	21.7%	20.9%	23.3%	23.6%	18.3%	22.1%
缺乏爱心	23.8%	27.4%	24.6%	26.2%	21.8%	24.7%

续表

	高级白领	低级白领	工人/做小生意者	农民	无业/失业/下岗	总计
缺乏相互理解和沟通的意识和能力	19.2%	20.0%	16.9%	15.0%	17.2%	17.2%
制度安排不公正，机会不平等	25.2%	25.2%	25.8%	22.8%	19.2%	24.2%
以权谋私，官员腐败	24.1%	20.0%	24.5%	29.0%	22.7%	24.4%
缺乏道德信用	20.3%	26.2%	25.7%	31.3%	25.4%	26.2%
人与人、人与社会之间缺乏信任	33.2%	35.6%	35.7%	36.2%	40.4%	36.2%
传统伦理瓦解，社会缺乏统一的价值观	10.7%	10.2%	7.1%	7.8%	8.0%	8.1%
一切诉诸利益或法律，人际关系缺乏伦理调节的机制和能力	4.9%	4.5%	4.6%	4.1%	5.9%	4.7%
列总计	428	511	1921	755	639	4254

据上表所示，不同职业的居民对于“下列哪些因素可能影响人际关系紧张”的回答有显著差异。

F39 by A10

您认为在现代中国社会实际奉行的道德价值是 * 职业 Crosstabulation

	高级白领	低级白领	工人/做小生意者	农民	无业/失业/下岗	总计
义利合一，用符合道德的方式谋利	65.1%	61.9%	55.2%	54.9%	69.8%	59.1%
见利忘义，唯利是图	26.5%	30.7%	34.0%	33.3%	22.9%	31.1%
不计较利害得失，道德至上	8.4%	7.4%	10.4%	11.5%	7.2%	9.6%
其他			0.3%	0.3%	0.2%	0.2%
总计	100.0%	100.0%	100.0%	100.0%	100.0%	100.0%
列总计	427	499	1907	748	629	4210

Chi-square test：df = 12，卡方值为 59.832，sig = 0.000 < 0.05，所以不同职业的居民对于“您认为在现代中国社会实际奉行的道德价值是”的回答有显著差异。

F40 by A10

对形成我国当前各种新型伦理关系和道德观念，哪些因素影响最大 * 职业 Crosstabulation

	高级白领	低级白领	工人/做小生意者	农民	无业/失业/下岗	总计
网络和媒体	73.8%	73.8%	53.4%	42.1%	64.1%	57.7%
政府	61.8%	54.9%	62.6%	69.6%	55.5%	61.7%
大学及其文化	28.8%	24.7%	20.2%	19.9%	20.5%	21.7%
市场	33.3%	36.6%	41.2%	46.3%	29.9%	39.0%

续表

	高级白领	低级白领	工人/做小生意者	农民	无业/失业/下岗	总计
企业	14.9%	17.0%	27.9%	31.1%	15.6%	23.9%
社会团体	16.0%	19.1%	22.8%	24.7%	18.8%	21.3%
列总计	424	481	1804	672	591	3972

据上表所示，不同职业的居民对于“对形成我国当前各种新型伦理关系和道德观念，哪些因素影响最大”的回答有显著差异。

F41 by A10

对当前我国伦理关系和道德风尚造成最大负面影响的因素是＊ 职业 Crosstabulation

	高级白领	低级白领	工人/做小生意者	农民	无业/失业/下岗	总计
传统文化的崩坏	40.0%	37.0%	36.2%	37.4%	42.2%	37.8%
外来文化的冲击	34.9%	37.0%	39.0%	32.7%	29.3%	35.8%
市场经济导致的个人主义	31.6%	27.6%	27.0%	24.3%	25.2%	26.8%
网络技术的发展	26.0%	29.6%	21.9%	17.4%	19.6%	22.1%
分配不公，两极分化	32.1%	36.4%	38.6%	42.6%	32.4%	37.4%
以权谋私，官员腐败	23.9%	22.3%	25.6%	33.4%	28.3%	26.8%
其他	0.2%	0.4%	0.1%	0.4%	0.2%	0.2%
列总计	427	497	1857	713	611	4105

据上表所示，不同职业的居民对于“对当前我国伦理关系和道德风尚造成最大负面影响的因素”的回答有显著差异。

F42 by A10

造成当今不良道德风尚的最主要原因是＊ 职业 Crosstabulation

	高级白领	低级白领	工人/做小生意者	农民	无业/失业/下岗	总计
以权谋私，官员腐败	61.2%	59.8%	60.5%	59.1%	58.5%	60.0%
企业不讲诚信和损害社会利益	39.7%	36.8%	41.4%	41.3%	23.5%	38.0%
学校道德教育功能弱化	31.0%	33.8%	23.9%	21.7%	20.8%	24.9%
家庭伦理功能弱化	19.9%	19.7%	17.4%	18.5%	12.6%	17.4%
个人缺乏道德自觉	43.5%	44.3%	46.3%	51.0%	50.5%	47.2%
分配不公，两极分化	29.3%	34.6%	34.6%	37.9%	33.7%	34.5%
社会的不良影响	40.7%	41.6%	39.8%	41.4%	42.3%	40.8%
列总计	423	497	1889	734	620	4163

据上表所示，不同职业的居民对于“造成当今不良道德风尚的最主要原因”的回答没有显著差异。

F43a by A10

导致当前医患关系紧张的主要原因是 * 职业 Crosstabulation

	高级白领	低级白领	工人/做小生意者	农民	无业/失业/下岗	总计
医生缺乏职业道德，对病人不负责任	33.8%	32.5%	37.5%	42.1%	37.3%	37.3%
医疗制度不合理，看病难看病贵	48.2%	51.8%	47.2%	45.0%	44.8%	47.1%
医生腐败，不送红包不认真看病	11.8%	11.4%	11.8%	10.4%	11.8%	11.5%
"医闹"，病人蓄意闹事	5.0%	4.0%	3.1%	2.5%	6.1%	3.8%
其他	1.2%	0.2%	0.4%	0.1%		0.3%
总计	100.0%	100.0%	100.0%	100.0%	100.0%	100.0%
列总计	423	498	1889	734	638	4182

Chi-square test：df = 16，卡方值为 42.832，sig = 0.000 < 0.05，所以不同职业的居民对于"导致当前医患关系紧张的主要原因是"的回答有显著差异。

F43b by A10

导致当前医患关系紧张的次要原因是 * 职业 Crosstabulation

	高级白领	低级白领	工人/做小生意者	农民	无业/失业/下岗	总计
医生缺乏职业道德，对病人不负责任	40.0%	41.5%	38.9%	36.3%	37.1%	38.6%
医疗制度不合理，看病难看病贵	28.2%	30.9%	32.4%	34.6%	32.2%	32.2%
医生腐败，不送红包不认真看病	21.2%	17.2%	18.5%	22.7%	18.3%	19.3%
"医闹"，病人蓄意闹事	9.9%	10.2%	10.0%	6.3%	11.9%	9.6%
其他	0.7%	0.2%	0.2%		0.5%	0.3%
总计	100.0%	100.0%	100.0%	100.0%	100.0%	100.0%
列总计	415	482	1841	713	612	4063

Chi-square test：df = 16，卡方值为 31.767，sig = 0.011 < 0.05，所以不同职业的居民对于"导致当前医患关系紧张的次要原因是"的回答有显著差异。

F44 by A10

您是否曾经与医生（医院）发生过矛盾或纠纷 * 职业 Crosstabulation

	高级白领	低级白领	工人/做小生意者	农民	无业/失业/下岗	总计
是	5.3%	3.5%	3.1%	2.3%	5.0%	3.5%
否	94.7%	96.5%	96.9%	97.7%	95.0%	96.5%

续表

	高级白领	低级白领	工人/做小生意者	农民	无业/失业/下岗	总计
总计	100.0%	100.0%	100.0%	100.0%	100.0%	100.0%
列总计	432	512	1955	789	656	4344

Chi-square test：df = 4，卡方值为 13.024，sig = 0.011 < 0.05，所以不同职业的居民对于“您是否曾经与医生（医院）发生过矛盾或纠纷”的回答有显著差异。

F45a by A10

您采取了哪些方式来解决医患纠纷？与医院协商 * 职业 Crosstabulation

	高级白领	低级白领	工人/做小生意者	农民	无业/失业/下岗	总计
未选中	52.2%	58.8%	50.0%	50.0%	43.8%	50.0%
选中	47.8%	41.2%	50.0%	50.0%	56.3%	50.0%
总计	100.0%	100.0%	100.0%	100.0%	100.0%	100.0%
列总计	23	17	58	18	32	148

Chi-square test：df = 4，卡方值为 1.073，sig = 0.899 > 0.05，所以不同职业的居民对于“您采取了哪些方式来解决医患纠纷？与医院协商”的回答没有显著差异。

F45b by A10

您采取了哪些方式来解决医患纠纷？寻求卫生局的调解或介入 * 职业 Crosstabulation

	高级白领	低级白领	工人/做小生意者	农民	无业/失业/下岗	总计
未选中	78.3%	88.2%	75.9%	83.3%	75.0%	78.4%
选中	21.7%	11.8%	24.1%	16.7%	25.0%	21.6%
总计	100.0%	100.0%	100.0%	100.0%	100.0%	100.0%
列总计	23	17	58	18	32	148

Chi-square test：df = 4，卡方值为 1.668，sig = 0.797 > 0.05，所以不同职业的居民对于“您采取了哪些方式来解决医患纠纷？寻求卫生局的调解或介入”的回答没有显著差异。

F45c by A10

您采取了哪些方式来解决医患纠纷？医学鉴定 * 职业 Crosstabulation

	高级白领	低级白领	工人/做小生意者	农民	无业/失业/下岗	总计
未选中	87.0%	94.1%	87.9%	88.9%	90.6%	89.2%
选中	13.0%	5.9%	12.1%	11.1%	9.4%	10.8%

续表

	高级白领	低级白领	工人/做小生意者	农民	无业/失业/下岗	总计
总计	100.0%	100.0%	100.0%	100.0%	100.0%	100.0%
列总计	23	17	58	18	32	148

Chi-square test：df = 4，卡方值为 0.712，sig = 0.950 > 0.05，所以不同职业的居民对于“您采取了哪些方式来解决医患纠纷？医学鉴定”的回答没有显著差异。

F45d by A10

您采取了哪些方式来解决医患纠纷？司法诉讼 * 职业 Crosstabulation

	高级白领	低级白领	工人/做小生意者	农民	无业/失业/下岗	总计
未选中	69.6%	82.4%	84.5%	88.9%	87.5%	83.1%
选中	30.4%	17.6%	15.5%	11.1%	12.5%	16.9%
总计	100.0%	100.0%	100.0%	100.0%	100.0%	100.0%
列总计	23	17	58	18	32	148

Chi-square test：df = 4，卡方值为 3.958，sig = 0.412 > 0.05，所以不同职业的居民对于“您采取了哪些方式来解决医患纠纷？司法诉讼”的回答没有显著差异。

F45e by A10

您采取了哪些方式来解决医患纠纷？寻求媒体曝光 * 职业 Crosstabulation

	高级白领	低级白领	工人/做小生意者	农民	无业/失业/下岗	总计
未选中	91.3%	88.2%	86.2%	100.0%	93.8%	90.5%
选中	8.7%	11.8%	13.8%		6.3%	9.5%
总计	100.0%	100.0%	100.0%	100.0%	100.0%	100.0%
列总计	23	17	58	18	32	148

Chi-square test：df = 4，卡方值为 3.658，sig = 0.454 > 0.05，所以不同职业的居民对于“您采取了哪些方式来解决医患纠纷？寻求媒体曝光”的回答没有显著差异。

F45f by A10

您采取了哪些方式来解决医患纠纷？信访 * 职业 Crosstabulation

	高级白领	低级白领	工人/做小生意者	农民	无业/失业/下岗	总计
未选中	87.0%	94.1%	98.3%	100.0%	90.6%	94.6%
选中	13.0%	5.9%	1.7%		9.4%	5.4%
总计	100.0%	100.0%	100.0%	100.0%	100.0%	100.0%
列总计	23	17	58	18	32	148

Chi-square test：df = 4，卡方值为 6.184，sig = 0.186 > 0.05，所以不同职业的居民对于“您采取了哪些方式来解决医患纠纷？信访”的回答没有显著差异。

F45g by A10

您采取了哪些方式来解决医患纠纷？寻求第三方医疗纠纷调解委员会调解 * 职业 Crosstabulation

	高级白领	低级白领	工人/做小生意者	农民	无业/失业/下岗	总计
未选中	95.7%	88.2%	87.9%	88.9%	81.3%	87.8%
选中	4.3%	11.8%	12.1%	11.1%	18.8%	12.2%
总计	100.0%	100.0%	100.0%	100.0%	100.0%	100.0%
列总计	23	17	58	18	32	148

Chi-square test：df = 4，卡方值为 2.636，sig = 0.620 > 0.05，所以不同职业的居民对于“您采取了哪些方式来解决医患纠纷？寻求第三方医疗纠纷调解委员会调解”的回答没有显著差异。

F45h by A10

您采取了哪些方式来解决医患纠纷？直接找医生或医院算账 * 职业 Crosstabulation

	高级白领	低级白领	工人/做小生意者	农民	无业/失业/下岗	总计
未选中	87.0%	76.5%	79.3%	72.2%	84.4%	80.4%
选中	13.0%	23.5%	20.7%	27.8%	15.6%	19.6%
总计	100.0%	100.0%	100.0%	100.0%	100.0%	100.0%
列总计	23	17	58	18	32	148

Chi-square test：df = 4，卡方值为 1.923，sig = 0.750 > 0.05，所以不同职业的居民对于“您采取了哪些方式来解决医患纠纷？直接找医生或医院算账”的回答没有显著差异。

F46 by A10

某些患者会在手术前给医生红包，您认为送红包的主要理由是 * 职业 Crosstabulation

	高级白领	低级白领	工人/做小生意者	农民	无业/失业/下岗	总计
不相信医生能平等地对待每个病人，送红包能提高关注度，必须送	29.0%	26.3%	25.0%	28.1%	30.9%	27.0%
医生很辛苦，送红包是表示尊敬和感谢	10.4%	11.7%	9.8%	6.3%	8.9%	9.3%
大家都送，我不送会吃亏，不送心里不踏实	24.5%	21.6%	21.6%	19.9%	15.8%	20.7%
送红包能让医生对我更用心，但我不会这么做	19.7%	23.0%	20.3%	17.0%	26.7%	21.0%

续表

	高级白领	低级白领	工人/做小生意者	农民	无业/失业/下岗	总计
大家都送红包，事实上无助于提高治疗效果，我不会这么做	15.2%	14.6%	15.9%	17.3%	11.8%	15.3%
想送，但我没有能力送	1.3%	2.7%	7.5%	11.3%	6.0%	6.7%
总计	100.0%	100.0%	100.0%	100.0%	100.0%	100.0%
列总计	396	486	1803	693	619	3997

Chi-square test：df = 20，卡方值为 105.019，sig = 0.000 < 0.05，所以不同职业的居民对于“某些患者会在手术前给医生红包，您认为送红包的主要理由是”的回答有显著差异。

G1 by A10

和前几年相比，您认为目前我国官员腐败现象有什么变化 * 职业 Crosstabulation

	高级白领	低级白领	工人/做小生意者	农民	无业/失业/下岗	总计
有很大改善	15.8%	13.8%	11.5%	11.0%	11.7%	12.2%
有较大改善	67.2%	65.6%	63.3%	60.0%	63.6%	63.4%
没什么变化	14.6%	17.7%	21.0%	25.3%	20.5%	20.7%
更加恶化	1.9%	2.1%	3.6%	2.8%	3.3%	3.1%
其他	0.5%	0.8%	0.5%	0.8%	0.8%	0.7%
总计	100.0%	100.0%	100.0%	100.0%	100.0%	100.0%
列总计	418	485	1850	718	605	4076

Chi-square test：df = 16，卡方值为 33.932，sig = 0.006 < 0.05，所以不同职业的居民对于“和前几年相比，您认为目前我国官员腐败现象有什么变化”的回答有显著差异。

G2a by A10

您认为干部当官的目的是？为国家与社会做贡献 * 职业 Crosstabulation

	高级白领	低级白领	工人/做小生意者	农民	无业/失业/下岗	总计
未选中	60.9%	63.0%	70.2%	69.9%	68.5%	68.1%
选中	39.1%	37.0%	29.8%	30.1%	31.5%	31.9%
总计	100.0%	100.0%	100.0%	100.0%	100.0%	100.0%
列总计	425	500	1877	737	629	4168

Chi-square test：df = 4，卡方值为 21.010，sig = 0.000 < 0.05，所以不同职业的居民对于“您认为干部当官的目的是？为国家与社会做贡献”的回答有显著差异。

G2b by A10

您认为干部当官的目的是？为人民服务，为百姓做好事做实事 * 职业 Grosstabulation

	高级白领	低级白领	工人/做小生意者	农民	无业/失业/下岗	总计
未选中	44.2%	43.4%	54.2%	55.6%	51.7%	51.8%
选中	55.8%	56.6%	45.8%	44.4%	48.3%	48.2%
总计	100.0%	100.0%	100.0%	100.0%	100.0%	100.0%
列总计	425	500	1877	737	629	4168

Chi-square test：df = 4，卡方值为 32.468，sig = 0.000 < 0.05，所以不同职业的居民对于“您认为干部当官的目的是？为人民服务，为百姓做好事做实事”的回答有显著差异。

G2c by A10

您认为干部当官的目的是？为家庭增光，光宗耀祖 * 职业 Crosstabulation

	高级白领	低级白领	工人/做小生意者	农民	无业/失业/下岗	总计
未选中	66.1%	67.2%	65.4%	65.7%	76.3%	67.4%
选中	33.9%	32.8%	34.6%	34.3%	23.7%	32.6%
总计	100.0%	100.0%	100.0%	100.0%	100.0%	100.0%
列总计	425	500	1877	737	629	4168

Chi-square test：df = 4，卡方值为 27.398，sig = 0.000 < 0.05，所以不同职业的居民对于“您认为干部当官的目的是？为家庭增光，光宗耀祖”的回答有显著差异。

G2d by A10

您认为干部当官的目的是？为自己升官发财 * 职业 Crosstabulation

	高级白领	低级白领	工人/做小生意者	农民	无业/失业/下岗	总计
未选中	61.9%	58.8%	45.6%	44.6%	53.4%	49.8%
选中	38.1%	41.2%	54.4%	55.4%	46.6%	50.2%
总计	100.0%	100.0%	100.0%	100.0%	100.0%	100.0%
列总计	425	500	1877	737	629	4168

Chi-square test：df = 4，卡方值为 65.710，sig = 0.000 < 0.05，所以不同职业的居民对于“您认为干部当官的目的是？为自己升官发财”的回答有显著差异。

G2e by A10

您认为干部当官的目的是？没特殊目的，一个稳定而待遇高的职业而已 * 职业 Crosstabulation

	高级白领	低级白领	工人/做小生意者	农民	无业/失业/下岗	总计
未选中	75.8%	79.8%	79.8%	78.7%	81.6%	79.4%
选中	24.2%	20.2%	20.2%	21.3%	18.4%	20.6%
总计	100.0%	100.0%	100.0%	100.0%	100.0%	100.0%
列总计	425	500	1877	737	629	4168

Chi-square test：df = 4，卡方值为 5.645，sig = 0.227 > 0.05，所以不同职业的居民对于“您认为干部当官的目的是？没特殊目的，一个稳定而待遇高的职业而已”的回答没有显著差异。

G3 by A10

与前几年相比，您对政府官员的信任度有什么变化 * 职业 Crosstabulation

	高级白领	低级白领	工人/做小生意者	农民	无业/失业/下岗	总计
信任度提高了	47.0%	44.7%	41.1%	38.2%	41.4%	41.7%
更加不信任	8.1%	7.8%	9.1%	9.1%	8.2%	8.7%
没什么变化	44.1%	47.1%	49.6%	52.7%	50.1%	49.4%
其他		0.4%	0.2%		0.3%	0.2%
总计	100.0%	100.0%	100.0%	100.0%	100.0%	100.0%
列总计	433	512	1954	788	655	4342

Chi-square test：df = 12，卡方值为 17.528，sig = 0.131 > 0.05，所以不同职业的居民对于“与前几年相比，您对政府官员的信任度有什么变化”的回答没有显著差异。

G4 by A10

在生活中或媒体上看到政府官员时，您首先想到的是 * 职业 Crosstabulation

	高级白领	低级白领	工人/做小生意者	农民	无业/失业/下岗	总计
公仆，为老百姓谋福利	24.6%	23.5%	15.1%	17.4%	18.9%	18.0%
官僚，根本不了解我们的情况	22.5%	17.6%	21.1%	17.8%	18.3%	19.8%
有权有势的人	20.2%	23.5%	29.2%	28.0%	28.4%	27.3%
有本事的人	10.2%	11.6%	7.8%	9.8%	10.9%	9.3%
领导，决定我们命运的人	9.0%	8.2%	9.6%	10.8%	7.1%	9.2%
贪官	6.5%	7.3%	9.5%	7.6%	8.9%	8.5%

续表

	高级白领	低级白领	工人/做小生意者	农民	无业/失业/下岗	总计
惹不起，但躲得起的人	1.4%	1.6%	2.6%	4.2%	2.5%	2.6%
遇到大事可以信任的人	2.6%	4.3%	3.2%	3.9%	3.4%	3.4%
其他	3.0%	2.4%	1.9%	0.5%	1.7%	1.8%
总计	100.0%	100.0%	100.0%	100.0%	100.0%	100.0%
列总计	431	510	1951	787	651	4330

Chi-square test：df = 32，卡方值为 98.596，sig = 0.000 < 0.05，所以不同职业的居民对于“在生活中或媒体上看到政府官员时，您首先想到的是”的回答有显著差异。

G5 by A10

您觉得当前我国政府官员道德问题最严重的是 * 职业 Crosstabulation

	高级白领	低级白领	工人/做小生意者	农民	无业/失业/下岗	总计
贪污受贿	47.2%	48.6%	59.2%	57.5%	61.5%	56.8%
以权谋私	63.0%	64.2%	67.3%	73.1%	62.0%	66.7%
生活作风腐败	38.7%	32.5%	36.2%	35.7%	28.6%	34.8%
官僚主义	21.1%	24.1%	18.2%	21.9%	15.8%	19.5%
平庸，不作为，只保护自己不解决实际问题	37.3%	39.1%	35.9%	34.0%	39.7%	36.7%
乱作为，搞政绩工程折腾百姓	32.7%	33.1%	23.6%	22.2%	14.3%	24.0%
铺张浪费	11.9%	14.4%	11.6%	12.4%	10.7%	12.0%
拉帮结派	9.4%	8.0%	9.7%	9.9%	8.0%	9.3%
骄横跋扈，欺压百姓	5.8%	8.2%	5.9%	5.6%	4.6%	5.9%
列总计	413	486	1869	717	615	4100

据上表所示，不同职业的居民对于“您觉得当前我国政府官员道德问题最严重的是”的回答有显著差异。

G6 by A10

您认为政府在制定政策和决策时充分考虑到伦理道德方面的要求了吗 * 职业 Crosstabulation

	高级白领	低级白领	工人/做小生意者	农民	无业/失业/下岗	总计
有考虑，能够从日常生活中感受到	39.1%	33.8%	29.8%	31.6%	38.3%	32.8%
有考虑，能够从政策文件中体会到	32.2%	33.0%	28.7%	30.3%	29.6%	30.0%
只是口头上说说，没有实质性行动	20.8%	25.7%	31.5%	28.4%	26.4%	28.4%

续表

	高级白领	低级白领	工人/做小生意者	农民	无业/失业/下岗	总计
没有考虑，政策制度都是从自己的政绩和富人的利益着想	7.2%	7.1%	9.9%	9.5%	5.2%	8.5%
其他	0.7%	0.4%	0.2%	0.1%	0.5%	0.3%
总计	100.0%	100.0%	100.0%	100.0%	100.0%	100.0%
列总计	432	509	1935	768	632	4276

Chi-square test：df = 16，卡方值为 57.185，sig = 0.000 < 0.05，所以不同职业的居民对于“您认为政府在制定政策和决策时充分考虑到伦理道德方面的要求了吗”的回答有显著差异。

G7a by A10

残疾人、留守儿童、孤寡老人等弱势群体需要来自全社会的关爱与帮助，您认为本地区做得怎么样？社区提供的服务 * 职业 Crosstabulation

	高级白领	低级白领	工人/做小生意者	农民	无业/失业/下岗	总计
很好	11.0%	11.4%	6.0%	4.2%	10.7%	7.5%
比较好	70.6%	74.6%	71.1%	74.0%	69.9%	71.8%
不太好	16.9%	12.8%	21.8%	20.8%	18.2%	19.5%
很差	1.5%	1.2%	1.1%	1.0%	1.3%	1.2%
总计	100.0%	100.0%	100.0%	100.0%	100.0%	100.0%
列总计	408	493	1875	765	628	4169

Chi-square test：df = 12，卡方值为 62.768，sig = 0.000 < 0.05，所以不同职业的居民对于“残疾人、留守儿童、孤寡老人等弱势群体需要来自全社会的关爱与帮助，您认为本地区做得怎么样？社区提供的服务”的回答有显著差异。

G7b by A10

残疾人、留守儿童、孤寡老人等弱势群体需要来自全社会的关爱与帮助，您认为本地区做得怎么样？周围人的尊重和关爱 * 职业 Crosstabulation

	高级白领	低级白领	工人/做小生意者	农民	无业/失业/下岗	总计
很好	10.0%	11.2%	9.5%	10.2%	12.5%	10.3%
比较好	72.4%	76.8%	72.4%	74.5%	73.8%	73.5%
不太好	16.4%	11.2%	17.2%	13.8%	12.3%	15.1%
很差	1.2%	0.8%	0.9%	1.5%	1.4%	1.1%
总计	100.0%	100.0%	100.0%	100.0%	100.0%	100.0%
列总计	421	499	1915	776	640	4251

Chi-square test：df = 12，卡方值为 23.787，sig = 0.022 < 0.05，所以不同职业的居民对于“残疾人、留守儿童、孤寡老人等弱势群体需要来自全社会的关爱与帮助，您认为本地区做得怎么样？周围人的尊重和关爱”的回答有显著差异。

G7c by A10

残疾人、留守儿童、孤寡老人等弱势群体需要来自全社会的关爱与帮助，您认为本地区做得怎么样？社会服务机构提供专业化服务 * 职业 Crosstabulation

	高级白领	低级白领	工人/做小生意者	农民	无业/失业/下岗	总计
很好	10. 4%	11. 6%	9. 0%	8. 8%	9. 7%	9. 5%
比较好	53. 3%	58. 4%	54. 9%	55. 8%	57. 6%	55. 7%
不太好	31. 8%	26. 6%	30. 7%	29. 7%	26. 6%	29. 6%
很差	4. 5%	3. 4%	5. 4%	5. 7%	6. 1%	5. 2%
总计	100. 0%	100. 0%	100. 0%	100. 0%	100. 0%	100. 0%
列总计	396	473	1782	703	578	3932

Chi-square test：df = 12，卡方值为 14. 077，sig = 0. 296 > 0. 05，所以不同职业的居民对于“残疾人、留守儿童、孤寡老人等弱势群体需要来自全社会的关爱与帮助，您认为本地区做得怎么样？社会服务机构提供专业化服务”的回答没有显著差异。

G7d by A10

残疾人、留守儿童、孤寡老人等弱势群体需要来自全社会的关爱与帮助，您认为本地区做得怎么样？政府实施的社会援助 * 职业 Crosstabulation

	高级白领	低级白领	工人/做小生意者	农民	无业/失业/下岗	总计
很好	14. 0%	13. 6%	9. 2%	8. 3%	9. 1%	10. 0%
比较好	57. 4%	64. 0%	59. 9%	63. 2%	62. 0%	61. 0%
不太好	25. 3%	19. 0%	27. 9%	24. 3%	25. 3%	25. 6%
很差	3. 3%	3. 4%	3. 1%	4. 1%	3. 6%	3. 4%
总计	100. 0%	100. 0%	100. 0%	100. 0%	100. 0%	100. 0%
列总计	399	469	1789	699	584	3940

Chi-square test：df = 12，卡方值为 33. 024，sig = 0. 001 < 0. 05，所以不同职业的居民对于“残疾人、留守儿童、孤寡老人等弱势群体需要来自全社会的关爱与帮助，您认为本地区做得怎么样？政府实施的社会援助”的回答有显著差异。

G7e by A10

残疾人、留守儿童、孤寡老人等弱势群体需要来自全社会的关爱与帮助，您认为本地区做得怎么样？公益与慈善事业 * 职业 Crosstabulation

	高级白领	低级白领	工人/做小生意者	农民	无业/失业/下岗	总计
很好	10. 9%	12. 2%	8. 4%	7. 7%	8. 4%	9. 0%
比较好	56. 6%	62. 0%	60. 2%	64. 1%	63. 4%	61. 2%
不太好	27. 4%	22. 0%	27. 9%	23. 5%	24. 5%	25. 8%
很差	5. 2%	3. 9%	3. 6%	4. 6%	3. 7%	4. 0%
总计	100. 0%	100. 0%	100. 0%	100. 0%	100. 0%	100. 0%

续表

	高级白领	低级白领	工人/做小生意者	农民	无业/失业/下岗	总计
列总计	387	460	1687	646	547	3727

Chi-square test：df = 12，卡方值为 22.036，sig = 0.037 < 0.05，所以不同职业的居民对于“残疾人、留守儿童、孤寡老人等弱势群体需要来自全社会的关爱与帮助，您认为本地区做得怎么样？公益与慈善事业”的回答有显著差异。

G7f by A10

残疾人、留守儿童、孤寡老人等弱势群体需要来自全社会的关爱与帮助，您认为本地区做得怎么样？志愿者帮助 * 职业 Crosstabulation

	高级白领	低级白领	工人/做小生意者	农民	无业/失业/下岗	总计
很好	11.5%	12.2%	11.2%	6.8%	9.1%	10.3%
比较好	58.3%	64.8%	59.8%	63.2%	64.3%	61.5%
不太好	25.8%	20.0%	25.9%	25.5%	23.7%	24.8%
很差	4.4%	3.0%	3.1%	4.5%	2.9%	3.1%
总计	100.0%	100.0%	100.0%	100.0%	100.0%	100.0%
列总计	384	460	1679	628	552	3703

Chi-square test：df = 12，卡方值为 24.600，sig = 0.017 < 0.05，所以不同职业的居民对于“残疾人、留守儿童、孤寡老人等弱势群体需要来自全社会的关爱与帮助，您认为本地区做得怎么样？志愿者帮助”的回答有显著差异。

G8 by A10

现在有的地方建了“好人馆”“好人广场”“好人公园”，您认为有必要为好人树碑立传吗 * 职业 Crosstabulation

	高级白领	低级白领	工人/做小生意者	农民	无业/失业/下岗	总计
很有必要，可以让更多的人知道他们、学习他们	76.5%	80.4%	81.1%	84.1%	85.9%	81.8%
可有可无	10.4%	10.7%	10.9%	9.3%	9.8%	10.4%
没有必要	13.2%	8.9%	7.9%	6.6%	4.3%	7.8%
总计	100.0%	100.0%	100.0%	100.0%	100.0%	100.0%
列总计	425	495	1892	723	632	4167

Chi-square test：df = 8，卡方值为 33.033，sig = 0.000 < 0.05，所以不同职业的居民对于“您认为有必要为好人树碑立传吗”的回答有显著差异。

G9 by A10

党中央出台了一系列治国理政的新举措，给社会生活带来了什么变化 * 职业 Crosstabulation

	高级白领	低级白领	工人/做小生意者	农民	无业/失业/下岗	总计
社会在向好的方面发展，对未来生活更有信心	66.3%	66.8%	55.6%	57.8%	57.1%	58.6%
目前没看出有什么影响	15.0%	14.5%	22.9%	19.0%	18.4%	19.7%
虽然出台了一些政策，感觉解决不了什么问题	16.6%	16.8%	15.3%	13.9%	13.3%	15.1%
不关心这些，说不清楚	1.8%	1.8%	6.1%	9.1%	11.2%	6.5%
其他	0.2%	0.2%	0.1%	0.1%		0.1%
总计	100.0%	100.0%	100.0%	100.0%	100.0%	100.0%
列总计	433	512	1956	789	653	4343

Chi-square test：df = 16，卡方值为 105.840，sig = 0.000 < 0.05，所以不同职业的居民对于“党中央出台了一系列治国理政的新举措，给社会生活带来了什么变化”的回答有显著差异。

G10a by A10

以下政策措施对促进社会公平有效果吗？就业政策 * 职业 Crosstabulation

	高级白领	低级白领	工人/做小生意者	农民	无业/失业/下岗	总计
较大效果	14.0%	10.6%	6.4%	6.2%	9.0%	8.0%
有点效果	64.0%	70.0%	64.9%	68.8%	67.8%	66.5%
没有效果	19.1%	17.6%	26.7%	23.5%	21.6%	23.5%
更不公平	2.7%	1.8%	1.6%	1.3%	1.1%	1.6%
大大加剧了不公平	0.2%		0.4%	0.1%	0.5%	0.3%
总计	100.0%	100.0%	100.0%	100.0%	100.0%	100.0%
列总计	414	490	1831	693	569	3997

Chi-square test：df = 16，卡方值为 61.134，sig = 0.000 < 0.05，所以不同职业的居民对于“以下政策措施对促进社会公平有效果吗？就业政策”的回答有显著差异。

G10b by A10

以下政策措施对促进社会公平有效果吗？教育政策 * 职业 Crosstabulation

	高级白领	低级白领	工人/做小生意者	农民	无业/失业/下岗	总计
较大效果	16.2%	11.3%	10.2%	8.6%	12.7%	11.0%
有点效果	63.2%	68.2%	67.2%	73.8%	68.5%	68.3%

续表

	高级白领	低级白领	工人/做小生意者	农民	无业/失业/下岗	总计
没有效果	14.1%	14.8%	17.1%	14.5%	12.1%	15.3%
更不公平	5.5%	3.8%	3.3%	1.8%	3.6%	3.4%
大大加剧了不公平	1.0%	1.8%	2.2%	1.4%	3.0%	2.0%
总计	100.0%	100.0%	100.0%	100.0%	100.0%	100.0%
列总计	419	494	1866	725	604	4108

Chi-square test：df = 16，卡方值为 49.509，sig = 0.000 < 0.05，所以不同职业的居民对于“以下政策措施对促进社会公平有效果吗？教育政策”的回答有显著差异。

G10c by A10

以下政策措施对促进社会公平有效果吗？医疗卫生政策 * 职业 Crosstabulation

	高级白领	低级白领	工人/做小生意者	农民	无业/失业/下岗	总计
较大效果	15.7%	14.7%	11.8%	10.1%	13.3%	12.4%
有点效果	56.3%	60.4%	58.1%	66.9%	64.8%	60.8%
没有效果	20.0%	19.1%	22.7%	18.6%	15.6%	20.2%
更不公平	5.5%	3.2%	4.7%	2.8%	2.4%	3.9%
大大加剧了不公平	2.6%	2.6%	2.7%	1.6%	3.9%	2.6%
总计	100.0%	100.0%	100.0%	100.0%	100.0%	100.0%
列总计	421	498	1906	753	617	4195

Chi-square test：df = 16，卡方值为 52.701，sig = 0.000 < 0.05，所以不同职业的居民对于“以下政策措施对促进社会公平有效果吗？医疗卫生政策”的回答有显著差异。

G10d by A10

以下政策措施对促进社会公平有效果吗？低保政策 * 职业 Crosstabulation

	高级白领	低级白领	工人/做小生意者	农民	无业/失业/下岗	总计
较大效果	20.8%	16.1%	12.3%	12.0%	13.8%	13.8%
有点效果	57.5%	63.6%	59.0%	61.6%	64.8%	60.7%
没有效果	15.7%	15.0%	21.9%	20.3%	14.2%	19.0%
更不公平	4.1%	3.8%	4.3%	4.4%	5.1%	4.3%
大大加剧了不公平	2.0%	1.5%	2.4%	1.7%	2.1%	2.1%
总计	100.0%	100.0%	100.0%	100.0%	100.0%	100.0%
列总计	395	473	1764	706	571	3909

Chi-square test：df = 16，卡方值为 49.197，sig = 0.000 < 0.05，所以不同职业的居民对于“以下政策措施对促进社会公平有效果吗？低保政策”的回答有显著差异。

G10e by A10

以下政策措施对促进社会公平有效果吗？房地产政策 * 职业 Crosstabulation

	高级白领	低级白领	工人/做小生意者	农民	无业/失业/下岗	总计
较大效果	9.2%	6.2%	4.0%	3.8%	6.9%	5.2%
有点效果	38.6%	40.9%	41.3%	52.0%	47.4%	43.5%
没有效果	28.9%	28.6%	34.0%	30.6%	27.5%	31.3%
更不公平	14.9%	16.8%	12.3%	9.5%	10.3%	12.5%
大大加剧了不公平	8.5%	7.5%	8.4%	4.1%	7.9%	7.6%
总计	100.0%	100.0%	100.0%	100.0%	100.0%	100.0%
列总计	402	469	1665	558	506	3600

Chi-square test：df = 16，卡方值为 73.035，sig = 0.000 < 0.05，所以不同职业的居民对于“以下政策措施对促进社会公平有效果吗？房地产政策”的回答有显著差异。

G10f by A10

以下政策措施对促进社会公平有效果吗？拆迁安置政策 * 职业 Crosstabulation

	高级白领	低级白领	工人/做小生意者	农民	无业/失业/下岗	总计
较大效果	11.3%	5.9%	5.3%	5.3%	6.7%	6.2%
有点效果	45.7%	44.1%	44.5%	49.8%	52.0%	46.4%
没有效果	22.8%	26.3%	27.5%	27.6%	22.9%	26.2%
更不公平	12.1%	14.3%	13.2%	12.2%	9.4%	12.5%
大大加剧了不公平	8.1%	9.4%	9.5%	5.1%	9.1%	8.6%
总计	100.0%	100.0%	100.0%	100.0%	100.0%	100.0%
列总计	381	456	1584	532	481	3434

Chi-square test：df = 16，卡方值为 45.742，sig = 0.000 < 0.05，所以不同职业的居民对于“以下政策措施对促进社会公平有效果吗？拆迁安置政策”的回答有显著差异。

G11 by A10

如果遭遇重大公共事件，您相信政府公布的信息和采取的措施吗 * 职业 Crosstabulation

	高级白领	低级白领	工人/做小生意者	农民	无业/失业/下岗	总计
相信，大都是可靠的，比网络流传的可靠	74.8%	77.5%	69.7%	72.0%	76.6%	72.6%

续表

	高级白领	低级白领	工人/做小生意者	农民	无业/失业/下岗	总计
不相信，都是安抚百姓的策略措施	15.0%	12.4%	16.4%	14.7%	8.6%	14.3%
将信将疑，走一步看一步	10.0%	10.0%	14.0%	13.3%	14.8%	13.1%
其他	0.2%	0.2%				
总计	100.0%	100.0%	100.0%	100.0%	100.0%	100.0%
列总计	432	510	1954	789	654	4339

Chi-square test：df = 12，卡方值为 45.261，sig = 0.000 < 0.05，所以不同职业的居民对于“如果遭遇重大公共事件，您相信政府公布的信息和采取的措施吗”的回答有显著差异。

G12a by A10

政府推动或倡导的下列活动效果如何？文明城市创建 * 职业 Crosstabulation

	高级白领	低级白领	工人/做小生意者	农民	无业/失业/下岗	总计
完全没效果	2.8%	2.2%	1.7%	1.9%	1.6%	1.9%
效果较差	12.6%	10.4%	14.3%	13.4%	14.4%	13.5%
效果较好	61.2%	63.3%	67.9%	69.2%	68.2%	66.9%
效果很好	23.4%	24.2%	16.1%	15.5%	15.7%	17.7%
总计	100.0%	100.0%	100.0%	100.0%	100.0%	100.0%
列总计	428	501	1893	731	610	4163

Chi-square test：df = 12，卡方值为 37.672，sig = 0.000 < 0.05，所以不同职业的居民对于“政府推动或倡导的下列活动效果如何？文明城市创建”的回答有显著差异。

G12b by A10

政府推动或倡导的下列活动效果如何？学雷锋活动 * 职业 Crosstabulation

	高级白领	低级白领	工人/做小生意者	农民	无业/失业/下岗	总计
完全没效果	4.8%	2.7%	2.0%	2.2%	2.6%	2.5%
效果较差	21.2%	16.4%	20.1%	14.9%	19.5%	18.8%
效果较好	58.5%	64.1%	65.0%	69.0%	64.5%	64.8%
效果很好	15.5%	16.8%	12.8%	13.9%	13.4%	13.9%
总计	100.0%	100.0%	100.0%	100.0%	100.0%	100.0%
列总计	419	482	1785	677	580	3943

Chi-square test：df = 12，卡方值为 30.366，sig = 0.002 < 0.05，所以不同职业的居民对于“政府推动或倡导的下列活动效果如何？学雷锋活动”的回答有显著差异。

G12c by A10

政府推动或倡导的下列活动效果如何？典型人物的宣传 * 职业 Crosstabulation

	高级白领	低级白领	工人/做小生意者	农民	无业/失业/下岗	总计
完全没效果	4.1%	2.1%	1.8%	1.9%	1.9%	2.1%
效果较差	17.7%	12.7%	21.7%	17.3%	17.9%	18.8%
效果较好	58.7%	63.4%	59.1%	61.7%	65.1%	60.9%
效果很好	19.6%	21.8%	17.5%	19.2%	15.1%	18.2%
总计	100.0%	100.0%	100.0%	100.0%	100.0%	100.0%
列总计	419	487	1707	637	570	3820

Chi-square test：df = 12，卡方值为 38.742，sig = 0.000 < 0.05，所以不同职业的居民对于“政府推动或倡导的下列活动效果如何？典型人物的宣传”的回答有显著差异。

G12d by A10

政府推动或倡导的下列活动效果如何？志愿服务的倡导和推广 * 职业 Crosstabulation

	高级白领	低级白领	工人/做小生意者	农民	无业/失业/下岗	总计
完全没效果	1.9%	2.1%	2.0%	2.7%	1.5%	2.0%
效果较差	18.0%	14.0%	20.8%	17.0%	19.3%	18.8%
效果较好	63.3%	61.7%	58.6%	61.5%	61.5%	60.4%
效果很好	16.7%	22.2%	18.6%	18.8%	17.7%	18.8%
总计	100.0%	100.0%	100.0%	100.0%	100.0%	100.0%
列总计	412	472	1691	600	543	3718

Chi-square test：df = 12，卡方值为 18.749，sig = 0.095 > 0.05，所以不同职业的居民对于“政府推动或倡导的下列活动效果如何？志愿服务的倡导和推广”的回答没有显著差异。

G12e by A10

政府推动或倡导的下列活动效果如何？反腐倡廉的举措 * 职业 Crosstabulation

	高级白领	低级白领	工人/做小生意者	农民	无业/失业/下岗	总计
完全没效果	4.3%	2.9%	4.4%	4.5%	4.3%	4.2%
效果较差	15.7%	15.3%	21.7%	17.3%	17.4%	18.9%
效果较好	60.5%	58.1%	55.0%	59.9%	61.8%	57.8%
效果很好	19.5%	23.8%	18.8%	18.3%	16.4%	19.1%

续表

	高级白领	低级白领	工人/做小生意者	农民	无业/失业/下岗	总计
总计	100.0%	100.0%	100.0%	100.0%	100.0%	100.0%
列总计	415	484	1822	689	579	3989

Chi-square test：df = 12，卡方值为 30.428，sig = 0.002 < 0.05，所以不同职业的居民对于“政府推动或倡导的下列活动效果如何？反腐倡廉的举措”的回答有显著差异。

G12f by A10

政府推动或倡导的下列活动效果如何？《公民道德建设实施纲要》的推进 * 职业 Crosstabulation

	高级白领	低级白领	工人/做小生意者	农民	无业/失业/下岗	总计
完全没效果	3.7%	3.2%	1.8%	1.6%	3.0%	2.3%
效果较差	14.4%	16.6%	20.5%	18.4%	20.0%	18.9%
效果较好	64.3%	61.5%	62.4%	64.4%	62.8%	62.8%
效果很好	17.6%	18.8%	15.3%	15.6%	14.2%	15.9%
总计	100.0%	100.0%	100.0%	100.0%	100.0%	100.0%
列总计	375	441	1512	550	465	3343

Chi-square test：df = 12，卡方值为 20.955，sig = 0.051 > 0.05，所以不同职业的居民对于“政府推动或倡导的下列活动效果如何？《公民道德建设实施纲要》的推进”的回答没有显著差异。

G13 by A10

您对于我们正在走的中国特色社会主义道路怎么看 * 职业 Crosstabulation

	高级白领	低级白领	工人/做小生意者	农民	无业/失业/下岗	总计
充满信心，因为它可以给中国带来繁荣富强	61.0%	60.5%	49.1%	55.0%	53.8%	53.4%
不太了解，但相信这条路能够让老百姓都过上好日子	29.1%	30.1%	37.9%	32.1%	32.4%	34.2%
表示怀疑，走这条路究竟怎么样，现在还说不清楚	8.8%	7.2%	8.9%	6.7%	8.1%	8.2%
走什么样的路，跟我没关系	1.2%	2.0%	4.0%	5.8%	5.4%	4.0%
其他		0.2%		0.3%	0.3%	0.1%
总计	100.0%	100.0%	100.0%	100.0%	100.0%	100.0%
列总计	433	512	1950	787	652	4334

Chi-square test：df = 16，卡方值为 66.327，sig = 0.000 < 0.05，所以不同职业的居民对于“您对于我们正在走的中国特色社会主义道路怎么看”的回答有显著差异。

G14 by A10

每个人都希望我们的国家越来越好，我们的生活越来越好。党的十八大提出，到 2020 年全面建成小康社会，到本世纪中叶建成社会主义现代化国家，您认为这样的目标能实现吗 * 职业 Crosstabulation

	高级白领	低级白领	工人/做小生意者	农民	无业/失业/下岗	总计
相信一定能实现	47.1%	41.0%	36.8%	43.6%	40.0%	40.0%
有困难，但只要努力还是能实现的	47.6%	54.1%	52.3%	45.3%	46.4%	49.9%
不可能实现	3.3%	2.8%	3.1%	2.3%	4.2%	3.1%
说不清楚，跟我没关系	1.4%	2.2%	7.8%	8.8%	9.3%	6.9%
其他	0.7%		0.1%		0.2%	0.1%
总计	100.0%	100.0%	100.0%	100.0%	100.0%	100.0%
列总计	429	505	1933	773	645	4285

Chi-square test：df = 16，卡方值为 88.173，sig = 0.000 < 0.05，所以不同职业的居民对于“到本世纪中叶建成社会主义现代化国家，您认为这样的目标能实现吗”的回答有显著差异。

G15 by A10

您对您周围的党员干部道德状况怎么评价 * 职业 Crosstabulation

	高级白领	低级白领	工人/做小生意者	农民	无业/失业/下岗	总计
总体还不错	56.4%	58.1%	48.5%	50.8%	52.0%	51.4%
普遍比较差	16.5%	19.3%	19.8%	18.7%	19.2%	19.1%
和普通群众没有太大差别	27.0%	22.7%	31.7%	30.5%	28.8%	29.5%
总计	100.0%	100.0%	100.0%	100.0%	100.0%	100.0%
列总计	411	472	1803	732	590	4008

Chi-square test：df = 8，卡方值为 22.805，sig = 0.004 < 0.05，所以不同职业的居民对于“您对您周围的党员干部道德状况怎么评价”的回答有显著差异。

G16 by A10

您认为当前官员的勤政作为是怎样的 * 职业 Crosstabulation

	高级白领	低级白领	工人/做小生意者	农民	无业/失业/下岗	总计
努力作为，成绩显著	31.9%	30.9%	22.1%	19.6%	29.7%	24.9%
努力作为，成绩一般	49.4%	51.0%	54.1%	57.0%	51.4%	53.3%
行政不作为	14.8%	13.3%	19.0%	18.7%	16.0%	17.4%
行政乱作为	4.0%	4.8%	4.9%	4.7%	2.9%	4.5%

续表

	高级白领	低级白领	工人/做小生意者	农民	无业/失业/下岗	总计
总计	100.0%	100.0%	100.0%	100.0%	100.0%	100.0%
列总计	405	457	1687	642	525	3716

Chi-square test：df = 12，卡方值为 49.502，sig = 0.000 < 0.05，所以不同职业的居民对于“您认为当前官员的勤政作为是怎样的”的回答有显著差异。

G17 by A10

您到政府部门办事，首先选择的方法是 * 职业 Crosstabulation

	高级白领	低级白领	工人/做小生意者	农民	无业/失业/下岗	总计
找亲朋好友帮忙办理	11.7%	11.7%	13.1%	11.4%	14.2%	12.6%
找政府中的熟人办理	28.2%	24.0%	25.2%	23.3%	21.6%	24.5%
送红包	1.4%	0.2%	1.1%	0.8%	1.0%	1.0%
直接找相关职能部门办理	58.5%	64.1%	60.2%	64.4%	63.1%	61.7%
其他	0.2%		0.3%	0.1%	0.2%	0.2%
总计	100.0%	100.0%	100.0%	100.0%	100.0%	100.0%
列总计	419	488	1839	730	612	4088

Chi-square test：df = 16，卡方值为 18.218，sig = 0.311 > 0.05，所以不同职业的居民对于“您到政府部门办事，首先选择的方法是”的回答没有显著差异。

H1 by A10

您认为近五年来，您所在地区政府的环境保护工作做得怎么样 * 职业 Crosstabulation

	高级白领	低级白领	工人/做小生意者	农民	无业/失业/下岗	总计
片面注重经济发展，忽视了环境保护工作	19.3%	22.0%	16.8%	14.3%	19.5%	17.7%
重视不够，环保投入不足	27.1%	30.5%	28.0%	24.0%	17.0%	25.9%
虽尽了努力，但效果不佳	13.4%	12.2%	15.3%	15.0%	12.1%	14.2%
尽了很大努力，有一定成效	31.6%	27.9%	32.5%	39.1%	40.7%	34.2%
取得了很大的成绩	8.5%	7.3%	7.5%	7.5%	10.7%	8.1%
总计	100.0%	100.0%	100.0%	100.0%	100.0%	100.0%
列总计	424	491	1855	718	619	4107

Chi-square test：df = 16，卡方值为 73.053，sig = 0.000 < 0.05，所以不同职业的居民对于“您认为近五年来，您所在地区政府的环境保护工作做得怎么样”的回答有显著差异。

H2a by A10

在最近的一年里，您是否从事过？垃圾分类投放 * 职业 Crosstabulation

	高级白领	低级白领	工人/做小生意者	农民	无业/失业/下岗	总计
从不	33.3%	32.2%	47.6%	60.7%	34.7%	44.8%
偶尔	44.2%	46.5%	38.0%	29.6%	40.5%	38.5%
经常	22.5%	21.3%	14.4%	9.7%	24.8%	16.7%
总计	100.0%	100.0%	100.0%	100.0%	100.0%	100.0%
列总计	432	512	1956	791	654	4345

Chi-square test：df = 8，卡方值为 192.690，sig = 0.000 < 0.05，所以不同职业的居民对于“在最近的一年里，您是否从事过？垃圾分类投放”的回答有显著差异。

H2b by A10

在最近的一年里，您是否从事过？与自己的亲戚朋友讨论环保问题 * 职业 Hrosstabulation

	高级白领	低级白领	工人/做小生意者	农民	无业/失业/下岗	总计
从不	27.1%	33.6%	48.5%	61.6%	39.5%	45.6%
偶尔	52.8%	48.4%	42.3%	31.9%	49.3%	43.2%
经常	20.1%	18.0%	9.3%	6.5%	11.1%	11.1%
总计	100.0%	100.0%	100.0%	100.0%	100.0%	100.0%
列总计	432	512	1956	790	655	4345

Chi-square test：df = 8，卡方值为 218.436，sig = 0.000 < 0.05，所以不同职业的居民对于“在最近的一年里，您是否从事过？与自己的亲戚朋友讨论环保问题”的回答有显著差异。

H2c by A10

在最近的一年里，您是否从事过？采购日常用品时自己带购物篮或购物袋 * 职业 Crosstabulation

	高级白领	低级白领	工人/做小生意者	农民	无业/失业/下岗	总计
从不	15.7%	13.3%	23.7%	30.8%	23.7%	23.0%
偶尔	44.7%	48.0%	47.6%	46.5%	39.1%	45.9%
经常	39.6%	38.7%	28.7%	22.8%	37.2%	31.2%
总计	100.0%	100.0%	100.0%	100.0%	100.0%	100.0%
列总计	432	512	1955	790	654	4343

Chi-square test：df = 8，卡方值为 108.970，sig = 0.000 < 0.05，所以不同职业的居民对于“在最近的一年里，您是否从事过？采购日常用品时自己带购物篮或购物袋”的回答有显著差异。

H2d by A10

在最近的一年里，您是否从事过？优先选择公交、步行等绿色出行方式 * 职业 Crosstabulation

	高级白领	低级白领	工人/做小生意者	农民	无业/失业/下岗	总计
从不	13.0%	12.4%	19.3%	24.7%	19.1%	18.8%
偶尔	40.3%	38.4%	43.0%	39.2%	31.0%	39.7%
经常	46.8%	49.2%	37.7%	36.1%	49.9%	41.5%
总计	100.0%	100.0%	100.0%	100.0%	100.0%	100.0%
列总计	432	510	1954	790	655	4341

Chi-square test：df = 8，卡方值为 85.781，sig = 0.000 < 0.05，所以不同职业的居民对于“在最近的一年里，您是否从事过？优先选择公交、步行等绿色出行方式”的回答有显著差异。

H2e by A10

在最近的一年里，您是否从事过？为环境保护捐款 * 职业 Crosstabulation

	高级白领	低级白领	工人/做小生意者	农民	无业/失业/下岗	总计
从不	55.9%	60.5%	77.9%	87.1%	69.3%	74.0%
偶尔	36.9%	33.0%	18.7%	11.5%	25.2%	21.9%
经常	7.2%	6.4%	3.4%	1.4%	5.5%	4.1%
总计	100.0%	100.0%	100.0%	100.0%	100.0%	100.0%
列总计	431	512	1953	788	654	4338

Chi-square test：df = 8，卡方值为 216.275，sig = 0.000 < 0.05，所以不同职业的居民对于“您在最近的一年里，您是否从事过？为环境保护捐款”的回答有显著差异。

H2f by A10

在最近的一年里，您是否从事过？主动关注环境方面的信息报道和宣传教育 * 职业 Crosstabulation

	高级白领	低级白领	工人/做小生意者	农民	无业/失业/下岗	总计
从不	51.2%	56.3%	74.9%	81.0%	59.3%	69.1%
偶尔	34.3%	32.8%	21.4%	15.2%	32.9%	24.6%
经常	14.6%	10.9%	3.7%	3.8%	7.8%	6.3%
总计	100.0%	100.0%	100.0%	100.0%	100.0%	100.0%
列总计	432	512	1955	790	654	4343

Chi-square test：df = 8，卡方值为 247.694，sig = 0.000 < 0.05，所以不同职业的居民对于“在最近的一年里，您是否从事过？主动关注环境方面的信息报道和宣传教育”的回答有显著差异。

H2g by A10

在最近的一年里，您是否从事过？积极参加民间环保团体举办的环保活动 * 职业 Crosstabulation

	高级白领	低级白领	工人/做小生意者	农民	无业/失业/下岗	总计
从不	64.8%	69.3%	82.6%	88.0%	69.1%	78.2%
偶尔	25.5%	26.2%	14.6%	10.3%	25.1%	17.8%
经常	9.7%	4.5%	2.8%	1.8%	5.8%	3.9%
总计	100.0%	100.0%	100.0%	100.0%	100.0%	100.0%
列总计	432	512	1956	790	654	4344

Chi-square test：df = 8，卡方值为 185.745，sig = 0.000 < 0.05，所以不同职业的居民对于“在最近的一年里，您是否从事过？积极参加民间环保团体举办的环保活动”的回答有显著差异。

H2h by A10

在最近的一年里，您是否从事过？积极参加要求解决环境问题的投诉、上诉 * 职业 Crosstabulation

	高级白领	低级白领	工人/做小生意者	农民	无业/失业/下岗	总计
从不	74.3%	73.4%	86.0%	89.6%	72.4%	82.0%
偶尔	19.0%	23.4%	11.8%	9.1%	22.1%	15.0%
经常	6.7%	3.1%	2.2%	1.3%	5.5%	3.1%
总计	100.0%	100.0%	100.0%	100.0%	100.0%	100.0%
列总计	432	512	1954	789	653	4340

Chi-square test：df = 8，卡方值为 150.681，sig = 0.000 < 0.05，所以不同职业的居民对于“在最近的一年里，您是否从事过？积极参加要求解决环境问题的投诉、上诉”的回答有显著差异。

H3 by A10

如果您的周围有一片森林，政府将成材的树林砍伐下来办木材厂，将极大提高您的收入，但将破坏环境，您会支持这一决定吗 * 职业 Crosstabulation

	高级白领	低级白领	工人/做小生意者	农民	无业/失业/下岗	总计
支持，对大家有好处	9.2%	8.0%	9.1%	8.1%	8.3%	8.7%
反对，这是发子孙财，破坏生态	73.4%	75.0%	70.3%	65.6%	69.7%	70.2%
不支持也不反对，政府决定	17.1%	17.0%	20.5%	26.1%	22.1%	21.0%
其他	0.2%		0.1%	0.1%		0.1%
总计	100.0%	100.0%	100.0%	100.0%	100.0%	100.0%

续表

	高级白领	低级白领	工人/做小生意者	农民	无业/失业/下岗	总计
列总计	433	512	1955	788	653	4341

Chi-square test：df = 12，卡方值为 25.610，sig = 0.012 < 0.05，所以不同职业的居民对于“如果您的周围有一片森林，政府将成材的树林砍伐下来办木材厂，将极大提高您的收入，但将破坏环境，您会支持这一决定吗”的回答有显著差异。

H4 by A10

如果要办一个化工厂，您是这个厂的持股职工，化工厂的排污管将未经处理的污水排向下游地区，给下游地区造成污染，您会支持这个决定吗 * 职业 Crosstabulation

	高级白领	低级白领	工人/做小生意者	农民	无业/失业/下岗	总计
支持，我们不会受污染	6.9%	5.7%	7.0%	7.4%	6.0%	6.8%
反对，这是嫁祸于人	80.6%	81.2%	74.7%	70.7%	81.4%	76.3%
不支持也不反对，威了可分红，不成是领导的责任	12.5%	13.1%	18.2%	22.0%	12.3%	16.8%
其他			0.1%		0.3%	0.1%
总计	100.0%	100.0%	100.0%	100.0%	100.0%	100.0%
列总计	432	511	1953	788	652	4336

Chi-square test：df = 12，卡方值为 47.442，sig = 0.000 < 0.05，所以不同职业的居民对于“如果要办一个化工厂，您是这个厂的持股职工，化工厂的排污管将未经处理的污水排向下游地区，给下游地区造成污染，您会支持这个决定吗”的回答有显著差异。

H5 by A10

您认为造成生态环境问题的最主要原因是 * 职业

	高级白领	低级白领	工人/做小生意者	农民	无业/失业/下岗	总计
企业唯利是图，造成环境污染	30.5%	33.2%	32.1%	31.7%	35.0%	32.4%
政府缺乏生态意识，政策失当	35.3%	36.3%	32.7%	28.9%	28.5%	32.1%
个人缺乏环保意识	15.7%	13.3%	18.6%	19.3%	19.5%	18.0%
当代人自私自利，不顾未来和子孙利益	17.8%	16.4%	15.9%	19.7%	16.3%	16.9%
其他	0.7%	0.8%	0.7%	0.4%	0.8%	0.6%
总计	100.0%	100.0%	100.0%	100.0%	100.0%	100.0%
列总计	433	512	1953	786	652	4336

Chi-square test：df = 16，卡方值为 27.885，sig = 0.033 < 0.05，所以不同职业的居民对于“您认为造成生态环境问题的最主要原因是”的回答有显著差异。

H6 by A10

如果环境保护主管部门邀请您参加座谈会或听证会，听取对环境保护相关事项或者活动的意见和建议，您是否会出席＊职业 Crosstabulation

	高级白领	低级白领	工人/做小生意者	农民	无业/失业/下岗	总计
会	79.6%	74.0%	62.9%	62.5%	76.4%	67.9%
不会	20.4%	26.0%	37.1%	37.5%	23.6%	32.1%
总计	100.0%	100.0%	100.0%	100.0%	100.0%	100.0%
列总计	402	461	1733	693	597	3886

Chi-square test：df＝4，卡方值为 82.038，sig＝0.000＜0.05，所以不同职业的居民对于“如果环境保护主管部门邀请您参加座谈会或听证会，您是否会出席”的回答有显著差异。

H7 by A10

若您所在社区参加“绿色社区”创建活动，您是否会积极参与＊职业 Crosstabulation

	高级白领	低级白领	工人/做小生意者	农民	无业/失业/下岗	总计
会	84.8%	79.6%	69.6%	66.6%	80.7%	73.5%
不会	15.3%	20.4%	30.4%	33.4%	19.3%	26.5%
总计	100.0%	100.0%	100.0%	100.0%	100.0%	100.0%
列总计	400	461	1727	695	592	3875

Chi-square test：df＝4，卡方值为 81.195，sig＝0.000＜0.05，所以不同职业的居民对于“若您所在社区参加‘绿色社区’创建活动，您是否会积极参与”的回答有显著差异。

I1 by A10

如果您周围有很多外国人，您愿意和他们建立什么样的关系＊职业 Crosstabulation

	高级白领	低级白领	工人/做小生意者	农民	无业/失业/下岗	总计
愿意做朋友	55.7%	52.9%	36.4%	29.4%	46.5%	40.5%
愿意做兄弟姐妹	5.8%	5.1%	5.1%	3.4%	2.6%	4.5%
不愿意来往，得提防他们	2.1%	1.2%	3.1%	3.6%	4.0%	3.0%
偶尔交往，仅限于礼节性的	19.9%	18.2%	16.0%	10.4%	11.5%	14.9%
无法和他们来往，存在语言、文化、习俗等障碍	16.4%	22.1%	39.2%	53.2%	34.9%	36.8%
其他	0.2%	0.6%	0.3%		0.6%	0.3%

续表

	高级白领	低级白领	工人/做小生意者	农民	无业/失业/下岗	总计
总计	100.0%	100.0%	100.0%	100.0%	100.0%	100.0%
列总计	433	512	1955	788	654	4342

Chi-square test：df = 20，卡方值为 277.061，sig = 0.000 < 0.05，所以不同职业的居民对于“如果您周围有很多外国人，您愿意和他们建立什么样的关系”的回答有显著差异。

I2 by A10

您更愿意过春节还是圣诞节 * 职业 Crosstabulation

	高级白领	低级白领	工人/做小生意者	农民	无业/失业/下岗	总计
圣诞节	0.2%	0.4%	0.6%		1.2%	0.5%
春节	72.7%	72.5%	84.2%	90.9%	80.9%	82.4%
两个都愿意过	25.9%	25.0%	14.0%	8.3%	16.0%	15.7%
两个都不想过	1.2%	2.1%	1.3%	0.8%	1.8%	1.4%
总计	100.0%	100.0%	100.0%	100.0%	100.0%	100.0%
列总计	433	512	1954	791	655	4345

Chi-square test：df = 12，卡方值为 123.675，sig = 0.000 < 0.05，所以不同职业的居民对于“您更愿意过春节还是圣诞节”的回答有显著差异。

I3 by A10

您同意中国人与外国人通婚吗 * 职业 Crosstabulation

	高级白领	低级白领	工人/做小生意者	农民	无业/失业/下岗	总计
非常同意	6.1%	4.3%	2.7%	1.6%	6.0%	3.6%
比较同意	72.2%	71.0%	66.3%	65.2%	74.0%	68.4%
不太同意	20.2%	22.3%	25.0%	27.0%	16.6%	23.2%
强烈反对	1.5%	2.4%	6.0%	6.2%	3.5%	4.8%
总计	100.0%	100.0%	100.0%	100.0%	100.0%	100.0%
列总计	396	462	1749	690	603	3900

Chi-square test：df = 12，卡方值为 79.239，sig = 0.000 < 0.05，所以不同职业的居民对于“您同意中国人与外国人通婚吗”的回答有显著差异。

I4 by A10

对外来的城市农民工如建筑工人、家庭保姆等，您的态度是 * 职业 Crosstabulation

	高级白领	低级白领	工人/做小生意者	农民	无业/失业/下岗	总计
看不起和排斥	1.2%	1.0%	0.5%	0.5%	0.8%	0.7%
无视和冷漠以对	6.2%	5.7%	3.3%	3.9%	2.0%	3.8%
尊重和体谅	78.5%	79.7%	75.9%	74.0%	81.0%	77.0%
同情和友爱	13.6%	13.5%	20.3%	21.5%	16.1%	18.4%
其他	0.5%	0.2%			0.2%	0.1%
总计	100.0%	100.0%	100.0%	100.0%	100.0%	100.0%
列总计	433	512	1952	785	654	4336

Chi-square test：df = 16，卡方值为 57.181，sig = 0.000 < 0.05，所以不同职业的居民对于“对外来的城市农民工如建筑工人、家庭保姆等，您的态度”的回答有显著差异。

I5 by A10

您在日常生活中与同乡人和外乡人的关系是 * 职业 Crosstabulation

	高级白领	低级白领	工人/做小生意者	农民	无业/失业/下岗	总计
与同乡人交往多	35.3%	35.8%	41.4%	51.1%	46.8%	42.7%
与外乡人交往多	12.0%	10.6%	10.1%	4.6%	8.9%	9.2%
一样多	33.9%	30.7%	23.7%	12.0%	23.2%	23.4%
偶尔与外乡人有交往，主要与同乡人交往	18.5%	22.7%	24.7%	32.2%	21.0%	24.7%
其他	0.2%	0.2%	0.1%	0.1%	0.2%	0.1%
总计	100.0%	100.0%	100.0%	100.0%	100.0%	100.0%
列总计	433	511	1951	791	652	4338

Chi-square test：df = 16，卡方值为 159.214，sig = 0.000 < 0.05，所以不同职业的居民对于“您在日常生活中与同乡人和外乡人的关系是”的回答有显著差异。

I6 by A10

您所在地区的政府对待外来人员的政策取向是 * 职业 Crosstabulation

	高级白领	低级白领	工人/做小生意者	农民	无业/失业/下岗	总计
不冷不热，顺其自然	46.0%	43.5%	43.1%	44.7%	55.9%	45.6%
提高门槛，严加限制	9.9%	12.2%	10.7%	11.4%	7.0%	10.4%
降低门槛，广泛吸收	32.0%	31.5%	34.5%	34.4%	29.6%	33.2%

续表

	高级白领	低级白领	工人/做小生意者	农民	无业/失业/下岗	总计
对有钱人、高级专家采取特殊政策吸引，对一般人严加限制	12.0%	12.8%	11.5%	9.6%	7.4%	10.7%
其他			0.2%		0.2%	0.1%
总计	100.0%	100.0%	100.0%	100.0%	100.0%	100.0%
列总计	415	501	1894	730	612	4152

Chi-square test：df = 16，卡方值为 44.416，sig = 0.000 < 0.05，所以不同职业的居民对于“您所在地区的政府对待外来人员的政策取向是”的回答有显著差异。

I7 by A10

您认为在当前的中国，读书还能不能改变命运 * 职业 Crosstabulation

	高级白领	低级白领	工人/做小生意者	农民	无业/失业/下岗	总计
读书只是改变命运的一个路径	43.3%	40.0%	38.3%	33.2%	42.2%	38.7%
读书是改变命运的主要路径	39.8%	42.0%	40.1%	39.2%	41.7%	40.4%
读书是改变命运的唯一路径	9.7%	10.2%	13.3%	16.5%	8.9%	12.5%
不再是改变命运的路径，没权势的人读了书照样穷	6.9%	7.4%	8.2%	11.0%	7.2%	8.4%
其他	0.2%	0.4%	0.1%			0.1%
总计	100.0%	100.0%	100.0%	100.0%	100.0%	100.0%
列总计	432	512	1953	788	654	4339

Chi-square test：df = 16，卡方值为 51.696，sig = 0.000 < 0.05，所以不同职业的居民对于“您认为在当前的中国，读书还能不能改变命运”的回答有显著差异。

I8 by A10

您如何认识名牌大学里农村学生比例急剧减少的现象 * 职业 Crosstabulation

	高级白领	低级白领	工人/做小生意者	农民	无业/失业/下岗	总计
是一种社会倒退	10.0%	11.0%	10.9%	7.5%	6.7%	9.6%
农村教育的落后	33.1%	36.4%	35.6%	40.6%	41.0%	37.2%
教育不公平	35.2%	32.9%	33.2%	33.7%	31.5%	33.2%
有钱人和有权人特权的表现	11.2%	13.7%	13.5%	14.2%	13.7%	13.4%
代际不公、社会不公的延续和加剧	9.3%	6.1%	5.6%	3.2%	5.9%	5.6%
其他	1.2%		1.2%	0.8%	1.2%	1.0%

续表

	高级白领	低级白领	工人/做小生意者	农民	无业/失业/下岗	总计
总计	100.0%	100.0%	100.0%	100.0%	100.0%	100.0%
列总计	429	511	1948	783	644	4315

Chi-square test：df = 20，卡方值为 51.030，sig = 0.000 < 0.05，所以不同职业的居民对于“您如何认识名牌大学里农村学生比例急剧减少的现象”的回答有显著差异。

I9 by A10

您同学指出你们家乡的某一风俗习惯很落后保守，您会作出什么反应 * 职业 Crosstabulation

	高级白领	低级白领	工人/做小生意者	农民	无业/失业/下岗	总计
坦然面对，承认这一风俗习惯确实落后	59.4%	53.9%	51.2%	50.9%	50.3%	52.1%
虽然认为说得对，但是感觉他或她在批评自己的家乡，因此不自在	26.7%	30.8%	29.9%	30.6%	33.8%	30.4%
虽然认为说得对，但是感到受到羞辱	7.4%	9.4%	9.4%	11.3%	5.7%	9.0%
批评家乡就是批评自己，要为家乡的风俗习惯做辩护	6.3%	5.7%	9.5%	7.0%	9.8%	8.3%
其他	0.2%	0.2%	0.1%	0.3%	0.3%	0.2%
总计	100.0%	100.0%	100.0%	100.0%	100.0%	100.0%
列总计	431	510	1945	782	650	4318

Chi-square test：df = 16，卡方值为 38.643，sig = 0.001 < 0.05，所以不同职业的居民对于“您同学指出你们家乡的某一风俗习惯很落后保守，您会作出什么反应”的回答有显著差异。

I10 by A10

如果您有机会出国，初到国外时，您交朋友会有意识地交中国朋友吗 * 职业 Crosstabulation

	高级白领	低级白领	工人/做小生意者	农民	无业/失业/下岗	总计
会，认为在异国他乡找自己本国人有一种归属感	65.7%	68.1%	61.1%	58.5%	72.7%	63.6%
不会，看缘分交朋友，不强调国籍	19.0%	15.9%	13.2%	10.1%	10.7%	13.2%
不会，会有意识地多交外国朋友	3.2%	4.1%	5.0%	5.1%	3.2%	4.5%
视情况而定	12.1%	11.9%	20.7%	26.2%	13.3%	18.7%
总计	100.0%	100.0%	100.0%	100.0%	100.0%	100.0%

续表

	高级白领	低级白领	工人/做小生意者	农民	无业/失业/下岗	总计
列总计	431	511	1955	781	652	4330

Chi-square test：df = 12，卡方值为 104. 332，sig = 0. 000 < 0. 05，所以不同职业的居民对于“如果您有机会出国，初到国外时，您交朋友会有意识地交中国朋友吗”的回答有显著差异。

I11 by A10

您是否愿意与不同民族的人交往 * 职业 Crosstabulation

	高级白领	低级白领	工人/做小生意者	农民	无业/失业/下岗	总计
非常不愿意	1. 9%	1. 6%	2. 5%	2. 6%	2. 1%	2. 3%
不太愿意	11. 5%	13. 6%	20. 4%	20. 9%	15. 4%	18. 1%
比较愿意	74. 0%	78. 0%	72. 6%	73. 8%	75. 3%	74. 0%
非常愿意	12. 6%	6. 8%	4. 5%	2. 6%	7. 3%	5. 7%
总计	100. 0%	100. 0%	100. 0%	100. 0%	100. 0%	100. 0%
列总计	427	499	1893	760	631	4210

Chi-square test：df = 12，卡方值为 89. 201，sig = 0. 000 < 0. 05，所以不同职业的居民对于“您是否愿意与不同民族的人交往”的回答有显著差异。

I12 by A10

您是否愿意与不同宗教信仰的人相处 * 职业 Crosstabulation

	高级白领	低级白领	工人/做小生意者	农民	无业/失业/下岗	总计
非常不愿意	3. 8%	1. 8%	2. 9%	3. 2%	2. 3%	2. 9%
不太愿意	15. 4%	18. 4%	24. 4%	25. 1%	25. 7%	23. 1%
比较愿意	70. 5%	75. 3%	69. 4%	69. 7%	67. 9%	70. 0%
非常愿意	10. 2%	4. 5%	3. 3%	2. 0%	4. 1%	4. 0%
总计	100. 0%	100. 0%	100. 0%	100. 0%	100. 0%	100. 0%
列总计	421	489	1868	745	614	4137

Chi-square test：df = 12，卡方值为 76. 421，sig = 0. 000 < 0. 05，所以不同职业的居民对于“您是否愿意与不同宗教信仰的人相处”的回答有显著差异。

I13 by A10

您与您的邻居平时来往多吗 * 职业 Crosstabulation

	高级白领	低级白领	工人/做小生意者	农民	无业/失业/下岗	总计
非常多	15. 5%	11. 5%	14. 5%	24. 9%	19. 9%	17. 0%

续表

	高级白领	低级白领	工人/做小生意者	农民	无业/失业/下岗	总计
比较多	48. 1%	51. 9%	56. 9%	63. 9%	51. 7%	55. 9%
偶尔	30. 6%	31. 1%	24. 9%	10. 6%	24. 4%	23. 5%
几乎不来往	5. 8%	5. 5%	3. 7%	0. 6%	4. 0%	3. 6%
总计	100. 0%	100. 0%	100. 0%	100. 0%	100. 0%	100. 0%
列总计	432	511	1953	786	652	4334

Chi-square test：df = 12，卡方值为 176. 415，sig = 0. 000 < 0. 05，所以不同职业的居民对于“您与您的邻居平时来往多吗”的回答有显著差异。

I14a by A10

您在多大程度上愿意和下列群体成为邻居：农民工、进城务工人员 * 职业 Crosstabulation

	高级白领	低级白领	工人/做小生意者	农民	无业/失业/下岗	总计
非常愿意	8. 2%	6. 9%	10. 3%	18. 2%	7. 9%	10. 8%
比较愿意	71. 2%	79. 5%	78. 5%	74. 5%	83. 0%	77. 8%
不太愿意	19. 7%	13. 0%	10. 3%	7. 0%	8. 8%	10. 7%
很不愿意	0. 9%	0. 6%	0. 8%	0. 4%	0. 3%	0. 6%
总计	100. 0%	100. 0%	100. 0%	100. 0%	100. 0%	100. 0%
列总计	427	507	1944	787	646	4311

Chi-square test：df = 12，卡方值为 111. 049，sig = 0. 000 < 0. 05，所以不同职业的居民对于“您在多大程度上愿意和下列群体成为邻居：农民工、进城务工人员”的回答有显著差异。

I14b by A10

您在多大程度上愿意和下列群体成为邻居：商人 * 职业 Crosstabulation

	高级白领	低级白领	工人/做小生意者	农民	无业/失业/下岗	总计
非常愿意	6. 1%	8. 5%	8. 0%	10. 9%	3. 6%	7. 7%
比较愿意	64. 7%	67. 4%	70. 8%	67. 9%	76. 0%	70. 1%
不太愿意	28. 0%	23. 5%	20. 4%	20. 4%	19. 1%	21. 4%
很不愿意	1. 2%	0. 6%	0. 8%	0. 8%	1. 2%	0. 9%
总计	100. 0%	100. 0%	100. 0%	100. 0%	100. 0%	100. 0%
列总计	428	506	1937	780	643	4294

Chi-square test：df = 12，卡方值为 47. 410，sig = 0. 000 < 0. 05，所以不同职业的居民对于“您在多大程度上愿意和下列群体成为邻居：商人”的回答有显著差异。

I14c by A10

您在多大程度上愿意和下列群体成为邻居：企业家或高级管理人员 * 职业 Crosstabulation

	高级白领	低级白领	工人/做小生意者	农民	无业/失业/下岗	总计
非常愿意	14.3%	17.3%	15.1%	15.2%	11.6%	14.8%
比较愿意	70.8%	69.6%	70.8%	70.4%	76.3%	71.4%
不太愿意	13.8%	11.9%	12.7%	13.4%	11.1%	12.6%
很不愿意	1.2%	1.2%	1.3%	1.0%	0.9%	1.2%
总计	100.0%	100.0%	100.0%	100.0%	100.0%	100.0%
列总计	428	504	1931	771	638	4272

Chi-square test：df = 12，卡方值为 12.428，sig = 0.412 > 0.05，所以不同职业的居民对于"您在多大程度上愿意和下列群体成为邻居：企业家或高级管理人员"的回答没有显著差异。

I14d by A10

您在多大程度上愿意和下列群体成为邻居：技术工人 * 职业 Crosstabulation

	高级白领	低级白领	工人/做小生意者	农民	无业/失业/下岗	总计
非常愿意	17.7%	18.1%	19.2%	23.0%	13.4%	18.7%
比较愿意	74.6%	72.8%	75.0%	70.3%	80.6%	74.7%
不太愿意	6.5%	8.1%	5.6%	5.8%	5.9%	6.0%
很不愿意	1.2%	1.0%	0.3%	0.9%	0.2%	0.6%
总计	100.0%	100.0%	100.0%	100.0%	100.0%	100.0%
列总计	429	507	1942	782	643	4303

Chi-square test：df = 12，卡方值为 37.930，sig = 0.000 < 0.05，所以不同职业的居民对于"您在多大程度上愿意和下列群体成为邻居：技术工人"的回答有显著差异。

I14e by A10

您在多大程度上愿意和下列群体成为邻居：教师 * 职业 Crosstabulation

	高级白领	低级白领	工人/做小生意者	农民	无业/失业/下岗	总计
非常愿意	32.5%	21.2%	25.3%	30.4%	21.3%	25.9%
比较愿意	62.9%	72.9%	68.6%	65.2%	73.7%	68.7%
不太愿意	3.5%	5.5%	5.4%	4.1%	4.6%	4.9%
很不愿意	1.2%	0.4%	0.7%	0.4%	0.5%	0.6%
总计	100.0%	100.0%	100.0%	100.0%	100.0%	100.0%

续表

	高级白领	低级白领	工人/做小生意者	农民	无业/失业/下岗	总计
列总计	428	509	1950	787	654	4328

Chi-square test：df = 12，卡方值为 38.415，sig = 0.000 < 0.05，所以不同职业的居民对于“您在多大程度上愿意和下列群体成为邻居：教师”的回答有显著差异。

I14f by A10

您在多大程度上愿意和下列群体成为邻居：医生 * 职业 Crosstabulation

	高级白领	低级白领	工人/做小生意者	农民	无业/失业/下岗	总计
非常愿意	28.7%	20.2%	21.7%	24.0%	19.1%	22.2%
比较愿意	63.8%	70.4%	69.4%	67.8%	73.7%	69.3%
不太愿意	6.1%	7.8%	8.2%	7.5%	5.8%	7.4%
很不愿意	1.4%	1.6%	0.8%	0.8%	1.4%	1.0%
总计	100.0%	100.0%	100.0%	100.0%	100.0%	100.0%
列总计	428	510	1948	788	654	4328

Chi-square test：df = 12，卡方值为 26.941，sig = 0.008 < 0.05，所以不同职业的居民对于“您在多大程度上愿意和下列群体成为邻居：医生”的回答有显著差异。

I14g by A10

您在多大程度上愿意和下列群体成为邻居：富人 * 职业 Crosstabulation

	高级白领	低级白领	工人/做小生意者	农民	无业/失业/下岗	总计
非常愿意	9.3%	8.7%	7.6%	9.5%	7.0%	8.2%
比较愿意	53.2%	51.9%	51.8%	51.0%	58.2%	52.8%
不太愿意	29.7%	32.3%	33.7%	35.0%	28.2%	32.5%
很不愿意	7.8%	7.1%	6.9%	4.5%	6.6%	6.5%
总计	100.0%	100.0%	100.0%	100.0%	100.0%	100.0%
列总计	421	505	1932	775	641	4274

Chi-square test：df = 12，卡方值为 22.330，sig = 0.034 < 0.05，所以不同职业的居民对于“您在多大程度上愿意和下列群体成为邻居：富人”的回答有显著差异。

I14h by A10

您在多大程度上愿意和下列群体成为邻居：土豪 * 职业 Crosstabulation

	高级白领	低级白领	工人/做小生意者	农民	无业/失业/下岗	总计
非常愿意	7.2%	7.5%	6.0%	6.2%	5.0%	6.2%

续表

	高级白领	低级白领	工人/做小生意者	农民	无业/失业/下岗	总计
比较愿意	44.6%	44.2%	45.7%	47.8%	53.5%	47.0%
不太愿意	34.6%	35.7%	38.7%	38.3%	31.0%	36.7%
很不愿意	13.6%	12.6%	9.7%	7.6%	10.4%	10.1%
总计	100.0%	100.0%	100.0%	100.0%	100.0%	100.0%
列总计	419	507	1924	772	635	4257

Chi-square test：df = 12，卡方值为 33.550，sig = 0.001 < 0.05，所以不同职业的居民对于“您在多大程度上愿意和下列群体成为邻居：土豪”的回答有显著差异。

I14i by A10

您在多大程度上愿意和下列群体成为邻居：专家学者 * 职业 Crosstabulation

	高级白领	低级白领	工人/做小生意者	农民	无业/失业/下岗	总计
非常愿意	18.4%	13.0%	11.4%	14.6%	13.1%	13.1%
比较愿意	64.3%	62.8%	65.9%	67.9%	71.0%	66.5%
不太愿意	14.2%	20.6%	18.8%	15.1%	11.8%	16.8%
很不愿意	3.1%	3.6%	3.8%	2.3%	4.1%	3.5%
总计	100.0%	100.0%	100.0%	100.0%	100.0%	100.0%
列总计	423	506	1914	767	635	4245

Chi-square test：df = 12，卡方值为 43.620，sig = 0.000 < 0.05，所以不同职业的居民对于“您在多大程度上愿意和下列群体成为邻居：专家学者”的回答有显著差异。

I14j by A10

您在多大程度上愿意和下列群体成为邻居：政府官员 * 职业 Crosstabulation

	高级白领	低级白领	工人/做小生意者	农民	无业/失业/下岗	总计
非常愿意	12.3%	13.0%	9.0%	11.2%	8.9%	10.2%
比较愿意	58.0%	52.0%	56.6%	58.7%	62.5%	57.5%
不太愿意	23.3%	30.0%	29.2%	25.1%	22.8%	27.0%
很不愿意	6.4%	5.0%	5.3%	5.0%	5.8%	5.4%
总计	100.0%	100.0%	100.0%	100.0%	100.0%	100.0%
列总计	424	500	1921	777	640	4262

Chi-square test：df = 12，卡方值为 29.841，sig = 0.003 < 0.05，所以不同职业的居民对于“您在多大程度上愿意和下列群体成为邻居：政府官员”的回答有显著差异。

I14k by A10

您在多大程度上愿意和下列群体成为邻居：公众人物、演艺人士 * 职业 Crosstabulation

	高级白领	低级白领	工人/做小生意者	农民	无业/失业/下岗	总计
非常愿意	8.1%	7.4%	5.0%	6.7%	5.7%	6.0%
比较愿意	42.8%	44.7%	49.5%	52.3%	57.2%	49.9%
不太愿意	34.4%	35.2%	33.6%	33.3%	27.9%	33.0%
很不愿意	14.7%	12.7%	11.9%	7.7%	9.2%	11.1%
总计	100.0%	100.0%	100.0%	100.0%	100.0%	100.0%
列总计	421	497	1857	736	610	4121

Chi-square test：df = 12，卡方值为 45.568，sig = 0.000 < 0.05，所以不同职业的居民对于“您在多大程度上愿意和下列群体成为邻居：公众人物、演艺人士”的回答有显著差异。

I15 by A10

您如何看待中国对其他落后国家的广泛援助计划 * 职业 Crosstabulation

	高级白领	低级白领	工人/做小生意者	农民	无业/失业/下岗	总计
完全支持，认为这有助于提升国家形象和国际地位	41.9%	41.4%	32.1%	33.3%	38.5%	35.4%
支持，认为我们应该帮助比我们落后的国家	29.4%	32.5%	33.3%	31.8%	34.2%	32.7%
支持，但国家应该征求纳税人的意见	14.9%	11.6%	11.6%	8.7%	9.9%	11.2%
不支持，因为我们国家尚存在很多贫困人口	13.7%	14.5%	23.1%	26.2%	17.5%	20.8%
总计	100.0%	100.0%	100.0%	100.0%	100.0%	100.0%
列总计	422	483	1861	714	629	4109

Chi-square test：df = 12，卡方值为 68.431，sig = 0.000 < 0.05，所以不同职业的居民对于“您如何看待中国对其他落后国家的广泛援助计划”的回答有显著差异。

I16 by A10

您听说过一些道德模范的故事吗？您愿意像他们那样做人做事吗 * 职业 Crosstabulation

	高级白领	低级白领	工人/做小生意者	农民	无业/失业/下岗	总计
知道一些，他们很了不起，应努力向他们学习	64.0%	61.3%	51.0%	49.4%	64.0%	55.1%

续表

	高级白领	低级白领	工人/做小生意者	农民	无业/失业/下岗	总计
知道一些，很敬佩他们，但自己学不来	28.3%	25.2%	28.5%	23.9%	24.0%	26.6%
知道一些，我感到他们那样做有点不值得	4.4%	6.5%	7.1%	7.0%	3.7%	6.2%
没听说过谁是道德模范和身边好人	3.2%	7.0%	13.3%	19.7%	8.2%	12.0%
其他			0.1%		0.2%	0.1%
总计	100.0%	100.0%	100.0%	100.0%	100.0%	100.0%
列总计	431	511	1954	790	655	4341

Chi-square test：df = 16，卡方值为 139.846，sig = 0.000 < 0.05，所以不同职业的居民对于“您听说过一些道德模范的故事吗，您愿意像他们那样做人做事吗”的回答有显著差异。

I17 by A10

当有陌生人走进您的单位或社区，或在车厢中与陌生人在一起时，您经常的反应是 * 职业 Crosstabulation

	高级白领	低级白领	工人/做小生意者	农民	无业/失业/下岗	总计
对他/她微笑	37.4%	36.9%	23.8%	24.2%	26.2%	27.2%
主动打招呼	10.3%	15.0%	11.0%	8.9%	11.0%	11.0%
没有任何反应	28.0%	25.6%	27.7%	20.9%	32.6%	27.0%
保持警惕，防止上当	23.8%	22.3%	37.3%	45.7%	30.2%	34.6%
其他	0.5%	0.2%	0.2%	0.3%		0.2%
总计	100.0%	100.0%	100.0%	100.0%	100.0%	100.0%
列总计	428	507	1923	760	645	4263

Chi-square test：df = 16，卡方值为 148.079，sig = 0.000 < 0.05，所以不同职业的居民对于“当有陌生人走进您的单位或社区，或在车厢中与陌生人在一起时，您经常的反应是”的回答有显著差异。

I18 by A10

假设您双手抱着东西走进电梯，您觉得电梯里的陌生人可能会怎样 * 职业 Crosstabulation

	高级白领	低级白领	工人/做小生意者	农民	无业/失业/下岗	总计
主动问您去几楼并帮您按楼层	37.9%	39.3%	29.3%	31.6%	35.4%	32.7%
当作没看见	14.0%	11.3%	16.1%	13.2%	17.3%	15.0%
会在您的请求下给予帮助	48.0%	49.5%	54.6%	55.2%	47.3%	52.3%

续表

	高级白领	低级白领	工人/做小生意者	农民	无业/失业/下岗	总计
总计	100.0%	100.0%	100.0%	100.0%	100.0%	100.0%
列总计	406	471	1743	658	577	3855

Chi-square test：df = 8，卡方值为 34.416，sig = 0.000 < 0.05，所以不同职业的居民对于“假设您双手抱着东西走进电梯，您觉得电梯里的陌生人可能会怎样”的回答有显著差异。

J1 by A10

现在我们省正按照习近平总书记的要求，努力建设经济强、百姓富、环境美、社会文明程度高的新江苏，您对江苏实现这样的目标有信心吗 * 职业 Crosstabulation

	高级白领	低级白领	工人/做小生意者	农民	无业/失业/下岗	总计
很有信心	95.6%	95.6%	93.4%	93.8%	95.4%	94.3%
没有信心	4.4%	4.4%	6.6%	6.2%	4.6%	5.7%
总计	100.0%	100.0%	100.0%	100.0%	100.0%	100.0%
列总计	343	387	1387	594	501	3212

Chi-square test：df = 4，卡方值为 5.725，sig = 0.221 > 0.05，所以不同职业的居民对于“现在我们省正按习近平总书记的要求，努力建设经济强、百姓富、环境美、社会文明程度高的新江苏，您对江苏实现这样的目标有信心吗”的回答没有显著差异。

江苏省伦理道德评价的诸群体差异

B1a by 诸群体

过去一年，您对纸质报纸的使用情况是＊诸群体 Crosstabulation

	官员	企业家	专业人员	工人	农民	企业员工	做小生意	无业/失业/下岗	总计
从不	19.1%	20.6%	24.9%	58.2%	79.9%	30.7%	59.6%	56.1%	55.4%
很少	26.5%	47.1%	37.6%	28.7%	13.4%	41.0%	25.9%	33.7%	28.7%
有时	25.0%	23.5%	20.5%	8.5%	4.1%	18.0%	8.0%	7.8%	9.9%
经常	22.1%	5.9%	13.1%	3.7%	2.0%	7.8%	5.0%	2.0%	4.7%
非常频繁	7.4%	2.9%	3.9%	0.9%	0.6%	2.5%	1.4%	0.5%	1.3%
总计	100.0%	100.0%	100.0%	100.0%	100.0%	100.0%	100.0%	100.0%	100.0%
列总计	68	34	229	1451	790	612	498	656	4338

Chi-square test：df = 28，卡方值为 617.784，sig = 0.000 < 0.05，所以诸群体对于“过去一年，您对纸质报纸的使用情况是”的回答有显著差异。

B1b by 诸群体

过去一年，您对纸质杂志的使用情况是＊诸群体 Crosstabulation

	官员	企业家	专业人员	工人	农民	企业员工	做小生意	无业/失业/下岗	总计
从不	29.4%	23.5%	31.3%	66.6%	84.3%	37.5%	67.7%	56.8%	61.6%
很少	25.0%	44.1%	34.8%	24.0%	11.3%	35.7%	21.5%	31.6%	24.9%
有时	25.0%	26.5%	21.6%	7.2%	2.8%	19.5%	7.2%	9.3%	9.6%
经常	14.7%	5.9%	9.7%	1.7%	1.3%	6.2%	3.4%	2.0%	3.2%
非常频繁	5.9%		2.6%	0.6%	0.4%	1.0%	0.2%	0.3%	0.7%
总计	100.0%	100.0%	100.0%	100.0%	100.0%	100.0%	100.0%	100.0%	100.0%
列总计	68	34	227	1451	789	610	498	655	4332

Chi-square test：df = 28，卡方值为 620.901，sig = 0.000 < 0.05，所以诸群体对于“过去一年，您对纸质杂志的使用情况是”的回答有显著差异。

B1c by 诸群体

过去一年，您对广播的使用情况是 * 诸群体 Crosstabulation

	官员	企业家	专业人员	工人	农民	企业员工	做小生意	无业/失业/下岗	总计
从不	35.3%	32.4%	43.9%	64.7%	75.8%	45.5%	66.9%	65.1%	62.5%
很少	27.9%	23.5%	31.1%	21.6%	12.8%	31.7%	20.2%	22.6%	22.0%
有时	19.1%	26.5%	13.6%	8.9%	7.1%	14.7%	7.9%	8.0%	9.7%
经常	14.7%	11.8%	7.9%	3.7%	3.7%	6.6%	4.4%	3.8%	4.7%
非常频繁	2.9%	5.9%	3.5%	1.2%	0.6%	1.5%	0.6%	0.5%	1.1%
总计	100.0%	100.0%	100.0%	100.0%	100.0%	100.0%	100.0%	100.0%	100.0%
列总计	68	34	228	1446	790	605	495	654	4320

Chi-square test：df = 28，卡方值为 252.739，sig = 0.000 < 0.05，所以诸群体对于“过去一年，您对广播的使用情况是”的回答有显著差异。

B1d by 诸群体

过去一年，您对电视的使用情况是 * 诸群体 Crosstabulation

	官员	企业家	专业人员	工人	农民	企业员工	做小生意	无业/失业/下岗	总计
从不	4.4%		2.2%	1.4%	0.3%	1.8%	1.4%	2.5%	1.5%
很少	11.8%	2.9%	10.0%	6.5%	3.7%	9.2%	6.6%	10.1%	7.2%
有时	25.0%	35.3%	30.1%	22.8%	12.9%	27.3%	29.0%	21.5%	22.7%
经常	38.2%	50.0%	42.8%	48.5%	58.0%	44.6%	47.3%	44.3%	48.4%
非常频繁	20.6%	11.8%	14.8%	20.7%	25.2%	17.2%	15.7%	21.6%	20.2%
总计	100.0%	100.0%	100.0%	100.0%	100.0%	100.0%	100.0%	100.0%	100.0%
列总计	68	34	229	1453	790	612	497	652	4335

Chi-square test：df = 28，卡方值为 150.032，sig = 0.000 < 0.05，所以诸群体对于“过去一年，您对电视的使用情况是”的回答有显著差异。

B1e by 诸群体

过去一年，您对各种政府网站的使用情况是 * 诸群体 Crosstabulation

	官员	企业家	专业人员	工人	农民	企业员工	做小生意	无业/失业/下岗	总计
从不	16.2%	23.5%	32.5%	69.4%	87.5%	37.7%	71.3%	64.7%	64.5%

续表

	官员	企业家	专业人员	工人	农民	企业员工	做小生意	无业/失业/下岗	总计
很少	23.5%	35.3%	36.0%	19.5%	7.5%	32.8%	17.6%	21.9%	20.4%
有时	29.4%	20.6%	18.0%	6.6%	2.9%	15.7%	6.9%	9.4%	8.8%
经常	25.0%	17.6%	11.4%	3.5%	1.8%	12.3%	4.0%	3.5%	5.4%
非常频繁	5.9%	2.9%	2.2%	1.0%	0.3%	1.5%	0.2%	0.5%	0.9%
总计	100.0%	100.0%	100.0%	100.0%	100.0%	100.0%	100.0%	100.0%	100.0%
列总计	68	34	228	1445	782	612	494	649	4312

Chi-square test：df = 28，卡方值为 684.879，sig = 0.000 < 0.05，所以诸群体对于“过去一年，您对各种政府网站的使用情况是”的回答有显著差异。

B1f by 诸群体

过去一年，您对社交媒体（微博、微信、博客、播客等）的使用情况是＊诸群体 Crosstabulation

	官员	企业家	专业人员	工人	农民	企业员工	做小生意	无业/失业/下岗	总计
从不	2.9%	5.9%	4.4%	25.9%	63.5%	9.2%	21.4%	29.9%	28.8%
很少	8.8%		2.2%	7.0%	8.0%	3.3%	5.7%	4.3%	5.8%
有时	8.8%	20.6%	16.2%	16.2%	11.0%	13.2%	17.4%	10.6%	14.0%
经常	42.6%	26.5%	41.7%	30.3%	11.9%	38.4%	37.4%	24.3%	28.8%
非常频繁	36.8%	47.1%	35.5%	20.5%	5.6%	35.9%	18.2%	30.9%	22.5%
总计	100.0%	100.0%	100.0%	100.0%	100.0%	100.0%	100.0%	100.0%	100.0%
列总计	68	34	228	1451	788	612	495	653	4329

Chi-square test：df = 28，卡方值为 886.222，sig = 0.000 < 0.05，所以诸群体对于“过去一年，您对社交媒体的使用情况是”的回答有显著差异。

B1g by 诸群体

过去一年，您对新媒体（如数字报纸、移动电视等）的使用情况是＊诸群体 Crosstabulation

	官员	企业家	专业人员	工人	农民	企业员工	做小生意	无业/失业/下岗	总计
从不	13.2%	8.8%	20.1%	51.3%	78.9%	25.5%	49.0%	41.8%	48.4%

续表

	官员	企业家	专业人员	工人	农民	企业员工	做小生意	无业/失业/下岗	总计
很少	25.0%	14.7%	12.7%	14.1%	8.0%	19.0%	18.5%	12.3%	14.0%
有时	19.1%	26.5%	24.9%	14.1%	6.9%	19.0%	10.5%	13.4%	13.7%
经常	30.9%	23.5%	24.9%	12.8%	4.6%	23.4%	15.3%	18.6%	15.0%
非常频繁	11.8%	26.5%	17.5%	7.7%	1.6%	13.1%	6.7%	14.0%	8.9%
总计	100.0%	100.0%	100.0%	100.0%	100.0%	100.0%	100.0%	100.0%	100.0%
列总计	68	34	229	1449	788	611	496	651	4326

Chi-square test：df = 28，卡方值为 646.634，sig = 0.000 < 0.05，所以诸群体对于“过去一年，您对新媒体的使用情况是”的回答有显著差异。

B2 by 诸群体

跟五年前相比，您觉得自己的社会经济地位有什么变化 * 诸群体 Crosstabulation

	官员	企业家	专业人员	工人	农民	企业员工	做小生意	无业/失业/下岗	总计
上升了	67.2%	75.8%	71.5%	53.3%	54.2%	63.2%	58.3%	59.6%	57.8%
差不多	28.1%	18.2%	25.8%	41.7%	40.4%	33.3%	37.3%	33.4%	37.3%
下降了	4.7%	6.1%	2.7%	5.1%	5.4%	3.4%	4.4%	7.0%	5.0%
总计	100.0%	100.0%	100.0%	100.0%	100.0%	100.0%	100.0%	100.0%	100.0%
列总计	64	33	221	1378	727	585	482	602	4092

Chi-square test：df = 14，卡方值为 50.723，sig = 0.000 < 0.05，所以诸群体对于“跟五年前相比，您觉得自己的社会经济地位有什么变化”的回答有显著差异。

B3 by 诸群体

您感觉在未来的五年中，您的生活水平将会有什么变化 * 诸群体 Crosstabulation

	官员	企业家	专业人员	工人	农民	企业员工	做小生意	无业/失业/下岗	总计
上升很多	22.6%	59.4%	31.3%	18.1%	14.2%	30.4%	21.1%	27.9%	22.1%
略有上升	58.1%	37.5%	55.6%	59.1%	57.5%	56.1%	62.0%	56.0%	57.9%

续表

	官员	企业家	专业人员	工人	农民	企业员工	做小生意	无业/失业/下岗	总计
没有变化	16.1%	3.1%	10.7%	19.4%	24.6%	12.8%	13.9%	12.2%	17.0%
略有下降	3.2%		1.9%	2.9%	2.6%	0.7%	2.8%	2.4%	2.4%
下降很多			0.5%	0.5%	1.0%		0.2%	1.4%	0.6%
总计	100.0%	100.0%	100.0%	100.0%	100.0%	100.0%	100.0%	100.0%	100.0%
列总计	62	32	214	1297	690	570	460	573	3898

Chi-square test：df = 28，卡方值为 164.023，sig = 0.000 < 0.05，所以诸群体对于“您感觉在未来的五年中，您的生活水平将会有什么变化”的回答有显著差异。

B4 by 诸群体

总的来说，您觉得目前的生活幸福吗 * 诸群体 Crosstabulation

	官员	企业家	专业人员	工人	农民	企业员工	做小生意	无业/失业/下岗	总计
非常不幸福	1.5%		0.9%	0.6%	0.6%	0.8%	0.2%	0.6%	0.6%
不太幸福		11.8%	2.2%	3.6%	3.7%	3.1%	3.0%	4.3%	3.5%
谈不上幸福不幸福	16.2%	5.9%	12.7%	21.4%	20.3%	15.3%	17.7%	18.0%	18.7%
比较幸福	66.2%	64.7%	68.1%	63.5%	65.4%	64.0%	67.3%	59.6%	64.1%
非常幸福	16.2%	17.6%	16.2%	10.8%	10.0%	16.8%	11.7%	17.5%	13.0%
总计	100.0%	100.0%	100.0%	100.0%	100.0%	100.0%	100.0%	100.0%	100.0%
列总计	68	34	229	1458	790	614	496	656	4345

Chi-square test：df = 28，卡方值为 68.469，sig = 0.000 < 0.05，所以诸群体对于“总的来说，您觉得目前的生活幸福吗”的回答有显著差异。

B5 by 诸群体

您对自己目前的生活状态满意吗 * 诸群体 Crosstabulation

	官员	企业家	专业人员	工人	农民	企业员工	做小生意	无业/失业/下岗	总计
非常满意	14.7%	8.8%	16.2%	8.9%	9.8%	13.5%	10.6%	14.7%	11.2%
比较满意	79.4%	82.4%	75.4%	77.6%	77.5%	77.0%	76.3%	71.3%	76.4%
不太满意	5.9%	2.9%	8.3%	12.9%	12.7%	9.5%	13.1%	13.4%	12.1%

续表

	官员	企业家	专业人员	工人	农民	企业员工	做小生意	无业/失业/下岗	总计
非常不满意		5.9%		0.6%				0.6%	0.3%
总计	100.0%	100.0%	100.0%	100.0%	100.0%	100.0%	100.0%	100.0%	100.0%
列总计	68	34	228	1452	787	609	498	647	4323

Chi-square test：df = 21，卡方值为 83.799，sig = 0.000 < 0.05，所以诸群体对于“您对自己目前的生活状态满意吗”的回答有显著差异。

B6 by 诸群体

社会上发生的一些事情，您一般是从什么渠道最先知道 * 诸群体 Crosstabulation

	官员	企业家	专业人员	工人	农民	企业员工	做小生意	无业/失业/下岗	总计
电视	41.2%	52.9%	47.2%	66.3%	89.3%	43.2%	61.6%	50.5%	62.8%
报纸	16.2%	5.9%	5.2%	4.0%	3.7%	6.2%	5.0%	2.0%	4.3%
电台广播		2.9%	1.7%	2.1%	3.2%	2.1%	2.0%	1.8%	2.2%
微博微信等网络社交媒介	63.2%	64.7%	56.8%	40.6%	15.0%	57.0%	47.4%	45.9%	41.2%
网络	41.2%	41.2%	42.8%	29.1%	8.4%	49.8%	29.3%	35.4%	30.3%
和朋友亲友同事交谈	11.8%	20.6%	17.9%	34.7%	53.6%	21.3%	39.4%	29.6%	34.6%
单位传达	8.8%		4.8%	1.1%	0.1%	3.4%			1.3%
列总计	68	34	229	1458	788	614	498	656	4345

据上表所示，诸群体对于“社会上发生的一些事情，您一般是从什么渠道最先知道”的回答有显著差异。

B7 by 诸群体

从网络中获得的信息对您的思想行为有多大程度的影响 * 诸群体 Crosstabulation

	官员	企业家	专业人员	工人	农民	企业员工	做小生意	无业/失业/下岗	总计
影响很大	32.8%	25.0%	27.9%	16.8%	11.2%	29.1%	19.1%	28.3%	21.7%
有一些影响	54.7%	68.8%	59.9%	58.8%	56.7%	51.4%	56.8%	49.6%	55.7%
影响很小	10.9%	3.1%	9.5%	20.8%	24.7%	15.8%	19.9%	15.7%	18.2%
完全没有影响	1.6%	3.1%	2.7%	3.6%	7.4%	3.7%	4.1%	6.4%	4.4%

续表

	官员	企业家	专业人员	工人	农民	企业员工	做小生意	无业/失业/下岗	总计
总计	100.0%	100.0%	100.0%	100.0%	100.0%	100.0%	100.0%	100.0%	100.0%
列总计	64	32	222	1101	312	570	387	484	3172

Chi-square test：df = 21，卡方值为 116.188，sig = 0.000 < 0.05，所以诸群体对于“从网络中获得的信息对您的思想行为有多大程度的影响”的回答有显著差异。

B8 by 诸群体

您认为中国梦和您个人、家庭追求美好生活有多大程度的关系 * 诸群体 Crosstabulation

	官员	企业家	专业人员	工人	农民	企业员工	做小生意	无业/失业/下岗	总计
关系很大	67.6%	52.9%	64.0%	30.4%	21.8%	52.0%	30.4%	39.1%	35.7%
关系不大	30.9%	38.2%	32.9%	43.1%	35.2%	37.4%	44.7%	32.0%	38.6%
根本没有关系	1.5%	8.8%	1.3%	9.4%	9.9%	6.5%	10.7%	8.0%	8.5%
不清楚什么是中国梦			1.8%	17.1%	33.1%	4.1%	14.3%	21.0%	17.2%
总计	100.0%	100.0%	100.0%	100.0%	100.0%	100.0%	100.0%	100.0%	100.0%
列总计	68	34	228	1459	789	613	497	653	4341

Chi-square test：df = 21，卡方值为 465.436，sig = 0.000 < 0.05，所以诸群体对于“您认为中国梦和个人、家庭追求美好生活有多大程度的关系”的回答有显著差异。

B9 by 诸群体

您对当前我国社会道德状况的总体满意度是 * 诸群体 Crosstabulation

	官员	企业家	专业人员	工人	农民	企业员工	做小生意	无业/失业/下岗	总计
非常满意	8.8%	5.9%	7.0%	4.4%	3.8%	5.9%	3.7%	5.3%	4.8%
比较满意	61.8%	73.5%	61.0%	68.9%	76.7%	69.3%	65.9%	64.0%	68.8%
不太满意	26.5%	14.7%	30.3%	24.6%	18.5%	22.9%	28.3%	27.9%	24.5%
非常不满意	2.9%	5.9%	1.8%	2.1%	0.9%	1.8%	2.1%	2.8%	2.0%
总计	100.0%	100.0%	100.0%	100.0%	100.0%	100.0%	100.0%	100.0%	100.0%
列总计	68	34	228	1424	755	606	487	642	4244

Chi-square test：df = 21，卡方值为 53.860，sig = 0.000 < 0.05，所以诸群体对于“您对当前我国社会道德状况的总体满意度”的回答有显著差异。

B10 by 诸群体

您对当前我国社会人与人之间的关系的总体满意度是 * 诸群体 Crosstabulation

	官员	企业家	专业人员	工人	农民	企业员工	做小生意	无业/失业/下岗	总计
非常满意	5.9%	8.8%	8.3%	3.9%	5.6%	5.4%	3.3%	5.1%	4.9%
比较满意	67.6%	73.5%	64.6%	69.9%	75.7%	67.5%	67.2%	65.7%	69.4%
不太满意	25.0%	11.8%	25.8%	24.0%	18.5%	24.8%	27.7%	27.2%	24.0%
非常不满意	1.5%	5.9%	1.3%	2.2%	0.1%	2.3%	1.8%	2.0%	1.7%
总计	100.0%	100.0%	100.0%	100.0%	100.0%	100.0%	100.0%	100.0%	100.0%
列总计	68	34	229	1427	762	606	488	648	4262

Chi-square test：df = 21，卡方值为 56.091，sig = 0.000 < 0.05，所以诸群体对于“您对当前我国社会人与人之间的关系的总体满意度”的回答有显著差异。

B11 by 诸群体

您对自己的道德状况的满意度是 * 诸群体 Crosstabulation

	官员	企业家	专业人员	工人	农民	企业员工	做小生意	无业/失业/下岗	总计
非常满意	23.5%	14.7%	21.9%	13.4%	16.6%	16.4%	13.7%	20.8%	16.2%
比较满意	69.1%	82.4%	72.8%	80.5%	76.7%	78.5%	78.8%	75.6%	78.0%
不太满意	7.4%	2.9%	4.8%	5.6%	6.4%	4.4%	6.5%	3.5%	5.3%
非常不满意			0.4%	0.4%	0.3%	0.7%	1.0%		0.4%
总计	100.0%	100.0%	100.0%	100.0%	100.0%	100.0%	100.0%	100.0%	100.0%
列总计	68	34	228	1443	765	610	490	648	4286

Chi-square test：df = 21，卡方值为 45.319，sig = 0.002 < 0.05，所以诸群体对于“您对自己的道德状况的满意度”的回答有显著差异。

B12 by 诸群体

您觉得今后中国社会的道德状况会变成什么样 * 诸群体 Crosstabulation

	官员	企业家	专业人员	工人	农民	企业员工	做小生意	无业/失业/下岗	总计
越来越差	8.8%	11.8%	5.3%	6.2%	5.3%	4.4%	5.0%	5.7%	5.6%
不变	8.8%	17.6%	6.6%	11.2%	9.2%	10.1%	11.5%	6.1%	9.7%
越来越好	82.4%	70.6%	78.5%	73.5%	73.3%	78.1%	74.0%	76.1%	75.0%
不知道			9.6%	9.1%	12.2%	7.3%	9.5%	12.1%	9.7%
总计	100.0%	100.0%	100.0%	100.0%	100.0%	100.0%	100.0%	100.0%	100.0%

续表

	官员	企业家	专业人员	工人	农民	企业员工	做小生意	无业/失业/下岗	总计
列总计	68	34	228	1458	790	613	497	652	4340

Chi-square test：df = 21，卡方值为 50.029，sig = 0.000 < 0.05，所以诸群体对于“您觉得今后中国社会的道德状况会变成什么样”的回答有显著差异。

B13 by 诸群体

您认为我国目前人与人之间的关系受什么影响 ＊诸群体 Crosstabulation

	官员	企业家	专业人员	工人	农民	企业员工	做小生意	无业/失业/下岗	总计
利益	65.7%	59.4%	65.6%	65.4%	61.5%	66.1%	70.0%	70.0%	66.1%
情感	46.3%	34.4%	49.3%	46.9%	54.4%	40.9%	47.1%	48.9%	47.7%
国家倡导的主流价值观	23.9%	21.9%	30.0%	26.9%	27.1%	32.6%	30.2%	16.4%	26.6%
中国传统价值观	29.9%	37.5%	23.8%	27.0%	30.0%	31.4%	28.4%	22.4%	27.6%
西方价值观	3.0%	6.3%	5.3%	3.9%	3.2%	3.3%	4.5%	2.2%	3.6%
列总计	67	32	227	1402	717	602	490	634	4171

据上表所示，诸群体对于“您认为我国目前人与人之间的关系受什么影响”的回答有显著差异。

B14 by 诸群体

对中国社会，您最担忧的问题是 ＊诸群体 Crosstabulation

	官员	企业家	专业人员	工人	农民	企业员工	做小生意	无业/失业/下岗	总计
腐败不能根治	34.3%	39.4%	44.5%	44.5%	40.1%	42.0%	45.9%	33.9%	41.7%
分配不公，两极分化	40.3%	30.3%	28.4%	31.6%	29.6%	37.7%	31.5%	26.4%	31.3%
生活水平下降	14.9%	9.1%	9.2%	16.7%	19.1%	9.6%	12.7%	16.1%	15.1%
人际关系紧张	10.4%	6.1%	12.2%	10.6%	11.3%	10.4%	9.9%	11.8%	10.9%
列总计	67	33	229	1415	749	605	495	628	4221

据上表所示，诸群体对于“对中国社会，您最担忧的问题是”的回答有显著差异。

B15 by 诸群体

对伦理关系和道德生活，您最向往的是 * 诸群体 Crosstabulation

	官员	企业家	专业人员	工人	农民	企业员工	做小生意	无业/失业/下岗	总计
传统社会的伦理和道德（如仁、义、礼、智、信）	60.3%	57.6%	59.6%	53.0%	57.6%	62.5%	59.2%	59.1%	57.3%
战争年代为理想而献身的革命精神（如革命烈士无私献身精神）	14.7%	27.3%	16.2%	22.3%	22.8%	16.0%	22.3%	13.6%	19.8%
新中国成立后到"文化大革命"前的大公无私的集体主义精神	8.8%	3.0%	10.1%	9.7%	9.5%	5.7%	9.7%	8.0%	8.8%
追求个人利益的市场经济下的道德	14.7%	9.1%	8.3%	9.3%	8.7%	8.6%	5.4%	9.7%	8.7%
西方道德（如个人主义、实用主义、功利主义）	1.5%	3.0%	3.9%	4.4%	0.6%	4.4%	1.6%	6.9%	3.7%
其他			1.8%	1.3%	0.6%	2.8%	1.8%	2.8%	1.7%
总计	100.0%	100.0%	100.0%	100.0%	100.0%	100.0%	100.0%	100.0%	100.0%
列总计	68	33	228	1446	779	613	497	641	4305

Chi-square test：df = 35，卡方值为 123.867，sig = 0.000 < 0.05，所以诸群体对于"对伦理关系和道德生活，您最向往的是"的回答有显著差异。

B16a by 诸群体

您认为当前我国社会道德生活中最重要的内容是什么？第一重要 * 诸群体 Crosstabulation

	官员	企业家	专业人员	工人	农民	企业员工	做小生意	无业/失业/下岗	总计
意识形态中所提倡的社会主义道德	29.4%	23.5%	37.4%	32.3%	35.7%	30.8%	33.4%	28.8%	32.5%
中国传统道德	54.4%	52.9%	47.1%	49.2%	48.9%	51.2%	47.7%	57.3%	50.5%
西方文化影响而形成的道德	1.5%	11.8%	4.8%	6.4%	4.4%	4.9%	8.0%	3.4%	5.4%
市场经济中形成的道德	14.7%	11.8%	10.6%	12.0%	10.9%	13.1%	10.9%	10.5%	11.6%
其他				0.1%	0.1%				
总计	100.0%	100.0%	100.0%	100.0%	100.0%	100.0%	100.0%	100.0%	100.0%

续表

	官员	企业家	专业人员	工人	农民	企业员工	做小生意	无业/失业/下岗	总计
列总计	68	34	227	1451	781	611	497	646	4315

Chi-square test：df = 28，卡方值为 42. 886，sig = 0. 036 < 0. 05，所以诸群体对于“您认为当前我国社会道德生活中最重要的内容是什么？第一重要”的回答有显著差异。

B16b by 诸群体

您认为当前我国社会道德生活中最重要的内容是什么？第二重要 * 诸群体 Crosstabulation

	官员	企业家	专业人员	工人	农民	企业员工	做小生意	无业/失业/下岗	总计
意识形态中所提倡的社会主义道德	42. 4%	43. 8%	40. 4%	41. 4%	37. 6%	39. 0%	38. 9%	47. 0%	40. 9%
中国传统道德	25. 8%	21. 9%	31. 4%	27. 8%	29. 6%	30. 8%	30. 2%	25. 1%	28. 6%
西方文化影响而形成的道德	6. 1%	9. 4%	9. 9%	10. 0%	11. 1%	11. 6%	10. 5%	7. 5%	10. 1%
市场经济中形成的道德	25. 8%	25. 0%	18. 4%	20. 8%	21. 7%	18. 6%	20. 3%	20. 4%	20. 5%
总计	100. 0%	100. 0%	100. 0%	100. 0%	100. 0%	100. 0%	100. 0%	100. 0%	100. 0%
列总计	66	32	223	1426	757	603	493	638	4238

Chi-square test：df = 21，卡方值为 26. 013，sig = 0. 206 > 0. 05，所以诸群体对于“您认为当前我国社会道德生活中最重要的内容是什么？第二重要”的回答没有显著差异。

B16c by 诸群体

您认为当前我国社会道德生活中最重要的内容是什么？第三重要 * 诸群体 Crosstabulation

	官员	企业家	专业人员	工人	农民	企业员工	做小生意	无业/失业/下岗	总计
意识形态中所提倡的社会主义道德	27. 0%	34. 4%	17. 1%	21. 5%	21. 0%	23. 1%	22. 7%	21. 5%	21. 7%
中国传统道德	11. 1%	15. 6%	15. 7%	15. 0%	14. 8%	13. 0%	12. 9%	11. 6%	13. 9%
西方文化影响而形成的道德	15. 9%	15. 6%	18. 9%	18. 1%	15. 0%	18. 4%	17. 8%	14. 7%	17. 0%
市场经济中形成的道德	46. 0%	34. 4%	48. 4%	45. 4%	49. 2%	45. 5%	46. 6%	52. 3%	47. 3%

续表

	官员	企业家	专业人员	工人	农民	企业员工	做小生意	无业/失业/下岗	总计
总计	100. 0%	100. 0%	100. 0%	100. 0%	100. 0%	100. 0%	100. 0%	100. 0%	100. 0%
列总计	63	32	217	1396	738	598	489	614	4147

Chi-square test：df = 21，卡方值为 24. 395，sig = 0. 274 > 0. 05，所以诸群体对于“您认为当前我国社会道德生活中最重要的内容是什么？第三重要”的回答没有显著差异。

B17 by 诸群体

您认为目前我国社会中伦理道德对人际关系的调节能力如何 * 诸群体 Crosstabulation

	官员	企业家	专业人员	工人	农民	企业员工	做小生意	无业/失业/下岗	总计
良好	26. 5%	23. 5%	19. 1%	15. 3%	18. 0%	21. 4%	16. 2%	25. 0%	18. 7%
一般	63. 2%	55. 9%	66. 2%	65. 3%	67. 9%	61. 9%	63. 5%	61. 9%	64. 5%
很差	8. 8%	11. 8%	7. 6%	9. 6%	7. 0%	9. 6%	10. 0%	6. 7%	8. 7%
几乎没有，一切都听从利益支配	1. 5%	8. 8%	7. 1%	9. 8%	7. 0%	7. 1%	10. 4%	6. 4%	8. 2%
总计	100. 0%	100. 0%	100. 0%	100. 0%	100. 0%	100. 0%	100. 0%	100. 0%	100. 0%
列总计	68	34	225	1403	711	603	482	627	4153

Chi-square test：df = 21，卡方值为 57. 304，sig = 0. 000 < 0. 05，所以诸群体对于“您认为目前我国社会中伦理道德对人际关系的调节能力如何”的回答有显著差异。

B18 by 诸群体

您认为目前我国社会中伦理道德对个人行为的约束能力如何 * 诸群体 Crosstabulation

	官员	企业家	专业人员	工人	农民	企业员工	做小生意	无业/失业/下岗	总计
良好	20. 6%	29. 4%	15. 5%	16. 2%	18. 3%	19. 7%	14. 5%	26. 9%	18. 6%
一般	60. 3%	55. 9%	67. 3%	63. 6%	65. 6%	61. 8%	65. 8%	59. 2%	63. 4%
很差	13. 2%	8. 8%	10. 6%	11. 0%	9. 1%	11. 5%	10. 4%	8. 3%	10. 3%
几乎没有，一切都听从利益支配	5. 9%	5. 9%	6. 6%	9. 1%	7. 1%	7. 0%	9. 3%	5. 6%	7. 7%
总计	100. 0%	100. 0%	100. 0%	100. 0%	100. 0%	100. 0%	100. 0%	100. 0%	100. 0%
列总计	68	34	226	1403	717	600	483	628	4159

Chi-square test：df = 21，卡方值为 56. 097，sig = 0. 000 < 0. 05，所以诸群体对于“您认为目前我国社会中伦理道德对个人行为的约束能力如何”的回答有显著差异。

B19 by 诸群体

您认为当今中国社会最基本的伦理冲突是＊诸群体 Crosstabulation

	官员	企业家	专业人员	工人	农民	企业员工	做小生意	无业/失业/下岗	总计
人与自然的冲突	14.7%	9.1%	24.4%	16.4%	15.9%	21.7%	13.9%	16.3%	17.1%
人与自身的冲突	20.6%	12.1%	24.9%	24.9%	22.1%	30.1%	25.5%	18.6%	24.1%
人与人之间的冲突	50.0%	69.7%	58.7%	61.8%	65.3%	61.1%	62.2%	64.6%	62.5%
个人与社会的冲突	61.8%	33.3%	46.2%	46.4%	44.4%	48.4%	48.0%	39.4%	45.6%
个人与政府的冲突	10.3%	12.1%	9.8%	11.0%	15.4%	9.1%	11.6%	9.5%	11.3%
列总计	68	33	225	1425	755	607	490	619	4222

据上表所示，诸群体对于“您认为当今中国社会最基本的伦理冲突”的回答没有显著差异。

B20a by 诸群体

在下列关系中，您认为哪些关系对您来说最重要？第一位 ＊诸群体 Crosstabulation

	官员	企业家	专业人员	工人	农民	企业员工	做小生意	无业/失业/下岗	总计
父母与子女	67.6%	52.9%	66.8%	66.3%	60.6%	68.1%	67.3%	73.0%	66.6%
夫妇	17.6%	32.4%	19.7%	19.5%	24.7%	17.1%	21.9%	14.8%	19.7%
兄弟姐妹			0.9%	0.4%	0.5%	0.5%	0.6%	0.3%	0.5%
同事或同学	1.5%		0.9%	0.8%	0.3%	0.8%	0.8%		0.6%
上级或下级	1.5%			0.4%	0.3%	0.7%	0.2%	0.2%	0.3%
师生				0.1%					
人与自然的关系				0.5%	0.6%	0.8%	0.4%		0.5%
个人与社会	1.5%	5.9%	2.6%	2.1%	3.2%	1.8%	2.6%	1.4%	2.2%
个人与国家	8.8%	8.8%	7.4%	8.0%	7.8%	7.3%	5.0%	8.4%	7.6%
个人与工作单位			0.4%	0.8%	0.8%	0.7%	0.4%	0.2%	0.6%
通过网络建立的各种“群”的关系				0.2%	0.4%			0.2%	0.2%
朋友			0.4%	0.6%	0.3%	0.5%	0.4%	0.8%	0.5%
个人与自身的关系（身心和谐）	1.5%		0.9%	0.4%	0.6%	1.8%	0.4%	0.9%	0.8%
总计	100.0%	100.0%	100.0%	100.0%	100.0%	100.0%	100.0%	100.0%	100.0%
列总计	68	34	229	1459	790	614	498	656	4348

Chi-square test：df = 84，卡方值为 99.341，sig = 0.121 > 0.05，所以诸群体对于“在下列关系中，您认为哪些关系对您来说最重要？第一位”的回答没有显著差异。

B20b by 诸群体

在下列关系中，您认为哪些关系对您来说最重要？第二位　* 诸群体 Crosstabulation

	官员	企业家	专业人员	工人	农民	企业员工	做小生意	无业/失业/下岗	总计
父母与子女	25.0%	35.3%	21.4%	22.5%	27.3%	21.5%	21.3%	20.8%	22.9%
夫妇	51.5%	41.2%	51.5%	52.4%	48.1%	53.4%	55.2%	47.2%	51.2%
兄弟姐妹	2.9%	14.7%	9.6%	10.8%	11.4%	11.2%	10.0%	18.8%	11.9%
同事或同学	7.4%		2.6%	2.3%	1.9%	2.0%	2.6%	2.1%	2.3%
上级或下级	1.5%		0.4%	1.4%	1.1%	1.0%	2.0%	1.4%	1.3%
师生			0.9%		0.3%			0.6%	0.2%
人与自然的关系			1.7%	1.3%	1.8%	0.7%	1.0%	0.6%	1.2%
个人与社会	2.9%		5.2%	3.2%	2.7%	3.4%	3.2%	1.8%	3.0%
个人与国家	4.4%	2.9%	2.6%	2.2%	2.7%	3.3%	2.4%	2.6%	2.6%
个人与工作单位	4.4%	2.9%	1.3%	1.4%	0.9%	1.0%	1.2%	0.5%	1.2%
通过网络建立的各种“群”的关系					0.1%	0.2%		0.2%	0.1%
朋友		2.9%	1.7%	1.6%	1.1%	2.0%	0.8%	2.8%	1.6%
个人与自身的关系（身心和谐）			0.9%	0.8%	0.6%	0.5%	0.2%	0.6%	0.6%
总计	100.0%	100.0%	100.0%	100.0%	100.0%	100.0%	100.0%	100.0%	100.0%
列总计	68	34	229	1457	790	614	498	654	4344

Chi-square test：df = 84，卡方值为 133.247，sig = 0.001 < 0.05，所以诸群体对于“在下列关系中，您认为哪些关系对您来说最重要？第二位”的回答有显著差异。

B20c by 诸群体

在下列关系中，您认为哪些关系对您来说最重要？第三位　* 诸群体 Crosstabulation

	官员	企业家	专业人员	工人	农民	企业员工	做小生意	无业/失业/下岗	总计
父母与子女	5.9%	8.8%	5.2%	4.1%	3.8%	5.4%	4.6%	3.1%	4.2%
夫妇	13.2%	8.8%	10.5%	12.2%	13.7%	11.7%	11.1%	14.6%	12.6%
兄弟姐妹	52.9%	50.0%	49.3%	53.0%	57.3%	48.3%	55.9%	46.6%	52.3%
同事或同学	5.9%	5.9%	11.8%	5.8%	3.6%	8.2%	6.4%	8.8%	6.6%

续表

	官员	企业家	专业人员	工人	农民	企业员工	做小生意	无业/失业/下岗	总计
上级或下级	1.5%	5.9%	3.5%	2.3%	1.7%	2.0%	1.2%	1.2%	1.9%
师生	1.5%		2.2%	0.7%	0.4%	1.3%	0.4%	1.7%	0.9%
人与自然的关系	1.5%		2.6%	2.1%	1.7%	2.0%	2.0%	2.6%	2.1%
个人与社会	4.4%	5.9%	3.9%	3.9%	5.2%	3.3%	3.0%	3.5%	3.9%
个人与国家	4.4%	2.9%	2.6%	7.2%	5.2%	5.4%	5.2%	8.2%	6.2%
个人与工作单位	4.4%	2.9%	3.5%	2.1%	1.4%	3.4%	2.4%	1.1%	2.2%
通过网络建立的各种“群”的关系				0.2%		0.2%	0.4%	0.3%	0.2%
朋友	4.4%	8.8%	3.9%	5.4%	5.1%	7.0%	6.0%	7.5%	5.9%
个人与自身的关系（身心和谐）			0.9%	0.8%	0.6%	1.8%	1.2%	0.8%	0.9%
其他				0.1%	0.4%	0.2%			0.1%
总计	100.0%	100.0%	100.0%	100.0%	100.0%	100.0%	100.0%	100.0%	100.0%
列总计	68	34	229	1456	787	613	497	650	4334

Chi-square test：df = 91，卡方值为 141.113，sig = 0.001 < 0.05，所以诸群体对于“在下列关系中，您认为哪些关系对您来说最重要？第三位”的回答有显著差异。

B20d by 诸群体

在下列关系中，您认为哪些关系对您来说最重要？第四位 ＊诸群体 Crosstabulation

	官员	企业家	专业人员	工人	农民	企业员工	做小生意	无业/失业/下岗	总计
父母与子女			3.1%	2.6%	2.4%	2.9%	1.6%	0.6%	2.2%
夫妇	4.4%		3.1%	3.7%	3.1%	4.4%	4.0%	3.8%	3.7%
兄弟姐妹	22.1%	14.7%	12.7%	14.1%	11.3%	13.4%	12.9%	14.4%	13.5%
同事或同学	19.1%	20.6%	29.8%	22.3%	16.4%	24.8%	19.6%	15.2%	20.6%
上级或下级	5.9%	8.8%	4.8%	3.3%	4.0%	4.7%	3.4%	2.8%	3.7%
师生	2.9%	2.9%	3.9%	2.8%	2.3%	3.1%	2.2%	4.8%	3.0%
人与自然的关系	1.5%	2.9%	3.1%	3.1%	4.6%	2.6%	3.8%	2.5%	3.3%
个人与社会	13.2%	17.6%	7.9%	9.3%	14.4%	8.7%	12.1%	12.0%	10.9%
个人与国家	8.8%		8.3%	9.2%	13.3%	7.4%	8.1%	11.1%	9.7%
个人与工作单位	11.8%	5.9%	7.5%	6.8%	2.8%	8.0%	5.6%	3.8%	5.8%

续表

	官员	企业家	专业人员	工人	农民	企业员工	做小生意	无业/失业/下岗	总计
通过网络建立的各种“群”的关系	1.5%	5.9%	0.4%	0.9%	0.3%	0.7%	0.4%	0.5%	0.7%
朋友	8.8%	17.6%	13.6%	20.2%	22.4%	17.3%	23.8%	27.3%	21.1%
个人与自身的关系（身心和谐）		2.9%	1.8%	1.6%	1.9%	2.0%	2.4%	0.9%	1.7%
其他				0.1%	0.8%			0.3%	0.2%
总计	100.0%	100.0%	100.0%	100.0%	100.0%	100.0%	100.0%	100.0%	100.0%
列总计	68	34	228	1446	780	612	496	640	4304

Chi-square test：df = 91，卡方值为 225.953，sig = 0.000 < 0.05，所以诸群体对于“在下列关系中，您认为哪些关系对您来说最重要？第四位”的回答有显著差异。

B20e by 诸群体

在下列关系中，您认为哪些关系对您来说最重要？第五位 ＊诸群体 Crosstabulation

	官员	企业家	专业人员	工人	农民	企业员工	做小生意	无业/失业/下岗	总计
父母与子女	1.5%	2.9%	0.4%	0.7%	1.2%	1.2%	1.2%	0.3%	0.9%
夫妇		2.9%	2.7%	2.4%	2.6%	1.7%	1.0%	1.3%	2.0%
兄弟姐妹		2.9%	6.2%	5.0%	4.8%	6.5%	4.5%	4.9%	5.0%
同事或同学	14.7%	11.8%	11.1%	14.0%	12.0%	14.6%	15.4%	17.4%	14.2%
上级或下级	7.4%	2.9%	11.1%	6.9%	4.9%	10.6%	6.3%	4.8%	6.9%
师生		14.7%	10.2%	3.9%	3.0%	4.1%	6.1%	4.6%	4.5%
人与自然的关系	1.5%	2.9%	3.5%	3.6%	5.0%	3.2%	3.6%	4.1%	3.8%
个人与社会	8.8%	5.9%	10.2%	14.8%	21.1%	14.4%	15.8%	16.5%	15.8%
个人与国家	20.6%	14.7%	12.8%	13.3%	16.3%	12.1%	14.0%	17.4%	14.5%
个人与工作单位	11.8%	14.7%	10.6%	9.2%	4.7%	8.0%	4.3%	5.4%	7.2%
通过网络建立的各种“群”的关系	4.4%	2.9%	1.8%	1.5%	1.2%	1.2%	1.4%	2.2%	1.6%
朋友	23.5%	14.7%	15.5%	20.8%	18.5%	18.2%	22.7%	16.3%	19.3%
个人与自身的关系（身心和谐）	5.9%	5.9%	4.0%	3.8%	3.8%	4.1%	3.8%	4.6%	4.0%
其他				0.1%	1.0%	0.2%		0.2%	0.3%
总计	100.0%	100.0%	100.0%	100.0%	100.0%	100.0%	100.0%	100.0%	100.0%

续表

	官员	企业家	专业人员	工人	农民	企业员工	做小生意	无业/失业/下岗	总计
列总计	68	34	226	1431	773	603	494	631	4260

Chi-square test：df = 91，卡方值为 207.618，sig = 0.000 < 0.05，所以诸群体对于“在下列关系中，您认为哪些关系对您来说最重要？第五位”的回答有显著差异。

B21 by 诸群体

您认为哪一种关系对社会秩序最具根本性意义 * 诸群体 Crosstabulation

	官员	企业家	专业人员	工人	农民	企业员工	做小生意	无业/失业/下岗	总计
家庭关系或血缘关系	26.5%	30.3%	30.1%	25.9%	28.2%	22.4%	26.6%	34.7%	27.5%
个人与社会的关系	33.8%	30.3%	37.6%	43.9%	40.9%	43.0%	45.2%	38.2%	41.9%
职业关系	4.4%	9.1%	5.7%	4.0%	2.2%	4.6%	2.8%	1.6%	3.4%
个人与国家民族的关系	29.4%	27.3%	20.1%	20.8%	23.3%	24.3%	18.3%	20.3%	21.6%
人与自然的关系	1.5%		2.6%	1.6%	1.0%	2.6%	2.0%	1.3%	1.7%
个人与自身的关系	4.4%	3.0%	3.9%	3.9%	4.4%	3.1%	5.0%	3.9%	4.0%
总计	100.0%	100.0%	100.0%	100.0%	100.0%	100.0%	100.0%	100.0%	100.0%
列总计	68	33	229	1441	777	612	496	636	4292

Chi-square test：df = 35，卡方值为 69.507，sig = 0.000 < 0.05，所以诸群体对于“您认为哪一种关系对社会秩序最具根本性意义”的回答有显著差异。

B22 by 诸群体

您认为哪一种关系对个人生活最具根本性意义 * 诸群体 Crosstabulation

	官员	企业家	专业人员	工人	农民	企业员工	做小生意	无业/失业/下岗	总计
家庭关系或血缘关系	55.9%	63.6%	54.1%	59.6%	61.4%	52.0%	58.9%	70.0%	60.0%
个人与社会的关系	19.1%	12.1%	20.1%	16.4%	15.3%	18.8%	17.3%	11.1%	16.1%
职业关系	11.8%		11.4%	3.8%	3.1%	7.0%	5.8%	3.1%	4.7%
个人与国家民族的关系	7.4%	18.2%	7.4%	11.7%	10.2%	16.3%	10.9%	8.0%	11.2%
人与自然的关系	4.4%	3.0%	2.2%	1.7%	1.8%	0.8%	1.4%	1.4%	1.6%
个人与自身的关系	1.5%	3.0%	4.8%	6.8%	8.3%	5.1%	5.6%	6.3%	6.4%
总计	100.0%	100.0%	100.0%	100.0%	100.0%	100.0%	100.0%	100.0%	100.0%

续表

	官员	企业家	专业人员	工人	农民	企业员工	做小生意	无业/失业/下岗	总计
列总计	68	33	229	1446	784	613	496	647	4316

Chi-square test：df = 35，卡方值为 129.091，sig = 0.000 < 0.05，所以诸群体对于“您认为哪一种关系对个人生活最具根本性意义”的回答有显著差异。

B23a by 诸群体

对于个人而言，您认为家庭、社会和国家三者的重要性程度如何？第一位 * 诸群体 Crosstabulation

	官员	企业家	专业人员	工人	农民	企业员工	做小生意	无业/失业/下岗	总计
国家	55.9%	54.5%	52.4%	52.5%	60.9%	51.8%	53.1%	41.5%	52.4%
社会	5.9%	3.0%	2.6%	3.1%	2.4%	3.9%	2.8%	2.7%	3.0%
家庭	38.2%	42.4%	45.0%	44.4%	36.7%	44.3%	44.1%	55.7%	44.6%
总计	100.0%	100.0%	100.0%	100.0%	100.0%	100.0%	100.0%	100.0%	100.0%
列总计	68	33	229	1458	787	614	497	655	4341

Chi-square test：df = 14，卡方值为 60.466，sig = 0.000 < 0.05，所以诸群体对于“对于个人而言，认为家庭、社会和国家三者的重要性程度如何？第一位”的回答有显著差异。

B23b by 诸群体

对于个人而言，您认为家庭、社会和国家三者的重要性程度如何？第二位 * 诸群体 Crosstabulation

	官员	企业家	专业人员	工人	农民	企业员工	做小生意	无业/失业/下岗	总计
国家	22.1%	32.4%	31.1%	36.6%	30.8%	32.1%	37.8%	44.4%	35.6%
社会	35.3%	29.4%	29.4%	18.2%	20.0%	29.8%	18.6%	18.9%	21.3%
家庭	42.6%	38.2%	39.5%	45.2%	49.2%	38.1%	43.6%	36.7%	43.1%
总计	100.0%	100.0%	100.0%	100.0%	100.0%	100.0%	100.0%	100.0%	100.0%
列总计	68	34	228	1447	786	611	495	646	4315

Chi-square test：df = 14，卡方值为 91.669，sig = 0.000 < 0.05，所以诸群体对于“对于个人而言，认为家庭、社会和国家三者的重要性程度如何？第二位”的回答有显著差异。

B24a by 诸群体

信息技术、网络技术的发展对伦理道德的影响 ＊诸群体 Crosstabulation

	官员	企业家	专业人员	工人	农民	企业员工	做小生意	无业/失业/下岗	总计
消极影响	14.8%	10.7%	14.1%	13.3%	14.1%	16.5%	13.6%	19.1%	14.8%
没有影响	13.1%	39.3%	15.3%	23.3%	25.2%	21.9%	23.7%	19.3%	22.4%
积极影响	72.1%	50.0%	70.6%	63.4%	60.6%	61.6%	62.6%	61.6%	62.8%
总计	100.0%	100.0%	100.0%	100.0%	100.0%	100.0%	100.0%	100.0%	100.0%
列总计	61	28	177	1073	503	485	396	404	3127

Chi-square test：df = 14，卡方值为 26.545，sig = 0.022 < 0.05，所以诸群体对于“信息技术、网络技术的发展对伦理道德的影响”的回答有显著差异。

B24b by 诸群体

市场经济对我国伦理道德的影响 ＊诸群体 Crosstabulation

	官员	企业家	专业人员	工人	农民	企业员工	做小生意	无业/失业/下岗	总计
消极影响	20.0%	10.3%	15.9%	16.6%	13.8%	17.7%	17.8%	19.4%	16.8%
没有影响	15.0%	20.7%	14.7%	22.5%	23.1%	21.7%	19.8%	22.7%	21.6%
积极影响	65.0%	69.0%	69.4%	60.9%	63.1%	60.5%	62.4%	57.8%	61.6%
总计	100.0%	100.0%	100.0%	100.0%	100.0%	100.0%	100.0%	100.0%	100.0%
列总计	60	29	170	1095	536	479	383	422	3174

Chi-square test：df = 14，卡方值为 16.412，sig = 0.289 > 0.05，所以诸群体对于“市场经济对我国伦理道德的影响”的回答没有显著差异。

B24c by 诸群体

西方文化对我国伦理道德的影响 ＊诸群体

	官员	企业家	专业人员	工人	农民	企业员工	做小生意	无业/失业/下岗	总计
消极影响	19.6%	18.5%	22.4%	20.5%	23.3%	22.3%	15.1%	24.9%	21.2%
没有影响	19.6%	22.2%	19.2%	29.3%	31.5%	25.1%	34.7%	28.9%	28.8%
积极影响	60.8%	59.3%	58.3%	50.3%	45.2%	52.6%	50.2%	46.3%	50.0%
总计	100.0%	100.0%	100.0%	100.0%	100.0%	100.0%	100.0%	100.0%	100.0%
列总计	51	27	156	963	451	439	331	374	2792

Chi-square test：df = 14，卡方值为 31.663，sig = 0.004 < 0.05，所以诸群体对于“西方文化对我国伦理道德的影响”的回答有显著差异。

B25 by 诸群体

如果国外报道与国家主流媒体的宣传内容不一致，您倾向于相信 ＊诸群体 Crosstabulation

	官员	企业家	专业人员	工人	农民	企业员工	做小生意	无业/失业/下岗	总计
主流媒体	71.6%	63.6%	61.6%	70.9%	76.0%	64.3%	70.1%	70.8%	70.2%
国外报道		12.1%	6.4%	2.4%	1.3%	5.1%	1.7%	2.7%	2.8%
谁都不相信，自己判断	28.4%	24.2%	32.0%	26.7%	22.7%	30.6%	28.1%	26.6%	27.0%
总计	100.0%	100.0%	100.0%	100.0%	100.0%	100.0%	100.0%	100.0%	100.0%
列总计	67	33	219	1363	704	588	469	595	4038

Chi-square test：df = 14，卡方值为 60.508，sig = 0.000 < 0.05，所以诸群体对于“如果国外报道与国家主流媒体的宣传内容不一致，您倾向于相信”的回答有显著差异。

B26 by 诸群体

如果朋友圈的消息与国家主流媒体的报道不一致，您会相信哪一个 ＊诸群体 Crosstabulation

	官员	企业家	专业人员	工人	农民	企业员工	做小生意	无业/失业/下岗	总计
主流媒体	66.2%	61.8%	57.0%	62.1%	64.1%	60.2%	60.7%	64.8%	62.2%
朋友圈/亲朋圈子	5.9%	11.8%	9.2%	12.0%	14.1%	7.3%	10.9%	8.8%	10.9%
都不相信，自己比较判断	27.9%	26.5%	33.3%	25.4%	20.6%	32.3%	28.4%	26.0%	26.4%
其他			0.4%	0.4%	1.3%	0.2%		0.5%	0.5%
总计	100.0%	100.0%	100.0%	100.0%	100.0%	100.0%	100.0%	100.0%	100.0%
列总计	68	34	228	1453	788	613	496	650	4330

Chi-square test：df = 21，卡方值为 62.245，sig = 0.000 < 0.05，所以诸群体对于“如果朋友圈的消息与国家主流媒体的报道不一致，您会相信哪一个”的回答有显著差异。

C1 by 诸群体

您认为当前中国社会个人道德素质的主要问题是 ＊诸群体 Crosstabulation

	官员	企业家	专业人员	工人	农民	企业员工	做小生意	无业/失业/下岗	总计
道德上无知	10.3%	12.1%	10.0%	9.0%	10.2%	10.3%	11.5%	7.5%	9.6%

续表

	官员	企业家	专业人员	工人	农民	企业员工	做小生意	无业/失业/下岗	总计
有道德知识，但不见诸行动	77.9%	84.8%	80.8%	79.7%	78.5%	80.1%	75.4%	83.6%	79.7%
道德上既无知，也不见道德行动	11.8%	3.0%	9.2%	10.9%	11.0%	9.6%	12.9%	8.6%	10.5%
其他				0.4%	0.3%		0.2%	0.3%	0.3%
总计	100.0%	100.0%	100.0%	100.0%	100.0%	100.0%	100.0%	100.0%	100.0%
列总计	68	33	229	1451	781	613	495	651	4321

Chi-square test：df = 21，卡方值为 21.044，sig = 0.456 > 0.05，所以诸群体对于“当前中国社会个人道德素质的主要问题”的回答没有显著差异。

C2 by 诸群体

您根据什么来判断某种行为是否符合伦理或道德 ＊诸群体 Crosstabulation

	官员	企业家	专业人员	工人	农民	企业员工	做小生意	无业/失业/下岗	总计
传统道德观念	61.8%	59.4%	61.4%	58.5%	56.0%	65.5%	58.2%	57.5%	59.1%
风俗习惯	29.4%	31.3%	39.5%	33.4%	36.4%	30.4%	38.1%	29.8%	33.8%
大多数人认同的道德规范	45.6%	53.1%	56.1%	47.4%	48.2%	48.3%	49.5%	38.1%	47.0%
当事人共同利益和意志	23.5%	6.3%	20.6%	19.2%	16.9%	23.4%	19.3%	14.3%	18.7%
自己的良心	52.9%	65.6%	53.9%	61.6%	64.8%	61.0%	64.1%	68.1%	62.8%
意识形态的要求	23.5%	12.5%	10.1%	12.8%	10.5%	17.5%	9.3%	9.9%	12.2%
列总计	68	32	228	1441	789	611	493	637	4299

据上表所示，诸群体对于“您根据什么来判断某种行为是否符合伦理或道德”的回答有显著差异。

C3a by 诸群体

我会经常关心比我不幸的人 ＊诸群体 Crosstabulation

	官员	企业家	专业人员	工人	农民	企业员工	做小生意	无业/失业/下岗	总计
完全不符合	2.9%	8.8%	2.2%	3.5%	3.7%	2.1%	2.4%	4.1%	3.3%
有点符合	5.9%	23.5%	19.7%	19.9%	23.1%	20.5%	25.3%	20.1%	21.0%
一般	32.4%	26.5%	34.9%	35.5%	32.2%	34.9%	33.7%	31.8%	33.9%
比较符合	48.5%	32.4%	31.4%	31.3%	34.3%	28.0%	31.3%	37.8%	32.6%

续表

	官员	企业家	专业人员	工人	农民	企业员工	做小生意	无业/失业/下岗	总计
完全符合	10.3%	8.8%	11.8%	9.7%	6.7%	14.5%	7.2%	6.1%	9.1%
总计	100.0%	100.0%	100.0%	100.0%	100.0%	100.0%	100.0%	100.0%	100.0%
列总计	68	34	229	1458	788	614	498	651	4340

Chi-square test：df = 28，卡方值为 79.605，sig = 0.000 < 0.05，所以诸群体对于“我会经常关心比我不幸的人”的回答有显著差异。

C3b by 诸群体

我时常会同情他人的难处 ＊诸群体 Crosstabulation

	官员	企业家	专业人员	工人	农民	企业员工	做小生意	无业/失业/下岗	总计
完全不符合		5.9%	1.3%	2.1%	2.7%	1.1%	1.2%	3.4%	2.1%
有点符合	5.9%	14.7%	18.4%	21.1%	22.0%	19.8%	26.0%	16.4%	20.5%
一般	29.4%	23.5%	26.8%	34.6%	33.2%	28.8%	31.2%	33.1%	32.3%
比较符合	52.9%	41.2%	39.5%	34.7%	34.2%	39.6%	35.0%	40.6%	36.8%
完全符合	11.8%	14.7%	14.0%	7.5%	8.0%	10.6%	6.6%	6.6%	8.3%
总计	100.0%	100.0%	100.0%	100.0%	100.0%	100.0%	100.0%	100.0%	100.0%
列总计	68	34	228	1456	790	611	497	653	4337

Chi-square test：df = 28，卡方值为 79.381，sig = 0.000 < 0.05，所以诸群体对于“我时常会同情他人的难处”的回答有显著差异。

C3c by 诸群体

在做决定前，我会试着从每个人的立场去考虑问题 ＊诸群体 Crosstabulation

	官员	企业家	专业人员	工人	农民	企业员工	做小生意	无业/失业/下岗	总计
完全不符合	1.5%	5.9%	2.6%	2.8%	4.1%	3.3%	4.2%	3.2%	3.3%
有点符合	13.2%	20.6%	21.9%	17.9%	19.3%	21.4%	24.6%	18.8%	19.7%
一般	23.5%	17.6%	29.4%	40.5%	40.2%	32.2%	32.9%	33.7%	36.3%
比较符合	45.6%	44.1%	33.3%	30.9%	31.1%	31.7%	30.4%	35.0%	32.1%
完全符合	16.2%	11.8%	12.7%	8.0%	5.3%	11.4%	7.9%	9.3%	8.6%
总计	100.0%	100.0%	100.0%	100.0%	100.0%	100.0%	100.0%	100.0%	100.0%
列总计	68	34	228	1451	788	612	496	655	4332

Chi-square test：df = 28，卡方值为 77.405，sig = 0.000 < 0.05，所以诸群体对于“在做决定前，我会试着从每个人的立场去考虑问题”的回答有显著差异。

C3d by 诸群体

当我看到有人被利用时，时常想要保护他们 * 诸群体 Crosstabulation

	官员	企业家	专业人员	工人	农民	企业员工	做小生意	无业/失业/下岗	总计
完全不符合	5.9%	8.8%	3.5%	4.3%	4.7%	4.1%	4.0%	4.8%	4.4%
有点符合	13.2%	20.6%	22.4%	22.7%	24.9%	17.7%	24.9%	18.9%	21.9%
一般	29.4%	32.4%	30.7%	38.8%	38.0%	36.4%	39.2%	36.8%	37.5%
比较符合	42.6%	35.3%	32.5%	28.5%	27.7%	33.6%	27.0%	33.8%	30.2%
完全符合	8.8%	2.9%	11.0%	5.6%	4.7%	8.2%	4.8%	5.7%	6.0%
总计	100.0%	100.0%	100.0%	100.0%	100.0%	100.0%	100.0%	100.0%	100.0%
列总计	68	34	228	1452	787	610	497	647	4323

Chi-square test：df = 28，卡方值为 57.963，sig = 0.001 < 0.05，所以诸群体对于“当我看到有人被利用时，时常想要保护他们”的回答有显著差异。

C3e by 诸群体

我有时会试图站在他人的角度，以更好地理解我的朋友 * 诸群体 Crosstabulation

	官员	企业家	专业人员	工人	农民	企业员工	做小生意	无业/失业/下岗	总计
完全不符合	1.5%	2.9%	1.8%	2.7%	3.4%	1.6%	3.2%	2.9%	2.7%
有点符合	10.3%	20.6%	20.2%	20.5%	20.7%	17.6%	19.6%	17.6%	19.4%
一般	30.9%	35.3%	24.1%	33.0%	37.4%	31.0%	32.1%	28.8%	32.3%
比较符合	39.7%	26.5%	34.6%	34.9%	32.3%	38.0%	37.4%	39.8%	35.9%
完全符合	17.6%	14.7%	19.3%	8.9%	6.1%	11.7%	7.7%	10.9%	9.7%
总计	100.0%	100.0%	100.0%	100.0%	100.0%	100.0%	100.0%	100.0%	100.0%
列总计	68	34	228	1453	786	613	495	653	4330

Chi-square test：df = 28，卡方值为 79.105，sig - 0.000 < 0.05，所以诸群体对于“我有时会试图站在他人的角度，以更好地理解朋友”的回答有显著差异。

C3f by 诸群体

他人的不幸通常不会给我带来很大的不安 * 诸群体 Crosstabulation

	官员	企业家	专业人员	工人	农民	企业员工	做小生意	无业/失业/下岗	总计
完全不符合	10.3%	14.7%	13.7%	10.0%	11.1%	13.2%	15.3%	14.6%	12.2%

续表

	官员	企业家	专业人员	工人	农民	企业员工	做小生意	无业/失业/下岗	总计
有点符合	10.3%	29.4%	22.1%	22.5%	22.2%	17.0%	21.5%	21.8%	21.3%
一般	39.7%	35.3%	34.1%	37.6%	37.2%	34.6%	34.4%	32.1%	35.7%
比较符合	33.8%	17.6%	21.7%	24.7%	25.5%	26.6%	23.1%	27.6%	25.3%
完全符合	5.9%	2.9%	8.4%	5.2%	4.0%	8.5%	5.6%	3.8%	5.5%
总计	100.0%	100.0%	100.0%	100.0%	100.0%	100.0%	100.0%	100.0%	100.0%
列总计	68	34	226	1451	783	612	497	651	4322

Chi-square test：df = 28，卡方值为 59.525，sig = 0.000 < 0.05，所以诸群体对于“他人的不幸通常不会给我带来很大的不安”的回答有显著差异。

C3g by 诸群体

在观看电视剧或电影之后，我会感觉到自己仿佛成了其中的一个角色 ＊诸群体 Crosstabulation

	官员	企业家	专业人员	工人	农民	企业员工	做小生意	无业/失业/下岗	总计
完全不符合	17.9%	17.6%	16.7%	16.6%	19.6%	14.2%	19.6%	27.7%	18.8%
有点符合	11.9%	17.6%	19.8%	20.5%	21.4%	18.8%	22.4%	21.1%	20.5%
一般	38.8%	35.3%	34.4%	32.3%	33.5%	32.1%	32.5%	24.2%	31.5%
比较符合	22.4%	23.5%	20.3%	24.6%	20.2%	26.5%	19.8%	21.0%	22.7%
完全符合	9.0%	5.9%	8.8%	6.1%	5.4%	8.3%	5.8%	6.0%	6.4%
总计	100.0%	100.0%	100.0%	100.0%	100.0%	100.0%	100.0%	100.0%	100.0%
列总计	67	34	227	1448	782	611	496	649	4314

Chi-square test：df = 28，卡方值为 77.986，sig = 0.000 < 0.05，所以诸群体对于“在观看电视剧或电影之后，我会感觉到自己仿佛成了其中的一个角色”的回答有显著差异。

C3h by 诸群体

当我对某人很不耐烦的时候，我通常会暂时站在他/她的位置上 ＊诸群体 Crosstabulation

	官员	企业家	专业人员	工人	农民	企业员工	做小生意	无业/失业/下岗	总计
完全不符合	10.6%	8.8%	10.6%	8.5%	8.0%	6.4%	9.3%	9.3%	8.5%
有点符合	19.7%	32.4%	26.0%	23.0%	23.7%	23.0%	25.8%	23.6%	23.7%
一般	36.4%	23.5%	32.6%	36.3%	37.4%	36.4%	34.9%	36.4%	36.1%

续表

	官员	企业家	专业人员	工人	农民	企业员工	做小生意	无业/失业/下岗	总计
比较符合	22.7%	32.4%	22.9%	26.2%	26.4%	29.2%	24.0%	23.6%	25.9%
完全符合	10.6%	2.9%	7.9%	5.9%	4.5%	4.9%	6.0%	7.1%	5.9%
总计	100.0%	100.0%	100.0%	100.0%	100.0%	100.0%	100.0%	100.0%	100.0%
列总计	66	34	227	1452	784	612	496	648	4319

Chi-square test：df = 28，卡方值为 28.378，sig = 0.445 > 0.05，所以诸群体对于“当我对某人很不耐烦的时候，我通常会暂时站在他/她的位置上”的回答没有显著差异。

C3i by 诸群体

读故事时，会想象如果这些事情发生在自己身上，我会是怎样的感受 * 诸群体 Crosstabulation

	官员	企业家	专业人员	工人	农民	企业员工	做小生意	无业/失业/下岗	总计
完全不符合	11.8%	5.9%	10.1%	12.3%	16.5%	10.1%	15.1%	18.9%	13.9%
有点符合	19.1%	14.7%	18.9%	22.3%	19.5%	17.0%	17.9%	21.4%	20.1%
一般	30.9%	38.2%	36.6%	34.2%	35.9%	35.0%	32.6%	25.5%	33.2%
比较符合	27.9%	23.5%	25.6%	25.3%	22.6%	29.1%	28.1%	26.6%	25.9%
完全符合	10.3%	17.6%	8.8%	6.0%	5.6%	8.7%	6.3%	7.7%	6.9%
总计	100.0%	100.0%	100.0%	100.0%	100.0%	100.0%	100.0%	100.0%	100.0%
列总计	68	34	227	1442	771	611	491	640	4284

Chi-square test：df = 28，卡方值为 75.631，sig = 0.000 < 0.05，所以诸群体对于“读故事时，会想象如果这些事情发生在自己身上，我会是怎样的感受”的回答有显著差异。

C3j by 诸群体

在批评他人之前，我会尝试想象一下如果我处于那个位置会是什么感受 * 诸群体 Crosstabulation

	官员	企业家	专业人员	工人	农民	企业员工	做小生意	无业/失业/下岗	总计
完全不符合	1.5%	5.9%	2.6%	3.0%	4.7%	3.3%	3.2%	5.1%	3.7%
有点符合	11.8%	23.5%	22.0%	19.2%	18.7%	14.4%	22.4%	20.7%	19.1%
一般	33.8%	20.6%	35.2%	36.6%	38.4%	37.8%	37.7%	34.2%	36.6%
比较符合	42.6%	38.2%	28.2%	34.1%	33.0%	37.4%	29.4%	31.4%	33.3%
完全符合	10.3%	11.8%	11.9%	7.0%	5.2%	7.1%	7.3%	8.7%	7.3%

续表

	官员	企业家	专业人员	工人	农民	企业员工	做小生意	无业/失业/下岗	总计
总计	100.0%	100.0%	100.0%	100.0%	100.0%	100.0%	100.0%	100.0%	100.0%
列总计	68	34	227	1450	782	609	496	647	4313

Chi-square test：df = 28，卡方值为 54.022，sig = 0.002 < 0.05，所以诸群体对于“在批评他人之前，我会尝试想象一下如果我处于那个位置会是什么感受”的回答有显著差异。

C4a by 诸群体

您认为当今中国社会最重要和最需要的德性是？第一位 ＊诸群体 Crosstabulation

	官员	企业家	专业人员	工人	农民	企业员工	做小生意	无业/失业/下岗	总计
爱（仁爱、博爱、友爱）	27.9%	26.5%	31.9%	22.9%	21.1%	32.1%	22.3%	26.5%	24.9%
义（道义、义务）	4.4%	2.9%	4.8%	3.6%	3.8%	3.3%	3.4%	3.8%	3.7%
宽容	1.5%	2.9%	3.1%	4.1%	4.1%	3.9%	4.4%	3.1%	3.8%
责任	8.8%	8.8%	5.7%	5.4%	4.4%	5.4%	7.0%	5.4%	5.5%
公正	22.1%	8.8%	11.8%	14.9%	15.1%	15.3%	12.1%	15.6%	14.7%
诚信	13.2%	23.5%	16.6%	18.6%	18.0%	12.7%	17.5%	16.9%	17.1%
忠恕（将心比心）			3.1%	1.8%	2.2%	1.1%	1.6%	1.7%	1.8%
理智			0.4%	0.1%	0.3%	0.7%	1.2%	0.8%	0.5%
节制			1.3%	1.0%	1.5%	0.3%	1.0%	0.6%	0.9%
谦让	2.9%		1.3%	3.4%	4.1%	2.0%	3.8%	1.4%	2.9%
勇敢			1.7%	1.6%	1.5%	0.8%	2.4%	1.2%	1.5%
正直	2.9%		1.7%	3.7%	2.0%	4.1%	4.2%	1.8%	3.1%
善良	5.9%		3.1%	6.5%	7.4%	5.1%	6.4%	9.0%	6.6%
孝敬	10.3%	26.5%	12.7%	12.3%	14.1%	12.4%	11.1%	11.7%	12.5%
敬业			0.9%	0.1%	0.4%	0.8%	1.4%	0.3%	0.5%
其他				0.1%	0.1%			0.2%	0.1%
总计	100.0%	100.0%	100.0%	100.0%	100.0%	100.0%	100.0%	100.0%	100.0%
列总计	68	34	229	1456	788	613	497	652	4337

Chi-square test：df = 105，卡方值为 162.628，sig = 0.000 < 0.05，所以诸群体对于“当今中国社会最重要和最需要的德性是？第一位”的回答有显著差异。

C4b by 诸群体

您认为当今中国社会最重要和最需要的德性是？第二位 ＊诸群体 Crosstabulation

	官员	企业家	专业人员	工人	农民	企业员工	做小生意	无业/失业/下岗	总计
爱（仁爱、博爱、友爱）	8.8%	5.9%	14.8%	10.9%	9.8%	13.2%	11.7%	9.0%	11.0%
义（道义、义务）	10.3%	5.9%	14.0%	13.0%	10.0%	20.8%	8.9%	10.6%	12.7%
宽容	8.8%	14.7%	8.7%	6.6%	5.0%	5.7%	6.4%	6.6%	6.4%
责任	5.9%		9.2%	8.2%	6.0%	7.7%	9.9%	10.3%	8.2%
公正	19.1%	17.6%	13.5%	14.3%	14.1%	8.8%	12.9%	11.7%	13.0%
诚信	20.6%	20.6%	13.5%	14.9%	16.8%	17.5%	16.1%	20.9%	16.7%
忠恕（将心比心）	2.9%	2.9%	2.2%	2.7%	3.4%	1.5%	1.8%	2.0%	2.4%
理智	1.5%	2.9%	1.7%	0.9%	1.1%	1.6%	1.8%	1.2%	1.3%
节制	1.5%	2.9%	0.9%	2.6%	4.4%	1.3%	3.2%	2.5%	2.7%
谦让	1.5%		3.1%	3.4%	3.8%	2.1%	3.0%	1.8%	2.9%
勇敢	1.5%		0.4%	2.2%	2.5%	1.8%	3.2%	1.2%	2.1%
正直	2.9%	2.9%	1.3%	3.1%	2.4%	2.9%	4.0%	2.0%	2.8%
善良	4.4%	11.8%	8.3%	8.1%	10.5%	6.0%	8.0%	9.5%	8.4%
孝敬	8.8%	5.9%	5.2%	8.1%	8.6%	8.3%	8.0%	9.8%	8.3%
敬业	1.5%	5.9%	3.1%	1.0%	1.3%	0.7%	1.0%	0.9%	1.1%
其他					0.1%				
总计	100.0%	100.0%	100.0%	100.0%	100.0%	100.0%	100.0%	100.0%	100.0%
列总计	68	34	229	1456	787	612	497	652	4335

Chi-square test：df = 105，卡方值为 198.186，sig = 0.000 < 0.05，所以诸群体对于“当今中国社会最重要和最需要的德性是？第二位”的回答有显著差异。

C4c by 诸群体

您认为当今中国社会最重要和最需要的德性是？第三位 ＊诸群体 Crosstabulation

	官员	企业家	专业人员	工人	农民	企业员工	做小生意	无业/失业/下岗	总计
爱（仁爱、博爱、友爱）	7.4%	20.6%	10.0%	7.4%	5.5%	7.5%	7.6%	7.5%	7.4%
义（道义、义务）	4.4%	14.7%	5.2%	6.9%	6.1%	7.9%	7.4%	6.2%	6.8%

续表

	官员	企业家	专业人员	工人	农民	企业员工	做小生意	无业/失业/下岗	总计
宽容	17.6%	14.7%	20.5%	16.0%	18.9%	20.9%	18.7%	16.2%	17.8%
责任	19.1%	8.8%	14.4%	12.7%	12.9%	16.0%	13.1%	13.5%	13.6%
公正	5.9%	5.9%	6.1%	7.5%	7.7%	6.1%	8.5%	9.7%	7.7%
诚信	8.8%	8.8%	14.8%	11.0%	11.1%	10.3%	9.9%	12.0%	11.1%
忠恕（将心比心）	4.4%		3.1%	3.2%	4.1%	2.1%	5.2%	2.0%	3.3%
理智	4.4%		2.6%	3.8%	3.8%	3.9%	3.6%	4.2%	3.8%
节制	1.5%		1.3%	2.5%	2.4%	0.8%	2.4%	1.1%	1.9%
谦让		2.9%	1.7%	3.0%	2.4%	1.8%	1.0%	2.3%	2.3%
勇敢	1.5%	2.9%	2.2%	3.4%	2.9%	2.3%	3.2%	3.2%	3.0%
正直	11.8%	8.8%	3.9%	5.6%	5.9%	4.1%	5.8%	7.1%	5.7%
善良	2.9%	8.8%	6.6%	6.7%	8.6%	7.4%	4.2%	8.3%	7.0%
孝敬	4.4%	2.9%	5.2%	8.0%	6.8%	6.1%	5.8%	5.5%	6.6%
敬业	5.9%		2.2%	2.1%	0.9%	2.8%	3.4%	1.2%	2.1%
总计	100.0%	100.0%	100.0%	100.0%	100.0%	100.0%	100.0%	100.0%	100.0%
列总计	68	34	229	1452	783	611	497	650	4324

Chi-square test：df = 98，卡方值为 139.570，sig = 0.004 < 0.05，所以诸群体对于“当今中国社会最重要和最需要的德性是？第三位”的回答有显著差异。

C4d by 诸群体

您认为当今中国社会最重要和最需要的德性是？第四位 ＊诸群体 Crosstabulation

	官员	企业家	专业人员	工人	农民	企业员工	做小生意	无业/失业/下岗	总计
爱（仁爱、博爱、友爱）	4.4%	2.9%	5.7%	5.0%	6.2%	5.7%	4.6%	7.6%	5.7%
义（道义、义务）	4.4%	2.9%	5.7%	5.7%	4.5%	5.6%	4.4%	5.7%	5.3%
宽容	4.4%	2.9%	7.0%	8.6%	7.3%	8.4%	9.1%	9.1%	8.3%
责任	16.2%	20.6%	20.1%	20.2%	18.2%	21.3%	16.7%	18.6%	19.3%
公正	8.8%	17.6%	10.5%	8.9%	8.1%	8.2%	7.9%	7.7%	8.5%
诚信	20.6%	11.8%	12.2%	9.7%	9.0%	9.3%	12.7%	10.4%	10.3%
忠恕（将心比心）			1.7%	2.5%	2.1%	3.6%	1.6%	2.5%	2.4%
理智	1.5%		2.2%	3.5%	3.6%	2.8%	2.4%	2.9%	3.1%

续表

	官员	企业家	专业人员	工人	农民	企业员工	做小生意	无业/失业/下岗	总计
节制	2.9%		3.9%	2.6%	3.5%	2.1%	3.0%	2.2%	2.7%
谦让	4.4%	5.9%	3.9%	3.6%	5.8%	4.8%	5.6%	3.6%	4.4%
勇敢	1.5%		2.2%	1.6%	3.2%	1.3%	1.8%	2.3%	2.0%
正直	11.8%	5.9%	4.4%	5.0%	4.2%	4.9%	4.8%	4.2%	4.8%
善良	13.2%	17.6%	9.2%	12.5%	13.1%	13.0%	14.3%	11.3%	12.6%
孝敬	4.4%	11.8%	7.9%	8.3%	10.0%	6.2%	9.5%	10.7%	8.7%
敬业	1.5%		3.5%	2.1%	1.3%	2.8%	1.4%	1.2%	1.9%
总计	100.0%	100.0%	100.0%	100.0%	100.0%	100.0%	100.0%	100.0%	100.0%
列总计	68	34	229	1448	779	610	496	646	4310

Chi-square test：df = 98，卡方值为 110.368，sig = 0.185 > 0.05，所以诸群体对于“当今中国社会最重要和最需要的德性是？第四位”的回答没有显著差异。

C4e by 诸群体

您认为当今中国社会最重要和最需要的德性是？第五位 ＊诸群体 Crosstabulation

	官员	企业家	专业人员	工人	农民	企业员工	做小生意	无业/失业/下岗	总计
爱（仁爱、博爱、友爱）	7.4%	5.9%	4.8%	8.1%	7.5%	8.4%	7.1%	7.5%	7.6%
义（道义、义务）	2.9%	8.8%	4.8%	7.9%	8.5%	7.7%	5.4%	9.5%	7.7%
宽容	4.4%	2.9%	5.7%	4.1%	5.1%	3.3%	4.8%	3.3%	4.2%
责任	2.9%	2.9%	7.0%	7.4%	6.7%	9.0%	8.1%	8.7%	7.7%
公正	10.3%	5.9%	10.5%	9.9%	8.9%	13.3%	9.1%	9.5%	10.0%
诚信	8.8%	5.9%	7.9%	9.9%	10.4%	8.2%	7.9%	7.9%	9.1%
忠恕（将心比心）	1.5%	5.9%	2.6%	4.7%	4.0%	3.3%	4.6%	3.6%	4.1%
理智	2.9%	5.9%	4.4%	3.2%	3.5%	1.8%	4.8%	4.0%	3.4%
节制	2.9%	5.9%	4.4%	2.6%	1.3%	2.3%	4.0%	1.7%	2.5%
谦让	4.4%	2.9%	3.5%	5.3%	4.9%	5.1%	7.7%	4.0%	5.1%
勇敢	4.4%	2.9%	2.2%	3.5%	3.7%	3.4%	3.8%	3.4%	3.5%
正直	17.6%	11.8%	6.6%	5.8%	6.3%	6.9%	3.0%	6.5%	6.1%
善良	10.3%	8.8%	17.5%	13.8%	13.4%	12.5%	13.3%	15.4%	13.8%
孝敬	10.3%	8.8%	9.6%	9.8%	12.1%	10.8%	11.9%	11.7%	10.9%

续表

	官员	企业家	专业人员	工人	农民	企业员工	做小生意	无业/失业/下岗	总计
敬业	8.8%	14.7%	8.7%	4.2%	3.9%	3.9%	4.4%	3.1%	4.4%
总计	100.0%	100.0%	100.0%	100.0%	100.0%	100.0%	100.0%	100.0%	100.0%
列总计	68	34	229	1440	778	609	496	642	4296

Chi-square test：df = 98，卡方值为 144.3196，sig = 0.002 < 0.05，所以诸群体对于“当今中国社会最重要和最需要的德性是？第五位”的回答有显著差异。

C5 by 诸群体

一个制药厂做药品销售时，出资 50 万元请您向公众介绍自己服药后的良好效果，您过去服用这药时并没有效果，但也没有发现有很大的副作用，您将如何决定 * 诸群体 Crosstabulation

	官员	企业家	专业人员	工人	农民	企业员工	做小生意	无业/失业/下岗	总计
接受邀请，心安理得	13.2%	8.8%	11.5%	13.3%	15.3%	9.2%	14.3%	6.9%	12.1%
接受邀请，心里不安，但这笔巨款很有吸引力	11.8%	32.4%	12.8%	13.9%	11.8%	16.3%	16.9%	12.7%	14.1%
拒绝，这是虚假广告欺骗大众	75.0%	58.8%	75.3%	72.7%	72.7%	74.3%	68.1%	79.8%	73.5%
其他			0.4%	0.1%	0.3%	0.2%	0.6%	0.6%	0.3%
总计	100.0%	100.0%	100.0%	100.0%	100.0%	100.0%	100.0%	100.0%	100.0%
列总计	68	34	227	1457	790	612	496	655	4339

Chi-square test：df = 21，卡方值为 60.616，sig = 0.000 < 0.05，所以诸群体对于“一个制药厂做药品销售时，出资 50 万元请您向公众介绍自己服药后的良好效果，您过去服用这药时并没有效果，但也没有发现有很大的副作用，您将如何决定”的回答有显著差异。

C6 by 诸群体

您正在申请一个重要的职位，如果具有两次以上在敬老院做义工的经历（不需要出具证据），将可能优先获得这个职位，您将如何决定 * 诸群体 Crosstabulation

	官员	企业家	专业人员	工人	农民	企业员工	做小生意	无业/失业/下岗	总计
如实填报，没做过义工，今后多参加这类活动	82.4%	61.8%	76.0%	76.6%	78.7%	73.8%	72.0%	77.9%	76.2%

续表

	官员	企业家	专业人员	工人	农民	企业员工	做小生意	无业/失业/下岗	总计
填报参加过两次义工，这机会太重要了，反正不需要出具证据	8.8%	32.4%	14.4%	14.8%	14.7%	15.8%	16.9%	10.8%	14.6%
先填报，交表之后去做两次义工	8.8%	5.9%	9.2%	8.5%	6.1%	10.1%	10.7%	11.1%	8.9%
其他			0.4%	0.1%	0.5%	0.3%	0.4%	0.2%	0.3%
总计	100.0%	100.0%	100.0%	100.0%	100.0%	100.0%	100.0%	100.0%	100.0%
列总计	68	34	229	1451	784	614	497	648	4325

Chi-square test：df = 21，卡方值为 39.952，sig = 0.010 < 0.05，所以诸群体对于“您正在申请一个重要的职位，如果具有两次以上在敬老院做义工的经历（不需要出具证据），将可能优先获得这个职位，您将如何决定”的回答有显著差异。

C7 by 诸群体

如果您全权代表本单位与另一单位进行项目谈判，对方要求您给予一千万元的优惠，事成之后将您正在寻找工作的女儿安排到这一单位并且获得较好职位，您将如何决定 ＊诸群体 Crosstabulation

	官员	企业家	专业人员	工人	农民	企业员工	做小生意	无业/失业/下岗	总计
拒绝，不能以公谋私	82.4%	73.5%	80.6%	76.4%	75.3%	82.7%	73.3%	74.7%	76.8%
接受，女儿前途重要，并且我有权决定	17.6%	26.5%	17.2%	23.3%	24.6%	16.5%	26.1%	24.1%	22.6%
其他			2.2%	0.3%	0.1%	0.8%	0.6%	1.2%	0.6%
总计	100.0%	100.0%	100.0%	100.0%	100.0%	100.0%	100.0%	100.0%	100.0%
列总计	68	34	227	1444	784	607	495	648	4307

Chi-square test：df = 14，卡方值为 44.380，sig = 0.000 < 0.05，所以诸群体对于“如果您全权代表本单位与另一单位进行项目谈判，对方要求您给予一千万元的优惠，事成之后将您正在寻找工作的女儿安排到这一单位并且获得较好职位，您将如何决定”的回答有显著差异。

C8 by 诸群体

现在社会上有些人不守道德反而占了便宜，您会不会效仿 ＊诸群体 Crosstabulation

	官员	企业家	专业人员	工人	农民	企业员工	做小生意	无业/失业/下岗	总计
从来不这么做	61.8%	52.9%	59.9%	51.5%	52.5%	56.5%	52.1%	55.9%	53.8%

续表

	官员	企业家	专业人员	工人	农民	企业员工	做小生意	无业/失业/下岗	总计
通常不这么做，关键时刻会这么做	14.7%	29.4%	22.9%	28.3%	26.2%	24.6%	30.2%	26.4%	26.8%
经常这么做			1.3%	0.8%	1.0%	0.8%	1.2%	0.8%	0.9%
相信善有善报，恶有恶报，终将会善恶报应	23.5%	14.7%	15.4%	19.3%	20.3%	17.9%	16.5%	16.5%	18.4%
其他		2.9%	0.4%			0.2%		0.5%	0.1%
总计	100.0%	100.0%	100.0%	100.0%	100.0%	100.0%	100.0%	100.0%	100.0%
列总计	68	34	227	1459	790	614	497	655	4344

Chi-square test：df = 28，卡方值为54.054，sig = 0.002 < 0.05，所以诸群体对于“现在社会上有些人不守道德反而占了便宜，您会不会效仿”的回答有显著差异。

C9a by 诸群体

下列说法您是否认同：目前大多数人将职业当作谋生的手段，缺乏责任感和奉献精神 ＊诸群体 Crosstabulation

	官员	企业家	专业人员	工人	农民	企业员工	做小生意	无业/失业/下岗	总计
完全不同意		2.9%	3.9%	3.1%	3.8%	3.4%	3.3%	3.8%	3.4%
不太同意	37.3%	41.2%	28.8%	31.0%	29.1%	33.6%	28.6%	28.1%	30.4%
比较同意	52.2%	44.1%	54.1%	54.9%	57.8%	49.8%	55.4%	57.1%	54.9%
完全同意	10.4%	11.8%	13.1%	11.1%	9.3%	13.1%	12.7%	11.0%	11.3%
总计	100.0%	100.0%	100.0%	100.0%	100.0%	100.0%	100.0%	100.0%	100.0%
列总计	67	34	229	1429	742	610	489	627	4227

Chi-square test：df = 21，卡方值为21.851，sig = 0.408 > 0.05，所以诸群体对于“下列说法您是否认同：目前大多数人将职业当作谋生的手段，缺乏责任感和奉献精神”的回答没有显著差异。

C9b by 诸群体

下列说法您是否认同：企业老板剥削员工，利益关系不公正 ＊诸群体 Crosstabulation

	官员	企业家	专业人员	工人	农民	企业员工	做小生意	无业/失业/下岗	总计
完全不同意	1.5%	2.9%	6.6%	5.7%	4.9%	5.1%	5.0%	4.7%	5.2%
不太同意	50.7%	38.2%	33.2%	31.7%	33.9%	37.0%	32.0%	29.4%	33.0%

续表

	官员	企业家	专业人员	工人	农民	企业员工	做小生意	无业/失业/下岗	总计
比较同意	38.8%	41.2%	47.8%	50.9%	52.8%	49.5%	53.6%	54.7%	51.4%
完全同意	9.0%	17.6%	12.4%	11.6%	8.4%	8.3%	9.4%	11.3%	10.3%
总计	100.0%	100.0%	100.0%	100.0%	100.0%	100.0%	100.0%	100.0%	100.0%
列总计	67	34	226	1412	716	602	481	602	4140

Chi-square test：df = 21，卡方值为 34.215，sig = 0.034 < 0.05，所以诸群体对于“下列说法您是否认同：企业老板剥削员工，利益关系不公正”的回答有显著差异。

C9c by 诸群体

下列说法您是否认同：老板和员工、上级和下级相互勾结，共同对社会不负责任 ＊诸群体 Crosstabulation

	官员	企业家	专业人员	工人	农民	企业员工	做小生意	无业/失业/下岗	总计
完全不同意	10.8%	15.2%	8.1%	6.2%	6.0%	9.9%	5.5%	5.6%	6.8%
不太同意	50.8%	36.4%	47.1%	40.7%	42.4%	44.5%	38.3%	38.2%	41.4%
比较同意	35.4%	39.4%	31.4%	42.8%	42.8%	37.1%	44.9%	47.5%	42.1%
完全同意	3.1%	9.1%	13.5%	10.3%	8.8%	8.4%	11.3%	8.6%	9.7%
总计	100.0%	100.0%	100.0%	100.0%	100.0%	100.0%	100.0%	100.0%	100.0%
列总计	65	33	223	1375	705	593	470	568	4032

Chi-square test：df = 21，卡方值为 50.949，sig = 0.000 < 0.05，所以诸群体对于“下列说法您是否认同：老板和员工、上级和下级相互勾结，共同对社会不负责任”的回答有显著差异。

C9d by 诸群体

下列说法您是否认同：是否离婚主要考虑自己的感受和利益 ＊诸群体 Crosstabulation

	官员	企业家	专业人员	工人	农民	企业员工	做小生意	无业/失业/下岗	总计
完全不同意	26.9%	26.5%	22.2%	24.2%	23.3%	30.3%	22.9%	24.2%	24.7%
不太同意	46.3%	47.1%	49.8%	51.8%	56.7%	47.8%	59.1%	49.7%	52.4%
比较同意	22.4%	20.6%	21.3%	21.5%	18.6%	17.4%	15.3%	22.8%	19.9%
完全同意	4.5%	5.9%	6.7%	2.5%	1.4%	4.5%	2.7%	3.3%	3.0%
总计	100.0%	100.0%	100.0%	100.0%	100.0%	100.0%	100.0%	100.0%	100.0%
列总计	67	34	225	1412	759	604	484	628	4213

Chi-square test：df = 21，卡方值为 57.098，sig = 0.000 < 0.05，所以诸群体对于“下列说法您是否认同：是否离婚主要考虑自己的感受和利益”的回答有显著差异。

C9e by 诸群体

下列说法您是否认同：是否离婚应该从家庭整体（包括子女）考虑 ＊诸群体 Crosstabulation

	官员	企业家	专业人员	工人	农民	企业员工	做小生意	无业/失业/下岗	总计
完全不同意	1.5%		0.9%	0.8%	0.9%	1.5%	0.8%	1.4%	1.0%
不太同意	10.3%	8.8%	4.4%	5.4%	5.6%	7.6%	5.1%	5.9%	5.8%
比较同意	57.4%	55.9%	62.6%	56.4%	61.1%	53.2%	54.0%	55.9%	56.8%
完全同意	30.9%	35.3%	32.2%	37.4%	32.4%	37.7%	40.1%	36.9%	36.4%
总计	100.0%	100.0%	100.0%	100.0%	100.0%	100.0%	100.0%	100.0%	100.0%
列总计	68	34	227	1434	772	605	491	632	4263

Chi-square test：df = 21，卡方值为 25.885，sig = 0.221 > 0.05，所以诸群体对于“下列说法您是否认同：是否离婚应该从家庭整体（包括子女）考虑”的回答没有显著差异。

C9f by 诸群体

下列说法您是否认同：婚姻是社会的事，应当兼顾社会评价和社会后果 ＊诸群体 Crosstabulation

	官员	企业家	专业人员	工人	农民	企业员工	做小生意	无业/失业/下岗	总计
完全不同意	7.5%	6.1%	9.3%	4.0%	2.9%	6.0%	4.5%	7.7%	5.1%
不太同意	34.3%	15.2%	19.9%	19.8%	18.8%	24.3%	23.9%	22.8%	21.4%
比较同意	38.8%	39.4%	46.0%	56.9%	57.2%	47.0%	49.8%	50.6%	52.7%
完全同意	19.4%	39.4%	24.8%	19.4%	21.1%	22.7%	21.8%	18.9%	20.8%
总计	100.0%	100.0%	100.0%	100.0%	100.0%	100.0%	100.0%	100.0%	100.0%
列总计	67	33	226	1416	754	604	490	623	4213

Chi-square test：df = 21，卡方值为 72.134，sig = 0.000 < 0.05，所以诸群体对于“下列说法您是否认同：婚姻是社会的事，应当兼顾社会评价和社会后果”的回答有显著差异。

C9g by 诸群体

下列说法您是否认同：婚姻应当是自由的，如果有更满意或更合适的人就与现在的配偶离婚 ＊诸群体 Crosstabulation

	官员	企业家	专业人员	工人	农民	企业员工	做小生意	无业/失业/下岗	总计
完全不同意	55.2%	41.2%	45.3%	48.0%	45.7%	48.4%	45.3%	38.4%	45.8%
不太同意	34.3%	35.3%	45.8%	43.6%	46.9%	42.5%	48.6%	50.7%	45.6%

续表

	官员	企业家	专业人员	工人	农民	企业员工	做小生意	无业/失业/下岗	总计
比较同意	9.0%	23.5%	7.6%	7.3%	6.4%	7.3%	5.1%	9.0%	7.3%
完全同意	1.5%		1.3%	1.0%	1.0%	1.8%	1.0%	1.9%	1.3%
总计	100.0%	100.0%	100.0%	100.0%	100.0%	100.0%	100.0%	100.0%	100.0%
列总计	67	34	225	1445	781	605	492	631	4280

Chi-square test：df = 21，卡方值为 46.009，sig = 0.001 < 0.05，所以诸群体对于“下列说法您是否认同：现婚姻应当是自由的，如果有更满意或更合适的人就与现在的配偶离婚”的回答有显著差异。

C9h by 诸群体

下列说法您是否认同：婚姻意味着责任，要考虑给对方造成什么后果，不能轻率地选择离婚 ＊诸群体 Crosstabulation

	官员	企业家	专业人员	工人	农民	企业员工	做小生意	无业/失业/下岗	总计
完全不同意		2.9%	2.6%	1.1%	0.8%	1.3%	0.6%	1.3%	1.1%
不太同意	7.4%	8.8%	3.5%	2.8%	2.3%	3.0%	2.6%	5.3%	3.3%
比较同意	42.6%	38.2%	48.7%	50.1%	52.4%	47.7%	47.7%	52.2%	49.9%
完全同意	50.0%	50.0%	45.2%	45.9%	44.6%	48.0%	49.1%	41.2%	45.7%
总计	100.0%	100.0%	100.0%	100.0%	100.0%	100.0%	100.0%	100.0%	100.0%
列总计	68	34	228	1448	783	608	495	638	4302

Chi-square test：df = 21，卡方值为 37.652，sig = 0.014 < 0.05，所以诸群体对于“下列说法您是否认同：婚姻意味着责任，要考虑给对方造成什么后果，不能轻率地选择离婚”的回答有显著差异。

C9i by 诸群体

下列说法您是否认同：遇到困难的时候，兄弟姐妹通常都会给予力所能及的帮助 ＊诸群体 Crosstabulation

	官员	企业家	专业人员	工人	农民	企业员工	做小生意	无业/失业/下岗	总计
完全不同意			2.2%	0.3%	0.9%	0.7%	0.6%	0.5%	0.6%
不太同意	7.5%	2.9%	3.1%	4.7%	4.3%	4.8%	6.3%	4.4%	4.7%
比较同意	58.2%	50.0%	50.0%	55.3%	56.7%	48.4%	51.4%	54.7%	53.7%
完全同意	34.3%	47.1%	44.7%	39.7%	38.1%	46.2%	41.7%	40.5%	40.9%
总计	100.0%	100.0%	100.0%	100.0%	100.0%	100.0%	100.0%	100.0%	100.0%
列总计	67	34	228	1446	783	610	496	640	4304

Chi-square test：df = 21，卡方值为 32.971，sig = 0.047 < 0.05，所以诸群体对于“下列说法您是否认同：遇到困难的时候，兄弟姐妹通常都会给予力所能及的帮助”的回答有显著差异。

C9j by 诸群体

下列说法您是否认同：无论父母对自己如何，都应当尽赡养义务 ＊诸群体 Crosstabulation

	官员	企业家	专业人员	工人	农民	企业员工	做小生意	无业/失业/下岗	总计
完全不同意		2.9%	1.8%	0.3%	0.8%	0.7%	0.2%	1.2%	0.6%
不太同意	4.5%	2.9%	7.0%	3.6%	1.9%	4.1%	3.6%	3.2%	3.5%
比较同意	46.3%	38.2%	35.5%	43.8%	41.5%	39.0%	39.7%	42.9%	41.7%
完全同意	49.3%	55.9%	55.7%	52.2%	55.8%	56.2%	56.5%	52.7%	54.2%
总计	100.0%	100.0%	100.0%	100.0%	100.0%	100.0%	100.0%	100.0%	100.0%
列总计	67	34	228	1453	788	610	494	651	4325

Chi-square test：df = 21，卡方值为 39.444，sig = 0.009 < 0.05，所以诸群体对于“下列说法您是否认同：无论父母对自己如何，都应当尽赡养义务”的回答有显著差异。

C9k by 诸群体

下列说法您是否认同：为了家庭利益可以一定程度上牺牲国家利益 ＊诸群体 Crosstabulation

	官员	企业家	专业人员	工人	农民	企业员工	做小生意	无业/失业/下岗	总计
完全不同意	20.9%	31.3%	26.4%	15.7%	15.6%	19.4%	14.4%	18.5%	17.3%
不太同意	49.3%	28.1%	49.5%	50.6%	51.8%	46.6%	54.2%	51.4%	50.5%
比较同意	22.4%	31.3%	17.7%	26.9%	26.9%	27.2%	25.0%	24.6%	25.8%
完全同意	7.5%	9.4%	6.4%	6.8%	5.6%	6.7%	6.5%	5.4%	6.3%
总计	100.0%	100.0%	100.0%	100.0%	100.0%	100.0%	100.0%	100.0%	100.0%
列总计	67	32	220	1360	735	581	480	626	4101

Chi-square test：df = 21，卡方值为 39.812，sig = 0.008 < 0.05，所以诸群体对于“下列说法您是否认同：为了家庭利益可以一定程度上牺牲国家利益”的回答有显著差异。

C9l by 诸群体

下列说法您是否认同：为了国家利益可以一定程度上牺牲家庭利益 ＊诸群体 Crosstabulation

	官员	企业家	专业人员	工人	农民	企业员工	做小生意	无业/失业/下岗	总计
完全不同意	7.7%	9.4%	6.4%	4.8%	4.6%	5.5%	5.4%	5.9%	5.3%
不太同意	32.3%	28.1%	21.4%	24.0%	23.8%	29.1%	25.6%	27.5%	25.4%
比较同意	43.1%	43.8%	49.1%	53.0%	51.1%	48.8%	45.5%	52.1%	50.6%
完全同意	16.9%	18.8%	23.2%	18.2%	20.5%	16.6%	23.5%	14.5%	18.7%

续表

	官员	企业家	专业人员	工人	农民	企业员工	做小生意	无业/失业/下岗	总计
总计	100.0%	100.0%	100.0%	100.0%	100.0%	100.0%	100.0%	100.0%	100.0%
列总计	65	32	220	1354	732	580	481	622	4086

Chi-square test：df = 21，卡方值为 35.831，sig = 0.023 < 0.05，所以诸群体对于“下列说法您是否认同：为了国家利益可以一定程度上牺牲家庭利益”的回答有显著差异。

C10 by 诸群体

假设您的上司或老板是外国人，他侮辱了中国，您会选择 * 诸群体 Crosstabulation

	官员	企业家	专业人员	工人	农民	企业员工	做小生意	无业/失业/下岗	总计
当面抗议	79.4%	64.7%	65.9%	66.5%	68.0%	64.3%	64.2%	65.9%	66.3%
保持沉默	13.2%	29.4%	18.3%	19.2%	15.7%	23.2%	19.1%	16.5%	18.7%
暗地里报复	2.9%	5.9%	3.5%	2.8%	1.7%	1.8%	3.2%	2.6%	2.5%
以屈求伸，背后骂几句就行了	4.4%		9.2%	8.1%	8.0%	8.5%	10.3%	11.5%	8.8%
无所谓			3.1%	3.4%	6.6%	2.1%	3.2%	3.4%	3.7%
总计	100.0%	100.0%	100.0%	100.0%	100.0%	100.0%	100.0%	100.0%	100.0%
列总计	68	34	229	1451	785	611	497	643	4318

Chi-square test：df = 28，卡方值为 65.507，sig = 0.000 < 0.05，所以诸群体对于“假设您的上司或老板是外国人，他侮辱了中国，您会选择”的回答有显著差异。

C11 by 诸群体

如果条件允许的话，您希望您的孩子生活在国内，还是到国外定居 * 诸群体 Crosstabulation

	官员	企业家	专业人员	工人	农民	企业员工	做小生意	无业/失业/下岗	总计
还是在国内生活好	72.1%	61.8%	55.0%	58.1%	62.3%	54.7%	59.4%	58.9%	58.7%
到国外定居	5.9%	17.6%	13.5%	8.6%	4.8%	14.2%	11.0%	10.4%	9.5%
走一步看一步	11.8%	14.7%	15.3%	10.6%	8.5%	14.0%	9.4%	13.3%	11.2%
没考虑过	10.3%	5.9%	16.2%	22.8%	24.4%	17.1%	20.1%	17.4%	20.5%
总计	100.0%	100.0%	100.0%	100.0%	100.0%	100.0%	100.0%	100.0%	100.0%
列总计	68	34	229	1459	790	614	498	655	4347

Chi-square test：df = 21，卡方值为 91.992，sig = 0.000 < 0.05，所以诸群体对于“如果条件允许的话，您希望您的孩子生活在国内，还是到国外定居”的回答有显著差异。

C12a by 诸群体

您常常体验到自己身上一种“伦理感”的存在吗？人与人之间 ＊诸群体 Crosstabulation

	官员	企业家	专业人员	工人	农民	企业员工	做小生意	无业/失业/下岗	总计
没有，只感受到自己实实在在的生活	13.2%	17.6%	17.5%	21.3%	20.2%	20.8%	21.4%	17.3%	20.1%
偶尔有，但主要是因为那种情况下我的利益与它高度一致	19.1%	26.5%	29.7%	32.9%	28.9%	33.0%	32.5%	28.4%	31.0%
偶尔有，是在受某种作品或生活情境的影响之后	30.9%	20.6%	27.9%	19.3%	19.5%	19.8%	22.8%	23.9%	21.1%
时常有，它是一种内在的信念	36.8%	35.3%	24.9%	26.5%	31.4%	26.5%	23.4%	30.4%	27.7%
总计	100.0%	100.0%	100.0%	100.0%	100.0%	100.0%	100.0%	100.0%	100.0%
列总计	68	34	229	1458	781	612	496	654	4332

Chi-square test：df = 21，卡方值为 43.519，sig = 0.003 < 0.05，所以诸群体对于“您常常体验到自己身上一种‘伦理感’的存在吗？人与人之间”的回答有显著差异。

C12b by 诸群体

您常常体验到自己身上一种“伦理感”的存在吗？家庭 ＊诸群体 Crosstabulation

	官员	企业家	专业人员	工人	农民	企业员工	做小生意	无业/失业/下岗	总计
没有，只感受到自己实实在在的生活	11.8%	14.7%	14.0%	19.4%	19.4%	17.1%	20.0%	11.3%	17.5%
偶尔有，但主要是因为那种情况下我的利益与它高度一致	13.2%	17.6%	17.0%	17.2%	14.9%	19.1%	17.1%	14.9%	16.6%
偶尔有，是在受某种作品或生活情境的影响之后	13.2%	17.6%	15.7%	16.1%	13.5%	16.6%	15.1%	20.1%	16.1%
时常有，它是一种内在的信念	61.8%	50.0%	53.3%	47.4%	52.1%	47.1%	47.8%	53.8%	49.8%
总计	100.0%	100.0%	100.0%	100.0%	100.0%	100.0%	100.0%	100.0%	100.0%
列总计	68	34	229	1457	783	613	496	653	4333

Chi-square test：df = 21，卡方值为 47.875，sig = 0.001 < 0.05，所以诸群体对于“您常常体验到自己身上一种‘伦理感’的存在吗？家庭”的回答有显著差异。

C12c by 诸群体

您常常体验到自己身上一种“伦理感”的存在吗？单位 ＊诸群体 Crosstabulation

	官员	企业家	专业人员	工人	农民	企业员工	做小生意	无业/失业/下岗	总计
没有，只感受到自己实实在在的生活	8.8%	23.5%	15.7%	21.4%	23.1%	20.4%	18.6%	24.8%	21.3%
偶尔有，但主要是因为那种情况下我的利益与它高度一致	20.6%	26.5%	34.5%	34.1%	32.4%	30.6%	36.6%	27.7%	32.4%
偶尔有，是在受某种作品或生活情境的影响之后	38.2%	17.6%	26.2%	27.0%	27.6%	30.1%	26.5%	29.1%	27.8%
时常有，它是一种内在的信念	32.4%	32.4%	23.6%	17.5%	16.9%	19.0%	18.4%	18.3%	18.5%
总计	100.0%	100.0%	100.0%	100.0%	100.0%	100.0%	100.0%	100.0%	100.0%
列总计	68	34	229	1454	775	612	495	649	4316

Chi-square test：df = 21，卡方值为 49.860，sig = 0.000 < 0.05，所以诸群体对于“您常常体验到自己身上一种‘伦理感’的存在吗？单位”的回答有显著差异。

C12d by 诸群体

您常常体验到自己身上一种“伦理感”的存在吗？社区、城市 ＊诸群体 Crosstabulation

	官员	企业家	专业人员	工人	农民	企业员工	做小生意	无业/失业/下岗	总计
没有，只感受到自己实实在在的生活	10.3%	14.7%	19.7%	22.6%	25.2%	22.0%	18.8%	24.1%	22.4%
偶尔有，但主要是因为那种情况下我的利益与它高度一致	14.7%	32.4%	33.6%	29.2%	27.9%	28.4%	31.9%	24.0%	28.4%
偶尔有，是在受某种作品或生活情境的影响之后	33.8%	17.6%	28.8%	28.5%	26.8%	28.7%	28.9%	31.2%	28.7%
时常有，它是一种内在的信念	41.2%	35.3%	17.9%	19.8%	20.1%	21.0%	20.4%	20.7%	20.6%
总计	100.0%	100.0%	100.0%	100.0%	100.0%	100.0%	100.0%	100.0%	100.0%
列总计	68	34	229	1457	781	610	495	651	4325

Chi-square test：df = 21，卡方值为 50.192，sig = 0.000 < 0.05，所以诸群体对于“您常常体验到自己身上一种‘伦理感’的存在吗？社区、城市”的回答有显著差异。

C13 by 诸群体

您常常体验到自己身上有一种“道德感”的存在和满足吗 ＊诸群体 Crosstabulation

	官员	企业家	专业人员	工人	农民	企业员工	做小生意	无业/失业/下岗	总计
没有，只是凭自己的感觉和利益办事	7.4%	2.9%	14.4%	14.7%	16.0%	14.8%	16.5%	8.6%	14.0%
在有监督的环境中或有别人在场时有，其他环境中没有	13.2%	17.6%	13.5%	15.0%	12.3%	12.5%	15.7%	9.7%	13.4%
经常有，问心无愧、不做亏心事最重要	61.8%	67.6%	52.8%	48.8%	49.2%	53.1%	47.9%	56.1%	51.1%
没有特别的感觉，但从来不做不道德的事	17.6%	11.8%	18.8%	21.4%	22.5%	19.5%	19.9%	25.3%	21.5%
其他			0.4%	0.1%				0.3%	0.1%
总计	100.0%	100.0%	100.0%	100.0%	100.0%	100.0%	100.0%	100.0%	100.0%
列总计	68	34	229	1458	788	614	497	652	4340

Chi-square test：df = 28，卡方值为 64.630，sig = 0.000 < 0.05，所以诸群体对于“您常常体验到自己身上有一种‘道德感’的存在和满足吗”的回答有显著差异。

C14 by 诸群体

您认为国家对于个人存在的意义是 ＊诸群体 Crosstabulation

	官员	企业家	专业人员	工人	农民	企业员工	做小生意	无业/失业/下岗	总计
国家离我们很遥远，个人最重要	8.8%	11.8%	16.2%	22.8%	23.3%	16.6%	26.4%	15.9%	20.7%
国家最重要，是我们的安身之地，国家富强个人才能过得好	91.2%	88.2%	82.1%	77.1%	76.6%	83.2%	73.4%	83.5%	79.0%
其他			1.7%	0.1%	0.1%	0.2%	0.2%	0.6%	0.3%
总计	100.0%	100.0%	100.0%	100.0%	100.0%	100.0%	100.0%	100.0%	100.0%
列总计	68	34	229	1457	791	613	497	653	4342

Chi-square test：df = 14，卡方值为 65.765，sig = 0.000 < 0.05，所以诸群体对于“您认为国家对于个人存在的意义是”的回答有显著差异。

C15 by 诸群体

您认为对社会生活而言，个体德性和社会公正哪个更重要 ＊诸群体 Crosstabulation

	官员	企业家	专业人员	工人	农民	企业员工	做小生意	无业/失业/下岗	总计
个体德性最重要	5.9%	17.6%	16.2%	13.4%	18.5%	13.4%	18.3%	12.4%	14.8%
社会公正最重要	25.0%	17.6%	25.3%	32.8%	37.3%	30.8%	34.7%	27.8%	32.2%
二者应当统一，但二者矛盾时应先追求个体德性	32.4%	41.2%	27.5%	27.4%	22.9%	22.0%	23.5%	31.5%	26.2%
二者应当统一，但二者矛盾时应先追求社会公正	36.8%	23.5%	31.0%	26.3%	21.3%	33.8%	23.5%	28.4%	26.8%
总计	100.0%	100.0%	100.0%	100.0%	100.0%	100.0%	100.0%	100.0%	100.0%
列总计	68	34	229	1458	790	613	498	655	4345

Chi-square test：df = 21，卡方值为 86.921，sig = 0.000 < 0.05，所以诸群体对于“您认为对社会生活而言，个体德性和社会公正哪个更重要”的回答有显著差异。

C16 by 诸群体

在公共生活中，个人之所以要遵守道德，是因为 ＊诸群体 Crosstabulation

	官员	企业家	专业人员	工人	农民	企业员工	做小生意	无业/失业/下岗	总计
遵守道德有利于自身利益的实现	19.1%	11.8%	21.0%	20.7%	24.1%	18.8%	24.5%	16.6%	20.8%
个人是社会的一分子，应当遵守道德	48.5%	38.2%	41.9%	39.3%	37.8%	39.1%	36.8%	40.5%	39.2%
遵守道德社会才能有序和美好	30.9%	47.1%	34.9%	34.4%	32.7%	38.7%	34.0%	39.6%	35.5%
不遵守道德会被别人议论或谴责	1.5%	2.9%	1.3%	5.5%	5.4%	3.4%	4.4%	3.2%	4.4%
其他			0.9%	0.1%			0.2%	0.2%	0.1%
总计	100.0%	100.0%	100.0%	100.0%	100.0%	100.0%	100.0%	100.0%	100.0%
列总计	68	34	229	1457	790	612	497	652	4339

Chi-square test：df = 28，卡方值为 54.914，sig = 0.002 < 0.05，所以诸群体对于“在公共生活中，个人之所以要遵守道德，是因为”的回答有显著差异。

C17 by 诸群体

关于职业劳动的说法，您最认同的是 ＊诸群体 Crosstabulation

	官员	企业家	专业人员	工人	农民	企业员工	做小生意	无业/失业/下岗	总计
职业劳动是个人和家庭谋生的手段	35.3%	29.4%	44.1%	54.5%	61.1%	42.2%	60.4%	57.5%	54.0%
职业劳动是为社会创造财富	29.4%	32.4%	24.2%	26.0%	23.4%	29.1%	22.5%	19.0%	24.5%
职业劳动是个人兴趣和价值实现的方式	33.8%	38.2%	31.3%	19.4%	15.3%	28.8%	16.7%	22.9%	21.2%
其他	1.5%		0.4%	0.1%	0.3%		0.4%	0.6%	0.3%
总计	100.0%	100.0%	100.0%	100.0%	100.0%	100.0%	100.0%	100.0%	100.0%
列总计	68	34	227	1452	778	612	498	647	4316

Chi-square test：df = 21，卡方值为 127.513，sig = 0.000 < 0.05，所以诸群体对于“关于职业劳动的说法，您最认同的是”的回答有显著差异。

C18a by 诸群体

您认为造成有些人忧郁、自杀的原因是？欲望过多过大，不能知足常乐 ＊诸群体 Crosstabulation

	官员	企业家	专业人员	工人	农民	企业员工	做小生意	无业/失业/下岗	总计
未选中	63.2%	67.6%	56.6%	70.9%	70.7%	66.7%	70.7%	69.0%	69.1%
选中	36.8%	32.4%	43.4%	29.1%	29.3%	33.3%	29.3%	31.0%	30.9%
总计	100.0%	100.0%	100.0%	100.0%	100.0%	100.0%	100.0%	100.0%	100.0%
列总计	68	34	226	1447	778	609	498	651	4311

Chi-square test：df = 7，卡方值为 22.960，sig = 0.002 < 0.05，所以诸群体对于“您认为造成有些人忧郁、自杀的原因是？欲望过多过大，不能知足常乐”的回答有显著差异。

C18b by 诸群体

您认为造成有些人忧郁、自杀的原因是？对自己和未来没有把握 ＊诸群体 Crosstabulation

	官员	企业家	专业人员	工人	农民	企业员工	做小生意	无业/失业/下岗	总计
未选中	77.9%	73.5%	63.7%	69.4%	71.5%	66.7%	70.5%	78.3%	70.7%
选中	22.1%	26.5%	36.3%	30.6%	28.5%	33.3%	29.5%	21.7%	29.3%
总计	100.0%	100.0%	100.0%	100.0%	100.0%	100.0%	100.0%	100.0%	100.0%
列总计	68	34	226	1447	778	609	498	651	4311

Chi-square test：df = 7，卡方值为 31.758，sig = 0.000 < 0.05，所以诸群体对于“您认为造成有些人忧郁、自杀的原因是？对自己和未来没有把握”的回答有显著差异。

C18c by 诸群体

您认为造成有些人忧郁、自杀的原因是？竞争激烈，工作压力过大，身心疲惫 ＊诸群体 Crosstabulation

	官员	企业家	专业人员	工人	农民	企业员工	做小生意	无业/失业/下岗	总计
未选中	48.5%	55.9%	45.6%	49.3%	53.2%	51.7%	48.0%	46.4%	49.6%
选中	51.5%	44.1%	54.4%	50.7%	46.8%	48.3%	52.0%	53.6%	50.4%
总计	100.0%	100.0%	100.0%	100.0%	100.0%	100.0%	100.0%	100.0%	100.0%
列总计	68	34	226	1447	778	609	498	651	4311

Chi-square test：df = 7，卡方值为 10.455，sig = 0.164 > 0.05，所以诸群体对于“您认为造成有些人忧郁、自杀的原因是？竞争激烈，工作压力过大，身心疲惫”的回答没有显著差异。

C18d by 诸群体

您认为造成有些人忧郁、自杀的原因是？人与人之间缺乏信任感，人际关系紧张 ＊诸群体 Crosstabulation

	官员	企业家	专业人员	工人	农民	企业员工	做小生意	无业/失业/下岗	总计
未选中	60.3%	67.6%	64.6%	60.5%	61.2%	59.8%	62.4%	67.4%	62.1%
选中	39.7%	32.4%	35.4%	39.5%	38.8%	40.2%	37.6%	32.6%	37.9%
总计	100.0%	100.0%	100.0%	100.0%	100.0%	100.0%	100.0%	100.0%	100.0%
列总计	68	34	226	1447	778	609	498	651	4311

Chi-square test：df = 7，卡方值为 12.214，sig = 0.094 > 0.05，所以诸群体对于“您认为造成有些人忧郁、自杀的原因是？人与人之间缺乏信任感，人际关系紧张”的回答没有显著差异。

C18e by 诸群体

您认为造成有些人忧郁、自杀的原因是？有烦恼很难找到人倾诉和排解 ＊诸群体 Crosstabulation

	官员	企业家	专业人员	工人	农民	企业员工	做小生意	无业/失业/下岗	总计
未选中	80.9%	61.8%	70.4%	75.5%	77.9%	76.2%	73.1%	76.7%	75.6%
选中	19.1%	38.2%	29.6%	24.5%	22.1%	23.8%	26.9%	23.3%	24.4%
总计	100.0%	100.0%	100.0%	100.0%	100.0%	100.0%	100.0%	100.0%	100.0%
列总计	68	34	226	1447	778	609	498	651	4311

Chi-square test：df = 7，卡方值为 12.367，sig = 0.089 > 0.05，所以诸群体对于“您认为造成有些人忧郁、自杀的原因是？有烦恼很难找到人倾诉和排解”的回答没有显著差异。

C18f by 诸群体

您认为造成有些人忧郁、自杀的原因是？缺乏自我理解和自我调节能力 ＊诸群体 Crosstabulation

	官员	企业家	专业人员	工人	农民	企业员工	做小生意	无业/失业/下岗	总计
未选中	64.7%	79.4%	71.2%	75.5%	75.3%	75.2%	78.9%	79.0%	76.0%
选中	35.3%	20.6%	28.8%	24.5%	24.7%	24.8%	21.1%	21.0%	24.0%
总计	100.0%	100.0%	100.0%	100.0%	100.0%	100.0%	100.0%	100.0%	100.0%
列总计	68	34	226	1447	778	609	498	651	4311

Chi-square test：df = 7，卡方值为 13.794，sig = 0.055 > 0.05，所以诸群体对于“您认为造成有些人忧郁、自杀的原因是？缺乏自我理解和自我调节能力”的回答没有显著差异。

C18g by 诸群体

您认为造成有些人忧郁、自杀的原因是？现代人缺乏安顿自己、化解内心矛盾的能力 ＊诸群体 Crosstabulation

	官员	企业家	专业人员	工人	农民	企业员工	做小生意	无业/失业/下岗	总计
未选中	73.5%	61.8%	74.3%	74.7%	77.2%	68.5%	76.5%	73.7%	74.2%
选中	26.5%	38.2%	25.7%	25.3%	22.8%	31.5%	23.5%	26.3%	25.8%
总计	100.0%	100.0%	100.0%	100.0%	100.0%	100.0%	100.0%	100.0%	100.0%
列总计	68	34	226	1447	778	609	498	651	4311

Chi-square test：df = 7，卡方值为 18.632，sig = 0.009 < 0.05，所以诸群体对于“您认为造成有些人忧郁、自杀的原因是？现代人缺乏安顿自己、化解内心矛盾的能力”的回答有显著差异。

C18h by 诸群体

您认为造成有些人忧郁、自杀的原因是？缺乏道德公正，没有道德的人总是占便宜 ＊诸群体 Crosstabulation

	官员	企业家	专业人员	工人	农民	企业员工	做小生意	无业/失业/下岗	总计
未选中	89.7%	79.4%	77.0%	74.7%	74.0%	72.9%	75.5%	85.9%	76.5%
选中	10.3%	20.6%	23.0%	25.3%	26.0%	27.1%	24.5%	14.1%	23.5%
总计	100.0%	100.0%	100.0%	100.0%	100.0%	100.0%	100.0%	100.0%	100.0%
列总计	68	34	226	1447	778	609	498	651	4311

Chi-square test：df = 7，卡方值为 48.436，sig = 0.000 < 0.05，所以诸群体对于“您认为造成有些人忧郁、自杀的原因是？缺乏道德公正，没有道德的人总是占便宜”的回答有显著差异。

C18i by 诸群体

您认为造成有些人忧郁、自杀的原因是？缺乏理想和信念支持，精神没有寄托和归宿 ＊诸群体 Crosstabulation

	官员	企业家	专业人员	工人	农民	企业员工	做小生意	无业/失业/下岗	总计
未选中	75.0%	61.8%	73.5%	78.9%	80.2%	70.1%	82.1%	77.1%	77.5%
选中	25.0%	38.2%	26.5%	21.1%	19.8%	29.9%	17.9%	22.9%	22.5%
总计	100.0%	100.0%	100.0%	100.0%	100.0%	100.0%	100.0%	100.0%	100.0%
列总计	68	34	226	1447	778	609	498	651	4311

Chi-square test：df = 7，卡方值为 37.202，sig = 0.000 < 0.05，所以诸群体对于“您认为造成有些人忧郁、自杀的原因是？缺乏理想和信念支持，精神没有寄托和归宿”的回答有显著差异。

C18j by 诸群体

您认为造成有些人忧郁、自杀的原因是？生活压力大 ＊诸群体 Crosstabulation

	官员	企业家	专业人员	工人	农民	企业员工	做小生意	无业/失业/下岗	总计
未选中	47.1%	50.0%	44.7%	44.9%	46.8%	42.9%	42.8%	40.1%	44.0%
选中	52.9%	50.0%	55.3%	55.1%	53.2%	57.1%	57.2%	59.9%	56.0%
总计	100.0%	100.0%	100.0%	100.0%	100.0%	100.0%	100.0%	100.0%	100.0%
列总计	68	34	226	1447	778	609	498	651	4311

Chi-square test：df = 7，卡方值为 8.337，sig = 0.304 > 0.05，所以诸群体对于“您认为造成有些人忧郁、自杀的原因是？生活压力大”的回答没有显著差异。

C18k by 诸群体

您认为造成有些人忧郁、自杀的原因是？生活孤独无聊 ＊诸群体 Crosstabulation

	官员	企业家	专业人员	工人	农民	企业员工	做小生意	无业/失业/下岗	总计
未选中	92.6%	82.4%	86.3%	90.3%	91.9%	90.3%	92.6%	87.7%	90.2%
选中	7.4%	17.6%	13.7%	9.7%	8.1%	9.7%	7.4%	12.3%	9.8%
总计	100.0%	100.0%	100.0%	100.0%	100.0%	100.0%	100.0%	100.0%	100.0%
列总计	68	34	226	1447	778	609	498	651	4311

Chi-square test：df = 28，卡方值为 17.111，sig = 0.017 < 0.05，所以诸群体对于“您认为造成有些人忧郁、自杀的原因是？生活孤独无聊”的回答有显著差异。

C18l by 诸群体

您认为造成有些人忧郁、自杀的原因是？其他 ＊诸群体 Crosstabulation

	官员	企业家	专业人员	工人	农民	企业员工	做小生意	无业/失业/下岗	总计
未选中	100.0%	100.0%	99.1%	99.2%	99.6%	100.0%	99.8%	98.8%	99.4%
选中			0.9%	0.8%	0.4%		0.2%	1.2%	0.6%
总计	100.0%	100.0%	100.0%	100.0%	100.0%	100.0%	100.0%	100.0%	100.0%
列总计	68	34	226	1447	778	609	498	651	4311

Chi-square test：df = 7，卡方值为 12.060，sig = 0.099 > 0.05，所以诸群体对于“您认为造成有些人忧郁、自杀的原因是？其他”的回答没有显著差异。

C19a by 诸群体

如果您与家庭成员之间发生重大利益冲突，您会首先选择哪种途径来解决 ＊诸群体 Crosstabulation

	官员	企业家	专业人员	工人	农民	企业员工	做小生意	无业/失业/下岗	总计
诉诸法律，打官司		3.1%	1.3%	0.6%	0.6%	1.2%	0.6%	2.0%	1.0%
直接找对方沟通但得理让人，适可而止	70.6%	37.5%	50.4%	51.7%	49.6%	48.6%	51.1%	68.3%	53.4%
通过第三方（如社会机构、朋友等）从中调解，尽量不伤和气	8.8%	3.1%	11.9%	10.1%	12.7%	8.3%	9.3%	8.3%	10.0%
能忍则忍	20.6%	56.3%	36.3%	37.6%	37.1%	42.0%	39.0%	21.4%	35.6%
总计	100.0%	100.0%	100.0%	100.0%	100.0%	100.0%	100.0%	100.0%	100.0%
列总计	68	32	226	1438	774	605	495	641	4279

Chi-square test：df = 21，卡方值为 118.910，sig = 0.000 < 0.05，所以诸群体对于“如果您与家庭成员之间发生重大利益冲突，您会首先选择哪种途径来解决”的回答有显著差异。

C19b by 诸群体

如果您与朋友之间发生重大利益冲突，您会首先选择哪种途径来解决 ＊诸群体 Crosstabulation

	官员	企业家	专业人员	工人	农民	企业员工	做小生意	无业/失业/下岗	总计
诉诸法律，打官司	2.9%	2.9%	1.3%	2.9%	1.6%	2.3%	2.0%	2.3%	2.3%

续表

	官员	企业家	专业人员	工人	农民	企业员工	做小生意	无业/失业/下岗	总计
直接找对方沟通但得理让人，适可而止	64.7%	41.2%	52.2%	51.5%	49.2%	50.2%	52.7%	68.4%	53.7%
通过第三方（如社会机构、朋友等）从中调解，尽量不伤和气	22.1%	26.5%	21.9%	22.5%	24.0%	23.9%	21.6%	16.6%	22.0%
能忍则忍	10.3%	29.4%	24.6%	23.2%	25.3%	23.6%	23.6%	12.7%	22.0%
总计	100.0%	100.0%	100.0%	100.0%	100.0%	100.0%	100.0%	100.0%	100.0%
列总计	68	34	228	1436	768	611	495	640	4280

Chi-square test：df = 21，卡方值为 87.738，sig = 0.000 < 0.05，所以诸群体对于“如果您与朋友之间发生重大利益冲突，您会首先选择哪种途径来解决”的回答有显著差异。

C19c by 诸群体

如果您与同事之间发生重大利益冲突，您会首先选择哪种途径来解决 * 诸群体 Crosstabulation

	官员	企业家	专业人员	工人	农民	企业员工	做小生意	无业/失业/下岗	总计
诉诸法律，打官司	2.9%	5.9%	1.8%	4.7%	3.0%	3.9%	3.8%	5.4%	4.1%
直接找对方沟通但得理让人，适可而止	63.2%	41.2%	49.8%	53.6%	50.1%	52.3%	49.1%	64.1%	53.5%
通过第三方（如社会机构、朋友等）从中调解，尽量不伤和气	25.0%	23.5%	31.7%	27.5%	33.0%	31.6%	31.4%	24.7%	29.3%
能忍则忍	8.8%	29.4%	16.7%	14.2%	13.9%	12.2%	15.7%	5.8%	13.1%
总计	100.0%	100.0%	100.0%	100.0%	100.0%	100.0%	100.0%	100.0%	100.0%
列总计	68	34	227	1404	699	608	477	538	4055

Chi-square test：df = 21，卡方值为 75.491，sig = 0.000 < 0.05，所以诸群体对于“如果您与同事之间发生重大利益冲突，您会首先选择哪种途径来解决”的回答有显著差异。

C19d by 诸群体

如果您与商业伙伴之间发生重大利益冲突，您会首先选择哪种途径来解决 * 诸群体 Crosstabulation

	官员	企业家	专业人员	工人	农民	企业员工	做小生意	无业/失业/下岗	总计
诉诸法律，打官司	35.1%	23.5%	39.7%	41.5%	39.6%	47.5%	36.8%	36.7%	40.5%

续表

	官员	企业家	专业人员	工人	农民	企业员工	做小生意	无业/失业/下岗	总计
直接找对方沟通但得理让人，适可而止	40.4%	41.2%	27.3%	25.9%	25.3%	21.6%	24.9%	35.2%	26.7%
通过第三方（如社会机构、朋友等）从中调解，尽量不伤和气	22.8%	23.5%	25.8%	27.1%	29.6%	25.6%	31.8%	25.4%	27.5%
能忍则忍	1.8%	11.8%	7.2%	5.5%	5.6%	5.3%	6.5%	2.7%	5.3%
总计	100.0%	100.0%	100.0%	100.0%	100.0%	100.0%	100.0%	100.0%	100.0%
列总计	57	34	209	1245	609	551	465	477	3647

Chi-square test：df = 21，卡方值为 58.933，sig = 0.000 < 0.05，所以诸群体对于“如果您与商业伙伴之间发生重大利益冲突，您会首先选择哪种途径来解决”的回答有显著差异。

C20 by 诸群体

您认为在自己的成长中得到道德训练的最重要场所或机构是 *诸群体 Crosstabulation

	官员	企业家	专业人员	工人	农民	企业员工	做小生意	无业/失业/下岗	总计
家庭	19.1%	32.4%	29.7%	34.0%	36.1%	27.6%	33.0%	42.4%	34.2%
学校	20.6%	23.5%	30.1%	22.5%	19.6%	27.8%	18.3%	28.7%	23.6%
社会（如工作单位、社区等）	36.8%	32.4%	27.5%	32.9%	30.3%	34.6%	36.0%	21.7%	31.1%
国家或政府	14.7%	5.9%	6.1%	6.2%	11.3%	4.6%	7.4%	3.4%	6.7%
媒体			2.2%	2.1%	1.0%	2.0%	2.6%	0.6%	1.7%
其他	8.8%	5.9%	4.4%	2.3%	1.6%	3.4%	2.6%	3.2%	2.7%
总计	100.0%	100.0%	100.0%	100.0%	100.0%	100.0%	100.0%	100.0%	100.0%
列总计	68	34	229	1449	789	612	497	654	4332

Chi-square test：df = 35，卡方值为 162.539，sig = 0.000 < 0.05，所以诸群体对于“您认为在自己的成长中得到道德训练的最重要场所或机构是”的回答有显著差异。

C21 by 诸群体

您的思想行为受什么人影响最大 *诸群体 Crosstabulation

	官员	企业家	专业人员	工人	农民	企业员工	做小生意	无业/失业/下岗	总计
政府官员	40.3%	23.5%	14.9%	25.8%	33.2%	21.5%	26.9%	16.4%	24.9%

续表

	官员	企业家	专业人员	工人	农民	企业员工	做小生意	无业/失业/下岗	总计
企业家	13.4%	29.4%	14.0%	21.8%	21.6%	18.4%	32.0%	13.0%	20.7%
演艺明星	4.5%	8.8%	8.8%	7.2%	6.6%	13.1%	7.0%	4.0%	7.5%
教师	34.3%	41.2%	52.6%	44.0%	41.5%	53.2%	44.0%	45.8%	45.4%
知识精英	25.4%	20.6%	21.1%	14.9%	15.0%	20.2%	18.2%	11.4%	16.1%
公众人物	29.9%	23.5%	25.4%	29.0%	27.3%	31.3%	30.0%	14.3%	26.7%
农民	1.5%		5.3%	6.9%	15.1%	3.4%	6.8%	5.6%	7.5%
工人			1.8%	4.3%	3.6%	2.0%	3.3%	2.2%	3.2%
先哲先贤	17.9%	17.6%	24.1%	13.5%	10.9%	18.4%	13.0%	12.4%	14.2%
父母	70.1%	76.5%	71.1%	67.7%	66.8%	68.0%	64.0%	79.0%	69.2%
网络大V	4.5%	2.9%	4.4%	2.9%	2.0%	6.4%	3.7%	2.5%	3.4%
宗教人士			0.4%	0.8%	1.1%	1.2%	0.6%	0.5%	0.8%
列总计	67	34	228	1397	754	594	484	629	4187

据上表所示，诸群体对于“您的思想行为受什么人影响最大”的回答有显著差异。

C22 by 诸群体

影响您道德判断和道德选择的最主要的因素是 ＊诸群体 Crosstabulation

	官员	企业家	专业人员	工人	农民	企业员工	做小生意	无业/失业/下岗	总计
自己的良心	67.6%	70.6%	72.1%	72.3%	72.7%	70.0%	69.2%	79.4%	72.7%
大多数人持有的观点	27.9%	38.2%	34.5%	40.5%	41.8%	36.5%	43.5%	32.6%	38.8%
公众人士和权威人物的观点	10.3%	5.9%	8.3%	7.5%	6.4%	9.6%	6.1%	4.9%	7.1%
国外媒体的观点	2.9%	5.9%	4.8%	4.6%	6.2%	5.3%	7.9%	2.5%	5.0%
自己的利益	11.8%	11.8%	10.0%	15.3%	16.1%	15.8%	14.2%	11.7%	14.5%
他人的评价	4.4%		4.4%	6.6%	8.3%	5.8%	7.9%	5.9%	6.6%
社会后果	25.0%	32.4%	16.6%	14.0%	9.2%	21.5%	11.7%	11.7%	14.1%
大多数人认可的道德规范	26.5%	23.5%	21.8%	17.5%	18.5%	18.2%	15.6%	21.2%	18.5%
先贤教导	8.8%	2.9%	11.8%	4.0%	3.8%	7.4%	4.9%	6.3%	5.4%
“朋友圈”的观点	1.5%		0.4%	2.8%	3.5%	0.8%	4.3%	1.1%	2.4%
列总计	68	34	229	1433	763	606	494	647	4274

据上表所示，诸群体对于“影响您道德判断和道德选择的最主要的因素”的回答有显著差异。

C23 by 诸群体

现在经常有一些网民在网络上曝光别人的隐私，您怎么看待这种行为 ＊诸群体 Crosstabulation

	官员	企业家	专业人员	工人	农民	企业员工	做小生意	无业/失业/下岗	总计
这是违法行为，应该制止	49.3%	44.1%	43.0%	44.5%	38.1%	50.9%	40.4%	42.5%	43.5%
这是不道德行为，应该进行谴责	34.3%	32.4%	38.0%	43.9%	51.5%	36.7%	47.1%	45.4%	44.2%
这是社会监督的重要途径，不必完全禁止，但需要规范和引导	16.4%	20.6%	18.6%	9.8%	7.6%	12.1%	10.9%	10.9%	10.7%
这是网民的自由，别人不应该干涉		2.9%	0.5%	1.8%	2.8%	0.3%	1.6%	1.1%	1.6%
总计	100.0%	100.0%	100.0%	100.0%	100.0%	100.0%	100.0%	100.0%	100.0%
列总计	67	34	221	1410	724	603	488	614	4161

Chi-square test：df = 21，卡方值为 80.524，sig = 0.000 < 0.05，所以诸群体对于“现在经常有一些网民在网络上曝光别人的隐私，您怎么看待这种行为”的回答有显著差异。

C24a by 诸群体

您最近两年是否参加过以下活动？志愿者活动 ＊诸群体 Crosstabulation

	官员	企业家	专业人员	工人	农民	企业员工	做小生意	无业/失业/下岗	总计
是	52.9%	32.4%	33.2%	12.8%	6.7%	31.4%	11.1%	25.0%	17.8%
否	47.1%	67.6%	66.8%	87.2%	93.3%	68.6%	88.9%	75.0%	82.2%
总计	100.0%	100.0%	100.0%	100.0%	100.0%	100.0%	100.0%	100.0%	100.0%
列总计	68	34	229	1458	790	614	496	656	4345

Chi-square test：df = 7，卡方值为 306.456，sig = 0.000 < 0.05，所以诸群体对于“最近两年是否参加过以下活动？志愿者活动”的回答有显著差异。

C24b by 诸群体

您参加的频率：志愿者活动 ＊诸群体 Crosstabulation

	官员	企业家	专业人员	工人	农民	企业员工	做小生意	无业/失业/下岗	总计
从来没有	47.1%	67.6%	66.8%	87.2%	93.3%	68.6%	88.9%	75.0%	82.2%

续表

	官员	企业家	专业人员	工人	农民	企业员工	做小生意	无业/失业/下岗	总计
参加过一两次	22.1%	8.8%	14.8%	6.2%	2.9%	14.0%	6.3%	14.6%	8.7%
偶尔参加一次	19.1%	11.8%	14.0%	5.5%	2.8%	12.2%	4.2%	7.3%	6.8%
经常参加	11.8%	11.8%	4.4%	1.2%	1.0%	5.2%	0.6%	3.0%	2.3%
总计	100.0%	100.0%	100.0%	100.0%	100.0%	100.0%	100.0%	100.0%	100.0%
列总计	68	34	229	1458	790	614	496	656	4345

Chi-square test：df = 21，卡方值为 343.799，sig = 0.000 < 0.05，所以诸群体对于“您参加的频率：志愿者活动”的回答有显著差异。

C24c by 诸群体

您最近两年是否参加过以下活动？无偿献血 ＊诸群体 Crosstabulation

	官员	企业家	专业人员	工人	农民	企业员工	做小生意	无业/失业/下岗	总计
是	42.6%	17.6%	29.7%	9.7%	3.3%	21.7%	7.7%	11.4%	11.9%
否	57.4%	82.4%	70.3%	90.3%	96.7%	78.3%	92.3%	88.6%	88.1%
总计	100.0%	100.0%	100.0%	100.0%	100.0%	100.0%	100.0%	100.0%	100.0%
列总计	68	34	229	1458	791	614	496	656	4346

Chi-square test：df = 7，卡方值为 259.381，sig = 0.000 < 0.05，所以诸群体对于“您最近两年是否参加过以下活动？无偿献血”的回答有显著差异。

C24d by 诸群体

您参加的频率：无偿献血 ＊诸群体 Crosstabulation

	官员	企业家	专业人员	工人	农民	企业员工	做小生意	无业/失业/下岗	总计
从来没有	57.4%	82.4%	70.3%	90.3%	96.7%	78.3%	92.3%	88.6%	88.1%
参加过一两次	17.6%	5.9%	13.5%	4.5%	1.9%	10.6%	3.6%	6.4%	5.8%
偶尔参加一次	17.6%	8.8%	13.5%	4.3%	1.0%	9.9%	3.4%	4.3%	5.1%
经常参加	7.4%	2.9%	2.6%	0.9%	0.4%	1.1%	0.6%	0.8%	1.0%
总计	100.0%	100.0%	100.0%	100.0%	100.0%	100.0%	100.0%	100.0%	100.0%
列总计	68	34	229	1458	791	614	496	656	4346

Chi-square test：df = 21，卡方值为 277.899，sig = 0.000 < 0.05，所以诸群体对于“您参加的频率：无偿献血”的回答有显著差异。

C24e by 诸群体

您最近两年是否参加过以下活动? 捐款、捐物 * 诸群体 Crosstabulation

	官员	企业家	专业人员	工人	农民	企业员工	做小生意	无业/失业/下岗	总计
是	82.4%	58.8%	65.1%	37.7%	26.0%	52.3%	40.3%	54.6%	42.8%
否	17.6%	41.2%	34.9%	62.3%	74.0%	47.7%	59.7%	45.4%	57.2%
总计	100.0%	100.0%	100.0%	100.0%	100.0%	100.0%	100.0%	100.0%	100.0%
列总计	68	34	229	1458	791	614	496	656	4346

Chi-square test: df = 7, 卡方值为 260.397, sig = 0.000 < 0.05, 所以诸群体对于"您最近两年是否参加过以下活动? 捐款、捐物"的回答有显著差异。

C24f by 诸群体

您参加的频率: 捐款、捐物 * 诸群体 Crosstabulation

	官员	企业家	专业人员	工人	农民	企业员工	做小生意	无业/失业/下岗	总计
从来没有	17.6%	41.2%	34.9%	62.3%	74.0%	47.7%	59.7%	45.4%	57.2%
参加过一两次	19.1%	35.3%	25.3%	18.3%	11.8%	20.8%	19.0%	26.4%	19.3%
偶尔参加一次	33.8%	5.9%	24.0%	14.8%	8.8%	22.1%	13.9%	18.8%	16.0%
经常参加	29.4%	17.6%	15.7%	4.6%	5.4%	9.3%	7.5%	9.5%	7.5%
总计	100.0%	100.0%	100.0%	100.0%	100.0%	100.0%	100.0%	100.0%	100.0%
列总计	68	34	229	1458	791	614	496	656	4346

Chi-square test: df = 21, 卡方值为 327.740, sig = 0.000 < 0.05, 所以诸群体对于"您参加的频率: 捐款、捐物"的回答有显著差异。

C25 by 诸群体

目前中国社会的两性关系日益开放, 它对社会风尚的影响是 * 诸群体 Crosstabulation

	官员	企业家	专业人员	工人	农民	企业员工	做小生意	无业/失业/下岗	总计
是社会进步的表现	5.9%	8.8%	10.9%	10.9%	10.7%	11.7%	14.7%	9.4%	11.1%
两性关系混乱必然导致道德沦丧、污染社会风气	66.2%	73.5%	57.2%	61.2%	64.4%	62.2%	55.8%	58.2%	60.8%
个人选择, 无所谓好坏	27.9%	14.7%	31.0%	27.8%	24.9%	25.4%	29.2%	32.4%	27.8%

续表

	官员	企业家	专业人员	工人	农民	企业员工	做小生意	无业/失业/下岗	总计
其他		2.9%	0.9%	0.1%		0.7%	0.2%		0.2%
总计	100.0%	100.0%	100.0%	100.0%	100.0%	100.0%	100.0%	100.0%	100.0%
列总计	68	34	229	1454	784	613	496	649	4327

Chi-square test：df = 21，卡方值为 55.208，sig = 0.000 < 0.05，所以诸群体对于“目前中国社会的两性关系日益开放，它对社会风尚的影响是”的回答有显著差异。

C26 by 诸群体

您对一些重要事情所持的观点和回答与其他人一致的时候有多少 ＊诸群体 Crosstabulation

	官员	企业家	专业人员	工人	农民	企业员工	做小生意	无业/失业/下岗	总计
非常少	1.5%	3.0%	2.8%	2.1%	2.7%	2.2%	2.6%	1.0%	2.2%
比较少	7.6%	21.2%	11.5%	9.1%	11.0%	11.0%	11.7%	9.8%	10.3%
一般	39.4%	27.3%	41.0%	50.9%	50.7%	46.0%	53.2%	45.7%	48.7%
比较多	43.9%	45.5%	37.3%	33.7%	30.3%	36.9%	28.6%	39.4%	34.3%
非常多	7.6%	3.0%	7.4%	4.1%	5.3%	3.8%	3.9%	4.1%	4.5%
总计	100.0%	100.0%	100.0%	100.0%	100.0%	100.0%	100.0%	100.0%	100.0%
列总计	66	33	217	1355	694	582	462	630	4039

Chi-square test：df = 28，卡方值为 52.887，sig = 0.003 < 0.05，所以诸群体对于“您对一些重要事情所持的观点和回答与其他人一致的时候有多少”的回答有显著差异。

C27 by 诸群体

您对待目前社会上一部分人的奢侈消费行为的态度是 ＊诸群体 Crosstabulation

	官员	企业家	专业人员	工人	农民	企业员工	做小生意	无业/失业/下岗	总计
钞票是他们自己的，他们愿意怎么花就怎么花	19.1%	23.5%	27.5%	31.3%	32.6%	30.0%	35.9%	30.7%	31.3%
他们应该遵守勤俭的传统美德，适度消费	66.2%	58.8%	59.8%	56.7%	58.4%	54.1%	52.4%	53.9%	56.0%

续表

	官员	企业家	专业人员	工人	农民	企业员工	做小生意	无业/失业/下岗	总计
过度消费行为只要对别人无害，就不应干涉	13.2%	17.6%	11.8%	12.0%	9.0%	15.6%	11.6%	15.3%	12.5%
其他	1.5%		0.9%	0.1%		0.3%		0.2%	0.2%
总计	100.0%	100.0%	100.0%	100.0%	100.0%	100.0%	100.0%	100.0%	100.0%
列总计	68	34	229	1458	791	614	498	655	4347

Chi-square test：df = 21，卡方值为 50.680，sig = 0.000 < 0.05，所以诸群体对于“您对待目前社会上一部分人的奢侈消费行为的态度是”的回答有显著差异。

C28 by 诸群体

孝敬、礼让、仁爱、节俭等优良传统，您认为现在还需要这些吗 * 诸群体 Crosstabulation

	官员	企业家	专业人员	工人	农民	企业员工	做小生意	无业/失业/下岗	总计
这些好传统什么时候都不能丢	80.9%	82.4%	86.5%	83.2%	84.0%	85.2%	80.5%	86.3%	83.9%
可有可无	5.9%	2.9%	4.4%	6.0%	7.7%	6.0%	8.6%	4.3%	6.3%
已经过时，没必要讲这些	2.9%	2.9%	3.5%	2.9%	2.3%	2.8%	3.6%	1.1%	2.6%
有些要，有些不要	10.3%	11.8%	5.7%	7.8%	6.0%	6.0%	7.2%	8.4%	7.2%
总计	100.0%	100.0%	100.0%	100.0%	100.0%	100.0%	100.0%	100.0%	100.0%
列总计	68	34	229	1459	789	614	498	656	4347

Chi-square test：df = 21，卡方值为 32.209，sig = 0.056 > 0.05，所以诸群体对于“孝敬、礼让、仁爱、节俭等优良传统，您认为现在还需要这些吗”的回答没有显著差异。

C29 by 诸群体

民族英雄和新时期的先进人物，您觉得还值得在全社会大力倡导吗 * 诸群体 Crosstabulation

	官员	企业家	专业人员	工人	农民	企业员工	做小生意	无业/失业/下岗	总计
我很佩服他们，现在社会就缺这种精神，要加大宣传	80.9%	82.4%	79.5%	66.9%	71.1%	73.4%	70.7%	75.2%	71.3%

续表

	官员	企业家	专业人员	工人	农民	企业员工	做小生意	无业/失业/下岗	总计
以前知道一些，现在不太关注了	16.2%	14.7%	11.4%	25.0%	23.0%	18.5%	24.1%	16.5%	21.4%
时过境迁，这些典型的影响力越来越小了，没太多人关心了	2.9%	2.9%	9.2%	6.0%	2.9%	7.0%	3.6%	6.7%	5.5%
不知道，也不关心				2.1%	2.9%	1.1%	1.6%	1.5%	1.8%
总计	100.0%	100.0%	100.0%	100.0%	100.0%	100.0%	100.0%	100.0%	100.0%
列总计	68	34	229	1458	790	612	498	654	4343

Chi-square test：df = 21，卡方值为 81.765，sig = 0.000 < 0.05，所以诸群体对于“民族英雄和新时期的先进人物，您觉得还值得在全社会大力倡导吗”的回答有显著差异。

C30 by 诸群体

当在公交车上遇到小偷正在偷乘客钱包时，您会选择以下哪种做法 * 诸群体 Crosstabulation

	官员	企业家	专业人员	工人	农民	企业员工	做小生意	无业/失业/下岗	总计
马上冲上去制止	36.8%	47.1%	21.9%	23.7%	18.3%	23.0%	22.7%	21.4%	22.4%
出于害怕，装作什么都没有看到	4.4%	2.9%	4.8%	6.0%	8.9%	5.0%	5.8%	6.9%	6.4%
不敢直接与小偷对抗，但以适当方式悄悄提醒当事人或报警	54.4%	50.0%	69.3%	64.1%	64.7%	67.9%	64.4%	66.8%	65.2%
只要偷的不是我，不用多管闲事，免得惹麻烦	2.9%		3.5%	5.9%	7.5%	3.1%	6.2%	4.0%	5.3%
其他	1.5%		0.4%	0.4%	0.6%	1.0%	0.8%	0.9%	0.7%
总计	100.0%	100.0%	100.0%	100.0%	100.0%	100.0%	100.0%	100.0%	100.0%
列总计	68	34	228	1458	788	614	497	651	4338

Chi-square test：df = 28，卡方值为 64.1274，sig = 0.000 < 0.05，所以诸群体对于“当在公交车上遇到小偷正在偷乘客钱包时，您会选择哪种做法”的回答有显著差异。

C31 by 诸群体

小王知道做某件事是道德的但没去行动，哪种因素是他行动的最大障碍 ＊诸群体 Crosstabulation

	官员	企业家	专业人员	工人	农民	企业员工	做小生意	无业/失业/下岗	总计
采取行动会损害自己利益	23.5%	14.7%	23.2%	17.0%	18.5%	21.4%	20.0%	20.2%	19.1%
采取行动也难以取得预期效果	17.6%	20.6%	14.5%	17.2%	17.1%	15.1%	19.8%	12.2%	16.3%
大家都不做，我何必管闲事	13.2%	14.7%	17.1%	20.0%	18.5%	14.7%	16.6%	15.0%	17.5%
自身能力有限，心有余而力不足	38.2%	38.2%	36.0%	33.5%	32.6%	37.5%	30.5%	40.3%	34.8%
即使我不做，相信还会有别人去做	4.4%	2.9%	8.3%	8.4%	9.0%	8.2%	9.3%	8.5%	8.5%
明白就行，让别人去做吧	2.9%	8.8%	0.9%	3.4%	4.3%	2.0%	3.4%	3.2%	3.2%
其他				0.6%	0.1%	1.1%	0.4%	0.6%	0.5%
总计	100.0%	100.0%	100.0%	100.0%	100.0%	100.0%	100.0%	100.0%	100.0%
列总计	68	34	228	1453	774	611	495	648	4311

Chi-square test：df = 42，卡方值为 70.532，sig = 0.004 < 0.05，所以诸群体对于“小王知道做某件事是道德的但没去行动，哪种因素是他行动的最大障碍”的回答有显著差异。

C32 by 诸群体

当与他人发生分歧时，能否体谅宽容他人 ＊诸群体 Crosstabulation

	官员	企业家	专业人员	工人	农民	企业员工	做小生意	无业/失业/下岗	总计
不宽容，必须弄清是非曲直	13.2%	12.1%	11.0%	6.9%	6.0%	8.0%	8.0%	6.6%	7.3%
偶尔	29.4%	30.3%	26.8%	25.4%	28.4%	26.7%	31.3%	23.2%	26.7%
有时	30.9%	27.3%	34.6%	48.2%	43.9%	40.9%	43.0%	41.7%	43.7%
经常	26.5%	30.3%	27.6%	19.4%	21.8%	24.4%	17.7%	28.5%	22.3%
总计	100.0%	100.0%	100.0%	100.0%	100.0%	100.0%	100.0%	100.0%	100.0%
列总计	68	33	228	1454	789	611	498	655	4336

Chi-square test：df = 21，卡方值为 65.771，sig = 0.000 < 0.05，所以诸群体对于“当与他人发生分歧时，能否体谅宽容他人”的回答有显著差异。

C33 by 诸群体

您认为解决当前我国的公民道德和社会风尚问题，最关键的途径是 * 诸群体 Crosstabulation

	官员	企业家	专业人员	工人	农民	企业员工	做小生意	无业/失业/下岗	总计
加强法制	52.2%	44.1%	42.1%	44.6%	43.1%	45.8%	41.6%	50.8%	45.1%
弘扬优秀传统道德	41.8%	44.1%	52.2%	48.8%	55.9%	51.1%	53.1%	48.7%	50.9%
建设伦理道德的核心价值	32.8%	26.5%	22.4%	16.4%	12.8%	23.9%	16.1%	12.6%	16.9%
惩治官员腐败	10.4%	5.9%	20.2%	25.6%	27.9%	17.1%	31.2%	18.7%	23.7%
解决分配不公问题	13.4%	20.6%	13.2%	14.1%	13.7%	15.8%	15.1%	6.8%	13.3%
提高个人道德素质	31.3%	35.3%	31.6%	35.1%	34.5%	32.2%	29.2%	37.5%	34.0%
列总计	67	34	228	1454	786	614	497	651	4331

据上表所示，诸群体对于“您认为解决当前我国的公民道德和社会风尚问题，最关键的途径是”的回答有显著差异。

C34 by 诸群体

您知道社会主义核心价值观吗？请您把它们选出来 * 诸群体 Crosstabulation

	官员	企业家	专业人员	工人	农民	企业员工	做小生意	无业/失业/下岗	总计
文明	89.7%	81.8%	86.7%	81.6%	81.3%	86.1%	80.8%	82.8%	82.7%
诚信	92.6%	90.9%	88.9%	89.2%	88.5%	90.7%	89.0%	90.3%	89.5%
勇敢	17.6%	27.3%	24.9%	37.7%	43.5%	29.5%	33.9%	27.3%	34.4%
爱国	75.0%	78.8%	87.1%	76.8%	77.5%	86.3%	77.7%	81.1%	79.6%
创新	26.5%	24.2%	23.6%	33.1%	31.6%	24.5%	32.1%	27.1%	29.9%
友善	73.5%	72.7%	66.2%	49.6%	44.8%	62.2%	50.9%	56.7%	53.3%
勤劳	16.2%	24.2%	16.0%	22.7%	21.6%	14.2%	23.3%	19.7%	20.4%
列总计	68	33	225	1394	728	613	489	609	4159

据上表所示，诸群体对于“您知道的社会主义核心价值观”的回答有显著差异。

C35 by 诸群体

您认为社会主义核心价值观与您的工作、生活有关系吗 * 诸群体 Crosstabulation

	官员	企业家	专业人员	工人	农民	企业员工	做小生意	无业/失业/下岗	总计
对改变社会风气有好处，每个人都应该这样做人做事	91.0%	91.2%	90.5%	83.3%	85.0%	88.6%	84.9%	86.9%	85.7%

续表

	官员	企业家	专业人员	工人	农民	企业员工	做小生意	无业/失业/下岗	总计
与个人工作、生活没关系	9.0%	8.8%	9.5%	16.7%	15.0%	11.4%	15.1%	13.1%	14.3%
总计	100.0%	100.0%	100.0%	100.0%	100.0%	100.0%	100.0%	100.0%	100.0%
列总计	67	34	211	1331	698	580	463	595	3979

Chi-square test：df = 7，卡方值为 17.809，sig = 0.013 < 0.05，所以诸群体对于“您认为社会主义核心价值观与您的工作、生活有关系吗”的回答有显著差异。

C36 by 诸群体

在全社会特别是青少年中开展革命传统教育，您认为有没有这个必要 * 诸群体 Crosstabulation

	官员	企业家	专业人员	工人	农民	企业员工	做小生意	无业/失业/下岗	总计
很有必要，什么时候都不能忘本	92.6%	88.2%	92.1%	90.1%	91.3%	88.1%	88.6%	92.0%	90.3%
可有可无	4.4%	11.8%	4.4%	6.0%	5.9%	6.5%	6.2%	5.4%	5.9%
没有必要，已经过时了	2.9%		3.5%	3.9%	2.8%	5.4%	5.2%	2.6%	3.8%
总计	100.0%	100.0%	100.0%	100.0%	100.0%	100.0%	100.0%	100.0%	100.0%
列总计	68	34	229	1458	790	614	498	654	4345

Chi-square test：df = 14，卡方值为 17.738，sig = 0.219 > 0.05，所以诸群体对于“在全社会特别是青少年中开展革命传统教育，您认为有没有这个必要”的回答没有显著差异。

C37 by 诸群体

当您途经一场所，正遇到升国旗仪式，看到国旗在国歌声中升起的时候，您会怎么做 * 诸群体 Crosstabulation

	官员	企业家	专业人员	工人	农民	企业员工	做小生意	无业/失业/下岗	总计
原地站立，面向国旗行注目礼	51.5%	29.4%	41.5%	20.1%	17.0%	30.0%	20.5%	31.5%	24.4%
停下来看一看	45.6%	70.6%	50.7%	67.6%	66.6%	62.1%	67.8%	61.4%	64.5%
只当没看见，该干吗干吗	2.9%		7.9%	12.3%	16.5%	8.0%	11.7%	7.0%	11.1%
总计	100.0%	100.0%	100.0%	100.0%	100.0%	100.0%	100.0%	100.0%	100.0%
列总计	68	34	229	1457	790	614	497	653	4342

Chi-square test：df = 14，卡方值为 164.978，sig = 0.000 < 0.05，所以诸群体对于“当您途经一场所，正遇到升国旗仪式，看到国旗在国歌声中升起的时候，您会怎么做”的回答有显著差异。

C38 by 诸群体

今年您参加过纪念中国共产党成立 96 周年等主题教育活动吗 ＊诸群体 Crosstabulation

	官员	企业家	专业人员	工人	农民	企业员工	做小生意	无业/失业/下岗	总计
参加过，很受教育	50.0%	17.6%	27.2%	4.7%	3.4%	14.5%	4.4%	10.7%	8.7%
听说过，但是没有参加过	30.9%	73.5%	52.2%	66.4%	59.0%	66.6%	66.3%	64.5%	63.5%
这种活动基本都是形式大于内容	13.2%	5.9%	11.4%	11.0%	9.6%	9.9%	10.4%	9.0%	10.3%
不关心这些	5.9%	2.9%	9.2%	17.8%	28.0%	9.0%	18.9%	15.8%	17.5%
总计	100.0%	100.0%	100.0%	100.0%	100.0%	100.0%	100.0%	100.0%	100.0%
列总计	68	34	228	1459	790	614	498	653	4344

Chi-square test：df = 21，卡方值为 435.890，sig = 0.000 < 0.05，所以诸群体对于“今年您参加过纪念中国共产党成立 96 周年等主题教育活动吗”的回答有显著差异。

D1 by 诸群体

您认为现代家庭关系中最令人担忧的问题是＊诸群体 Crosstabulation

	官员	企业家	专业人员	工人	农民	企业员工	做小生意	无业/失业/下岗	总计
只有一个孩子，对家庭的未来没把握	25.4%	23.5%	29.1%	26.0%	24.7%	24.1%	25.1%	22.2%	25.0%
独生子女难以承担养老责任，老无所养	35.8%	35.3%	30.8%	34.3%	38.0%	38.0%	32.9%	28.7%	34.4%
年轻人不愿结婚，或不愿生孩子，家族传承危机	9.0%	14.7%	15.9%	17.9%	17.3%	16.4%	15.5%	13.1%	16.3%
婚姻不稳定，年轻人缺乏守护婚姻的意识和能力	19.4%	32.4%	27.3%	25.6%	24.3%	25.5%	29.0%	25.6%	25.8%
子女尤其是独生子女缺乏责任感，孝道意识薄弱	16.4%	5.9%	18.5%	18.9%	14.9%	20.6%	18.2%	13.0%	17.3%
代沟严重，父母与子女之间难以沟通	19.4%	11.8%	20.7%	21.6%	24.7%	21.6%	25.9%	25.6%	23.1%
婆媳关系紧张	1.5%		6.2%	5.6%	11.0%	3.4%	5.5%	6.8%	6.3%

续表

	官员	企业家	专业人员	工人	农民	企业员工	做小生意	无业/失业/下岗	总计
父母不民主，不能容忍差异	7.5%	8.8%	4.8%	7.0%	7.7%	7.2%	7.6%	8.3%	7.3%
“啃老”现象严重	20.9%	23.5%	13.7%	11.2%	10.8%	11.1%	10.6%	11.5%	11.5%
父母只培养孩子的知识和技能，忽视良好品德的养成	17.9%	17.6%	12.3%	11.4%	9.5%	15.7%	13.1%	14.6%	12.6%
两性关系过度开放	6.0%		4.0%	4.5%	3.0%	4.7%	3.7%	5.2%	4.2%
列总计	67	34	227	1405	744	611	490	617	4195

据上表所示，诸群体对于“您认为现代家庭关系中最令人担忧的问题是”的回答有显著差异。

D2 by 诸群体

您对家庭的感觉是 ＊诸群体 Crosstabulation

	官员	企业家	专业人员	工人	农民	企业员工	做小生意	无业/失业/下岗	总计
温馨幸福	30.9%	23.5%	27.1%	14.5%	17.2%	21.9%	18.1%	26.4%	19.2%
比较幸福	60.3%	70.6%	66.4%	75.0%	71.2%	71.4%	73.7%	63.2%	71.2%
不太幸福	1.5%	5.9%	2.2%	3.3%	4.7%	0.5%	1.8%	2.9%	2.9%
一般，没感觉	5.9%		3.5%	7.0%	6.3%	6.0%	6.0%	7.0%	6.4%
很不幸福，希望逃离	1.5%		0.9%	0.1%	0.3%		0.2%	0.5%	0.3%
其他				0.1%	0.3%	0.2%	0.2%		0.1%
总计	100.0%	100.0%	100.0%	100.0%	100.0%	100.0%	100.0%	100.0%	100.0%
列总计	68	34	229	1456	789	612	498	655	4341

Chi-square test：df = 35，卡方值为 109.377，sig = 0.000 < 0.05，所以诸群体对于“您对家庭的感觉是”的回答有显著差异。

D3a by 诸群体

您对以下现象的态度是？不婚 ＊诸群体 Crosstabulation

	官员	企业家	专业人员	工人	农民	企业员工	做小生意	无业/失业/下岗	总计
完全赞同			0.9%	0.3%	0.3%	1.0%	1.2%	1.5%	0.7%
比较赞同	1.5%	5.9%	4.4%	2.6%	2.3%	3.1%	3.0%	4.0%	3.0%
中立	59.7%	44.1%	51.1%	40.7%	23.7%	54.6%	42.5%	49.1%	41.9%

续表

	官员	企业家	专业人员	工人	农民	企业员工	做小生意	无业/失业/下岗	总计
比较反对	26.9%	35.3%	28.2%	39.6%	50.4%	29.4%	33.3%	28.5%	36.9%
强烈反对	11.9%	14.7%	15.4%	16.8%	23.3%	11.9%	20.0%	16.9%	17.5%
总计	100.0%	100.0%	100.0%	100.0%	100.0%	100.0%	100.0%	100.0%	100.0%
列总计	67	34	227	1448	789	612	496	646	4319

Chi-square test：df = 28，卡方值为 228.527，sig = 0.000 < 0.05，所以诸群体对于"您对以下现象的态度是？不婚"的回答有显著差异。

D3b by 诸群体

您对以下现象的态度是？试婚 ＊诸群体 Crosstabulation

	官员	企业家	专业人员	工人	农民	企业员工	做小生意	无业/失业/下岗	总计
完全赞同				0.3%	0.5%	0.7%	0.2%	0.8%	0.4%
比较赞同	3.0%	9.1%	8.3%	3.3%	2.2%	4.6%	4.9%	5.7%	4.1%
中立	55.2%	45.5%	40.8%	37.8%	22.6%	46.2%	37.8%	42.6%	37.5%
比较反对	29.9%	21.2%	30.7%	41.2%	50.3%	34.5%	40.4%	34.1%	39.9%
强烈反对	11.9%	24.2%	20.2%	17.5%	24.3%	14.1%	16.7%	16.7%	18.1%
总计	100.0%	100.0%	100.0%	100.0%	100.0%	100.0%	100.0%	100.0%	100.0%
列总计	67	33	228	1444	773	611	492	645	4293

Chi-square test：df = 28，卡方值为 169.505，sig = 0.000 < 0.05，所以诸群体对于"您对以下现象的态度是？试婚"的回答有显著差异。

D3c by 诸群体

您对以下现象的态度是？同居 ＊诸群体 Crosstabulation

	官员	企业家	专业人员	工人	农民	企业员工	做小生意	无业/失业/下岗	总计
完全赞同		3.1%	0.9%	0.6%	0.3%	1.1%	1.4%	0.9%	0.8%
比较赞同	7.4%	6.3%	7.9%	5.5%	2.8%	5.9%	4.7%	6.8%	5.3%
中立	58.8%	46.9%	46.5%	48.1%	33.9%	55.1%	44.3%	54.2%	47.1%
比较反对	26.5%	31.3%	28.9%	32.6%	46.7%	26.3%	33.5%	27.1%	33.3%
强烈反对	7.4%	12.5%	15.8%	13.1%	16.4%	11.6%	16.1%	10.9%	13.6%
总计	100.0%	100.0%	100.0%	100.0%	100.0%	100.0%	100.0%	100.0%	100.0%
列总计	68	32	228	1446	782	612	492	649	4309

Chi-square test：df = 28，卡方值为 149.039，sig = 0.000 < 0.05，所以诸群体对于"您对以下现象的态度是？同居"的回答有显著差异。

D3d by 诸群体

您对以下现象的态度是？同性恋 ＊诸群体 Crosstabulation

	官员	企业家	专业人员	工人	农民	企业员工	做小生意	无业/失业/下岗	总计
完全赞同			0. 9%	0. 3%	0. 1%	0. 8%	0. 6%	1. 4%	0. 6%
比较赞同	1. 5%		3. 1%	0. 8%	0. 5%	1. 5%	0. 8%	1. 7%	1. 1%
中立	36. 8%	12. 1%	26. 8%	16. 4%	8. 4%	27. 6%	14. 1%	28. 1%	18. 9%
比较反对	25. 0%	48. 5%	31. 1%	40. 2%	41. 9%	39. 2%	38. 6%	32. 2%	38. 3%
强烈反对	36. 8%	39. 4%	38. 2%	42. 3%	49. 1%	30. 9%	45. 9%	36. 5%	41. 1%
总计	100. 0%	100. 0%	100. 0%	100. 0%	100. 0%	100. 0%	100. 0%	100. 0%	100. 0%
列总计	68	33	228	1447	774	609	490	643	4292

Chi-square test：df = 28，卡方值为 210. 004，sig = 0. 000 < 0. 05，所以诸群体对于“您对以下现象的态度是？同性恋”的回答有显著差异。

D3e by 诸群体

您对以下现象的态度是？婚外恋 ＊诸群体 Crosstabulation

	官员	企业家	专业人员	工人	农民	企业员工	做小生意	无业/失业/下岗	总计
完全赞同				0. 1%		0. 2%	0. 2%	0. 2%	0. 1%
比较赞同			1. 8%	0. 4%	0. 5%	1. 3%		0. 3%	0. 6%
中立	8. 8%	3. 0%	11. 4%	6. 8%	3. 1%	7. 7%	6. 0%	10. 7%	7. 0%
比较反对	45. 6%	36. 4%	33. 3%	36. 7%	36. 8%	41. 3%	38. 9%	32. 6%	37. 0%
强烈反对	45. 6%	60. 6%	53. 5%	56. 1%	59. 6%	49. 5%	54. 8%	56. 3%	55. 4%
总计	100. 0%	100. 0%	100. 0%	100. 0%	100. 0%	100. 0%	100. 0%	100. 0%	100. 0%
列总计	68	33	228	1450	785	612	496	647	4319

Chi-square test：df = 28，卡方值为 74. 892，sig = 0. 000 < 0. 05，所以诸群体对于“您对以下现象的态度是？婚外恋”的回答有显著差异。

D3f by 诸群体

您对以下现象的态度是？丁克家庭 ＊诸群体 Crosstabulation

	官员	企业家	专业人员	工人	农民	企业员工	做小生意	无业/失业/下岗	总计
完全赞同			0. 4%	0. 2%	0. 1%	0. 8%	0. 8%	1. 3%	0. 5%
比较赞同	3. 0%		2. 7%	1. 2%	0. 8%	2. 0%	1. 5%	2. 0%	1. 5%

续表

	官员	企业家	专业人员	工人	农民	企业员工	做小生意	无业/失业/下岗	总计
中立	53.7%	40.6%	46.2%	30.8%	13.4%	43.2%	29.3%	43.0%	32.4%
比较反对	26.9%	21.9%	22.9%	39.8%	46.0%	31.9%	32.6%	29.5%	36.2%
强烈反对	16.4%	37.5%	27.8%	27.9%	39.7%	22.0%	35.8%	24.2%	29.4%
总计	100.0%	100.0%	100.0%	100.0%	100.0%	100.0%	100.0%	100.0%	100.0%
列总计	67	32	223	1379	744	595	481	611	4132

Chi-square test：df = 28，卡方值为 280.597，sig = 0.000 < 0.05，所以诸群体对于“您对以下现象的态度是？丁克家庭”的回答有显著差异。

D3g by 诸群体

您对以下现象的态度是？代孕 * 诸群体 Crosstabulation

	官员	企业家	专业人员	工人	农民	企业员工	做小生意	无业/失业/下岗	总计
完全赞同				0.1%	0.1%	0.2%	0.4%	0.2%	0.2%
比较赞同	1.5%		2.3%	0.5%	0.7%	3.2%	1.0%	1.9%	1.3%
中立	36.8%	25.8%	34.7%	27.0%	14.6%	32.6%	24.7%	33.3%	26.8%
比较反对	32.4%	25.8%	30.1%	37.6%	48.2%	36.1%	38.5%	34.0%	38.3%
强烈反对	29.4%	48.4%	32.9%	34.7%	36.4%	27.9%	35.4%	30.6%	33.4%
总计	100.0%	100.0%	100.0%	100.0%	100.0%	100.0%	100.0%	100.0%	100.0%
列总计	68	31	216	1393	747	598	486	624	4163

Chi-square test：df = 28，卡方值为 140.737，sig = 0.000 < 0.05，所以诸群体对于“您对以下现象的态度是？代孕”的回答有显著差异。

D4 by 诸群体

您如何看待为了应对拆迁、征地、买房等而出现的“假离婚”现象 * 诸群体 Crosstabulation

	官员	企业家	专业人员	工人	农民	企业员工	做小生意	无业/失业/下岗	总计
完全赞同	1.5%	2.9%	2.2%	1.1%	0.8%	0.2%	1.6%	1.3%	1.1%
比较赞同	8.8%	23.5%	9.9%	10.0%	6.8%	10.8%	10.9%	7.8%	9.4%
不太赞同	39.7%	29.4%	49.8%	45.2%	39.8%	47.0%	48.9%	50.0%	45.7%
坚决反对	50.0%	44.1%	38.1%	43.6%	52.6%	42.0%	38.6%	40.9%	43.8%
总计	100.0%	100.0%	100.0%	100.0%	100.0%	100.0%	100.0%	100.0%	100.0%

续表

	官员	企业家	专业人员	工人	农民	企业员工	做小生意	无业/失业/下岗	总计
列总计	68	34	223	1398	763	602	485	638	4211

Chi-square test：df = 21，卡方值为 61. 467，sig = 0. 000 < 0. 05，所以诸群体对于“您如何看待为了应对拆迁、征地、买房等而出现的‘假离婚’现象”的回答有显著差异。

D5 by 诸群体

如果夫妻中需要一方为对方或家庭做出牺牲，您的回答是 ＊诸群体 Crosstabulation

	官员	企业家	专业人员	工人	农民	企业员工	做小生意	无业/失业/下岗	总计
非常不愿意	4. 5%	8. 8%	2. 7%	1. 5%	1. 7%	1. 2%	1. 2%	2. 5%	1. 8%
不太愿意	22. 4%	17. 6%	18. 8%	14. 7%	9. 9%	17. 3%	14. 9%	17. 5%	15. 0%
比较愿意	58. 2%	50. 0%	57. 4%	58. 2%	58. 5%	57. 0%	58. 8%	55. 6%	57. 7%
愿意，时常这么做	14. 9%	23. 5%	21. 1%	25. 6%	29. 9%	24. 5%	25. 1%	24. 4%	25. 6%
总计	100. 0%	100. 0%	100. 0%	100. 0%	100. 0%	100. 0%	100. 0%	100. 0%	100. 0%
列总计	67	34	223	1404	757	588	495	611	4179

Chi-square test：df = 21，卡方值为 52. 291，sig = 0. 000 < 0. 05，所以诸群体对于“如果夫妻中需要一方为对方或家庭做出牺牲，您的回答是”的回答有显著差异。

D6 by 诸群体

在恋爱或婚姻中，您有为对方而改变自己的意识吗 ＊诸群体 Crosstabulation

	官员	企业家	专业人员	工人	农民	企业员工	做小生意	无业/失业/下岗	总计
有，经常这样做	52. 2%	41. 2%	38. 4%	44. 8%	46. 4%	45. 7%	44. 8%	44. 8%	45. 0%
有，但做起来有些困难	29. 9%	29. 4%	43. 7%	35. 5%	30. 7%	37. 0%	38. 1%	27. 5%	34. 2%
没想过这个问题	11. 9%	20. 6%	14. 0%	15. 7%	19. 5%	12. 4%	13. 1%	24. 1%	16. 8%
无须改变，只有找到愿为我改变的人才是真爱	4. 5%	8. 8%	3. 5%	3. 4%	2. 9%	4. 6%	3. 4%	2. 8%	3. 5%
其他	1. 5%		0. 4%	0. 5%	0. 5%	0. 3%	0. 6%	0. 9%	0. 6%
总计	100. 0%	100. 0%	100. 0%	100. 0%	100. 0%	100. 0%	100. 0%	100. 0%	100. 0%
列总计	67	34	229	1455	786	611	496	648	4326

Chi-square test：df = 28，卡方值为 74. 393，sig = 0. 000 < 0. 05，所以诸群体对于“在恋爱或婚姻中，您有为对方而改变自己的意识吗”的回答有显著差异。

D7 by 诸群体

在恋爱或婚姻中，您与对方相处的原则是 * 诸群体 Crosstabulation

	官员	企业家	专业人员	工人	农民	企业员工	做小生意	无业/失业/下岗	总计
我首先对他/她好，然后希望他/她对我好	75.0%	76.5%	70.9%	68.0%	64.4%	72.8%	69.4%	70.2%	68.8%
他/她对我好，我才对他/她好	5.9%	2.9%	13.2%	17.2%	20.6%	16.0%	18.1%	16.7%	17.2%
他/她对我好就行了	5.9%	8.8%	9.3%	7.9%	6.9%	5.7%	7.8%	4.9%	7.0%
总是我对他/她好，他/她对我不那么好	4.4%	5.9%	1.3%	2.6%	1.9%	1.8%	1.2%	1.7%	2.1%
他/她对我不好，我没必要对他/她好	2.9%		1.3%	0.8%	0.9%	1.8%	0.8%	1.9%	1.2%
其他	5.9%	5.9%	4.0%	3.5%	5.3%	1.8%	2.6%	4.6%	3.7%
总计	100.0%	100.0%	100.0%	100.0%	100.0%	100.0%	100.0%	100.0%	100.0%
列总计	68	34	227	1451	778	611	497	647	4313

Chi-square test：df = 35，卡方值为 65.833，sig = 0.001 < 0.05，所以诸群体对于“在恋爱或婚姻中，您与对方相处的原则是”的回答有显著差异。

D8 by 诸群体

您认为生育孩子是否是一种人生义务 * 诸群体 Crosstabulation

	官员	企业家	专业人员	工人	农民	企业员工	做小生意	无业/失业/下岗	总计
是，如果大家都不生育，人种会灭绝	22.1%	26.5%	27.5%	27.5%	27.4%	34.8%	24.4%	21.8%	27.2%
是，不生孩子家族延续会中断	22.1%	41.2%	29.3%	42.5%	48.0%	31.5%	45.2%	41.5%	41.1%
不是，但没有孩子将老无所养也过于孤独	33.8%	20.6%	29.3%	22.6%	18.6%	23.4%	24.2%	25.1%	23.1%
不是，自己觉得快乐就行，有孩子负担过重	22.1%	11.8%	10.5%	6.7%	5.7%	9.2%	5.6%	10.2%	7.8%
其他			3.5%	0.6%	0.3%	1.1%	0.6%	1.4%	0.9%
总计	100.0%	100.0%	100.0%	100.0%	100.0%	100.0%	100.0%	100.0%	100.0%
列总计	68	34	229	1453	789	610	496	650	4329

Chi-square test：df = 28，卡方值为 139.357，sig = 0.000 < 0.05，所以诸群体对于“您认为生育孩子是否是一种人生义务”的回答有显著差异。

D9 by 诸群体

如果孩子面临重大问题（婚姻、升学、就业等）时，您的态度是 ＊诸群体 Crosstabulation

	官员	企业家	专业人员	工人	农民	企业员工	做小生意	无业/失业/下岗	总计
全部包办，替他们做决定或搞定	5.9%	2.9%	3.9%	4.3%	2.7%	3.1%	4.6%	4.1%	3.8%
积极建议，努力说服他们采纳	27.9%	41.2%	26.6%	28.0%	25.1%	27.4%	29.7%	21.4%	26.6%
只提建议，让他们自己选择	42.6%	35.3%	45.4%	43.3%	48.7%	38.3%	47.6%	43.9%	44.2%
不表态，免得子女将来埋怨	2.9%		2.6%	6.8%	14.7%	3.3%	4.0%	4.9%	6.8%
经常提出建议，但大多不起作用	2.9%	2.9%	0.9%	3.6%	3.8%	2.3%	2.0%	1.8%	2.8%
没孩子/孩子太小	17.6%	14.7%	20.1%	13.8%	4.4%	25.6%	12.0%	23.7%	15.5%
其他		2.9%	0.4%	0.3%	0.5%	0.2%		0.2%	0.3%
总计	100.0%	100.0%	100.0%	100.0%	100.0%	100.0%	100.0%	100.0%	100.0%
列总计	68	34	229	1457	788	614	498	654	4342

Chi-square test：df = 42，卡方值为 299.408，sig = 0.000 < 0.05，所以诸群体对于“如果孩子面临重大问题（婚姻、升学、就业等）时，您的态度是”的回答有显著差异。

D10 by 诸群体

您对子女所提出的有关人生发展方面的建议，是否经常被采纳 ＊诸群体 Crosstabulation

	官员	企业家	专业人员	工人	农民	企业员工	做小生意	无业/失业/下岗	总计
经常被采纳	20.8%	14.8%	24.9%	12.4%	12.7%	14.7%	20.8%	15.3%	14.9%
较多被采纳	71.7%	66.7%	65.1%	65.8%	52.4%	66.7%	63.5%	64.7%	62.8%
基本不采纳	7.5%	18.5%	9.5%	21.2%	32.8%	17.9%	15.0%	19.0%	21.4%
从不被采纳并遭到嘲讽			0.6%	0.6%	2.1%	0.7%	0.7%	0.9%	0.9%
总计	100.0%	100.0%	100.0%	100.0%	100.0%	100.0%	100.0%	100.0%	100.0%
列总计	53	27	169	1214	725	430	433	431	3482

Chi-square test：df = 21，卡方值为 131.613，sig = 0.000 < 0.05，所以诸群体对于“您对子女所提出的有关人生发展方面的建议，是否经常被采纳”的回答有显著差异。

D11 by 诸群体

您认为现在孩子价值观的形成受何种因素影响最大 ＊诸群体 Crosstabulation

	官员	企业家	专业人员	工人	农民	企业员工	做小生意	无业/失业/下岗	总计
父母	71.2%	79.4%	65.2%	58.3%	58.4%	60.1%	62.6%	71.7%	61.8%
老师	56.1%	50.0%	51.6%	53.5%	53.2%	50.6%	50.3%	50.9%	52.2%
同伴	24.2%	20.6%	23.1%	29.5%	33.7%	22.3%	28.4%	20.9%	27.4%
网络，朋友圈	21.2%	20.6%	25.8%	21.6%	18.3%	24.1%	21.7%	22.7%	21.7%
明星	3.0%		2.7%	3.1%	1.8%	4.0%	2.7%	2.7%	2.8%
道德模范	7.6%	5.9%	9.5%	10.9%	11.9%	16.8%	10.4%	4.7%	10.7%
伟大人物	4.5%	8.8%	6.8%	7.9%	9.6%	9.2%	9.2%	2.5%	7.6%
列总计	66	34	221	1422	774	597	489	640	4243

据上表所示，诸群体对于“您认为现在孩子价值观的形成受何种因素影响最大”的回答有显著差异。

D12 by 诸群体

您认为老人是否有义务帮子女带孩子 ＊诸群体 Crosstabulation

	官员	企业家	专业人员	工人	农民	企业员工	做小生意	无业/失业/下岗	总计
有，天经地义的	16.2%	17.6%	16.2%	19.5%	31.1%	9.6%	18.5%	23.7%	20.5%
没有，老人帮助带孙辈，子女应感恩	30.9%	55.9%	47.2%	44.0%	35.7%	48.9%	45.3%	40.2%	42.8%
没有义务，不过带孙辈也是天伦之乐，应该帮助带	48.5%	20.6%	34.5%	33.6%	30.8%	38.1%	34.4%	32.1%	33.8%
没想过	4.4%	5.9%	2.2%	2.9%	2.4%	3.4%	1.8%	4.1%	3.0%
总计	100.0%	100.0%	100.0%	100.0%	100.0%	100.0%	100.0%	100.0%	100.0%
列总计	68	34	229	1458	791	614	497	655	4346

Chi-square test：df = 21，卡方值为 128.952，sig = 0.000 < 0.05，所以诸群体对于“您认为老人是否有义务帮子女带孩子”的回答有显著差异。

D13 by 诸群体

您认为最理想的养老方式是哪种 ＊诸群体 Crosstabulation

	官员	企业家	专业人员	工人	农民	企业员工	做小生意	无业/失业/下岗	总计
敬老院、护理院等专业养老机构	16.2%	20.6%	16.6%	14.0%	10.5%	20.0%	15.1%	15.1%	14.7%

续表

	官员	企业家	专业人员	工人	农民	企业员工	做小生意	无业/失业/下岗	总计
与子女同住	42.6%	32.4%	40.2%	56.2%	68.5%	44.5%	51.5%	49.2%	53.9%
自己单住，生活难以自理时找护工	11.8%	23.5%	17.0%	14.1%	13.8%	11.9%	17.7%	15.9%	14.6%
与兄弟姐妹抱团养老	2.9%	8.8%	6.6%	6.2%	2.4%	6.8%	4.4%	5.3%	5.2%
与志趣相投的人一起养老	25.0%	14.7%	18.3%	8.6%	4.2%	16.1%	10.7%	13.3%	10.6%
其他	1.5%		1.3%	1.0%	0.6%	0.7%	0.6%	1.2%	0.9%
总计	100.0%	100.0%	100.0%	100.0%	100.0%	100.0%	100.0%	100.0%	100.0%
列总计	68	34	229	1455	791	614	497	656	4344

Chi-square test：df = 35，卡方值为 202.120，sig = 0.000 < 0.05，所以诸群体对于“您认为最理想的养老方式是哪种”的回答有显著差异。

D14 by 诸群体

当父母一方长期生活不能自理时，主要承担照顾工作的人应该是 * 诸群体 Crosstabulation

	官员	企业家	专业人员	工人	农民	企业员工	做小生意	无业/失业/下岗	总计
子女照顾	47.1%	44.1%	48.2%	55.8%	64.6%	51.8%	59.0%	57.4%	56.8%
父母中还有能力的另一方（老伴儿）	30.9%	35.3%	25.9%	30.3%	25.2%	26.5%	27.0%	29.2%	28.1%
雇保姆，老伴儿协助	13.2%	11.8%	4.8%	4.3%	2.4%	5.1%	5.6%	4.0%	4.4%
雇保姆，子女协助	2.9%	2.9%	11.4%	4.7%	2.4%	9.8%	3.4%	5.2%	5.3%
送护理机构，家人经常探望	5.9%	5.9%	8.8%	4.6%	5.2%	6.9%	4.8%	4.0%	5.2%
其他			0.9%	0.2%	0.3%		0.2%	0.3%	0.2%
总计	100.0%	100.0%	100.0%	100.0%	100.0%	100.0%	100.0%	100.0%	100.0%
列总计	68	34	228	1457	790	612	497	655	4341

Chi-square test：df = 35，卡方值为 125.899，sig = 0.000 < 0.05，所以诸群体对于“当父母一方长期生活不能自理时，主要承担照顾工作的人应该是”的回答有显著差异。

D15 by 诸群体

在过去的十天里，您为父母做过以下哪些事情 * 诸群体 Crosstabulation

	官员	企业家	专业人员	工人	农民	企业员工	做小生意	无业/失业/下岗	总计
看望	33.8%	35.3%	36.7%	21.9%	16.4%	25.6%	26.8%	18.2%	22.5%

续表

	官员	企业家	专业人员	工人	农民	企业员工	做小生意	无业/失业/下岗	总计
打电话	42.6%	52.9%	44.1%	34.4%	18.1%	44.8%	39.2%	33.0%	34.0%
买东西	38.2%	32.4%	34.9%	28.8%	20.6%	36.3%	31.8%	30.7%	29.5%
陪看病	4.4%	2.9%	6.1%	4.5%	3.2%	4.9%	4.0%	3.4%	4.1%
生活照料	33.8%	26.5%	26.6%	29.9%	23.0%	31.8%	30.6%	20.9%	27.5%
做家务	25.0%	20.6%	33.2%	34.5%	24.5%	34.5%	30.6%	36.6%	32.2%
谈心聊天	41.2%	35.3%	32.3%	29.5%	16.4%	38.3%	31.2%	31.9%	29.3%
给钱	7.4%	14.7%	10.9%	6.8%	5.3%	7.8%	7.0%	2.3%	6.3%
外出游玩	1.5%	2.9%	3.1%	1.0%	0.6%	3.1%	1.2%	1.8%	1.5%
无	1.5%	8.8%	3.1%	8.0%	9.0%	3.7%	6.8%	4.9%	6.6%
父母已去世	13.2%	2.9%	13.5%	18.0%	44.4%	11.2%	15.1%	23.4%	21.9%
列总计	68	34	229	1459	791	614	497	655	4347

据上表所示，诸群体对于“在过去的十天里，为父母做过以下哪些事情”的回答有显著差异。

D16 by 诸群体

您是否觉得孤独 ＊诸群体 Crosstabulation

	官员	企业家	专业人员	工人	农民	企业员工	做小生意	无业/失业/下岗	总计
经常	4.4%	5.9%	2.6%	3.1%	3.5%	1.3%	2.6%	6.4%	3.4%
有时	17.6%	11.8%	27.1%	18.3%	19.6%	22.8%	17.7%	31.6%	21.5%
不太觉得	36.8%	17.6%	27.1%	36.2%	32.7%	33.0%	37.0%	27.4%	33.2%
不觉得	41.2%	64.7%	43.2%	42.5%	44.2%	42.9%	42.7%	34.6%	41.9%
总计	100.0%	100.0%	100.0%	100.0%	100.0%	100.0%	100.0%	100.0%	100.0%
列总计	68	34	229	1457	790	613	497	656	4344

Chi-square test：df = 21，卡方值为 108.395，sig = 0.000 < 0.05，所以诸群体对于“您是否觉得孤独”的回答有显著差异。

D17 by 诸群体

现在开展的弘扬好家风好家训活动，您认为有意义吗 ＊诸群体 Crosstabulation

	官员	企业家	专业人员	工人	农民	企业员工	做小生意	无业/失业/下岗	总计
很有意义	86.6%	81.8%	85.7%	83.5%	81.5%	81.3%	80.8%	88.5%	83.4%

续表

	官员	企业家	专业人员	工人	农民	企业员工	做小生意	无业/失业/下岗	总计
可有可无	10.4%	9.1%	8.1%	9.1%	11.4%	11.5%	10.6%	8.3%	9.9%
没有必要	3.0%	9.1%	6.3%	7.3%	7.1%	7.2%	8.6%	3.1%	6.7%
总计	100.0%	100.0%	100.0%	100.0%	100.0%	100.0%	100.0%	100.0%	100.0%
列总计	67	33	223	1404	747	600	489	635	4198

Chi-square test：df = 14，卡方值为 27.487，sig = 0.017 < 0.05，所以诸群体对于“现在开展的弘扬好家风好家训活动，您认为有意义吗”的回答有显著差异。

D18 by 诸群体

您所在的地方发生过虐待儿童的事件吗 * 诸群体 Crosstabulation

	官员	企业家	专业人员	工人	农民	企业员工	做小生意	无业/失业/下岗	总计
经常会发生			1.3%	0.5%	0.9%	1.3%	0.6%	1.7%	0.9%
偶尔发生	10.3%	8.8%	14.0%	6.2%	3.8%	8.0%	6.8%	10.5%	7.2%
没听说过	89.7%	91.2%	84.6%	93.3%	95.3%	90.7%	92.6%	87.8%	91.8%
总计	100.0%	100.0%	100.0%	100.0%	100.0%	100.0%	100.0%	100.0%	100.0%
列总计	68	34	228	1456	789	614	498	655	4342

Chi-square test：df = 14，卡方值为 54.204，sig = 0.000 < 0.05，所以诸群体对于“您所在的地方发生过虐待儿童的事件吗”的回答有显著差异。

D19 by 诸群体

在大街或社区里，看到行走或生活困难的老人，您经常的反应是 * 诸群体 Crosstabulation

	官员	企业家	专业人员	工人	农民	企业员工	做小生意	无业/失业/下岗	总计
想到自己的（祖）父母或自己的未来，情不自禁地想帮助他	52.9%	44.1%	46.7%	39.7%	33.7%	50.8%	39.2%	44.0%	41.4%
出于义务责任感，想帮助他	27.9%	23.5%	29.3%	27.9%	27.8%	25.2%	25.5%	31.9%	27.9%
有同情感，但没有想帮助的冲动	13.2%	32.4%	22.7%	27.9%	34.1%	20.7%	32.1%	20.6%	26.9%
没有感觉，习以为常	4.4%		1.3%	4.1%	4.4%	2.9%	3.0%	3.4%	3.6%
其他	1.5%			0.3%		0.3%	0.2%	0.2%	0.2%

续表

	官员	企业家	专业人员	工人	农民	企业员工	做小生意	无业/失业/下岗	总计
总计	100.0%	100.0%	100.0%	100.0%	100.0%	100.0%	100.0%	100.0%	100.0%
列总计	68	34	229	1457	787	614	498	655	4342

Chi-square test：df = 28，卡方值为 100.241，sig = 0.000 < 0.05，所以诸群体对于“在大街或社区里，看到行走或生活困难的老人，您经常的反应是”的回答有显著差异。

D20 by 诸群体

如果您的父母或兄妹偷了别人的东西，您的行为反应可能是 * 诸群体 Crosstabulation

	官员	企业家	专业人员	工人	农民	企业员工	做小生意	无业/失业/下岗	总计
批评他，但不会告发	10.3%	14.7%	23.0%	18.1%	17.3%	21.3%	22.5%	20.1%	19.3%
批评他，陪他送回原处或去承认错误	66.2%	67.6%	61.5%	61.9%	59.7%	64.0%	61.0%	63.4%	62.3%
默认，因为他得到的东西正是家庭所急需	7.4%	5.9%	3.1%	4.4%	5.7%	4.7%	5.8%	2.8%	4.6%
告发，因为出于正义感	8.8%	5.9%	8.4%	9.4%	10.4%	7.3%	5.6%	5.4%	8.2%
告发，因为可能会连累自己	1.5%	5.9%	0.4%	1.7%	1.9%	0.7%	2.0%	0.5%	1.4%
不管不问，由他自己决定	5.9%		3.5%	4.0%	4.7%	1.5%	3.0%	5.8%	3.9%
其他				0.5%	0.3%	0.5%		0.2%	0.3%
总计	100.0%	100.0%	100.0%	100.0%	100.0%	100.0%	100.0%	100.0%	100.0%
列总计	68	34	226	1457	790	614	497	653	4339

Chi-square test：df = 42，卡方值为 86.696，sig = 0.000 < 0.05，所以诸群体对于“如果您的父母或兄妹偷了别人的东西，您的行为反应可能是”的回答有显著差异。

D21 by 诸群体

当独生子女单独组成家庭后，父母和子女哪一种居住方式更好 * 诸群体 Crosstabulation

	官员	企业家	专业人员	工人	农民	企业员工	做小生意	无业/失业/下岗	总计
单独居住	35.3%	32.4%	29.8%	31.1%	23.9%	32.6%	28.1%	34.8%	30.2%

续表

	官员	企业家	专业人员	工人	农民	企业员工	做小生意	无业/失业/下岗	总计
和父母同住	23.5%	23.5%	21.1%	29.7%	40.5%	25.1%	32.1%	24.1%	29.8%
和父母及祖辈共同居住	8.8%	8.8%	7.0%	6.5%	7.6%	4.7%	7.7%	6.7%	6.7%
和父母靠近居住	32.4%	35.3%	41.7%	32.3%	27.2%	37.0%	31.3%	34.0%	32.7%
其他			0.4%	0.4%	0.8%	0.5%	0.8%	0.5%	0.5%
总计	100.0%	100.0%	100.0%	100.0%	100.0%	100.0%	100.0%	100.0%	100.0%
列总计	68	34	228	1454	786	613	495	656	4334

Chi-square test：df = 14，卡方值为 93.131，sig = 0.000 < 0.05，所以诸群体对于“当独生子女单独组成家庭后，父母和子女哪一种居住方式更好”的回答有显著差异。

D22 by 诸群体

您是否认为把老人送到养老院是不孝行为 * 诸群体 Crosstabulation

	官员	企业家	专业人员	工人	农民	企业员工	做小生意	无业/失业/下岗	总计
是	9.0%	11.8%	12.3%	16.9%	25.0%	4.9%	18.5%	16.5%	16.4%
相对而言，部分是	40.3%	52.9%	52.6%	43.6%	39.9%	50.7%	46.6%	46.9%	45.3%
不是	50.7%	35.3%	34.6%	39.1%	34.9%	44.3%	34.9%	36.5%	38.1%
其他			0.4%	0.5%	0.3%	0.2%		0.2%	0.3%
总计	100.0%	100.0%	100.0%	100.0%	100.0%	100.0%	100.0%	100.0%	100.0%
列总计	67	34	228	1457	789	614	498	655	4342

Chi-square test：df = 21，卡方值为 124.411，sig = 0.000 < 0.05，所以诸群体对于“您是否认为把老人送到养老院是不孝行为”的回答有显著差异。

E1 by 诸群体

您认为企业最重要的社会责任是什么 * 诸群体 Crosstabulation

	官员	企业家	专业人员	工人	农民	企业员工	做小生意	无业/失业/下岗	总计
为企业和企业股东自身赚钱	13.2%	8.8%	17.8%	18.3%	22.9%	12.5%	20.5%	22.1%	18.9%
通过依法纳税为国家积累财富	25.0%	17.6%	19.1%	22.9%	19.9%	24.3%	18.4%	17.1%	21.0%

续表

	官员	企业家	专业人员	工人	农民	企业员工	做小生意	无业/失业/下岗	总计
通过诚信经营提供质量可靠的产品，满足社会大众生活需求	61.8%	64.7%	60.0%	52.2%	49.7%	59.6%	57.0%	53.5%	54.3%
为员工谋福利		8.8%	3.1%	6.2%	7.6%	3.5%	3.9%	7.3%	5.7%
其他				0.3%		0.2%	0.2%		0.1%
总计	100.0%	100.0%	100.0%	100.0%	100.0%	100.0%	100.0%	100.0%	100.0%
列总计	68	34	225	1412	725	602	484	620	4170

Chi-square test：df = 28，卡方值为 77.758，sig = 0.000 < 0.05，所以诸群体对于“您认为企业最重要的社会责任是什么”的回答有显著差异。

E2a by 诸群体

关于企业的说法，您的同意程度是：只要能为员工谋福利就是一个好单位 * 诸群体 Crosstabulation

	官员	企业家	专业人员	工人	农民	企业员工	做小生意	无业/失业/下岗	总计
完全同意	11.8%	11.8%	7.9%	8.5%	6.5%	8.6%	8.3%	6.3%	7.8%
比较同意	38.2%	41.2%	46.5%	49.2%	55.5%	38.8%	48.7%	49.8%	48.5%
不太同意	44.1%	35.3%	35.5%	33.1%	32.6%	37.6%	34.5%	37.3%	34.8%
完全不同意	5.9%	11.8%	10.1%	9.2%	5.4%	15.0%	8.5%	6.6%	8.9%
总计	100.0%	100.0%	100.0%	100.0%	100.0%	100.0%	100.0%	100.0%	100.0%
列总计	68	34	228	1440	757	614	495	640	4276

Chi-square test：df = 21，卡方值为 77.788，sig = 0.000 < 0.05，所以诸群体对于“只要能为员工谋福利就是一个好单位”的同意程度有显著差异。

E2b by 诸群体

关于企业的说法，您的同意程度是：经济效益好坏是衡量企业成败的唯一标准 * 诸群体 Crosstabulation

	官员	企业家	专业人员	工人	农民	企业员工	做小生意	无业/失业/下岗	总计
完全同意	4.4%	5.9%	5.7%	3.7%	3.7%	4.1%	4.1%	3.2%	3.9%
比较同意	29.4%	23.5%	29.4%	33.8%	35.5%	23.0%	30.5%	28.0%	30.9%
不太同意	54.4%	58.8%	54.8%	51.6%	52.4%	55.4%	54.5%	58.5%	53.9%
完全不同意	11.8%	11.8%	10.1%	10.9%	8.4%	17.4%	11.0%	10.4%	11.3%
总计	100.0%	100.0%	100.0%	100.0%	100.0%	100.0%	100.0%	100.0%	100.0%

续表

	官员	企业家	专业人员	工人	农民	企业员工	做小生意	无业/失业/下岗	总计
列总计	68	34	228	1426	738	608	492	626	4220

Chi-square test：df = 21，卡方值为 58. 544，sig = 0. 000 < 0. 05，所以诸群体对于“经济效益好坏是衡量企业成败的唯一标准”的同意程度有显著差异。

E2c by 诸群体

关于企业的说法，您的同意程度是：企业做慈善都是做做样子，其实还是为自己做广告 ＊诸群体 Crosstabulation

	官员	企业家	专业人员	工人	农民	企业员工	做小生意	无业/失业/下岗	总计
完全同意	1. 5%		4. 0%	4. 4%	3. 9%	3. 5%	3. 8%	4. 7%	4. 0%
比较同意	19. 4%	30. 3%	31. 7%	39. 8%	36. 9%	37. 6%	39. 0%	44. 9%	38. 8%
不太同意	68. 7%	48. 5%	50. 9%	46. 5%	48. 1%	48. 3%	45. 3%	43. 0%	47. 0%
完全不同意	10. 4%	21. 2%	13. 4%	9. 3%	11. 1%	10. 6%	11. 9%	7. 4%	10. 2%
总计	100. 0%	100. 0%	100. 0%	100. 0%	100. 0%	100. 0%	100. 0%	100. 0%	100. 0%
列总计	67	33	224	1373	675	604	477	597	4050

Chi-square test：df = 21，卡方值为 45. 346，sig = 0. 002 < 0. 05，所以诸群体对于“企业做慈善都是做做样子，其实还是为自己做广告”的同意程度有显著差异。

E2d by 诸群体

关于企业的说法，您的同意程度是：企业和员工之间只是合同关系，效益好就好好干，效益不好就跳槽 ＊诸群体 Crosstabulation

	官员	企业家	专业人员	工人	农民	企业员工	做小生意	无业/失业/下岗	总计
完全同意	4. 4%		1. 8%	3. 3%	2. 8%	2. 3%	2. 2%	3. 8%	2. 9%
比较同意	17. 6%	23. 5%	21. 5%	30. 7%	35. 9%	24. 6%	23. 2%	27. 8%	28. 7%
不太同意	58. 8%	55. 9%	58. 3%	50. 0%	45. 6%	48. 5%	54. 8%	56. 1%	51. 1%
完全不同意	19. 1%	20. 6%	18. 4%	16. 0%	15. 7%	24. 6%	19. 8%	12. 3%	17. 3%
总计	100. 0%	100. 0%	100. 0%	100. 0%	100. 0%	100. 0%	100. 0%	100. 0%	100. 0%
列总计	68	34	228	1437	739	613	491	627	4237

Chi-square test：df = 21，卡方值为 84. 134，sig = 0. 000 < 0. 05，所以诸群体对于“企业和员工之间只是合同关系，效益好就好好干，效益不好就跳槽”的同意程度有显著差异。

E2e by 诸群体

关于企业的说法，您的同意程度是：企业不需要对员工讲什么伦理关怀，员工表现好就发奖金，不好就辞退 ＊诸群体 Crosstabulation

	官员	企业家	专业人员	工人	农民	企业员工	做小生意	无业/失业/下岗	总计
完全同意	1.5%		1.8%	2.2%	1.5%	2.0%	3.2%	3.1%	2.2%
比较同意	13.2%	26.5%	16.7%	20.4%	21.1%	15.3%	14.6%	18.5%	18.6%
不太同意	58.8%	64.7%	52.9%	55.4%	58.4%	52.4%	58.3%	61.0%	56.6%
完全不同意	26.5%	8.8%	28.6%	22.1%	19.0%	30.3%	23.9%	17.4%	22.6%
总计	100.0%	100.0%	100.0%	100.0%	100.0%	100.0%	100.0%	100.0%	100.0%
列总计	68	34	227	1439	743	613	494	638	4256

Chi-square test：df=21，卡方值为65.199，sig=0.000<0.05，所以诸群体对于“企业不需要对员工讲什么伦理关怀，员工表现好就发奖金，不好就辞退”的同意程度有显著差异。

E2f by 诸群体

关于企业的说法，您的同意程度是：企业为了履行社会责任，应当放弃一些自身利益 ＊诸群体 Crosstabulation

	官员	企业家	专业人员	工人	农民	企业员工	做小生意	无业/失业/下岗	总计
完全同意	17.6%	26.5%	22.6%	23.2%	20.6%	25.3%	22.3%	21.4%	22.6%
比较同意	57.4%	47.1%	50.9%	55.4%	57.5%	55.2%	51.7%	58.7%	55.5%
不太同意	22.1%	14.7%	22.6%	17.1%	17.4%	16.0%	20.0%	16.2%	17.5%
完全不同意	2.9%	11.8%	4.0%	4.4%	4.4%	3.4%	5.9%	3.6%	4.3%
总计	100.0%	100.0%	100.0%	100.0%	100.0%	100.0%	100.0%	100.0%	100.0%
列总计	68	34	226	1436	751	612	489	635	4251

Chi-square test：df=21，卡方值为26.324，sig=0.194>0.05，所以诸群体对于“企业为了履行社会责任，应当放弃一些自身利益”的同意程度没有显著差异。

E2g by 诸群体

关于企业的说法，您的同意程度是：讲信用、遵循道德规范的企业能够获得更好的利益 ＊诸群体 Crosstabulation

	官员	企业家	专业人员	工人	农民	企业员工	做小生意	无业/失业/下岗	总计
完全同意	33.8%	23.5%	31.0%	25.4%	24.9%	32.3%	25.8%	28.5%	27.2%
比较同意	52.3%	58.8%	50.0%	58.2%	60.5%	52.1%	56.2%	59.3%	57.2%
不太同意	12.3%	8.8%	14.6%	13.5%	11.3%	11.9%	13.0%	9.4%	12.2%
完全不同意	1.5%	8.8%	4.4%	2.9%	3.3%	3.6%	5.1%	2.8%	3.4%

续表

	官员	企业家	专业人员	工人	农民	企业员工	做小生意	无业/失业/下岗	总计
总计	100.0%	100.0%	100.0%	100.0%	100.0%	100.0%	100.0%	100.0%	100.0%
列总计	65	34	226	1439	760	606	493	639	4262

Chi-square test：df = 21，卡方值为 37.814，sig = 0.014 < 0.05，所以诸群体对于“讲信用、遵循道德规范的企业能够获得更好的利益”的同意程度有显著差异。

E2h by 诸群体

关于企业的说法，您的同意程度是：企业只是一台赚钱的机器，能赚钱就行，无所谓社会责任，声誉也不重要 * 诸群体 Crosstabulation

	官员	企业家	专业人员	工人	农民	企业员工	做小生意	无业/失业/下岗	总计
完全同意	2.9%	2.9%	0.9%	0.8%	0.9%	0.5%	2.4%	1.7%	1.2%
比较同意	11.8%	8.8%	9.3%	10.9%	12.8%	10.5%	10.0%	8.9%	10.7%
不太同意	51.5%	50.0%	55.1%	64.4%	66.5%	63.0%	66.4%	66.5%	64.3%
完全不同意	33.8%	38.2%	34.8%	23.9%	19.8%	26.1%	21.2%	22.9%	23.9%
总计	100.0%	100.0%	100.0%	100.0%	100.0%	100.0%	100.0%	100.0%	100.0%
列总计	68	34	227	1431	744	610	491	641	4246

Chi-square test：df = 21，卡方值为 53.9333，sig = 0.000 < 0.05，所以诸群体对于“企业只是一台赚钱的机器，能赚钱就行，无所谓社会责任，声誉也不重要”的同意程度有显著差异。

E2i by 诸群体

关于企业的说法，您的同意程度是：同样的产品，国企生产的比私企的更有保障 * 诸群体 Crosstabulation

	官员	企业家	专业人员	工人	农民	企业员工	做小生意	无业/失业/下岗	总计
完全同意	13.6%		11.2%	5.8%	7.9%	7.0%	5.5%	6.3%	6.8%
比较同意	22.7%	30.3%	37.7%	39.5%	38.2%	38.1%	38.9%	47.8%	39.8%
不太同意	56.1%	45.5%	40.8%	45.3%	41.7%	45.3%	43.1%	40.2%	43.6%
完全不同意	7.6%	24.2%	10.3%	9.4%	12.1%	9.6%	12.5%	5.6%	9.8%
总计	100.0%	100.0%	100.0%	100.0%	100.0%	100.0%	100.0%	100.0%	100.0%
列总计	66	33	223	1394	717	603	473	604	4113

Chi-square test：df = 21，卡方值为 66.682，sig = 0.000 < 0.05，所以诸群体对于“同样的产品，国企生产的比私企的更有保障”的同意程度有显著差异。

E3 by 诸群体

下面哪种说法更符合或接近您的个人想法 ＊诸群体 Crosstabulation

	官员	企业家	专业人员	工人	农民	企业员工	做小生意	无业/失业/下岗	总计
个人和工作单位之间是聘用或雇用关系，通过工资和付出劳动满足彼此需求	36.8%	20.6%	36.8%	45.8%	46.0%	34.2%	39.2%	48.5%	43.0%
不只是利益关系，应当还有很多情感的联系，应当共命运	33.8%	55.9%	37.7%	35.6%	34.7%	43.7%	41.2%	36.4%	37.6%
个人是单位的一分子，单位如同个人的另一个家	27.9%	23.5%	25.4%	18.7%	19.3%	22.1%	19.5%	14.5%	19.3%
其他	1.5%						0.2%	0.5%	0.1%
总计	100.0%	100.0%	100.0%	100.0%	100.0%	100.0%	100.0%	100.0%	100.0%
列总计	68	34	228	1451	772	611	498	653	4315

Chi-square test：df = 21，卡方值为 81.830，sig = 0.000 < 0.05，所以诸群体对于“下面哪种说法更符或接近您的个人想法”的回答有显著差异。

E4a by 诸群体

您对自己所在企业履行下列责任的满意情况如何？劳动安全保障 ＊诸群体 Crosstabulation

	官员	企业家	专业人员	工人	农民	企业员工	做小生意	无业/失业/下岗	总计
非常不满意	4.4%	5.9%	2.7%	3.1%	3.7%	2.5%	1.8%	3.2%	3.0%
不太满意	13.2%	17.6%	20.1%	26.5%	26.9%	22.6%	28.9%	26.9%	25.6%
比较满意	72.1%	64.7%	66.1%	64.3%	62.4%	67.9%	62.3%	65.1%	64.7%
非常满意	10.3%	11.8%	11.2%	6.1%	7.0%	7.0%	7.0%	4.8%	6.7%
总计	100.0%	100.0%	100.0%	100.0%	100.0%	100.0%	100.0%	100.0%	100.0%
列总计	68	34	224	1359	588	598	440	499	3810

Chi-square test：df = 21，卡方值为 33.114，sig = 0.042 < 0.05，所以诸群体对于“您对自己所在企业履行下列责任的满意情况如何？劳动安全保障”的回答有显著差异。

E4b by 诸群体

您对自己所在企业履行下列责任的满意情况如何？员工薪酬合理 ＊诸群体 Crosstabulation

	官员	企业家	专业人员	工人	农民	企业员工	做小生意	无业/失业/下岗	总计
非常不满意	4.5%	8.8%	3.1%	4.2%	5.0%	3.5%	3.8%	3.1%	4.0%
不太满意	14.9%	11.8%	21.7%	36.7%	31.7%	30.4%	31.8%	32.1%	32.3%
比较满意	74.6%	61.8%	65.0%	53.7%	57.4%	56.4%	58.6%	60.2%	57.3%
非常满意	6.0%	17.6%	10.2%	5.4%	5.9%	9.7%	5.8%	4.5%	6.5%
总计	100.0%	100.0%	100.0%	100.0%	100.0%	100.0%	100.0%	100.0%	100.0%
列总计	67	34	226	1352	580	599	447	508	3813

Chi-square test：df = 21，卡方值为 69.797，sig = 0.000 < 0.05，所以诸群体对于“您对自己所在企业履行下列责任的满意情况如何？员工薪酬合理”的回答有显著差异。

E4c by 诸群体

您对自己所在企业履行下列责任的满意情况如何？关心员工生活 ＊诸群体 Crosstabulation

	官员	企业家	专业人员	工人	农民	企业员工	做小生意	无业/失业/下岗	总计
非常不满意	3.0%	5.9%	3.6%	3.8%	4.5%	3.7%	2.7%	3.8%	3.7%
不太满意	23.9%	17.6%	21.3%	32.7%	29.7%	29.6%	30.8%	32.1%	30.5%
比较满意	62.7%	55.9%	59.1%	56.1%	57.4%	58.0%	55.7%	57.5%	57.0%
非常满意	10.4%	20.6%	16.0%	7.4%	8.4%	8.7%	10.7%	6.6%	8.7%
总计	100.0%	100.0%	100.0%	100.0%	100.0%	100.0%	100.0%	100.0%	100.0%
列总计	67	34	225	1359	573	595	438	501	3792

Chi-square test：df = 21，卡方值为 42.747，sig = 0.003 < 0.05，所以诸群体对于“您对自己所在企业履行下列责任的满意情况如何？关心员工生活”的回答有显著差异。

E4d by 诸群体

您对自己所在企业履行下列责任的满意情况如何？诚实守法经营 ＊诸群体 Crosstabulation

	官员	企业家	专业人员	工人	农民	企业员工	做小生意	无业/失业/下岗	总计
非常不满意		6.3%	3.6%	1.8%	1.3%	2.9%	0.9%	1.7%	1.9%

续表

	官员	企业家	专业人员	工人	农民	企业员工	做小生意	无业/失业/下岗	总计
不太满意	19.1%	6.3%	17.2%	18.5%	16.4%	13.4%	16.0%	18.5%	16.9%
比较满意	67.6%	62.5%	67.0%	71.4%	71.5%	75.2%	71.9%	71.8%	71.7%
非常满意	13.2%	25.0%	12.2%	8.4%	10.8%	8.6%	11.2%	7.9%	9.5%
总计	100.0%	100.0%	100.0%	100.0%	100.0%	100.0%	100.0%	100.0%	100.0%
列总计	68	32	221	1362	636	596	455	518	3888

Chi-square test：df = 21，卡方值为 44.391，sig = 0.002 < 0.05，所以诸群体对于“您对自己所在企业履行下列责任的满意情况如何？诚实守法经营”的回答有显著差异。

E4e by 诸群体

您对自己所在企业履行下列责任的满意情况如何？产品质量可靠 * 诸群体 Crosstabulation

	官员	企业家	专业人员	工人	农民	企业员工	做小生意	无业/失业/下岗	总计
非常不满意		5.9%	2.3%	1.8%	0.6%	2.4%	2.0%	2.3%	1.8%
不太满意	11.9%	8.8%	14.9%	17.1%	17.0%	16.5%	16.0%	15.7%	16.4%
比较满意	70.1%	64.7%	69.2%	71.5%	71.9%	70.6%	73.3%	75.1%	71.9%
非常满意	17.9%	20.6%	13.6%	9.6%	10.4%	10.6%	8.7%	6.8%	9.9%
总计	100.0%	100.0%	100.0%	100.0%	100.0%	100.0%	100.0%	100.0%	100.0%
列总计	67	34	221	1371	634	595	449	515	3886

Chi-square test：df = 21，卡方值为 33.529，sig = 0.041 < 0.05，所以诸群体对于“您对自己所在企业履行下列责任的满意情况如何？产品质量可靠”的回答有显著差异。

E4f by 诸群体

您对自己所在企业履行下列责任的满意情况如何？环境保护措施 * 诸群体 Crosstabulation

	官员	企业家	专业人员	工人	农民	企业员工	做小生意	无业/失业/下岗	总计
非常不满意	1.5%	2.9%	3.9%	3.2%	1.5%	2.1%	3.2%	4.6%	2.9%
不太满意	24.2%	5.9%	23.7%	28.0%	26.0%	23.7%	29.0%	27.9%	26.6%
比较满意	59.1%	64.7%	56.5%	59.1%	62.1%	63.5%	56.9%	59.9%	60.0%
非常满意	15.2%	26.5%	15.9%	9.7%	10.4%	10.7%	10.9%	7.6%	10.4%
总计	100.0%	100.0%	100.0%	100.0%	100.0%	100.0%	100.0%	100.0%	100.0%

续表

	官员	企业家	专业人员	工人	农民	企业员工	做小生意	无业/失业/下岗	总计
列总计	66	34	207	1296	588	578	441	499	3709

Chi-square test：df = 21，卡方值为 45. 352，sig = 0. 002 < 0. 05，所以诸群体对于“您对自己所在企业履行下列责任的满意情况如何？环境保护措施”的回答有显著差异。

E4g by 诸群体

您对自己所在企业履行下列责任的满意情况如何？慈善公益事业 ＊诸群体 Crosstabulation

	官员	企业家	专业人员	工人	农民	企业员工	做小生意	无业/失业/下岗	总计
非常不满意	1. 6%	3. 2%	3. 5%	4. 2%	3. 4%	2. 9%	3. 1%	3. 2%	3. 5%
不太满意	19. 0%	3. 2%	21. 1%	25. 8%	27. 8%	23. 8%	24. 3%	25. 9%	25. 0%
比较满意	58. 7%	77. 4%	58. 3%	60. 3%	55. 7%	63. 0%	59. 2%	63. 5%	60. 3%
非常满意	20. 6%	16. 1%	17. 1%	9. 7%	13. 1%	10. 3%	13. 4%	7. 4%	11. 2%
总计	100. 0%	100. 0%	100. 0%	100. 0%	100. 0%	100. 0%	100. 0%	100. 0%	100. 0%
列总计	63	31	199	1170	497	543	387	433	3323

Chi-square test：df = 21，卡方值为 41. 594，sig = 0. 005 < 0. 05，所以诸群体对于“您对自己所在企业履行下列责任的满意情况如何？慈善公益事业”的回答有显著差异。

E5 by 诸群体

您对本地的或自己熟悉的企业家的道德状况怎么评价 ＊诸群体 Crosstabulation

	官员	企业家	专业人员	工人	农民	企业员工	做小生意	无业/失业/下岗	总计
总体还不错	68. 3%	64. 7%	60. 8%	51. 4%	54. 1%	58. 1%	54. 3%	52. 8%	54. 3%
普遍比较差	7. 9%	14. 7%	11. 8%	15. 4%	15. 6%	16. 7%	17. 4%	17. 3%	15. 8%
和普通群众没有太大差别	23. 8%	20. 6%	27. 5%	33. 2%	30. 3%	25. 3%	28. 3%	29. 9%	29. 9%
总计	100. 0%	100. 0%	100. 0%	100. 0%	100. 0%	100. 0%	100. 0%	100. 0%	100. 0%
列总计	63	34	204	1332	627	570	453	525	3808

Chi-square test：df = 14，卡方值为 26. 354，sig = 0. 023 < 0. 05，所以诸群体对于“您对本地的或自己熟悉的企业家的道德状况怎么评价”的回答有显著差异。

E6a by 诸群体

对公务员道德状况的满意度 ＊诸群体 Crosstabulation

	官员	企业家	专业人员	工人	农民	企业员工	做小生意	无业/失业/下岗	总计
非常满意	13.6%	3.0%	3.7%	3.2%	2.8%	5.0%	3.2%	4.5%	3.8%
比较满意	63.6%	54.5%	65.0%	58.9%	65.1%	62.0%	59.6%	63.5%	61.6%
不太满意	19.7%	39.4%	26.6%	32.5%	28.1%	29.6%	33.3%	25.8%	29.9%
非常不满意	3.0%	3.0%	4.7%	5.4%	3.9%	3.4%	3.9%	6.2%	4.7%
总计	100.0%	100.0%	100.0%	100.0%	100.0%	100.0%	100.0%	100.0%	100.0%
列总计	66	33	214	1361	737	595	463	578	4047

Chi-square test：df = 21，卡方值为 49.967，sig = 0.000 < 0.05，所以诸群体对于“对公务员道德状况的满意度”的回答有显著差异。

E6b by 诸群体

对医生道德状况的满意度 ＊诸群体 Crosstabulation

	官员	企业家	专业人员	工人	农民	企业员工	做小生意	无业/失业/下岗	总计
非常满意	6.1%	3.0%	3.6%	2.5%	3.3%	4.3%	1.2%	5.2%	3.3%
比较满意	53.0%	51.5%	64.3%	63.1%	67.1%	56.6%	61.0%	64.7%	62.7%
不太满意	33.3%	36.4%	28.1%	29.8%	26.2%	33.8%	33.9%	25.8%	29.6%
非常不满意	7.6%	9.1%	4.0%	4.6%	3.4%	5.3%	3.9%	4.3%	4.4%
总计	100.0%	100.0%	100.0%	100.0%	100.0%	100.0%	100.0%	100.0%	100.0%
列总计	66	33	224	1425	766	601	490	635	4240

Chi-square test：df = 21，卡方值为 48.045，sig = 0.001 < 0.05，所以诸群体对于“对医生道德状况的满意度”的回答有显著差异。

E6c by 诸群体

对教师道德状况的满意度 ＊诸群体 Crosstabulation

	官员	企业家	专业人员	工人	农民	企业员工	做小生意	无业/失业/下岗	总计
非常满意	9.0%	8.8%	8.2%	4.4%	4.1%	5.6%	3.1%	8.3%	5.2%
比较满意	61.2%	52.9%	65.0%	68.5%	69.7%	63.8%	63.7%	66.8%	66.8%
不太满意	25.4%	32.4%	22.3%	22.4%	22.7%	26.4%	27.2%	20.9%	23.5%
非常不满意	4.5%	5.9%	4.5%	4.7%	3.6%	4.1%	6.0%	4.0%	4.5%
总计	100.0%	100.0%	100.0%	100.0%	100.0%	100.0%	100.0%	100.0%	100.0%

续表

	官员	企业家	专业人员	工人	农民	企业员工	做小生意	无业/失业/下岗	总计
列总计	67	34	220	1419	758	605	485	626	4214

Chi-square test：df = 21，卡方值为 44. 153，sig = 0. 002 < 0. 05，所以诸群体对于“对教师道德状况的满意度“的回答有显著差异。

E6d by 诸群体

对个体工商户道德状况的满意度 * 诸群体 Crosstabulation

	官员	企业家	专业人员	工人	农民	企业员工	做小生意	无业/失业/下岗	总计
非常满意	3. 1%	5. 9%	3. 1%	2. 0%	2. 7%	4. 0%	3. 3%	3. 4%	2. 9%
比较满意	60. 0%	50. 0%	57. 1%	57. 6%	62. 5%	54. 5%	59. 5%	61. 2%	58. 7%
不太满意	35. 4%	35. 3%	30. 1%	32. 2%	28. 7%	34. 2%	27. 2%	29. 6%	30. 9%
非常不满意	1. 5%	8. 8%	9. 7%	8. 1%	6. 1%	7. 4%	10. 0%	5. 8%	7. 5%
总计	100. 0%	100. 0%	100. 0%	100. 0%	100. 0%	100. 0%	100. 0%	100. 0%	100. 0%
列总计	65	34	226	1421	750	606	489	624	4215

Chi-square test：df = 21，卡方值为 34. 327，sig = 0. 033 < 0. 05，所以诸群体对于“对个体工商户道德状况的满意度”的回答有显著差异。

E7a by 诸群体

怎么称呼周围那些经营企业或做生意发了财的人？企业家 * 诸群体 Crosstabulation

	官员	企业家	专业人员	工人	农民	企业员工	做小生意	无业/失业/下岗	总计
未选中	75. 0%	64. 7%	76. 0%	80. 9%	78. 7%	78. 3%	77. 5%	90. 2%	80. 7%
选中	25. 0%	35. 3%	24. 0%	19. 1%	21. 3%	21. 7%	22. 5%	9. 8%	19. 3%
总计	100. 0%	100. 0%	100. 0%	100. 0%	100. 0%	100. 0%	100. 0%	100. 0%	100. 0%
列总计	68	34	229	1458	790	614	498	655	4346

Chi-square test：df = 7，卡方值为 55. 834，sig = 0. 000 < 0. 05，所以诸群体对于“怎么称呼周围那些经营企业或做生意发了财的人？企业家”的回答有显著差异。

E7b by 诸群体

怎么称呼周围那些经营企业或做生意发了财的人？老板 ＊诸群体 Crosstabulation

	官员	企业家	专业人员	工人	农民	企业员工	做小生意	无业/失业/下岗	总计
未选中	10.3%	11.8%	10.0%	4.7%	2.3%	8.1%	4.0%	9.5%	5.8%
选中	89.7%	88.2%	90.0%	95.3%	97.7%	91.9%	96.0%	90.5%	94.2%
总计	100.0%	100.0%	100.0%	100.0%	100.0%	100.0%	100.0%	100.0%	100.0%
列总计	68	34	229	1458	790	614	498	655	4346

Chi-square test：df = 7，卡方值为 58.847，sig = 0.000 < 0.05，所以诸群体对于“怎么称呼周围那些经营企业或做生意发了财的人？老板”的回答有显著差异。

E7c by 诸群体

怎么称呼周围那些经营企业或做生意发了财的人？商人 ＊诸群体 Crosstabulation

	官员	企业家	专业人员	工人	农民	企业员工	做小生意	无业/失业/下岗	总计
未选中	72.1%	76.5%	71.2%	67.8%	66.7%	68.2%	65.9%	84.9%	70.3%
选中	27.9%	23.5%	28.8%	32.2%	33.3%	31.8%	34.1%	15.1%	29.7%
总计	100.0%	100.0%	100.0%	100.0%	100.0%	100.0%	100.0%	100.0%	100.0%
列总计	68	34	229	1458	790	614	498	655	4346

Chi-square test：df = 7，卡方值为 82.677，sig = 0.000 < 0.05，所以诸群体对于“怎么称呼周围那些经营企业或做生意发了财的人？商人”的回答有显著差异。

E7d by 诸群体

怎么称呼周围那些经营企业或做生意发了财的人？生意人 ＊诸群体 Crosstabulation

	官员	企业家	专业人员	工人	农民	企业员工	做小生意	无业/失业/下岗	总计
未选中	67.6%	64.7%	63.8%	58.5%	53.4%	53.4%	53.6%	79.8%	60.0%
选中	32.4%	35.3%	36.2%	41.5%	46.6%	46.6%	46.4%	20.2%	40.0%
总计	100.0%	100.0%	100.0%	100.0%	100.0%	100.0%	100.0%	100.0%	100.0%
列总计	68	34	229	1458	790	614	498	655	4346

Chi-square test：df = 7，卡方值为 145.962，sig = 0.000 < 0.05，所以诸群体对于“怎么称呼周围那些经营企业或做生意发了财的人？生意人”的回答有显著差异。

E7e by 诸群体

怎么称呼周围那些经营企业或做生意发了财的人？土豪 ＊诸群体 Crosstabulation

	官员	企业家	专业人员	工人	农民	企业员工	做小生意	无业/失业/下岗	总计
未选中	89.7%	91.2%	84.7%	90.7%	93.0%	84.9%	92.2%	90.4%	90.1%
选中	10.3%	8.8%	15.3%	9.3%	7.0%	15.1%	7.8%	9.6%	9.9%
总计	100.0%	100.0%	100.0%	100.0%	100.0%	100.0%	100.0%	100.0%	100.0%
列总计	68	34	229	1458	790	614	498	655	4346

Chi-square test：df = 7，卡方值为 37.228，sig = 0.000 < 0.05，所以诸群体对于“怎么称呼周围那些经营企业或做生意发了财的人？土豪”的回答有显著差异。

E7f by 诸群体

怎么称呼周围那些经营企业或做生意发了财的人？暴发户 ＊诸群体 Crosstabulation

	官员	企业家	专业人员	工人	农民	企业员工	做小生意	无业/失业/下岗	总计
未选中	89.7%	100.0%	84.7%	89.6%	91.4%	87.1%	90.8%	93.9%	90.2%
选中	10.3%		15.3%	10.4%	8.6%	12.9%	9.2%	6.1%	9.8%
总计	100.0%	100.0%	100.0%	100.0%	100.0%	100.0%	100.0%	100.0%	100.0%
列总计	68	34	229	1458	790	614	498	655	4346

Chi-square test：df = 7，卡方值为 30.096，sig = 0.000 < 0.05，所以诸群体对于“怎么称呼周围那些经营企业或做生意发了财的人？暴发户”的回答有显著差异。

E7g by 诸群体

怎么称呼周围那些经营企业或做生意发了财的人？其他 ＊诸群体 Crosstabulation

	官员	企业家	专业人员	工人	农民	企业员工	做小生意	无业/失业/下岗	总计
未选中	100.0%	100.0%	100.0%	99.8%	99.4%	99.7%	99.6%	99.4%	99.6%
选中				0.2%	0.6%	0.3%	0.4%	0.6%	0.4%
总计	100.0%	100.0%	100.0%	100.0%	100.0%	100.0%	100.0%	100.0%	100.0%
列总计	68	34	229	1458	790	614	498	654	4345

Chi-square test：df = 7，卡方值为 4.822，sig = 0.674 > 0.05，所以诸群体对于“怎么称呼周围那些经营企业或做生意发了财的人？其他”的回答没有显著差异。

E8 by 诸群体

如果您有一个不错的家庭企业，儿子或女儿缺乏经营能力或经营兴趣，难以交班，您可能选择 ＊诸群体 Crosstabulation

	官员	企业家	专业人员	工人	农民	企业员工	做小生意	无业/失业/下岗	总计
培养儿媳或女婿，交给她/他经营	26.5%	41.2%	38.6%	45.2%	47.0%	34.7%	44.1%	46.5%	43.4%
交给儿媳和女婿有风险，离婚了怎么办，还是自己撑到有第三代接管	13.2%	2.9%	7.0%	13.4%	16.4%	8.8%	16.3%	6.5%	12.1%
找一个懂经营的职业经理人，我们家庭成员做董事长	50.0%	50.0%	44.7%	33.7%	25.2%	49.9%	32.8%	37.2%	35.9%
做一天是一天，最后将钞票留给子孙，但外人不可靠，不能交给外人	8.8%	5.9%	7.5%	7.4%	11.3%	5.7%	6.6%	9.5%	8.1%
其他	1.5%		2.2%	0.3%	0.1%	0.8%	0.2%	0.3%	0.5%
总计	100.0%	100.0%	100.0%	100.0%	100.0%	100.0%	100.0%	100.0%	100.0%
列总计	68	34	228	1450	758	611	497	645	4291

Chi-square test：df = 28，卡方值为 182.280，sig = 0.000 < 0.05，所以诸群体对于“儿子或女儿缺乏经营能力或经营兴趣，难以交班，您可能选择”的回答有显著差异。

E9 by 诸群体

在市场上购买食品、衣物、家用电器等商品时，您觉得有安全感吗 ＊诸群体 Crosstabulation

	官员	企业家	专业人员	工人	农民	企业员工	做小生意	无业/失业/下岗	总计
有安全感，相信产品质量	33.8%	29.4%	34.5%	25.7%	24.2%	26.9%	25.5%	28.7%	26.6%
没安全感，不相信他们的标签，常担心质量问题影响自己的健康	11.8%	35.3%	17.5%	19.4%	20.4%	21.8%	22.5%	12.7%	19.2%
没安全感，担心在价格上被欺骗，要货比三家	19.1%	5.9%	15.7%	17.8%	19.5%	15.6%	20.1%	13.6%	17.2%

续表

	官员	企业家	专业人员	工人	农民	企业员工	做小生意	无业/失业/下岗	总计
一般还可以，相信大商店的产品，不相信小商店和地摊货	35.3%	29.4%	32.3%	37.0%	35.9%	35.7%	31.9%	44.7%	36.9%
其他				0.1%				0.5%	0.1%
总计	100.0%	100.0%	100.0%	100.0%	100.0%	100.0%	100.0%	100.0%	100.0%
列总计	68	34	229	1458	790	614	498	656	4347

Chi-square test：df = 28，卡方值为 79.439，sig = 0.000 < 0.05，所以诸群体对于“在市场上购买食品、衣物、家用电器等商品时，您觉得有安全感吗”的回答有显著差异。

E10 by 诸群体

您怎么看待电视、报纸和其他主流媒体上的广告 * 诸群体 Crosstabulation

	官员	企业家	专业人员	工人	农民	企业员工	做小生意	无业/失业/下岗	总计
相信，因为是明星们推荐	10.4%	11.8%	10.5%	7.4%	9.3%	8.5%	10.1%	7.2%	8.4%
将信将疑，眼见为真	56.7%	41.2%	57.6%	50.4%	48.7%	50.9%	52.5%	56.9%	51.8%
不相信，是企业和那些明星联合起来忽悠大众	16.4%	29.4%	17.9%	30.3%	33.7%	24.3%	28.0%	28.9%	28.7%
讨厌，既欺骗大众，又占用公共媒体资源	16.4%	14.7%	12.7%	11.8%	8.1%	16.2%	9.5%	6.6%	10.8%
其他		2.9%	1.3%	0.1%	0.3%	0.2%		0.5%	0.3%
总计	100.0%	100.0%	100.0%	100.0%	100.0%	100.0%	100.0%	100.0%	100.0%
列总计	67	34	229	1454	787	613	497	655	4336

Chi-square test：df = 28，卡方值为 102.287，sig = 0.000 < 0.05，所以诸群体对于“怎么看待电视、报纸和其他主流媒体上的广告”的回答有显著差异。

E11 by 诸群体

您怎么看待现在一些企业做公益和慈善 * 诸群体 Crosstabulation

	官员	企业家	专业人员	工人	农民	企业员工	做小生意	无业/失业/下岗	总计
是做善事，把赚的公众的钱还给社会	25.0%	38.2%	28.4%	19.3%	24.5%	26.1%	21.9%	20.8%	22.4%

续表

	官员	企业家	专业人员	工人	农民	企业员工	做小生意	无业/失业/下岗	总计
是在作秀，为自己树牌坊	13.2%	8.8%	10.7%	19.1%	17.9%	14.1%	19.4%	15.3%	17.0%
是做广告，把弱势群体当作宣传自己的工具	16.2%	17.6%	26.7%	28.0%	24.7%	28.8%	24.1%	19.0%	25.4%
做总比不做好，随他去吧	45.6%	32.4%	34.2%	33.4%	32.7%	30.6%	34.6%	44.4%	34.9%
其他		2.9%		0.2%	0.1%	0.5%		0.6%	0.3%
总计	100.0%	100.0%	100.0%	100.0%	100.0%	100.0%	100.0%	100.0%	100.0%
列总计	68	34	225	1452	776	612	494	649	4310

Chi-square test：df = 28，卡方值为 98.071，sig = 0.000 < 0.05，所以诸群体对于“怎么看待现在一些企业做公益和慈善”的回答有显著差异。

E12 by 诸群体

一些政府机关、企事业单位利用权力为本单位的职工子女在入学、招工中提供特殊政策，您认为这种行为道德吗 * 诸群体 Crosstabulation

	官员	企业家	专业人员	工人	农民	企业员工	做小生意	无业/失业/下岗	总计
为本单位人员谋福利，符合道德	10.3%	23.5%	14.4%	12.3%	12.8%	12.7%	18.7%	9.8%	13.0%
以权谋私，不道德	45.6%	32.4%	39.7%	45.4%	48.8%	40.9%	42.8%	53.6%	45.9%
是对社会公众的不公平，严重不道德	25.0%	32.4%	29.7%	28.9%	22.2%	34.1%	23.5%	23.3%	27.0%
符合本单位员工利益，但严重侵蚀社会道德	7.4%	11.8%	14.0%	6.5%	6.2%	7.7%	7.2%	8.3%	7.4%
无所谓道德不道德	11.8%		2.2%	6.9%	10.0%	4.6%	7.8%	5.1%	6.7%
总计	100.0%	100.0%	100.0%	100.0%	100.0%	100.0%	100.0%	100.0%	100.0%
列总计	68	34	229	1459	789	613	498	653	4343

Chi-square test：df = 28，卡方值为 116.784，sig = 0.000 < 0.05，所以诸群体对于“一些政府机关、企事业单位利用权力为本单位的职工子女在入学、招工中提供特殊政策，您认为这种行为道德吗”的回答有显著差异。

E13 by 诸群体

如果您所在的单位有一项举措可以提高集体福利并使您个人得到利益，但会造成环境污染或社会公害，您会举报吗 ＊诸群体 Crosstabulation

	官员	企业家	专业人员	工人	农民	企业员工	做小生意	无业/失业/下岗	总计
会	69.1%	79.4%	69.4%	77.8%	76.2%	75.4%	73.0%	76.8%	75.9%
不会	30.9%	20.6%	30.6%	22.2%	23.8%	24.6%	27.0%	23.2%	24.1%
总计	100.0%	100.0%	100.0%	100.0%	100.0%	100.0%	100.0%	100.0%	100.0%
列总计	68	34	229	1453	787	613	497	650	4331

Chi-square test：df = 7，卡方值为 12.591，sig = 0.083 > 0.05，所以诸群体对于“如果您所在的单位有一项举措可以提高集体福利并使您个人得到利益，但会造成环境污染或社会公害，您会举报吗”的回答没有显著差异。

E14 by 诸群体

您认为您所工作的单位同事之间是何种关系 ＊诸群体 Crosstabulation

	官员	企业家	专业人员	工人	农民	企业员工	做小生意	无业/失业/下岗	总计
平等合作关系	80.9%	82.4%	71.6%	76.8%	72.1%	77.1%	68.8%	67.3%	73.5%
利益竞争关系	14.7%	11.8%	20.1%	14.4%	11.0%	18.6%	22.3%	13.5%	15.5%
彼此没有关系	2.9%		7.9%	8.2%	12.1%	4.1%	5.1%	9.1%	7.9%
其他	1.5%	5.9%	0.4%	0.6%	4.8%	0.2%	3.8%	10.1%	3.1%
总计	100.0%	100.0%	100.0%	100.0%	100.0%	100.0%	100.0%	100.0%	100.0%
列总计	68	34	229	1454	770	612	494	646	4307

Chi-square test：df = 21，卡方值为 246.054，sig = 0.000 < 0.05，所以诸群体对于“您认为您所工作的单位同事之间是何种关系”的回答有显著差异。

E15 by 诸群体

为了单位组织的利益，你的单位是否会默认员工做违背道德的事情 ＊诸群体 Crosstabulation

	官员	企业家	专业人员	工人	农民	企业员工	做小生意	无业/失业/下岗	总计
常常	3.3%	6.1%	3.0%	3.3%	2.6%	3.3%	2.9%	2.0%	3.0%
较多	4.9%	12.1%	12.6%	7.4%	7.9%	9.1%	7.0%	6.9%	8.0%
一般	8.2%	9.1%	20.2%	24.9%	28.5%	22.6%	34.2%	25.9%	25.5%
较少	24.6%	24.2%	30.3%	23.7%	19.2%	25.3%	25.6%	30.2%	24.7%

续表

	官员	企业家	专业人员	工人	农民	企业员工	做小生意	无业/失业/下岗	总计
从来没有	59.0%	48.5%	33.8%	40.7%	41.7%	39.7%	30.3%	35.0%	38.8%
总计	100.0%	100.0%	100.0%	100.0%	100.0%	100.0%	100.0%	100.0%	100.0%
列总计	61	33	198	1175	494	541	383	394	3279

Chi-square test：df = 28，卡方值为 73.606，sig = 0.000 < 0.05，所以诸群体对于“为了单位组织的利益，你的单位是否会默认员工做违背道德的事情”的回答有显著差异。

E16a by 诸群体

您所工作的单位是否存在如下现象：给领导干部送礼讨好 ＊诸群体 Crosstabulation

	官员	企业家	专业人员	工人	农民	企业员工	做小生意	无业/失业/下岗	总计
未选中	73.5%	55.9%	60.8%	62.0%	60.5%	64.8%	57.4%	59.5%	61.3%
选中	26.5%	44.1%	39.2%	38.0%	39.5%	35.2%	42.6%	40.5%	38.7%
总计	100.0%	100.0%	100.0%	100.0%	100.0%	100.0%	100.0%	100.0%	100.0%
列总计	68	34	227	1425	775	610	486	620	4245

Chi-square test：df = 7，卡方值为 12.202，sig = 0.094 > 0.05，所以诸群体对于“您所工作的单位是否存在如下现象：给领导干部送礼讨好”的回答没有显著差异。

E16b by 诸群体

您所工作的单位是否存在如下现象：背后互相告恶状 ＊诸群体 Crosstabulation

	官员	企业家	专业人员	工人	农民	企业员工	做小生意	无业/失业/下岗	总计
未选中	86.8%	70.6%	73.1%	73.2%	72.3%	70.8%	66.9%	79.2%	73.0%
选中	13.2%	29.4%	26.9%	26.8%	27.7%	29.2%	33.1%	20.8%	27.0%
总计	100.0%	100.0%	100.0%	100.0%	100.0%	100.0%	100.0%	100.0%	100.0%
列总计	68	34	227	1425	775	610	486	620	4245

Chi-square test：df = 7，卡方值为 29.695，sig = 0.000 < 0.05，所以诸群体对于“您所工作的单位是否存在如下现象：背后互相告恶状”的回答有显著差异。

E16c by 诸群体

您所工作的单位是否存在如下现象：拉帮结派 ＊诸群体 Crosstabulation

	官员	企业家	专业人员	工人	农民	企业员工	做小生意	无业/失业/下岗	总计
未选中	83.8%	82.4%	74.4%	80.7%	81.5%	79.2%	76.7%	79.2%	79.7%
选中	16.2%	17.6%	25.6%	19.3%	18.5%	20.8%	23.3%	20.8%	20.3%
总计	100.0%	100.0%	100.0%	100.0%	100.0%	100.0%	100.0%	100.0%	100.0%
列总计	68	34	227	1425	775	610	486	620	4245

Chi-square test：df = 7，卡方值为 10.065，sig = 0.185 > 0.05，所以诸群体对于“您所工作的单位是否存在如下现象：拉帮结派”的回答没有显著差异。

E16d by 诸群体

您所工作的单位是否存在如下现象：为谋私利找关系走后门 ＊诸群体 Crosstabulation

	官员	企业家	专业人员	工人	农民	企业员工	做小生意	无业/失业/下岗	总计
未选中	76.5%	73.5%	59.5%	58.9%	59.1%	64.8%	54.3%	58.1%	59.6%
选中	23.5%	26.5%	40.5%	41.1%	40.9%	35.2%	45.7%	41.9%	40.4%
总计	100.0%	100.0%	100.0%	100.0%	100.0%	100.0%	100.0%	100.0%	100.0%
列总计	68	34	227	1425	775	610	486	620	4245

Chi-square test：df = 7，卡方值为 24.119，sig = 0.001 < 0.05，所以诸群体对于“您所工作的单位是否存在如下现象：为谋私利找关系走后门”的回答有显著差异。

E16e by 诸群体

您所工作的单位是否存在如下现象：奖惩制度不公平 ＊诸群体 Crosstabulation

	官员	企业家	专业人员	工人	农民	企业员工	做小生意	无业/失业/下岗	总计
未选中	83.8%	82.4%	75.8%	80.4%	82.8%	81.0%	82.1%	81.0%	81.0%
选中	16.2%	17.6%	24.2%	19.6%	17.2%	19.0%	17.9%	19.0%	19.0%
总计	100.0%	100.0%	100.0%	100.0%	100.0%	100.0%	100.0%	100.0%	100.0%
列总计	68	34	227	1425	775	610	486	620	4245

Chi-square test：df = 7，卡方值为 6.903，sig = 0.439 > 0.05，所以诸群体对于“您所工作的单位是否存在如下现象：奖惩制度不公平”的回答没有显著差异。

E16f by 诸群体

您所工作的单位是否存在如下现象：领导干部滥用职权 ＊诸群体 Crosstabulation

	官员	企业家	专业人员	工人	农民	企业员工	做小生意	无业/失业/下岗	总计
未选中	94.1%	70.6%	76.2%	75.4%	71.5%	77.0%	70.4%	69.0%	73.7%
选中	5.9%	29.4%	23.8%	24.6%	28.5%	23.0%	29.6%	31.0%	26.3%
总计	100.0%	100.0%	100.0%	100.0%	100.0%	100.0%	100.0%	100.0%	100.0%
列总计	68	34	227	1425	775	610	486	620	4245

Chi-square test：df = 7，卡方值为 32.831，sig = 0.000 < 0.05，所以诸群体对于“您所工作的单位是否存在如下现象：领导干部滥用职权”的回答有显著差异。

E16g by 诸群体

您所工作的单位是否存在如下现象：都不存在 ＊诸群体 Crosstabulation

	官员	企业家	专业人员	工人	农民	企业员工	做小生意	无业/失业/下岗	总计
未选中	42.6%	67.6%	70.0%	64.2%	60.3%	66.1%	67.7%	62.9%	64.0%
选中	57.4%	32.4%	30.0%	35.8%	39.7%	33.9%	32.3%	37.1%	36.0%
总计	100.0%	100.0%	100.0%	100.0%	100.0%	100.0%	100.0%	100.0%	100.0%
列总计	68	34	227	1425	775	610	486	620	4245

Chi-square test：df = 7，卡方值为 26.307，sig = 0.000 < 0.05，所以诸群体对于“您所工作的单位是否存在如下现象：都不存在”的回答有显著差异。

E17a by 诸群体

关于企业履行社会责任的说法，您的同意程度是：只有国企才应该履行社会责任 ＊诸群体 Crosstabulation

	官员	企业家	专业人员	工人	农民	企业员工	做小生意	无业/失业/下岗	总计
完全同意	4.4%	5.9%	0.9%	2.7%	2.1%	1.6%	2.9%	1.9%	2.3%
比较同意	8.8%	11.8%	11.5%	17.0%	18.3%	9.2%	14.5%	15.7%	15.2%
不太同意	64.7%	52.9%	61.1%	60.7%	63.6%	58.2%	63.5%	62.8%	61.5%
完全不同意	22.1%	29.4%	26.5%	19.6%	16.1%	31.0%	19.1%	19.6%	21.1%
总计	100.0%	100.0%	100.0%	100.0%	100.0%	100.0%	100.0%	100.0%	100.0%
列总计	68	34	226	1420	728	607	488	623	4194

Chi-square test：df = 21，卡方值为 81.989，sig = 0.000 < 0.05，所以诸群体对于“只有国企才应该履行社会责任”的同意程度有显著差异。

E17b by 诸群体

关于企业履行社会责任的说法，您的同意程度是：只有大企业才应该履行社会责任 * 诸群体 Crosstabulation

	官员	企业家	专业人员	工人	农民	企业员工	做小生意	无业/失业/下岗	总计
完全同意	1.5%	5.9%	0.4%	2.7%	2.3%	1.2%	2.4%	1.9%	2.1%
比较同意	7.4%	8.8%	12.3%	17.1%	17.5%	9.7%	14.2%	13.2%	14.7%
不太同意	73.5%	52.9%	57.9%	59.4%	62.4%	55.8%	63.2%	65.7%	60.9%
完全不同意	17.6%	32.4%	29.4%	20.8%	17.8%	33.3%	20.1%	19.1%	22.3%
总计	100.0%	100.0%	100.0%	100.0%	100.0%	100.0%	100.0%	100.0%	100.0%
列总计	68	34	228	1427	731	606	492	627	4213

Chi-square test：df = 21，卡方值为 96.475，sig = 0.000 < 0.05，所以诸群体对于"只有大企业才应该履行社会责任"的同意程度有显著差异。

E17c by 诸群体

关于企业履行社会责任的说法，您的同意程度是：只有盈利多的企业才需要履行社会责任 * 诸群体 Crosstabulation

	官员	企业家	专业人员	工人	农民	企业员工	做小生意	无业/失业/下岗	总计
完全同意	1.5%	3.0%	0.9%	2.7%	2.7%	1.0%	2.6%	2.2%	2.3%
比较同意	11.9%	15.2%	11.5%	17.3%	20.5%	9.6%	15.8%	12.6%	15.4%
不太同意	68.7%	51.5%	57.3%	57.4%	58.9%	52.6%	57.6%	63.0%	57.9%
完全不同意	17.9%	30.3%	30.4%	22.6%	17.9%	36.9%	23.9%	22.3%	24.4%
总计	100.0%	100.0%	100.0%	100.0%	100.0%	100.0%	100.0%	100.0%	100.0%
列总计	67	33	227	1424	737	607	493	629	4217

Chi-square test：df = 21，卡方值为 111.400，sig = 0.000 < 0.05，所以诸群体对于"只有盈利多的企业才需要履行社会责任"的同意程度有显著差异。

E17d by 诸群体

关于企业履行社会责任的说法，您的同意程度是：污染类企业要履行更多的社会责任 * 诸群体 Crosstabulation

	官员	企业家	专业人员	工人	农民	企业员工	做小生意	无业/失业/下岗	总计
完全同意	27.9%	29.4%	28.5%	25.4%	20.9%	26.7%	26.7%	29.5%	25.8%
比较同意	44.1%	38.2%	42.5%	46.3%	50.7%	41.8%	43.7%	47.3%	46.0%

续表

	官员	企业家	专业人员	工人	农民	企业员工	做小生意	无业/失业/下岗	总计
不太同意	17.6%	11.8%	19.3%	21.1%	21.9%	20.8%	20.0%	16.7%	20.2%
完全不同意	10.3%	20.6%	9.6%	7.2%	6.5%	10.7%	9.5%	6.5%	8.0%
总计	100.0%	100.0%	100.0%	100.0%	100.0%	100.0%	100.0%	100.0%	100.0%
列总计	68	34	228	1426	750	607	494	634	4241

Chi-square test：df=21，卡方值为46.184，sig=0.001<0.05，所以诸群体对于“污染类企业要履行更多的社会责任”的同意程度有显著差异。

E17e by 诸群体

关于企业履行社会责任的说法，您的同意程度是：小企业只要管好自己就行了，不要履行社会责任 ＊诸群体 Crosstabulation

	官员	企业家	专业人员	工人	农民	企业员工	做小生意	无业/失业/下岗	总计
完全同意	1.5%		1.8%	1.1%	1.2%	0.8%	2.0%	1.6%	1.3%
比较同意	7.5%	14.7%	7.1%	12.9%	10.1%	7.7%	10.8%	9.7%	10.6%
不太同意	71.6%	58.8%	54.9%	60.9%	64.0%	55.8%	58.6%	62.4%	60.5%
完全不同意	19.4%	26.5%	36.3%	25.1%	24.6%	35.6%	28.6%	26.3%	27.7%
总计	100.0%	100.0%	100.0%	100.0%	100.0%	100.0%	100.0%	100.0%	100.0%
列总计	67	34	226	1421	731	607	493	627	4206

Chi-square test：df=21，卡方值为56.361，sig=0.000<0.05，所以诸群体对于“小企业只要管好自己就行了，不要履行社会责任”的同意程度有显著差异。

E18a by 诸群体

您觉得下列哪类单位最讲道德 ＊诸群体 Crosstabulation

	官员	企业家	专业人员	工人	农民	企业员工	做小生意	无业/失业/下岗	总计
国有（控股）企业	15.5%	22.6%	18.2%	23.8%	24.1%	21.8%	18.2%	20.9%	22.0%
民营企业	5.2%	6.5%	2.0%	2.1%	3.4%	1.5%	2.5%	1.0%	2.2%
私营企业	1.7%	6.5%	0.5%	2.2%	2.2%	1.3%	2.1%	2.1%	2.0%
外资企业	6.9%	9.7%	9.4%	10.4%	7.9%	11.3%	10.9%	4.9%	9.2%
学校	25.9%	41.9%	43.8%	35.7%	33.6%	36.1%	40.0%	50.0%	38.3%
医院	3.4%		6.9%	3.2%	2.5%	3.2%	1.4%	3.0%	3.0%
政府机关	36.2%	9.7%	16.7%	19.9%	24.3%	21.6%	22.2%	16.0%	20.6%
民间组织	5.2%	3.2%	2.5%	2.8%	2.0%	3.2%	2.8%	2.1%	2.6%
总计	100.0%	100.0%	100.0%	100.0%	100.0%	100.0%	100.0%	100.0%	100.0%

续表

	官员	企业家	专业人员	工人	农民	企业员工	做小生意	无业/失业/下岗	总计
列总计	58	31	203	1225	643	532	433	526	3651

Chi-square test：df = 49，卡方值为 117.383，sig = 0.000 < 0.05，所以诸群体对于“您觉得下列哪类单位最讲道德”的回答有显著差异。

E18b by 诸群体

您觉得下列哪类单位道德水平最差 * 诸群体 Crosstabulation

	官员	企业家	专业人员	工人	农民	企业员工	做小生意	无业/失业/下岗	总计
国有（控股）企业	2.1%		2.2%	3.5%	3.1%	4.3%	3.8%	2.8%	3.4%
民营企业	14.6%	12.5%	12.8%	15.5%	13.8%	11.2%	9.7%	11.2%	13.1%
私营企业	35.4%	33.3%	41.9%	36.9%	37.9%	31.2%	38.2%	38.2%	36.8%
外资企业	4.2%	8.3%	2.2%	3.7%	2.6%	3.4%	3.3%	2.8%	3.3%
学校	6.3%		2.2%	2.4%	2.8%	1.9%	3.6%	3.9%	2.8%
医院	20.8%	25.0%	17.3%	21.1%	19.3%	29.5%	24.4%	16.8%	21.6%
政府机关	4.2%	8.3%	9.5%	8.8%	10.3%	5.2%	7.4%	11.9%	8.8%
民间组织	12.5%	12.5%	11.7%	8.1%	10.3%	13.3%	9.5%	12.3%	10.3%
总计	100.0%	100.0%	100.0%	100.0%	100.0%	100.0%	100.0%	100.0%	100.0%
列总计	48	24	179	1100	544	465	390	463	3213

Chi-square test：df = 49，卡方值为 83.176，sig = 0.002 < 0.05，所以诸群体对于“您觉得下列哪类单位道德水平最差”的回答有显著差异。

E19a by 诸群体

关于学校的说法，您的同意程度是：学校越来越以营利为目的 * 诸群体 Crosstabulation

	官员	企业家	专业人员	工人	农民	企业员工	做小生意	无业/失业/下岗	总计
完全同意	9.0%	11.8%	10.2%	11.9%	8.0%	18.0%	13.0%	10.0%	11.8%
比较同意	43.3%	41.2%	38.9%	48.9%	49.3%	39.8%	42.5%	44.8%	45.6%
不太同意	41.8%	38.2%	36.3%	32.6%	36.5%	33.7%	39.0%	37.9%	35.4%
完全不同意	6.0%	8.8%	14.6%	6.5%	6.2%	8.4%	5.6%	7.4%	7.2%
总计	100.0%	100.0%	100.0%	100.0%	100.0%	100.0%	100.0%	100.0%	100.0%
列总计	67	34	226	1406	754	605	485	623	4200

Chi-square test：df = 21，卡方值为 76.017，sig = 0.000 < 0.05，所以诸群体对于“学校越来越以营利为目的”的同意程度有显著差异。

E19b by 诸群体

关于学校的说法，您的同意程度是：学校主要传授知识和技能，培养道德不重要 ＊诸群体 Crosstabulation

	官员	企业家	专业人员	工人	农民	企业员工	做小生意	无业/失业/下岗	总计
完全同意	2.9%		1.3%	0.6%	0.8%	1.5%	0.6%	1.4%	0.9%
比较同意	2.9%	2.9%	9.2%	8.7%	8.6%	6.1%	8.9%	7.9%	8.1%
不太同意	58.8%	44.1%	44.3%	55.7%	62.9%	46.9%	58.4%	56.7%	55.6%
完全不同意	35.3%	52.9%	45.2%	35.0%	27.7%	45.6%	32.0%	34.0%	35.4%
总计	100.0%	100.0%	100.0%	100.0%	100.0%	100.0%	100.0%	100.0%	100.0%
列总计	68	34	228	1432	765	610	493	645	4275

Chi-square test：df = 21，卡方值为 82.484，sig = 0.000 < 0.05，所以诸群体对于“学校主要传授知识和技能，培养道德不重要”的同意程度有显著差异。

E19c by 诸群体

关于学校的说法，您的同意程度是：学校升学率高比素质教育更重要 ＊诸群体 Crosstabulation

	官员	企业家	专业人员	工人	农民	企业员工	做小生意	无业/失业/下岗	总计
完全同意	1.5%	2.9%	3.5%	1.7%	0.5%	2.3%	1.4%	2.0%	1.7%
比较同意	13.2%		9.3%	8.6%	10.4%	7.9%	10.5%	10.8%	9.4%
不太同意	55.9%	58.8%	46.7%	52.6%	58.0%	50.1%	53.3%	56.9%	53.7%
完全不同意	29.4%	38.2%	40.5%	37.1%	31.1%	39.7%	34.7%	30.3%	35.2%
总计	100.0%	100.0%	100.0%	100.0%	100.0%	100.0%	100.0%	100.0%	100.0%
列总计	68	34	227	1434	762	607	493	641	4266

Chi-square test：df = 21，卡方值为 45.927，sig = 0.001 < 0.05，所以诸群体对于“学校升学率高比素质教育更重要”的同意程度有显著差异。

E19d by 诸群体

关于学校的说法，您的同意程度是：青少年儿童行为不端，主要是学校没教好 ＊诸群体 Crosstabulation

	官员	企业家	专业人员	工人	农民	企业员工	做小生意	无业/失业/下岗	总计
完全同意	1.5%	2.9%	1.3%	1.2%	1.0%	1.3%	1.6%	1.2%	1.3%

续表

	官员	企业家	专业人员	工人	农民	企业员工	做小生意	无业/失业/下岗	总计
比较同意	7.5%	14.7%	11.4%	10.9%	9.9%	9.9%	10.4%	7.5%	10.0%
不太同意	59.7%	41.2%	50.9%	56.7%	62.1%	58.2%	56.1%	61.1%	58.1%
完全不同意	31.3%	41.2%	36.4%	31.3%	27.0%	30.6%	31.9%	30.2%	30.7%
总计	100.0%	100.0%	100.0%	100.0%	100.0%	100.0%	100.0%	100.0%	100.0%
列总计	67	34	228	1433	771	607	492	642	4274

Chi-square test：df = 21，卡方值为 23.920，sig = 0.293 > 0.05，所以诸群体对于“青少年儿童行为不端，主要是学校没教好”的同意程度没有显著差异。

E19e by 诸群体

关于学校的说法，您的同意程度是：要想孩子培养得好，就要多给老师送礼 * 诸群体 Crosstabulation

	官员	企业家	专业人员	工人	农民	企业员工	做小生意	无业/失业/下岗	总计
完全同意	1.5%	5.9%	2.2%	1.0%	1.4%	1.5%	1.8%	1.1%	1.4%
比较同意	6.1%	2.9%	7.9%	5.8%	5.2%	5.6%	5.5%	4.8%	5.6%
不太同意	45.5%	29.4%	35.7%	45.6%	49.7%	39.7%	41.8%	47.2%	44.7%
完全不同意	47.0%	61.8%	54.2%	47.6%	43.7%	53.2%	50.9%	46.9%	48.4%
总计	100.0%	100.0%	100.0%	100.0%	100.0%	100.0%	100.0%	100.0%	100.0%
列总计	66	34	227	1431	769	609	493	646	4275

Chi-square test：df = 21，卡方值为 38.921，sig = 0.010 < 0.05，所以诸群体对于“要想孩子培养得好，就要多给老师送礼”的同意程度有显著差异。

E20 by 诸群体

您所在单位当员工或村民受到不应该的对待时，员工或村民有没有申诉的机会 * 诸群体 Crosstabulation

	官员	企业家	专业人员	工人	农民	企业员工	做小生意	无业/失业/下岗	总计
有	82.7%	88.2%	83.9%	77.4%	74.2%	78.5%	71.2%	76.3%	76.8%
没有	17.3%	11.8%	16.1%	22.6%	25.8%	21.5%	28.8%	23.7%	23.2%
总计	100.0%	100.0%	100.0%	100.0%	100.0%	100.0%	100.0%	100.0%	100.0%
列总计	52	17	137	735	365	331	236	434	2307

Chi-square test：df = 7，卡方值为 12.490，sig = 0.086 > 0.05，所以诸群体对于“您所在单位当员工或村民受到不应该的对待时，员工或村民有没有申诉的机会”的回答没有显著差异。

E21 by 诸群体

您所在单位当员工或村民受到不应该的对待时，员工或村民有没有申诉的地方或渠道 ＊诸群体 Crosstabulation

	官员	企业家	专业人员	工人	农民	企业员工	做小生意	无业/失业/下岗	总计
有	86.0%	83.3%	81.4%	78.9%	74.7%	80.2%	72.9%	78.3%	78.1%
没有	14.0%	16.7%	18.6%	21.1%	25.3%	19.8%	27.1%	21.7%	21.9%
总计	100.0%	100.0%	100.0%	100.0%	100.0%	100.0%	100.0%	100.0%	100.0%
列总计	50	18	140	705	340	324	229	419	2225

Chi-square test：df = 7，卡方值为 10.005，sig = 0.188 > 0.05，所以诸群体对于“您所在单位当员工或村民受到不应该的对待时，员工或村民有没有申诉的地方或渠道”的回答没有显著差异。

E22 by 诸群体

您所在单位当员工或村民受到不应该的对待时，有没有人进行过申诉 ＊诸群体 Crosstabulation

	官员	企业家	专业人员	工人	农民	企业员工	做小生意	无业/失业/下岗	总计
全部会申诉	2.0%	8.3%	4.5%	1.3%	2.4%	2.9%	0.6%	4.1%	2.5%
大部分会申诉	32.7%	41.7%	30.3%	20.0%	16.1%	29.0%	14.0%	17.8%	21.1%
小部分会申诉	40.8%	41.7%	51.5%	55.1%	58.6%	51.5%	64.6%	58.8%	55.9%
无人申诉	24.5%	8.3%	13.6%	23.6%	22.9%	16.5%	20.7%	19.3%	20.5%
总计	100.0%	100.0%	100.0%	100.0%	100.0%	100.0%	100.0%	100.0%	100.0%
列总计	49	12	132	554	249	272	164	342	1774

Chi-square test：df = 21，卡方值为 58.158，sig = 0.000 < 0.05，所以诸群体对于“您所在单位当员工或村民受到不应该的对待时，有没有人进行过申诉”的回答有显著差异。

E23 by 诸群体

您所在单位在多大程度上认真对待员工或村民的申诉 ＊诸群体 Crosstabulation

	官员	企业家	专业人员	工人	农民	企业员工	做小生意	无业/失业/下岗	总计
完全不认真			1.7%	6.8%	10.4%	2.7%	4.6%	8.1%	6.3%
不太认真	15.0%	14.3%	20.3%	19.4%	23.5%	14.5%	24.1%	20.4%	19.9%
一般	15.0%	21.4%	39.0%	42.1%	38.8%	31.6%	40.8%	36.6%	37.8%

续表

	官员	企业家	专业人员	工人	农民	企业员工	做小生意	无业/失业/下岗	总计
比较认真	50.0%	57.1%	32.2%	28.0%	24.3%	43.0%	26.4%	30.1%	30.9%
非常认真	20.0%	7.1%	6.8%	3.7%	3.0%	8.2%	4.0%	4.8%	5.1%
总计	100.0%	100.0%	100.0%	100.0%	100.0%	100.0%	100.0%	100.0%	100.0%
列总计	40	14	118	542	268	256	174	372	1784

Chi-square test：df = 28，卡方值为 97.505，sig = 0.000 < 0.05，所以诸群体对于“您所在单位在多大程度上认真对待员工或村民的申诉”的回答有显著差异。

E24 by 诸群体

您所在单位是否有道德方面的教育或活动 ＊诸群体 Crosstabulation

	官员	企业家	专业人员	工人	农民	企业员工	做小生意	无业/失业/下岗	总计
有	42.4%	6.1%	20.6%	9.3%	5.2%	17.1%	7.5%	11.0%	10.8%
没有	19.7%	33.3%	27.8%	36.8%	38.5%	25.5%	38.9%	41.0%	35.6%
不知道	37.9%	60.6%	51.6%	53.9%	56.3%	57.5%	53.5%	48.0%	53.6%
总计	100.0%	100.0%	100.0%	100.0%	100.0%	100.0%	100.0%	100.0%	100.0%
列总计	66	33	223	1444	782	604	493	637	4282

Chi-square test：df = 14，卡方值为 178.779，sig = 0.000 < 0.05，所以诸群体对于“您所在单位是否有道德方面的教育或活动”的回答有显著差异。

E25a by 诸群体

对当地企业道德状况的满意度是 ＊诸群体 Crosstabulation

	官员	企业家	专业人员	工人	农民	企业员工	做小生意	无业/失业/下岗	总计
非常不满意		9.4%	4.5%	2.8%	2.1%	1.7%	1.7%	2.3%	2.4%
不太满意	19.7%	12.5%	30.0%	25.9%	24.0%	23.7%	28.3%	27.2%	25.7%
比较满意	77.0%	75.0%	62.0%	69.5%	71.2%	70.8%	66.3%	69.0%	69.3%
非常满意	3.3%	3.1%	3.5%	1.7%	2.7%	3.8%	3.7%	1.4%	2.5%
总计	100.0%	100.0%	100.0%	100.0%	100.0%	100.0%	100.0%	100.0%	100.0%
列总计	61	32	200	1330	671	583	463	555	3895

Chi-square test：df = 21，卡方值为 38.898，sig = 0.010 < 0.05，所以诸群体对于“对当地企业道德状况的满意度是”的回答有显著差异。

E25b by 诸群体

对当地医院道德状况的满意度是 ＊诸群体 Crosstabulation

	官员	企业家	专业人员	工人	农民	企业员工	做小生意	无业/失业/下岗	总计
非常不满意	3.1%	6.1%	3.6%	4.8%	3.7%	4.7%	4.3%	4.0%	4.3%
不太满意	26.6%	27.3%	24.1%	30.0%	26.3%	28.3%	32.4%	26.3%	28.5%
比较满意	67.2%	60.6%	67.7%	61.9%	64.5%	62.8%	58.6%	66.6%	63.2%
非常满意	3.1%	6.1%	4.5%	3.3%	5.5%	4.2%	4.7%	3.1%	4.0%
总计	100.0%	100.0%	100.0%	100.0%	100.0%	100.0%	100.0%	100.0%	100.0%
列总计	64	33	220	1408	750	600	490	620	4185

Chi-square test：df = 21，卡方值为 23.090，sig = 0.339 > 0.05，所以诸群体对于“对当地医院道德状况的满意度是”的回答没有显著差异。

E25c by 诸群体

对当地政府道德状况的满意度是 ＊诸群体 Crosstabulation

	官员	企业家	专业人员	工人	农民	企业员工	做小生意	无业/失业/下岗	总计
非常不满意		2.9%	4.2%	4.6%	4.3%	2.4%	4.0%	5.1%	4.1%
不太满意	7.8%	20.6%	23.4%	26.5%	25.6%	23.9%	27.9%	25.5%	25.5%
比较满意	84.4%	61.8%	64.0%	64.1%	64.6%	65.4%	61.9%	65.1%	64.6%
非常满意	7.8%	14.7%	8.4%	4.8%	5.5%	8.3%	6.1%	4.4%	5.8%
总计	100.0%	100.0%	100.0%	100.0%	100.0%	100.0%	100.0%	100.0%	100.0%
列总计	64	34	214	1377	746	590	473	593	4091

Chi-square test：df = 21，卡方值为 43.016，sig = 0.003 < 0.05，所以诸群体对于“对当地政府道德状况的满意度是”的回答有显著差异。

E25d by 诸群体

对当地学校的道德状况的满意度是 ＊诸群体 Crosstabulation

	官员	企业家	专业人员	工人	农民	企业员工	做小生意	无业/失业/下岗	总计
非常不满意	1.6%	3.1%	2.3%	3.1%	2.8%	2.5%	3.1%	2.1%	2.8%
不太满意	9.8%	15.6%	17.1%	20.2%	18.4%	18.8%	20.7%	19.2%	19.2%
比较满意	78.7%	68.8%	65.7%	69.3%	71.3%	68.5%	64.5%	72.3%	69.4%
非常满意	9.8%	12.5%	14.8%	7.4%	7.4%	10.2%	11.8%	6.4%	8.6%
总计	100.0%	100.0%	100.0%	100.0%	100.0%	100.0%	100.0%	100.0%	100.0%

续表

	官员	企业家	专业人员	工人	农民	企业员工	做小生意	无业/失业/下岗	总计
列总计	61	32	216	1380	739	590	484	610	4112

Chi-square test：df = 21，卡方值为 35.980，sig = 0.022 < 0.05，所以诸群体对于"对当地学校的道德状况的满意度是"的回答有显著差异。

E25e by 诸群体

对当地的 NGO 组织（如红十字会等）道德状况的满意度是 ＊诸群体 Crosstabulation

	官员	企业家	专业人员	工人	农民	企业员工	做小生意	无业/失业/下岗	总计
非常不满意		3.2%	3.5%	1.9%	2.2%	1.7%	2.6%	2.2%	2.1%
不太满意	8.5%	12.9%	16.9%	21.6%	14.4%	19.6%	16.3%	16.4%	18.3%
比较满意	85.1%	64.5%	68.0%	65.0%	72.4%	68.8%	69.0%	75.5%	69.2%
非常满意	6.4%	19.4%	11.6%	11.5%	11.1%	9.9%	12.1%	5.9%	10.5%
总计	100.0%	100.0%	100.0%	100.0%	100.0%	100.0%	100.0%	100.0%	100.0%
列总计	47	31	172	934	416	465	306	372	2743

Chi-square test：df = 21，卡方值为 37.235，sig = 0.016 < 0.05，所以诸群体对于"对当地的 NGO 组织（如红十字会等）道德状况的满意度是"的回答有显著差异。

F1a by 诸群体

您认为以下行为是否关乎道德？随地吐痰 ＊诸群体 Crosstabulation

	官员	企业家	专业人员	工人	农民	企业员工	做小生意	无业/失业/下岗	总计
有关	97.0%	100.0%	96.1%	92.9%	88.3%	96.6%	93.6%	97.2%	93.6%
无关	3.0%		3.9%	7.1%	11.7%	3.4%	6.4%	2.8%	6.4%
总计	100.0%	100.0%	100.0%	100.0%	100.0%	100.0%	100.0%	100.0%	100.0%
列总计	67	34	229	1453	789	613	497	654	4336

Chi-square test：df = 7，卡方值为 67.250，sig = 0.000 < 0.05，所以诸群体对于"您认为以下行为是否关乎道德？随地吐痰"的回答有显著差异。

F1b by 诸群体

您认为以下行为是否关乎道德？插队 ＊诸群体 Crosstabulation

	官员	企业家	专业人员	工人	农民	企业员工	做小生意	无业/失业/下岗	总计
有关	95.6%	97.1%	97.4%	93.0%	90.6%	96.7%	93.4%	97.4%	94.1%

续表

	官员	企业家	专业人员	工人	农民	企业员工	做小生意	无业/失业/下岗	总计
无关	4.4%	2.9%	2.6%	7.0%	9.4%	3.3%	6.6%	2.6%	5.9%
总计	100.0%	100.0%	100.0%	100.0%	100.0%	100.0%	100.0%	100.0%	100.0%
列总计	68	34	229	1453	789	612	497	654	4336

Chi-square test：df = 7，卡方值为 46.423，sig = 0.000 < 0.05，所以诸群体对于“您认为以下行为是否关乎道德？插队”的回答有显著差异。

F1c by 诸群体

您认为以下行为是否关乎道德？公交或地铁上大声打电话 * 诸群体 Crosstabulation

	官员	企业家	专业人员	工人	农民	企业员工	做小生意	无业/失业/下岗	总计
有关	97.0%	94.1%	94.8%	90.0%	86.8%	93.1%	87.9%	95.3%	90.8%
无关	3.0%	5.9%	5.2%	10.0%	13.2%	6.9%	12.1%	4.7%	9.2%
总计	100.0%	100.0%	100.0%	100.0%	100.0%	100.0%	100.0%	100.0%	100.0%
列总计	67	34	229	1450	788	612	497	655	4332

Chi-square test：df = 7，卡方值为 48.650，sig = 0.000 < 0.05，所以诸群体对于“您认为以下行为是否关乎道德？公交或地铁上大声打电话”的回答有显著差异。

F1d by 诸群体

您认为以下行为是否关乎道德？餐馆里说话声音很大 * 诸群体 Crosstabulation

	官员	企业家	专业人员	工人	农民	企业员工	做小生意	无业/失业/下岗	总计
有关	91.2%	94.1%	95.2%	88.4%	85.9%	93.1%	88.5%	94.5%	90.0%
无关	8.8%	5.9%	4.8%	11.6%	14.1%	6.9%	11.5%	5.5%	10.0%
总计	100.0%	100.0%	100.0%	100.0%	100.0%	100.0%	100.0%	100.0%	100.0%
列总计	68	34	229	1452	787	613	497	655	4335

Chi-square test：df = 7，卡方值为 49.079，sig = 0.000 < 0.05，所以诸群体对于“您认为以下行为是否关乎道德？餐馆里说话声音很大”的回答有显著差异。

F1e by 诸群体

您认为以下行为是否关乎道德？在公共场所的椅子或沙发上躺着睡觉 ＊诸群体 Crosstabulation

	官员	企业家	专业人员	工人	农民	企业员工	做小生意	无业/失业/下岗	总计
有关	94.0%	97.1%	96.5%	89.7%	88.8%	93.1%	89.1%	93.9%	91.1%
无关	6.0%	2.9%	3.5%	10.3%	11.2%	6.9%	10.9%	6.1%	8.9%
总计	100.0%	100.0%	100.0%	100.0%	100.0%	100.0%	100.0%	100.0%	100.0%
列总计	67	34	229	1452	789	613	497	655	4336

Chi-square test：df = 7，卡方值为 30.552，sig = 0.000 < 0.05，所以诸群体对于“您认为以下行为是否关乎道德？在公共场所的椅子或沙发上躺着睡觉”的回答有显著差异。

F1f by 诸群体

您本人是否做出过这些行为？随地吐痰 ＊诸群体 Crosstabulation

	官员	企业家	专业人员	工人	农民	企业员工	做小生意	无业/失业/下岗	总计
经常做	1.5%		2.7%	3.5%	4.7%	1.2%	3.4%	3.4%	3.3%
偶尔做	29.9%	41.2%	26.5%	35.3%	37.6%	32.5%	37.7%	25.1%	33.5%
从来不做	68.7%	58.8%	70.8%	61.2%	57.7%	66.4%	58.9%	71.5%	63.2%
总计	100.0%	100.0%	100.0%	100.0%	100.0%	100.0%	100.0%	100.0%	100.0%
列总计	67	34	226	1442	785	607	494	650	4305

Chi-square test：df = 14，卡方值为 58.335，sig = 0.000 < 0.05，所以诸群体对于“您本人是否做出过这些行为？随地吐痰”的回答有显著差异。

F1g by 诸群体

您本人是否做出过这些行为？插队 ＊诸群体 Crosstabulation

	官员	企业家	专业人员	工人	农民	企业员工	做小生意	无业/失业/下岗	总计
经常做	1.5%		0.9%	1.0%	0.9%	0.7%	1.2%	0.3%	0.8%
偶尔做	11.9%	14.7%	16.7%	16.7%	18.8%	15.0%	16.9%	10.8%	15.9%
从来不做	86.6%	85.3%	82.4%	82.3%	80.4%	84.3%	81.9%	88.9%	83.3%
总计	100.0%	100.0%	100.0%	100.0%	100.0%	100.0%	100.0%	100.0%	100.0%
列总计	67	34	227	1443	784	605	492	649	4301

Chi-square test：df = 14，卡方值为 24.607，sig = 0.039 < 0.05，所以诸群体对于“您本人是否做出过这些行为？插队”的回答有显著差异。

F1h by 诸群体

您本人是否做出过这些行为？公交或地铁上大声打电话 ＊诸群体 Crosstabulation

	官员	企业家	专业人员	工人	农民	企业员工	做小生意	无业/失业/下岗	总计
经常做	1.5%		2.6%	1.0%	1.3%	1.2%	1.6%	0.3%	1.1%
偶尔做	16.2%	21.2%	17.6%	20.4%	18.2%	20.1%	21.1%	16.0%	19.2%
从来不做	82.4%	78.8%	79.7%	78.6%	80.5%	78.7%	77.2%	83.6%	79.7%
总计	100.0%	100.0%	100.0%	100.0%	100.0%	100.0%	100.0%	100.0%	100.0%
列总计	68	33	227	1439	784	607	492	648	4298

Chi-square test：df = 14，卡方值为 19.385，sig = 0.151 > 0.05，所以诸群体对于“您本人是否做出过这些行为？公交或地铁上大声打电话”的回答没有显著差异。

F1i by 诸群体

您本人是否做出过这些行为？餐馆里说话声音很大 ＊诸群体 Crosstabulation

	官员	企业家	专业人员	工人	农民	企业员工	做小生意	无业/失业/下岗	总计
经常做			2.2%	1.0%	2.3%	1.2%	1.6%	0.5%	1.3%
偶尔做	22.7%	27.3%	24.2%	19.7%	19.3%	18.8%	22.2%	17.4%	19.8%
从来不做	77.3%	72.7%	73.6%	79.3%	78.4%	80.1%	76.2%	82.1%	78.9%
总计	100.0%	100.0%	100.0%	100.0%	100.0%	100.0%	100.0%	100.0%	100.0%
列总计	66	33	227	1437	784	608	492	648	4295

Chi-square test：df = 14，卡方值为 22.958，sig = 0.061 > 0.05，所以诸群体对于“您本人是否做出过这些行为？餐馆里说话声音很大”的回答没有显著差异。

F1j by 诸群体

您本人是否做出过这些行为？在公共场所的椅子或沙发上躺着睡觉 ＊诸群体 Crosstabulation

	官员	企业家	专业人员	工人	农民	企业员工	做小生意	无业/失业/下岗	总计
经常做	2.9%	5.9%	2.2%	1.0%	0.5%	1.5%	0.6%	0.5%	1.0%
偶尔做	5.9%	14.7%	8.8%	8.5%	6.4%	7.7%	10.8%	9.1%	8.4%
从来不做	91.2%	79.4%	89.0%	90.4%	93.1%	90.8%	88.6%	90.4%	90.6%

续表

	官员	企业家	专业人员	工人	农民	企业员工	做小生意	无业/失业/下岗	总计
总计	100.0%	100.0%	100.0%	100.0%	100.0%	100.0%	100.0%	100.0%	100.0%
列总计	68	34	227	1445	784	608	492	648	4306

Chi-square test：df = 14，卡方值为 31.235，sig = 0.005 < 0.05，所以诸群体对于“您本人是否做出过这些行为？在公共场所的椅子或沙发上躺着睡觉”的回答有显著差异。

F2 by 诸群体

入夜后，很多中老年朋友在广场上伴着录音机的音乐跳舞，产生噪声，有人向政府或物管投诉，要求阻止。对这件事您怎么看 ＊诸群体 Crosstabulation

	官员	企业家	专业人员	工人	农民	企业员工	做小生意	无业/失业/下岗	总计
在广场上跳舞是居民的自由，不应干预	4.4%	8.8%	9.2%	8.1%	7.5%	6.7%	9.5%	8.0%	7.9%
跳舞如果破坏了别人的清静，就应该停止	23.5%	26.5%	23.6%	19.6%	21.1%	21.0%	24.1%	16.4%	20.5%
中老年人没地方活动，即便跳舞构成干扰，也应尽量容忍和理解	16.2%	17.6%	20.1%	21.7%	21.1%	26.4%	22.1%	15.4%	21.1%
请跳舞者降低音量，大家相互妥协	55.9%	41.2%	46.7%	50.2%	49.7%	45.6%	43.7%	59.8%	50.0%
其他（请说明）		5.9%	0.4%	0.3%	0.5%	0.3%	0.6%	0.5%	0.5%
总计	100.0%	100.0%	100.0%	100.0%	100.0%	100.0%	100.0%	100.0%	100.0%
列总计	68	34	229	1456	782	614	497	651	4331

Chi-square test：df = 28，卡方值为 78.583，sig = 0.000 < 0.05，所以诸群体对于“入夜后，很多中老年朋友在广场上伴着录音机的音乐跳舞，产生噪声，有人向政府或物管投诉，要求阻止。对这件事您怎么看”的回答有显著差异。

F3a by 诸群体

因个人认为自身受到不公正待遇而导致的社会泄愤事件，你对于下列回答的评价是：这是暴徒行为，无论何种情况下，都不应该采取暴力手段 ＊诸群体 Crosstabulation

	官员	企业家	专业人员	工人	农民	企业员工	做小生意	无业/失业/下岗	总计
完全同意	44.8%	41.2%	45.2%	35.4%	32.6%	37.6%	42.3%	40.7%	37.5%

续表

	官员	企业家	专业人员	工人	农民	企业员工	做小生意	无业/失业/下岗	总计
比较同意	44.8%	47.1%	45.2%	54.4%	59.4%	45.0%	49.5%	51.8%	52.3%
不太同意	7.5%	8.8%	5.7%	6.0%	6.0%	5.9%	5.4%	4.9%	5.8%
完全不同意	3.0%	2.9%	3.9%	4.1%	2.1%	11.5%	2.8%	2.6%	4.4%
总计	100.0%	100.0%	100.0%	100.0%	100.0%	100.0%	100.0%	100.0%	100.0%
列总计	67	34	228	1446	773	609	497	649	4303

Chi-square test：df = 21，卡方值为 124.420，sig = 0.000 < 0.05，所以诸群体对于“这是暴徒行为，无论何种情况下，都不应该采取暴力手段”的评价有显著差异。

F3b by 诸群体

因个人认为自身受到不公正待遇而导致的社会泄愤事件，你对于下列回答的评价是：其他社会成员在需要的时候没有及时给予帮助，因此我们每个人都有责任 ＊诸群体 Crosstabulation

	官员	企业家	专业人员	工人	农民	企业员工	做小生意	无业/失业/下岗	总计
完全同意	17.6%	11.8%	24.1%	15.0%	14.8%	16.1%	20.9%	15.3%	16.4%
比较同意	48.5%	67.6%	56.6%	56.2%	54.0%	58.5%	54.9%	62.7%	57.0%
不太同意	30.9%	14.7%	15.8%	25.3%	26.8%	22.6%	20.5%	19.5%	23.3%
完全不同意	2.9%	5.9%	3.5%	3.4%	4.4%	2.8%	3.6%	2.5%	3.4%
总计	100.0%	100.0%	100.0%	100.0%	100.0%	100.0%	100.0%	100.0%	100.0%
列总计	68	34	228	1450	770	610	497	646	4303

Chi-square test：df = 21，卡方值为 51.451，sig = 0.000 < 0.05，所以诸群体对于“其他社会成员在需要的时候没有及时给予帮助，因此我们每个人都有责任”的评价有显著差异。

F3c by 诸群体

因个人认为自身受到不公正待遇而导致的社会泄愤事件，你对于下列回答的评价是：应该去报复那些给予他们不公待遇的人，而不是伤及无辜 ＊诸群体 Crosstabulation

	官员	企业家	专业人员	工人	农民	企业员工	做小生意	无业/失业/下岗	总计
完全同意	4.4%	5.9%	14.0%	9.5%	7.9%	8.7%	11.5%	12.0%	9.8%
比较同意	20.6%	38.2%	30.1%	33.0%	32.6%	27.4%	33.9%	42.0%	33.3%

续表

	官员	企业家	专业人员	工人	农民	企业员工	做小生意	无业/失业/下岗	总计
不太同意	52.9%	26.5%	36.7%	41.5%	45.3%	44.1%	39.6%	32.1%	40.7%
完全不同意	22.1%	29.4%	19.2%	15.9%	14.3%	19.8%	14.9%	13.9%	16.1%
总计	100.0%	100.0%	100.0%	100.0%	100.0%	100.0%	100.0%	100.0%	100.0%
列总计	68	34	229	1447	764	610	495	648	4295

Chi-square test：df = 21，卡方值为 79.500，sig = 0.000 < 0.05，所以诸群体对于“应该去报复那些给予他们不公待遇的人，而不是伤及无辜”的评价有显著差异。

F3d by 诸群体

因个人认为自身受到不公正待遇而导致的社会泄愤事件，你对于下列回答的评价是：受到不公平待遇，应该充分相信政府，积极寻求相关部门的帮助 ＊诸群体 Crosstabulation

	官员	企业家	专业人员	工人	农民	企业员工	做小生意	无业/失业/下岗	总计
完全同意	38.8%	38.2%	27.8%	23.6%	21.5%	30.1%	22.2%	23.7%	24.6%
比较同意	47.8%	58.8%	60.4%	64.1%	67.1%	59.1%	63.4%	65.3%	63.5%
不太同意	13.4%	2.9%	8.4%	10.9%	10.1%	9.7%	11.9%	8.9%	10.2%
完全不同意			3.5%	1.5%	1.3%	1.0%	2.4%	2.2%	1.7%
总计	100.0%	100.0%	100.0%	100.0%	100.0%	100.0%	100.0%	100.0%	100.0%
列总计	67	34	227	1444	772	607	495	642	4288

Chi-square test：df = 21，卡方值为 46.754，sig = 0.001 < 0.05，所以诸群体对于“受到不公平待遇，应该充分相信政府，积极寻求相关部门的帮助”的评价有显著差异。

F4 by 诸群体

总的来说，您认为当今的社会公不公平 ＊诸群体 Crosstabulation

	官员	企业家	专业人员	工人	农民	企业员工	做小生意	无业/失业/下岗	总计
完全不公平	3.0%	5.9%	2.2%	5.5%	3.3%	4.8%	5.7%	6.5%	5.0%
比较不公平	23.9%	23.5%	26.4%	29.5%	28.8%	29.8%	31.8%	30.7%	29.6%
说不上公平但也不能说不公平	37.3%	38.2%	37.0%	38.1%	36.1%	37.2%	34.8%	31.7%	36.2%
比较公平	35.8%	20.6%	33.9%	25.4%	31.2%	26.5%	26.7%	30.3%	28.1%
非常公平		11.8%	0.4%	1.5%	0.7%	1.6%	1.0%	0.8%	1.2%

续表

	官员	企业家	专业人员	工人	农民	企业员工	做小生意	无业/失业/下岗	总计
总计	100.0%	100.0%	100.0%	100.0%	100.0%	100.0%	100.0%	100.0%	100.0%
列总计	67	34	227	1440	765	607	494	644	4278

Chi-square test：df = 28，卡方值为 73.654，sig = 0.000 < 0.05，所以诸群体对于“总的来说，认为当今的社会公不公平”的回答有显著差异。

F5 by 诸群体

和前几年相比，您认为目前我国社会的分配不公、两极分化现象 * 诸群体 Crosstabulation

	官员	企业家	专业人员	工人	农民	企业员工	做小生意	无业/失业/下岗	总计
有较大改善	41.8%	27.3%	38.1%	28.6%	29.9%	31.7%	28.8%	33.8%	30.7%
没什么变化	35.8%	27.3%	37.7%	47.3%	45.1%	45.2%	46.0%	36.5%	44.0%
更加恶化	22.4%	45.5%	24.2%	24.2%	25.0%	23.1%	25.3%	29.7%	25.2%
总计	100.0%	100.0%	100.0%	100.0%	100.0%	100.0%	100.0%	100.0%	100.0%
列总计	67	33	223	1386	720	584	483	589	4085

Chi-square test：df = 14，卡方值为 40.433，sig = 0.000 < 0.05，所以诸群体对于“和前几年相比，您认为目前我国社会的分配不公、两极分化现象”的回答有显著差异。

F6 by 诸群体

您认为目前我国社会成员之间的收入差距有多大 * 诸群体 Crosstabulation

	官员	企业家	专业人员	工人	农民	企业员工	做小生意	无业/失业/下岗	总计
合理，可以接受	22.7%	15.2%	18.1%	10.4%	14.3%	15.0%	15.4%	14.3%	13.6%
不合理，但可以接受	68.2%	57.6%	61.1%	57.2%	53.9%	56.0%	55.1%	54.3%	56.1%
不合理，不能接受	9.1%	27.3%	20.8%	32.4%	31.8%	29.0%	29.4%	31.5%	30.3%
总计	100.0%	100.0%	100.0%	100.0%	100.0%	100.0%	100.0%	100.0%	100.0%
列总计	66	33	221	1403	726	600	479	610	4138

Chi-square test：df = 14，卡方值为 44.451，sig = 0.000 < 0.05，所以诸群体对于“您认为目前我国社会成员之间的收入差距有多大”的回答有显著差异。

F7a by 诸群体

请问您是否同意当前的社会是人人为自己 ＊诸群体 Crosstabulation

	官员	企业家	专业人员	工人	农民	企业员工	做小生意	无业/失业/下岗	总计
完全同意	4.4%	23.5%	12.4%	14.8%	13.1%	12.9%	18.1%	18.5%	14.9%
比较同意	54.4%	52.9%	50.4%	59.5%	57.9%	61.7%	56.7%	56.3%	58.1%
不太同意	38.2%	17.6%	33.2%	23.2%	26.7%	23.2%	23.2%	23.9%	24.6%
完全不同意	2.9%	5.9%	4.0%	2.5%	2.3%	2.3%	2.0%	1.2%	2.3%
总计	100.0%	100.0%	100.0%	100.0%	100.0%	100.0%	100.0%	100.0%	100.0%
列总计	68	34	226	1446	784	613	496	648	4315

Chi-square test：df = 21，卡方值为 49.669，sig = 0.000 < 0.05，所以诸群体对于“您是否同意当前的社会是人人为自己”的回答有显著差异。

F7b by 诸群体

请问您是否同意现在社会的大多数人是见利忘义的 ＊诸群体 Crosstabulation

	官员	企业家	专业人员	工人	农民	企业员工	做小生意	无业/失业/下岗	总计
完全同意	2.9%	14.7%	10.6%	10.4%	10.2%	9.8%	14.7%	14.2%	11.3%
比较同意	35.3%	38.2%	34.4%	51.2%	46.5%	44.4%	46.5%	51.0%	47.6%
不太同意	54.4%	41.2%	51.5%	35.2%	39.7%	41.3%	34.8%	31.9%	37.6%
完全不同意	7.4%	5.9%	3.5%	3.2%	3.6%	4.4%	4.0%	2.8%	3.6%
总计	100.0%	100.0%	100.0%	100.0%	100.0%	100.0%	100.0%	100.0%	100.0%
列总计	68	34	227	1444	781	612	497	639	4302

Chi-square test：df = 21，卡方值为 71.032，sig = 0.000 < 0.05，所以诸群体对于“您是否同意现在社会的大多数人是见利忘义的”的回答有显著差异。

F7c by 诸群体

请问您是否同意现在社会是一个物欲横流的社会 ＊诸群体 Crosstabulation

	官员	企业家	专业人员	工人	农民	企业员工	做小生意	无业/失业/下岗	总计
完全同意	7.4%	23.5%	13.3%	13.9%	11.9%	18.0%	16.3%	13.9%	14.3%
比较同意	41.2%	35.3%	46.5%	48.5%	48.3%	44.3%	48.6%	57.1%	48.8%
不太同意	47.1%	29.4%	35.4%	33.6%	35.2%	33.6%	32.7%	26.8%	33.0%
完全不同意	4.4%	11.8%	4.9%	4.0%	4.5%	4.1%	2.4%	2.2%	3.8%
总计	100.0%	100.0%	100.0%	100.0%	100.0%	100.0%	100.0%	100.0%	100.0%

续表

	官员	企业家	专业人员	工人	农民	企业员工	做小生意	无业/失业/下岗	总计
列总计	68	34	226	1426	749	607	490	638	4238

Chi-square test：df = 21，卡方值为 56.559，sig = 0.000 < 0.05，所以诸群体对于“您是否同意现在社会是一个物欲横流的社会”的回答有显著差异。

F7d by 诸群体

请问您是否同意当前大多数人都是以集体利益为重 * 诸群体 Crosstabulation

	官员	企业家	专业人员	工人	农民	企业员工	做小生意	无业/失业/下岗	总计
完全同意	6.0%	2.9%	5.3%	5.9%	4.5%	5.9%	6.7%	3.3%	5.3%
比较同意	41.8%	52.9%	32.9%	38.9%	40.1%	35.3%	34.7%	30.9%	36.7%
不太同意	49.3%	35.3%	58.2%	49.7%	49.9%	54.0%	52.9%	59.8%	52.6%
完全不同意	3.0%	8.8%	3.6%	5.6%	5.6%	4.8%	5.7%	6.0%	5.4%
总计	100.0%	100.0%	100.0%	100.0%	100.0%	100.0%	100.0%	100.0%	100.0%
列总计	67	34	225	1435	764	607	493	635	4260

Chi-square test：df = 21，卡方值为 41.454，sig = 0.005 < 0.05，所以诸群体对于“您是否同意当前大多数人都是以集体利益为重”的回答有显著差异。

F7e by 诸群体

请问您是否同意当前大多数人都是家庭利益至上 * 诸群体 Crosstabulation

	官员	企业家	专业人员	工人	农民	企业员工	做小生意	无业/失业/下岗	总计
完全同意	10.3%	14.7%	12.1%	18.8%	15.7%	15.1%	17.9%	19.5%	17.2%
比较同意	73.5%	58.8%	68.3%	63.8%	63.6%	63.0%	59.5%	60.2%	63.0%
不太同意	14.7%	20.6%	18.3%	15.5%	18.5%	18.9%	19.8%	18.1%	17.6%
完全不同意	1.5%	5.9%	1.3%	1.9%	2.2%	3.1%	2.8%	2.2%	2.3%
总计	100.0%	100.0%	100.0%	100.0%	100.0%	100.0%	100.0%	100.0%	100.0%
列总计	68	34	224	1443	783	610	496	641	4299

Chi-square test：df = 21，卡方值为 30.081，sig = 0.090 > 0.05，所以诸群体对于“您是否同意当前大多数人都是家庭利益至上”的回答没有显著差异。

F7f by 诸群体

请问您是否同意当前的社会是个金钱至上的社会 ＊诸群体 Crosstabulation

	官员	企业家	专业人员	工人	农民	企业员工	做小生意	无业/失业/下岗	总计
完全同意	8.8%	24.2%	12.8%	22.1%	17.4%	19.3%	19.8%	21.3%	19.8%
比较同意	45.6%	48.5%	49.1%	50.9%	53.3%	50.0%	49.2%	53.3%	51.2%
不太同意	42.6%	18.2%	33.6%	24.4%	26.6%	26.7%	27.1%	23.8%	26.1%
完全不同意	2.9%	9.1%	4.4%	2.6%	2.7%	3.9%	3.8%	1.5%	3.0%
总计	100.0%	100.0%	100.0%	100.0%	100.0%	100.0%	100.0%	100.0%	100.0%
列总计	68	33	226	1441	782	610	494	647	4301

Chi-square test：df = 21，卡方值为 50.018，sig = 0.000 < 0.05，所以诸群体对于“您是否同意当前的社会是个金钱至上的社会”的回答有显著差异。

F7g by 诸群体

请问您是否同意现在社会守道德的人大都吃亏，不守道德的人占便宜 ＊诸群体 Crosstabulation

	官员	企业家	专业人员	工人	农民	企业员工	做小生意	无业/失业/下岗	总计
完全同意	1.5%	6.1%	5.4%	10.2%	8.0%	7.8%	8.8%	10.9%	9.0%
比较同意	32.4%	39.4%	38.8%	43.9%	50.5%	38.6%	43.6%	40.9%	43.4%
不太同意	61.8%	45.5%	47.8%	41.2%	37.3%	46.9%	42.4%	44.4%	42.6%
完全不同意	4.4%	9.1%	8.0%	4.6%	4.2%	6.8%	5.3%	3.8%	5.0%
总计	100.0%	100.0%	100.0%	100.0%	100.0%	100.0%	100.0%	100.0%	100.0%
列总计	68	33	224	1420	777	606	491	631	4250

Chi-square test：df = 21，卡方值为 59.306，sig = 0.000 < 0.05，所以诸群体对于“您是否同意现在社会守道德的人大都吃亏，不守道德的人占便宜”的回答有显著差异。

F7h by 诸群体

请问您是否同意现在社会中好人有好报，恶人终归会受到惩罚 ＊诸群体 Crosstabulation

	官员	企业家	专业人员	工人	农民	企业员工	做小生意	无业/失业/下岗	总计
完全同意	16.4%	20.6%	13.9%	18.3%	18.1%	16.4%	19.7%	16.3%	17.6%
比较同意	65.7%	50.0%	55.6%	52.1%	59.4%	48.7%	53.3%	57.8%	54.3%

续表

	官员	企业家	专业人员	工人	农民	企业员工	做小生意	无业/失业/下岗	总计
不太同意	16.4%	29.4%	26.0%	25.7%	19.9%	30.6%	24.1%	22.1%	24.5%
完全不同意	1.5%		4.5%	3.8%	2.7%	4.3%	2.8%	3.8%	3.5%
总计	100.0%	100.0%	100.0%	100.0%	100.0%	100.0%	100.0%	100.0%	100.0%
列总计	67	34	223	1437	785	608	493	638	4285

Chi-square test：df = 21，卡方值为 43.653，sig = 0.003 < 0.05，所以诸群体对于“您是否同意现在社会中好人有好报，恶人终归会受到惩罚”的回答有显著差异。

F7i by 诸群体

请问您是否同意人们的生活水平越高，就越幸福 ＊诸群体 Crosstabulation

	官员	企业家	专业人员	工人	农民	企业员工	做小生意	无业/失业/下岗	总计
完全同意	19.1%	29.4%	14.5%	19.6%	21.1%	16.0%	18.6%	18.4%	18.9%
比较同意	50.0%	44.1%	47.6%	53.1%	55.3%	48.5%	50.3%	46.5%	51.1%
不太同意	27.9%	14.7%	34.4%	24.5%	21.3%	32.7%	28.7%	32.4%	27.2%
完全不同意	2.9%	11.8%	3.5%	2.8%	2.3%	2.8%	2.4%	2.8%	2.8%
总计	100.0%	100.0%	100.0%	100.0%	100.0%	100.0%	100.0%	100.0%	100.0%
列总计	68	34	227	1451	788	612	495	648	4323

Chi-square test：df = 21，卡方值为 62.788，sig = 0.000 < 0.05，所以诸群体对于“您是否同意人们的生活水平越高，就越幸福”的回答有显著差异。

F7j by 诸群体

请问您是否同意我们的社会中道德能够很好地约束人们的行为 ＊诸群体 Crosstabulation

	官员	企业家	专业人员	工人	农民	企业员工	做小生意	无业/失业/下岗	总计
完全同意	10.3%	20.6%	8.5%	12.1%	11.5%	11.0%	10.1%	10.1%	11.2%
比较同意	63.2%	38.2%	54.9%	53.7%	58.6%	53.1%	52.5%	49.9%	53.9%
不太同意	23.5%	38.2%	33.5%	31.3%	27.0%	33.6%	34.5%	36.8%	32.1%
完全不同意	2.9%	2.9%	3.1%	2.9%	2.9%	2.3%	2.8%	3.2%	2.9%
总计	100.0%	100.0%	100.0%	100.0%	100.0%	100.0%	100.0%	100.0%	100.0%
列总计	68	34	224	1439	758	608	493	633	4257

Chi-square test：df = 21，卡方值为 29.363，sig = 0.106 > 0.05，所以诸群体对于“您是否同意我们的社会中道德能够很好地约束人们的行为”的回答没有显著差异。

F7k by 诸群体

请问您是否同意现有的规范和习俗能够很好地调节人与人的关系 * 诸群体 Crosstabulation

	官员	企业家	专业人员	工人	农民	企业员工	做小生意	无业/失业/下岗	总计
完全同意	5.9%	11.8%	8.9%	9.2%	10.1%	10.0%	7.3%	7.7%	9.0%
比较同意	55.9%	50.0%	57.6%	57.0%	58.1%	52.7%	53.4%	55.0%	55.8%
不太同意	36.8%	26.5%	29.0%	30.4%	28.3%	34.8%	35.2%	34.1%	31.8%
完全不同意	1.5%	11.8%	4.5%	3.4%	3.6%	2.5%	4.1%	3.2%	3.4%
总计	100.0%	100.0%	100.0%	100.0%	100.0%	100.0%	100.0%	100.0%	100.0%
列总计	68	34	224	1432	756	607	491	633	4245

Chi-square test: df = 21, 卡方值为 28.919, sig = 0.116 > 0.05, 所以诸群体对于“您是否同意现有的规范和习俗能够很好地调节人与人的关系”的回答没有显著差异。

F7l by 诸群体

请问您是否同意现在社会大多数人都有荣辱感 * 诸群体 Crosstabulation

	官员	企业家	专业人员	工人	农民	企业员工	做小生意	无业/失业/下岗	总计
完全同意	9.0%	15.2%	9.5%	6.3%	5.1%	8.6%	5.7%	6.1%	6.6%
比较同意	64.2%	51.5%	57.7%	56.9%	58.4%	55.5%	51.6%	56.6%	56.4%
不太同意	26.9%	33.3%	27.5%	32.6%	33.1%	31.5%	38.1%	32.7%	32.8%
完全不同意			5.4%	4.2%	3.5%	4.5%	4.5%	4.5%	4.2%
总计	100.0%	100.0%	100.0%	100.0%	100.0%	100.0%	100.0%	100.0%	100.0%
列总计	67	33	222	1416	752	604	488	620	4202

Chi-square test: df = 21, 卡方值为 31.494, sig = 0.066 > 0.05, 所以诸群体对于“您是否同意现在社会大多数人都有荣辱感”的回答没有显著差异。

F8 by 诸群体

您听说过或参加过道德讲堂吗 * 诸群体 Crosstabulation

	官员	企业家	专业人员	工人	农民	企业员工	做小生意	无业/失业/下岗	总计
参加过	38.2%	17.6%	20.5%	4.6%	1.8%	13.2%	4.0%	9.0%	7.4%
听说过，但没参加过	42.6%	58.8%	46.3%	44.4%	32.4%	55.8%	44.0%	41.9%	43.6%

续表

	官员	企业家	专业人员	工人	农民	企业员工	做小生意	无业/失业/下岗	总计
没听说过	19. 1%	23. 5%	33. 2%	51. 0%	65. 9%	31. 0%	52. 0%	49. 1%	49. 1%
总计	100. 0%	100. 0%	100. 0%	100. 0%	100. 0%	100. 0%	100. 0%	100. 0%	100. 0%
列总计	68	34	229	1459	791	613	498	656	4348

Chi-square test：df = 14，卡方值为 397. 846，sig = 0. 000 < 0. 05，所以诸群体对于“您听说过或参加过道德讲堂吗”的回答有显著差异。

F9 by 诸群体

如果您参加过道德讲堂，您觉得开展这样的活动有意义吗 ＊诸群体 Crosstabulation

	官员	企业家	专业人员	工人	农民	企业员工	做小生意	无业/失业/下岗	总计
很有意义	92. 3%	83. 3%	93. 5%	98. 4%	100. 0%	92. 4%	95. 0%	93. 2%	94. 3%
可有可无	7. 7%	16. 7%	4. 3%			7. 6%	5. 0%	6. 8%	5. 1%
没有必要			2. 2%	1. 6%					0. 6%
总计	100. 0%	100. 0%	100. 0%	100. 0%	100. 0%	100. 0%	100. 0%	100. 0%	100. 0%
列总计	26	6	46	64	14	79	20	59	314

Chi-square test：df = 14，卡方值为 11. 683，sig = 0. 654 > 0. 05，所以诸群体对于“如果您参加过道德讲堂，您觉得开展这样的活动有意义吗”的回答没有显著差异。

F10 by 诸群体

您对您生活的地方（您所在的社区）社会公德状况满意吗 ＊诸群体 Crosstabulation

	官员	企业家	专业人员	工人	农民	企业员工	做小生意	无业/失业/下岗	总计
非常满意	13. 4%	5. 9%	6. 6%	5. 0%	5. 9%	11. 6%	5. 3%	7. 0%	6. 7%
比较满意	68. 7%	82. 4%	69. 7%	76. 8%	75. 9%	69. 8%	73. 6%	72. 5%	74. 1%
不太满意	16. 4%	11. 8%	21. 9%	16. 9%	17. 5%	15. 9%	19. 4%	18. 8%	17. 6%
非常不满意	1. 5%		1. 8%	1. 4%	0. 7%	2. 7%	1. 7%	1. 8%	1. 6%
总计	100. 0%	100. 0%	100. 0%	100. 0%	100. 0%	100. 0%	100. 0%	100. 0%	100. 0%
列总计	67	34	228	1368	710	593	469	628	4097

Chi-square test：df = 21，卡方值为 54. 079，sig = 0. 000 < 0. 05，所以诸群体对于“您对您生活的地方（所在的社区）社会公德状况满意吗”的回答有显著差异。

F11a by 诸群体

当前社会坑蒙拐骗现象的严重程度如何 ＊诸群体 Crosstabulation

	官员	企业家	专业人员	工人	农民	企业员工	做小生意	无业/失业/下岗	总计
非常不严重	3.0%	2.9%	8.0%	5.3%	8.0%	7.9%	8.3%	6.8%	6.8%
比较不严重	41.8%	32.4%	44.7%	38.1%	42.5%	44.2%	43.3%	37.4%	40.6%
比较严重	49.3%	52.9%	34.5%	44.5%	38.5%	36.6%	34.1%	38.5%	39.8%
非常严重	6.0%	11.8%	12.8%	12.2%	11.0%	11.4%	14.3%	17.3%	12.8%
总计	100.0%	100.0%	100.0%	100.0%	100.0%	100.0%	100.0%	100.0%	100.0%
列总计	67	34	226	1445	785	607	496	636	4296

Chi-square test：df = 21，卡方值为 56.796，sig = 0.000 < 0.05，所以诸群体对于“当前社会坑蒙拐骗现象的严重程度如何”的回答有显著差异。

F11b by 诸群体

当前社会人际关系冷漠，见危不救的严重程度如何 ＊诸群体 Crosstabulation

	官员	企业家	专业人员	工人	农民	企业员工	做小生意	无业/失业/下岗	总计
非常不严重	6.0%	5.9%	3.9%	3.3%	6.4%	6.1%	5.2%	4.3%	4.7%
比较不严重	37.3%	35.3%	41.5%	43.6%	51.4%	39.3%	42.1%	42.6%	43.8%
比较严重	52.2%	52.9%	45.0%	44.1%	36.8%	44.1%	42.5%	42.5%	42.6%
非常严重	4.5%	5.9%	9.6%	9.0%	5.4%	10.5%	10.1%	10.5%	8.9%
总计	100.0%	100.0%	100.0%	100.0%	100.0%	100.0%	100.0%	100.0%	100.0%
列总计	67	34	229	1444	778	610	496	645	4303

Chi-square test：df = 21，卡方值为 57.057，sig = 0.000 < 0.05，所以诸群体对于“当前社会人际关系冷漠，见危不救的严重程度如何”的回答有显著差异。

F11c by 诸群体

当前社会诚信缺乏，不讲信用的严重程度如何 ＊诸群体 Crosstabulation

	官员	企业家	专业人员	工人	农民	企业员工	做小生意	无业/失业/下岗	总计
非常不严重	3.0%		3.1%	4.5%	5.7%	5.6%	6.1%	3.9%	4.8%
比较不严重	40.9%	32.4%	45.9%	40.0%	47.1%	41.7%	41.6%	42.2%	42.3%
比较严重	50.0%	52.9%	39.7%	46.2%	39.4%	41.1%	41.2%	43.1%	43.0%
非常严重	6.1%	14.7%	11.4%	9.3%	7.8%	11.6%	11.1%	10.8%	9.9%

续表

	官员	企业家	专业人员	工人	农民	企业员工	做小生意	无业/失业/下岗	总计
总计	100.0%	100.0%	100.0%	100.0%	100.0%	100.0%	100.0%	100.0%	100.0%
列总计	66	34	229	1452	785	611	495	647	4319

Chi-square test：df = 21，卡方值为 34.934，sig = 0.029 < 0.05，所以诸群体对于“当前社会诚信缺乏，不讲信用的严重程度如何”的回答有显著差异。

F11d by 诸群体

当前社会人与人之间缺乏信任，社会安全度低的严重程度如何 * 诸群体 Crosstabulation

	官员	企业家	专业人员	工人	农民	企业员工	做小生意	无业/失业/下岗	总计
非常不严重	6.0%	5.9%	5.7%	3.9%	4.7%	5.6%	4.9%	4.0%	4.6%
比较不严重	38.8%	26.5%	41.9%	32.4%	39.0%	32.0%	36.6%	33.5%	34.7%
比较严重	49.3%	50.0%	42.7%	50.4%	45.3%	47.0%	47.0%	48.8%	47.9%
非常严重	6.0%	17.6%	9.7%	13.3%	11.0%	15.4%	11.6%	13.7%	12.8%
总计	100.0%	100.0%	100.0%	100.0%	100.0%	100.0%	100.0%	100.0%	100.0%
列总计	67	34	227	1444	783	610	492	648	4305

Chi-square test：df = 21，卡方值为 33.148，sig = 0.045 < 0.05，所以诸群体对于“当前社会人与人之间缺乏信任，社会安全度低的严重程度如何”的回答有显著差异。

F11e by 诸群体

当前社会缺乏公德，如公共场所大声喧哗、随地吐痰等的严重程度如何 * 诸群体 Crosstabulation

	官员	企业家	专业人员	工人	农民	企业员工	做小生意	无业/失业/下岗	总计
非常不严重	4.5%	2.9%	5.8%	4.2%	4.7%	6.7%	6.1%	4.3%	5.0%
比较不严重	49.3%	58.8%	43.4%	51.0%	57.1%	51.4%	51.7%	50.5%	51.8%
比较严重	41.8%	32.4%	40.7%	37.5%	31.0%	33.2%	34.5%	37.5%	35.6%
非常严重	4.5%	5.9%	10.2%	7.4%	7.2%	8.7%	7.7%	7.7%	7.7%
总计	100.0%	100.0%	100.0%	100.0%	100.0%	100.0%	100.0%	100.0%	100.0%
列总计	67	34	226	1454	781	609	495	646	4312

Chi-square test：df = 21，卡方值为 30.713，sig = 0.079 > 0.05，所以诸群体对于“当前社会缺乏公德，如公共场所大声喧哗、随地吐痰等的严重程度如何”的回答没有显著差异。

F11f by 诸群体

当前社会自私自利，损人利己的严重程度如何 ＊诸群体 Crosstabulation

	官员	企业家	专业人员	工人	农民	企业员工	做小生意	无业/失业/下岗	总计
非常不严重	7.5%	5.9%	6.7%	5.1%	4.8%	7.1%	5.5%	4.7%	5.4%
比较不严重	44.8%	38.2%	45.5%	44.1%	50.7%	41.5%	47.3%	43.4%	45.2%
比较严重	41.8%	44.1%	40.6%	42.4%	38.1%	44.0%	37.2%	43.1%	41.3%
非常严重	6.0%	11.8%	7.1%	8.4%	6.4%	7.4%	10.1%	8.9%	8.1%
总计	100.0%	100.0%	100.0%	100.0%	100.0%	100.0%	100.0%	100.0%	100.0%
列总计	67	34	224	1446	777	609	495	643	4295

Chi-square test：df = 21，卡方值为 27.806，sig = 0.146 > 0.05，所以诸群体对于“当前社会自私自利，损人利己的严重程度如何”的回答没有显著差异。

F11g by 诸群体

当前社会缺乏公正心和正义感的严重程度如何 ＊诸群体 Crosstabulation

	官员	企业家	专业人员	工人	农民	企业员工	做小生意	无业/失业/下岗	总计
非常不严重	7.6%	2.9%	5.7%	5.2%	5.1%	5.1%	5.7%	4.8%	5.2%
比较不严重	40.9%	32.4%	41.9%	42.4%	49.5%	41.8%	43.0%	43.6%	43.7%
比较严重	40.9%	47.1%	41.0%	42.0%	37.4%	41.8%	40.8%	42.5%	41.0%
非常严重	10.6%	17.6%	11.4%	10.5%	8.1%	11.3%	10.5%	9.0%	10.1%
总计	100.0%	100.0%	100.0%	100.0%	100.0%	100.0%	100.0%	100.0%	100.0%
列总计	66	34	229	1449	770	608	493	644	4293

Chi-square test：df = 21，卡方值为 20.976，sig = 0.460 > 0.05，所以诸群体对于“当前社会缺乏公正心和正义感的严重程度如何”的回答没有显著差异。

F11h by 诸群体

当前社会私欲膨胀，物欲横流的严重程度如何 ＊诸群体 Crosstabulation

	官员	企业家	专业人员	工人	农民	企业员工	做小生意	无业/失业/下岗	总计
非常不严重	7.6%	2.9%	4.4%	3.5%	3.5%	5.0%	5.8%	4.7%	4.3%
比较不严重	37.9%	32.4%	40.4%	38.1%	46.9%	35.6%	36.8%	35.8%	38.9%
比较严重	40.9%	52.9%	44.7%	44.7%	39.9%	42.9%	44.2%	48.6%	44.1%
非常严重	13.6%	11.8%	10.5%	13.7%	9.8%	16.5%	13.2%	10.9%	12.7%

续表

	官员	企业家	专业人员	工人	农民	企业员工	做小生意	无业/失业/下岗	总计
总计	100.0%	100.0%	100.0%	100.0%	100.0%	100.0%	100.0%	100.0%	100.0%
列总计	66	34	228	1425	747	606	486	640	4232

Chi-square test：df = 21，卡方值为 47.590，sig = 0.001 < 0.05，所以诸群体对于“当前社会私欲膨胀，物欲横流的严重程度如何”的回答有显著差异。

F11i by 诸群体

当前社会缺乏羞耻感的严重程度如何 ＊诸群体 Crosstabulation

	官员	企业家	专业人员	工人	农民	企业员工	做小生意	无业/失业/下岗	总计
非常不严重	10.4%	2.9%	6.6%	4.9%	4.2%	8.4%	6.1%	5.5%	5.7%
比较不严重	50.7%	50.0%	46.3%	48.5%	59.7%	46.5%	47.3%	49.3%	50.1%
比较严重	35.8%	47.1%	36.1%	38.2%	30.6%	37.1%	35.2%	38.0%	36.2%
非常严重	3.0%		11.0%	8.4%	5.5%	7.9%	11.4%	7.2%	8.0%
总计	100.0%	100.0%	100.0%	100.0%	100.0%	100.0%	100.0%	100.0%	100.0%
列总计	67	34	227	1432	764	604	491	637	4256

Chi-square test：df = 21，卡方值为 65.714，sig = 0.000 < 0.05，所以诸群体对于“当前社会缺乏羞耻感的严重程度如何”的回答有显著差异。

F11j by 诸群体

当前社会干部贪污受贿，以权谋利的严重程度如何 ＊诸群体 Crosstabulation

	官员	企业家	专业人员	工人	农民	企业员工	做小生意	无业/失业/下岗	总计
非常不严重	7.5%	2.9%	2.3%	2.2%	1.9%	4.3%	3.8%	2.0%	2.7%
比较不严重	49.3%	32.4%	41.2%	27.5%	34.3%	35.4%	30.7%	37.1%	32.8%
比较严重	32.8%	44.1%	38.0%	50.8%	46.8%	47.3%	43.4%	40.6%	46.2%
非常严重	10.4%	20.6%	18.6%	19.5%	17.0%	13.1%	22.1%	20.4%	18.4%
总计	100.0%	100.0%	100.0%	100.0%	100.0%	100.0%	100.0%	100.0%	100.0%
列总计	67	34	221	1387	737	588	475	604	4113

Chi-square test：df = 21，卡方值为 80.712，sig = 0.000 < 0.05，所以诸群体对于“当前社会干部贪污受贿，以权谋利的严重程度如何”的回答有显著差异。

F11k by 诸群体

当前社会生活奢侈，铺张浪费的严重程度如何 ＊诸群体 Crosstabulation

	官员	企业家	专业人员	工人	农民	企业员工	做小生意	无业/失业/下岗	总计
非常不严重	10.6%	3.0%	5.3%	3.5%	2.7%	5.7%	3.7%	2.9%	3.8%
比较不严重	45.5%	33.3%	44.9%	36.7%	42.6%	48.1%	40.2%	45.4%	41.6%
比较严重	30.3%	48.5%	36.4%	44.1%	41.6%	35.4%	40.2%	38.1%	40.5%
非常严重	13.6%	15.2%	13.3%	15.7%	13.2%	10.8%	15.8%	13.6%	14.1%
总计	100.0%	100.0%	100.0%	100.0%	100.0%	100.0%	100.0%	100.0%	100.0%
列总计	66	33	225	1419	752	601	487	625	4208

Chi-square test：df = 21，卡方值为 59.235，sig = 0.000 < 0.05，所以诸群体对于“当前社会生活奢侈，铺张浪费的严重程度如何”的回答有显著差异。

F11l by 诸群体

当前社会干部不作为，扯皮推诿的严重程度如何 ＊诸群体 Crosstabulation

	官员	企业家	专业人员	工人	农民	企业员工	做小生意	无业/失业/下岗	总计
非常不严重	12.1%	5.9%	5.5%	2.6%	1.6%	4.8%	1.7%	3.0%	3.0%
比较不严重	42.4%	32.4%	34.1%	26.6%	31.0%	31.2%	30.6%	35.9%	30.6%
比较严重	36.4%	47.1%	39.1%	49.7%	50.2%	44.7%	43.1%	42.5%	46.5%
非常严重	9.1%	14.7%	21.4%	21.1%	17.1%	19.3%	24.6%	18.5%	19.9%
总计	100.0%	100.0%	100.0%	100.0%	100.0%	100.0%	100.0%	100.0%	100.0%
列总计	66	34	220	1388	741	586	471	604	4110

Chi-square test：df = 21，卡方值为 82.027，sig = 0.000 < 0.05，所以诸群体对于“当前社会干部不作为，扯皮推诿的严重程度如何”的回答有显著差异。

F12a by 诸群体

您怎么看待做生意发了财的人：他们自己有本事，应该发财 ＊诸群体 Crosstabulation

	官员	企业家	专业人员	工人	农民	企业员工	做小生意	无业/失业/下岗	总计
未选中	30.9%	23.5%	25.3%	22.6%	20.2%	23.5%	24.4%	25.0%	23.2%
选中	69.1%	76.5%	74.7%	77.4%	79.8%	76.5%	75.6%	75.0%	76.8%
总计	100.0%	100.0%	100.0%	100.0%	100.0%	100.0%	100.0%	100.0%	100.0%
列总计	68	34	229	1457	788	612	496	652	4336

Chi-square test：df = 7，卡方值为 8.752，sig = 0.274 > 0.05，所以诸群体对于“您怎么看待做生意发了财的人：他们自己有本事，应该发财”的回答没有显著差异。

F12b by 诸群体

您怎么看待做生意发了财的人：尊重他们，他们为社会做了贡献 * 诸群体 Crosstabulation

	官员	企业家	专业人员	工人	农民	企业员工	做小生意	无业/失业/下岗	总计
未选中	41.2%	35.3%	39.7%	48.9%	49.6%	36.1%	41.7%	58.7%	47.2%
选中	58.8%	64.7%	60.3%	51.1%	50.4%	63.9%	58.3%	41.3%	52.8%
总计	100.0%	100.0%	100.0%	100.0%	100.0%	100.0%	100.0%	100.0%	100.0%
列总计	68	34	229	1457	788	612	496	652	4336

Chi-square test：df = 7，卡方值为 82.653，sig = 0.000 < 0.05，所以诸群体对于“您怎么看待做生意发了财的人：尊重他们，他们为社会做了贡献”的回答有显著差异。

F12c by 诸群体

您怎么看待做生意发了财的人：没什么了不起，他们常用不正当手段发财 * 诸群体 Crosstabulation

	官员	企业家	专业人员	工人	农民	企业员工	做小生意	无业/失业/下岗	总计
未选中	95.6%	94.1%	93.0%	93.6%	94.0%	94.0%	91.9%	96.5%	94.0%
选中	4.4%	5.9%	7.0%	6.4%	6.0%	6.0%	8.1%	3.5%	6.0%
总计	100.0%	100.0%	100.0%	100.0%	100.0%	100.0%	100.0%	100.0%	100.0%
列总计	68	34	229	1457	788	612	496	652	4336

Chi-square test：df = 7，卡方值为 11.859，sig = 0.105 > 0.05，所以诸群体对于“您怎么看待做生意发了财的人：没什么了不起，他们常用不正当手段发财”的回答没有显著差异。

F12d by 诸群体

您怎么看待做生意发了财的人：是土豪，没文化，没教养 * 诸群体 Crosstabulation

	官员	企业家	专业人员	工人	农民	企业员工	做小生意	无业/失业/下岗	总计
未选中	91.2%	94.1%	94.3%	92.0%	91.5%	94.0%	92.1%	94.0%	92.6%
选中	8.8%	5.9%	5.7%	8.0%	8.5%	6.0%	7.9%	6.0%	7.4%
总计	100.0%	100.0%	100.0%	100.0%	100.0%	100.0%	100.0%	100.0%	100.0%
列总计	68	34	229	1457	788	612	496	652	4336

Chi-square test：df = 7，卡方值为 7.110，sig = 0.418 > 0.05，所以诸群体对于“您怎么看待做生意发了财的人：是土豪，没文化，没教养”的回答没有显著差异。

F12e by 诸群体

您怎么看待做生意发了财的人：是他们运气好 ＊诸群体 Crosstabulation

	官员	企业家	专业人员	工人	农民	企业员工	做小生意	无业/失业/下岗	总计
未选中	89.7%	85.3%	83.8%	81.3%	77.7%	78.9%	79.8%	88.0%	81.4%
选中	10.3%	14.7%	16.2%	18.7%	22.3%	21.1%	20.2%	12.0%	18.6%
总计	100.0%	100.0%	100.0%	100.0%	100.0%	100.0%	100.0%	100.0%	100.0%
列总计	68	34	229	1457	788	612	496	652	4336

Chi-square test：df = 7，卡方值为 33.915，sig = 0.000 < 0.05，所以诸群体对于“您怎么看待做生意发了财的人：是他们运气好”的回答有显著差异。

F12f by 诸群体

您怎么看待做生意发了财的人：有钱没钱，这都是命 ＊诸群体 Crosstabulation

	官员	企业家	专业人员	工人	农民	企业员工	做小生意	无业/失业/下岗	总计
未选中	92.6%	97.1%	89.5%	81.3%	79.9%	85.8%	82.5%	84.5%	83.0%
选中	7.4%	2.9%	10.5%	18.7%	20.1%	14.2%	17.5%	15.5%	17.0%
总计	100.0%	100.0%	100.0%	100.0%	100.0%	100.0%	100.0%	100.0%	100.0%
列总计	68	34	229	1457	788	612	496	652	4336

Chi-square test：df = 7，卡方值为 28.795，sig = 0.000 < 0.05，所以诸群体对于“您怎么看待做生意发了财的人：有钱没钱，这都是命”的回答有显著差异。

F12g by 诸群体

您怎么看待做生意发了财的人：天道不公，希望他们明天就破产 ＊诸群体 Crosstabulation

	官员	企业家	专业人员	工人	农民	企业员工	做小生意	无业/失业/下岗	总计
未选中	98.5%	100.0%	99.6%	98.6%	99.2%	99.2%	98.8%	99.7%	99.0%
选中	1.5%		0.4%	1.4%	0.8%	0.8%	1.2%	0.3%	1.0%
总计	100.0%	100.0%	100.0%	100.0%	100.0%	100.0%	100.0%	100.0%	100.0%
列总计	68	34	229	1457	788	612	496	652	4336

Chi-square test：df = 7，卡方值为 8.358，sig = 0.302 > 0.05，所以诸群体对于“您怎么看待做生意发了财的人：天道不公，希望他们明天就破产”的回答没有显著差异。

F12h by 诸群体

您怎么看待做生意发了财的人：其他 ＊诸群体 Crosstabulation

	官员	企业家	专业人员	工人	农民	企业员工	做小生意	无业/失业/下岗	总计
未选中	100.0%	100.0%	99.1%	99.5%	99.9%	99.8%	99.8%	99.7%	99.7%
选中			0.9%	0.5%	0.1%	0.2%	0.2%	0.3%	0.3%
总计	100.0%	100.0%	100.0%	100.0%	100.0%	100.0%	100.0%	100.0%	100.0%
列总计	68	34	229	1457	788	612	496	652	4336

Chi-square test：df = 7，卡方值为 5.226，sig = 0.627 > 0.05，所以诸群体对于“您怎么看待做生意发了财的人：其他”的回答没有显著差异。

F13a by 诸群体

企业损害社会利益，如污染环境、以虚假广告误导公众等严重程度如何 ＊诸群体 Crosstabulation

	官员	企业家	专业人员	工人	农民	企业员工	做小生意	无业/失业/下岗	总计
非常不严重	1.5%	6.1%	3.6%	2.0%	2.6%	3.3%	2.7%	2.6%	2.6%
比较不严重	47.8%	27.3%	39.1%	36.2%	42.6%	37.6%	37.6%	36.2%	38.0%
比较严重	43.3%	54.5%	43.6%	45.2%	42.2%	38.6%	43.9%	48.8%	44.1%
非常严重	7.5%	12.1%	13.6%	16.5%	12.6%	20.5%	15.8%	12.4%	15.4%
总计	100.0%	100.0%	100.0%	100.0%	100.0%	100.0%	100.0%	100.0%	100.0%
列总计	67	33	220	1386	725	599	476	607	4113

Chi-square test：df = 21，卡方值为 45.714，sig = 0.001 < 0.05，所以诸群体对于“企业损害社会利益，如污染环境、以虚假广告误导公众等严重程度如何”的回答有显著差异。

F13b by 诸群体

娱乐界以丑闻、绯闻炒作，污染社会风气严重程度如何 ＊诸群体 Crosstabulation

	官员	企业家	专业人员	工人	农民	企业员工	做小生意	无业/失业/下岗	总计
非常不严重	1.5%	6.1%	1.8%	1.2%	1.3%	1.5%	1.3%	2.0%	1.5%
比较不严重	27.3%	21.2%	22.0%	21.9%	25.8%	21.1%	19.3%	23.3%	22.4%
比较严重	54.5%	57.6%	58.3%	57.7%	56.3%	54.5%	60.0%	59.1%	57.4%
非常严重	16.7%	15.2%	17.9%	19.2%	16.7%	22.9%	19.5%	15.7%	18.7%

续表

	官员	企业家	专业人员	工人	农民	企业员工	做小生意	无业/失业/下岗	总计
总计	100.0%	100.0%	100.0%	100.0%	100.0%	100.0%	100.0%	100.0%	100.0%
列总计	66	33	223	1289	629	582	457	562	3841

Chi-square test：df = 21，卡方值为 25.345，sig = 0.232 > 0.05，所以诸群体对于“娱乐界以丑闻、绯闻炒作，污染社会风气严重程度如何”的回答没有显著差异。

F13c by 诸群体

媒体缺乏社会责任，炒作新闻严重程度如何 ＊诸群体 Crosstabulation

	官员	企业家	专业人员	工人	农民	企业员工	做小生意	无业/失业/下岗	总计
非常不严重	3.0%	2.9%	3.1%	1.2%	1.6%	2.0%	1.1%	1.8%	1.6%
比较不严重	27.3%	17.6%	24.0%	22.7%	30.7%	21.0%	22.1%	24.2%	24.0%
比较严重	59.1%	61.8%	55.6%	51.0%	46.2%	50.9%	52.6%	57.9%	51.9%
非常严重	10.6%	17.6%	17.3%	25.1%	21.6%	26.1%	24.1%	16.1%	22.5%
总计	100.0%	100.0%	100.0%	100.0%	100.0%	100.0%	100.0%	100.0%	100.0%
列总计	66	34	225	1289	639	587	456	558	3854

Chi-square test：df = 21，卡方值为 58.622，sig = 0.000 < 0.05，所以诸群体对于“媒体缺乏社会责任，炒作新闻严重程度如何”的回答有显著差异。

F13d by 诸群体

社会财富分配不公，贫富悬殊过大严重程度如何 ＊诸群体 Crosstabulation

	官员	企业家	专业人员	工人	农民	企业员工	做小生意	无业/失业/下岗	总计
非常不严重	3.0%	2.9%	1.3%	0.8%	0.7%	1.7%	1.6%	1.8%	1.2%
比较不严重	25.4%	8.8%	24.8%	17.2%	18.6%	20.9%	18.4%	20.4%	19.1%
比较严重	50.7%	52.9%	47.3%	46.3%	45.6%	42.9%	43.9%	51.2%	46.3%
非常严重	20.9%	35.3%	26.5%	35.7%	35.1%	34.6%	36.1%	26.6%	33.4%
总计	100.0%	100.0%	100.0%	100.0%	100.0%	100.0%	100.0%	100.0%	100.0%
列总计	67	34	226	1433	769	604	488	627	4248

Chi-square test：df = 21，卡方值为 46.965，sig = 0.001 < 0.05，所以诸群体对于“社会财富分配不公，贫富悬殊过大严重程度如何”的回答有显著差异。

F13e by 诸群体

教师不尽职严重程度如何 ＊诸群体 Crosstabulation

	官员	企业家	专业人员	工人	农民	企业员工	做小生意	无业/失业/下岗	总计
非常不严重	13.4%		18.1%	6.6%	8.3%	8.1%	10.4%	7.9%	8.4%
比较不严重	53.7%	57.6%	53.1%	54.4%	58.2%	50.0%	55.0%	62.1%	55.6%
比较严重	29.9%	27.3%	19.9%	29.4%	26.7%	30.6%	24.6%	24.1%	27.2%
非常严重	3.0%	15.2%	8.8%	9.6%	6.8%	11.3%	10.0%	6.0%	8.7%
总计	100.0%	100.0%	100.0%	100.0%	100.0%	100.0%	100.0%	100.0%	100.0%
列总计	67	33	226	1432	775	604	491	636	4264

Chi-square test：df = 21，卡方值为 81.298，sig = 0.000 < 0.05，所以诸群体对于“教师不尽职严重程度如何”的回答有显著差异。

F13f by 诸群体

医生不守职业道德严重程度如何 ＊诸群体 Crosstabulation

	官员	企业家	专业人员	工人	农民	企业员工	做小生意	无业/失业/下岗	总计
非常不严重	7.4%	3.0%	10.6%	7.0%	9.8%	6.3%	8.3%	7.5%	7.8%
比较不严重	57.4%	42.4%	54.9%	48.7%	51.9%	47.9%	50.6%	57.8%	51.2%
比较严重	26.5%	45.5%	26.5%	34.3%	30.9%	33.3%	30.5%	26.4%	31.5%
非常严重	8.8%	9.1%	8.0%	9.9%	7.3%	12.4%	10.6%	8.3%	9.5%
总计	100.0%	100.0%	100.0%	100.0%	100.0%	100.0%	100.0%	100.0%	100.0%
列总计	68	33	226	1436	782	603	492	640	4280

Chi-square test：df = 21，卡方值为 46.727，sig = 0.001 < 0.05，所以诸群体对于“医生不守职业道德严重程度如何”的回答有显著差异。

F13g by 诸群体

公众人物用知名度攫取财富严重程度如何 ＊诸群体 Crosstabulation

	官员	企业家	专业人员	工人	农民	企业员工	做小生意	无业/失业/下岗	总计
非常不严重	4.8%	6.1%	3.7%	2.7%	2.3%	3.1%	3.1%	3.6%	3.0%
比较不严重	42.9%	27.3%	35.0%	32.9%	41.7%	34.0%	30.1%	34.3%	34.7%
比较严重	41.3%	39.4%	42.1%	43.1%	39.2%	40.0%	43.2%	49.9%	42.8%
非常严重	11.1%	27.3%	19.2%	21.2%	16.8%	22.9%	23.6%	12.2%	19.5%
总计	100.0%	100.0%	100.0%	100.0%	100.0%	100.0%	100.0%	100.0%	100.0%

续表

	官员	企业家	专业人员	工人	农民	企业员工	做小生意	无业/失业/下岗	总计
列总计	63	33	214	1313	655	573	458	551	3860

Chi-square test：df = 21，卡方值为 59. 281，sig = 0. 000 < 0. 05，所以诸群体对于“公众人物用知名度攫取财富严重程度如何”的回答有显著差异。

F13h by 诸群体

两性关系过度开放导致婚姻不稳定严重程度如何 * 诸群体 Crosstabulation

	官员	企业家	专业人员	工人	农民	企业员工	做小生意	无业/失业/下岗	总计
非常不严重	1. 5%	3. 0%	1. 8%	2. 3%	2. 4%	2. 5%	2. 3%	3. 0%	2. 4%
比较不严重	49. 2%	36. 4%	34. 9%	38. 3%	43. 0%	40. 4%	35. 5%	38. 0%	39. 1%
比较严重	35. 4%	42. 4%	47. 2%	42. 7%	42. 3%	43. 1%	42. 7%	46. 4%	43. 4%
非常严重	13. 8%	18. 2%	16. 1%	16. 6%	12. 3%	13. 9%	19. 5%	12. 6%	15. 2%
总计	100. 0%	100. 0%	100. 0%	100. 0%	100. 0%	100. 0%	100. 0%	100. 0%	100. 0%
列总计	65	33	218	1370	721	591	473	595	4066

Chi-square test：df = 21，卡方值为 27. 817，sig = 0. 145 > 0. 05，所以诸群体对于“两性关系过度开放导致婚姻不稳定严重程度如何”的回答没有显著差异。

F13i by 诸群体

年轻人缺乏责任感，不孝敬父母严重程度如何 * 诸群体 Crosstabulation

	官员	企业家	专业人员	工人	农民	企业员工	做小生意	无业/失业/下岗	总计
非常不严重	5. 9%	6. 1%	5. 8%	6. 4%	4. 7%	6. 3%	8. 5%	4. 6%	6. 0%
比较不严重	54. 4%	42. 4%	52. 0%	50. 0%	58. 1%	50. 4%	51. 3%	54. 2%	52. 4%
比较严重	33. 8%	36. 4%	32. 4%	32. 9%	29. 1%	31. 4%	28. 0%	34. 0%	31. 6%
非常严重	5. 9%	15. 2%	9. 8%	10. 6%	8. 2%	11. 8%	12. 2%	7. 2%	9. 9%
总计	100. 0%	100. 0%	100. 0%	100. 0%	100. 0%	100. 0%	100. 0%	100. 0%	100. 0%
列总计	68	33	225	1415	771	601	493	627	4233

Chi-square test：df = 21，卡方值为 38. 358，sig = 0. 012 < 0. 05，所以诸群体对于“年轻人缺乏责任感，不孝敬父母严重程度如何”的回答有显著差异。

F14 by 诸群体

您是否知道您生活的社区（村）有社区公约、村规民约 ＊诸群体 Crosstabulation

	官员	企业家	专业人员	工人	农民	企业员工	做小生意	无业/失业/下岗	总计
知道有	67.6%	70.6%	58.1%	46.5%	49.2%	60.0%	49.4%	45.6%	50.2%
知道没有	5.9%	2.9%	8.8%	8.9%	8.1%	8.0%	12.1%	8.7%	8.9%
不知道有没有	26.5%	26.5%	33.0%	44.5%	42.7%	32.0%	38.5%	45.7%	40.9%
总计	100.0%	100.0%	100.0%	100.0%	100.0%	100.0%	100.0%	100.0%	100.0%
列总计	68	34	227	1453	787	613	496	652	4330

Chi-square test：df = 14，卡方值为 67.647，sig = 0.000 < 0.05，所以诸群体对于“您是否知道您生活的社区（村）有社区公约、村规民约”的回答有显著差异。

F15a by 诸群体

您周围的人在日常生活中遵守步行、骑车不闯红灯的规则吗 ＊诸群体 Crosstabulation

	官员	企业家	专业人员	工人	农民	企业员工	做小生意	无业/失业/下岗	总计
不遵守	8.8%	5.9%	4.4%	7.7%	8.0%	8.2%	9.0%	7.2%	7.7%
基本遵守	60.3%	76.5%	71.6%	67.4%	72.0%	66.6%	68.9%	63.4%	67.9%
自觉遵守	30.9%	17.6%	24.0%	24.8%	20.0%	25.3%	22.1%	29.4%	24.4%
总计	100.0%	100.0%	100.0%	100.0%	100.0%	100.0%	100.0%	100.0%	100.0%
列总计	68	34	229	1459	790	613	498	656	4347

Chi-square test：df = 14，卡方值为 27.062，sig = 0.019 < 0.05，所以诸群体对于“您周围的人在日常生活中遵守步行、骑车不闯红灯的规则吗”的回答有显著差异。

F15b by 诸群体

您周围的人在日常生活中遵守乘车、购物自觉排队的规则吗 ＊诸群体 Crosstabulation

	官员	企业家	专业人员	工人	农民	企业员工	做小生意	无业/失业/下岗	总计
不遵守	2.9%	2.9%	5.2%	3.7%	4.1%	2.8%	4.6%	3.4%	3.7%
基本遵守	64.7%	70.6%	69.4%	71.6%	77.1%	68.4%	75.9%	66.5%	71.6%
自觉遵守	32.4%	26.5%	25.3%	24.7%	18.9%	28.9%	19.5%	30.2%	24.6%

续表

	官员	企业家	专业人员	工人	农民	企业员工	做小生意	无业/失业/下岗	总计
总计	100.0%	100.0%	100.0%	100.0%	100.0%	100.0%	100.0%	100.0%	100.0%
列总计	68	34	229	1459	790	613	498	656	4347

Chi-square test：df = 14，卡方值为 43.601，sig = 0.000 < 0.05，所以诸群体对于“您周围的人在日常生活中遵守乘车、购物自觉排队的规则吗”的回答有显著差异。

F15c by 诸群体

您周围的人在日常生活中遵守文明游览的规则吗 * 诸群体 Crosstabulation

	官员	企业家	专业人员	工人	农民	企业员工	做小生意	无业/失业/下岗	总计
不遵守	5.9%		3.1%	3.2%	4.3%	3.9%	5.0%	3.5%	3.8%
基本遵守	69.1%	73.5%	75.5%	75.4%	78.8%	67.5%	77.3%	71.3%	74.4%
自觉遵守	25.0%	26.5%	21.4%	21.4%	16.9%	28.5%	17.7%	25.2%	21.8%
总计	100.0%	100.0%	100.0%	100.0%	100.0%	100.0%	100.0%	100.0%	100.0%
列总计	68	34	229	1459	788	613	497	655	4343

Chi-square test：df = 14，卡方值为 43.829，sig = 0.000 < 0.05，所以诸群体对于“您周围的人在日常生活中遵守文明游览的规则吗”的回答有显著差异。

F15d by 诸群体

您周围的人在日常生活中遵守社区公约、村规民约的规则吗 * 诸群体 Crosstabulation

	官员	企业家	专业人员	工人	农民	企业员工	做小生意	无业/失业/下岗	总计
不遵守	8.8%		1.8%	3.0%	3.8%	4.3%	4.2%	3.2%	3.5%
基本遵守	64.7%	72.7%	75.9%	76.7%	80.6%	69.7%	80.4%	72.1%	75.9%
自觉遵守	26.5%	27.3%	22.4%	20.4%	15.6%	26.0%	15.3%	24.7%	20.6%
总计	100.0%	100.0%	100.0%	100.0%	100.0%	100.0%	100.0%	100.0%	100.0%
列总计	68	33	228	1454	783	608	496	653	4323

Chi-square test：df = 14，卡方值为 53.546，sig = 0.000 < 0.05，所以诸群体对于“您周围的人在日常生活中遵守社区公约、村规民约的规则吗”的回答有显著差异。

F16a by 诸群体

您对下列关于网络的说法是否赞同：网络是个虚拟空间，不受现实生活中的道德规范约束 ＊诸群体 Crosstabulation

	官员	企业家	专业人员	工人	农民	企业员工	做小生意	无业/失业/下岗	总计
非常不赞同	36.8%	35.3%	38.9%	33.3%	26.3%	45.6%	29.8%	36.5%	34.3%
不太赞同	55.9%	41.2%	45.9%	50.9%	57.0%	42.3%	54.0%	51.4%	50.9%
比较赞同	5.9%	17.6%	12.7%	12.7%	14.6%	9.2%	12.2%	10.4%	12.0%
非常赞同	1.5%	5.9%	2.6%	3.1%	2.1%	2.9%	4.1%	1.7%	2.8%
总计	100.0%	100.0%	100.0%	100.0%	100.0%	100.0%	100.0%	100.0%	100.0%
列总计	68	34	229	1438	756	612	493	644	4274

Chi-square test：df = 21，卡方值为 82.129，sig = 0.000 < 0.05，所以诸群体对于“网络是个虚拟空间，不受现实生活中的道德规范约束”的同意程度有显著差异。

F16b by 诸群体

您对下列关于网络的说法是否赞同：人肉搜索侵犯个人隐私，应该杜绝 ＊诸群体 Crosstabulation

	官员	企业家	专业人员	工人	农民	企业员工	做小生意	无业/失业/下岗	总计
非常不赞同		5.9%	3.1%	2.9%	3.7%	3.8%	2.9%	3.9%	3.3%
不太赞同	17.6%	5.9%	13.6%	8.2%	9.4%	10.5%	14.9%	13.5%	10.7%
比较赞同	50.0%	73.5%	58.8%	65.3%	68.9%	53.8%	58.1%	60.2%	62.2%
非常赞同	32.4%	14.7%	24.6%	23.6%	18.0%	32.0%	24.1%	22.4%	23.8%
总计	100.0%	100.0%	100.0%	100.0%	100.0%	100.0%	100.0%	100.0%	100.0%
列总计	68	34	228	1439	756	612	489	643	4269

Chi-square test：df = 21，卡方值为 84.781，sig = 0.000 < 0.05，所以诸群体对于“人肉搜索侵犯个人隐私，应该杜绝”的同意程度有显著差异。

F16c by 诸群体

您对下列关于网络的说法是否赞同：明知网络谣言仍转发的，应该受到惩罚 ＊诸群体 Crosstabulation

	官员	企业家	专业人员	工人	农民	企业员工	做小生意	无业/失业/下岗	总计
非常不赞同	2.9%		2.2%	1.6%	2.1%	3.1%	2.0%	3.2%	2.2%
不太赞同	5.9%	20.6%	8.7%	6.6%	7.7%	6.9%	7.7%	10.4%	7.8%
比较赞同	55.9%	50.0%	54.6%	62.7%	69.0%	53.3%	61.6%	58.3%	61.0%
非常赞同	35.3%	29.4%	34.5%	29.1%	21.2%	36.8%	28.7%	28.1%	29.0%
总计	100.0%	100.0%	100.0%	100.0%	100.0%	100.0%	100.0%	100.0%	100.0%

续表

	官员	企业家	专业人员	工人	农民	企业员工	做小生意	无业/失业/下岗	总计
列总计	68	34	229	1449	765	612	492	647	4296

Chi-square test：df = 21，卡方值为 75. 746，sig = 0. 000 < 0. 05，所以诸群体对于“明知网络谣言仍转发的，应该受到惩罚”的同意程度有显著差异。

F17 by 诸群体

假如您走在街上被陌生人不小心踩到并发出“哎哟”一声后，您认为对方会做何种反应 ＊诸群体 Crosstabulation

	官员	企业家	专业人员	工人	农民	企业员工	做小生意	无业/失业/下岗	总计
用言语或手势表达歉意	86. 6%	90. 3%	88. 3%	81. 0%	82. 3%	87. 4%	78. 7%	88. 1%	83. 5%
不会有任何表示	9. 0%	6. 5%	8. 1%	13. 7%	13. 4%	9. 2%	15. 7%	9. 7%	12. 2%
反而说你大惊小怪	4. 5%	3. 2%	3. 6%	5. 3%	4. 3%	3. 4%	5. 6%	2. 3%	4. 3%
总计	100. 0%	100. 0%	100. 0%	100. 0%	100. 0%	100. 0%	100. 0%	100. 0%	100. 0%
列总计	67	31	222	1396	747	596	478	621	4158

Chi-square test：df = 14，卡方值为 39. 103，sig = 0. 000 < 0. 05，所以诸群体对于“假如您走在街上被陌生人不小心踩到并发出‘哎哟’一声后，认为对方会做何种反应”的回答有显著差异。

F18 by 诸群体

您觉得您周围大多数人工作生活的精神状态怎么样 ＊诸群体 Crosstabulation

	官员	企业家	专业人员	工人	农民	企业员工	做小生意	无业/失业/下岗	总计
精神饱满、积极向上	44. 1%	67. 6%	48. 0%	46. 4%	53. 0%	47. 7%	46. 0%	40. 7%	47. 1%
安于现状、按部就班	54. 4%	29. 4%	49. 3%	51. 9%	45. 1%	50. 0%	51. 8%	57. 3%	50. 9%
精神萎靡、无所事事	1. 5%	2. 9%	2. 6%	1. 6%	1. 9%	2. 3%	2. 2%	2. 0%	2. 0%
总计	100. 0%	100. 0%	100. 0%	100. 0%	100. 0%	100. 0%	100. 0%	100. 0%	100. 0%
列总计	68	34	229	1458	791	614	496	653	4343

Chi-square test：df = 14，卡方值为 31. 153，sig = 0. 005 < 0. 05，所以诸群体对于“您觉得您周围大多数人工作生活的精神状态怎么样”的回答有显著差异。

F19a by 诸群体

这些现象在您身边常见吗？占卜算命 ＊诸群体 Crosstabulation

	官员	企业家	专业人员	工人	农民	企业员工	做小生意	无业/失业/下岗	总计
经常见到	7.4%	11.8%	11.4%	7.3%	9.6%	6.7%	11.0%	12.1%	9.0%
偶尔见到	52.9%	61.8%	51.5%	49.1%	49.1%	46.3%	50.4%	55.9%	50.2%
没见到	39.7%	26.5%	37.1%	43.6%	41.3%	47.0%	38.6%	32.1%	40.8%
总计	100.0%	100.0%	100.0%	100.0%	100.0%	100.0%	100.0%	100.0%	100.0%
列总计	68	34	229	1458	791	613	498	655	4346

Chi-square test：df = 14，卡方值为 50.932，sig = 0.000 < 0.05，所以诸群体对于“这些现象在您身边常见吗？占卜算命”的回答有显著差异。

F19b by 诸群体

这些现象在您身边常见吗？操办喜事比富斗阔 ＊诸群体 Crosstabulation

	官员	企业家	专业人员	工人	农民	企业员工	做小生意	无业/失业/下岗	总计
经常见到	7.4%	20.6%	18.3%	12.3%	12.9%	12.2%	13.7%	16.6%	13.5%
偶尔见到	42.6%	52.9%	51.5%	40.9%	40.5%	43.0%	41.2%	45.6%	42.6%
没见到	50.0%	26.5%	30.1%	46.8%	46.6%	44.8%	45.1%	37.7%	43.9%
总计	100.0%	100.0%	100.0%	100.0%	100.0%	100.0%	100.0%	100.0%	100.0%
列总计	68	34	229	1458	790	614	497	655	4345

Chi-square test：df = 14，卡方值为 45.895，sig = 0.000 < 0.05，所以诸群体对于“这些现象在您身边常见吗？操办喜事比富斗阔”的回答有显著差异。

F19c by 诸群体

这些现象在您身边常见吗？在父母生前不尽孝却对父母的丧事大操大办 ＊诸群体 Crosstabulation

	官员	企业家	专业人员	工人	农民	企业员工	做小生意	无业/失业/下岗	总计
经常见到	4.4%	17.6%	15.7%	8.5%	7.3%	8.2%	11.5%	11.1%	9.4%
偶尔见到	38.2%	32.4%	41.0%	40.0%	44.3%	43.6%	40.8%	42.7%	41.7%
没见到	57.4%	50.0%	43.2%	51.5%	48.4%	48.3%	47.7%	46.2%	48.9%
总计	100.0%	100.0%	100.0%	100.0%	100.0%	100.0%	100.0%	100.0%	100.0%
列总计	68	34	229	1458	790	613	497	656	4345

Chi-square test：df = 14，卡方值为 33.980，sig = 0.002 < 0.05，所以诸群体对于“这些现象在您身边常见吗？在父母生前不尽孝却对父母的丧事大操大办”的回答有显著差异。

F19d by 诸群体

这些现象在您身边常见吗？赌博或变相赌博　＊诸群体 Crosstabulation

	官员	企业家	专业人员	工人	农民	企业员工	做小生意	无业/失业/下岗	总计
经常见到	7.4%	26.5%	14.8%	13.2%	14.9%	12.5%	19.1%	21.7%	15.5%
偶尔见到	48.5%	58.8%	51.1%	50.4%	43.4%	48.4%	40.6%	51.6%	48.0%
没见到	44.1%	14.7%	34.1%	36.4%	41.7%	39.1%	40.2%	26.7%	36.6%
总计	100.0%	100.0%	100.0%	100.0%	100.0%	100.0%	100.0%	100.0%	100.0%
列总计	68	34	229	1456	791	614	497	655	4344

Chi-square test：df = 14，卡方值为 80.610，sig = 0.000 < 0.05，所以诸群体对于“这些现象在您身边常见吗？赌博或变相赌博”的回答有显著差异。

F19e by 诸群体

这些现象在您身边常见吗？封建迷信活动　＊诸群体 Crosstabulation

	官员	企业家	专业人员	工人	农民	企业员工	做小生意	无业/失业/下岗	总计
经常见到	10.4%	11.8%	9.6%	4.7%	6.4%	5.7%	6.2%	6.7%	6.0%
偶尔见到	26.9%	52.9%	32.9%	31.0%	33.6%	28.5%	31.4%	39.6%	32.7%
没见到	62.7%	35.3%	57.5%	64.3%	59.9%	65.7%	62.4%	53.7%	61.3%
总计	100.0%	100.0%	100.0%	100.0%	100.0%	100.0%	100.0%	100.0%	100.0%
列总计	67	34	228	1458	791	613	497	656	4344

Chi-square test：df = 14，卡方值为 49.029，sig = 0.000 < 0.05，所以诸群体对于“这些现象在您身边常见吗？封建迷信活动”的回答有显著差异。

F19f by 诸群体

这些现象在您身边常见吗？非法宗教活动　＊诸群体 Crosstabulation

	官员	企业家	专业人员	工人	农民	企业员工	做小生意	无业/失业/下岗	总计
经常见到	1.5%	2.9%	3.5%	0.8%	1.1%	1.5%	2.0%	1.7%	1.4%
偶尔见到	16.2%	32.4%	16.2%	10.8%	7.4%	12.7%	10.9%	13.0%	11.3%
没见到	82.4%	64.7%	80.3%	88.5%	91.5%	85.8%	87.1%	85.3%	87.3%
总计	100.0%	100.0%	100.0%	100.0%	100.0%	100.0%	100.0%	100.0%	100.0%
列总计	68	34	229	1459	789	613	495	655	4342

Chi-square test：df = 14，卡方值为 53.711，sig = 0.000 < 0.05，所以诸群体对于“这些现象在您身边常见吗？非法宗教活动”的回答有显著差异。

F20 by 诸群体

您认为目前我国社会中道德和幸福的现实关系是 * 诸群体 Crosstabulation

	官员	企业家	专业人员	工人	农民	企业员工	做小生意	无业/失业/下岗	总计
总体上道德和幸福能够一致，能惩恶扬善	85.1%	66.7%	72.5%	71.8%	71.3%	75.6%	65.1%	76.6%	72.4%
有道德讲伦理的人大都吃亏，不守道德的人更能讨便宜	14.9%	33.3%	22.1%	21.6%	21.9%	21.2%	28.5%	18.9%	22.0%
道德与幸福没有关系，能挣钱有发展无论怎样行动都行			5.4%	6.6%	6.8%	3.2%	6.3%	4.5%	5.6%
总计	100.0%	100.0%	100.0%	100.0%	100.0%	100.0%	100.0%	100.0%	100.0%
列总计	67	33	222	1374	704	590	473	620	4083

Chi-square test：df = 14，卡方值为 40.857，sig = 0.000 < 0.05，所以诸群体对于“您认为目前我国社会中道德和幸福的现实关系是”的回答有显著差异。

F21a by 诸群体

您在所在单位，有没有一种亲切和踏实的感觉 * 诸群体 Crosstabulation

	官员	企业家	专业人员	工人	农民	企业员工	做小生意	无业/失业/下岗	总计
有	48.5%	47.1%	38.9%	27.5%	25.3%	37.2%	31.9%	26.0%	29.8%
还可以	48.5%	50.0%	54.6%	64.2%	59.7%	59.1%	58.0%	59.4%	60.4%
没有	2.9%	2.9%	6.6%	8.3%	15.0%	3.8%	10.1%	14.6%	9.8%
总计	100.0%	100.0%	100.0%	100.0%	100.0%	100.0%	100.0%	100.0%	100.0%
列总计	68	34	229	1453	780	613	495	651	4323

Chi-square test：df = 14，卡方值为 119.001，sig = 0.001 < 0.05，所以诸群体对于“您在所在单位，有没有一种亲切和踏实的感觉”的回答有显著差异。

F21b by 诸群体

您在所在社区/村，有没有一种亲切和踏实的感觉 * 诸群体 Crosstabulation

	官员	企业家	专业人员	工人	农民	企业员工	做小生意	无业/失业/下岗	总计
有	38.2%	32.4%	32.8%	28.9%	31.8%	33.3%	30.9%	30.4%	30.9%
还可以	57.4%	61.8%	59.8%	64.3%	63.7%	61.0%	63.5%	62.0%	62.9%

续表

	官员	企业家	专业人员	工人	农民	企业员工	做小生意	无业/失业/下岗	总计
没有	4.4%	5.9%	7.4%	6.8%	4.6%	5.7%	5.6%	7.6%	6.2%
总计	100.0%	100.0%	100.0%	100.0%	100.0%	100.0%	100.0%	100.0%	100.0%
列总计	68	34	229	1454	790	613	498	655	4341

Chi-square test：df = 14，卡方值为 14.289，sig = 0.428 > 0.05，所以诸群体对于"您在所在社区/村，有没有一种亲切和踏实的感觉"的回答没有显著差异。

F21c by 诸群体

您在所在城市，有没有一种亲切和踏实的感觉 * 诸群体 Crosstabulation

	官员	企业家	专业人员	工人	农民	企业员工	做小生意	无业/失业/下岗	总计
有	36.8%	29.4%	31.4%	27.0%	28.3%	33.3%	31.4%	27.5%	29.1%
还可以	60.3%	61.8%	63.3%	65.0%	62.4%	62.1%	63.4%	62.9%	63.4%
没有	2.9%	8.8%	5.2%	8.0%	9.4%	4.6%	5.2%	9.7%	7.5%
总计	100.0%	100.0%	100.0%	100.0%	100.0%	100.0%	100.0%	100.0%	100.0%
列总计	68	34	229	1454	789	612	497	652	4335

Chi-square test：df = 14，卡方值为 32.642，sig = 0.003 < 0.05，所以诸群体对于"您在所在城市，有没有一种亲切和踏实的感觉"的回答有显著差异。

F22 by 诸群体

您认为您目前的状况是 * 诸群体 Crosstabulation

	官员	企业家	专业人员	工人	农民	企业员工	做小生意	无业/失业/下岗	总计
生活富裕，但不感到幸福和快乐		8.8%	2.2%	2.4%	1.8%	2.0%	2.4%	1.8%	2.1%
生活富裕，幸福也快乐	16.2%	23.5%	15.4%	8.4%	10.4%	12.2%	9.8%	7.2%	9.9%
生活小康，幸福且快乐	63.2%	47.1%	61.0%	54.7%	52.5%	56.8%	61.2%	64.4%	57.2%
生活小康，但不感到幸福和快乐	4.4%	14.7%	11.4%	6.0%	5.7%	6.4%	7.6%	6.4%	6.6%
生活清贫，幸福且快乐	13.2%	5.9%	7.9%	23.6%	25.4%	20.7%	16.3%	17.0%	20.6%

续表

	官员	企业家	专业人员	工人	农民	企业员工	做小生意	无业/失业/下岗	总计
生活贫困，既不幸福也不快乐	2.9%		2.2%	4.8%	4.2%	2.0%	2.6%	3.2%	3.6%
总计	100.0%	100.0%	100.0%	100.0%	100.0%	100.0%	100.0%	100.0%	100.0%
列总计	68	34	228	1459	790	614	498	654	4345

Chi-square test：df = 35，卡方值为 128.534，sig = 0.000 < 0.05，所以诸群体对于“您认为您目前的状况是”的回答有显著差异。

F23 by 诸群体

最近这些年，您的生活水平对幸福感的影响是怎样的 ＊诸群体 Crosstabulation

	官员	企业家	专业人员	工人	农民	企业员工	做小生意	无业/失业/下岗	总计
生活水平提高了，但幸福感和快乐感降低了	5.9%	11.8%	15.4%	7.5%	5.4%	8.0%	8.0%	9.5%	8.0%
生活水平提高了，幸福感和快乐感提高了	64.7%	67.6%	65.8%	57.4%	61.9%	61.9%	64.2%	69.8%	62.1%
生活水平没变，幸福感和快乐感提高了	20.6%	17.6%	12.7%	26.3%	26.2%	22.6%	22.3%	13.3%	22.5%
生活水平没变，幸福感和快乐感降低了	5.9%	2.9%	5.3%	6.4%	3.0%	6.2%	3.8%	3.8%	5.0%
生活水平下降，但幸福感和快乐感提高了	1.5%		0.9%	0.7%	0.9%	0.7%	0.4%	1.1%	0.8%
生活水平下降，幸福感和快乐感也降低了	1.5%			1.7%	2.5%	0.7%	1.2%	2.5%	1.7%
总计	100.0%	100.0%	100.0%	100.0%	100.0%	100.0%	100.0%	100.0%	100.0%
列总计	68	34	228	1459	790	614	497	653	4343

Chi-square test：df = 35，卡方值为 121.957，sig = 0.000 < 0.05，所以诸群体对于“最近这些年，您的生活水平对幸福感的影响是怎样的”的回答有显著差异。

F24a by 诸群体

近十年来，您认为下列哪一类人获得的利益最多 ＊诸群体 Crosstabulation

	官员	企业家	专业人员	工人	农民	企业员工	做小生意	无业/失业/下岗	总计
工人				0.7%	0.8%	0.3%	0.4%	0.3%	0.5%

续表

	官员	企业家	专业人员	工人	农民	企业员工	做小生意	无业/失业/下岗	总计
农民	2.9%		2.3%	1.4%	1.4%	1.7%	1.9%	2.0%	1.7%
公务员	4.4%	3.1%	15.3%	12.6%	11.0%	11.9%	14.6%	9.5%	11.9%
国有企业的经营管理者	19.1%	9.4%	8.8%	10.4%	11.3%	11.7%	8.6%	8.2%	10.3%
集体企业的经营管理者	5.9%	6.3%	4.6%	2.2%	1.6%	1.4%	2.7%	1.2%	2.1%
私营企业家	19.1%	18.8%	19.9%	19.3%	22.7%	21.1%	21.3%	28.5%	21.7%
外商、境外来大陆的投资者	14.7%	21.9%	10.2%	10.4%	7.4%	14.1%	6.3%	9.9%	10.0%
个体户	5.9%		2.8%	4.9%	6.6%	6.0%	5.0%	4.7%	5.2%
私营、外资企业中的管理人员	11.8%	15.6%	7.9%	6.6%	8.1%	5.8%	7.3%	5.5%	6.9%
专家学者、专业技术人员	8.8%	6.3%	4.2%	6.0%	5.8%	7.3%	6.9%	4.5%	6.0%
政府官员	5.9%	18.8%	24.1%	25.1%	23.4%	18.2%	25.1%	25.1%	23.4%
其他	1.5%			0.4%		0.5%		0.5%	0.3%
总计	100.0%	100.0%	100.0%	100.0%	100.0%	100.0%	100.0%	100.0%	100.0%
列总计	68	32	216	1395	728	588	479	597	4103

Chi-square test：df = 77，卡方值为 152.068，sig = 0.000 < 0.05，所以诸群体对于“近十年来，您认为下列哪一类人获得的利益最多”的回答有显著差异。

F24b by 诸群体

近十年来，您认为下列哪一类人获得的利益最少 ＊诸群体 Crosstabulation

	官员	企业家	专业人员	工人	农民	企业员工	做小生意	无业/失业/下岗	总计
工人	22.4%	32.4%	24.0%	28.7%	13.0%	34.2%	23.7%	19.5%	24.4%
农民	70.1%	58.8%	69.2%	66.7%	83.6%	58.5%	70.4%	75.6%	70.5%
公务员	1.5%	2.9%	0.9%	0.7%		1.2%	1.0%	0.6%	0.7%
国有企业的经营管理者			0.5%	0.4%	0.3%	0.7%		0.3%	0.4%
集体企业的经营管理者		2.9%		0.3%	0.4%	0.3%	0.2%	0.2%	0.3%
私营企业家	1.5%		0.9%	0.4%	0.4%	0.8%	0.6%	0.5%	0.5%

续表

	官员	企业家	专业人员	工人	农民	企业员工	做小生意	无业/失业/下岗	总计
外商、境外来大陆的投资者				0.4%	0.4%	0.2%	0.4%		0.3%
个体户	3.0%		0.9%	1.4%	0.7%	1.3%	2.0%	1.0%	1.3%
私营、外资企业中的管理人员		2.9%		0.3%	0.7%	0.5%		0.2%	0.3%
专家学者、专业技术人员			2.7%	0.3%		1.3%	0.4%	1.1%	0.7%
政府官员	1.5%		0.9%	0.3%	0.7%	0.5%	0.8%	1.0%	0.6%
其他						0.3%	0.4%	0.2%	0.1%
总计	100.0%	100.0%	100.0%	100.0%	100.0%	100.0%	100.0%	100.0%	100.0%
列总计	67	34	221	1429	762	593	493	627	4226

Chi-square test：df = 77，卡方值为 215.246，sig = 0.000 < 0.05，所以诸群体对于“近十年来，认为下列哪一类人获得的利益最少”的回答有显著差异。

F25 by 诸群体

您认为弱势群体产生的最主要原因是 * 诸群体 Crosstabulation

	官员	企业家	专业人员	工人	农民	企业员工	做小生意	无业/失业/下岗	总计
制度不合理，社会关怀不够	46.3%	52.9%	50.7%	39.3%	36.8%	38.9%	37.6%	41.6%	39.8%
收入分配不公	29.9%	35.3%	43.2%	50.5%	50.7%	44.9%	52.8%	40.5%	47.6%
机会不平等	32.8%	23.5%	26.0%	34.1%	36.4%	34.0%	36.2%	30.3%	33.6%
弱势群体自己不努力	28.4%	14.7%	21.6%	19.0%	21.2%	21.8%	23.9%	17.4%	20.4%
缺乏生存技能	37.3%	41.2%	33.0%	34.3%	38.5%	39.9%	30.5%	30.6%	34.9%
列总计	67	34	227	1436	756	606	489	637	4252

据上表所示，诸群体对于“弱势群体产生的最主要原因”的回答有显著差异。

F26 by 诸群体

我们经常看到一些老人或流浪者在垃圾桶中找东西，弄得满身污物，您认为我们是否应该改造城市的垃圾桶，如调整垃圾桶的角度、集中放矿泉水瓶等，以为他们提供方便 * 诸群体 Crosstabulation

	官员	企业家	专业人员	工人	农民	企业员工	做小生意	无业/失业/下岗	总计
应该，社会有义务为他们提供一种有尊严的生活	86.8%	79.4%	82.5%	84.1%	80.5%	84.2%	86.7%	90.5%	84.7%

续表

	官员	企业家	专业人员	工人	农民	企业员工	做小生意	无业/失业/下岗	总计
不应该，这些人本来就与城市不和谐	11.8%	17.6%	11.4%	10.3%	13.4%	11.3%	7.0%	4.8%	9.9%
做这样的事不值得，应该将钱花到更重要的地方	1.5%	2.9%	4.4%	5.5%	6.0%	4.1%	6.0%	4.1%	5.1%
其他			1.7%	0.1%		0.5%	0.2%	0.6%	0.3%
总计	100.0%	100.0%	100.0%	100.0%	100.0%	100.0%	100.0%	100.0%	100.0%
列总计	68	34	229	1453	781	612	498	651	4326

Chi-square test：df = 21，卡方值为 68.748，sig = 0.000 < 0.05，所以诸群体对于“您认为我们是否应该改造城市的垃圾桶，以为老人及流浪者提供方便”的回答有显著差异。

F27 by 诸群体

对当今中国社会，您更担忧哪种问题 ＊诸群体 Crosstabulation

	官员	企业家	专业人员	工人	农民	企业员工	做小生意	无业/失业/下岗	总计
坑蒙拐骗，不守信用	32.4%	32.4%	27.5%	30.4%	31.8%	33.5%	29.4%	34.8%	31.5%
人与人之间互不信任，相互提防，没有安全感	57.4%	55.9%	46.3%	47.6%	45.8%	45.4%	44.2%	44.4%	46.2%
可信任的人很少，遇到问题难以找到人倾诉和帮助	7.4%	11.8%	23.6%	17.7%	16.6%	19.3%	23.8%	16.3%	18.3%
其他	2.9%		2.6%	4.3%	5.8%	1.8%	2.6%	4.5%	3.9%
总计	100.0%	100.0%	100.0%	100.0%	100.0%	100.0%	100.0%	100.0%	100.0%
列总计	68	34	229	1456	789	612	496	649	4333

Chi-square test：df = 21，卡方值为 49.880，sig = 0.000 < 0.05，所以诸群体对于“对当今中国社会，您更担忧哪种问题”的回答有显著差异。

F28 by 诸群体

您觉得大多数人都是可以相信的吗？如果 1 分代表“大多数人都可以相信”，5 分代表“对其他人都应该小心防备”，您会选几分 ＊诸群体 Crosstabulation

	官员	企业家	专业人员	工人	农民	企业员工	做小生意	无业/失业/下岗	总计
大多数人都可以相信	11.8%	8.8%	14.9%	8.8%	10.1%	8.3%	8.6%	9.8%	9.5%

续表

	官员	企业家	专业人员	工人	农民	企业员工	做小生意	无业/失业/下岗	总计
2	38.2%	32.4%	33.3%	32.3%	39.0%	35.6%	31.3%	33.0%	34.1%
3	39.7%	32.4%	39.9%	43.9%	36.6%	43.0%	44.4%	41.9%	41.8%
4	7.4%	23.5%	11.4%	13.6%	12.0%	11.3%	14.3%	12.1%	12.7%
对其他人都应小心防备	2.9%	2.9%	0.4%	1.4%	2.3%	1.8%	1.4%	3.2%	1.9%
总计	100.0%	100.0%	100.0%	100.0%	100.0%	100.0%	100.0%	100.0%	100.0%
列总计	68	34	228	1457	790	612	498	654	4341

Chi-square test：df = 28，卡方值为 48.573，sig = 0.009 < 0.05，所以诸群体对于“您觉得大多数人都是可以相信的吗”的回答有显著差异。

F29a by 诸群体

您对下面这些人的信任程度如何？您的家人 * 诸群体 Crosstabulation

	官员	企业家	专业人员	工人	农民	企业员工	做小生意	无业/失业/下岗	总计
完全信任	83.8%	91.2%	84.7%	78.0%	82.5%	77.0%	87.6%	82.9%	81.1%
比较信任	11.8%	8.8%	14.8%	21.6%	17.5%	22.5%	11.8%	16.9%	18.6%
不太信任	2.9%		0.4%	0.3%		0.3%	0.6%		0.3%
根本不信任	1.5%			0.1%		0.2%		0.2%	0.1%
总计	100.0%	100.0%	100.0%	100.0%	100.0%	100.0%	100.0%	100.0%	100.0%
列总计	68	34	229	1457	790	613	498	655	4344

Chi-square test：df = 21，卡方值为 77.896，sig = 0.000 < 0.05，所以诸群体对于“您对下面这些人的信任程度如何？您的家人”的回答没有显著差异。

F29b by 诸群体

您对下面这些人的信任程度如何？您的邻居 * 诸群体 Crosstabulation

	官员	企业家	专业人员	工人	农民	企业员工	做小生意	无业/失业/下岗	总计
完全信任	6.0%	20.6%	14.6%	10.0%	16.3%	11.5%	12.1%	11.7%	12.1%
比较信任	88.1%	76.5%	73.9%	80.6%	79.7%	80.8%	79.1%	74.9%	79.2%
不太信任	4.5%	2.9%	11.5%	8.7%	3.7%	7.0%	8.5%	12.6%	8.1%
根本不信任	1.5%			0.7%	0.3%	0.7%	0.4%	0.8%	0.6%
总计	100.0%	100.0%	100.0%	100.0%	100.0%	100.0%	100.0%	100.0%	100.0%

续表

	官员	企业家	专业人员	工人	农民	企业员工	做小生意	无业/失业/下岗	总计
列总计	67	34	226	1455	790	610	497	650	4329

Chi-square test：df = 21，卡方值为 73.274，sig = 0.000 < 0.05，所以诸群体对于“您对下面这些人的信任程度如何？您的邻居”的回答有显著差异。

F29c by 诸群体

您对下面这些人的信任程度如何？外地人 * 诸群体 Crosstabulation

	官员	企业家	专业人员	工人	农民	企业员工	做小生意	无业/失业/下岗	总计
完全信任		2.9%	2.3%	0.6%	0.9%	1.5%	1.7%	0.8%	1.0%
比较信任	16.7%	29.4%	17.8%	19.8%	17.4%	25.2%	19.4%	15.7%	19.4%
不太信任	71.2%	55.9%	62.6%	56.2%	56.8%	57.3%	55.4%	66.8%	58.5%
根本不信任	12.1%	11.8%	17.4%	23.5%	24.9%	16.0%	23.6%	16.7%	21.1%
总计	100.0%	100.0%	100.0%	100.0%	100.0%	100.0%	100.0%	100.0%	100.0%
列总计	66	34	219	1426	770	599	484	642	4240

Chi-square test：df = 21，卡方值为 73.011，sig = 0.000 < 0.05，所以诸群体对于“您对下面这些人的信任程度如何？外地人”的回答有显著差异。

F29d by 诸群体

您对下面这些人的信任程度如何？陌生人 * 诸群体 Crosstabulation

	官员	企业家	专业人员	工人	农民	企业员工	做小生意	无业/失业/下岗	总计
完全信任		2.9%	2.3%	0.4%	1.2%	0.5%	0.4%	0.6%	0.7%
比较信任	7.6%	8.8%	9.6%	8.3%	6.9%	8.4%	8.3%	6.5%	7.9%
不太信任	65.2%	67.6%	57.5%	52.6%	52.1%	62.0%	55.2%	64.2%	56.5%
根本不信任	27.3%	20.6%	30.6%	38.7%	39.8%	29.1%	36.0%	28.6%	35.0%
总计	100.0%	100.0%	100.0%	100.0%	100.0%	100.0%	100.0%	100.0%	100.0%
列总计	66	34	219	1414	768	592	480	643	4216

Chi-square test：df = 21，卡方值为 67.684，sig = 0.000 < 0.05，所以诸群体对于“您对下面这些人的信任程度如何？陌生人”的回答有显著差异。

F29e by 诸群体

您对下面这些人的信任程度如何？外国人 ＊诸群体 Crosstabulation

	官员	企业家	专业人员	工人	农民	企业员工	做小生意	无业/失业/下岗	总计
完全信任			1.9%	0.3%	1.0%	1.3%	0.7%	0.9%	0.8%
比较信任	16.4%	21.9%	15.1%	9.8%	8.9%	12.7%	12.5%	10.8%	11.0%
不太信任	60.7%	59.4%	53.8%	54.9%	52.3%	58.2%	55.1%	64.2%	56.4%
根本不信任	23.0%	18.8%	29.2%	35.0%	37.7%	27.9%	31.7%	24.1%	31.8%
总计	100.0%	100.0%	100.0%	100.0%	100.0%	100.0%	100.0%	100.0%	100.0%
列总计	61	32	212	1278	705	560	441	584	3873

Chi-square test：df = 21，卡方值为 63.273，sig = 0.000 < 0.05，所以诸群体对于“您对下面这些人的信任程度如何？外国人”的回答有显著差异。

F29f by 诸群体

您对下面这些人的信任程度如何？同事或同学 ＊诸群体 Crosstabulation

	官员	企业家	专业人员	工人	农民	企业员工	做小生意	无业/失业/下岗	总计
完全信任	10.3%	11.8%	11.5%	6.1%	7.5%	6.1%	7.9%	5.7%	6.9%
比较信任	82.4%	85.3%	76.5%	78.8%	79.2%	82.3%	75.6%	84.3%	79.8%
不太信任	7.4%	2.9%	10.6%	13.4%	12.5%	10.8%	15.7%	9.1%	12.2%
根本不信任			1.3%	1.7%	0.8%	0.8%	0.8%	0.9%	1.1%
总计	100.0%	100.0%	100.0%	100.0%	100.0%	100.0%	100.0%	100.0%	100.0%
列总计	68	34	226	1449	761	611	492	637	4278

Chi-square test：df = 21，卡方值为 41.418，sig = 0.006 < 0.05，所以诸群体对于“您对下面这些人的信任程度如何？同事或同学”的回答有显著差异。

F29g by 诸群体

您对下面这些人的信任程度如何？您的上司或领导 ＊诸群体 Crosstabulation

	官员	企业家	专业人员	工人	农民	企业员工	做小生意	无业/失业/下岗	总计
完全信任	10.4%	9.1%	12.5%	6.2%	8.0%	6.3%	9.2%	4.3%	7.0%
比较信任	79.1%	84.8%	68.8%	74.9%	75.9%	78.9%	71.4%	76.6%	75.3%
不太信任	7.5%	6.1%	16.1%	17.6%	15.3%	14.0%	17.6%	17.6%	16.3%
根本不信任	3.0%		2.7%	1.3%	0.8%	0.8%	1.7%	1.5%	1.3%
总计	100.0%	100.0%	100.0%	100.0%	100.0%	100.0%	100.0%	100.0%	100.0%

续表

	官员	企业家	专业人员	工人	农民	企业员工	做小生意	无业/失业/下岗	总计
列总计	67	33	224	1429	713	602	465	603	4136

Chi-square test：df = 21，卡方值为 45. 533，sig = 0. 001 < 0. 05，所以诸群体对于“您对下面这些人的信任程度如何？您的上司或领导”的回答有显著差异。

F29h by 诸群体

您对下面这些人的信任程度如何？您的朋友 ＊诸群体 Crosstabulation

	官员	企业家	专业人员	工人	农民	企业员工	做小生意	无业/失业/下岗	总计
完全信任	16. 2%	11. 8%	21. 0%	13. 6%	15. 1%	15. 4%	16. 7%	14. 4%	15. 0%
比较信任	79. 4%	85. 3%	76. 4%	81. 0%	82. 5%	80. 7%	78. 5%	82. 4%	80. 9%
不太信任	4. 4%	2. 9%	1. 7%	4. 7%	1. 8%	3. 1%	4. 2%	2. 6%	3. 4%
根本不信任			0. 9%	0. 6%	0. 6%	0. 8%	0. 6%	0. 6%	0. 6%
总计	100. 0%	100. 0%	100. 0%	100. 0%	100. 0%	100. 0%	100. 0%	100. 0%	100. 0%
列总计	68	34	229	1453	784	610	497	653	4328

Chi-square test：df = 21，卡方值为 29. 466，sig = 0. 913 > 0. 05，所以诸群体对于“您对下面这些人的信任程度如何？您的朋友”的回答没有显著差异。

F30 by 诸群体

您是否同意“在这个社会上，您一不小心别人就会想办法占您的便宜” ＊诸群体 Crosstabulation

	官员	企业家	专业人员	工人	农民	企业员工	做小生意	无业/失业/下岗	总计
非常不同意	5. 9%	8. 8%	7. 1%	4. 0%	5. 0%	3. 6%	3. 3%	4. 0%	4. 3%
比较不同意	33. 8%	20. 6%	31. 6%	25. 1%	26. 8%	31. 7%	31. 2%	26. 6%	27. 7%
说不上同意不同意	33. 8%	23. 5%	35. 6%	31. 8%	31. 6%	31. 2%	28. 7%	27. 3%	30. 8%
比较同意	23. 5%	44. 1%	25. 3%	35. 4%	34. 1%	29. 9%	34. 2%	38. 6%	34. 1%
非常同意	2. 9%	2. 9%	0. 4%	3. 8%	2. 5%	3. 5%	2. 6%	3. 4%	3. 1%
总计	100. 0%	100. 0%	100. 0%	100. 0%	100. 0%	100. 0%	100. 0%	100. 0%	100. 0%
列总计	68	34	225	1433	765	605	491	642	4263

Chi-square test：df = 28，卡方值为 52. 881，sig = 0. 003 < 0. 05，所以诸群体对于“您是否同意‘在这个社会上，您一不小心别人就会想办法占您的便宜’”的回答有显著差异。

F31 by 诸群体

您对所生活的地方道德建设满意吗 ＊诸群体 Crosstabulation

	官员	企业家	专业人员	工人	农民	企业员工	做小生意	无业/失业/下岗	总计
满意	14.9%	15.2%	13.0%	11.6%	12.6%	10.2%	10.7%	9.9%	11.4%
基本满意	79.1%	84.8%	76.2%	78.4%	79.9%	81.4%	77.4%	79.5%	79.1%
不满意	6.0%		10.8%	10.0%	7.5%	8.4%	11.9%	10.6%	9.5%
总计	100.0%	100.0%	100.0%	100.0%	100.0%	100.0%	100.0%	100.0%	100.0%
列总计	67	33	223	1421	751	598	487	625	4205

Chi-square test：df = 14，卡方值为 18.596，sig = 0.181 > 0.05，所以诸群体对于“您对所生活的地方道德建设满意吗”的回答没有显著差异。

F32a by 诸群体

您对下列群体的信任程度如何？商人 ＊诸群体 Crosstabulation

	官员	企业家	专业人员	工人	农民	企业员工	做小生意	无业/失业/下岗	总计
完全信任	1.5%	8.8%	0.9%	1.1%	1.2%	2.0%	1.0%	1.3%	1.3%
比较信任	46.2%	67.6%	46.2%	43.5%	48.6%	38.8%	48.8%	43.2%	44.7%
不太信任	49.2%	23.5%	50.2%	49.4%	44.7%	54.5%	45.5%	50.2%	48.8%
根本不信任	3.1%		2.7%	5.9%	5.6%	4.7%	4.7%	5.3%	5.2%
总计	100.0%	100.0%	100.0%	100.0%	100.0%	100.0%	100.0%	100.0%	100.0%
列总计	65	34	223	1422	768	600	490	625	4227

Chi-square test：df = 21，卡方值为 51.590，sig = 0.000 < 0.05，所以诸群体对于“您对下列群体的信任程度如何？商人”的回答有显著差异。

F32b by 诸群体

您对下列群体的信任程度如何？单位领导/社区（村）干部 ＊诸群体 Crosstabulation

	官员	企业家	专业人员	工人	农民	企业员工	做小生意	无业/失业/下岗	总计
完全信任	11.8%	2.9%	4.9%	3.9%	5.2%	5.9%	4.3%	4.0%	4.7%
比较信任	72.1%	73.5%	66.4%	62.5%	62.5%	70.1%	59.8%	65.2%	64.1%
不太信任	14.7%	23.5%	22.9%	30.4%	29.4%	21.9%	31.4%	27.0%	27.9%
根本不信任	1.5%		5.8%	3.2%	3.0%	2.0%	4.5%	3.8%	3.3%
总计	100.0%	100.0%	100.0%	100.0%	100.0%	100.0%	100.0%	100.0%	100.0%

续表

	官员	企业家	专业人员	工人	农民	企业员工	做小生意	无业/失业/下岗	总计
列总计	68	34	223	1426	775	606	487	630	4249

Chi-square test：df = 21，卡方值为 52.327，sig = 0.000 < 0.05，所以诸群体对于"您对下列群体的信任程度如何？单位领导/社区（村）干部"的回答有显著差异。

F32c by 诸群体

您对下列群体的信任程度如何？公务员 ＊诸群体 Crosstabulation

	官员	企业家	专业人员	工人	农民	企业员工	做小生意	无业/失业/下岗	总计
完全信任	13.4%	5.9%	8.1%	5.5%	8.4%	8.5%	7.4%	5.8%	7.0%
比较信任	74.6%	67.6%	61.5%	60.5%	63.4%	56.9%	59.9%	66.1%	61.6%
不太信任	9.0%	26.5%	25.8%	29.9%	26.4%	29.2%	28.9%	25.5%	27.8%
根本不信任	3.0%		4.5%	4.2%	1.8%	5.5%	3.7%	2.6%	3.6%
总计	100.0%	100.0%	100.0%	100.0%	100.0%	100.0%	100.0%	100.0%	100.0%
列总计	67	34	221	1421	764	603	484	619	4213

Chi-square test：df = 21，卡方值为 52.260，sig = 0.000 < 0.05，所以诸群体对于"您对下列群体的信任程度如何？公务员"的回答有显著差异。

F32d by 诸群体

您对下列群体的信任程度如何？教师 ＊诸群体 Crosstabulation

	官员	企业家	专业人员	工人	农民	企业员工	做小生意	无业/失业/下岗	总计
完全信任	10.3%	8.8%	17.2%	10.9%	13.1%	10.0%	11.0%	12.5%	11.7%
比较信任	77.9%	70.6%	67.8%	70.4%	71.9%	68.7%	68.3%	73.8%	70.7%
不太信任	10.3%	17.6%	12.8%	16.3%	13.1%	17.2%	18.3%	12.8%	15.3%
根本不信任	1.5%	2.9%	2.2%	2.4%	1.9%	4.1%	2.4%	0.8%	2.3%
总计	100.0%	100.0%	100.0%	100.0%	100.0%	100.0%	100.0%	100.0%	100.0%
列总计	68	34	227	1451	778	611	498	646	4313

Chi-square test：df = 21，卡方值为 41.300，sig = 0.005 < 0.05，所以诸群体对于"您对下列群体的信任程度如何？教师"的回答有显著差异。

F32e by 诸群体

您对下列群体的信任程度如何？警察 ＊诸群体 Crosstabulation

	官员	企业家	专业人员	工人	农民	企业员工	做小生意	无业/失业/下岗	总计
完全信任	19.4%	14.7%	21.2%	20.6%	22.4%	19.7%	17.8%	19.0%	20.2%
比较信任	71.6%	61.8%	61.9%	65.0%	66.7%	63.8%	66.5%	70.4%	66.0%
不太信任	9.0%	17.6%	13.3%	12.0%	9.1%	13.1%	13.1%	9.6%	11.5%
根本不信任		5.9%	3.5%	2.3%	1.8%	3.4%	2.6%	0.9%	2.2%
总计	100.0%	100.0%	100.0%	100.0%	100.0%	100.0%	100.0%	100.0%	100.0%
列总计	67	34	226	1453	781	610	495	646	4312

Chi-square test：df = 21，卡方值为 34.352，sig = 0.033 < 0.05，所以诸群体对于“您对下列群体的信任程度如何？警察”的回答有显著差异。

F32f by 诸群体

您对下列群体的信任程度如何？医生 ＊诸群体 Crosstabulation

	官员	企业家	专业人员	工人	农民	企业员工	做小生意	无业/失业/下岗	总计
完全信任	14.7%	8.8%	12.8%	10.3%	9.8%	8.9%	8.9%	12.9%	10.4%
比较信任	70.6%	61.8%	65.2%	66.3%	69.6%	65.1%	64.6%	68.1%	66.8%
不太信任	10.3%	23.5%	18.1%	20.2%	17.3%	22.6%	23.9%	17.7%	19.8%
根本不信任	4.4%	5.9%	4.0%	3.2%	3.3%	3.4%	2.6%	1.4%	3.0%
总计	100.0%	100.0%	100.0%	100.0%	100.0%	100.0%	100.0%	100.0%	100.0%
列总计	68	34	227	1453	786	610	497	645	4320

Chi-square test：df = 21，卡方值为 34.479，sig = 0.032 < 0.05，所以诸群体对于“您对下列群体的信任程度如何？医生”的回答有显著差异。

F32g by 诸群体

您对下列群体的信任程度如何？法官 ＊诸群体 Crosstabulation

	官员	企业家	专业人员	工人	农民	企业员工	做小生意	无业/失业/下岗	总计
完全信任	22.4%	11.8%	18.3%	17.4%	16.9%	17.1%	15.5%	15.8%	16.9%
比较信任	67.2%	76.5%	68.8%	70.0%	72.1%	71.0%	72.4%	71.9%	71.0%
不太信任	9.0%	11.8%	10.3%	11.4%	9.7%	10.3%	9.6%	11.0%	10.6%
根本不信任	1.5%		2.7%	1.3%	1.3%	1.7%	2.5%	1.3%	1.5%
总计	100.0%	100.0%	100.0%	100.0%	100.0%	100.0%	100.0%	100.0%	100.0%

续表

	官员	企业家	专业人员	工人	农民	企业员工	做小生意	无业/失业/下岗	总计
列总计	67	34	224	1433	774	604	489	638	4263

Chi-square test：df = 21，卡方值为 12. 969，sig = 0. 910 > 0. 05，所以诸群体对于“您对下列群体的信任程度如何？法官”的回答没有显著差异。

F32h by 诸群体

您对下列群体的信任程度如何？农民 ＊诸群体 Crosstabulation

	官员	企业家	专业人员	工人	农民	企业员工	做小生意	无业/失业/下岗	总计
完全信任	9. 0%	8. 8%	12. 6%	11. 3%	13. 7%	11. 8%	10. 3%	8. 7%	11. 3%
比较信任	79. 1%	76. 5%	76. 2%	76. 4%	76. 4%	75. 3%	77. 4%	78. 6%	76. 7%
不太信任	11. 9%	14. 7%	9. 4%	11. 4%	8. 4%	11. 2%	10. 9%	11. 2%	10. 7%
根本不信任			1. 8%	0. 9%	1. 5%	1. 6%	1. 4%	1. 6%	1. 3%
总计	100. 0%	100. 0%	100. 0%	100. 0%	100. 0%	100. 0%	100. 0%	100. 0%	100. 0%
列总计	67	34	223	1446	789	608	496	645	4308

Chi-square test：df = 21，卡方值为 20. 570，sig = 0. 485 > 0. 05，所以诸群体对于“您对下列群体的信任程度如何？农民”的回答没有显著差异。

F32i by 诸群体

您对下列群体的信任程度如何？工人 ＊诸群体 Crosstabulation

	官员	企业家	专业人员	工人	农民	企业员工	做小生意	无业/失业/下岗	总计
完全信任	6. 1%	8. 8%	13. 5%	11. 4%	11. 1%	11. 4%	9. 9%	5. 7%	10. 3%
比较信任	80. 3%	76. 5%	72. 5%	74. 9%	78. 9%	75. 5%	75. 7%	79. 2%	76. 4%
不太信任	9. 1%	14. 7%	13. 1%	12. 6%	9. 5%	11. 4%	13. 1%	13. 8%	12. 1%
根本不信任	4. 5%		0. 9%	1. 1%	0. 5%	1. 7%	1. 4%	1. 2%	1. 2%
总计	100. 0%	100. 0%	100. 0%	100. 0%	100. 0%	100. 0%	100. 0%	100. 0%	100. 0%
列总计	66	34	222	1447	783	604	497	644	4297

Chi-square test：df = 21，卡方值为 41. 143，sig = 0. 005 < 0. 05，所以诸群体对于“您对下列群体的信任程度如何？工人”的回答有显著差异。

F32j by 诸群体

您对下列群体的信任程度如何？专家学者 ＊诸群体 Crosstabulation

	官员	企业家	专业人员	工人	农民	企业员工	做小生意	无业/失业/下岗	总计
完全信任	7.5%	11.8%	10.9%	9.8%	11.1%	12.3%	11.3%	8.2%	10.4%
比较信任	74.6%	73.5%	62.3%	62.7%	70.1%	56.0%	61.7%	66.4%	63.7%
不太信任	14.9%	14.7%	23.2%	24.4%	16.5%	27.9%	24.5%	22.2%	22.9%
根本不信任	3.0%		3.6%	3.1%	2.4%	3.9%	2.6%	3.2%	3.0%
总计	100.0%	100.0%	100.0%	100.0%	100.0%	100.0%	100.0%	100.0%	100.0%
列总计	67	34	220	1366	722	595	470	599	4073

Chi-square test：df = 21，卡方值为 48.357，sig = 0.001 < 0.05，所以诸群体对于“您对下列群体的信任程度如何？专家学者”的回答有显著差异。

F32k by 诸群体

您对下列群体的信任程度如何？演艺娱乐圈 ＊诸群体 Crosstabulation

	官员	企业家	专业人员	工人	农民	企业员工	做小生意	无业/失业/下岗	总计
完全信任		8.8%	2.4%	1.5%	2.0%	2.3%	0.2%	1.3%	1.6%
比较信任	38.3%	41.2%	30.5%	34.7%	40.2%	27.6%	30.5%	36.0%	34.1%
不太信任	45.0%	35.3%	46.2%	46.4%	44.4%	51.8%	52.4%	47.9%	47.7%
根本不信任	16.7%	14.7%	21.0%	17.4%	13.4%	18.3%	16.9%	14.8%	16.6%
总计	100.0%	100.0%	100.0%	100.0%	100.0%	100.0%	100.0%	100.0%	100.0%
列总计	60	34	210	1244	635	573	439	547	3742

Chi-square test：df = 21，卡方值为 54.616，sig = 0.000 < 0.05，所以诸群体对于“您对下列群体的信任程度如何？演艺娱乐圈”的回答有显著差异。

F32l by 诸群体

您对下列群体的信任程度如何？公众人物 ＊诸群体 Crosstabulation

	官员	企业家	专业人员	工人	农民	企业员工	做小生意	无业/失业/下岗	总计
完全信任	3.2%	2.9%	7.6%	2.3%	3.0%	3.3%	4.7%	2.4%	3.2%
比较信任	53.2%	61.8%	45.2%	48.0%	54.0%	42.8%	44.4%	47.7%	47.8%
不太信任	33.9%	29.4%	36.7%	40.0%	35.8%	44.9%	42.6%	41.6%	40.2%
根本不信任	9.7%	5.9%	10.5%	9.8%	7.2%	9.0%	8.3%	8.3%	8.8%
总计	100.0%	100.0%	100.0%	100.0%	100.0%	100.0%	100.0%	100.0%	100.0%

续表

	官员	企业家	专业人员	工人	农民	企业员工	做小生意	无业/失业/下岗	总计
列总计	62	34	210	1271	656	575	446	553	3807

Chi-square test：df = 21，卡方值为 46. 268，sig = 0. 001 < 0. 05，所以诸群体对于“您对下列群体的信任程度如何？公众人物”的回答有显著差异。

F33 by 诸群体

您在生活中经常买到假冒伪劣商品吗 ＊诸群体 Crosstabulation

	官员	企业家	专业人员	工人	农民	企业员工	做小生意	无业/失业/下岗	总计
经常	4. 8%	15. 2%	8. 0%	4. 0%	5. 4%	4. 1%	7. 5%	5. 0%	5. 1%
偶尔	62. 9%	66. 7%	70. 4%	71. 4%	63. 0%	71. 2%	67. 2%	69. 4%	68. 9%
没有	32. 3%	18. 2%	21. 6%	24. 6%	31. 6%	24. 7%	25. 4%	25. 6%	26. 0%
总计	100. 0%	100. 0%	100. 0%	100. 0%	100. 0%	100. 0%	100. 0%	100. 0%	100. 0%
列总计	62	33	213	1334	702	586	469	625	4024

Chi-square test：df = 14，卡方值为 38. 362，sig = 0. 000 < 0. 05，所以诸群体对于“您在生活中经常买到假冒伪劣商品吗”的回答有显著差异。

F34 by 诸群体

您在购物、就医、理财等方面经常遇到虚假广告吗 ＊诸群体 Crosstabulation

	官员	企业家	专业人员	工人	农民	企业员工	做小生意	无业/失业/下岗	总计
经常	20. 3%	18. 2%	19. 9%	13. 5%	12. 6%	15. 1%	16. 4%	16. 4%	14. 8%
偶尔	56. 3%	72. 7%	55. 9%	59. 1%	56. 6%	56. 7%	57. 3%	58. 1%	57. 9%
没有	23. 4%	9. 1%	24. 2%	27. 4%	30. 9%	28. 2%	26. 3%	25. 5%	27. 3%
总计	100. 0%	100. 0%	100. 0%	100. 0%	100. 0%	100. 0%	100. 0%	100. 0%	100. 0%
列总计	64	33	211	1290	693	571	452	611	3925

Chi-square test：df = 14，卡方值为 22. 458，sig = 0. 070 > 0. 05，所以诸群体对于“您在购物、就医、理财等方面经常遇到虚假广告吗”的回答没有显著差异。

F35 by 诸群体

如果在路边看到一个老人摔倒，您的反应是 ＊诸群体 Crosstabulation

	官员	企业家	专业人员	工人	农民	企业员工	做小生意	无业/失业/下岗	总计
立即扶起	45. 6%	26. 5%	39. 9%	35. 1%	38. 0%	42. 5%	35. 9%	38. 8%	37. 7%

续表

	官员	企业家	专业人员	工人	农民	企业员工	做小生意	无业/失业/下岗	总计
等有证人时再扶	20.6%	29.4%	23.2%	27.7%	28.1%	23.6%	31.5%	27.1%	27.2%
先拍照，再扶起	16.2%	14.7%	19.7%	12.1%	8.1%	13.8%	9.5%	12.4%	11.9%
不扶，避免惹是生非	4.4%	5.9%	6.1%	10.3%	10.1%	5.9%	9.5%	10.4%	9.2%
报警	11.8%	20.6%	9.6%	13.9%	14.9%	14.2%	13.3%	10.4%	13.3%
其他	1.5%	2.9%	1.3%	0.8%	0.8%		0.4%	0.9%	0.7%
总计	100.0%	100.0%	100.0%	100.0%	100.0%	100.0%	100.0%	100.0%	100.0%
列总计	68	34	228	1457	790	614	496	654	4341

Chi-square test：df = 35，卡方值为 81.347，sig = 0.000 < 0.05，所以诸群体对于“如果在路边看到一个老人摔倒，您的反应是”的回答有显著差异。

F36 by 诸群体

好心人救助老人却反被诬陷。假如您是这位好心人，您会 ＊诸群体 Crosstabulation

	官员	企业家	专业人员	工人	农民	企业员工	做小生意	无业/失业/下岗	总计
我是多管闲事，下次再也不会帮助别人了	10.3%	17.6%	14.9%	26.6%	26.4%	17.4%	23.2%	21.7%	23.2%
我正直善良真心待人，对得起良知和良心	41.2%	50.0%	42.1%	43.1%	47.5%	44.6%	43.2%	36.1%	43.0%
下次还是会伸出援手，但是会提高警惕，注意保护自己	47.1%	32.4%	43.0%	30.1%	26.0%	37.8%	33.3%	42.0%	33.6%
其他	1.5%			0.2%	0.1%	0.2%	0.2%	0.2%	0.2%
总计	100.0%	100.0%	100.0%	100.0%	100.0%	100.0%	100.0%	100.0%	100.0%
列总计	68	34	228	1454	789	614	495	653	4335

Chi-square test：df = 21，卡方值为 96.136，sig = 0.000 < 0.05，所以诸群体对于“好心人救助老人却反被诬陷。假如您是这位好心人，您会”的回答有显著差异。

F37a by 诸群体

您对下列群体的伦理道德整体状况的满意度？政府官员 ＊诸群体 Crosstabulation

	官员	企业家	专业人员	工人	农民	企业员工	做小生意	无业/失业/下岗	总计
非常不满意	1.5%	6.1%	8.2%	5.2%	4.5%	4.9%	5.0%	6.7%	5.3%

续表

	官员	企业家	专业人员	工人	农民	企业员工	做小生意	无业/失业/下岗	总计
比较不满意	16.4%	30.3%	37.0%	37.9%	36.2%	36.0%	39.5%	31.1%	36.0%
比较满意	76.1%	63.6%	51.6%	54.1%	57.5%	54.7%	52.4%	59.2%	55.6%
非常满意	6.0%		3.2%	2.9%	1.8%	4.4%	3.1%	3.0%	3.0%
总计	100.0%	100.0%	100.0%	100.0%	100.0%	100.0%	100.0%	100.0%	100.0%
列总计	67	33	219	1400	760	591	479	610	4159

Chi-square test：df = 21，卡方值为 43.265，sig = 0.003 < 0.05，所以诸群体对于“您对下列群体的伦理道德整体状况的满意度？政府官员”的回答有显著差异。

F37b by 诸群体

您对下列群体的伦理道德整体状况的满意度？一般公务员 ＊诸群体 Crosstabulation

	官员	企业家	专业人员	工人	农民	企业员工	做小生意	无业/失业/下岗	总计
非常不满意	1.5%		6.9%	4.2%	3.7%	3.5%	4.4%	4.3%	4.1%
比较不满意	13.2%	24.2%	27.2%	34.4%	29.3%	31.2%	37.1%	26.9%	31.4%
比较满意	77.9%	69.7%	62.2%	58.0%	63.0%	60.6%	54.9%	66.2%	60.8%
非常满意	7.4%	6.1%	3.7%	3.4%	4.0%	4.7%	3.6%	2.6%	3.7%
总计	100.0%	100.0%	100.0%	100.0%	100.0%	100.0%	100.0%	100.0%	100.0%
列总计	68	33	217	1397	757	596	477	606	4151

Chi-square test：df = 21，卡方值为 49.133，sig = 0.000 < 0.05，所以诸群体对于“您对下列群体的伦理道德整体状况的满意度？一般公务员”的回答有显著差异。

F37c by 诸群体

您对下列群体的伦理道德整体状况的满意度？企业家 ＊诸群体 Crosstabulation

	官员	企业家	专业人员	工人	农民	企业员工	做小生意	无业/失业/下岗	总计
非常不满意	1.5%		2.3%	2.7%	2.2%	3.4%	2.6%	2.5%	2.6%
比较不满意	21.2%	17.6%	30.2%	30.7%	27.1%	28.7%	29.6%	26.2%	28.7%
比较满意	75.8%	73.5%	60.9%	60.9%	63.1%	63.3%	63.7%	68.4%	63.4%
非常满意	1.5%	8.8%	6.5%	5.7%	7.6%	4.6%	4.1%	2.9%	5.3%
总计	100.0%	100.0%	100.0%	100.0%	100.0%	100.0%	100.0%	100.0%	100.0%

续表

	官员	企业家	专业人员	工人	农民	企业员工	做小生意	无业/失业/下岗	总计
列总计	66	34	215	1375	724	589	463	591	4057

Chi-square test：df = 21，卡方值为 35. 315，sig = 0. 026 < 0. 05，所以诸群体对于“您对下列群体的伦理道德整体状况的满意度？企业家”的回答有显著差异。

F37d by 诸群体

您对下列群体的伦理道德整体状况的满意度？演艺娱乐界 ＊ 请诸群体

	官员	企业家	专业人员	工人	农民	企业员工	做小生意	无业/失业/下岗	总计
非常不满意	7. 7%	9. 7%	10. 5%	11. 9%	7. 1%	15. 4%	11. 7%	7. 1%	10. 8%
比较不满意	50. 8%	38. 7%	43. 8%	44. 9%	42. 1%	41. 6%	46. 2%	38. 3%	43. 1%
比较满意	36. 9%	41. 9%	39. 5%	39. 7%	46. 6%	39. 0%	39. 3%	51. 7%	42. 3%
非常满意	4. 6%	9. 7%	6. 2%	3. 5%	4. 2%	4. 0%	2. 9%	2. 9%	3. 8%
总计	100. 0%	100. 0%	100. 0%	100. 0%	100. 0%	100. 0%	100. 0%	100. 0%	100. 0%
列总计	65	31	210	1215	592	572	420	509	3614

Chi-square test：df = 21，卡方值为 60. 619，sig = 0. 000 < 0. 05，所以诸群体对于“您对下列群体的伦理道德整体状况的满意度？演艺娱乐界”的回答有显著差异。

F37e by 诸群体

您对下列群体的伦理道德整体状况的满意度？教师 ＊诸群体 Crosstabulation

	官员	企业家	专业人员	工人	农民	企业员工	做小生意	无业/失业/下岗	总计
非常不满意	4. 4%	2. 9%	3. 6%	2. 3%	1. 4%	2. 3%	2. 8%	2. 2%	2. 3%
比较不满意	11. 8%	17. 6%	16. 5%	20. 1%	14. 9%	23. 4%	19. 7%	16. 5%	18. 7%
比较满意	75. 0%	67. 6%	64. 7%	68. 4%	73. 8%	63. 8%	69. 2%	73. 3%	69. 5%
非常满意	8. 8%	11. 8%	15. 2%	9. 1%	9. 9%	10. 5%	8. 3%	8. 0%	9. 5%
总计	100. 0%	100. 0%	100. 0%	100. 0%	100. 0%	100. 0%	100. 0%	100. 0%	100. 0%
列总计	68	34	224	1445	778	607	493	637	4286

Chi-square test：df = 21，卡方值为 43. 841，sig = 0. 002 < 0. 05，所以诸群体对于“您对下列群体的伦理道德整体状况的满意度？教师”的回答有显著差异。

F37f by 诸群体

您对下列群体的伦理道德整体状况的满意度？青少年 ＊诸群体 Crosstabulation

	官员	企业家	专业人员	工人	农民	企业员工	做小生意	无业/失业/下岗	总计
非常不满意	1.5%	5.9%	2.3%	2.0%	1.2%	2.7%	2.5%	1.6%	2.0%
比较不满意	10.4%	11.8%	22.2%	18.0%	11.0%	19.6%	15.3%	15.9%	16.4%
比较满意	82.1%	73.5%	60.2%	68.7%	77.0%	68.6%	67.2%	74.5%	70.7%
非常满意	6.0%	8.8%	15.4%	11.2%	10.9%	9.1%	15.1%	8.0%	10.9%
总计	100.0%	100.0%	100.0%	100.0%	100.0%	100.0%	100.0%	100.0%	100.0%
列总计	67	34	221	1430	774	602	485	636	4249

Chi-square test：df = 21，卡方值为 67.205，sig = 0.000 < 0.05，所以诸群体对于“您对下列群体的伦理道德整体状况的满意度？青少年”的回答有显著差异。

F37g by 诸群体

您对下列群体的伦理道德整体状况的满意度？弱势群体 ＊诸群体 Crosstabulation

	官员	企业家	专业人员	工人	农民	企业员工	做小生意	无业/失业/下岗	总计
非常不满意	3.0%	3.1%	1.4%	2.3%	1.8%	2.3%	2.8%	2.8%	2.3%
比较不满意	22.7%	25.0%	26.8%	22.0%	20.5%	24.9%	23.1%	15.0%	21.5%
比较满意	72.7%	71.9%	67.5%	74.0%	76.0%	70.5%	73.1%	80.5%	74.4%
非常满意	1.5%		4.3%	1.7%	1.7%	2.3%	0.9%	1.7%	1.8%
总计	100.0%	100.0%	100.0%	100.0%	100.0%	100.0%	100.0%	100.0%	100.0%
列总计	66	32	209	1348	716	566	458	599	3994

Chi-square test：df = 21，卡方值为 38.568，sig = 0.011 < 0.05，所以诸群体对于“您对下列群体的伦理道德整体状况的满意度？弱势群体”的回答有显著差异。

F37h by 诸群体

您对下列群体的伦理道德整体状况的满意度？自由职业者 ＊诸群体 Crosstabulation

	官员	企业家	专业人员	工人	农民	企业员工	做小生意	无业/失业/下岗	总计
非常不满意	1.6%		1.0%	1.6%	1.6%	1.4%	2.0%	1.8%	1.6%

续表

	官员	企业家	专业人员	工人	农民	企业员工	做小生意	无业/失业/下岗	总计
比较不满意	17.2%	24.2%	21.4%	19.1%	17.8%	16.6%	20.0%	16.7%	18.4%
比较满意	79.7%	72.7%	71.4%	76.1%	75.5%	77.4%	75.8%	79.8%	76.5%
非常满意	1.6%	3.0%	6.3%	3.1%	5.1%	4.6%	2.2%	1.8%	3.5%
总计	100.0%	100.0%	100.0%	100.0%	100.0%	100.0%	100.0%	100.0%	100.0%
列总计	64	33	206	1311	687	567	451	564	3883

Chi-square test：df = 21，卡方值为 27.835，sig = 0.145 > 0.05，所以诸群体对于“您对下列群体的伦理道德整体状况的满意度？自由职业者”的回答没有显著差异。

F37i by 诸群体

您对下列群体的伦理道德整体状况的满意度？农民 * 诸群体 Crosstabulation

	官员	企业家	专业人员	工人	农民	企业员工	做小生意	无业/失业/下岗	总计
非常不满意	1.5%		0.9%	1.7%	1.8%	2.2%	1.6%	1.1%	1.6%
比较不满意	9.1%	5.9%	11.8%	11.5%	7.5%	11.7%	12.6%	10.8%	10.8%
比较满意	80.3%	85.3%	75.0%	75.5%	77.8%	76.7%	76.4%	82.7%	77.4%
非常满意	9.1%	8.8%	12.3%	11.2%	12.9%	9.4%	9.3%	5.3%	10.2%
总计	100.0%	100.0%	100.0%	100.0%	100.0%	100.0%	100.0%	100.0%	100.0%
列总计	66	34	220	1443	785	597	492	636	4273

Chi-square test：df = 21，卡方值为 42.370，sig = 0.004 < 0.05，所以诸群体对于“您对下列群体的伦理道德整体状况的满意度？农民”的回答有显著差异。

F37j by 诸群体

您对下列群体的伦理道德整体状况的满意度？商人 * 诸群体 Crosstabulation

	官员	企业家	专业人员	工人	农民	企业员工	做小生意	无业/失业/下岗	总计
非常不满意	1.5%		0.5%	3.0%	1.6%	2.8%	3.5%	2.4%	2.5%
比较不满意	19.1%	23.5%	33.5%	32.8%	28.1%	36.2%	28.3%	28.6%	31.0%
比较满意	79.4%	67.6%	61.9%	60.0%	65.7%	57.0%	64.2%	66.9%	62.6%
非常满意		8.8%	4.1%	4.2%	4.7%	4.0%	4.1%	2.1%	3.9%
总计	100.0%	100.0%	100.0%	100.0%	100.0%	100.0%	100.0%	100.0%	100.0%
列总计	68	34	218	1417	770	602	492	629	4230

Chi-square test：df = 21，卡方值为 49.468，sig = 0.000 < 0.05，所以诸群体对于“您对下列群体的伦理道德整体状况的满意度？商人”的回答有显著差异。

F37k by 诸群体

您对下列群体的伦理道德整体状况的满意度？工人 ＊诸群体 Crosstabulation

	官员	企业家	专业人员	工人	农民	企业员工	做小生意	无业/失业/下岗	总计
非常不满意	2.9%		0.5%	1.2%	1.1%	1.3%	0.4%	0.6%	1.0%
比较不满意	10.3%	20.6%	14.7%	11.3%	9.7%	11.8%	12.6%	12.9%	11.7%
比较满意	85.3%	70.6%	78.4%	80.8%	81.9%	80.5%	81.1%	82.8%	81.2%
非常满意	1.5%	8.8%	6.4%	6.7%	7.3%	6.5%	5.9%	3.6%	6.1%
总计	100.0%	100.0%	100.0%	100.0%	100.0%	100.0%	100.0%	100.0%	100.0%
列总计	68	34	218	1434	783	604	493	635	4269

Chi-square test：df = 21，卡方值为 28.519，sig = 0.126 > 0.05，所以诸群体对于“您对下列群体的伦理道德整体状况的满意度？工人”的回答没有显著差异。

F37l by 诸群体

您对下列群体的伦理道德整体状况的满意度？专家学者 ＊诸群体 Crosstabulation

	官员	企业家	专业人员	工人	农民	企业员工	做小生意	无业/失业/下岗	总计
非常不满意	1.5%		1.9%	2.0%	0.5%	2.2%	1.1%	1.3%	1.5%
比较不满意	16.4%	20.6%	19.2%	17.2%	11.7%	22.9%	19.7%	15.0%	17.1%
比较满意	68.7%	70.6%	70.9%	72.5%	79.6%	66.4%	72.0%	77.4%	73.4%
非常满意	13.4%	8.8%	8.0%	8.4%	8.2%	8.5%	7.2%	6.3%	8.0%
总计	100.0%	100.0%	100.0%	100.0%	100.0%	100.0%	100.0%	100.0%	100.0%
列总计	67	34	213	1376	734	586	471	601	4082

Chi-square test：df = 21，卡方值为 53.563，sig = 0.000 < 0.05，所以诸群体对于“您对下列群体的伦理道德整体状况的满意度？专家学者”的回答有显著差异。

F37m by 诸群体

您对下列群体的伦理道德整体状况的满意度？医生 ＊诸群体 Crosstabulation

	官员	企业家	专业人员	工人	农民	企业员工	做小生意	无业/失业/下岗	总计
非常不满意	1.5%	5.9%	4.5%	3.3%	2.8%	4.5%	3.0%	3.6%	3.5%
比较不满意	16.2%	32.4%	19.2%	21.8%	19.6%	26.6%	27.1%	19.7%	22.2%

续表

	官员	企业家	专业人员	工人	农民	企业员工	做小生意	无业/失业/下岗	总计
比较满意	79.4%	58.8%	67.0%	68.2%	71.5%	62.9%	64.6%	71.1%	68.1%
非常满意	2.9%	2.9%	9.4%	6.6%	6.1%	6.1%	5.3%	5.6%	6.2%
总计	100.0%	100.0%	100.0%	100.0%	100.0%	100.0%	100.0%	100.0%	100.0%
列总计	68	34	224	1438	782	606	494	640	4286

Chi-square test：df = 21，卡方值为 37.637，sig = 0.014 < 0.05，所以诸群体对于“您对下列群体的伦理道德整体状况的满意度？医生”的回答有显著差异。

F38 by 诸群体

下列哪些因素可能影响人际关系紧张 ＊诸群体 Crosstabulation

	官员	企业家	专业人员	工人	农民	企业员工	做小生意	无业/失业/下岗	总计
社会资源缺乏，引发恶性竞争	24.2%	11.8%	31.3%	21.8%	21.1%	27.1%	24.3%	23.6%	23.5%
过度宣扬竞争意识	16.7%	32.4%	26.0%	22.8%	21.5%	26.6%	28.0%	14.9%	22.7%
社会财富分配不公，贫富差距过大	28.8%	32.4%	42.7%	33.6%	33.8%	35.8%	32.3%	31.8%	33.9%
个人主义盛行	25.8%	17.6%	21.1%	22.2%	23.6%	21.1%	26.4%	18.3%	22.1%
缺乏爱心	22.7%	38.2%	20.7%	24.7%	26.2%	27.3%	24.3%	21.8%	24.7%
缺乏相互理解和沟通的意识和能力	12.1%	5.9%	22.5%	16.2%	15.0%	20.1%	18.9%	17.2%	17.2%
制度安排不公正，机会不平等	27.3%	14.7%	24.2%	26.3%	22.8%	26.0%	24.3%	19.2%	24.2%
以权谋私，官员腐败	22.7%	23.5%	23.8%	24.4%	29.0%	20.9%	24.7%	22.7%	24.4%
缺乏道德信用	16.7%	29.4%	18.9%	26.1%	31.3%	25.7%	24.5%	25.4%	26.2%
人与人、人与社会之间缺乏信任	40.9%	41.2%	31.3%	36.7%	36.2%	34.6%	32.7%	40.4%	36.2%
传统伦理瓦解，社会缺乏统一的价值观	16.7%	14.7%	7.9%	7.6%	7.8%	10.5%	5.9%	8.0%	8.1%
一切诉诸利益或法律，人际关系缺乏伦理调节的机制和能力	3.0%	2.9%	6.2%	4.8%	4.1%	4.4%	4.1%	5.9%	4.7%
列总计	66	34	227	1428	755	612	493	639	4254

据上表所示，诸群体对于“哪些因素可能影响人际关系紧张”的回答没有显著差异。

F39 by 诸群体

您认为在现代中国社会实际奉行的道德价值是 * 诸群体 Crosstabulation

	官员	企业家	专业人员	工人	农民	企业员工	做小生意	无业/失业/下岗	总计
义利合一，用符合道德的方式谋利	74.6%	55.9%	64.3%	55.4%	54.9%	62.2%	54.5%	69.8%	59.1%
见利忘义，唯利是图	11.9%	32.4%	28.6%	33.3%	33.3%	30.4%	36.2%	22.9%	31.1%
不计较利害得失，道德至上	13.4%	11.8%	7.1%	10.8%	11.5%	7.3%	9.3%	7.2%	9.6%
其他				0.4%	0.3%			0.2%	0.2%
总计	100.0%	100.0%	100.0%	100.0%	100.0%	100.0%	100.0%	100.0%	100.0%
列总计	67	34	224	1423	748	601	484	629	4210

Chi-square test：df = 21，卡方值为 74.493，sig = 0.000 < 0.05，所以诸群体对于“在现代中国社会实际奉行的道德价值是”的回答有显著差异。

F40 by 诸群体

对形成我国当前各种新型伦理关系和道德观念，哪些因素影响最大 * 诸群体 Crosstabulation

	官员	企业家	专业人员	工人	农民	企业员工	做小生意	无业/失业/下岗	总计
网络和媒体	73.1%	76.5%	73.1%	51.7%	42.1%	74.0%	58.0%	64.1%	57.7%
政府	64.2%	58.8%	65.0%	62.1%	69.6%	54.7%	64.1%	55.5%	61.7%
大学及其文化	28.4%	14.7%	31.8%	21.9%	19.9%	25.1%	15.5%	20.5%	21.7%
市场	28.4%	41.2%	30.9%	39.4%	46.3%	37.0%	46.2%	29.9%	39.0%
企业	11.9%	5.9%	14.3%	26.8%	31.1%	17.7%	30.9%	15.6%	23.9%
社会团体	14.9%	17.6%	17.5%	23.2%	24.7%	18.1%	21.6%	18.8%	21.3%
列总计	67	34	223	1328	672	581	476	591	3972

据上表所示，诸群体对于“对形成我国当前各种新型伦理关系和道德观念，哪些因素影响最大”的回答有显著差异。

F41 by 诸群体

对当前我国伦理关系和道德风尚造成最大负面影响的因素是 * 诸群体 Crosstabulation

	官员	企业家	专业人员	工人	农民	企业员工	做小生意	无业/失业/下岗	总计
传统文化的崩坏	42.6%	44.1%	36.3%	35.7%	37.4%	38.4%	37.7%	42.2%	37.8%

续表

	官员	企业家	专业人员	工人	农民	企业员工	做小生意	无业/失业/下岗	总计
外来文化的冲击	20.6%	32.4%	35.4%	38.9%	32.7%	38.2%	39.1%	29.3%	35.8%
市场经济导致的个人主义	30.9%	32.4%	33.6%	27.5%	24.3%	27.5%	25.7%	25.2%	26.8%
网络技术的发展	25.0%	14.7%	27.4%	20.9%	17.4%	29.2%	24.8%	19.6%	22.1%
分配不公，两极分化	38.2%	47.1%	31.8%	39.1%	42.6%	34.2%	37.1%	32.4%	37.4%
以权谋私，官员腐败	22.1%	26.5%	25.1%	25.7%	33.4%	22.2%	25.5%	28.3%	26.8%
其他				0.1%	0.4%	0.5%	0.2%	0.2%	0.2%
列总计	68	34	223	1374	713	599	483	611	4105

据上表所示，诸群体对于“对当前我国伦理关系和道德风尚造成最大负面影响的因素”的回答有显著差异。

F42 by 诸群体

造成当今不良道德风尚的最主要原因是 ＊诸群体 Crosstabulation

	官员	企业家	专业人员	工人	农民	企业员工	做小生意	无业/失业/下岗	总计
以权谋私，官员腐败	46.3%	64.7%	63.6%	59.3%	59.1%	60.6%	64.0%	58.5%	60.0%
企业不讲诚信和损害社会利益	32.8%	32.4%	40.0%	40.3%	41.3%	38.4%	44.7%	23.5%	38.0%
学校道德教育功能弱化	20.9%	35.3%	27.7%	22.9%	21.7%	35.4%	26.7%	20.8%	24.9%
家庭伦理功能弱化	16.4%	20.6%	23.2%	16.7%	18.5%	18.9%	19.3%	12.6%	17.4%
个人缺乏道德自觉	55.2%	32.4%	44.5%	46.3%	51.0%	43.1%	46.3%	50.5%	47.2%
分配不公，两极分化	29.9%	41.2%	29.1%	35.9%	37.9%	33.1%	30.7%	33.7%	34.5%
社会的不良影响	46.3%	41.2%	39.1%	41.1%	41.4%	41.4%	36.2%	42.3%	40.8%
列总计	67	34	220	1403	734	599	486	620	4163

据上表所示，诸群体对于“造成当今不良道德风尚的最主要原因”的回答有显著差异。

F43a by 诸群体

导致当前医患关系紧张的主要原因是 ＊诸群体 Crosstabulation

	官员	企业家	专业人员	工人	农民	企业员工	做小生意	无业/失业/下岗	总计
医生缺乏职业道德，对病人不负责任	25.0%	38.2%	33.3%	37.0%	42.1%	33.6%	39.0%	37.3%	37.3%

续表

	官员	企业家	专业人员	工人	农民	企业员工	做小生意	无业/失业/下岗	总计
医疗制度不合理，看病难看病贵	60.9%	41.2%	49.3%	47.8%	45.0%	49.8%	45.4%	44.8%	47.1%
医生腐败，不送红包不认真看病	7.8%	17.6%	10.2%	11.6%	10.4%	12.2%	12.3%	11.8%	11.5%
“医闹”，病人蓄意闹事	4.7%		5.8%	3.1%	2.5%	4.2%	3.1%	6.1%	3.8%
其他	1.6%	2.9%	1.3%	0.4%	0.1%	0.2%	0.2%		0.3%
总计	100.0%	100.0%	100.0%	100.0%	100.0%	100.0%	100.0%	100.0%	100.0%
列总计	64	34	225	1409	734	598	480	638	4182

Chi-square test：df = 28，卡方值为 59.676，sig = 0.000 < 0.05，所以诸群体对于“导致当前医患关系紧张的主要原因是”的回答有显著差异。

F43b by 诸群体

导致当前医患关系紧张的次要原因是 * 诸群体 Crosstabulation

	官员	企业家	专业人员	工人	农民	企业员工	做小生意	无业/失业/下岗	总计
医生缺乏职业道德，对病人不负责任	46.9%	35.3%	40.1%	39.2%	36.3%	40.7%	38.0%	37.1%	38.6%
医疗制度不合理，看病难看病贵	18.8%	32.4%	28.1%	32.5%	34.6%	31.3%	32.2%	32.2%	32.2%
医生腐败，不送红包不认真看病	25.0%	17.6%	20.7%	18.5%	22.7%	17.9%	18.2%	18.3%	19.3%
“医闹”，病人蓄意闹事	7.8%	8.8%	11.1%	9.5%	6.3%	10.0%	11.4%	11.9%	9.6%
其他	1.6%	5.9%		0.2%		0.2%	0.2%	0.5%	0.3%
总计	100.0%	100.0%	100.0%	100.0%	100.0%	100.0%	100.0%	100.0%	100.0%
列总计	64	34	217	1375	713	582	466	612	4063

Chi-square test：df = 28，卡方值为 78.298，sig = 0.000 < 0.05，所以诸群体对于“导致当前医患关系紧张的次要原因是”的回答有显著差异。

F44 by 诸群体

您是否曾经与医生（医院）发生过矛盾或纠纷 * 诸群体 Crosstabulation

	官员	企业家	专业人员	工人	农民	企业员工	做小生意	无业/失业/下岗	总计
是	2.9%	5.9%	6.6%	3.0%	2.3%	3.6%	3.6%	5.0%	3.5%
否	97.1%	94.1%	93.4%	97.0%	97.7%	96.4%	96.4%	95.0%	96.5%

续表

	官员	企业家	专业人员	工人	农民	企业员工	做小生意	无业/失业/下岗	总计
总计	100.0%	100.0%	100.0%	100.0%	100.0%	100.0%	100.0%	100.0%	100.0%
列总计	68	34	228	1457	789	614	498	656	4344

Chi-square test：df =7，卡方值为 16.278，sig =0.023 <0.05，所以诸群体对于“您是否曾经与医生（医院）发生过矛盾或纠纷”的回答有显著差异。

F45a by 诸群体

您采取了哪些方式来解决医患纠纷？与医院协商 * 诸群体 Crosstabulation

	官员	企业家	专业人员	工人	农民	企业员工	做小生意	无业/失业/下岗	总计
未选中	100.0%		53.3%	46.3%	50.0%	57.1%	58.8%	43.8%	50.0%
选中		100.0%	46.7%	53.7%	50.0%	42.9%	41.2%	56.3%	50.0%
总计	100.0%	100.0%	100.0%	100.0%	100.0%	100.0%	100.0%	100.0%	100.0%
列总计	2	2	15	41	18	21	17	32	148

Chi-square test：df =7，卡方值为 5.744，sig =0.570 >0.05，所以诸群体对于“您采取了哪些方式来解决医患纠纷？与医院协商”的回答没有显著差异。

F45b by 诸群体

您采取了哪些方式来解决医患纠纷？寻求卫生局的调解或介入 * 诸群体 Crosstabulation

	官员	企业家	专业人员	工人	农民	企业员工	做小生意	无业/失业/下岗	总计
未选中	50.0%	100.0%	86.7%	75.6%	83.3%	81.0%	76.5%	75.0%	78.4%
选中	50.0%		13.3%	24.4%	16.7%	19.0%	23.5%	25.0%	21.6%
总计	100.0%	100.0%	100.0%	100.0%	100.0%	100.0%	100.0%	100.0%	100.0%
列总计	2	2	15	41	18	21	17	32	148

Chi-square test：df =7，卡方值为 2.891，sig =0.895 >0.05，所以诸群体对于“您采取了哪些方式来解决医患纠纷？寻求卫生局的调解或介入”的回答没有显著差异。

F45c by 诸群体

您采取了哪些方式来解决医患纠纷？医学鉴定 * 诸群体 Crosstabulation

	官员	企业家	专业人员	工人	农民	企业员工	做小生意	无业/失业/下岗	总计
未选中	100.0%	50.0%	86.7%	92.7%	88.9%	95.2%	76.5%	90.6%	89.2%

续表

	官员	企业家	专业人员	工人	农民	企业员工	做小生意	无业/失业/下岗	总计
选中		50. 0%	13. 3%	7. 3%	11. 1%	4. 8%	23. 5%	9. 4%	10. 8%
总计	100. 0%	100. 0%	100. 0%	100. 0%	100. 0%	100. 0%	100. 0%	100. 0%	100. 0%
列总计	2	2	15	41	18	21	17	32	148

Chi-square test：df = 7，卡方值为 7. 765，sig = 0. 354 > 0. 05，所以诸群体对于“您采取了哪些方式来解决医患纠纷？医学鉴定”的回答没有显著差异。

F45d by 诸群体

您采取了哪些方式来解决医患纠纷？司法诉讼 ＊诸群体 Crosstabulation

	官员	企业家	专业人员	工人	农民	企业员工	做小生意	无业/失业/下岗	总计
未选中		100. 0%	66. 7%	85. 4%	88. 9%	85. 7%	82. 4%	87. 5%	83. 1%
选中	100. 0%		33. 3%	14. 6%	11. 1%	14. 3%	17. 6%	12. 5%	16. 9%
总计	100. 0%	100. 0%	100. 0%	100. 0%	100. 0%	100. 0%	100. 0%	100. 0%	100. 0%
列总计	2	2	15	41	18	21	17	32	148

Chi-square test：df = 7，卡方值为 14. 260，sig = 0. 047 < 0. 05，所以诸群体对于“您采取了哪些方式来解决医患纠纷？司法诉讼”的回答有显著差异。

F45e by 诸群体

您采取了哪些方式来解决医患纠纷？寻求媒体曝光 ＊诸群体 Crosstabulation

	官员	企业家	专业人员	工人	农民	企业员工	做小生意	无业/失业/下岗	总计
未选中	50. 0%	100. 0%	93. 3%	87. 8%	100. 0%	90. 5%	82. 4%	93. 8%	90. 5%
选中	50. 0%		6. 7%	12. 2%		9. 5%	17. 6%	6. 3%	9. 5%
总计	100. 0%	100. 0%	100. 0%	100. 0%	100. 0%	100. 0%	100. 0%	100. 0%	100. 0%
列总计	2	2	15	41	18	21	17	32	148

Chi-square test：df = 7，卡方值为 8. 138，sig = 0. 321 > 0. 05，所以诸群体对于“您采取了哪些方式来解决医患纠纷？寻求媒体曝光”的回答没有显著差异。

F45f by 诸群体

您采取了哪些方式来解决医患纠纷？信访 ＊诸群体 Crosstabulation

	官员	企业家	专业人员	工人	农民	企业员工	做小生意	无业/失业/下岗	总计
未选中	50. 0%	100. 0%	86. 7%	97. 6%	100. 0%	95. 2%	100. 0%	90. 6%	94. 6%

续表

	官员	企业家	专业人员	工人	农民	企业员工	做小生意	无业/失业/下岗	总计
选中	50.0%		13.3%	2.4%		4.8%		9.4%	5.4%
总计	100.0%	100.0%	100.0%	100.0%	100.0%	100.0%	100.0%	100.0%	100.0%
列总计	2	2	15	41	18	21	17	32	148

Chi-square test：df = 7，卡方值为 13.445，sig = 0.062 > 0.05，所以诸群体对于“您采取了哪些方式来解决医患纠纷？信访”的回答没有显著差异。

F45g by 诸群体

您采取了哪些方式来解决医患纠纷？寻求第三方医疗纠纷调解委员会调解 * 诸群体 Crosstabulation

	官员	企业家	专业人员	工人	农民	企业员工	做小生意	无业/失业/下岗	总计
未选中	100.0%	100.0%	93.3%	90.2%	88.9%	90.5%	82.4%	81.3%	87.8%
选中			6.7%	9.8%	11.1%	9.5%	17.6%	18.8%	12.2%
总计	100.0%	100.0%	100.0%	100.0%	100.0%	100.0%	100.0%	100.0%	100.0%
列总计	2	2	15	41	18	21	17	32	148

Chi-square test：df = 7，卡方值为 3.134，sig = 0.872 > 0.05，所以诸群体对于“您采取了哪些方式来解决医患纠纷？寻求第三方医疗纠纷调解委员会调解”的回答没有显著差异。

F45h by 诸群体

您采取了哪些方式来解决医患纠纷？直接找医生或医院算账 * 诸群体 Crosstabulation

	官员	企业家	专业人员	工人	农民	企业员工	做小生意	无业/失业/下岗	总计
未选中	100.0%	100.0%	86.7%	80.5%	72.2%	76.2%	76.5%	84.4%	80.4%
选中			13.3%	19.5%	27.8%	23.8%	23.5%	15.6%	19.6%
总计	100.0%	100.0%	100.0%	100.0%	100.0%	100.0%	100.0%	100.0%	100.0%
列总计	2	2	15	41	18	21	17	32	148

Chi-square test：df = 7，卡方值为 2.837，sig = 0.900 > 0.05，所以诸群体对于“您采取了哪些方式来解决医患纠纷？直接找医生或医院算账”的回答没有显著差异。

F46 by 诸群体

某些患者会在手术前给医生红包，您认为送红包的主要理由是 * 诸群体 Crosstabulation

	官员	企业家	专业人员	工人	农民	企业员工	做小生意	无业/失业/下岗	总计
不相信医生能平等地对待每个病人，送红包能提高关注度，必须送	20.6%	25.8%	31.1%	24.6%	28.1%	27.1%	26.2%	30.9%	27.0%
医生很辛苦，送红包是表示尊敬和感谢	9.5%	16.1%	9.1%	9.3%	6.3%	11.7%	11.2%	8.9%	9.3%
大家都送，我不送会吃亏，不送心里不踏实	20.6%	19.4%	27.8%	21.8%	19.9%	21.6%	20.9%	15.8%	20.7%
送红包能让医生对我更用心，但我不会这么做	22.2%	22.6%	18.7%	20.5%	17.0%	22.5%	19.8%	26.7%	21.0%
大家都送红包，事实上无助于提高治疗效果，我不会这么做	22.2%	16.1%	12.4%	16.3%	17.3%	14.9%	14.6%	11.8%	15.3%
想送，但我没有能力送	4.8%		1.0%	7.5%	11.3%	2.2%	7.4%	6.0%	6.7%
总计	100.0%	100.0%	100.0%	100.0%	100.0%	100.0%	100.0%	100.0%	100.0%
列总计	63	31	209	1329	693	579	474	619	3997

Chi-square test：df = 35，卡方值为 116.880，sig = 0.000 < 0.05，所以诸群体对于“某些患者会在手术前给医生红包，您认为送红包的主要理由是”的回答有显著差异。

G1 by 诸群体

和前几年相比，您认为目前我国官员腐败现象有什么变化 * 诸群体 Crosstabulation

	官员	企业家	专业人员	工人	农民	企业员工	做小生意	无业/失业/下岗	总计
有很大改善	17.6%	12.1%	18.9%	10.8%	11.0%	12.9%	13.5%	11.7%	12.2%
有较大改善	70.6%	75.8%	62.6%	63.8%	60.0%	66.7%	61.8%	63.6%	63.4%
没什么变化	8.8%	12.1%	16.2%	21.8%	25.3%	17.4%	18.8%	20.5%	20.7%
更加恶化			2.3%	3.2%	2.8%	2.2%	4.9%	3.3%	3.1%
其他	2.9%			0.4%	0.8%	0.7%	1.1%	0.8%	0.7%
总计	100.0%	100.0%	100.0%	100.0%	100.0%	100.0%	100.0%	100.0%	100.0%

续表

	官员	企业家	专业人员	工人	农民	企业员工	做小生意	无业/失业/下岗	总计
列总计	68	33	222	1376	718	580	474	605	4076

Chi-square test：df = 28，卡方值为 58.694，sig = 0.001 < 0.05，所以诸群体对于“和前几年相比，您认为目前我国官员腐败现象有什么变化”的回答有显著差异。

G2a by 诸群体

您认为干部当官的目的是？为国家与社会做贡献 ＊诸群体 Crosstabulation

	官员	企业家	专业人员	工人	农民	企业员工	做小生意	无业/失业/下岗	总计
未选中	64.2%	55.9%	60.2%	70.3%	69.9%	62.9%	70.0%	68.5%	68.1%
选中	35.8%	44.1%	39.8%	29.7%	30.1%	37.1%	30.0%	31.5%	31.9%
总计	100.0%	100.0%	100.0%	100.0%	100.0%	100.0%	100.0%	100.0%	100.0%
列总计	67	34	226	1393	737	598	484	629	4168

Chi-square test：df = 7，卡方值为 21.859，sig = 0.003 < 0.05，所以诸群体对于“认为干部当官的目的是？为国家与社会做贡献”的回答有显著差异。

G2b by 诸群体

您认为干部当官的目的是？为人民服务，为百姓做好事做实事 ＊诸群体 Crosstabulation

	官员	企业家	专业人员	工人	农民	企业员工	做小生意	无业/失业/下岗	总计
未选中	31.3%	38.2%	47.3%	53.8%	55.6%	44.1%	55.4%	51.7%	51.8%
选中	68.7%	61.8%	52.7%	46.2%	44.4%	55.9%	44.6%	48.3%	48.2%
总计	100.0%	100.0%	100.0%	100.0%	100.0%	100.0%	100.0%	100.0%	100.0%
列总计	67	34	226	1393	737	598	484	629	4168

Chi-square test：df = 7，卡方值为 38.525，sig = 0.000 < 0.05，所以诸群体对于“认为干部当官的目的是？为人民服务，为百姓做好事做实事”的回答有显著差异。

G2c by 诸群体

您认为干部当官的目的是？为家庭增光，光宗耀祖 ＊诸群体 Crosstabulation

	官员	企业家	专业人员	工人	农民	企业员工	做小生意	无业/失业/下岗	总计
未选中	71.6%	67.6%	62.8%	64.8%	65.7%	67.6%	67.1%	76.3%	67.4%

续表

	官员	企业家	专业人员	工人	农民	企业员工	做小生意	无业/失业/下岗	总计
选中	28.4%	32.4%	37.2%	35.2%	34.3%	32.4%	32.9%	23.7%	32.6%
总计	100.0%	100.0%	100.0%	100.0%	100.0%	100.0%	100.0%	100.0%	100.0%
列总计	67	34	226	1393	737	598	484	629	4168

Chi-square test：df = 7，卡方值为 30.657，sig = 0.000 < 0.05，所以诸群体对于“认为干部当官的目的是？为家庭增光，光宗耀祖”的回答有显著差异。

G2d by 诸群体

您认为干部当官的目的是？为自己升官发财 * 诸群体 Crosstabulation

	官员	企业家	专业人员	工人	农民	企业员工	做小生意	无业/失业/下岗	总计
未选中	79.1%	55.9%	59.7%	44.5%	44.6%	58.5%	48.6%	53.4%	49.8%
选中	20.9%	44.1%	40.3%	55.5%	55.4%	41.5%	51.4%	46.6%	50.2%
总计	100.0%	100.0%	100.0%	100.0%	100.0%	100.0%	100.0%	100.0%	100.0%
列总计	67	34	226	1393	737	598	484	629	4168

Chi-square test：df = 7，卡方值为 77.708，sig = 0.000 < 0.05，所以诸群体对于“认为干部当官的目的是？为自己升官发财”的回答有显著差异。

G2e by 诸群体

您认为干部当官的目的是？没特殊目的，一个稳定而待遇高的职业而已 * 诸群体 Crosstabulation

	官员	企业家	专业人员	工人	农民	企业员工	做小生意	无业/失业/下岗	总计
未选中	70.1%	79.4%	78.3%	80.8%	78.7%	78.6%	76.9%	81.6%	79.4%
选中	29.9%	20.6%	21.7%	19.2%	21.3%	21.4%	23.1%	18.4%	20.6%
总计	100.0%	100.0%	100.0%	100.0%	100.0%	100.0%	100.0%	100.0%	100.0%
列总计	67	34	226	1393	737	598	484	629	4168

Chi-square test：df = 7，卡方值为 9.414，sig = 0.224 > 0.05，所以诸群体对于“认为干部当官的目的是？没特殊目的，一个稳定而待遇高的职业而已”的回答没有显著差异。

G2f by 诸群体

您认为干部当官的目的是？其他 ＊诸群体 Crosstabulation

	官员	企业家	专业人员	工人	农民	企业员工	做小生意	无业/失业/下岗	总计
未选中	100.0%	100.0%	98.7%	99.9%	99.9%	99.8%	99.8%	99.5%	99.7%
选中			1.3%	0.1%	0.1%	0.2%	0.2%	0.5%	0.3%
总计	100.0%	100.0%	100.0%	100.0%	100.0%	100.0%	100.0%	100.0%	100.0%
列总计	67	34	226	1393	737	598	484	629	4168

Chi-square test：df=7，卡方值为12.563，sig=0.084>0.05，所以诸群体对于“认为干部当官的目的是？其他”的回答没有显著差异。

G3 by 诸群体

与前几年相比，您对政府官员的信任度有什么变化 ＊诸群体 Crosstabulation

	官员	企业家	专业人员	工人	农民	企业员工	做小生意	无业/失业/下岗	总计
信任度提高了	55.9%	44.1%	48.5%	40.4%	38.2%	44.3%	43.4%	41.4%	41.7%
更加不信任	5.9%	5.9%	8.3%	8.3%	9.1%	8.1%	11.2%	8.2%	8.7%
没什么变化	38.2%	50.0%	43.2%	51.0%	52.7%	47.2%	45.4%	50.1%	49.4%
其他				0.3%		0.3%		0.3%	0.2%
总计	100.0%	100.0%	100.0%	100.0%	100.0%	100.0%	100.0%	100.0%	100.0%
列总计	68	34	229	1456	788	614	498	655	4342

Chi-square test：df=21，卡方值为28.641，sig=0.123>0.05，所以诸群体对于“与前几年相比，您对政府官员的信任度有什么变化”的回答没有显著差异。

G4 by 诸群体

在生活中或媒体上看到政府官员时，您首先想到的是 ＊诸群体 Crosstabulation

	官员	企业家	专业人员	工人	农民	企业员工	做小生意	无业/失业/下岗	总计
公仆，为老百姓谋福利	36.8%	17.6%	22.5%	14.1%	17.4%	23.5%	17.9%	18.9%	18.0%
官僚，根本不了解我们的情况	13.2%	32.4%	20.7%	21.4%	17.8%	19.6%	20.3%	18.3%	19.8%
有权有势的人	20.6%	11.8%	23.3%	29.2%	28.0%	22.2%	29.3%	28.4%	27.3%
有本事的人	10.3%	2.9%	10.6%	7.6%	9.8%	11.6%	8.2%	10.9%	9.3%

续表

	官员	企业家	专业人员	工人	农民	企业员工	做小生意	无业/失业/下岗	总计
领导，决定我们命运的人	8.8%	11.8%	9.7%	9.6%	10.8%	8.0%	9.4%	7.1%	9.2%
贪官	2.9%	11.8%	6.2%	10.0%	7.6%	7.4%	8.0%	8.9%	8.5%
惹不起，但躲得起的人		2.9%	1.8%	2.8%	4.2%	1.5%	2.0%	2.5%	2.6%
遇到大事可以信任的人	2.9%	5.9%	2.6%	3.2%	3.9%	3.8%	3.2%	3.4%	3.4%
其他	4.4%	2.9%	2.6%	2.0%	0.5%	2.5%	1.6%	1.7%	1.8%
总计	100.0%	100.0%	100.0%	100.0%	100.0%	100.0%	100.0%	100.0%	100.0%
列总计	68	34	227	1453	787	612	498	651	4330

Chi-square test：df = 56，卡方值为 120.063，sig = 0.000 < 0.05，所以诸群体对于“在生活中或媒体上看到政府官员时，您首先想到的是”的回答有显著差异。

G5 by 诸群体

您觉得当前我国政府官员道德问题最严重的是 * 诸群体 Crosstabulation

	官员	企业家	专业人员	工人	农民	企业员工	做小生意	无业/失业/下岗	总计
贪污受贿	42.9%	58.8%	52.8%	59.8%	57.5%	46.1%	57.2%	61.5%	56.8%
以权谋私	60.3%	76.5%	62.8%	67.5%	73.1%	63.5%	66.5%	62.0%	66.7%
生活作风腐败	31.7%	47.1%	34.4%	34.6%	35.7%	35.4%	40.9%	28.6%	34.8%
官僚主义	23.8%	17.6%	23.4%	18.2%	21.9%	22.6%	18.2%	15.8%	19.5%
平庸，不作为，只保护自己不解决实际问题	38.1%	23.5%	40.4%	35.2%	34.0%	38.4%	37.9%	39.7%	36.7%
乱作为，搞政绩工程折腾百姓	28.6%	20.6%	31.2%	24.6%	22.2%	34.8%	20.8%	14.3%	24.0%
铺张浪费	7.9%	2.9%	13.8%	11.6%	12.4%	14.2%	11.4%	10.7%	12.0%
拉帮结派	11.1%	5.9%	7.3%	9.7%	9.9%	9.1%	10.0%	8.0%	9.3%
骄横跋扈，欺压百姓	4.8%	8.8%	5.5%	5.8%	5.6%	7.9%	6.1%	4.6%	5.9%
列总计	63	34	218	1397	717	584	472	615	4100

据上表所示，诸群体对于“您觉得当前我国政府官员最严重的道德问题”的回答有显著差异。

G6 by 诸群体

政府在制定政策和决策时充分考虑到伦理道德方面的要求了吗 ＊诸群体 Crosstabulation

	官员	企业家	专业人员	工人	农民	企业员工	做小生意	无业/失业/下岗	总计
有考虑，能够从日常生活中感受到	38.2%	41.2%	39.3%	28.5%	31.6%	34.6%	33.3%	38.3%	32.8%
有考虑，能够从政策文件中体会到	36.8%	35.3%	28.8%	28.9%	30.3%	33.4%	28.1%	29.6%	30.0%
只是口头上说说，没有实质性行动	17.6%	23.5%	22.7%	32.2%	28.4%	24.4%	29.3%	26.4%	28.4%
没有考虑，政策制度都是从自己的政绩和富人的利益着想	4.4%		9.2%	10.3%	9.5%	7.0%	8.7%	5.2%	8.5%
其他	2.9%			0.1%	0.1%	0.5%	0.6%	0.5%	0.3%
总计	100.0%	100.0%	100.0%	100.0%	100.0%	100.0%	100.0%	100.0%	100.0%
列总计	68	34	229	1440	768	610	495	632	4276

Chi-square test：df = 28，卡方值为 84.255，sig = 0.000 < 0.05，所以诸群体对于“政府在制定政策和决策时充分考虑到伦理道德方面的要求了吗”的回答有显著差异。

G7a by 诸群体

残疾人、留守儿童、孤寡老人等弱势群体需要来自全社会的关爱与帮助，您认为本地区做得怎么样？社区提供的服务 ＊诸群体 Crosstabulation

	官员	企业家	专业人员	工人	农民	企业员工	做小生意	无业/失业/下岗	总计
很好	11.1%	16.7%	10.1%	6.1%	4.2%	11.3%	5.9%	10.7%	7.5%
比较好	79.4%	63.3%	71.0%	71.8%	74.0%	73.3%	69.2%	69.9%	71.8%
不太好	7.9%	20.0%	17.5%	21.0%	20.8%	14.0%	24.1%	18.2%	19.5%
很差	1.6%		1.4%	1.1%	1.0%	1.4%	0.8%	1.3%	1.2%
总计	100.0%	100.0%	100.0%	100.0%	100.0%	100.0%	100.0%	100.0%	100.0%
列总计	63	30	217	1397	765	591	478	628	4169

Chi-square test：df = 21，卡方值为 68.354，sig = 0.000 < 0.05，所以诸群体对于“残疾人、留守儿童、孤寡老人等弱势群体需要来自全社会的关爱与帮助，您认为本地区做得怎么样？社区提供的服务”的回答有显著差异。

G7b by 诸群体

残疾人、留守儿童、孤寡老人等弱势群体需要来自全社会的关爱与帮助，您认为本地区做得怎么样？周围人的尊重和关爱 ＊诸群体 Crosstabulation

	官员	企业家	专业人员	工人	农民	企业员工	做小生意	无业/失业/下岗	总计
很好	16.7%	12.5%	9.0%	10.0%	10.2%	10.5%	7.8%	12.5%	10.3%

续表

	官员	企业家	专业人员	工人	农民	企业员工	做小生意	无业/失业/下岗	总计
比较好	68.2%	68.8%	74.9%	71.2%	74.5%	75.8%	75.9%	73.8%	73.5%
不太好	13.6%	18.8%	14.3%	18.2%	13.8%	13.0%	14.3%	12.3%	15.1%
很差	1.5%		1.8%	0.6%	1.5%	0.7%	2.0%	1.4%	1.1%
总计	100.0%	100.0%	100.0%	100.0%	100.0%	100.0%	100.0%	100.0%	100.0%
列总计	66	32	223	1425	776	599	490	640	4251

Chi-square test：df = 21，卡方值为 38.903，sig = 0.010 < 0.05，所以诸群体对于“残疾人、留守儿童、孤寡老人等弱势群体需要来自全社会的关爱与帮助，您认为本地区做得怎么样？周围人的尊重和关爱”的回答有显著差异。

G7c by 诸群体

残疾人、留守儿童、孤寡老人等弱势群体需要来自全社会的关爱与帮助，您认为本地区做得怎么样？社会服务机构提供专业化服务 ＊诸群体 Crosstabulation

	官员	企业家	专业人员	工人	农民	企业员工	做小生意	无业/失业/下岗	总计
很好	10.0%	3.6%	11.3%	8.9%	8.8%	11.4%	9.2%	9.7%	9.5%
比较好	65.0%	64.3%	50.7%	55.6%	55.8%	56.7%	53.1%	57.6%	55.7%
不太好	23.3%	32.1%	31.5%	30.3%	29.7%	28.5%	31.9%	26.6%	29.6%
很差	1.7%		6.6%	5.2%	5.7%	3.3%	5.9%	6.1%	5.2%
总计	100.0%	100.0%	100.0%	100.0%	100.0%	100.0%	100.0%	100.0%	100.0%
列总计	60	28	213	1324	703	568	458	578	3932

Chi-square test：df = 21，卡方值为 21.237，sig = 0.445 > 0.05，所以诸群体对于“残疾人、留守儿童、孤寡老人等弱势群体需要来自全社会的关爱与帮助，您认为本地区做得怎么样？社会服务机构提供专业化服务”的回答没有显著差异。

G7d by 诸群体

残疾人、留守儿童、孤寡老人等弱势群体需要来自全社会的关爱与帮助，您认为本地区做得怎么样？政府实施的社会援助 ＊诸群体 Crosstabulation

	官员	企业家	专业人员	工人	农民	企业员工	做小生意	无业/失业/下岗	总计
很好	15.9%	19.4%	13.9%	9.8%	8.3%	13.3%	7.5%	9.1%	10.0%
比较好	66.7%	64.5%	54.1%	60.2%	63.2%	62.7%	59.0%	62.0%	61.0%
不太好	14.3%	12.9%	28.7%	27.5%	24.3%	20.7%	28.9%	25.3%	25.6%
很差	3.2%	3.2%	3.3%	2.6%	4.1%	3.4%	4.6%	3.6%	3.4%
总计	100.0%	100.0%	100.0%	100.0%	100.0%	100.0%	100.0%	100.0%	100.0%
列总计	63	31	209	1333	699	565	456	584	3940

Chi-square test：df = 21，卡方值为 44.607，sig = 0.002 < 0.05，所以诸群体对于“残疾人、留守儿童、孤寡老人等弱势群体需要来自全社会的关爱与帮助，您认为本地区做得怎么样？政府实施的社会援助”的回答有显著差异。

G7e by 诸群体

残疾人、留守儿童、孤寡老人等弱势群体需要来自全社会的关爱与帮助，您认为本地区做得怎么样？公益与慈善事业 ＊诸群体 Crosstabulation

	官员	企业家	专业人员	工人	农民	企业员工	做小生意	无业/失业/下岗	总计
很好	13.1%	12.9%	10.3%	8.3%	7.7%	11.8%	8.6%	8.4%	9.0%
比较好	60.7%	64.5%	56.2%	60.6%	64.1%	60.3%	59.0%	63.4%	61.2%
不太好	18.0%	22.6%	28.1%	27.3%	23.5%	23.9%	29.6%	24.5%	25.8%
很差	8.2%		5.4%	3.8%	4.6%	4.0%	2.8%	3.7%	4.0%
总计	100.0%	100.0%	100.0%	100.0%	100.0%	100.0%	100.0%	100.0%	100.0%
列总计	61	31	203	1258	646	552	429	547	3727

Chi-square test：df = 21，卡方值为 26.826，sig = 0.177 > 0.05，所以诸群体对于“残疾人、留守儿童、孤寡老人等弱势群体需要来自全社会的关爱与帮助，您认为本地区做得怎么样？公益与慈善事业”的回答没有显著差异。

G7f by 诸群体

残疾人、留守儿童、孤寡老人等弱势群体需要来自全社会的关爱与帮助，您认为本地区做得怎么样？志愿者帮助 ＊诸群体 Crosstabulation

	官员	企业家	专业人员	工人	农民	企业员工	做小生意	无业/失业/下岗	总计
很好	11.7%	12.5%	11.4%	11.3%	6.8%	12.0%	10.9%	9.1%	10.3%
比较好	66.7%	68.8%	54.2%	59.7%	63.2%	63.7%	60.2%	64.3%	61.5%
不太好	15.0%	18.8%	29.9%	25.8%	25.5%	21.1%	26.3%	23.7%	24.8%
很差	6.7%		4.5%	3.3%	4.5%	3.3%	2.6%	2.9%	3.4%
总计	100.0%	100.0%	100.0%	100.0%	100.0%	100.0%	100.0%	100.0%	100.0%
列总计	60	32	201	1257	628	551	422	552	3703

Chi-square test：df = 21，卡方值为 32.178，sig = 0.056 > 0.05，所以诸群体对于“残疾人、留守儿童、孤寡老人等弱势群体需要来自全社会的关爱与帮助，您认为本地区做得怎么样？志愿者帮助”的回答没有显著差异。

G8 by 诸群体

现在有的地方建了“好人馆”“好人广场”“好人公园”，您认为有必要为好人树碑立传吗 ＊诸群体 Crosstabulation

	官员	企业家	专业人员	工人	农民	企业员工	做小生意	无业/失业/下岗	总计
很有必要，可以让更多的人知道他们、学习他们	78.5%	73.5%	76.4%	80.3%	84.1%	79.7%	83.5%	85.9%	81.8%

续表

	官员	企业家	专业人员	工人	农民	企业员工	做小生意	无业/失业/下岗	总计
可有可无	9.2%	8.8%	10.2%	11.2%	9.3%	10.9%	10.1%	9.8%	10.4%
没有必要	12.3%	17.6%	13.3%	8.5%	6.6%	9.4%	6.4%	4.3%	7.8%
总计	100.0%	100.0%	100.0%	100.0%	100.0%	100.0%	100.0%	100.0%	100.0%
列总计	65	34	225	1408	723	596	484	632	4167

Chi-square test：df = 14，卡方值为 36.181，sig = 0.001 < 0.05，所以诸群体对于“您认为有必要为好人树碑立传吗”的回答有显著差异。

G9 by 诸群体

党中央出台了一系列治国理政的新举措，给社会生活带来了什么变化 ＊诸群体 Crosstabulation

	官员	企业家	专业人员	工人	农民	企业员工	做小生意	无业/失业/下岗	总计
社会在向好的方面发展，对未来生活更有信心	75.0%	67.6%	63.8%	54.7%	57.8%	66.6%	58.2%	57.1%	58.6%
目前没看出有什么影响	14.7%	5.9%	15.7%	23.1%	19.0%	14.8%	22.3%	18.4%	19.7%
虽然出台了一些政策，感觉解决不了什么问题	8.8%	23.5%	17.9%	16.1%	13.9%	16.8%	13.1%	13.3%	15.1%
不关心这些，说不清楚	1.5%	2.9%	2.2%	6.1%	9.1%	1.6%	6.2%	11.2%	6.5%
其他			0.4%		0.1%	0.2%	0.2%		0.1%
总计	100.0%	100.0%	100.0%	100.0%	100.0%	100.0%	100.0%	100.0%	100.0%
列总计	68	34	229	1458	789	614	498	653	4343

Chi-square test：df = 28，卡方值为 119.384，sig = 0.000 < 0.05，所以诸群体对于“党中央出台了一系列治国理政的新举措，给社会生活带来了什么变化”的回答有显著差异。

G10a by 诸群体

以下政策措施对促进社会公平有效果吗？就业政策 ＊诸群体 Crosstabulation

	官员	企业家	专业人员	工人	农民	企业员工	做小生意	无业/失业/下岗	总计
有较大效果	18.5%	24.2%	11.5%	5.6%	6.2%	11.1%	8.7%	9.0%	8.0%
有点效果	60.0%	54.5%	67.9%	65.0%	68.8%	68.5%	64.6%	67.8%	66.5%

续表

	官员	企业家	专业人员	工人	农民	企业员工	做小生意	无业/失业/下岗	总计
没有效果	18.5%	21.2%	17.9%	27.4%	23.5%	18.2%	24.3%	21.6%	23.5%
更不公平	3.1%		2.8%	1.5%	1.3%	2.0%	2.2%	1.1%	1.6%
大大加剧了不公平				0.4%	0.1%	0.2%	0.2%	0.5%	0.3%
总计	100.0%	100.0%	100.0%	100.0%	100.0%	100.0%	100.0%	100.0%	100.0%
列总计	65	33	218	1370	693	588	461	569	3997

Chi-square test：df = 28，卡方值为 77.052，sig = 0.000 < 0.05，所以诸群体对于“以下政策措施对促进社会公平有效果吗？就业政策”的回答有显著差异。

G10b by 诸群体

以下政策措施对促进社会公平有效果吗？教育政策 ＊诸群体 Crosstabulation

	官员	企业家	专业人员	工人	农民	企业员工	做小生意	无业/失业/下岗	总计
有较大效果	18.5%	18.2%	17.3%	10.1%	8.5%	11.4%	10.3%	12.7%	11.0%
有点效果	66.2%	69.7%	61.4%	67.1%	73.8%	67.4%	67.4%	68.5%	68.3%
没有效果	10.8%	6.1%	15.0%	17.4%	14.5%	15.1%	16.2%	12.1%	15.3%
更不公平	3.1%	3.0%	5.9%	2.9%	1.8%	4.4%	4.4%	3.6%	3.4%
大大加剧了不公平	1.5%	3.0%	0.5%	2.4%	1.4%	1.7%	1.7%	3.0%	2.0%
总计	100.0%	100.0%	100.0%	100.0%	100.0%	100.0%	100.0%	100.0%	100.0%
列总计	65	33	220	1390	725	595	476	604	4108

Chi-square test：df = 28，卡方值为 58.079，sig = 0.001 < 0.05，所以诸群体对于“以下政策措施对促进社会公平有效果吗？教育政策”的回答有显著差异。

G10c by 诸群体

以下政策措施对促进社会公平有效果吗？医疗卫生政策 ＊诸群体 Crosstabulation

	官员	企业家	专业人员	工人	农民	企业员工	做小生意	无业/失业/下岗	总计
有较大效果	21.2%	12.5%	15.8%	10.5%	10.1%	14.4%	15.6%	13.3%	12.4%
有点效果	53.0%	59.4%	55.4%	58.5%	66.9%	60.3%	56.9%	64.8%	60.8%
没有效果	18.2%	15.6%	20.3%	23.4%	18.6%	19.5%	20.7%	15.6%	20.2%
更不公平	6.1%	9.4%	5.4%	4.7%	2.8%	3.3%	4.9%	2.4%	3.9%
大大加剧了不公平	1.5%	3.1%	3.2%	3.0%	1.6%	2.5%	1.8%	3.9%	2.6%

续表

	官员	企业家	专业人员	工人	农民	企业员工	做小生意	无业/失业/下岗	总计
总计	100.0%	100.0%	100.0%	100.0%	100.0%	100.0%	100.0%	100.0%	100.0%
列总计	66	32	222	1419	753	599	487	617	4195

Chi-square test：df = 28，卡方值为 68.776，sig = 0.000 < 0.05，所以诸群体对于“以下政策措施对促进社会公平有效果吗？医疗卫生政策”的回答有显著差异。

G10d by 诸群体

以下政策措施对促进社会公平有效果吗？低保政策 ＊诸群体 Crosstabulation

	官员	企业家	专业人员	工人	农民	企业员工	做小生意	无业/失业/下岗	总计
有较大效果	21.3%	20.0%	24.0%	11.4%	12.0%	15.6%	14.8%	13.8%	13.8%
有点效果	59.0%	60.0%	55.3%	59.1%	61.6%	63.1%	58.9%	64.8%	60.7%
没有效果	14.8%	13.3%	14.9%	22.8%	20.3%	15.6%	19.3%	14.2%	19.0%
更不公平	4.9%	3.3%	3.8%	4.0%	4.4%	3.9%	5.2%	5.1%	4.3%
大大加剧了不公平		3.3%	1.9%	2.7%	1.7%	1.8%	1.8%	2.1%	2.1%
总计	100.0%	100.0%	100.0%	100.0%	100.0%	100.0%	100.0%	100.0%	100.0%
列总计	61	30	208	1319	706	569	445	571	3909

Chi-square test：df = 28，卡方值为 62.577，sig = 0.000 < 0.05，所以诸群体对于“以下政策措施对促进社会公平有效果吗？低保政策”的回答有显著差异。

G10e by 诸群体

以下政策措施对促进社会公平有效果吗？房地产政策 ＊诸群体 Crosstabulation

	官员	企业家	专业人员	工人	农民	企业员工	做小生意	无业/失业/下岗	总计
有较大效果	14.3%	6.7%	10.4%	4.0%	3.8%	5.8%	3.9%	6.9%	5.2%
有点效果	41.3%	50.0%	40.3%	40.7%	52.0%	39.0%	43.1%	47.4%	43.5%
没有效果	25.4%	10.0%	30.3%	34.5%	30.6%	29.5%	32.4%	27.5%	31.3%
更不公平	4.8%	23.3%	11.4%	12.5%	9.5%	18.5%	11.8%	10.3%	12.5%
大大加剧了不公平	14.3%	10.0%	7.6%	8.3%	4.1%	7.2%	8.8%	7.9%	7.6%
总计	100.0%	100.0%	100.0%	100.0%	100.0%	100.0%	100.0%	100.0%	100.0%
列总计	63	30	211	1233	558	567	432	506	3600

Chi-square test：df = 28，卡方值为 104.080，sig = 0.000 < 0.05，所以诸群体对于“以下政策措施对促进社会公平有效果吗？房地产政策”的回答有显著差异。

G10f by 诸群体

以下政策措施对促进社会公平有效果吗？拆迁安置政策 ＊诸群体 Crosstabulation

	官员	企业家	专业人员	工人	农民	企业员工	做小生意	无业/失业/下岗	总计
有较大效果	14.8%	18.5%	12.1%	4.7%	5.3%	5.8%	7.1%	6.7%	6.2%
有点效果	55.7%	44.4%	47.7%	44.1%	49.8%	42.5%	45.6%	52.0%	46.4%
没有效果	13.1%	18.5%	22.6%	28.2%	27.6%	27.1%	25.2%	22.9%	26.2%
更不公平	4.9%	14.8%	10.6%	12.7%	12.2%	15.1%	14.7%	9.4%	12.5%
大大加剧了不公平	11.5%	3.7%	7.0%	10.3%	5.1%	9.5%	7.4%	9.1%	8.6%
总计	100.0%	100.0%	100.0%	100.0%	100.0%	100.0%	100.0%	100.0%	100.0%
列总计	61	27	199	1176	532	550	408	481	3434

Chi-square test：df = 28，卡方值为 76.499，sig = 0.000 < 0.05，所以诸群体对于“以下政策措施对促进社会公平有效果吗？拆迁安置政策”的回答有显著差异。

G11 by 诸群体

如果遭遇重大公共事件，您相信政府公布的信息和采取的措施吗 ＊诸群体 Crosstabulation

	官员	企业家	专业人员	工人	农民	企业员工	做小生意	无业/失业/下岗	总计
相信，大都是可靠的，比网络流传的可靠	83.8%	73.5%	72.8%	70.0%	72.0%	76.8%	68.6%	76.6%	72.6%
不相信，都是安抚百姓的策略措施	8.8%	17.6%	16.2%	16.1%	14.7%	12.9%	17.1%	8.6%	14.3%
将信将疑，走一步看一步	7.4%	8.8%	10.5%	13.9%	13.3%	10.1%	14.3%	14.8%	13.1%
其他			0.4%			0.2%			
总计	100.0%	100.0%	100.0%	100.0%	100.0%	100.0%	100.0%	100.0%	100.0%
列总计	68	34	228	1457	789	612	497	654	4339

Chi-square test：df = 21，卡方值为 52.228，sig = 0.000 < 0.05，所以诸群体对于“如果遭遇重大公共事件，您相信政府公布的信息和采取的措施吗”的回答有显著差异。

G12a by 诸群体

政府推动或倡导的下列活动效果如何？文明城市创建 ＊诸群体 Crosstabulation

	官员	企业家	专业人员	工人	农民	企业员工	做小生意	无业/失业/下岗	总计
完全没效果		2.9%	3.1%	1.7%	1.9%	2.5%	1.7%	1.6%	1.9%
效果较差	14.9%	17.6%	12.0%	14.9%	13.4%	10.4%	12.6%	14.4%	13.5%
效果较好	70.1%	55.9%	63.1%	67.9%	69.2%	61.5%	67.9%	68.2%	66.9%
效果很好	14.9%	23.5%	21.8%	15.5%	15.5%	25.5%	17.8%	15.7%	17.7%
总计	100.0%	100.0%	100.0%	100.0%	100.0%	100.0%	100.0%	100.0%	100.0%
列总计	67	34	225	1410	731	603	483	610	4163

Chi-square test：df = 21，卡方值为 48.298，sig = 0.001 < 0.05，所以诸群体对于“政府推动或倡导的下列活动效果如何？文明城市创建”的回答有显著差异。

G12b by 诸群体

政府推动或倡导的下列活动效果如何？学雷锋活动 ＊诸群体 Crosstabulation

	官员	企业家	专业人员	工人	农民	企业员工	做小生意	无业/失业/下岗	总计
完全没效果		6.1%	5.9%	2.1%	2.2%	3.1%	1.7%	2.6%	2.5%
效果较差	18.2%	12.1%	20.9%	20.5%	14.9%	18.2%	19.1%	19.5%	18.8%
效果较好	68.2%	63.6%	57.3%	65.0%	69.0%	62.2%	65.2%	64.5%	64.8%
效果很好	13.6%	18.2%	15.9%	12.5%	13.9%	16.5%	13.9%	13.4%	13.9%
总计	100.0%	100.0%	100.0%	100.0%	100.0%	100.0%	100.0%	100.0%	100.0%
列总计	66	33	220	1325	677	582	460	580	3943

Chi-square test：df = 21，卡方值为 35.833，sig = 0.023 < 0.05，所以诸群体对于“政府推动或倡导的下列活动效果如何？学雷锋活动”的回答有显著差异。

G12c by 诸群体

政府推动或倡导的下列活动效果如何？典型人物的宣传 ＊诸群体 Crosstabulation

	官员	企业家	专业人员	工人	农民	企业员工	做小生意	无业/失业/下岗	总计
完全没效果		3.1%	5.9%	1.9%	1.9%	2.2%	1.3%	1.9%	2.1%
效果较差	16.7%	18.8%	19.0%	22.0%	17.3%	13.1%	21.0%	17.9%	18.8%
效果较好	68.2%	53.1%	58.8%	58.7%	61.7%	61.8%	60.2%	65.1%	60.9%
效果很好	15.2%	25.0%	16.3%	17.5%	19.2%	22.8%	17.4%	15.1%	18.2%

续表

	官员	企业家	专业人员	工人	农民	企业员工	做小生意	无业/失业/下岗	总计
总计	100.0%	100.0%	100.0%	100.0%	100.0%	100.0%	100.0%	100.0%	100.0%
列总计	66	32	221	1260	637	587	447	570	3820

Chi-square test：df = 21，卡方值为 53.916，sig = 0.000 < 0.05，所以诸群体对于“政府推动或倡导的下列活动效果如何？典型人物的宣传”的回答有显著差异。

G12d by 诸群体

政府推动或倡导的下列活动效果如何？志愿服务的倡导和推广 ＊诸群体 Crosstabulation

	官员	企业家	专业人员	工人	农民	企业员工	做小生意	无业/失业/下岗	总计
完全没效果	3.0%		1.9%	2.0%	2.7%	2.1%	2.1%	1.5%	2.0%
效果较差	17.9%	15.6%	18.7%	21.1%	17.0%	14.5%	19.6%	19.3%	18.8%
效果较好	64.2%	68.8%	60.7%	59.3%	61.5%	62.5%	56.5%	61.5%	60.4%
效果很好	14.9%	15.6%	18.7%	17.6%	18.8%	20.8%	21.7%	17.7%	18.8%
总计	100.0%	100.0%	100.0%	100.0%	100.0%	100.0%	100.0%	100.0%	100.0%
列总计	67	32	214	1263	600	571	428	543	3718

Chi-square test：df = 21，卡方值为 21.505，sig = 0.429 > 0.05，所以诸群体对于“政府推动或倡导的下列活动效果如何？志愿服务的倡导和推广”的回答没有显著差异。

G12e by 诸群体

政府推动或倡导的下列活动效果如何？反腐倡廉的举措 ＊诸群体 Crosstabulation

	官员	企业家	专业人员	工人	农民	企业员工	做小生意	无业/失业/下岗	总计
完全没效果	4.4%		5.1%	4.3%	4.5%	3.1%	4.7%	4.3%	4.2%
效果较差	10.3%	17.6%	14.0%	22.0%	17.3%	16.5%	20.9%	17.4%	18.9%
效果较好	64.7%	58.8%	62.3%	56.1%	59.9%	57.4%	51.9%	61.8%	57.8%
效果很好	20.6%	23.5%	18.6%	17.6%	18.3%	23.0%	22.4%	16.4%	19.1%
总计	100.0%	100.0%	100.0%	100.0%	100.0%	100.0%	100.0%	100.0%	100.0%
列总计	68	34	215	1358	689	582	464	579	3989

Chi-square test：df = 21，卡方值为 39.700，sig = 0.008 < 0.05，所以诸群体对于“政府推动或倡导的下列活动效果如何？反腐倡廉的举措”的回答有显著差异。

G12f by 诸群体

政府推动或倡导的下列活动效果如何?《公民道德建设实施纲要》的推进 * 诸群体 Crosstabulation

	官员	企业家	专业人员	工人	农民	企业员工	做小生意	无业/失业/下岗	总计
完全没效果	1.6%	3.4%	5.3%	2.0%	1.6%	3.0%	1.1%	3.0%	2.3%
效果较差	14.1%	6.9%	13.8%	21.1%	18.4%	16.9%	18.5%	20.0%	18.9%
效果较好	75.0%	69.0%	61.9%	62.3%	64.4%	61.2%	62.7%	62.8%	62.8%
效果很好	9.4%	20.7%	19.0%	14.6%	15.6%	18.9%	17.7%	14.2%	15.9%
总计	100.0%	100.0%	100.0%	100.0%	100.0%	100.0%	100.0%	100.0%	100.0%
列总计	64	29	189	1145	550	534	367	465	3343

Chi-square test: df = 21, 卡方值为 35.094, sig = 0.028 < 0.05, 所以诸群体对于“政府推动或倡导的下列活动效果如何?《公民道德建设实施纲要》的推进”的回答有显著差异。

G13 by 诸群体

您对我们正在走的中国特色社会主义道路怎么看 * 诸群体 Crosstabulation

	官员	企业家	专业人员	工人	农民	企业员工	做小生意	无业/失业/下岗	总计
充满信心,因为它可以给中国带来繁荣富强	76.5%	52.9%	58.1%	48.9%	55.0%	60.4%	49.7%	53.8%	53.4%
不太了解,但相信这条路能够让老百姓都过上好日子	14.7%	38.2%	32.3%	38.1%	32.1%	29.8%	37.6%	32.4%	34.2%
表示怀疑,走这条路究竟怎么样,现在还说不清楚	7.4%	5.9%	9.2%	8.8%	6.7%	7.7%	9.3%	8.1%	8.2%
走什么样的路,跟我没关系	1.5%	2.9%	0.4%	4.2%	5.8%	2.0%	3.4%	5.4%	4.0%
其他					0.3%	0.2%		0.3%	0.1%
总计	100.0%	100.0%	100.0%	100.0%	100.0%	100.0%	100.0%	100.0%	100.0%
列总计	68	34	229	1453	787	614	497	652	4334

Chi-square test: df = 28, 卡方值为 76.925, sig = 0.000 < 0.05, 所以诸群体对于“您对我们正在走的中国特色社会主义道路怎么看”的回答有显著差异。

G14 by 诸群体

每个人都希望我们的国家越来越好，我们的生活越来越好。党的十八大提出，到 2020 年全面建成小康社会，到本世纪中叶建成社会主义现代化国家，您认为这样的目标能实现吗 ＊诸群体 Crosstabulation

	官员	企业家	专业人员	工人	农民	企业员工	做小生意	无业/失业/下岗	总计
相信一定能实现	58.8%	47.1%	47.8%	36.0%	43.6%	40.4%	39.2%	40.0%	40.0%
有困难，但只要努力还是能实现的	35.3%	50.0%	46.5%	53.2%	45.3%	54.6%	49.7%	46.4%	49.9%
不可能实现	2.9%		4.0%	3.2%	2.3%	2.8%	2.6%	4.2%	3.1%
说不清楚，跟我没关系	1.5%	2.9%	0.9%	7.6%	8.8%	2.1%	8.5%	9.3%	6.9%
其他	1.5%		0.9%	0.1%				0.2%	0.1%
总计	100.0%	100.0%	100.0%	100.0%	100.0%	100.0%	100.0%	100.0%	100.0%
列总计	68	34	226	1438	773	606	495	645	4285

Chi-square test：df = 28，卡方值为 110.977，sig = 0.000 < 0.05，所以诸群体对于“党的十八大提出，到 2020 年全面建成小康社会，到本世纪中叶建成社会主义现代化国家，您认为这样的目标能实现吗”的回答有显著差异。

G15 by 诸群体

您对您周围的党员干部道德状况怎么评价 ＊诸群体 Crosstabulation

	官员	企业家	专业人员	工人	农民	企业员工	做小生意	无业/失业/下岗	总计
总体还不错	76.1%	53.1%	53.7%	47.4%	50.8%	56.7%	51.7%	52.0%	51.4%
普遍比较差	6.0%	12.5%	17.9%	19.6%	18.7%	19.8%	20.5%	19.2%	19.1%
和普通群众没有太大差别	17.9%	34.4%	28.4%	33.1%	30.5%	23.5%	27.7%	28.8%	29.5%
总计	100.0%	100.0%	100.0%	100.0%	100.0%	100.0%	100.0%	100.0%	100.0%
列总计	67	32	218	1345	732	566	458	590	4008

Chi-square test：df = 14，卡方值为 40.428，sig = 0.000 < 0.05，所以诸群体对于“您对周围的党员干部道德状况怎么评价”的回答有显著差异。

G16 by 诸群体

您认为当前官员的勤政作为是怎样的 ＊诸群体 Crosstabulation

	官员	企业家	专业人员	工人	农民	企业员工	做小生意	无业/失业/下岗	总计
努力作为，成绩显著	46.2%	36.7%	27.4%	21.5%	19.6%	30.8%	23.5%	29.7%	24.9%

续表

	官员	企业家	专业人员	工人	农民	企业员工	做小生意	无业/失业/下岗	总计
努力作为，成绩一般	50.8%	50.0%	53.0%	54.0%	57.0%	49.1%	54.3%	51.4%	53.3%
行政不作为	1.5%	13.3%	14.0%	19.5%	18.7%	15.6%	17.6%	16.0%	17.4%
行政乱作为	1.5%		5.6%	5.0%	4.7%	4.5%	4.6%	2.9%	4.5%
总计	100.0%	100.0%	100.0%	100.0%	100.0%	100.0%	100.0%	100.0%	100.0%
列总计	65	30	215	1249	642	552	438	525	3716

Chi-square test：df = 21，卡方值为 67.740，sig = 0.000 < 0.05，所以诸群体对于“您认为当前官员的勤政作为是怎样的”的回答有显著差异。

G17 by 诸群体

您到政府部门办事，首先选择的方法是 ＊诸群体 Crosstabulation

	官员	企业家	专业人员	工人	农民	企业员工	做小生意	无业/失业/下岗	总计
找亲朋好友帮忙办理	9.0%	3.0%	14.3%	13.2%	11.4%	11.5%	12.8%	14.2%	12.6%
找政府中的熟人办理	22.4%	30.3%	30.9%	24.2%	23.3%	24.1%	28.2%	21.6%	24.5%
送红包			1.3%	0.9%	0.8%	0.7%	1.9%	1.0%	1.0%
直接找相关职能部门办理	68.7%	66.7%	53.4%	61.5%	64.4%	63.5%	56.4%	63.1%	61.7%
其他				0.2%	0.1%	0.2%	0.6%	0.2%	0.2%
总计	100.0%	100.0%	100.0%	100.0%	100.0%	100.0%	100.0%	100.0%	100.0%
列总计	67	33	223	1371	730	584	468	612	4088

Chi-square test：df = 28，卡方值为 34.318，sig = 0.191 > 0.05，所以诸群体对于“到政府部门办事，首先选择的方法是”的回答没有显著差异。

H1 by 诸群体

您认为近五年来，您所在地区政府的环境保护工作做得怎么样 ＊诸群体 Crosstabulation

	官员	企业家	专业人员	工人	农民	企业员工	做小生意	无业/失业/下岗	总计
片面注重经济发展，忽视了环境保护工作	16.7%	23.5%	20.8%	16.3%	14.3%	21.1%	18.0%	19.5%	17.7%
重视不够，环保投入不足	15.2%	20.6%	27.9%	28.1%	24.0%	31.4%	27.8%	17.0%	25.9%

续表

	官员	企业家	专业人员	工人	农民	企业员工	做小生意	无业/失业/下岗	总计
虽尽了努力，但效果不佳	13.6%	14.7%	12.8%	14.5%	15.0%	12.6%	17.4%	12.1%	14.2%
尽了很大努力，有一定成效	42.4%	20.6%	32.3%	33.8%	39.1%	27.7%	28.6%	40.7%	34.2%
取得了很大的成绩	12.1%	20.6%	6.2%	7.2%	7.5%	7.3%	8.3%	10.7%	8.1%
总计	100.0%	100.0%	100.0%	100.0%	100.0%	100.0%	100.0%	100.0%	100.0%
列总计	66	34	226	1383	718	589	472	619	4107

Chi-square test：df = 28，卡方值为 97.988，sig = 0.000 < 0.05，所以诸群体对于“您认为近五年来，所在地区政府的环境保护工作做得怎么样”的回答有显著差异。

H2a by 诸群体

在最近的一年里，您是否从事过？垃圾分类投放 ＊诸群体 Crosstabulation

	官员	企业家	专业人员	工人	农民	企业员工	做小生意	无业/失业/下岗	总计
从不	27.9%	35.3%	36.2%	46.8%	60.7%	31.8%	49.8%	34.7%	44.8%
偶尔	48.5%	38.2%	39.7%	38.6%	29.6%	47.6%	36.3%	40.5%	38.5%
经常	23.5%	26.5%	24.0%	14.5%	9.7%	20.6%	13.9%	24.8%	16.7%
总计	100.0%	100.0%	100.0%	100.0%	100.0%	100.0%	100.0%	100.0%	100.0%
列总计	68	34	229	1458	791	613	498	654	4345

Chi-square test：df = 14，卡方值为 199.728，sig = 0.000 < 0.05，所以诸群体对于“在最近的一年里，是否从事过？垃圾分类投放”的回答有显著差异。

H2b by 诸群体

在最近的一年里，您是否从事过？与自己的亲戚朋友讨论环保问题 ＊诸群体 Crosstabulation

	官员	企业家	专业人员	工人	农民	企业员工	做小生意	无业/失业/下岗	总计
从不	22.1%	35.3%	27.5%	48.5%	61.6%	32.5%	48.4%	39.5%	45.6%
偶尔	58.8%	35.3%	56.3%	41.6%	31.9%	48.1%	44.2%	49.3%	43.2%
经常	19.1%	29.4%	16.2%	9.9%	6.5%	19.4%	7.4%	11.1%	11.1%
总计	100.0%	100.0%	100.0%	100.0%	100.0%	100.0%	100.0%	100.0%	100.0%
列总计	68	34	229	1458	790	613	498	655	4345

Chi-square test：df = 14，卡方值为 229.570，sig = 0.000 < 0.05，所以诸群体对于“在最近的一年里，是否从事过？与自己的亲戚朋友讨论环保问题”的回答有显著差异。

H2c by 诸群体

在最近的一年里，您是否从事过？采购日常用品时自己带购物篮或购物袋 ＊诸群体 Crosstabulation

	官员	企业家	专业人员	工人	农民	企业员工	做小生意	无业/失业/下岗	总计
从不	20.6%	26.5%	13.5%	23.9%	30.8%	13.4%	23.1%	23.7%	23.0%
偶尔	41.2%	44.1%	48.0%	48.6%	46.5%	46.7%	44.9%	39.1%	45.9%
经常	38.2%	29.4%	38.4%	27.6%	22.8%	40.0%	32.0%	37.2%	31.2%
总计	100.0%	100.0%	100.0%	100.0%	100.0%	100.0%	100.0%	100.0%	100.0%
列总计	68	34	229	1458	790	613	497	654	4343

Chi-square test：df = 14，卡方值为 116.671，sig = 0.000 < 0.05，所以诸群体对于“在最近的一年里，是否从事过？采购日常用品时自己带购物篮或购物袋”的回答有显著差异。

H2d by 诸群体

在最近的一年里，您是否从事过？优先选择公交、步行等绿色出行方式 ＊诸群体 Crosstabulation

	官员	企业家	专业人员	工人	农民	企业员工	做小生意	无业/失业/下岗	总计
从不	14.7%	14.7%	11.8%	19.8%	24.7%	12.6%	17.7%	19.1%	18.8%
偶尔	41.2%	44.1%	39.3%	43.6%	39.2%	38.8%	41.2%	31.0%	39.7%
经常	44.1%	41.2%	48.9%	36.5%	36.1%	48.6%	41.2%	49.9%	41.5%
总计	100.0%	100.0%	100.0%	100.0%	100.0%	100.0%	100.0%	100.0%	100.0%
列总计	68	34	229	1456	790	611	498	655	4341

Chi-square test：df = 14，卡方值为 89.950，sig = 0.000 < 0.05，所以诸群体对于“在最近的一年里，是否从事过？优先选择公交、步行等绿色出行方式”的回答有显著差异。

H2e by 诸群体

在最近的一年里，您是否从事过？为环境保护捐款 ＊诸群体 Crosstabulation

	官员	企业家	专业人员	工人	农民	企业员工	做小生意	无业/失业/下岗	总计
从不	55.9%	47.1%	59.0%	78.7%	87.1%	59.2%	75.5%	69.3%	74.0%
偶尔	33.8%	38.2%	35.8%	17.9%	11.5%	34.3%	21.1%	25.2%	21.9%
经常	10.3%	14.7%	5.2%	3.4%	1.4%	6.5%	3.4%	5.5%	4.1%

续表

	官员	企业家	专业人员	工人	农民	企业员工	做小生意	无业/失业/下岗	总计
总计	100.0%	100.0%	100.0%	100.0%	100.0%	100.0%	100.0%	100.0%	100.0%
列总计	68	34	229	1455	788	612	498	654	4338

Chi-square test：df = 14，卡方值为 225.658，sig = 0.000 < 0.05，所以诸群体对于“在最近的一年里，是否从事过？为环境保护捐款”的回答有显著差异。

H2f by 诸群体

在最近的一年里，您是否从事过？主动关注环境方面的信息报道和宣传教育 * 诸群体 Crosstabulation

	官员	企业家	专业人员	工人	农民	企业员工	做小生意	无业/失业/下岗	总计
从不	42.6%	44.1%	55.0%	74.8%	81.0%	55.3%	75.1%	59.3%	69.1%
偶尔	44.1%	26.5%	31.0%	21.3%	15.2%	33.6%	21.7%	32.9%	24.6%
经常	13.2%	29.4%	14.0%	3.9%	3.8%	11.1%	3.2%	7.8%	6.3%
总计	100.0%	100.0%	100.0%	100.0%	100.0%	100.0%	100.0%	100.0%	100.0%
列总计	68	34	229	1457	790	613	498	654	4343

Chi-square test：df = 14，卡方值为 266.524，sig = 0.000 < 0.05，所以诸群体对于“在最近的一年里，是否从事过？主动关注环境方面的信息报道和宣传教育”的回答有显著差异。

H2g by 诸群体

在最近的一年里，您是否从事过？积极参加民间环保团体举办的环保活动 * 诸群体 Crosstabulation

	官员	企业家	专业人员	工人	农民	企业员工	做小生意	无业/失业/下岗	总计
从不	58.8%	52.9%	66.8%	82.9%	88.0%	69.2%	81.7%	69.1%	78.2%
偶尔	25.0%	29.4%	24.9%	14.0%	10.3%	26.1%	16.5%	25.1%	17.8%
经常	16.2%	17.6%	8.3%	3.1%	1.8%	4.7%	1.8%	5.8%	3.9%
总计	100.0%	100.0%	100.0%	100.0%	100.0%	100.0%	100.0%	100.0%	100.0%
列总计	68	34	229	1458	790	613	498	654	4344

Chi-square test：df = 14，卡方值为 207.183，sig = 0.468 >0.05，所以诸群体对于“在最近的一年里，是否从事过？积极参加民间环保团体举办的环保活动”的回答没有显著差异。

H2h by 诸群体

在最近的一年里，您是否从事过？积极参加要求解决环境问题的投诉、上诉＊诸群体 Crosstabulation

	官员	企业家	专业人员	工人	农民	企业员工	做小生意	无业/失业/下岗	总计
从不	66.2%	58.8%	78.2%	85.8%	89.6%	73.9%	86.5%	72.4%	82.0%
偶尔	20.6%	29.4%	16.6%	11.6%	9.1%	22.8%	12.4%	22.1%	15.0%
经常	13.2%	11.8%	5.2%	2.6%	1.3%	3.3%	1.0%	5.5%	3.1%
总计	100.0%	100.0%	100.0%	100.0%	100.0%	100.0%	100.0%	100.0%	100.0%
列总计	68	34	229	1456	789	613	498	653	4340

Chi-square test：df = 14，卡方值为 174.747，sig = 0.000 < 0.05，所以诸群体对于“在最近的一年里，是否从事过？积极参加要求解决环境问题的投诉、上诉”的回答有显著差异。

H3 by 诸群体

如果您的周围有一片森林，政府将成材的树林砍伐下来办木材厂，将极大提高您的收入，但将破坏环境，您会支持这一决定吗 ＊诸群体 Crosstabulation

	官员	企业家	专业人员	工人	农民	企业员工	做小生意	无业/失业/下岗	总计
支持，对大家有好处	13.2%	11.8%	9.6%	8.0%	8.1%	7.5%	12.3%	8.3%	8.7%
反对，这是发子孙财，破坏生态	72.1%	76.5%	71.2%	71.1%	65.6%	75.6%	68.0%	69.7%	70.2%
不支持也不反对，政府决定	14.7%	11.8%	18.8%	20.8%	26.1%	16.9%	19.7%	22.1%	21.0%
其他			0.4%	0.1%	0.1%				0.1%
总计	100.0%	100.0%	100.0%	100.0%	100.0%	100.0%	100.0%	100.0%	100.0%
列总计	68	34	229	1458	788	614	497	653	4341

Chi-square test：df = 14，卡方值为 41.202，sig = 0.005 < 0.05，所以诸群体对于“如果您的周围有一片森林，政府将成材的树林砍伐下来办木材厂，将极大提高您的收入，但将破坏环境，您会支持这一决定吗”的回答有显著差异。

H4 by 诸群体

如果要办一个化工厂，您是这个厂的持股职工，化工厂的排污管将未经处理的污水排向下游地区，给下游地区造成污染，您会支持这个决定吗 ＊诸群体 Crosstabulation

	官员	企业家	专业人员	工人	农民	企业员工	做小生意	无业/失业/下岗	总计
支持，我们不会受污染	8.8%	8.8%	7.0%	6.7%	7.4%	5.6%	8.0%	6.0%	6.8%

续表

	官员	企业家	专业人员	工人	农民	企业员工	做小生意	无业/失业/下岗	总计
反对，这是嫁祸于人	82.4%	79.4%	79.5%	76.0%	70.7%	81.4%	70.6%	81.4%	76.3%
不支持也不反对，成了可分红，不成是领导的责任	8.8%	11.8%	13.5%	17.2%	22.0%	13.1%	21.3%	12.3%	16.8%
其他				0.1%				0.3%	0.1%
总计	100.0%	100.0%	100.0%	100.0%	100.0%	100.0%	100.0%	100.0%	100.0%
列总计	68	34	229	1456	788	612	497	652	4336

Chi-square test：df = 21，卡方值为 56.342，sig = 0.000 < 0.05，所以诸群体对于“如果要办一个化工厂，您是这个厂的持股职工，化工厂的排污管将未经处理的污水排向下游地区，给下游地区造成污染，您会支持这个决定吗”的回答有显著差异。

H5 by 诸群体

您认为造成生态环境问题的最主要原因是 ＊诸群体 Crosstabulation

	官员	企业家	专业人员	工人	农民	企业员工	做小生意	无业/失业/下岗	总计
企业唯利是图，造成环境污染	27.9%	23.5%	34.5%	32.3%	31.7%	31.9%	31.5%	35.0%	32.4%
政府缺乏生态意识，政策失当	29.4%	35.3%	37.1%	32.9%	28.9%	36.2%	32.3%	28.5%	32.1%
个人缺乏环保意识	19.1%	11.8%	14.0%	17.7%	19.3%	14.2%	21.4%	19.5%	18.0%
当代人自私自利，不顾未来和子孙利益	22.1%	26.5%	14.0%	16.3%	19.7%	17.1%	14.5%	16.3%	16.9%
其他	1.5%	2.9%	0.4%	0.8%	0.4%	0.7%	0.4%	0.8%	0.6%
总计	100.0%	100.0%	100.0%	100.0%	100.0%	100.0%	100.0%	100.0%	100.0%
列总计	68	34	229	1457	786	614	496	652	4336

Chi-square test：df = 28，卡方值为 41.715，sig = 0.046 < 0.05，所以诸群体对于“您认为造成生态环境问题的最主要原因是”的回答有显著差异。

H6 by 诸群体

如果环境保护主管部门邀请您参加座谈会或听证会，听取对环境保护相关事项或者活动的意见和建议，您是否会出席 ＊诸群体 Crosstabulation

	官员	企业家	专业人员	工人	农民	企业员工	做小生意	无业/失业/下岗	总计
会	85.9%	82.8%	77.5%	63.6%	62.5%	74.9%	60.8%	76.4%	67.9%

续表

	官员	企业家	专业人员	工人	农民	企业员工	做小生意	无业/失业/下岗	总计
不会	14.1%	17.2%	22.5%	36.4%	37.5%	25.1%	39.2%	23.6%	32.1%
总计	100.0%	100.0%	100.0%	100.0%	100.0%	100.0%	100.0%	100.0%	100.0%
列总计	64	29	209	1294	693	561	439	597	3886

Chi-square test：df = 7，卡方值为 83.995，sig = 0.000 < 0.05，所以诸群体对于“如果环境保护主管部门邀请您参加座谈会或听证会，您是否会出席”的回答有显著差异。

H7 by 诸群体

若您所在社区参加“绿色社区”创建活动，您是否会积极参与 * 诸群体 Crosstabulation

	官员	企业家	专业人员	工人	农民	企业员工	做小生意	无业/失业/下岗	总计
会	81.0%	83.3%	84.8%	70.1%	66.6%	81.0%	68.3%	80.7%	73.5%
不会	19.0%	16.7%	15.2%	29.9%	33.4%	19.0%	31.7%	19.3%	26.5%
总计	100.0%	100.0%	100.0%	100.0%	100.0%	100.0%	100.0%	100.0%	100.0%
列总计	63	30	210	1289	695	558	438	592	3875

Chi-square test：df = 7，卡方值为 79.996，sig = 0.000 < 0.05，所以诸群体对于“若所在社区参加‘绿色社区’创建活动，您是否会积极参与”的回答有显著差异。

I1 by 诸群体

如果您周围有很多外国人，您愿意和他们建立什么样的关系 * 诸群体 Crosstabulation

	官员	企业家	专业人员	工人	农民	企业员工	做小生意	无业/失业/下岗	总计
愿意做朋友	58.8%	55.9%	57.2%	35.6%	29.4%	52.4%	38.6%	46.5%	40.5%
愿意做兄弟姐妹	7.4%		5.7%	4.5%	3.4%	5.4%	6.8%	2.6%	4.5%
不愿意来往，得提防他们	1.5%	8.8%	2.2%	3.4%	3.6%	1.0%	2.2%	4.0%	3.0%
偶尔交往，仅限于礼节性的	17.6%	17.6%	19.7%	15.8%	10.4%	18.9%	16.5%	11.5%	14.9%
无法和他们来往，存在语言、文化、习俗等障碍	14.7%	17.6%	15.3%	40.3%	53.2%	21.7%	35.8%	34.9%	36.8%
其他				0.3%		0.7%		0.6%	0.3%

续表

	官员	企业家	专业人员	工人	农民	企业员工	做小生意	无业/失业/下岗	总计
总计	100. 0%	100. 0%	100. 0%	100. 0%	100. 0%	100. 0%	100. 0%	100. 0%	100. 0%
列总计	68	34	229	1458	788	614	497	654	4342

Chi-square test：df = 35，卡方值为 300. 008，sig = 0. 000 < 0. 05，所以诸群体对于“如果周围有很多外国人，您愿意和他们建立什么样的关系”的回答有显著差异。

I2 by 诸群体

您更愿意过春节还是圣诞节 ＊诸群体 Crosstabulation

	官员	企业家	专业人员	工人	农民	企业员工	做小生意	无业/失业/下岗	总计
圣诞节		2. 9%		0. 3%		0. 3%	1. 2%	1. 2%	0. 5%
春节	77. 9%	67. 6%	70. 3%	83. 7%	90. 9%	73. 1%	85. 7%	80. 9%	82. 4%
两个都愿意过	22. 1%	29. 4%	27. 5%	14. 7%	8. 3%	24. 8%	11. 8%	16. 0%	15. 7%
两个都不想过			2. 2%	1. 3%	0. 8%	1. 8%	1. 2%	1. 8%	1. 4%
总计	100. 0%	100. 0%	100. 0%	100. 0%	100. 0%	100. 0%	100. 0%	100. 0%	100. 0%
列总计	68	34	229	1456	791	614	498	655	4345

Chi-square test：df = 21，卡方值为 137. 275，sig = 0. 000 < 0. 05，所以诸群体对于“您更愿意过春节还是圣诞节”的回答有显著差异。

I3 by 诸群体

您同意中国人与外国人通婚吗 ＊诸群体 Crosstabulation

	官员	企业家	专业人员	工人	农民	企业员工	做小生意	无业/失业/下岗	总计
非常同意	8. 5%		7. 5%	2. 9%	1. 6%	4. 2%	2. 2%	6. 0%	3. 6%
比较同意	71. 2%	81. 3%	71. 4%	66. 7%	65. 2%	71. 1%	65. 0%	74. 0%	68. 4%
不太同意	18. 6%	15. 6%	19. 7%	24. 9%	27. 0%	22. 6%	25. 2%	16. 6%	23. 2%
强烈反对	1. 7%	3. 1%	1. 4%	5. 4%	6. 2%	2. 2%	7. 6%	3. 5%	4. 8%
总计	100. 0%	100. 0%	100. 0%	100. 0%	100. 0%	100. 0%	100. 0%	100. 0%	100. 0%
列总计	59	32	213	1289	690	554	460	603	3900

Chi-square test：df = 21，卡方值为 91. 831，sig = 0. 000 < 0. 05，所以诸群体对于“您同意中国人与外国人通婚吗”的回答有显著差异。

I4 by 诸群体

对外来的城市农民工如建筑工人、家庭保姆等，您的态度是 ＊诸群体 Crosstabulation

	官员	企业家	专业人员	工人	农民	企业员工	做小生意	无业/失业/下岗	总计
看不起和排斥	1.5%		1.3%	0.6%	0.5%	1.0%	0.4%	0.8%	0.7%
无视和冷漠以对	4.4%	8.8%	4.8%	3.2%	3.9%	6.4%	3.6%	2.0%	3.8%
尊重和体谅	82.4%	76.5%	77.7%	75.7%	74.0%	79.5%	76.5%	81.0%	77.0%
同情和友爱	11.8%	14.7%	15.3%	20.6%	21.5%	13.0%	19.5%	16.1%	18.4%
其他			0.9%			0.2%		0.2%	0.1%
总计	100.0%	100.0%	100.0%	100.0%	100.0%	100.0%	100.0%	100.0%	100.0%
列总计	68	34	229	1454	785	614	498	654	4336

Chi-square test：df = 28，卡方值为 70.057，sig = 0.000 < 0.05，所以诸群体对于“对外来的城市农民工如建筑工人、家庭保姆等，您的态度是”的回答有显著差异。

I5 by 诸群体

您在日常生活中与同乡人和外乡人的关系是 ＊诸群体 Crosstabulation

	官员	企业家	专业人员	工人	农民	企业员工	做小生意	无业/失业/下岗	总计
与同乡人交往多	30.9%	35.3%	37.1%	41.2%	51.1%	35.6%	41.8%	46.8%	42.7%
与外乡人交往多	10.3%	17.6%	11.8%	10.0%	4.6%	10.8%	10.4%	8.9%	9.2%
一样多	35.3%	29.4%	31.9%	23.0%	12.0%	32.1%	25.9%	23.2%	23.4%
偶尔与外乡人有交往，主要与同乡人交往	23.5%	17.6%	18.8%	25.7%	32.2%	21.4%	21.9%	21.0%	24.7%
其他			0.4%	0.1%	0.1%	0.2%		0.2%	0.1%
总计	100.0%	100.0%	100.0%	100.0%	100.0%	100.0%	100.0%	100.0%	100.0%
列总计	68	34	229	1453	791	613	498	652	4338

Chi-square test：df = 28，卡方值为 164.806，sig = 0.000 < 0.05，所以诸群体对于“您在日常生活中与同乡人和外乡人的关系是”的回答有显著差异。

I6 by 诸群体

您所在地区的政府对待外来人员的政策取向是 ＊诸群体 Crosstabulation

	官员	企业家	专业人员	工人	农民	企业员工	做小生意	无业/失业/下岗	总计
不冷不热，顺其自然	44.6%	48.5%	47.7%	42.8%	44.7%	43.4%	44.1%	55.9%	45.6%

续表

	官员	企业家	专业人员	工人	农民	企业员工	做小生意	无业/失业/下岗	总计
提高门槛，严加限制	10.8%	9.1%	10.6%	10.8%	11.4%	11.5%	10.4%	7.0%	10.4%
降低门槛，广泛吸收	40.0%	18.2%	31.0%	34.6%	34.4%	31.9%	34.4%	29.6%	33.2%
对有钱人、高级专家采取特殊政策吸引，对一般人严重加限制	4.6%	24.2%	10.6%	11.7%	9.6%	13.3%	10.9%	7.4%	10.7%
其他				0.1%			0.2%	0.2%	0.1%
总计	100.0%	100.0%	100.0%	100.0%	100.0%	100.0%	100.0%	100.0%	100.0%
列总计	65	33	216	1415	730	602	479	612	4152

Chi-square test：df = 28，卡方值为 56.626，sig = 0.001 < 0.05，所以诸群体对于“您所在地区的政府对待外来人员的政策取向是”的回答有显著差异。

I7 by 诸群体

您认为在当前的中国，读书还能不能改变命运 * 诸群体 Crosstabulation

	官员	企业家	专业人员	工人	农民	企业员工	做小生意	无业/失业/下岗	总计
读书只是改变命运的一个路径	36.8%	50.0%	43.9%	38.7%	33.2%	40.7%	37.2%	42.2%	38.7%
读书是改变命运的主要路径	44.1%	32.4%	37.3%	39.4%	39.2%	42.5%	42.1%	41.7%	40.4%
读书是改变命运的唯一路径	13.2%	8.8%	11.0%	13.1%	16.5%	9.3%	13.9%	8.9%	12.5%
不再是改变命运的路径，没权势的人读了书照样穷	4.4%	8.8%	7.9%	8.7%	11.0%	7.2%	6.8%	7.2%	8.4%
其他	1.5%			0.1%		0.3%			0.1%
总计	100.0%	100.0%	100.0%	100.0%	100.0%	100.0%	100.0%	100.0%	100.0%
列总计	68	34	228	1456	788	614	497	654	4339

Chi-square test：df = 28，卡方值为 70.756，sig = 0.000 < 0.05，所以诸群体对于“您认为在当前的中国，读书还能不能改变命运”的回答有显著差异。

I8 by 诸群体

您如何认识名牌大学里农村学生比例急剧减少的现象 ＊诸群体 Crosstabulation

	官员	企业家	专业人员	工人	农民	企业员工	做小生意	无业/失业/下岗	总计
是一种社会倒退	6.1%	9.1%	11.8%	10.5%	7.5%	10.6%	12.1%	6.7%	9.6%
农村教育的落后	42.4%	27.3%	32.8%	35.8%	40.6%	35.3%	35.0%	41.0%	37.2%
教育不公平	36.4%	36.4%	34.1%	33.1%	33.7%	33.5%	33.4%	31.5%	33.2%
有钱人和有权人特权的表现	10.6%	18.2%	8.7%	14.1%	14.2%	13.9%	11.7%	13.7%	13.4%
代际不公，社会不公的延续和加剧	4.5%	9.1%	10.9%	5.4%	3.2%	6.5%	6.0%	5.9%	5.6%
其他			1.7%	1.0%	0.8%	0.2%	1.8%	1.2%	1.0%
总计	100.0%	100.0%	100.0%	100.0%	100.0%	100.0%	100.0%	100.0%	100.0%
列总计	66	33	229	1451	783	612	497	644	4315

Chi-square test：df = 35，卡方值为 66.285，sig = 0.001 < 0.05，所以诸群体对于“您如何认识名牌大学里农村学生比例急剧减少的现象”的回答有显著差异。

I9 by 诸群体

您同学指出你们家乡的某一风俗习惯很落后保守，您会作出什么反应 ＊诸群体 Crosstabulation

	官员	企业家	专业人员	工人	农民	企业员工	做小生意	无业/失业/下岗	总计
坦然面对，承认这一风俗习惯确实落后	73.5%	47.1%	55.1%	51.5%	50.9%	55.6%	50.2%	50.3%	52.1%
虽然认为说得对，但是感觉他或她在批评自己的家乡，因此不自在	19.1%	26.5%	29.5%	29.3%	30.6%	29.9%	31.8%	33.8%	30.4%
虽然认为说得对，但是感到受到羞辱	2.9%	20.6%	7.9%	9.4%	11.3%	8.7%	9.1%	5.7%	9.0%
批评家乡就是批评自己，要为家乡的风俗习惯做辩护	4.4%	5.9%	7.0%	9.6%	7.0%	5.7%	8.9%	9.8%	8.3%
其他			0.4%	0.1%	0.3%	0.2%		0.3%	0.2%
总计	100.0%	100.0%	100.0%	100.0%	100.0%	100.0%	100.0%	100.0%	100.0%
列总计	68	34	227	1451	782	612	494	650	4318

Chi-square test：df = 28，卡方值为 52.912，sig = 0.003 < 0.05，所以诸群体对于“您同学指出您们家乡的某一风俗习惯很落后保守，您会作出什么反应”的回答有显著差异。

I10 by 诸群体

如果您有机会出国，初到国外时，您交朋友会有意识地交中国朋友吗 ＊诸群体 Crosstabulation

	官员	企业家	专业人员	工人	农民	企业员工	做小生意	无业/失业/下岗	总计
会，认为在异国他乡找自己本国人有一种归属感	60.3%	67.6%	68.9%	61.7%	58.5%	67.0%	59.2%	72.7%	63.6%
不会，看缘分交朋友，不强调国籍	14.7%	23.5%	15.4%	12.2%	10.1%	18.0%	16.3%	10.7%	13.2%
不会，会有意识地多交外国朋友	4.4%	2.9%	3.9%	4.1%	5.1%	3.6%	7.4%	3.2%	4.5%
视情况而定	20.6%	5.9%	11.8%	22.0%	26.2%	11.4%	17.1%	13.3%	18.7%
总计	100.0%	100.0%	100.0%	100.0%	100.0%	100.0%	100.0%	100.0%	100.0%
列总计	68	34	228	1457	781	612	498	652	4330

Chi-square test：df = 21，卡方值为 127.244，sig = 0.000 < 0.05，所以诸群体对于“如果有机会出国，初到国外时，您交朋友会有意识地交中国朋友吗”的回答有显著差异。

I11 by 诸群体

您是否愿意与不同民族的人交往 ＊诸群体 Crosstabulation

	官员	企业家	专业人员	工人	农民	企业员工	做小生意	无业/失业/下岗	总计
非常不愿意	1.5%	2.9%	1.8%	2.0%	2.6%	1.7%	3.9%	2.1%	2.3%
不太愿意	10.4%	11.8%	11.6%	20.2%	20.9%	13.3%	21.1%	15.4%	18.1%
比较愿意	73.1%	79.4%	71.9%	73.8%	73.8%	77.9%	69.0%	75.3%	74.0%
非常愿意	14.9%	5.9%	14.7%	4.0%	2.6%	7.2%	6.0%	7.3%	5.7%
总计	100.0%	100.0%	100.0%	100.0%	100.0%	100.0%	100.0%	100.0%	100.0%
列总计	67	34	224	1409	760	601	484	631	4210

Chi-square test：df = 21，卡方值为 106.579，sig = 0.000 < 0.05，所以诸群体对于“您是否愿意与不同民族的人交往”的回答有显著差异。

I12 by 诸群体

您是否愿意与不同宗教信仰的人相处 ＊诸群体 Crosstabulation

	官员	企业家	专业人员	工人	农民	企业员工	做小生意	无业/失业/下岗	总计
非常不愿意	3.0%	5.9%	4.5%	2.4%	3.2%	1.9%	4.6%	2.3%	2.9%

续表

	官员	企业家	专业人员	工人	农民	企业员工	做小生意	无业/失业/下岗	总计
不太愿意	4.5%	14.7%	17.6%	24.2%	25.1%	18.3%	24.9%	25.7%	23.1%
比较愿意	81.8%	76.5%	65.2%	70.7%	69.7%	74.9%	65.5%	67.9%	70.0%
非常愿意	10.6%	2.9%	12.7%	2.7%	2.0%	4.9%	5.0%	4.1%	4.0%
总计	100.0%	100.0%	100.0%	100.0%	100.0%	100.0%	100.0%	100.0%	100.0%
列总计	66	34	221	1390	745	589	478	614	4137

Chi-square test：df = 21，卡方值为 106.395，sig = 0.000 < 0.05，所以诸群体对于“您是否愿意与不同宗教信仰的人相处”的回答有显著差异。

I13 by 诸群体

您与您的邻居平时来往多吗 ＊诸群体 Crosstabulation

	官员	企业家	专业人员	工人	农民	企业员工	做小生意	无业/失业/下岗	总计
非常多	13.2%	17.6%	17.1%	13.8%	24.9%	11.7%	16.5%	19.9%	17.0%
比较多	47.1%	47.1%	50.4%	56.7%	63.9%	50.6%	57.3%	51.7%	55.9%
偶尔	33.8%	26.5%	28.1%	25.7%	10.6%	31.8%	22.5%	24.4%	23.5%
几乎不来往	5.9%	8.8%	4.4%	3.8%	0.6%	5.9%	3.6%	4.0%	3.6%
总计	100.0%	100.0%	100.0%	100.0%	100.0%	100.0%	100.0%	100.0%	100.0%
列总计	68	34	228	1456	786	613	497	652	4334

Chi-square test：df = 21，卡方值为 183.738，sig = 0.000 < 0.05，所以诸群体对于“您与您的邻居平时来往多吗”的回答有显著差异。

I14a by 诸群体

您在多大程度上愿意和下列群体成为邻居：农民工、进城务工人员 ＊诸群体 Crosstabulation

	官员	企业家	专业人员	工人	农民	企业员工	做小生意	无业/失业/下岗	总计
非常愿意	10.3%	11.8%	8.0%	9.7%	18.2%	6.7%	12.3%	7.9%	10.8%
比较愿意	72.1%	76.5%	68.8%	79.2%	74.5%	78.6%	76.6%	83.0%	77.8%
不太愿意	17.6%	8.8%	21.9%	10.3%	7.0%	14.1%	10.5%	8.8%	10.7%
很不愿意		2.9%	1.3%	0.8%	0.4%	0.5%	0.6%	0.3%	0.6%
总计	100.0%	100.0%	100.0%	100.0%	100.0%	100.0%	100.0%	100.0%	100.0%
列总计	68	34	224	1449	787	608	495	646	4311

Chi-square test：df = 21，卡方值为 121.376，sig = 0.000 < 0.05，所以诸群体对于“您在多大程度上愿意和下列群体成为邻居：农民工、进城务工人员”的回答有显著差异。

I14b by 诸群体

您在多大程度上愿意和下列群体成为邻居：商人 * 请诸群体

	官员	企业家	专业人员	工人	农民	企业员工	做小生意	无业/失业/下岗	总计
非常愿意	4.4%	8.8%	7.1%	7.1%	10.9%	7.7%	10.5%	3.6%	7.7%
比较愿意	72.1%	73.5%	62.2%	69.6%	67.9%	66.6%	74.3%	76.0%	70.1%
不太愿意	20.6%	17.6%	29.3%	22.5%	20.4%	25.2%	14.6%	19.1%	21.4%
很不愿意	2.9%		1.3%	0.9%	0.8%	0.5%	0.6%	1.2%	0.9%
总计	100.0%	100.0%	100.0%	100.0%	100.0%	100.0%	100.0%	100.0%	100.0%
列总计	68	34	225	1443	780	607	494	643	4294

Chi-square test：df = 21，卡方值为 70.778，sig = 0.000 < 0.05，所以诸群体对于“您在多大程度上愿意和下列群体成为邻居：商人”的回答有显著差异。

I14c by 诸群体

您在多大程度上愿意和下列群体成为邻居：企业家或高级管理人员 * 诸群体 Crosstabulation

	官员	企业家	专业人员	工人	农民	企业员工	做小生意	无业/失业/下岗	总计
非常愿意	16.4%	20.6%	13.7%	13.5%	15.2%	16.4%	19.9%	11.6%	14.8%
比较愿意	67.2%	64.7%	69.9%	71.8%	70.4%	70.9%	67.9%	76.3%	71.4%
不太愿意	14.9%	14.7%	15.0%	13.7%	13.4%	11.6%	10.0%	11.1%	12.6%
很不愿意	1.5%		1.3%	1.0%	1.0%	1.2%	2.2%	0.9%	1.2%
总计	100.0%	100.0%	100.0%	100.0%	100.0%	100.0%	100.0%	100.0%	100.0%
列总计	67	34	226	1439	771	605	492	638	4272

Chi-square test：df = 21，卡方值为 33.871，sig = 0.037 < 0.05，所以诸群体对于“您在多大程度上愿意和下列群体成为邻居：企业家或高级管理人员”的回答有显著差异。

I14d by 诸群体

您在多大程度上愿意和下列群体成为邻居：技术工人 * 诸群体 Crosstabulation

	官员	企业家	专业人员	工人	农民	企业员工	做小生意	无业/失业/下岗	总计
非常愿意	23.5%	17.6%	18.6%	18.5%	23.0%	17.1%	21.1%	13.4%	18.7%

续表

	官员	企业家	专业人员	工人	农民	企业员工	做小生意	无业/失业/下岗	总计
比较愿意	69.1%	79.4%	73.0%	75.5%	70.3%	74.0%	73.4%	80.6%	74.7%
不太愿意	7.4%	2.9%	7.1%	5.6%	5.8%	7.7%	5.5%	5.9%	6.0%
很不愿意			1.3%	0.4%	0.9%	1.2%		0.2%	0.6%
总计	100.0%	100.0%	100.0%	100.0%	100.0%	100.0%	100.0%	100.0%	100.0%
列总计	68	34	226	1449	782	608	493	643	4303

Chi-square test：df = 21，卡方值为 44.886，sig = 0.002 < 0.05，所以诸群体对于“您在多大程度上愿意和下列群体成为邻居：技术工人”的回答有显著差异。

I14e by 诸群体

您在多大程度上愿意和下列群体成为邻居：教师 ＊诸群体 Crosstabulation

	官员	企业家	专业人员	工人	农民	企业员工	做小生意	无业/失业/下岗	总计
非常愿意	29.9%	32.4%	36.3%	24.2%	30.4%	22.0%	28.5%	21.3%	25.9%
比较愿意	67.2%	64.7%	59.7%	69.2%	65.2%	71.8%	66.9%	73.7%	68.7%
不太愿意	1.5%	2.9%	3.5%	5.8%	4.1%	5.4%	4.2%	4.6%	4.9%
很不愿意	1.5%		0.4%	0.8%	0.4%	0.8%	0.4%	0.5%	0.6%
总计	100.0%	100.0%	100.0%	100.0%	100.0%	100.0%	100.0%	100.0%	100.0%
列总计	67	34	226	1452	787	610	498	654	4328

Chi-square test：df = 21，卡方值为 46.687，sig = 0.002 < 0.05，所以诸群体对于“您在多大程度上愿意和下列群体成为邻居：教师”的回答有显著差异。

I14f by 诸群体

您在多大程度上愿意和下列群体成为邻居：医生 ＊诸群体 Crosstabulation

	官员	企业家	专业人员	工人	农民	企业员工	做小生意	无业/失业/下岗	总计
非常愿意	26.9%	29.4%	33.6%	20.7%	24.0%	20.0%	24.5%	19.1%	22.2%
比较愿意	67.2%	64.7%	61.1%	70.4%	67.8%	69.9%	66.6%	73.7%	69.3%
不太愿意	4.5%	5.9%	4.4%	8.3%	7.5%	8.3%	7.6%	5.8%	7.4%
很不愿意	1.5%		0.9%	0.6%	0.8%	1.8%	1.2%	1.4%	1.0%
总计	100.0%	100.0%	100.0%	100.0%	100.0%	100.0%	100.0%	100.0%	100.0%
列总计	67	34	226	1451	788	611	497	654	4328

Chi-square test：df = 21，卡方值为 44.288，sig = 0.002 < 0.05，所以诸群体对于“您在多大程度上愿意和下列群体成为邻居：医生”的回答有显著差异。

I14g by 诸群体

您在多大程度上愿意和下列群体成为邻居：富人 *诸群体 Crosstabulation

	官员	企业家	专业人员	工人	农民	企业员工	做小生意	无业/失业/下岗	总计
非常愿意	1.5%	14.7%	11.4%	7.2%	9.5%	8.6%	8.7%	7.0%	8.2%
比较愿意	58.2%	55.9%	53.6%	50.1%	51.0%	51.2%	56.7%	58.2%	52.8%
不太愿意	35.8%	20.6%	27.7%	35.5%	35.0%	32.4%	28.5%	28.2%	32.5%
很不愿意	4.5%	8.8%	7.3%	7.2%	4.5%	7.8%	6.1%	6.6%	6.5%
总计	100.0%	100.0%	100.0%	100.0%	100.0%	100.0%	100.0%	100.0%	100.0%
列总计	67	34	220	1438	775	605	494	641	4274

Chi-square test：df = 21，卡方值为 43.695，sig = 0.003 < 0.05，所以诸群体对于“您在多大程度上愿意和下列群体成为邻居：富人”的回答有显著差异。

I14h by 诸群体

您在多大程度上愿意和下列群体成为邻居：土豪 *诸群体 Crosstabulation

	官员	企业家	专业人员	工人	农民	企业员工	做小生意	无业/失业/下岗	总计
非常愿意	2.9%	11.8%	7.8%	5.6%	6.2%	7.4%	7.1%	5.0%	6.2%
比较愿意	52.9%	41.2%	44.0%	43.5%	47.8%	43.7%	52.0%	53.5%	47.0%
不太愿意	32.4%	32.4%	36.7%	40.4%	38.3%	35.1%	33.5%	31.0%	36.7%
很不愿意	11.8%	14.7%	11.5%	10.5%	7.6%	13.7%	7.3%	10.4%	10.1%
总计	100.0%	100.0%	100.0%	100.0%	100.0%	100.0%	100.0%	100.0%	100.0%
列总计	68	34	218	1434	772	606	490	635	4257

Chi-square test：df = 21，卡方值为 54.469，sig = 0.000 < 0.05，所以诸群体对于“您在多大程度上愿意和下列群体成为邻居：土豪”的回答有显著差异。

I14i by 诸群体

您在多大程度上愿意和下列群体成为邻居：专家学者 *诸群体 Crosstabulation

	官员	企业家	专业人员	工人	农民	企业员工	做小生意	无业/失业/下岗	总计
非常愿意	19.7%	14.7%	21.2%	10.2%	14.6%	13.0%	15.0%	13.1%	13.1%
比较愿意	68.2%	70.6%	60.8%	66.4%	67.9%	63.6%	64.7%	71.0%	66.5%
不太愿意	12.1%	11.8%	14.0%	19.6%	15.1%	19.9%	16.6%	11.8%	16.8%
很不愿意		2.9%	4.1%	3.9%	2.3%	3.5%	3.7%	4.1%	3.5%

续表

	官员	企业家	专业人员	工人	农民	企业员工	做小生意	无业/失业/下岗	总计
总计	100. 0%	100. 0%	100. 0%	100. 0%	100. 0%	100. 0%	100. 0%	100. 0%	100. 0%
列总计	66	34	222	1427	767	607	487	635	4245

Chi-square test：df = 21，卡方值为 58. 956，sig = 0. 000 < 0. 05，所以诸群体对于“您在多大程度上愿意和下列群体成为邻居：专家学者”的回答有显著差异。

I14j by 诸群体

您在多大程度上愿意和下列群体成为邻居：政府官员 ＊诸群体 Crosstabulation

	官员	企业家	专业人员	工人	农民	企业员工	做小生意	无业/失业/下岗	总计
非常愿意	13. 2%	14. 7%	13. 0%	8. 7%	11. 2%	12. 4%	9. 8%	8. 9%	10. 2%
比较愿意	69. 1%	73. 5%	55. 6%	55. 8%	58. 7%	51. 8%	58. 8%	62. 5%	57. 5%
不太愿意	14. 7%	11. 8%	23. 3%	29. 9%	25. 1%	30. 6%	26. 8%	22. 8%	27. 0%
很不愿意	2. 9%		8. 1%	5. 6%	5. 0%	5. 3%	4. 5%	5. 8%	5. 4%
总计	100. 0%	100. 0%	100. 0%	100. 0%	100. 0%	100. 0%	100. 0%	100. 0%	100. 0%
列总计	68	34	223	1433	777	599	488	640	4262

Chi-square test：df = 21，卡方值为 48. 705，sig = 0. 001 < 0. 05，所以诸群体对于“您在多大程度上愿意和下列群体成为邻居：政府官员”的回答有显著差异。

I14k by 诸群体

您在多大程度上愿意和下列群体成为邻居：公众人物、演艺人士 ＊诸群体 Crosstabulation

	官员	企业家	专业人员	工人	农民	企业员工	做小生意	无业/失业/下岗	总计
非常愿意	9. 0%	14. 7%	8. 2%	4. 9%	6. 7%	7. 0%	5. 4%	5. 7%	6. 0%
比较愿意	44. 8%	44. 1%	44. 3%	48. 6%	52. 3%	43. 5%	52. 1%	57. 2%	49. 9%
不太愿意	37. 3%	29. 4%	34. 2%	34. 1%	33. 3%	35. 1%	32. 3%	27. 9%	33. 0%
很不愿意	9. 0%	11. 8%	13. 2%	12. 5%	7. 7%	14. 4%	10. 2%	9. 2%	11. 1%
总计	100. 0%	100. 0%	100. 0%	100. 0%	100. 0%	100. 0%	100. 0%	100. 0%	100. 0%
列总计	67	34	219	1377	736	598	480	610	4121

Chi-square test：df = 21，卡方值为 53. 159，sig = 0. 000 < 0. 05，所以诸群体对于“您在多大程度上愿意和下列群体成为邻居：公众人物、演艺人士”的回答有显著差异。

I15 by 诸群体

您如何看待中国对其他落后国家的广泛援助计划 ＊诸群体 Crosstabulation

	官员	企业家	专业人员	工人	农民	企业员工	做小生意	无业/失业/下岗	总计
完全支持，认为这有助于提升国家形象和国际地位	50.0%	47.1%	37.1%	31.7%	33.3%	42.2%	33.1%	38.5%	35.4%
支持，认为我们应该帮助比我们落后的国家	25.0%	35.3%	32.1%	32.3%	31.8%	31.0%	36.0%	34.2%	32.7%
支持，但国家应该征求纳税人的意见	12.5%	14.7%	14.7%	12.5%	8.7%	12.5%	9.1%	9.9%	11.2%
不支持，因为我们国家尚存在很多贫困人口	12.5%	2.9%	16.1%	23.5%	26.2%	14.2%	21.8%	17.5%	20.8%
总计	100.0%	100.0%	100.0%	100.0%	100.0%	100.0%	100.0%	100.0%	100.0%
列总计	64	34	224	1380	714	583	481	629	4109

Chi-square test：df =21，卡方值为 78.305，sig =0.000 <0.05，所以诸群体对于“您如何看待中国对其他落后国家的广泛援助计划”的回答有显著差异。

I16 by 诸群体

您听说过一些道德模范的故事吗？您愿意像他们那样做人做事吗 ＊诸群体 Crosstabulation

	官员	企业家	专业人员	工人	农民	企业员工	做小生意	无业/失业/下岗	总计
知道一些，他们很了不起，应努力向他们学习	72.1%	61.8%	62.6%	50.8%	49.4%	61.5%	51.6%	64.0%	55.1%
知道一些，很敬佩他们，但自己学不来	16.2%	35.3%	29.1%	27.1%	23.9%	26.4%	32.7%	24.0%	26.6%
知道一些，我感到他们那样做有点不值得	7.4%		4.8%	7.8%	7.0%	5.9%	5.2%	3.7%	6.2%
没听说过谁是道德模范和身边好人	4.4%	2.9%	3.5%	14.3%	19.7%	6.2%	10.5%	8.2%	12.0%
其他				0.1%				0.2%	0.1%
总计	100.0%	100.0%	100.0%	100.0%	100.0%	100.0%	100.0%	100.0%	100.0%
列总计	68	34	227	1458	790	613	496	655	4341

Chi-square test：df =28，卡方值为 156.891，sig =0.000 <0.05，所以诸群体对于“您听说过一些道德模范的故事吗，您愿意像他们那样做人做事吗”的回答有显著差异。

I17 by 诸群体

当有陌生人走进您的单位或社区，或在车厢中与陌生人在一起时，您经常的回答是 ＊诸群体 Crosstabulation

	官员	企业家	专业人员	工人	农民	企业员工	做小生意	无业/失业/下岗	总计
对他/她微笑	32.4%	38.2%	37.0%	22.4%	24.2%	37.6%	28.0%	26.2%	27.2%
主动打招呼	13.2%	11.8%	8.4%	10.7%	8.9%	14.5%	12.0%	11.0%	11.0%
没有任何反应	30.9%	29.4%	28.2%	28.1%	20.9%	25.6%	26.6%	32.6%	27.0%
保持警惕，防止上当	23.5%	17.6%	26.0%	38.6%	45.7%	22.1%	33.3%	30.2%	34.6%
其他		2.9%	0.4%	0.2%	0.3%	0.2%			0.2%
总计	100.0%	100.0%	100.0%	100.0%	100.0%	100.0%	100.0%	100.0%	100.0%
列总计	68	34	227	1431	760	606	492	645	4263

Chi-square test：df = 28，卡方值为 173.026，sig = 0.000 < 0.05，所以诸群体对于“当有陌生人走进您的单位或社区，您经常的回答是”的回答有显著差异。

I18 by 诸群体

假设您双手抱着东西走进电梯，您觉得电梯里的陌生人可能会怎样 ＊诸群体 Crosstabulation

	官员	企业家	专业人员	工人	农民	企业员工	做小生意	无业/失业/下岗	总计
主动问您去几楼并帮您按楼层	38.5%	55.9%	40.5%	28.4%	31.6%	37.0%	31.9%	35.4%	32.7%
当作没看见	6.2%	5.9%	17.1%	16.4%	13.2%	12.0%	15.2%	17.3%	15.0%
会在您的请求下给予帮助	55.4%	38.2%	42.4%	55.2%	55.2%	51.1%	52.9%	47.3%	52.3%
总计	100.0%	100.0%	100.0%	100.0%	100.0%	100.0%	100.0%	100.0%	100.0%
列总计	65	34	210	1289	658	568	454	577	3855

Chi-square test：df = 14，卡方值为 48.179，sig = 0.000 < 0.05，所以诸群体对于“假设您双手抱着东西走进电梯，您觉得电梯里的陌生人可能会怎样”的回答有显著差异。

J1 by 诸群体

现在我们省正按照习近平总书记的要求，努力建设经济强、百姓富、环境美、社会文明程度高的新江苏，您对江苏实现这样的目标有信心吗 ＊诸群体 Crosstabulation

	官员	企业家	专业人员	工人	农民	企业员工	做小生意	无业/失业/下岗	总计
很有信心	100.0%	100.0%	94.4%	93.6%	93.8%	95.3%	93.0%	95.4%	94.3%

续表

	官员	企业家	专业人员	工人	农民	企业员工	做小生意	无业/失业/下岗	总计
没有信心			5.6%	6.4%	6.2%	4.7%	7.0%	4.6%	5.7%
总计	100.0%	100.0%	100.0%	100.0%	100.0%	100.0%	100.0%	100.0%	100.0%
列总计	51	32	180	1015	594	467	372	501	3212

Chi-square test：df = 7，卡方值为 9.420，sig = 0.224 > 0.05，所以诸群体对于“现在我们省正按照习近平总书记的要求，努力建设经济强、百姓富、环境美、社会文明程度高的新江苏，您对江苏实现这样的目标有信心吗”的回答没有显著差异。

江苏省伦理道德评价的宗教信仰差异

B1a by A9

过去一年，您对纸质报纸的使用情况是 ＊ 宗教信仰 Crosstabulation

	有宗教信仰	没有宗教信仰	总计
从不	56.0%	55.3%	55.4%
很少	26.9%	28.8%	28.7%
有时	10.9%	9.8%	9.9%
经常	5.4%	4.6%	4.7%
非常频繁	0.8%	1.4%	1.4%
总计	100.0%	100.0%	100.0%
列总计	368	3970	4338

Chi-square test：df = 4，卡方值为 2.208，sig = 0.698 > 0.05，所以不同宗教信仰的居民对于“过去一年，您对纸质报纸的使用情况是”的回答没有显著差异。

B1b by A9

过去一年，您对纸质杂志的使用情况是 ＊ 宗教信仰 Crosstabulation

	有宗教信仰	没有宗教信仰	总计
从不	58.0%	61.8%	61.5%
很少	27.5%	24.7%	25.0%
有时	9.5%	9.7%	9.7%
经常	4.1%	3.1%	3.2%
非常频繁	0.8%	0.7%	0.7%
总计	100.0%	100.0%	100.0%
列总计	367	3965	4332

Chi-square test：df = 4，卡方值为 3.000，sig = 0.558 > 0.05，所以不同宗教信仰的居民对于“过去一年，您对纸质杂志的使用情况是”的回答没有显著差异。

B1c by A9

过去一年，您对广播的使用情况是 ＊ 宗教信仰 Crosstabulation

	有宗教信仰	没有宗教信仰	总计
从不	60.4%	62.8%	62.6%

续表

	有宗教信仰	没有宗教信仰	总计
很少	22. 4%	21. 9%	21. 9%
有时	10. 4%	9. 6%	9. 7%
经常	5. 2%	4. 7%	4. 7%
非常频繁	1. 6%	1. 1%	1. 1%
总计	100. 0%	100. 0%	100. 0%
列总计	366	3953	4319

Chi-square test：df = 4，卡方值为 1. 648，sig = 0. 800 > 0. 05，所以不同宗教信仰的居民对于“过去一年，您对广播的使用情况是”的回答没有显著差异。

B1d by A9

过去一年，您对电视的使用情况是 ＊ 宗教信仰 Crosstabulation

	有宗教信仰	没有宗教信仰	总计
从不	1. 9%	1. 4%	1. 3%
很少	7. 6%	7. 1%	7. 2%
有时	24. 5%	22. 5%	22. 7%
经常	43. 8%	48. 8%	48. 4%
非常频繁	22. 3%	20. 1%	20. 3%
总计	100. 0%	100. 0%	100. 0%
列总计	368	3966	4334

Chi-square test：df = 4，卡方值为 3. 733，sig = 0. 443 > 0. 05，所以不同宗教信仰的居民对于“过去一年，您对电视的使用情况是”的回答没有显著差异。

B1e by A9

过去一年，您对各种政府网站的使用情况是 ＊ 宗教信仰 Crosstabulation

	有宗教信仰	没有宗教信仰	总计
从不	64. 6%	64. 6%	64. 6%
很少	21. 3%	20. 3%	20. 4%
有时	8. 2%	8. 8%	8. 7%
经常	4. 9%	5. 4%	5. 4%

续表

	有宗教信仰	没有宗教信仰	总计
非常频繁	1.1%	0.9%	0.9%
总计	100.0%	100.0%	100.0%
列总计	367	3944	4311

Chi-square test：df = 4，卡方值为 0.595，sig = 0.964 > 0.05，所以不同宗教信仰的居民对于“过去一年，您对各种政府网站的使用情况是”的回答上没有显著差异。

B1f by A9

过去一年，您对社交媒体（微博、微信、博客、播客等）的使用情况是 * 宗教信仰 Crosstabulation

	有宗教信仰	没有宗教信仰	总计
从不	33.4%	28.4%	28.8%
很少	5.2%	5.9%	5.8%
有时	15.3%	13.9%	14.0%
经常	22.2%	29.3%	28.7%
非常频繁	23.8%	22.6%	22.7%
总计	100.0%	100.0%	100.0%
列总计	365	3963	4328

Chi-square test：df = 4，卡方值为 0.793，sig = 0.044 < 0.05，所以不同宗教信仰的居民对于“过去一年，您对社交媒体（微博、微信、博客、播客等）的使用情况是”的回答有显著差异。

B1g by A9

过去一年，您对新媒体（如数字报纸、移动电视等）的使用情况是 * 宗教信仰 Crosstabulation

	有宗教信仰	没有宗教信仰	总计
从不	44.6%	48.8%	48.4%
很少	12.0%	14.2%	14.0%
有时	17.4%	13.4%	13.7%
经常	14.9%	14.9%	14.9%
非常频繁	11.1%	8.7%	9.0%
总计	100.0%	100.0%	100.0%
列总计	368	3956	4324

Chi-square test：df = 4，卡方值为 8.458，sig = 0.076 > 0.05，所以不同宗教信仰的居民对于“过去一年，您对新媒体（如数字报纸、移动电视等）的使用情况是”的回答没有显著差异。

B2 by A9

跟五年前相比，您觉得自己的社会经济地位有什么变化 ＊ 宗教信仰 Crosstabulation

	有宗教信仰	没有宗教信仰	总计
上升了	55.2%	58.0%	57.8%
差不多	34.9%	37.5%	37.3%
下降了	9.9%	4.5%	4.9%
总计	100.0%	100.0%	100.0%
列总计	335	3758	4093

Chi-square test：df=2，卡方值为18.820，sig=0.000<0.05，所以不同宗教信仰的居民对于“跟五年前相比，您觉得自己的社会经济地位有什么变化”的回答有显著差异。

B3 by A9

您感觉在未来的五年中，您的生活水平将会有什么变化 ＊ 宗教信仰 Crosstabulation

	有宗教信仰	没有宗教信仰	总计
上升很多	19.0%	22.4%	22.1%
略有上升	56.4%	58.0%	57.9%
没有变化	19.3%	16.8%	17.0%
略有下降	3.0%	2.3%	2.4%
下降很多	2.3%	0.5%	0.6%
总计	100.0%	100.0%	100.0%
列总计	305	3591	3896

Chi-square test：df=4，卡方值为18.234，sig=0.001<0.05，所以不同宗教信仰的居民对于“您感觉在未来五年中，您的生活水平将会有什么变化”的回答有显著差异。

B4 by A9

总的来说，您觉得目前的生活幸福吗 ＊ 宗教信仰 Crosstabulation

	有宗教信仰	没有宗教信仰	总计
非常不幸福	0.3%	0.7%	0.6%
不太幸福	4.9%	3.4%	3.5%
谈不上幸福不幸福	23.8%	18.3%	18.8%
比较幸福	58.3%	64.6%	64.0%

续表

	有宗教信仰	没有宗教信仰	总计
非常幸福	12.7%	13.1%	13.1%
总计	100.0%	100.0%	100.0%
列总计	369	3975	4344

Chi-square test：df = 4，卡方值为 10.676，sig = 0.030 < 0.05，所以不同宗教信仰的居民对于“总的来说，您觉得目前生活幸福吗”的回答有显著差异。

B5 by A9

您对自己目前的生活状态满意吗 ＊ 宗教信仰 Crosstabulation

	有宗教信仰	没有宗教信仰	总计
非常满意	10.6%	11.3%	11.2%
比较满意	68.7%	77.1%	76.4%
不太满意	19.9%	11.3%	12.1%
非常不满意	0.8%	0.3%	0.3%
总计	100.0%	100.0%	100.0%
列总计	367	3955	4322

Chi-square test：df = 3，卡方值为 26.714，sig = 0.000 < 0.05，所以不同宗教信仰的居民对于“您对自己目前的生活状况满意吗”的回答有显著差异。

B6 by A9

社会上发生的一些事情，您一般是从什么渠道最先知道 ＊ 宗教信仰 Crosstabulation

	有宗教信仰	没有宗教信仰	总计
电视	61.4%	62.9%	62.8%
报纸	4.3%	4.4%	4.4%
电台广播	3.5%	2.1%	2.2%
微博微信等网络社交媒介	38.0%	41.6%	41.3%
网络	27.2%	30.6%	30.3%
和朋友亲友同事交谈	30.7%	35.0%	34.6%
单位传达	0.5%	1.3%	1.3%
列总计	368	3976	4344

据上表所示，不同宗教信仰的居民对于“社会上发生的一些事情，您一般是从什么渠道最先知道”的回答没有显著差异。

B7 by A9

从网络中获得的信息对您的思想行为有多大程度的影响 ＊ 宗教信仰 Crosstabulation

	有宗教信仰	没有宗教信仰	总计
影响很大	18. 6%	21. 9%	21. 7%
有一些影响	53. 5%	55. 8%	55. 6%
影响很小	20. 2%	18. 1%	18. 3%
完全没有影响	7. 8%	4. 2%	4. 4%
总计	100. 0%	100. 0%	100. 0%
列总计	258	2914	3172

Chi-square test：df = 3，卡方值为 8. 908，sig = 0. 031 < 0. 05，所以不同宗教信仰的居民对于“从网络中获得的信息对居民思想行为有多大程度的影响”的回答有显著差异。

B8 by A9

您认为中国梦和您个人、家庭追求美好生活有多大程度的关系 ＊ 宗教信仰 Crosstabulation

	有宗教信仰	没有宗教信仰	总计
关系很大	32. 8%	36. 0%	35. 7%
关系不大	39. 0%	38. 6%	38. 6%
根本没有关系	7. 3%	8. 6%	8. 5%
不清楚什么是中国梦	20. 9%	16. 9%	17. 2%
总计	100. 0%	100. 0%	100. 0%
列总计	369	3971	4340

Chi-square test：df = 3，卡方值为 4. 740，sig = 0. 192 > 0. 05，所以不同宗教信仰的居民对于“您认为中国梦和您个人、家庭追求美好生活有多大程度的关系”的回答没有显著差异。

B9 by A9

您对当前我国社会道德状况的总体满意度是 ＊ 宗教信仰 Crosstabulation

	有宗教信仰	没有宗教信仰	总计
非常满意	4. 3%	4. 8%	4. 8%
比较满意	58. 8%	69. 6%	68. 7%
不太满意	32. 1%	23. 8%	24. 5%
非常不满意	4. 8%	1. 7%	2. 0%
总计	100. 0%	100. 0%	100. 0%
列总计	369	3971	4340

Chi-square test：df = 3，卡方值为 30. 025，sig = 0. 000 < 0. 05，所以不同宗教信仰的居民对于“您对当前我国社会道德状况的总体满意度是”的回答有显著差异。

B10 by A9

您对当前我国社会人与人之间的关系的总体满意度是 * 宗教信仰 Crosstabulation

	有宗教信仰	没有宗教信仰	总计
非常满意	4.2%	4.9%	4.9%
比较满意	61.1%	70.2%	69.4%
不太满意	30.8%	23.4%	24.0%
非常不满意	3.9%	1.5%	1.7%
总计	100.0%	100.0%	100.0%
列总计	357	3904	4261

Chi-square test：df = 3，卡方值为 22.467，sig = 0.000 < 0.05，所以不同宗教信仰的居民对于“您对当前我国社会人与人关系的总体满意度是”的回答有显著差异。

B11 by A9

您对自己的道德状况的满意度是 * 宗教信仰 Crosstabulation

	有宗教信仰	没有宗教信仰	总计
非常满意	17.4%	16.1%	16.2%
比较满意	76.4%	78.2%	78.1%
不太满意	5.3%	5.3%	5.3%
非常不满意	0.8%	0.4%	0.4%
总计	100.0%	100.0%	100.0%
列总计	356	3928	4284

Chi-square test：df = 3，卡方值为 2.154，sig = 0.541 > 0.05，所以不同宗教信仰的居民对于“您对自己道德状况的满意度是”的回答没有显著差异。

B12 by A9

您觉得今后中国社会的道德状况会变成什么样 * 宗教信仰 Crosstabulation

	有宗教信仰	没有宗教信仰	总计
越来越差	10.9%	5.1%	5.6%
不变	4.1%	10.2%	9.7%
越来越好	69.7%	75.5%	75.0%
不知道	15.3%	9.2%	9.7%

续表

	有宗教信仰	没有宗教信仰	总计
总计	100.0%	100.0%	100.0%
列总计	366	3973	4339

Chi-square test：df = 3，卡方值为 47.537，sig = 0.000 < 0.05，所以不同宗教信仰的居民对于“您觉得今后中国社会的道德状况会变成什么样”的回答有显著差异。

B13 by A9

您认为我国目前人与人之间的关系受什么影响 * 宗教信仰 Crosstabulation

	有宗教信仰	没有宗教信仰	总计
利益	70.2%	65.8%	66.1%
情感	48.2%	47.6%	47.7%
国家倡导的主流价值观	17.8%	27.4%	26.7%
中国传统价值观	24.3%	27.8%	27.5%
西方价值观	4.7%	3.5%	3.6%
列总计	342	3826	4168

据上表所示，不同宗教信仰的居民对于“您认为我国目前人与人之间的关系受什么影响”的回答有显著差异。

B14 by A9

对中国社会，您最担忧的问题是 * 宗教信仰 Crosstabulation

	有宗教信仰	没有宗教信仰	总计
腐败不能根治	38.8%	42.1%	41.8%
生态环境恶化	37.1%	39.7%	39.5%
分配不公，两极分化	26.7%	31.8%	31.4%
老无所养，未来没有把握	27.2%	24.9%	25.1%
生活水平下降	15.7%	15.0%	15.1%
道德滑坡，社会风气恶化	21.1%	19.9%	20.0%
人际关系紧张	10.4%	10.9%	10.9%
列总计	356	3863	4219

据上表所示，不同宗教信仰的居民对于“对中国社会，您最担忧的问题是”的回答有显著差异。

B15 by A9

对伦理关系和道德生活，您最向往的是 * 宗教信仰 Crosstabulation

	有宗教信仰	没有宗教信仰	总计
传统社会的伦理和道德（如仁、义、礼、智、信）	55.7%	57.5%	57.4%
战争年代为理想而献身的革命精神（如革命烈士无私献身精神）	16.1%	20.1%	19.7%
新中国成立后到“文化大革命”前的大公无私的集体主义精神	10.4%	8.6%	8.8%
追求个人利益的市场经济下的道德	10.7%	8.5%	8.7%
西方道德（如个人主义、实用主义、功利主义）	4.9%	3.6%	3.7%
其他	2.2%	1.7%	1.7%
总计	100.0%	100.0%	100.0%
列总计	366	3938	4304

Chi-square test：df = 5，卡方值为 8.016，sig = 0.155 > 0.05，所以不同宗教信仰的居民对于“对伦理关系和道德生活，您最向往的是”回答没有显著差异。

B16a by A9

您认为当前我国社会道德生活中最重要的内容是什么？第一重要 * 宗教信仰 Crosstabulation

	有宗教信仰	没有宗教信仰	总计
意识形态中所提倡的社会主义道德	24.9%	33.1%	32.4%
中国传统道德	60.0%	49.7%	50.6%
西方文化影响而形成的道德	3.8%	5.6%	5.4%
市场经济中形成的道德	11.2%	11.6%	11.5%
其他		0.1%	
总计	100.0%	100.0%	100.0%
列总计	365	3949	4314

Chi-square test：df = 4，卡方值为 16.019，sig = 0.003 < 0.05，所以不同宗教信仰的居民对于“您认为当前我国社会道德生活中最重要的内容是什么？第一重要”的回答有显著差异。

B16b by A9

您认为当前我国社会道德生活中最重要的内容是什么？第二重要 * 宗教信仰 Crosstabulation

	有宗教信仰	没有宗教信仰	总计
意识形态中所提倡的社会主义道德	46.6%	40.4%	40.9%
中国传统道德	21.2%	29.2%	28.5%

续表

	有宗教信仰	没有宗教信仰	总计
西方文化影响而形成的道德	7.5%	10.3%	10.1%
市场经济中形成的道德	24.6%	20.1%	20.5%
总计	100.0%	100.0%	100.0%
列总计	358	3877	4235

Chi-square test：df = 3，卡方值为 16.009，sig = 0.001 < 0.05，所以不同宗教信仰的居民对于“您认为当前我国社会道德生活中最重要的内容是什么？第二重要”的回答有显著差异。

B16c by A9

您认为当前我国社会道德生活中最重要的内容是什么？第三重要 ＊ 宗教信仰 Crosstabulation

	有宗教信仰	没有宗教信仰	总计
意识形态中所提倡的社会主义道德	23.9%	21.5%	21.7%
中国传统道德	13.8%	13.9%	13.9%
西方文化影响而形成的道德	15.8%	17.2%	17.1%
市场经济中形成的道德	46.6%	47.4%	47.4%
总计	100.0%	100.0%	100.0%
列总计	348	3796	4144

Chi-square test：df = 3，卡方值为 1.201，sig = 0.753 > 0.05，所以不同宗教信仰的居民对于“您认为当前我国社会道德生活中最重要的内容是什么？第三重要”的回答没有显著差异。

B17 by A9

您认为目前我国社会中伦理道德对人际关系的调节能力如何 ＊ 宗教信仰 Crosstabulation

	有宗教信仰	没有宗教信仰	总计
良好	16.3%	19.0%	18.7%
一般	66.2%	64.3%	64.4%
很差	9.7%	8.5%	8.6%
几乎没有，一切都听从利益支配	7.7%	8.2%	8.2%
总计	100.0%	100.0%	100.0%
列总计	349	3803	4152

Chi-square test：df = 3，卡方值为 1.985，sig = 0.032 < 0.05，所以不同宗教信仰的居民对于“您认为目前我国社会中伦理道德对人际关系的调节能力如何”的回答有显著差异。

B18 by A9

您认为目前我国社会中伦理道德对个人行为的约束能力如何 * 宗教信仰 Crosstabulation

	有宗教信仰	没有宗教信仰	总计
良好	16.9%	18.7%	18.6%
一般	61.1%	63.6%	63.4%
很差	14.6%	9.9%	10.3%
几乎没有，一切都听从利益支配	7.4%	7.8%	7.7%
总计	100.0%	100.0%	100.0%
列总计	350	3808	4158

Chi-square test：df = 3，卡方值为 7.752，sig = 0.051 > 0.05，所以不同宗教信仰的居民对于“您认为目前我国社会中伦理道德对个人行为的约束能力如何”的回答没有显著差异。

B19 by A9

您认为当今中国社会最基本的伦理冲突是 * 宗教信仰 Crosstabulation

	有宗教信仰	没有宗教信仰	总计
人与自然的冲突	14.9%	17.3%	17.1%
人与自身的冲突	18.2%	24.7%	24.1%
人与人之间的冲突	66.9%	62.1%	62.5%
个人与社会的冲突	39.5%	46.3%	45.7%
个人与政府的冲突	14.9%	11.0%	11.3%
列总计	362	3859	4221

据上表所示，不同宗教信仰的居民对于“您认为当今中国社会最基本的伦理冲突是”的回答没有显著差异。

B20a by A9

在下列关系中，您认为哪些关系对您来说最重要？第一位 * 宗教信仰 Crosstabulation

	有宗教信仰	没有宗教信仰	总计
父母与子女	69.4%	66.2%	66.5%
夫妇	17.9%	19.9%	19.7%
兄弟姐妹		0.5%	0.5%
同事或同学		0.6%	0.6%
上级或下级		0.4%	0.3%
师生			

续表

	有宗教信仰	没有宗教信仰	总计
人与自然的关系	1.1%	0.4%	0.5%
个人与社会	1.6%	2.3%	2.3%
个人与国家	8.1%	7.6%	7.6%
个人与工作单位		0.7%	0.6%
通过网络建立的各种“群”的关系		0.2%	0.2%
朋友	0.5%	0.5%	0.5%
个人与自身的关系（身心和谐）	1.4%	0.7%	0.8%
总计	100.0%	100.0%	100.0%
列总计	369	3979	4348

Chi-square test：df = 12，卡方值为 16.040，sig = 0.189 > 0.05，所以不同宗教信仰的居民对于“在下列关系中，您认为哪些关系对您来说最重要？第一位”的回答没有显著差异。

B20b by A9

在下列关系中，您认为哪些关系对您来说最重要？第二位 * 宗教信仰 Crosstabulation

	有宗教信仰	没有宗教信仰	总计
父母与子女	22.8%	23.0%	23.0%
夫妇	51.2%	51.1%	51.1%
兄弟姐妹	12.7%	11.9%	11.9%
同事或同学	1.9%	2.3%	2.3%
上级或下级	0.8%	1.4%	1.3%
师生		0.2%	0.2%
人与自然的关系	1.4%	1.1%	1.2%
个人与社会	1.9%	3.1%	3.0%
个人与国家	4.6%	2.4%	2.6%
个人与工作单位	1.1%	1.1%	1.1%
通过网络建立的各种“群”的关系		0.1%	0.1%
朋友	1.1%	1.7%	1.6%
个人与自身的关系（身心和谐）	0.5%	0.6%	0.6%
总计	100.0%	100.0%	100.0%
列总计	369	3974	4343

Chi-square test：df = 12，卡方值为 11.083，sig = 0.522 > 0.05，所以不同宗教信仰的居民对于“在下列关系中，您认为哪些关系对您来说最重要？第二位”的回答没有显著差异。

B20c by A9

在下列关系中，您认为哪些关系对您来说最重要？第三位 * 宗教信仰 Crosstabulation

	有宗教信仰	没有宗教信仰	总计
父母与子女	4.1%	4.3%	4.2%
夫妇	15.8%	12.3%	12.6%
兄弟姐妹	49.9%	52.5%	52.3%
同事或同学	6.3%	6.6%	6.6%
上级或下级	0.8%	2.0%	1.9%
师生	1.4%	0.9%	0.9%
人与自然的关系	2.2%	2.1%	2.1%
个人与社会	3.3%	4.0%	3.9%
个人与国家	4.9%	6.3%	6.2%
个人与工作单位	2.5%	2.1%	2.2%
通过网络建立的各种“群”的关系		0.2%	0.2%
朋友	6.8%	5.8%	5.9%
个人与自身的关系（身心和谐）	1.6%	0.9%	0.9%
其他	0.5%	0.1%	0.1%
总计	100.0%	100.0%	100.0%
列总计	367	3966	4333

Chi-square test：df = 13，卡方值为 18.544，sig = 0.138 > 0.05，所以不同宗教信仰的居民对于“在下列关系中，您认为哪些关系对您来说最重要？第三位”的回答没有显著差异。

B20d by A9

在下列关系中，您认为哪些关系对您来说最重要？第四位 * 宗教信仰 Crosstabulation

	有宗教信仰	没有宗教信仰	总计
父母与子女	1.1%	2.3%	2.2%
夫妇	2.5%	3.8%	3.7%
兄弟姐妹	18.2%	13.0%	13.5%
同事或同学	18.7%	20.8%	20.6%
上级或下级	2.5%	3.9%	3.7%
师生	1.7%	3.1%	3.0%

续表

	有宗教信仰	没有宗教信仰	总计
人与自然的关系	3.9%	3.2%	3.3%
个人与社会	9.6%	11.0%	10.9%
个人与国家	10.7%	9.6%	9.7%
个人与工作单位	4.1%	5.9%	5.8%
通过网络建立的各种“群”的关系	0.6%	0.7%	0.7%
朋友	22.6%	21.0%	21.1%
个人与自身的关系（身心和谐）	3.3%	1.5%	1.7%
其他	0.6%	0.2%	0.2%
总计	100.0%	100.0%	100.0%
列总计	363	3939	4302

Chi-square test：df = 13，卡方值为 26.887，sig = 0.013 < 0.05，所以不同宗教信仰的居民对于“在下列关系中，您认为哪些关系对您来说最重要？第四位”的回答有显著差异。

B20e by A9

在下列关系中，您认为哪些关系对您来说最重要？第五位 * 宗教信仰 Crosstabulation

	有宗教信仰	没有宗教信仰	总计
父母与子女	0.3%	0.9%	0.9%
夫妇	1.1%	2.1%	2.0%
兄弟姐妹	3.9%	5.2%	5.1%
同事或同学	13.6%	14.3%	14.3%
上级或下级	7.2%	6.9%	6.9%
师生	3.1%	4.6%	4.4%
人与自然的关系	4.2%	3.8%	3.8%
个人与社会	18.7%	15.5%	15.8%
个人与国家	18.1%	14.1%	14.5%
个人与工作单位	7.0%	7.2%	7.2%
通过网络建立的各种“群”的关系	0.6%	1.7%	1.6%
朋友	18.7%	19.3%	19.2%
个人与自身的关系（身心和谐）	3.6%	4.1%	4.1%
其他		0.3%	0.3%
总计	100.0%	100.0%	100.0%
列总计	359	3899	4258

Chi-square test：df = 13，卡方值为 15.719，sig = 0.265 > 0.05，所以不同宗教信仰的居民对于“在下列关系中，您认为哪些关系对您来说最重要？第五位”的回答没有显著差异。

B21 by A9

您认为哪一种关系对社会秩序最具根本性意义 ＊ 宗教信仰 Crosstabulation

	有宗教信仰	没有宗教信仰	总计
家庭关系或血缘关系	33.1%	27.0%	27.5%
个人与社会的关系	38.3%	42.3%	41.9%
职业关系	2.5%	3.5%	3.4%
个人与国家民族的关系	20.2%	21.6%	21.5%
人与自然的关系	2.2%	1.6%	1.7%
个人与自身的关系	3.8%	4.0%	4.0%
总计	100.0%	100.0%	100.0%
列总计	366	3925	4291

Chi-square test：df = 5，卡方值为 7.806，sig = 0.167 > 0.05，所以不同宗教信仰的居民对于“您认为哪一种关系对社会秩序最具根本性意义”的回答没有显著差异。

B22 by A9

您认为哪一种关系对个人生活最具根本性意义 ＊ 宗教信仰 Crosstabulation

	有宗教信仰	没有宗教信仰	总计
家庭关系或血缘关系	65.4%	59.5%	60.0%
个人与社会的关系	12.1%	16.4%	16.1%
职业关系	4.7%	4.7%	4.7%
个人与国家民族的关系	8.5%	11.5%	11.2%
人与自然的关系	2.5%	1.5%	1.6%
个人与自身的关系	6.9%	6.4%	6.4%
总计	100.0%	100.0%	100.0%
列总计	364	3951	4315

Chi-square test：df = 5，卡方值为 10.566，sig = 0.610 > 0.05，所以不同宗教信仰的居民对于“您认为哪一种关系对个人生活最具根本性意义”的回答没有显著差异。

B23a by A9

对于个人而言，您认为家庭、社会和国家三者的重要性程度如何？第一位 * 宗教信仰 Crosstabulation

	有宗教信仰	没有宗教信仰	总计
国家	45.9%	52.9%	52.3%
社会	2.7%	3.1%	3.0%
家庭	51.4%	44.0%	44.6%
总计	100.0%	100.0%	100.0%
列总计	368	3972	4340

Chi-square test：df = 2，卡方值为 7.367，sig = 0.025 < 0.05，所以不同宗教信仰的居民对于“对于个人而言，您认为家庭、社会和国家三者的重要性程度？第一位”的回答有显著差异。

B23b by A9

对于个人而言，您认为家庭、社会和国家三者的重要性程度如何？第二位 * 宗教信仰 Crosstabulation

	有宗教信仰	没有宗教信仰	总计
国家	41.5%	35.2%	35.7%
社会	18.0%	21.6%	21.3%
家庭	40.4%	43.2%	43.0%
总计	100.0%	100.0%	100.0%
列总计	366	3948	4314

Chi-square test：df = 2，卡方值为 6.311，sig = 0.043 < 0.05，所以不同宗教信仰的居民对于“对于个人而言，您认为家庭、社会和国家三者的重要性程度？第二位”的回答有显著差异。

B24a by A9

信息技术、网络技术的发展对伦理道德的影响 * 宗教信仰 Crosstabulation

	有宗教信仰	没有宗教信仰	总计
消极影响	23.3%	14.0%	14.8%
没有影响	19.8%	22.7%	22.5%
积极影响	57.0%	63.3%	62.7%
总计	100.0%	100.0%	100.0%
列总计	258	2869	3127

Chi-square test：df = 2，卡方值为 16.103，sig = 0.000 < 0.05，所以不同宗教信仰的居民对于“信息技术、网络技术的发展对伦理道德的影响”的回答有显著差异。

B24b by A9

市场经济对我国伦理道德的影响 * 宗教信仰 Crosstabulation

	有宗教信仰	没有宗教信仰	总计
消极影响	23. 3%	16. 2%	16. 8%
没有影响	19. 1%	21. 8%	21. 6%
积极影响	57. 6%	62. 0%	61. 6%
总计	100. 0%	100. 0%	100. 0%
列总计	262	2914	3176

Chi-square test：df = 2，卡方值为 8. 660，sig = 0. 013 < 0. 05，所以不同宗教信仰的居民对于“市场经济对我国伦理道德的影响”的回答有显著差异。

B24c by A9

西方文化对我国伦理道德的影响 * 宗教信仰 Crosstabulation

	有宗教信仰	没有宗教信仰	总计
消极影响	28. 1%	20. 6%	21. 2%
没有影响	26. 3%	29. 0%	28. 8%
积极影响	45. 5%	50. 4%	50. 0%
总计	100. 0%	100. 0%	100. 0%
列总计	224	2569	2793

Chi-square test：df = 2，卡方值为 7. 001，sig = 0. 030 < 0. 05，所以不同宗教信仰的居民对于“西方文化对我国伦理道德的影响”的回答有显著差异。

B25 by A9

如果国外报道与国家主流媒体的宣传内容不一致，您倾向于相信 * 宗教信仰 Crosstabulation

	有宗教信仰	没有宗教信仰	总计
主流媒体	65. 9%	70. 6%	70. 2%
国外报道	3. 8%	2. 7%	2. 8%
谁都不相信，自己判断	30. 3%	26. 7%	27. 0%
总计	100. 0%	100. 0%	100. 0%
列总计	340	3699	4039

Chi-square test：df = 2，卡方值为 3. 824，sig = 0. 148 > 0. 05，所以不同宗教信仰的居民对于“如果国外报道与国家主流媒体的宣传内容不一致，您倾向于相信”的回答没有显著差异。

B26 by A9

如果朋友圈的消息与国家主流媒体的报道不一致，您会相信哪一个 * 宗教信仰 Crosstabulation

	有宗教信仰	没有宗教信仰	总计
主流媒体	62.5%	62.3%	62.3%
朋友圈/亲朋圈子	8.2%	11.1%	10.9%
都不相信，自己比较判断	28.8%	26.1%	26.4%
其他	0.5%	0.5%	0.5%
总计	100.0%	100.0%	100.0%
列总计	368	3962	4330

Chi-square test：df = 3，卡方值为 3.708，sig = 0.295 > 0.05，所以不同宗教信仰的居民对于“如果朋友圈的消息与国家主流媒体的报道不一致，您会相信哪一个”的回答没有显著差异。

C1 by A9

您认为当前中国社会个人道德素质的主要问题是 * 宗教信仰 Crosstabulation

	有宗教信仰	没有宗教信仰	总计
道德上无知	10.1%	9.5%	9.6%
有道德知识，但不见诸行动	80.4%	79.6%	79.7%
道德上既无知，也不见道德行动	9.5%	10.6%	10.5%
其他		0.3%	0.3%
总计	100.0%	100.0%	100.0%
列总计	367	3954	4321

Chi-square test：df = 3，卡方值为 1.494，sig = 0.684 > 0.05，所以不同宗教信仰的居民对于“您认为当前中国社会个人道德素质的主要问题是”的回答没有显著差异。

C2 by A9

您根据什么来判断某种行为是否符合伦理或道德 * 宗教信仰 Crosstabulation

	有宗教信仰	没有宗教信仰	总计
传统道德观念	63.1%	58.7%	59.0%
风俗习惯	28.9%	34.1%	33.7%
大多数人认同的道德规范	43.8%	47.3%	47.0%

续表

	有宗教信仰	没有宗教信仰	总计
当事人共同利益和意志	14.9%	19.1%	18.7%
自己的良心	64.7%	62.8%	62.9%
意识形态的要求	8.5%	12.6%	12.3%
列总计	363	3936	4299

据上表所示，不同宗教信仰的居民对于“您根据什么来判断某种行为是否符合伦理或道德”的回答没有显著差异。

C3a by A9

我会经常关心比我不幸的人 ＊ 宗教信仰 Crosstabulation

	有宗教信仰	没有宗教信仰	总计
完全不符合	3.8%	3.2%	3.3%
有点符合	22.5%	20.8%	20.9%
一般	31.2%	34.2%	33.9%
比较符合	36.0%	32.3%	32.7%
完全符合	6.5%	9.4%	9.2%
总计	100.0%	100.0%	100.0%
列总计	369	3970	4339

Chi-square test：df = 4，卡方值为 6.244，sig = 0.182 > 0.05，所以不同宗教信仰的居民对于“我会经常关心比我不幸的人”的回答没有显著差异。

C3b by A9

我时常会同情他人的难处 ＊ 宗教信仰 Crosstabulation

	有宗教信仰	没有宗教信仰	总计
完全不符合	2.7%	2.1%	2.1%
有点符合	24.0%	20.1%	20.5%
一般	25.7%	32.9%	32.3%
比较符合	39.3%	36.6%	36.8%
完全符合	8.2%	8.3%	8.3%
总计	100.0%	100.0%	100.0%
列总计	366	3971	4337

Chi-square test：df = 4，卡方值为 9.261，sig = 0.055 > 0.05，所以不同宗教信仰的居民对于“我时常会同情他人的难处”的回答没有显著差异。

C3c by A9

在做决定前，我会试着从每个人的立场去考虑问题 ＊ 宗教信仰 Crosstabulation

	有宗教信仰	没有宗教信仰	总计
完全不符合	3.5%	3.3%	3.3%
有点符合	18.5%	19.8%	19.7%
一般	33.7%	36.6%	36.3%
比较符合	35.9%	31.7%	32.1%
完全符合	8.4%	8.6%	8.5%
总计	100.0%	100.0%	100.0%
列总计	368	3963	4331

Chi-square test：df = 4，卡方值为 2.921，sig = 0.571 > 0.05，所以不同宗教信仰的居民对于“在做决定前，我会试着从每个人的立场去考虑问题”的回答没有显著差异。

C3d by A9

当我看到有人被利用时，时常想要保护他们 ＊ 宗教信仰 Crosstabulation

	有宗教信仰	没有宗教信仰	总计
完全不符合	3.5%	4.5%	4.4%
有点符合	20.4%	21.9%	21.8%
一般	34.6%	37.8%	37.5%
比较符合	35.1%	29.7%	30.2%
完全符合	6.3%	6.0%	6.1%
总计	100.0%	100.0%	100.0%
列总计	367	3955	4322

Chi-square test：df = 4，卡方值为 5.286，sig = 0.259 > 0.05，所以不同宗教信仰的居民对于“当我看到有人被利用时，时常想要保护他们”的回答没有显著差异。

C3e by A9

我有时会试图站在他人的角度，以更好地理解我的朋友 ＊ 宗教信仰 Crosstabulation

	有宗教信仰	没有宗教信仰	总计
完全不符合	3.0%	2.7%	2.7%
有点符合	17.5%	19.6%	19.4%
一般	30.3%	32.5%	32.3%

续表

	有宗教信仰	没有宗教信仰	总计
比较符合	41.0%	35.4%	35.9%
完全符合	8.2%	9.8%	9.7%
总计	100.0%	100.0%	100.0%
列总计	366	3963	4329

Chi-square test：df = 4，卡方值为 5.193，sig = 0.268 > 0.05，所以不同宗教信仰的居民对于“我有时会试图站在他人的角度，以更好地理解我的朋友”的回答没有显著差异。

C3f by A9

他人的不幸通常不会给我带来很大的不安 * 宗教信仰 Crosstabulation

	有宗教信仰	没有宗教信仰	总计
完全不符合	14.6%	12.0%	12.2%
有点符合	25.8%	20.8%	21.3%
一般	28.6%	36.4%	35.7%
比较符合	24.5%	25.4%	25.3%
完全符合	6.6%	5.3%	5.4%
总计	100.0%	100.0%	100.0%
列总计	364	3957	4321

Chi-square test：df = 4，卡方值为 12.421，sig = 0.014 < 0.05，所以不同宗教信仰的居民对于“他人的不幸通常不会给我带来很大的不安”的回答有显著差异。

C3g by A9

在观看电视剧或电影之后，我会感觉到自己仿佛成了其中的一个角色 * 宗教信仰 Crosstabulation

	有宗教信仰	没有宗教信仰	总计
完全不符合	18.3%	18.9%	18.9%
有点符合	25.7%	20.1%	20.6%
一般	25.1%	32.1%	31.5%
比较符合	22.7%	22.7%	22.7%
完全符合	8.2%	6.2%	6.4%
总计	100.0%	100.0%	100.0%
列总计	366	3946	4312

Chi-square test：df = 4，卡方值为 12.358，sig = 0.015 < 0.05，所以不同宗教信仰的居民对于“在观看电视剧或电影之后，我会感觉到自己仿佛成了其中的一个角色”的回答有显著差异。

C3h by A9

当我对某人很不耐烦的时候，我通常会暂时站在他/她的位置上 ＊ 宗教信仰 Crosstabulation

	有宗教信仰	没有宗教信仰	总计
完全不符合	9. 1%	8. 4%	8. 4%
有点符合	25. 5%	23. 6%	23. 8%
一般	34. 1%	36. 4%	36. 2%
比较符合	25. 3%	25. 9%	25. 8%
完全符合	6. 0%	5. 8%	5. 8%
总计	100. 0%	100. 0%	100. 0%
列总计	364	3954	4318

Chi-square test：df = 4，卡方值为 1. 297，sig = 0. 862 > 0. 05，所以不同宗教信仰的居民对于“当我对某人很不耐烦的时候，我通常会暂时站在他/她的位置上”的回答没有显著差异。

C3i by A9

读故事时会想象如果这些事情发生在自己身上，我会是怎样的感受 ＊ 宗教信仰 Crosstabulation

	有宗教信仰	没有宗教信仰	总计
完全不符合	12. 7%	14. 0%	13. 9%
有点符合	25. 3%	19. 6%	20. 1%
一般	26. 2%	33. 9%	33. 2%
比较符合	28. 9%	25. 7%	25. 9%
完全符合	6. 9%	6. 8%	6. 8%
总计	100. 0%	100. 0%	100. 0%
列总计	363	3920	4283

Chi-square test：df = 4，卡方值为 13. 310，sig = 0. 010 < 0. 05，所以不同宗教信仰的居民对于“读故事时会想象如果这些事情发生在自己身上，我会是怎样的感受”的回答有显著差异。

C3j by A9

在批评他人之前，我会尝试想象一下如果我处于那个位置会是什么感受 ＊ 宗教信仰 Crosstabulation

	有宗教信仰	没有宗教信仰	总计
完全不符合	4. 7%	3. 6%	3. 7%
有点符合	23. 8%	18. 7%	19. 2%

续表

	有宗教信仰	没有宗教信仰	总计
一般	29.6%	37.3%	36.7%
比较符合	35.3%	33.0%	33.2%
完全符合	6.6%	7.3%	7.3%
总计	100.0%	100.0%	100.0%
列总计	365	3946	4311

Chi-square test：df = 4，卡方值为 11.866，sig = 0.018 < 0.05，所以不同宗教信仰的居民对于“在批评他人之前，我会尝试想象一下如果我处于那个位置会是什么感受”的回答有显著差异。

C4a by A9

您认为当今中国社会最重要和最需要的德性是？第一位 ＊ 宗教信仰 Crosstabulation

	有宗教信仰	没有宗教信仰	总计
爱（仁爱、博爱、友爱）	28.4%	24.6%	25.0%
义（道义、义务）	4.9%	3.6%	3.7%
宽容	4.1%	3.8%	3.9%
责任	4.6%	5.5%	5.5%
公正	13.4%	14.8%	14.7%
诚信	18.0%	17.1%	17.2%
忠恕（将心比心）	1.9%	1.8%	1.8%
理智	0.8%	0.4%	0.5%
节制	0.8%	0.9%	0.9%
谦让	1.1%	3.1%	2.9%
勇敢	1.4%	1.5%	1.5%
正直	0.3%	3.4%	3.1%
善良	6.8%	6.6%	6.6%
孝敬	13.1%	12.4%	12.4%
敬业	0.3%	0.5%	0.5%
其他		0.1%	0.1%
总计	100.0%	100.0%	100.0%
列总计	366	3970	4336

Chi-square test：df = 15，卡方值为 21.607，sig = 0.119 > 0.05，所以不同宗教信仰的居民对于“您认为当今中国社会最重要和最需要的德性是？第一位”的回答没有显著差异。

C4b by A9

您认为当今中国社会最重要和最需要的德性是？第二位 ＊ 宗教信仰 Crosstabulation

	有宗教信仰	没有宗教信仰	总计
爱（仁爱、博爱、友爱）	10.1%	11.1%	11.0%
义（道义、义务）	14.2%	12.6%	12.7%
宽容	5.5%	6.4%	6.3%
责任	7.9%	8.2%	8.2%
公正	13.4%	13.0%	13.0%
诚信	19.9%	16.4%	16.7%
忠恕（将心比心）	2.5%	2.4%	2.4%
理智	2.2%	1.2%	1.3%
节制	2.2%	2.7%	2.7%
谦让	1.1%	3.1%	3.0%
勇敢	1.1%	2.1%	2.1%
正直	0.5%	3.0%	2.8%
善良	7.9%	8.5%	8.4%
孝敬	9.3%	8.3%	8.4%
敬业	2.2%	1.0%	1.1%
总计	100.0%	100.0%	100.0%
列总计	366	3968	4334

Chi-square test：df = 15，卡方值为 25.372，sig = 0.045 < 0.05，所以不同宗教信仰的居民对于“您认为当今中国社会最重要和最需要的德性是？第二位”的回答有显著差异。

C4c by A9

您认为当今中国社会最重要和最需要的德性是？第三位 ＊ 宗教信仰 Crosstabulation

	有宗教信仰	没有宗教信仰	总计
爱（仁爱、博爱、友爱）	9.0%	7.2%	7.4%
义（道义、义务）	5.5%	6.8%	6.7%
宽容	15.8%	18.0%	17.8%
责任	13.1%	13.6%	13.6%
公正	9.6%	7.6%	7.7%

续表

	有宗教信仰	没有宗教信仰	总计
诚信	11.7%	11.0%	11.1%
忠恕（将心比心）	3.3%	3.3%	3.3%
理智	2.2%	3.9%	3.7%
节制	1.6%	2.0%	1.9%
谦让	0.5%	2.5%	2.3%
勇敢	3.0%	3.0%	3.0%
正直	6.8%	5.6%	5.7%
善良	7.7%	6.9%	7.0%
孝敬	9.0%	6.4%	6.7%
敬业	1.1%	2.1%	2.1%
总计	100.0%	100.0%	100.0%
列总计	366	3958	4324

Chi-square test：df = 14，卡方值为 19.555，sig = 0.145 > 0.05，所以不同宗教信仰的居民对于“您认为当今中国社会最重要和最需要的德性是？第三位”的回答没有显著差异。

C4d by A9

您认为当今中国社会最重要和最需要的德性是？第四位 ＊ 宗教信仰 Crosstabulation

	有宗教信仰	没有宗教信仰	总计
爱（仁爱、博爱、友爱）	6.3%	5.6%	5.7%
义（道义、义务）	5.2%	5.3%	5.3%
宽容	6.8%	8.5%	8.3%
责任	17.5%	19.4%	19.3%
公正	12.1%	8.2%	8.5%
诚信	12.3%	10.2%	10.3%
忠恕（将心比心）	2.7%	2.3%	2.4%
理智	3.0%	3.1%	3.1%
节制	2.2%	2.8%	2.7%
谦让	6.0%	4.3%	4.4%
勇敢	2.2%	2.0%	2.0%
正直	3.3%	4.9%	4.8%
善良	10.7%	12.8%	12.6%
孝敬	8.2%	8.8%	8.8%

续表

	有宗教信仰	没有宗教信仰	总计
敬业	1.4%	1.9%	1.9%
总计	100.0%	100.0%	100.0%
列总计	365	3945	4310

Chi-square test：df = 14，卡方值为 16.102，sig = 0.307 > 0.05，所以不同宗教信仰的居民对于“您认为当今中国社会最重要和最需要的德性是？第四位”的回答没有显著差异。

C4e by A9

您认为当今中国社会最重要和最需要的德性是？第五位 ＊ 宗教信仰 Crosstabulation

	有宗教信仰	没有宗教信仰	总计
爱（仁爱、博爱、友爱）	6.9%	7.6%	7.6%
义（道义、义务）	7.5%	7.7%	7.7%
宽容	3.0%	4.3%	4.2%
责任	8.0%	7.7%	7.7%
公正	9.4%	10.0%	9.9%
诚信	8.8%	9.2%	9.1%
忠恕（将心比心）	2.8%	4.2%	4.1%
理智	5.2%	3.3%	3.5%
节制	1.7%	2.5%	2.5%
谦让	3.9%	5.2%	5.1%
勇敢	3.3%	3.5%	3.5%
正直	6.4%	6.1%	6.1%
善良	19.1%	13.3%	13.8%
孝敬	8.6%	11.1%	10.8%
敬业	5.5%	4.3%	4.4%
总计	100.0%	100.0%	100.0%
列总计	362	3934	4296

Chi-square test：df = 14，卡方值为 20.166，sig = 0.125 > 0.05，所以不同宗教信仰的居民对于“您认为当今中国社会最重要和最需要的德性是？第五位”的回答没有显著差异。

C5 by A9

一个制药厂做药品销售时，出资 50 万元请您向公众介绍自己服药后的良好效果，您过去服用这药时并没有效果，但也没有发现有很大的副作用，您将如何决定 * 宗教信仰 Crosstabulation

	有宗教信仰	没有宗教信仰	总计
接受邀请，心安理得	6.3%	12.6%	12.0%
接受邀请，心里不安，但这笔巨款很有吸引力	14.4%	14.0%	14.1%
拒绝，这是虚假广告欺骗大众	78.3%	73.2%	73.6%
其他	1.1%	0.2%	0.3%
总计	100.0%	100.0%	100.0%
列总计	368	3970	4338

Chi-square test：df = 3，卡方值为 20.710，sig = 0.000 < 0.05，所以不同宗教信仰的居民对于“一个制药厂做药品销售时，出资 50 万元请您向公众介绍自己服药后的良好效果，您过去服用这药时并没有效果，但也没有发现有很大的副作用，您将如何决定”的回答有显著差异。

C6 by A9

您正在申请一个重要的职位，如果具有两次以上在敬老院做义工的经历（不需要出具证据），将可能优先获得这个职位，您将如何决定 * 宗教信仰 Crosstabulation

	有宗教信仰	没有宗教信仰	总计
如实填报，没做过义工，今后多参加这类活动	79.1%	75.9%	76.2%
填报参加过两次义工，这机会太重要了，反正不需要出具证据	13.3%	14.7%	14.6%
先填报，交表之后去做两次义工	7.3%	9.1%	9.0%
其他	0.3%	0.3%	0.3%
总计	100.0%	100.0%	100.0%
列总计	368	3955	4323

Chi-square test：df = 3，卡方值为 2.085，sig = 0.555 > 0.05，所以不同宗教信仰的居民对于“您正在申请一个重要的职位，如果具有两次以上在敬老院做义工的经历（不需要出具证据），将可能优先获得这个职位，您将如何决定”的回答没有显著差异。

C7 by A9

如果您全权代表本单位与另一单位进行项目谈判，对方要求您给予一千万元的优惠，事成之后将您正在寻找工作的女儿安排到这一单位并且获得较好职位，您将如何决定 * 宗教信仰 Crosstabulation

	有宗教信仰	没有宗教信仰	总计
拒绝，不能以公谋私	73.1%	77.1%	76.8%

续表

	有宗教信仰	没有宗教信仰	总计
接受，女儿前途重要，并且我有权决定	25.5%	22.3%	22.6%
其他	1.4%	0.6%	0.6%
总计	100.0%	100.0%	100.0%
列总计	364	3943	4307

Chi-square test：df = 2，卡方值为 5.754，sig = 0.056 > 0.05，所以不同宗教信仰的居民对于“如果您全权代表本单位与另一单位进行项目谈判，对方要求您给予一千万元的优惠，事成之后将您正在寻找工作的女儿安排到这一单位并且获得较好职位，您将如何决定”的回答没有显著差异。

C8 by A9

现在社会上有些人不守道德反而占了便宜，您会不会效仿 * 宗教信仰 Crosstabulation

	有宗教信仰	没有宗教信仰	总计
从来不这么做	52.2%	53.9%	53.8%
通常不这么做，关键时刻会这么做	23.2%	27.1%	26.8%
经常这么做	0.8%	0.9%	0.9%
相信善有善报，恶有恶报，终将会善恶报应	23.2%	18.0%	18.4%
其他	0.5%	0.1%	0.1%
总计	100.0%	100.0%	100.0%
列总计	366	3977	4343

Chi-square test：df = 4，卡方值为 11.928，sig = 0.018 < 0.05，所以不同宗教信仰的居民对于“现在社会上有些人不守道德反而占了便宜，您会不会效仿”的回答有显著差异。

C9a by A9

下列说法您是否认同：目前大多数人将职业当作谋生的手段，缺乏责任感和奉献精神 * 宗教信仰 Crosstabulation

	有宗教信仰	没有宗教信仰	总计
完全不同意	5.6%	3.2%	3.4%
不太同意	23.7%	30.9%	30.3%
比较同意	57.6%	54.7%	54.9%
完全同意	13.0%	11.2%	11.4%
总计	100.0%	100.0%	100.0%
列总计	354	3872	4226

Chi-square test：df = 3，卡方值为 12.985，sig = 0.005 < 0.05，所以不同宗教信仰的居民对于“下列说法您是否认同：目前大多数人将职业当作谋生的手段，缺乏责任感和奉献精神”的回答有显著差异。

C9b by A9

下列说法您是否认同：企业老板剥削员工，利益关系不公正 ＊ 宗教信仰 Crosstabulation

	有宗教信仰	没有宗教信仰	总计
完全不同意	4.6%	5.3%	5.2%
不太同意	28.9%	33.4%	33.1%
比较同意	52.9%	51.2%	51.4%
完全同意	13.6%	10.1%	10.4%
总计	100.0%	100.0%	100.0%
列总计	346	3793	4139

Chi-square test：df = 3，卡方值为 6.168，sig = 0.104 > 0.05，所以不同宗教信仰的居民对于“下列说法您是否认同：企业老板剥削员工，利益关系不公正”的回答没有显著差异。

C9c by A9

下列说法您是否认同：老板和员工、上级和下级相互勾结，共同对社会不负责任 ＊ 宗教信仰 Crosstabulation

	有宗教信仰	没有宗教信仰	总计
完全不同意	8.4%	6.7%	6.8%
不太同意	40.0%	41.5%	41.4%
比较同意	41.8%	42.2%	42.2%
完全同意	9.9%	9.6%	9.6%
总计	100.0%	100.0%	100.0%
列总计	335	3697	4032

Chi-square test：df = 3，卡方值为 1.419，sig = 0.701 > 0.05，所以不同宗教信仰的居民对于“下列说法您是否认同：老板和员工、上级和下级相互勾结，共同对社会不负责任”的回答没有显著差异。

C9d by A9

下列说法您是否认同：是否离婚主要考虑自己的感受和利益 ＊ 宗教信仰 Crosstabulation

	有宗教信仰	没有宗教信仰	总计
完全不同意	22.9%	24.9%	24.7%
不太同意	47.9%	52.7%	52.3%
比较同意	23.2%	19.6%	19.9%
完全同意	6.0%	2.8%	3.0%
总计	100.0%	100.0%	100.0%

续表

	有宗教信仰	没有宗教信仰	总计
列总计	349	3864	4213

Chi-square test：df = 3，卡方值为 15.189，sig = 0.002 < 0.05，所以不同宗教信仰的居民对于“下列说法您是否认同：是否离婚主要考虑自己的感受和利益”的回答有显著差异。

C9e by A9

下列说法您是否认同：是否离婚应该从家庭整体（包括子女）考虑 * 宗教信仰 Crosstabulation

	有宗教信仰	没有宗教信仰	总计
完全不同意	2.0%	0.9%	1.0%
不太同意	3.9%	5.9%	5.8%
比较同意	58.7%	56.6%	56.8%
完全同意	35.4%	36.6%	36.5%
总计	100.0%	100.0%	100.0%
列总计	356	3908	4264

Chi-square test：df = 3，卡方值为 6.458，sig = 0.091 > 0.05，所以不同宗教信仰的居民对于“下列说法您是否认同：是否离婚应该从家庭整体（包括子女）考虑”的回答没有显著差异。

C9f by A9

下列说法您是否认同：婚姻是社会的事，应当兼顾社会评价和社会后果 * 宗教信仰 Crosstabulation

	有宗教信仰	没有宗教信仰	总计
完全不同意	8.1%	4.8%	5.0%
不太同意	24.5%	21.1%	21.4%
比较同意	47.6%	53.2%	52.7%
完全同意	19.9%	20.9%	20.8%
总计	100.0%	100.0%	100.0%
列总计	347	3866	4213

Chi-square test：df = 3，卡方值为 10.739，sig = 0.013 < 0.05，所以不同宗教信仰的居民对于“下列说法您是否认同：婚姻是社会的事，应当兼顾社会评价和社会后果”的回答有显著差异。

C9g by A9

下列说法您是否认同：婚姻应当是自由的，如果有更满意或更合适的人就与现在的配偶离婚 ＊ 宗教信仰 Crosstabulation

	有宗教信仰	没有宗教信仰	总计
完全不同意	40. 2%	46. 3%	45. 8%
不太同意	48. 2%	45. 4%	45. 6%
比较同意	8. 9%	7. 2%	7. 4%
完全同意	2. 8%	1. 1%	1. 2%
总计	100. 0%	100. 0%	100. 0%
列总计	361	3918	4279

Chi-square test：df = 3，卡方值为 12. 335，sig = 0. 006 < 0. 05，所以不同宗教信仰的居民对于“下列说法您是否认同：婚姻应当是自由的，如果有更满意或更合适的人就与现在的配偶离婚”的回答有显著差异。

C9h by A9

下列说法您是否认同：婚姻意味着责任，要考虑给对方造成什么后果，不能轻率地选择离婚 ＊ 宗教信仰 Crosstabulation

	有宗教信仰	没有宗教信仰	总计
完全不同意	2. 7%	0. 9%	1. 1%
不太同意	3. 6%	3. 2%	3. 3%
比较同意	51. 6%	49. 9%	50. 0%
完全同意	42. 0%	45. 9%	45. 6%
总计	100. 0%	100. 0%	100. 0%
列总计	364	3937	4301

Chi-square test：df = 3，卡方值为 11. 410，sig = 0. 010 < 0. 05，所以不同宗教信仰的居民对于“下列说法您是否认同：婚姻意味着责任，要考虑给对方造成什么后果，不能轻率地选择离婚”的回答有显著差异。

C9i by A9

下列说法您是否认同：遇到困难的时候，兄弟姐妹通常都会给予力所能及的帮助 ＊ 宗教信仰 Crosstabulation

	有宗教信仰	没有宗教信仰	总计
完全不同意	1. 1%	0. 6%	0. 6%
不太同意	5. 5%	4. 6%	4. 7%
比较同意	56. 6%	53. 6%	53. 8%
完全同意	36. 9%	41. 2%	40. 8%
总计	100. 0%	100. 0%	100. 0%

续表

	有宗教信仰	没有宗教信仰	总计
列总计	366	3937	4303

Chi-square test：df = 3，卡方值为 3.936，sig = 0.268 > 0.05，所以不同宗教信仰的居民对于“下列说法您是否认同：遇到困难的时候，兄弟姐妹通常都会给予力所能及的帮助”的回答没有显著差异。

C9j by A9

下列说法您是否认同：无论父母对自己如何，都应当尽赡养义务 * 宗教信仰 Crosstabulation

	有宗教信仰	没有宗教信仰	总计
完全不同意	0.5%	0.7%	0.6%
不太同意	3.5%	3.5%	3.5%
比较同意	43.9%	41.5%	41.7%
完全同意	52.0%	54.3%	54.1%
总计	100.0%	100.0%	100.0%
列总计	367	3957	4324

Chi-square test：df = 3，卡方值为 0.837，sig = 0.841 > 0.05，所以不同宗教信仰的居民对于“下列说法您是否认同：无论父母对自己如何，都应当尽赡养义务”的回答没有显著差异。

C9k by A9

下列说法您是否认同：为了家庭利益可以一定程度上牺牲国家利益 * 宗教信仰 Crosstabulation

	有宗教信仰	没有宗教信仰	总计
完全不同意	18.7%	17.2%	17.3%
不太同意	50.7%	50.4%	50.5%
比较同意	25.1%	26.0%	25.9%
完全同意	5.5%	6.4%	6.3%
总计	100.0%	100.0%	100.0%
列总计	347	3753	4100

Chi-square test：df = 3，卡方值为 0.991，sig = 0.803 > 0.05，所以不同宗教信仰的居民对于“下列说法您是否认同：为了家庭利益可以一定程度上牺牲国家利益”的回答没有显著差异。

C9l by A9

下列说法您是否认同：为了国家利益可以一定程度上牺牲家庭利益 * 宗教信仰 Crosstabulation

	有宗教信仰	没有宗教信仰	总计
完全不同意	7.8%	5.1%	5.3%

续表

	有宗教信仰	没有宗教信仰	总计
不太同意	22.5%	25.7%	25.5%
比较同意	54.3%	50.2%	50.6%
完全同意	15.3%	19.0%	18.7%
总计	100.0%	100.0%	100.0%
列总计	346	3740	4086

Chi-square test：df = 3，卡方值为 9.117，sig = 0.028 < 0.05，所以不同宗教信仰的居民对于“下列说法您是否认同：为了国家利益可以一定程度上牺牲家庭利益”的回答有显著差异。

C10 by A9

假设您的上司或老板是外国人，他侮辱了中国，您会选择 * 宗教信仰 Crosstabulation

	有宗教信仰	没有宗教信仰	总计
当面抗议	70.9%	65.9%	66.3%
保持沉默	13.7%	19.1%	18.6%
暗地里报复	3.3%	2.4%	2.5%
以屈求伸，背后骂几句就行了	8.2%	8.9%	8.8%
无所谓	3.8%	3.7%	3.7%
总计	100.0%	100.0%	100.0%
列总计	364	3953	4317

Chi-square test：df = 4，卡方值为 7.531，sig = 0.110 > 0.05，所以不同宗教信仰的居民对于“假设您的上司或老板是外国人，他侮辱了中国，您会选择”的回答没有显著差异。

C11 by A9

如果条件允许的话，您希望您的孩子生活在国内，还是到国外定居 * 宗教信仰 Crosstabulation

	有宗教信仰	没有宗教信仰	总计
还是在国内生活好	58.5%	58.8%	58.7%
到国外定居	11.9%	9.3%	9.5%
走一步看一步	10.3%	11.3%	11.3%
没考虑过	19.2%	20.6%	20.5%
总计	100.0%	100.0%	100.0%
列总计	369	3977	4346

Chi-square test：df = 3，卡方值为 3.002，sig = 0.391 > 0.05，所以不同宗教信仰的居民对于“如果条件允许的话，您希望您的孩子生活在国内，还是到国外定居”的回答没有显著差异。

C12a by A9

您常常体验到自己身上一种“伦理感”的存在吗？人与人之间 ＊ 宗教信仰 Crosstabulation

	有宗教信仰	没有宗教信仰	总计
没有，只感受到自己实实在在的生活	19.8%	20.1%	20.1%
偶尔有，但主要是因为那种情况下我的利益与它高度一致	28.5%	31.3%	31.1%
偶尔有，是在受某种作品或生活情境的影响之后	20.7%	21.1%	21.1%
时常有，它是一种内在的信念	31.0%	27.5%	27.8%
总计	100.0%	100.0%	100.0%
列总计	368	3963	4331

Chi-square test：df = 3，卡方值为 2.358，sig = 0.502 > 0.05，所以不同宗教信仰的居民对于“您常常体验到自己身上一种‘伦理感’的存在吗？人与人之间”的回答没有显著差异。

C12b by A9

您常常体验到自己身上一种“伦理感”的存在吗？家庭 ＊ 宗教信仰 Crosstabulation

	有宗教信仰	没有宗教信仰	总计
没有，只感受到自己实实在在的生活	16.6%	17.5%	17.4%
偶尔有，但主要是因为那种情况下我的利益与它高度一致	15.2%	16.8%	16.7%
偶尔有，是在受某种作品或生活情境的影响之后	16.0%	16.1%	16.1%
时常有，它是一种内在的信念	52.2%	49.6%	49.8%
总计	100.0%	100.0%	100.0%
列总计	368	3964	4332

Chi-square test：df = 3，卡方值为 1.124，sig = 0.771 > 0.05，所以不同宗教信仰的居民对于“您常常体验到自己身上一种‘伦理感’的存在吗？家庭”的回答没有显著差异。

C12c by A9

您常常体验到自己身上一种“伦理感”的存在吗？单位 ＊ 宗教信仰 Crosstabulation

	有宗教信仰	没有宗教信仰	总计
没有，只感受到自己实实在在的生活	24.7%	20.9%	21.3%
偶尔有，但主要是因为那种情况下我的利益与它高度一致	33.4%	32.4%	32.5%
偶尔有，是在受某种作品或生活情境的影响之后	23.6%	28.2%	27.8%

续表

	有宗教信仰	没有宗教信仰	总计
时常有，它是一种内在的信念	18.4%	18.5%	18.5%
总计	100.0%	100.0%	100.0%
列总计	365	3950	4315

Chi-square test：df = 3，卡方值为 4.880，sig = 0.181 > 0.05，所以不同宗教信仰的居民对于“您常常体验到自己身上一种‘伦理感’的存在吗？单位”的回答没有显著差异。

C12d by A9

您常常体验到自己身上一种“伦理感”的存在吗？社区、城市 * 宗教信仰 Crosstabulation

	有宗教信仰	没有宗教信仰	总计
没有，只感受到自己实实在在的生活	26.6%	21.9%	22.3%
偶尔有，但主要是因为那种情况下我的利益与它高度一致	27.7%	28.5%	28.5%
偶尔有，是在受某种作品或生活情境的影响之后	25.8%	29.0%	28.7%
时常有，它是一种内在的信念	19.8%	20.6%	20.5%
总计	100.0%	100.0%	100.0%
列总计	368	3956	4324

Chi-square test：df = 3，卡方值为 4.689，sig = 0.196 > 0.05，所以不同宗教信仰的居民对于“您常常体验到自己身上一种‘伦理感’的存在吗？社区、城市”的回答没有显著差异。

C13 by A9

您常常体验到自己身上有一种“道德感”的存在和满足吗 * 宗教信仰 Crosstabulation

	有宗教信仰	没有宗教信仰	总计
没有，只是凭自己的感觉和利益办事	13.3%	14.1%	14.0%
在有监督的环境中或有别人在场时有，其他环境中没有	8.2%	13.9%	13.4%
经常有，问心无愧、不做亏心事最重要	57.6%	50.5%	51.1%
没有特别的感觉，但从来不做不道德的事	20.9%	21.5%	21.4%
其他		0.1%	0.1%
总计	100.0%	100.0%	100.0%
列总计	368	3971	4339

Chi-square test：df = 4，卡方值为 12.016，sig = 0.017 < 0.05，所以不同宗教信仰的居民对于“您常常体验到自己身上有一种‘道德感’的存在和满足吗”的回答有显著差异。

C14 by A9

您认为国家对于个人存在的意义是 * 宗教信仰 Crosstabulation

	有宗教信仰	没有宗教信仰	总计
国家离我们很遥远，个人最重要	18.8%	20.8%	20.7%
国家最重要，是我们的安身之地，国家富强个人才能过得好	80.4%	78.9%	79.1%
其他	0.8%	0.2%	0.3%
总计	100.0%	100.0%	100.0%
列总计	368	3973	4341

Chi-square test：df = 2，卡方值为 5.031 ，sig = 0.081 > 0.05，所以不同宗教信仰的居民对于“您认为国家对于个人存在的意义是”的回答没有显著差异。

C15 by A9

您认为对社会生活而言，个体德性和社会公正哪个更重要 * 宗教信仰 Crosstabulation

	有宗教信仰	没有宗教信仰	总计
个体德性最重要	14.4%	14.8%	14.8%
社会公正最重要	30.9%	32.3%	32.1%
二者应当统一，但二者矛盾时应先追求个体德性	25.7%	26.3%	26.3%
二者应当统一，但二者矛盾时应先追求社会公正	29.0%	26.6%	26.8%
总计	100.0%	100.0%	100.0%
列总计	369	3975	4344

Chi-square test：df = 3，卡方值为 0.995 ，sig = 0.803 > 0.05，所以不同宗教信仰的居民对于“您认为对社会生活而言，个体德性和社会公正哪个更重要”的回答没有显著差异。

C16 by A9

在公共生活中，个人之所以要遵守道德，是因为 * 宗教信仰 Crosstabulation

	有宗教信仰	没有宗教信仰	总计
遵守道德有利于自身利益的实现	17.7%	21.0%	20.7%
个人是社会的一分子，应当遵守道德	42.5%	38.9%	39.2%
遵守道德社会才能有序和美好	36.0%	35.5%	35.6%
不遵守道德会被别人议论或谴责	3.5%	4.5%	4.4%
其他	0.3%	0.1%	0.1%
总计	100.0%	100.0%	100.0%

续表

	有宗教信仰	没有宗教信仰	总计
列总计	367	3971	4338

Chi-square test：df = 4，卡方值为 4. 121 ，sig = 0. 390 > 0. 05，所以不同宗教信仰的居民对于“在公共生活中，个人之所以要遵守道德，是因为”的回答没有显著差异。

C17 by A9

关于职业劳动的说法，您最认同的是 * 宗教信仰 Crosstabulation

	有宗教信仰	没有宗教信仰	总计
职业劳动是个人和家庭谋生的手段	55. 7%	53. 9%	54. 0%
职业劳动是为社会创造财富	23. 5%	24. 6%	24. 5%
职业劳动是个人兴趣和价值实现的方式	20. 2%	21. 3%	21. 2%
其他	0. 5%	0. 2%	0. 3%
总计	100. 0%	100. 0%	100. 0%
列总计	366	3949	4315

Chi-square test：df = 3，卡方值为 1. 893 ，sig = 0. 595 > 0. 05，所以不同宗教信仰的居民对于“关于职业劳动的说法，您最认同的是”的回答没有显著差异。

C18a by A9

您认为造成有些人忧郁、自杀的原因是？欲望过多过大，不能知足常乐 * 宗教信仰 Crosstabulation

	有宗教信仰	没有宗教信仰	总计
未选中	67. 5%	69. 3%	69. 1%
选中	32. 5%	30. 7%	30. 9%
总计	100. 0%	100. 0%	100. 0%
列总计	366	3944	4310

Chi-square test：df = 1，卡方值为 0. 499 ，sig = 0. 480 > 0. 05，所以不同宗教信仰的居民对于“您认为造成有些人忧郁、自杀的原因是？欲望过多过大，不能知足常乐”的回答没有显著差异。

C18b by A9

您认为造成有些人忧郁、自杀的原因是？对自己和未来没有把握 * 宗教信仰 Crosstabulation

	有宗教信仰	没有宗教信仰	总计
未选中	72. 4%	70. 7%	70. 8%

续表

	有宗教信仰	没有宗教信仰	总计
选中	27.6%	29.3%	29.2%
总计	100.0%	100.0%	100.0%
列总计	366	3944	4310

Chi-square test：df = 1，卡方值为 0.491，sig = 0.484 > 0.05，所以不同宗教信仰的居民对于“您认为造成有些人忧郁、自杀的原因是？对自己和未来没有把握”的回答没有显著差异。

C18c by A9

您认为造成有些人忧郁、自杀的原因是？竞争激烈，工作压力过大，身心疲惫 ＊ 宗教信仰 Crosstabulation

	有宗教信仰	没有宗教信仰	总计
未选中	51.9%	49.3%	49.5%
选中	48.1%	50.7%	50.5%
总计	100.0%	100.0%	100.0%
列总计	366	3944	4310

Chi-square test：df = 1，卡方值为 0.904，sig = 0.342 > 0.05，所以不同宗教信仰的居民对于“您认为造成有些人忧郁、自杀的原因是？竞争激烈，工作压力过大，身心疲惫”的回答没有显著差异。

C18d by A9

您认为造成有些人忧郁、自杀的原因是？人与人之间缺乏信任感，人际关系紧张 ＊ 宗教信仰 Crosstabulation

	有宗教信仰	没有宗教信仰	总计
未选中	63.1%	61.9%	62.0%
选中	36.9%	38.1%	38.0%
总计	100.0%	100.0%	100.0%
列总计	366	3944	4310

Chi-square test：df = 1，卡方值为 0.196，sig = 0.658 > 0.05，所以不同宗教信仰的居民对于“您认为造成有些人忧郁、自杀的原因是？人与人之间缺乏信任感，人际关系紧张”的回答没有显著差异。

C18e by A9

您认为造成有些人忧郁、自杀的原因是？有烦恼很难找到人倾诉和排解 ＊ 宗教信仰 Crosstabulation

	有宗教信仰	没有宗教信仰	总计
未选中	71.0%	76.0%	75.6%

续表

	有宗教信仰	没有宗教信仰	总计
选中	29.0%	24.0%	24.4%
总计	100.0%	100.0%	100.0%
列总计	366	3944	4310

Chi-square test：df = 1，卡方值为 4.446，sig = 0.035 < 0.05，所以不同宗教信仰的居民对于“您认为造成有些人忧郁、自杀的原因是？有烦恼很难找到人倾诉和排解”的回答有显著差异。

C18f by A9

您认为造成有些人忧郁、自杀的原因是？缺乏自我理解和自我调节能力 ＊ 宗教信仰 Crosstabulation

	有宗教信仰	没有宗教信仰	总计
未选中	72.4%	76.2%	75.9%
选中	27.6%	23.8%	24.1%
总计	100.0%	100.0%	100.0%
列总计	366	3944	4310

Chi-square test：df = 1，卡方值为 2.698，sig = 0.100 > 0.05，所以不同宗教信仰的居民对于“您认为造成有些人忧郁、自杀的原因是？缺乏自我理解和自我调节能力”的回答没有显著差异。

C18g by A9

您认为造成有些人忧郁、自杀的原因是？现代人缺乏安顿自己、化解内心矛盾的能力 ＊ 宗教信仰 Crosstabulation

	有宗教信仰	没有宗教信仰	总计
未选中	74.3%	74.1%	74.1%
选中	25.7%	25.9%	25.9%
总计	100.0%	100.0%	100.0%
列总计	366	3944	4310

Chi-square test：df = 1，卡方值为 0.009，sig = 0.924 > 0.05，所以不同宗教信仰的居民对于“您认为造成有些人忧郁、自杀的原因是？现代人缺乏安顿自己、化解内心矛盾的能力”的回答没有显著差异。

C18h by A9

您认为造成有些人忧郁、自杀的原因是？缺乏道德公正，没有道德的人总是占便宜 ＊ 宗教信仰 Crosstabulation

	有宗教信仰	没有宗教信仰	总计
未选中	82.8%	75.9%	76.5%

续表

	有宗教信仰	没有宗教信仰	总计
选中	17.2%	24.1%	23.5%
总计	100.0%	100.0%	100.0%
列总计	366	3944	4310

Chi-square test：df = 1，卡方值为 8.802，sig = 0.003 < 0.05，所以不同宗教信仰的居民对于“您认为造成有些人忧郁、自杀的原因是？缺乏道德公正，没有道德的人总是占便宜”的回答有显著差异。

C18i by A9

您认为造成有些人忧郁、自杀的原因是？缺乏理想和信念支持，精神没有寄托和归宿 ＊ 宗教信仰 Crosstabulation

	有宗教信仰	没有宗教信仰	总计
未选中	73.8%	77.8%	77.5%
选中	26.2%	22.2%	22.5%
总计	100.0%	100.0%	100.0%
列总计	366	3944	4310

Chi-square test：df = 1，卡方值为 3.180，sig = 0.075 > 0.05，所以不同宗教信仰的居民对于“您认为造成有些人忧郁、自杀的原因是？缺乏理想和信念支持，精神没有寄托和归宿”的回答没有显著差异。

C18j by A9

您认为造成有些人忧郁、自杀的原因是？生活压力大 ＊ 宗教信仰 Crosstabulation

	有宗教信仰	没有宗教信仰	总计
未选中	39.1%	44.5%	44.0%
选中	60.9%	55.5%	56.0%
总计	100.0%	100.0%	100.0%
列总计	366	3944	4310

Chi-square test：df = 1，卡方值为 4.002，sig = 0.045 < 0.05，所以不同宗教信仰的居民对于“您认为造成有些人忧郁、自杀的原因是？生活压力大”的回答有显著差异。

C18k by A9

您认为造成有些人忧郁、自杀的原因是？生活孤独无聊 ＊ 宗教信仰 Crosstabulation

	有宗教信仰	没有宗教信仰	总计
未选中	86.9%	90.5%	90.2%

续表

	有宗教信仰	没有宗教信仰	总计
选中	13.1%	9.5%	9.8%
总计	100.0%	100.0%	100.0%
列总计	366	3944	4310

Chi-square test：df = 1，卡方值为 5.002，sig = 0.025 < 0.05，所以不同宗教信仰的居民对于“您认为造成有些人忧郁、自杀的原因是？生活孤独无聊”的回答有显著差异。

C19a by A9

如果您与家庭成员之间发生重大利益冲突，您会首先选择哪种途径来解决 * 宗教信仰 Crosstabulation

	有宗教信仰	没有宗教信仰	总计
诉诸法律，打官司	0.8%	0.9%	0.9%
直接找对方沟通但得理让人，适可而止	59.8%	53.0%	53.6%
通过第三方（如社会机构、朋友等）从中调解，尽量不伤和气	11.8%	9.7%	9.9%
能忍则忍	27.5%	36.3%	35.6%
总计	100.0%	100.0%	100.0%
列总计	356	3921	4277

Chi-square test：df = 3，卡方值为 11.357，sig = 0.010 < 0.05，所以不同宗教信仰的居民对于“如果您与家庭成员之间发生重大利益冲突，您会首先选择哪种途径来解决”的回答有显著差异。

C19b by A9

如果您与朋友之间发生重大利益冲突，您会首先选择哪种途径来解决 * 宗教信仰 Crosstabulation

	有宗教信仰	没有宗教信仰	总计
诉诸法律，打官司	2.8%	2.2%	2.3%
直接找对方沟通但得理让人，适可而止	57.3%	53.5%	53.8%
通过第三方（如社会机构、朋友等）从中调解，尽量不伤和气	24.8%	21.7%	21.9%
能忍则忍	15.2%	22.6%	22.0%
总计	100.0%	100.0%	100.0%
列总计	363	3916	4279

Chi-square test：df = 3，卡方值为 11.165，sig = 0.011 < 0.05，所以不同宗教信仰的居民对于“如果您与家庭成员之间发生重大利益冲突，您会首先选择哪种途径来解决”的回答有显著差异。

C19c by A9

如果您与同事之间发生重大利益冲突，您会首先选择哪种途径来解决＊宗教信仰 Crosstabulation

	有宗教信仰	没有宗教信仰	总计
诉诸法律，打官司	6.9%	3.8%	4.1%
直接找对方沟通但得理让人，适可而止	54.7%	53.5%	53.6%
通过第三方（如社会机构、朋友等）从中调解，尽量不伤和气	27.2%	29.5%	29.3%
能忍则忍	11.2%	13.3%	13.1%
总计	100.0%	100.0%	100.0%
列总计	349	3706	4055

Chi-square test：df = 3，卡方值为 9.119，sig = 0.028 < 0.05，所以不同宗教信仰的居民对于“如果您与同事之间发生重大利益冲突，您会首先选择哪种途径来解决”的回答有显著差异。

C19d by A9

如果您与商业伙伴之间发生重大利益冲突，您会首先选择哪种途径来解决＊宗教信仰 Crosstabulation

	有宗教信仰	没有宗教信仰	总计
诉诸法律，打官司	36.3%	41.0%	40.6%
直接找对方沟通但得理让人，适可而止	36.0%	25.8%	26.7%
通过第三方（如社会机构、朋友等）从中调解，尽量不伤和气	23.6%	27.8%	27.4%
能忍则忍	4.1%	5.4%	5.3%
总计	100.0%	100.0%	100.0%
列总计	314	3334	3648

Chi-square test：df = 3，卡方值为 15.360，sig = 0.002 < 0.05，所以不同宗教信仰的居民对于“如果您与商业伙伴之间发生重大利益冲突，您会首先选择哪种途径来解决”的回答有显著差异。

C20 by A9

您认为在自己的成长中得到道德训练的最重要场所或机构是＊宗教信仰 Crosstabulation

	有宗教信仰	没有宗教信仰	总计
家庭	42.7%	33.4%	34.2%
学校	20.9%	23.8%	23.6%
社会（如工作单位、社区等）	26.4%	31.6%	31.1%
国家或政府	6.0%	6.8%	6.7%

续表

	有宗教信仰	没有宗教信仰	总计
媒体	1.4%	1.7%	1.7%
其他	2.7%	2.7%	2.7%
总计	100.0%	100.0%	100.0%
列总计	368	3963	4331

Chi-square test：df = 5，卡方值为 13.118，sig = 0.022 < 0.05，所以不同宗教信仰的居民对于“您认为在自己的成长中得到道德训练的最重要场所或机构是”的回答有显著差异。

C21 by A9

您的思想行为受什么人影响最大 * 宗教信仰 Crosstabulation

	有宗教信仰	没有宗教信仰	总计
政府官员	19.5%	25.4%	24.9%
企业家	14.2%	21.2%	20.6%
演艺明星	5.1%	7.7%	7.5%
教师	41.9%	45.8%	45.5%
知识精英	13.6%	16.3%	16.1%
公众人物	17.8%	27.5%	26.7%
农民	8.5%	7.3%	7.4%
工人	4.2%	3.1%	3.2%
先哲先贤	15.3%	14.1%	14.2%
父母	74.5%	68.7%	69.2%
网络大 V	1.7%	3.5%	3.4%
宗教人士	4.2%	0.5%	0.8%
列总计	353	3833	4186

据上表所示，不同宗教信仰的居民对于“您的思想行为受什么人影响最大”的回答有显著差异。

C22 by A9

影响您道德判断和道德选择的最主要的因素是 * 宗教信仰 Crosstabulation

	有宗教信仰	没有宗教信仰	总计
自己的良心	75.9%	72.4%	72.7%
大多数人持有的观点	28.0%	39.7%	38.7%
公众人士和权威人物的观点	7.5%	7.1%	7.1%

续表

	有宗教信仰	没有宗教信仰	总计
国外媒体的观点	3.9%	5.1%	5.0%
自己的利益	14.1%	14.6%	14.5%
他人的评价	6.6%	6.6%	6.6%
社会后果	10.2%	14.3%	14.0%
大多数人认可的道德规范	21.9%	18.3%	18.6%
先贤教导	10.0%	5.0%	5.4%
“朋友圈” 的观点	3.0%	2.3%	2.4%
列总计	361	3912	4273

据上表所示，不同宗教信仰的居民对于“影响您道德判断和道德选择的最主要的因素是”的回答有显著差异。

C23 by A9

现在经常有一些网民在网络上曝光别人的隐私，您怎么看待这种行为 * 宗教信仰 Crosstabulation

	有宗教信仰	没有宗教信仰	总计
这是违法行为，应该制止	42.6%	43.6%	43.5%
这是不道德行为，应该进行谴责	44.9%	44.2%	44.3%
这是社会监督的重要途径，不必完全禁止，但需要规范和引导	9.3%	10.7%	10.6%
这是网民的自由，别人不应该干涉	3.2%	1.4%	1.6%
总计	100.0%	100.0%	100.0%
列总计	345	3815	4160

Chi-square test：df = 3，卡方值为 6.842，sig = 0.077 > 0.05，所以不同宗教信仰的居民对于“现在经常有一些网民在网络上曝光别人的隐私，您怎么看待这种行为”的回答没有显著差异。

C24a by A9

您最近两年是否参加过以下活动？志愿者活动 * 宗教信仰 Crosstabulation

	有宗教信仰	没有宗教信仰	总计
是	16.9%	18.0%	17.9%
否	83.1%	82.0%	82.1%
总计	100.0%	100.0%	100.0%
列总计	367	3977	4344

Chi-square test：df = 1，卡方值为 0.269，sig = 0.604 > 0.05，所以不同宗教信仰的居民对于“您最近两年是否参加过以下活动？志愿者活动”的回答没有显著差异。

C24b by A9

您参加的频率：志愿者活动 ＊ 宗教信仰 Crosstabulation

	有宗教信仰	没有宗教信仰	总计
从来没有	83. 1%	82. 0%	82. 1%
参加过一两次	6. 5%	8. 9%	8. 7%
偶尔参加一次	7. 6%	6. 8%	6. 8%
经常参加	2. 7%	2. 3%	2. 3%
总计	100. 0%	100. 0%	100. 0%
列总计	367	3977	4344

Chi-square test：df = 3，卡方值为 2. 812，sig = 0. 421 > 0. 05，所以不同宗教信仰的居民对于“您参加的频率：志愿者活动”的回答没有显著差异。

C24c by A9

您最近两年是否参加过以下活动？无偿献血 ＊ 宗教信仰 Crosstabulation

	有宗教信仰	没有宗教信仰	总计
是	11. 4%	12. 0%	11. 9%
否	88. 6%	88. 0%	88. 1%
总计	100. 0%	100. 0%	100. 0%
列总计	367	3978	4345

Chi-square test：df = 1，卡方值为 0. 096，sig = 0. 757 > 0. 05，所以不同宗教信仰的居民对于“您最近两年是否参加过以下活动？无偿献血”的回答没有显著差异。

C24d by A9

您参加的频率：无偿献血 ＊ 宗教信仰 Crosstabulation

	有宗教信仰	没有宗教信仰	总计
从来没有	88. 6%	88. 0%	88. 1%
参加过一两次	5. 7%	5. 8%	5. 8%
偶尔参加一次	4. 6%	5. 2%	5. 2%
经常参加	1. 1%	1. 0%	1. 0%
总计	100. 0%	100. 0%	100. 0%
列总计	367	3978	4345

Chi-square test：df = 3，卡方值为 0. 250，sig = 0. 969 > 0. 05，所以不同宗教信仰的居民对于“您参加的频率：无偿献血”的回答没有显著差异。

C24e by A9

您最近两年是否参加过以下活动？捐款、捐物 * 宗教信仰 Crosstabulation

	有宗教信仰	没有宗教信仰	总计
是	49.6%	42.3%	42.9%
否	50.4%	57.7%	57.1%
总计	100.0%	100.0%	100.0%
列总计	367	3978	4345

Chi-square test：df = 1，卡方值为 7.379，sig = 0.007 < 0.05，所以不同宗教信仰的居民对于“您最近两年是否参加过以下活动？捐款、捐物”的回答有显著差异。

C24f by A9

您参加的频率：捐款、捐物 * 宗教信仰 Crosstabulation

	有宗教信仰	没有宗教信仰	总计
从来没有	50.4%	57.7%	57.1%
参加过一两次	24.5%	18.9%	19.4%
偶尔参加一次	16.1%	15.9%	15.9%
经常参加	9.0%	7.4%	7.5%
总计	100.0%	100.0%	100.0%
列总计	367	3978	4345

Chi-square test：df = 3，卡方值为 9.694，sig = 0.021 < 0.05，所以不同宗教信仰的居民对于“您参加的频率：捐款、捐物”的回答有显著差异。

C25 by A9

目前中国社会的两性关系日益开放，它对社会风尚的影响是 * 宗教信仰 Crosstabulation

	有宗教信仰	没有宗教信仰	总计
是社会进步的表现	9.5%	11.2%	11.1%
两性关系混乱必然导致道德沦丧、污染社会风气	62.5%	60.7%	60.9%
个人选择，无所谓好坏	26.6%	28.0%	27.9%
其他	1.4%	0.1%	0.2%
总计	100.0%	100.0%	100.0%
列总计	368	3958	4326

Chi-square test：df = 3，卡方值为 26.876，sig = 0.000 < 0.05，所以不同宗教信仰的居民对于“目前中国社会的两性关系日益开放，它对社会风尚的影响是”的回答有显著差异。

C26 by A9

您对一些重要事情所持的观点和回答与其他人一致的时候有多少 * 宗教信仰 Crosstabulation

	有宗教信仰	没有宗教信仰	总计
非常少	2.1%	2.1%	2.1%
比较少	8.0%	10.5%	10.3%
一般	47.5%	48.8%	48.7%
比较多	36.9%	34.2%	34.4%
非常多	5.6%	4.4%	4.5%
总计	100.0%	100.0%	100.0%
列总计	339	3698	4037

Chi-square test：df=4，卡方值为 3.653，sig=0.455>0.05，所以不同宗教信仰的居民对于“您对一些重要事情所持的观点和回答与其他人一致的时候有多少”的回答没有显著差异。

C27 by A9

您对待目前社会上一部分人的奢侈消费行为的态度是 * 宗教信仰 Crosstabulation

	有宗教信仰	没有宗教信仰	总计
钞票是他们自己的，他们愿意怎么花就怎么花	29.8%	31.5%	31.4%
他们应该遵守勤俭的传统美德，适度消费	58.5%	55.9%	56.1%
过度消费行为只要对别人无害，就不应干涉	10.8%	12.5%	12.4%
其他	0.8%	0.1%	0.2%
总计	100.0%	100.0%	100.0%
列总计	369	3978	4347

Chi-square test：df=3，卡方值为 12.161，sig=0.007<0.05，所以不同宗教信仰的居民对于“您对待目前社会上一部分人的奢侈消费行为的态度是”的回答有显著差异。

C28 by A9

孝敬、礼让、仁爱、节俭等优良传统，您认为现在还需要这些吗 * 宗教信仰 Crosstabulation

	有宗教信仰	没有宗教信仰	总计
这些好传统什么时候都不能丢	88.3%	83.6%	84.0%
可有可无	4.9%	6.3%	6.2%

续表

	有宗教信仰	没有宗教信仰	总计
已经过时，没必要讲这些	1.1%	2.8%	2.6%
有些要，有些不要	5.7%	7.3%	7.2%
总计	100.0%	100.0%	100.0%
列总计	369	3977	4346

Chi-square test：df = 3，卡方值为 6.954，sig = 0.073 > 0.05，所以不同宗教信仰的居民对于“孝敬、礼让、仁爱、节俭等优良传统，您认为现在还需要这些吗”的回答没有显著差异。

C29 by A9

民族英雄和新时期的先进人物，您觉得他们的精神还值得在全社会大力倡导吗 * 宗教信仰 Crosstabulation

	有宗教信仰	没有宗教信仰	总计
我很佩服他们，现在社会就缺这种精神，要加大宣传	77.5%	70.7%	71.3%
以前知道一些，现在不太关注了	15.2%	22.0%	21.4%
时过境迁，这些典型的影响力越来越小了，没太多人关心了	6.2%	5.4%	5.5%
不知道，也不关心	1.1%	1.9%	1.8%
总计	100.0%	100.0%	100.0%
列总计	369	3973	4342

Chi-square test：df = 3，卡方值为 11.072，sig = 0.011 < 0.05，所以不同宗教信仰的居民对于“民族英雄和新时期的先进人物，您觉得他们的精神还值得在全社会大力倡导吗”的回答有显著差异。

C30 by A9

当在公交车上遇到小偷正在偷乘客钱包时，您会选择以下哪种做法 * 宗教信仰 Crosstabulation

	有宗教信仰	没有宗教信仰	总计
马上冲上去制止	19.1%	22.9%	22.6%
出于害怕，装作什么都没有看到	6.5%	6.3%	6.4%
不敢直接与小偷对抗，但以适当方式悄悄提醒当事人或报警	68.9%	64.7%	65.1%
只要偷的不是我，不用多管闲事，免得惹麻烦	3.8%	5.5%	5.3%
其他	1.6%	0.6%	0.7%
总计	100.0%	100.0%	100.0%
列总计	367	3970	4337

Chi-square test：df = 4，卡方值为 10.397，sig = 0.034 < 0.05，所以不同宗教信仰的居民对于“当在公交车上遇到小偷正在偷乘客钱包时，您会选择以下哪种做法”的回答有显著差异。

C31 by A9

小王知道做某件事是道德的但没去行动，哪种因素是他行动最大障碍 * 宗教信仰 Crosstabulation

	有宗教信仰	没有宗教信仰	总计
采取行动会损害自己利益	17.5%	19.3%	19.1%
采取行动也难以取得预期效果	14.2%	16.5%	16.3%
大家都不做，我何必管闲事	14.5%	17.8%	17.5%
自身能力有限，心有余而力不足	40.5%	34.3%	34.8%
即使我不做，相信还会有别人去做	7.9%	8.5%	8.5%
明白就行，让别人去做吧	4.4%	3.1%	3.2%
其他	0.8%	0.5%	0.5%
总计	100.0%	100.0%	100.0%
列总计	365	3944	4309

Chi-square test：df = 6，卡方值为 9.903，sig = 0.129 > 0.05，所以不同宗教信仰的居民对于“小王知道做某件事是道德的但没去行动，哪种因素是他行动最大障碍”的回答没有显著差异。

C32 by A9

当与他人发生分歧时，能否体谅宽容他人 * 宗教信仰 Crosstabulation

	有宗教信仰	没有宗教信仰	总计
不宽容，必须弄清是非曲直	6.8%	7.3%	7.2%
偶尔	21.7%	27.1%	26.6%
有时	44.0%	43.8%	43.8%
经常	27.4%	21.8%	22.3%
总计	100.0%	100.0%	100.0%
列总计	368	3967	4335

Chi-square test：df = 3，卡方值为 8.508，sig = 0.037 < 0.05，所以不同宗教信仰的居民对于“当与他人发生分歧时，能否体谅宽容他人”的回答有显著差异。

C33 by A9

您认为解决当前我国的公民道德和社会风尚问题，最关键的途径是 * 宗教信仰 Crosstabulation

	有宗教信仰	没有宗教信仰	总计
加强法制	47.4%	45.0%	45.2%

续表

	有宗教信仰	没有宗教信仰	总计
弘扬优秀传统道德	41.7%	51.7%	50.9%
建设伦理道德的核心价值	15.0%	17.0%	16.8%
惩治官员腐败	21.0%	23.9%	23.7%
解决分配不公问题	13.4%	13.3%	13.3%
提高个人道德素质	42.0%	33.4%	34.1%
列总计	367	3963	4330

据上表所示，不同宗教信仰的居民对于“您认为解决当前我国的公民道德和社会风尚问题，最关键的途径”的回答有显著差异。

C34 by A9

您知道社会主义核心价值观吗？请您把它们选出来 * 宗教信仰 Crosstabulation

	有宗教信仰	没有宗教信仰	总计
文明	84.5%	82.5%	82.7%
诚信	86.5%	89.9%	89.6%
勇敢	29.9%	34.8%	34.4%
爱国	79.9%	79.7%	79.7%
创新	28.4%	30.0%	29.9%
友善	54.0%	53.2%	53.2%
勤劳	21.3%	20.4%	20.5%
列总计	348	3808	4156

据上表所示，不同宗教信仰的居民对于“您知道的社会主义核心价值观”的回答没有显著差异。

C35 by A9

您认为社会主义核心价值观与您的工作、生活有关系吗 * 宗教信仰 Crosstabulation

	有宗教信仰	没有宗教信仰	总计
对改变社会风气有好处，每个人都应该这样做人做事	85.1%	85.7%	85.7%
与个人工作、生活没关系	14.9%	14.3%	14.3%
总计	100.0%	100.0%	100.0%
列总计	336	3643	3979

Chi-square test：df = 1，卡方值为 0.092，sig = 0.761 > 0.05，所以不同宗教信仰的居民对于“您认为社会主义核心价值观与您的工作、生活有关系吗”的回答没有显著差异。

C36 by A9

在全社会特别是青少年中开展革命传统教育，您认为有没有这个必要 ＊ 宗教信仰 Crosstabulation

	有宗教信仰	没有宗教信仰	总计
很有必要，什么时候都不能忘本	91.8%	90.1%	90.3%
可有可无	4.9%	6.0%	5.9%
没有必要，已经过时了	3.3%	3.8%	3.8%
总计	100.0%	100.0%	100.0%
列总计	368	3976	4344

Chi-square test：df = 2，卡方值为 1.128，sig = 0.569 > 0.05，所以不同宗教信仰的居民对于“在全社会特别是青少年中开展革命传统教育，您认为有没有这个必要”的回答没有显著差异。

C37 by A9

当您途经一场所，正遇到升国旗仪式，看到国旗在国歌声中升起的时候，您会怎么做 ＊ 宗教信仰 Crosstabulation

	有宗教信仰	没有宗教信仰	总计
原地站立，面向国旗行注目礼	29.8%	23.9%	24.4%
停下来看一看	58.3%	65.1%	64.5%
只当没看见，该干吗干吗	11.9%	11.0%	11.1%
总计	100.0%	100.0%	100.0%
列总计	369	3972	4341

Chi-square test：df = 2，卡方值为 7.523，sig = 0.023 < 0.05，所以不同宗教信仰的居民对于“当您途经一场所，正遇到升国旗仪式，看到国旗在国歌声中升起的时候，您会怎么做”的回答有显著差异。

C38 by A9

今年您参加过纪念中国共产党成立 96 周年等主题教育活动吗 ＊ 宗教信仰 Crosstabulation

	有宗教信仰	没有宗教信仰	总计
参加过，很受教育	7.6%	8.9%	8.7%
听说过，但是没有参加过	64.1%	63.4%	63.5%
这种活动基本都是形式大于内容	10.6%	10.2%	10.3%
不关心这些	17.7%	17.5%	17.5%
总计	100.0%	100.0%	100.0%
列总计	368	3975	4343

Chi-square test：df = 3，卡方值为 0.673，sig = 0.879 > 0.05，所以不同宗教信仰的居民对于“今年您参加过纪念中国共产党成立 96 周年等主题教育活动吗”的回答没有显著差异。

D1 by A9

您认为现代家庭关系中最令人担忧的问题是＊ 宗教信仰 Crosstabulation

	有宗教信仰	没有宗教信仰	总计
只有一个孩子，对家庭的未来没把握	26.4%	24.9%	25.1%
独生子女难以承担养老责任，老无所养	34.0%	34.3%	34.3%
年轻人不愿结婚，或不愿生孩子，家族传承危机	14.9%	16.4%	16.3%
婚姻不稳定，年轻人缺乏守护婚姻的意识和能力	24.4%	25.9%	25.8%
子女尤其是独生子女缺乏责任感，孝道意识薄弱	14.3%	17.6%	17.3%
代沟严重，父母与子女之间难以沟通	23.3%	23.2%	23.2%
婆媳关系紧张	9.3%	6.0%	6.3%
父母不民主，不能容忍差异	5.3%	7.5%	7.3%
“啃老”现象严重	11.0%	11.5%	11.5%
父母只培养孩子的知识和技能，忽视良好品德的养成	13.2%	12.5%	12.5%
两性关系过度开放	4.2%	4.2%	4.2%
列总计	356	3837	4193

据上表所示，不同宗教信仰的居民对于“您认为现代家庭关系中最令人担忧的问题是”的回答没有显著差异。

D2 by A9

您对家庭的感觉是＊ 宗教信仰 Drosstabulation

	有宗教信仰	没有宗教信仰	总计
温馨幸福	21.4%	19.0%	19.2%
比较幸福	66.4%	71.7%	71.2%
不太幸福	4.3%	2.7%	2.9%
一般，没感觉	6.8%	6.3%	6.3%
很不幸福，希望逃离	0.8%	0.2%	0.3%
其他	0.3%	0.1%	0.1%
总计	100.0%	100.0%	100.0%
列总计	369	3971	4340

Chi-square test：df = 5，卡方值为 11.360，sig = 0.045 < 0.05，所以不同宗教信仰的居民对于“您对家庭的感觉是”的回答有显著差异。

D3a by A9

您对以下现象的态度是？不婚＊ 宗教信仰 Crosstabulation

	有宗教信仰	没有宗教信仰	总计
完全赞同	1. 4%	0. 7%	0. 7%
比较赞同	1. 9%	3. 0%	2. 9%
中立	38. 8%	42. 2%	41. 9%
比较反对	41. 0%	36. 6%	36. 9%
强烈反对	16. 9%	17. 6%	17. 5%
总计	100. 0%	100. 0%	100. 0%
列总计	366	3953	4319

Chi-square test：df = 4，卡方值为 6. 507，sig = 0. 164 > 0. 05，所以不同宗教信仰的居民对于“您对以下现象的态度是？不婚”的回答没有显著差异。

D3b by A9

您对以下现象的态度是？试婚＊ 宗教信仰 Crosstabulation

	有宗教信仰	没有宗教信仰	总计
完全赞同	0. 5%	0. 4%	0. 4%
比较赞同	4. 7%	4. 1%	4. 1%
中立	35. 2%	37. 7%	37. 5%
比较反对	39. 3%	39. 9%	39. 9%
强烈反对	20. 3%	17. 9%	18. 1%
总计	100. 0%	100. 0%	100. 0%
列总计	364	3928	4292

Chi-square test：df = 4，卡方值为 2. 142，sig = 0. 710 > 0. 05，所以不同宗教信仰的居民对于“您对以下现象的态度是？试婚”的回答没有显著差异。

D3c by A9

您对以下现象的态度是？同居＊ 宗教信仰 Crosstabulation

	有宗教信仰	没有宗教信仰	总计
完全赞同	1. 1%	0. 8%	0. 8%
比较赞同	5. 7%	5. 3%	5. 3%
中立	45. 8%	47. 3%	47. 2%
比较反对	37. 3%	32. 8%	33. 2%
强烈反对	10. 1%	13. 9%	13. 5%

续表

	有宗教信仰	没有宗教信仰	总计
总计	100.0%	100.0%	100.0%
列总计	367	3941	4308

Chi-square test：df = 4，卡方值为 6.292，sig = 0.178 > 0.05，所以不同宗教信仰的居民对于“您对以下现象的态度是？同居”的回答没有显著差异。

D3d by A9

您对以下现象的态度是？同性恋 * 宗教信仰 Crosstabulation

	有宗教信仰	没有宗教信仰	总计
完全赞同	1.4%	0.5%	0.6%
比较赞同	0.8%	1.1%	1.1%
中立	17.2%	19.1%	18.9%
比较反对	38.8%	38.2%	38.3%
强烈反对	41.8%	41.0%	41.1%
总计	100.0%	100.0%	100.0%
列总计	361	3930	4291

Chi-square test：df = 4，卡方值为 4.914，sig = 0.296 > 0.05，所以不同宗教信仰的居民对于“您对以下现象的态度是？同性恋”的回答没有显著差异。

D3e by A9

您对以下现象的态度是？婚外恋 * 宗教信仰 Crosstabulation

	有宗教信仰	没有宗教信仰	总计
完全赞同	0.5%	0.1%	0.1%
比较赞同		0.6%	0.5%
中立	9.3%	6.7%	6.9%
比较反对	39.9%	36.7%	37.0%
强烈反对	50.3%	56.0%	55.5%
总计	100.0%	100.0%	100.0%
列总计	366	3953	4319

Chi-square test：df = 4，卡方值为 17.070，sig = 0.002 < 0.05，所以不同宗教信仰的居民对于“您对以下现象的态度是？婚外恋”的回答有显著差异。

D3f by A9

您对以下现象的态度是？丁克家庭＊宗教信仰 Crosstabulation

	有宗教信仰	没有宗教信仰	总计
完全赞同	0.9%	0.5%	0.6%
比较赞同	1.4%	1.5%	1.5%
中立	31.5%	32.6%	32.5%
比较反对	39.3%	35.8%	36.1%
强烈反对	26.9%	29.6%	29.4%
总计	100.0%	100.0%	100.0%
列总计	346	3787	4133

Chi-square test：df = 4，卡方值为 2.647，sig = 0.619 > 0.05，所以不同宗教信仰的居民对于“您对以下现象的态度是？丁克家庭”的回答没有显著差异。

D3g by A9

您对以下现象的态度是？代孕＊宗教信仰 Crosstabulation

	有宗教信仰	没有宗教信仰	总计
完全赞同	0.6%	0.2%	0.2%
比较赞同	1.1%	1.3%	1.3%
中立	27.0%	26.9%	26.9%
比较反对	38.9%	38.2%	38.3%
强烈反对	32.4%	33.4%	33.3%
总计	100.0%	100.0%	100.0%
列总计	352	3811	4163

Chi-square test：df = 4，卡方值为 3.052，sig = 0.549 > 0.05，所以不同宗教信仰的居民对于“您对以下现象的态度是？代孕”的回答没有显著差异。

D4 by A9

您如何看待为了应对拆迁、征地、买房等而出现的“假离婚”现象＊宗教信仰 Crosstabulation

	有宗教信仰	没有宗教信仰	总计
完全赞同	0.8%	1.1%	1.1%
比较赞同	4.7%	9.8%	9.3%
不太赞同	50.6%	45.3%	45.7%
坚决反对	43.9%	43.8%	43.8%

续表

	有宗教信仰	没有宗教信仰	总计
总计	100.0%	100.0%	100.0%
列总计	358	3852	4210

Chi-square test：df = 3，卡方值为 10.991，sig = 0.012 < 0.05，所以不同宗教信仰的居民对于“您如何看待为了应对拆迁、征地、买房等而出现的‘假离婚’现象”的回答有显著差异。

D5 by A9

如果夫妻中需要一方为对方或家庭做出牺牲，您的回答是 * 宗教信仰 Crosstabulation

	有宗教信仰	没有宗教信仰	总计
非常不愿意	3.1%	1.6%	1.7%
不太愿意	14.0%	15.0%	14.9%
比较愿意	56.3%	57.9%	57.8%
愿意，时常这么做	26.6%	25.5%	25.6%
总计	100.0%	100.0%	100.0%
列总计	357	3822	4179

Chi-square test：df = 3，卡方值为 4.493，sig = 0.213 > 0.05，所以不同宗教信仰的居民对于“如果夫妻中需要一方为对方或家庭做出牺牲，您的回答是”的回答没有显著差异。

D6 by A9

在恋爱或婚姻中，您有为对方而改变自己的意识吗 * 宗教信仰 Crosstabulation

	有宗教信仰	没有宗教信仰	总计
有，经常这样做	46.0%	44.9%	45.0%
有，但做起来有些困难	32.2%	34.5%	34.3%
没想过这个问题	18.0%	16.6%	16.7%
无须改变，只有找到愿为我改变的人才是真爱	3.5%	3.5%	3.5%
其他	0.3%	0.6%	0.6%
总计	100.0%	100.0%	100.0%
列总计	367	3959	4326

Chi-square test：df = 4，卡方值为 1.591，sig = 0.810 > 0.05，所以不同宗教信仰的居民对于“在恋爱或婚姻中，您有为对方而改变自己的意识吗”的回答没有显著差异。

D7 by A9

在恋爱或婚姻中，你与对方相处的原则是 ＊ 宗教信仰 Crosstabulation

	有宗教信仰	没有宗教信仰	总计
我首先对他/她好，然后希望他/她对我好	70.4%	68.8%	68.9%
他/她对我好，我才对他/她好	13.8%	17.4%	17.1%
他/她对我好就行了	4.7%	7.2%	7.0%
总是我对他/她好，他/她对我不那么好	2.5%	2.0%	2.1%
他/她对我不好，我没必要对他/她好	1.7%	1.1%	1.2%
其他	6.9%	3.4%	3.7%
总计	100.0%	100.0%	100.0%
列总计	362	3950	4312

Chi-square test：df = 5，卡方值为 17.405，sig = 0.004 < 0.05，所以不同宗教信仰的居民对于“在恋爱或婚姻中，你与对方相处的原则是”的回答有显著差异。

D8 by A9

您认为生育孩子是否是一种人生义务 ＊ 宗教信仰 Crosstabulation

	有宗教信仰	没有宗教信仰	总计
是，如果大家都不生育，人种会灭绝	24.1%	27.4%	27.1%
是，不生孩子家族延续会中断	47.9%	40.6%	41.2%
不是，但没有孩子将老无所养也过于孤独	21.4%	23.1%	23.0%
不是，自己觉得快乐就行，有孩子负担过重	5.2%	8.0%	7.8%
其他	1.4%	0.9%	0.9%
总计	100.0%	100.0%	100.0%
列总计	365	3963	4328

Chi-square test：df = 4，卡方值为 10.664，sig = 0.031 < 0.05，所以不同宗教信仰的居民对于“你认为生育孩子是否是一种人生义务”的回答有显著差异。

D9 by A9

如果孩子面临重大问题（婚姻、升学、就业等）时，您的态度是 ＊ 宗教信仰 Crosstabulation

	有宗教信仰	没有宗教信仰	总计
全部包办，替他们做决定或搞定	3.3%	3.9%	3.8%
积极建议，努力说服他们采纳	27.4%	26.6%	26.6%
只提建议，让他们自己选择	48.1%	43.9%	44.3%

续表

	有宗教信仰	没有宗教信仰	总计
不表态，免得子女将来埋怨	8.4%	6.6%	6.8%
经常提出建议，但大多不起作用	2.7%	2.8%	2.8%
没孩子/孩子太小	9.2%	16.1%	15.5%
其他	0.8%	0.2%	0.3%
总计	100.0%	100.0%	100.0%
列总计	368	3973	4341

Chi-square test：df = 6，卡方值为 17.774，sig = 0.007 < 0.05，所以不同宗教信仰的居民对于“如果孩子面临重大问题（婚姻、升学、就业等）时，您的态度”的回答有显著差异。

D10 by A9

您对子女所提出的有关人生发展方面的建议，是否经常被采纳 * 宗教信仰 Crosstabulation

	有宗教信仰	没有宗教信仰	总计
经常被采纳	16.9%	14.7%	14.9%
较多被采纳	62.3%	62.9%	62.8%
基本不采纳	18.5%	21.6%	21.3%
从不被采纳并遭到嘲讽	2.3%	0.8%	0.9%
总计	100.0%	100.0%	100.0%
列总计	308	3171	3479

Chi-square test：df = 3，卡方值为 8.394，sig = 0.039 < 0.05，所以不同宗教信仰的居民对于“您对子女所提出的有关人生发展方面的建议，是否经常被采纳”的回答有显著差异。

D11 by A9

您认为现在孩子价值观的形成受何种因素影响最大 * 宗教信仰 Crosstabulation

	有宗教信仰	没有宗教信仰	总计
父母	62.6%	61.8%	61.8%
老师	48.2%	52.6%	52.3%
同伴	25.2%	27.5%	27.3%
网络，朋友圈	26.0%	21.4%	21.8%
明星	3.0%	2.8%	2.8%
道德模范	7.5%	11.0%	10.7%

续表

	有宗教信仰	没有宗教信仰	总计
伟大人物	6.4%	7.7%	7.6%
列总计	361	3881	4242

据上表所示，不同宗教信仰的居民对于“您认为现在孩子价值观的形成受何种因素影响最大”的回答没有显著差异。

D12 by A9

您认为老人是否有义务帮子女带孩子 ＊ 宗教信仰 Crosstabulation

	有宗教信仰	没有宗教信仰	总计
有，天经地义的	24.1%	20.1%	20.4%
没有，老人帮助带孙辈，子女应感恩	41.7%	43.0%	42.9%
没有义务，不过带孙辈也是天伦之乐，应该帮助带	31.7%	34.0%	33.8%
没想过	2.4%	3.0%	2.9%
总计	100.0%	100.0%	100.0%
列总计	369	3976	4345

Chi-square test：df = 3，卡方值为 3.697，sig = 0.296 > 0.05，所以不同宗教信仰的居民对于“您认为老人是否有义务帮子女带孩子”的回答没有显著差异。

D13 by A9

您认为最理想的养老方式是哪种 ＊ 宗教信仰 Crosstabulation

	有宗教信仰	没有宗教信仰	总计
敬老院、护理院等专业养老机构	13.6%	14.8%	14.7%
与子女同住	55.2%	53.8%	53.9%
自己单住，生活难以自理时找护工	12.8%	14.8%	14.6%
与兄弟姐妹抱团养老	4.6%	5.3%	5.2%
与志趣相投的人一起养老	12.8%	10.5%	10.7%
其他	1.1%	0.9%	0.9%
总计	100.0%	100.0%	100.0%
列总计	368	3975	4343

Chi-square test：df = 5，卡方值为 3.490，sig = 0.625 > 0.05，所以不同宗教信仰的居民对于“您认为最理想的养老方式是哪种”的回答没有显著差异。

D14 by A9

当父母一方长期生活不能自理时，主要承担照顾工作的人应该是 * 宗教信仰 Crosstabulation

	有宗教信仰	没有宗教信仰	总计
子女照顾	60.8%	56.3%	56.7%
父母中还有能力的另一方（老伴儿）	25.6%	28.4%	28.2%
雇保姆，老伴儿协助	2.5%	4.6%	4.4%
雇保姆，子女协助	5.4%	5.3%	5.3%
送护理机构，家人经常探望	5.4%	5.2%	5.2%
其他	0.3%	0.2%	0.2%
总计	100.0%	100.0%	100.0%
列总计	367	3973	4340

Chi-square test：df = 5，卡方值为 5.587，sig = 0.348 > 0.05，所以不同宗教信仰的居民对于“当父母一方长期生活不能自理时，主要承担照顾工作的人应该是”的回答没有显著差异。

D15 by A9

在过去的十天里，您为父母做过以下哪些事情 * 宗教信仰 Crosstabulation

	有宗教信仰	没有宗教信仰	总计
看望	23.3%	22.5%	22.5%
打电话	33.3%	34.0%	34.0%
买东西	23.3%	30.0%	29.4%
陪看病	4.3%	4.1%	4.1%
生活照料	26.0%	27.6%	27.5%
做家务	27.6%	32.7%	32.3%
谈心聊天	26.8%	29.6%	29.3%
给钱	6.8%	6.2%	6.3%
外出游玩	1.6%	1.5%	1.5%
无	6.0%	6.7%	6.6%
父母已去世	24.4%	21.7%	21.9%
列总计	369	3977	4346

据上表所示，不同宗教信仰的居民对于“在过去的十天里，您为父母做过以下哪些事情”的回答没有显著差异。

D16 by A9

您是否觉得孤独＊ 宗教信仰 Crosstabulation

	有宗教信仰	没有宗教信仰	总计
经常	6.8%	3.1%	3.4%
有时	25.6%	21.1%	21.5%
不太觉得	31.9%	33.4%	33.2%
不觉得	35.7%	42.5%	41.9%
总计	100.0%	100.0%	100.0%
列总计	367	3976	4343

Chi-square test：df = 3，卡方值为 21.004，sig = 0.000 < 0.05，所以不同宗教信仰的居民对于“您是否觉得孤独”的回答有显著差异。

D17 by A9

现在开展的弘扬好家风好家训活动，您认为有意义吗＊ 宗教信仰 Crosstabulation

	有宗教信仰	没有宗教信仰	总计
很有意义	89.6%	82.9%	83.5%
可有可无	6.2%	10.2%	9.8%
没有必要	4.2%	6.9%	6.7%
总计	100.0%	100.0%	100.0%
列总计	355	3842	4197

Chi-square test：df = 2，卡方值为 10.431，sig = 0.005 < 0.05，所以不同宗教信仰的居民对于“现在开展的弘扬好家风好家训活动，您认为有意义吗”的回答有显著差异。

D18 by A9

您所在的地方发生过虐待儿童的事件吗 ＊ 宗教信仰 Crosstabulation

	有宗教信仰	没有宗教信仰	总计
经常会发生	1.9%	0.8%	0.9%
偶尔发生	8.2%	7.1%	7.2%
没听说过	89.9%	92.1%	91.9%
总计	100.0%	100.0%	100.0%
列总计	368	3973	4341

Chi-square test：df = 2，卡方值为 5.537，sig = 0.063 > 0.05，所以不同宗教信仰的居民对于“您所在的地方发生过虐待儿童的事件吗”的回答没有显著差异。

D19 by A9

在大街或社区里，看到行走或生活困难的老人，您经常的反应是 * 宗教信仰 Crosstabulation

	有宗教信仰	没有宗教信仰	总计
想到自己的（祖）父母或自己的未来，情不自禁地想帮助他	41.5%	41.3%	41.3%
出于义务责任感，想帮助他	30.1%	27.8%	28.0%
有同情感，但没有想帮助的冲动	25.5%	27.1%	26.9%
没有感觉，习以为常	3.0%	3.6%	3.5%
其他		0.2%	0.2%
总计	100.0%	100.0%	100.0%
列总计	369	3972	4341

Chi-square test：df = 4，卡方值为 2.165，sig = 0.706 > 0.05，所以不同宗教信仰的居民对于“在大街或社区里，看到行走或生活困难的老人，您经常的反应是”的回答没有显著差异。

D20 by A9

如果您的父母或兄妹偷了别人的东西，您的行为反应可能是 * 宗教信仰 Crosstabulation

	有宗教信仰	没有宗教信仰	总计
批评他，但不会告发	16.6%	19.5%	19.3%
批评他，陪他送回原处或去承认错误	69.2%	61.7%	62.4%
默认，因为他得到的东西正是家庭所急需	2.5%	4.8%	4.6%
告发，因为出于正义感	4.4%	8.5%	8.2%
告发，因为可能会连累自己	0.3%	1.5%	1.4%
不管不问，由他自己决定	6.3%	3.7%	3.9%
其他	0.8%	0.3%	0.3%
总计	100.0%	100.0%	100.0%
列总计	367	3971	4338

Chi-square test：df = 6，卡方值为 27.820，sig = 0.000 < 0.05，所以不同宗教信仰的居民对于“如果您的父母或兄妹偷了别人的东西，您的行为反应可能是”的回答有显著差异。

D21 by A9

当独生子女单独组成家庭后，父母和子女哪一种居住方式更好 * 宗教信仰 Crosstabulation

	有宗教信仰	没有宗教信仰	总计
单独居住	30.4%	30.2%	30.2%

续表

	有宗教信仰	没有宗教信仰	总计
和父母同住	27. 1%	30. 1%	29. 8%
和父母及祖辈共同居住	6. 5%	6. 7%	6. 7%
和父母靠近居住	35. 0%	32. 6%	32. 8%
其他	1. 1%	0. 5%	0. 5%
总计	100. 0%	100. 0%	100. 0%
列总计	369	3964	4333

Chi-square test：df = 4，卡方值为 3. 933，sig = 0. 415 > 0. 05，所以不同宗教信仰的居民对于“当独生子女单独组成家庭后，父母和子女哪一种居住方式更好”的回答没有显著差异。

D22 by A9

您是否认为把老人送到养老院是不孝行为 ＊ 宗教信仰 Crosstabulation

	有宗教信仰	没有宗教信仰	总计
是	17. 9%	16. 2%	16. 3%
相对而言，部分是	43. 8%	45. 4%	45. 3%
不是	37. 8%	38. 2%	38. 1%
其他	0. 5%	0. 3%	0. 3%
总计	100. 0%	100. 0%	100. 0%
列总计	368	3973	4341

Chi-square test：df = 3，卡方值为 1. 912，sig = 0. 591 > 0. 05，所以不同宗教信仰的居民对于“您是否认为把老人送到养老院是不孝行为”的回答没有显著差异。

E1 by A9

您认为企业最重要的社会责任是什么 ＊ 宗教信仰 Crosstabulation

	有宗教信仰	没有宗教信仰	总计
为企业和企业股东自身赚钱	19. 4%	18. 8%	18. 9%
通过依法纳税为国家积累财富	16. 9%	21. 4%	21. 0%
通过诚信经营提供质量可靠的产品，满足社会大众生活需求	55. 9%	54. 1%	54. 3%
为员工谋福利	7. 6%	5. 6%	5. 7%
其他	0. 3%	0. 1%	0. 1%
总计	100. 0%	100. 0%	100. 0%
列总计	356	3813	4169

Chi-square test：df = 4，卡方值为 6. 251，sig = 0. 181 > 0. 05，所以不同宗教信仰的居民对于“您认为企业最重要的社会责任是什么”的回答没有显著差异。

E2a by A9

关于企业的说法，您的同意程度是：只要能为员工谋福利就是一个好单位 * 宗教信仰 Crosstabulation

	有宗教信仰	没有宗教信仰	总计
完全同意	10.3%	7.6%	7.8%
比较同意	54.6%	47.9%	48.5%
不太同意	32.3%	35.1%	34.9%
完全不同意	2.8%	9.4%	8.9%
总计	100.0%	100.0%	100.0%
列总计	359	3916	4275

Chi-square test：df = 3，卡方值为 23.224，sig = 0.000 < 0.05，所以不同宗教信仰的居民对于“只要能为员工谋福利就是一个好单位”的同意程度有显著差异。

E2b by A9

关于企业的说法，您的同意程度是：经济效益好坏是衡量企业成败的唯一标准 * 宗教信仰 Erosstabulation

	有宗教信仰	没有宗教信仰	总计
完全同意	5.3%	3.7%	3.8%
比较同意	31.9%	30.9%	31.0%
不太同意	56.9%	53.8%	54.0%
完全不同意	5.9%	11.7%	11.2%
总计	100.0%	100.0%	100.0%
列总计	357	3862	4219

Chi-square test：df = 3，卡方值为 12.901，sig = 0.005 < 0.05，所以不同宗教信仰的居民对于“经济效益好坏是衡量企业成败的唯一标准”的同意程度有显著差异。

E2c by A9

关于企业的说法，您的同意程度是：企业做慈善都是做做样子，其实还是为自己做广告 * 宗教信仰 Crosstabulation

	有宗教信仰	没有宗教信仰	总计
完全同意	6.4%	3.8%	4.1%
比较同意	43.3%	38.3%	38.8%
不太同意	43.3%	47.3%	47.0%
完全不同意	7.0%	10.5%	10.2%
总计	100.0%	100.0%	100.0%
列总计	330	3719	4049

Chi-square test：df = 3，卡方值为 11.397，sig = 0.010 < 0.05，所以不同宗教信仰的居民对于“企业做慈善都是做做样子，其实还是为自己做广告”的同意程度有显著差异。

E2d by A9

关于企业的说法，您的同意程度是：企业和员工之间只是合同关系，效益好就好好干，效益不好就跳槽＊ 宗教信仰 Crosstabulation

	有宗教信仰	没有宗教信仰	总计
完全同意	2. 5%	2. 9%	2. 9%
比较同意	35. 0%	28. 2%	28. 7%
不太同意	50. 1%	51. 2%	51. 1%
完全不同意	12. 3%	17. 7%	17. 3%
总计	100. 0%	100. 0%	100. 0%
列总计	357	3879	4236

Chi-square test：df = 3，卡方值为 11. 128，sig = 0. 011 < 0. 05，所以不同宗教信仰的居民对于“企业和员工之间只是合同关系，效益好就好好干，效益不好就跳槽”的同意程度有显著差异。

E2e by A9

关于企业的说法，您的同意程度是：企业不需要对员工讲什么伦理关怀，员工表现好就发奖金，不好就辞退＊ 宗教信仰 Crosstabulation

	有宗教信仰	没有宗教信仰	总计
完全同意	3. 6%	2. 1%	2. 2%
比较同意	21. 1%	18. 3%	18. 5%
不太同意	55. 0%	56. 8%	56. 7%
完全不同意	20. 3%	22. 8%	22. 6%
总计	100. 0%	100. 0%	100. 0%
列总计	360	3895	4255

Chi-square test：df = 3，卡方值为 6. 179，sig = 0. 103 > 0. 05，所以不同宗教信仰的居民对于“企业不需要对员工讲什么伦理关怀，员工表现好就发奖金，不好就辞退”的同意程度没有显著差异。

E2f by A9

关于企业的说法，您的同意程度是：企业为了履行社会责任，应当放弃一些自身利益＊ 宗教信仰 Crosstabulation

	有宗教信仰	没有宗教信仰	总计
完全同意	18. 9%	22. 9%	22. 6%
比较同意	59. 4%	55. 2%	55. 5%
不太同意	16. 9%	17. 7%	17. 6%

续表

	有宗教信仰	没有宗教信仰	总计
完全不同意	4.7%	4.2%	4.3%
总计	100.0%	100.0%	100.0%
列总计	360	3891	4251

Chi-square test：df = 3，卡方值为 3.730，sig = 0.292 > 0.05，所以不同宗教信仰的居民对于“企业为了履行社会责任，应当放弃一些自身利益”的同意程度没有显著差异。

E2g by A9

关于企业的说法，您的同意程度是：讲信用、遵循道德规范的企业能够获得更好的利益 * 宗教信仰 Crosstabulation

	有宗教信仰	没有宗教信仰	总计
完全同意	27.5%	27.2%	27.2%
比较同意	57.1%	57.2%	57.2%
不太同意	11.2%	12.3%	12.2%
完全不同意	4.2%	3.4%	3.4%
总计	100.0%	100.0%	100.0%
列总计	357	3904	4261

Chi-square test：df = 3，卡方值为 1.013，sig = 0.798 > 0.05，所以不同宗教信仰的居民对于“讲信用、遵循道德规范的企业能够获得更好的利益”的同意程度没有显著差异。

E2h by A9

关于企业的说法，您的同意程度是：企业只是一台赚钱的机器，能赚钱就行，无所谓社会责任，声誉也不重要 * 宗教信仰 Crosstabulation

	有宗教信仰	没有宗教信仰	总计
完全同意	1.7%	1.1%	1.1%
比较同意	7.5%	11.0%	10.7%
不太同意	64.9%	64.2%	64.2%
完全不同意	25.9%	23.8%	24.0%
总计	100.0%	100.0%	100.0%
列总计	359	3886	4245

Chi-square test：df = 3，卡方值为 5.469，sig = 0.140 > 0.05，所以不同宗教信仰的居民对于“企业只是一台赚钱的机器，能赚钱就行，无所谓社会责任，声誉也不重要”的同意程度没有显著差异。

E2i by A9

关于企业的说法，您的同意程度是：同样的产品，国企生产的比私企的更有保障＊ 宗教信仰 Crosstabulation

	有宗教信仰	没有宗教信仰	总计
完全同意	8. 9%	6. 6%	6. 8%
比较同意	43. 1%	39. 5%	39. 8%
不太同意	41. 4%	43. 8%	43. 6%
完全不同意	6. 6%	10. 2%	9. 9%
总计	100. 0%	100. 0%	100. 0%
列总计	348	3765	4113

Chi-square test：df = 3，卡方值为 8. 104，sig = 0. 044 < 0. 05，所以不同宗教信仰的居民对于“同样的产品，国企生产的比私企的更有保障”的同意程度有显著差异。

E3 by A9

下面哪种说法更符合或接近您的个人想法＊ 宗教信仰 Crosstabulation

	有宗教信仰	没有宗教信仰	总计
个人和工作单位之间是聘用或雇用关系，通过工资和付出劳动满足彼此需求	51. 8%	42. 1%	42. 9%
不只是利益关系，应当还有很多情感的联系，应当共命运	28. 6%	38. 5%	37. 7%
个人是单位的一分子，单位如同个人的另一个家	19. 1%	19. 3%	19. 3%
其他	0. 5%	0. 1%	0. 1%
总计	100. 0%	100. 0%	100. 0%
列总计	367	3947	4314

Chi-square test：df = 3，卡方值为 22. 421，sig = 0. 000 < 0. 05，所以不同宗教信仰的居民对于“下面哪种说法更符合或接近您的个人想法”的回答有显著差异。

E4a by A9

您对自己所在企业履行下列责任的满意情况如何？劳动安全保障＊ 宗教信仰 Crosstabulation

	有宗教信仰	没有宗教信仰	总计
非常不满意	2. 6%	2. 9%	2. 9%
不太满意	29. 0%	25. 2%	25. 5%
比较满意	62. 2%	65. 0%	64. 8%
非常满意	6. 2%	6. 8%	6. 7%

续表

	有宗教信仰	没有宗教信仰	总计
总计	100.0%	100.0%	100.0%
列总计	307	3505	3812

Chi-square test：df=3，卡方值为2.180，sig=0.536 > 0.05，所以不同宗教信仰的居民对于“您对自己所在企业履行下列责任的满意情况如何？劳动安全保障”的回答没有显著差异。

E4b by A9

您对自己所在企业履行下列责任的满意情况如何？员工薪酬合理 * 宗教信仰 Crosstabulation

	有宗教信仰	没有宗教信仰	总计
非常不满意	6.9%	3.8%	4.0%
不太满意	32.7%	32.1%	32.2%
比较满意	52.9%	57.7%	57.3%
非常满意	7.5%	6.4%	6.5%
总计	100.0%	100.0%	100.0%
列总计	306	3509	3815

Chi-square test：df=3，卡方值为8.447，sig=0.038 <0.05，所以不同宗教信仰的居民对于“您对自己所在企业履行下列责任的满意情况如何？员工薪酬合理”的回答有显著差异。

E4c by A9

您对自己所在企业履行下列责任的满意情况如何？关心员工生活 * 宗教信仰 Crosstabulation

	有宗教信仰	没有宗教信仰	总计
非常不满意	5.3%	3.6%	3.7%
不太满意	33.0%	30.3%	30.5%
比较满意	54.5%	57.2%	57.0%
非常满意	7.3%	8.8%	8.7%
总计	100.0%	100.0%	100.0%
列总计	303	3490	3793

Chi-square test：df=3，卡方值为3.903，sig=0.272 >0.05，所以不同宗教信仰的居民对于“您对自己所在企业履行下列责任的满意情况如何？关心员工生活”的回答没有显著差异。

E4d by A9

您对自己所在企业履行下列责任的满意情况如何？诚实守法经营 * 宗教信仰 Crosstabulation

	有宗教信仰	没有宗教信仰	总计
非常不满意	2.6%	1.7%	1.8%
不太满意	16.4%	17.0%	16.9%
比较满意	70.7%	71.8%	71.8%
非常满意	10.3%	9.4%	9.5%
总计	100.0%	100.0%	100.0%
列总计	311	3577	3888

Chi-square test：df = 3，卡方值为 1.456，sig = 0.693 > 0.05，所以不同宗教信仰的居民对于“您对自己所在企业履行下列责任的满意情况如何？诚实守法经营”的回答没有显著差异。

E4e by A9

您对自己所在企业履行下列责任的满意情况如何？产品质量可靠 * 宗教信仰 Crosstabulation

	有宗教信仰	没有宗教信仰	总计
非常不满意	1.9%	1.7%	1.7%
不太满意	17.7%	16.2%	16.4%
比较满意	68.1%	72.4%	72.0%
非常满意	12.3%	9.6%	9.9%
总计	100.0%	100.0%	100.0%
列总计	310	3576	3886

Chi-square test：df = 3，卡方值为 3.163，sig = 0.367 > 0.05，所以不同宗教信仰的居民对于“您对自己所在企业履行下列责任的满意情况如何？产品质量可靠”的回答没有显著差异。

E4f by A9

您对自己所在企业履行下列责任的满意情况如何？环境保护措施 * 宗教信仰 Crosstabulation

	有宗教信仰	没有宗教信仰	总计
非常不满意	5.2%	2.7%	2.9%
不太满意	29.3%	26.3%	26.5%
比较满意	56.6%	60.5%	60.2%
非常满意	9.0%	10.5%	10.4%

续表

	有宗教信仰	没有宗教信仰	总计
总计	100.0%	100.0%	100.0%
列总计	290	3418	3708

Chi-square test：df = 3，卡方值为 7.956，sig = 0.047 < 0.05，所以不同宗教信仰的居民对于“您对自己所在企业履行下列责任的满意情况如何？环境保护措施”的回答有显著差异。

E4g by A9

您对自己所在企业履行下列责任的满意情况如何？慈善公益事业 * 宗教信仰 Crosstabulation

	有宗教信仰	没有宗教信仰	总计
非常不满意	4.0%	3.4%	3.5%
不太满意	28.5%	24.7%	25.0%
比较满意	61.0%	60.3%	60.4%
非常满意	6.4%	11.5%	11.1%
总计	100.0%	100.0%	100.0%
列总计	249	3073	3322

Chi-square test：df = 3，卡方值为 6.942，sig = 0.074 > 0.05，所以不同宗教信仰的居民对于“您对自己所在企业履行下列责任的满意情况如何？慈善公益事业”的回答没有显著差异。

E5 by A9

您对本地的或自己熟悉的企业家的道德状况怎么评价 * 宗教信仰 Crosstabulation

	有宗教信仰	没有宗教信仰	总计
总体还不错	48.4%	54.7%	54.2%
普遍比较差	19.7%	15.5%	15.8%
和普通群众没有太大差别	31.9%	29.8%	30.0%
总计	100.0%	100.0%	100.0%
列总计	304	3506	3810

Chi-square test：df = 2，卡方值为 5.751，sig = 0.056 > 0.05，所以不同宗教信仰的居民对于“您对本地的或自己熟悉的企业家的道德状况怎么评价”的回答没有显著差异。

E6a by A9

对公务员道德状况的满意度 * 宗教信仰 Crosstabulation

	有宗教信仰	没有宗教信仰	总计
非常满意	3. 9%	3. 8%	3. 8%
比较满意	57. 7%	61. 9%	61. 5%
不太满意	31. 8%	29. 8%	30. 0%
非常不满意	6. 5%	4. 5%	4. 7%
总计	100. 0%	100. 0%	100. 0%
列总计	336	3711	4047

Chi-square test：df = 3，卡方值为 3. 959，sig = 0. 266 > 0. 05，所以不同宗教信仰的居民对于“对公务员道德状况的满意度”的回答没有显著差异。

E6b by A9

对医生道德状况的满意度 * 宗教信仰 Crosstabulation

	有宗教信仰	没有宗教信仰	总计
非常满意	3. 1%	3. 2%	3. 2%
比较满意	58. 3%	63. 2%	62. 8%
不太满意	33. 0%	29. 3%	29. 6%
非常不满意	5. 6%	4. 3%	4. 4%
总计	100. 0%	100. 0%	100. 0%
列总计	355	3885	4240

Chi-square test：df = 3，卡方值为 4. 035，sig = 0. 258 > 0. 05，所以不同宗教信仰的居民对于“对医生道德状况的满意度”的回答没有显著差异。

E6c by A9

对教师道德状况的满意度 * 宗教信仰 Crosstabulation

	有宗教信仰	没有宗教信仰	总计
非常满意	4. 8%	5. 3%	5. 2%
比较满意	61. 5%	67. 3%	66. 8%
不太满意	27. 8%	23. 1%	23. 5%
非常不满意	5. 9%	4. 3%	4. 5%
总计	100. 0%	100. 0%	100. 0%
列总计	356	3858	4214

Chi-square test：df = 3，卡方值为 6. 673，sig = 0. 083 > 0. 05，所以不同宗教信仰的居民对于“对教师道德状况的满意度”的回答没有显著差异。

E6d by A9

对个体工商户道德状况的满意度＊ 宗教信仰 Crosstabulation

	有宗教信仰	没有宗教信仰	总计
非常满意	2. 8%	2. 9%	2. 9%
比较满意	53. 8%	59. 2%	58. 7%
不太满意	36. 5%	30. 4%	30. 9%
非常不满意	6. 8%	7. 6%	7. 5%
总计	100. 0%	100. 0%	100. 0%
列总计	353	3862	4215

Chi-square test：df = 3，卡方值为 5. 828，sig = 0. 120 > 0. 05，所以不同宗教信仰的居民对于“对个体工商户道德状况的满意度”的回答没有显著差异。

E7a by A9

怎么称呼周围那些经营企业或做生意发了财的人？企业家＊ 宗教信仰 Crosstabulation

	有宗教信仰	没有宗教信仰	总计
未选中	84. 4%	80. 3%	80. 7%
选中	15. 6%	19. 7%	19. 3%
总计	100. 0%	100. 0%	100. 0%
列总计	366	3979	4345

Chi-square test：df = 1，卡方值为 3. 621，sig = 0. 057 > 0. 05，所以不同宗教信仰的居民对于“怎么称呼周围那些经营企业或做生意发了财的人？企业家”的回答没有显著差异。

E7b by A9

怎么称呼周围那些经营企业或做生意发了财的人？老板＊ 宗教信仰 Crosstabulation

	有宗教信仰	没有宗教信仰	总计
未选中	7. 1%	5. 7%	5. 8%
选中	92. 9%	94. 3%	94. 2%
总计	100. 0%	100. 0%	100. 0%
列总计	366	3979	4345

Chi-square test：df = 1，卡方值为 1. 196，sig = 0. 274 > 0. 05，所以不同宗教信仰的居民对于“怎么称呼周围那些经营企业或做生意发了财的人？老板”的回答没有显著差异。

E7c by A9

怎么称呼周围那些经营企业或做生意发了财的人？商人＊宗教信仰 Crosstabulation

	有宗教信仰	没有宗教信仰	总计
未选中	79.0%	69.6%	70.4%
选中	21.0%	30.4%	29.6%
总计	100.0%	100.0%	100.0%
列总计	366	3979	4345

Chi-square test：df = 1，卡方值为 14.190，sig = 0.000 < 0.05，所以不同宗教信仰的居民对于“怎么称呼周围那些经营企业或做生意发了财的人？商人”的回答有显著差异。

E7d by A9

怎么称呼周围那些经营企业或做生意发了财的人？生意人＊宗教信仰 Crosstabulation

	有宗教信仰	没有宗教信仰	总计
未选中	67.2%	59.3%	60.0%
选中	32.8%	40.7%	40.0%
总计	100.0%	100.0%	100.0%
列总计	366	3979	4345

Chi-square test：df = 1，卡方值为 8.772，sig = 0.003 < 0.05，所以不同宗教信仰的居民对于“怎么称呼周围那些经营企业或做生意发了财的人？生意人”的回答有显著差异。

E7e by A9

怎么称呼周围那些经营企业或做生意发了财的人？土豪＊宗教信仰 Crosstabulation

	有宗教信仰	没有宗教信仰	总计
未选中	90.2%	90.0%	90.1%
选中	9.8%	10.0%	9.9%
总计	100.0%	100.0%	100.0%
列总计	366	3979	4345

Chi-square test：df = 1，卡方值为 0.005，sig = 0.943 > 0.05，所以不同宗教信仰的居民对于“怎么称呼周围那些经营企业或做生意发了财的人？土豪”的回答没有显著差异。

E7f by A9

怎么称呼周围那些经营企业或做生意发了财的人？暴发户 * 宗教信仰 Crosstabulation

	有宗教信仰	没有宗教信仰	总计
未选中	91.5%	90.1%	90.2%
选中	8.5%	9.9%	9.8%
总计	100.0%	100.0%	100.0%
列总计	366	3979	4345

Chi-square test：df = 1，卡方值为 0.779，sig = 0.377 > 0.05，所以不同宗教信仰的居民对于“怎么称呼周围那些经营企业或做生意发了财的人？暴发户”的回答没有显著差异。

E8 by A9

如果您有一个不错的家庭企业，儿子或女儿缺乏经营能力或经营兴趣，难以交班，您可能选择 * 宗教信仰 Crosstabulation

	有宗教信仰	没有宗教信仰	总计
培养儿媳或女婿，交给她/他经营	46.2%	43.3%	43.5%
交给儿媳和女婿有风险，离婚了怎么办，还是自己撑到有第三代接管	6.9%	12.6%	12.1%
找一个懂经营的职业经理人，我们家庭成员做董事长	36.5%	35.7%	35.8%
做一天是一天，最后将钞票留给子孙，但外人不可靠，不能交给外人	9.9%	7.9%	8.1%
其他	0.5%	0.5%	0.5%
总计	100.0%	100.0%	100.0%
列总计	364	3926	4290

Chi-square test：df = 4，卡方值为 11.479，sig = 0.022 < 0.05，所以不同宗教信仰的居民对于“儿子或女儿缺乏经营能力或经营兴趣，难以交班，您可能选择”的回答有显著差异。

E9 by A9

在市场上购买食品、衣物、家用电器等商品时，您觉得有安全感 * 宗教信仰 Crosstabulation

	有宗教信仰	没有宗教信仰	总计
有安全感，相信产品质量	23.0%	26.9%	26.6%
没安全感，不相信他们的标签，常担心质量问题影响自己的健康	15.7%	19.4%	19.1%

续表

	有宗教信仰	没有宗教信仰	总计
没安全感，担心在价格上被欺骗，要货比三家	16.3%	17.4%	17.3%
一般还可以，相信大商店的产品，不相信小商店和地摊货	45.0%	36.2%	37.0%
其他		0.1%	0.1%
总计	100.0%	100.0%	100.0%
列总计	369	3978	4347

Chi-square test：df = 4，卡方值为 11.927，sig = 0.018 < 0.05，所以不同宗教信仰的居民对于“在市场上购买食品、衣物、家用电器等商品时，您觉得有安全感吗”的回答有显著差异。

E10 by A9

您怎么看待电视、报纸和其他主流媒体上的广告 * 宗教信仰 Crosstabulation

	有宗教信仰	没有宗教信仰	总计
相信，因为是明星们推荐	5.4%	8.6%	8.3%
将信将疑，眼见为真	55.4%	51.6%	51.9%
不相信，是企业和那些明星联合起来忽悠大众	27.7%	28.8%	28.7%
讨厌，既欺骗大众，又占用公共媒体资源	10.9%	10.8%	10.8%
其他	0.5%	0.2%	0.3%
总计	100.0%	100.0%	100.0%
列总计	368	3968	4336

Chi-square test：df = 8，卡方值为 13.881，sig = 0.085 > 0.05，所以不同宗教信仰的居民对于“您怎么看待电视、报纸和其他主流媒体上的广告”的回答没有显著差异。

E11 by A9

您怎么看待现在一些企业做公益和慈善 * 宗教信仰 Crosstabulation

	有宗教信仰	没有宗教信仰	总计
是做善事，把赚的公众的钱还给社会	22.7%	22.4%	22.5%
是在作秀，为自己树牌坊	18.9%	16.8%	17.0%
是做广告，把弱势群体当作宣传自己的工具	17.8%	26.0%	25.3%
做总比不做好，随他去吧	40.5%	34.4%	34.9%
其他		0.3%	0.3%
总计	100.0%	100.0%	100.0%
列总计	365	3945	4310

Chi-square test：df = 4，卡方值为 14.611，sig = 0.006 < 0.05，所以不同宗教信仰的居民对于“您怎么看待现在一些企业做公益和慈善”的回答有显著差异。

E12 by A9

一些政府机关、企事业单位利用权力为本单位的职工子女在入学、招工中提供特殊政策，您认为这种行为道德吗 * 宗教信仰 Crosstabulation

	有宗教信仰	没有宗教信仰	总计
为本单位人员谋福利，符合道德	12.0%	13.0%	12.9%
以权谋私，不道德	53.0%	45.3%	46.0%
是对社会公众的不公平，严重不道德	22.8%	27.3%	26.9%
符合本单位员工利益，但严重侵蚀社会道德	7.3%	7.4%	7.4%
无所谓道德不道德	4.9%	6.9%	6.7%
总计	100.0%	100.0%	100.0%
列总计	368	3974	4342

Chi-square test：df = 4，卡方值为 9.102，sig = 0.059 > 0.05，所以不同宗教信仰的居民对于“一些政府机关、企事业单位利用权力为本单位的职工子女在入学、招工中提供特殊政策，您认为这种行为道德吗”的回答没有显著差异。

E13 by A9

如果您所在的单位有一项举措可以提高集体福利并使您个人得到利益，但会造成环境污染或社会公害，您会举报吗 * 宗教信仰 Crosstabulation

	有宗教信仰	没有宗教信仰	总计
会	75.3%	75.9%	75.8%
不会	24.7%	24.1%	24.2%
总计	100.0%	100.0%	100.0%
列总计	368	3961	4329

Chi-square test：df = 1，卡方值为 0.070，sig = 0.791 > 0.05，所以不同宗教信仰的居民对于“如果您所在的单位有一项举措可以提高集体福利并使您个人得到利益，但会造成环境污染或社会公害，您会举报吗”的回答没有显著差异。

E14 by A9

您认为您所工作的单位同事之间是何种关系 * 宗教信仰 Crosstabulation

	有宗教信仰	没有宗教信仰	总计
平等合作关系	73.3%	73.5%	73.5%
利益竞争关系	15.8%	15.5%	15.5%
彼此没有关系	7.4%	7.9%	7.9%

续表

	有宗教信仰	没有宗教信仰	总计
其他	3.5%	3.1%	3.1%
总计	100.0%	100.0%	100.0%
列总计	367	3939	4306

Chi-square test：df = 3，卡方值为0.398，sig = 0.941 > 0.05，所以不同宗教信仰的居民对于“您认为您所工作的单位同事之间是何种关系”的回答没有显著差异。

E15 by A9

为了单位组织的利益，你的单位是否会默认员工做违背道德的事情 * 宗教信仰 Crosstabulation

	有宗教信仰	没有宗教信仰	总计
常常	2.3%	3.0%	3.0%
较多	6.6%	8.0%	7.9%
一般	28.3%	25.3%	25.6%
较少	27.5%	24.6%	24.8%
从来没有	35.3%	39.0%	38.7%
总计	100.0%	100.0%	100.0%
列总计	258	3017	3275

Chi-square test：df = 2，卡方值为14.624，sig = 0.001 < 0.05，所以不同宗教信仰的居民对于“为了单位组织的利益，你的单位是否会默认员工做违背道德的事情”的回答有显著差异。

E16a by A9

您所工作的单位是否存在如下现象：给领导干部送礼讨好 * 宗教信仰 Crosstabulation

	有宗教信仰	没有宗教信仰	总计
未选中	62.3%	61.3%	61.3%
选中	37.7%	38.7%	38.7%
总计	100.0%	100.0%	100.0%
列总计	350	3893	4243

Chi-square test：df = 1，卡方值为0.141，sig = 0.707 > 0.05，所以不同宗教信仰的居民对于“您所工作的单位是否存在如下现象：给领导干部送礼讨好”的回答没有显著差异。

E16b by A9

您所工作的单位是否存在如下现象：背后互相告恶状 * 宗教信仰 Crosstabulation

	有宗教信仰	没有宗教信仰	总计
未选中	74.3%	73.0%	73.1%
选中	25.7%	27.0%	26.9%
总计	100.0%	100.0%	100.0%
列总计	350	3893	4243

Chi-square test：df = 1，卡方值为 0.280，sig = 0.597 > 0.05，所以不同宗教信仰的居民对于“您所工作的单位是否存在如下现象：背后互相告恶状”的回答没有显著差异。

E16c by A9

您所工作的单位是否存在如下现象：拉帮结派 * 宗教信仰 Crosstabulation

	有宗教信仰	没有宗教信仰	总计
未选中	77.1%	79.9%	79.7%
选中	22.9%	20.1%	20.3%
总计	100.0%	100.0%	100.0%
列总计	350	3893	4243

Chi-square test：df = 1，卡方值为 1.522，sig = 0.217 > 0.05，所以不同宗教信仰的居民对于“您所工作的单位是否存在如下现象：拉帮结派”的回答没有显著差异。

E16d by A9

您所工作的单位是否存在如下现象：为谋私利找关系走后门 * 宗教信仰 Crosstabulation

	有宗教信仰	没有宗教信仰	总计
未选中	61.7%	59.4%	59.6%
选中	38.3%	40.6%	40.4%
总计	100.0%	100.0%	100.0%
列总计	350	3893	4243

Chi-square test：df = 1，卡方值为 0.706，sig = 0.401 > 0.05，所以不同宗教信仰的居民对于“您所工作的单位是否存在如下现象：为谋私利找关系走后门”的回答没有显著差异。

E16e by A9

您所工作的单位是否存在如下现象：奖惩制度不公平 * 宗教信仰 Crosstabulation

	有宗教信仰	没有宗教信仰	总计
未选中	79.1%	81.2%	81.0%
选中	20.9%	18.8%	19.0%
总计	100.0%	100.0%	100.0%
列总计	350	3893	4243

Chi-square test：df = 1，卡方值为 0.881，sig = 0.348 > 0.05，所以不同宗教信仰的居民对于“您所工作的单位是否存在如下现象：奖惩制度不公平”的回答没有显著差异。

E16f by A9

您所工作的单位是否存在如下现象：领导干部滥用职权 * 宗教信仰 Crosstabulation

	有宗教信仰	没有宗教信仰	总计
未选中	70.9%	74.0%	73.8%
选中	29.1%	26.0%	26.2%
总计	100.0%	100.0%	100.0%
列总计	350	3893	4243

Chi-square test：df = 1，卡方值为 1.671，sig = 0.196 > 0.05，所以不同宗教信仰的居民对于“您所工作的单位是否存在如下现象：领导干部滥用职权”的回答没有显著差异。

E16g by A9

您所工作的单位是否存在如下现象：都不存在 * 宗教信仰 Crosstabulation

	有宗教信仰	没有宗教信仰	总计
未选中	64.3%	63.9%	63.9%
选中	35.7%	36.1%	36.1%
总计	100.0%	100.0%	100.0%
列总计	350	3893	4243

Chi-square test：df = 1，卡方值为 0.025，sig = 0.873 > 0.05，所以不同宗教信仰的居民对于“您所工作的单位是否存在如下现象：都不存在”的回答没有显著差异。

E17a by A9

关于企业履行社会责任的说法，您的同意程度是：只有国企才应该履行社会责任 * 宗教信仰 Crosstabulation

	有宗教信仰	没有宗教信仰	总计
完全同意	2.6%	2.3%	2.3%
比较同意	15.2%	15.1%	15.1%
不太同意	65.9%	61.1%	61.5%
完全不同意	16.3%	21.5%	21.1%
总计	100.0%	100.0%	100.0%
列总计	349	3845	4194

Chi-square test：df = 3，卡方值为 5.398，sig = 0.145 > 0.05，所以不同宗教信仰的居民对于“只有国企才应该履行社会责任”的同意程度没有显著差异。

E17b by A9

关于企业履行社会责任的说法，您的同意程度是：只有大企业才应该履行社会责任 * 宗教信仰 Crosstabulation

	有宗教信仰	没有宗教信仰	总计
完全同意	2.8%	2.1%	2.1%
比较同意	15.3%	14.7%	14.7%
不太同意	65.3%	60.5%	60.9%
完全不同意	16.5%	22.8%	22.3%
总计	100.0%	100.0%	100.0%
列总计	352	3861	4213

Chi-square test：df = 3，卡方值为 8.026，sig = 0.045 < 0.05，所以不同宗教信仰的居民对于“只有大企业才应该履行社会责任”的同意程度有显著差异。

E17c by A9

关于企业履行社会责任的说法，您的同意程度是：只有盈利多的企业才需要履行社会责任 * 宗教信仰 Crosstabulation

	有宗教信仰	没有宗教信仰	总计
完全同意	3.1%	2.2%	2.3%
比较同意	14.4%	15.5%	15.4%
不太同意	66.0%	57.2%	57.9%
完全不同意	16.4%	25.1%	24.4%

续表

	有宗教信仰	没有宗教信仰	总计
总计	100.0%	100.0%	100.0%
列总计	353	3864	4217

Chi-square test：df = 3，卡方值为 15.691，sig = 0.001 < 0.05，所以不同宗教信仰的居民对于“只有盈利多的企业才需要履行社会责任”的同意程度有显著差异。

E17d by A9

关于企业履行社会责任的说法，您的同意程度是：污染类企业要履行更多的社会责任 * 宗教信仰 Crosstabulation

	有宗教信仰	没有宗教信仰	总计
完全同意	27.3%	25.7%	25.8%
比较同意	47.4%	45.9%	46.0%
不太同意	19.3%	20.2%	20.1%
完全不同意	6.0%	8.2%	8.0%
总计	100.0%	100.0%	100.0%
列总计	352	3888	4240

Chi-square test：df = 3，卡方值为 2.628，sig = 0.453 > 0.05，所以不同宗教信仰的居民对于“污染类企业要履行更多的社会责任”的同意程度没有显著差异。

E17e by A9

关于企业履行社会责任的说法，您的同意程度是：小企业只要管好自己就行了，不要履行社会责任 * 宗教信仰 Crosstabulation

	有宗教信仰	没有宗教信仰	总计
完全同意	2.0%	1.2%	1.3%
比较同意	10.3%	10.6%	10.6%
不太同意	63.0%	60.3%	60.5%
完全不同意	24.8%	27.9%	27.6%
总计	100.0%	100.0%	100.0%
列总计	351	3855	4206

Chi-square test：df = 3，卡方值为 3.018，sig = 0.389 > 0.05，所以不同宗教信仰的居民对于“小企业只要管好自己就行了，不要履行社会责任”的同意程度没有显著差异。

E18a by A9

您觉得下列哪类单位最讲道德＊宗教信仰 Crosstabulation

	有宗教信仰	没有宗教信仰	总计
国有（控股）企业	18.6%	22.2%	22.0%
民营企业	2.5%	2.2%	2.2%
私营企业	1.8%	2.0%	2.0%
外资企业	6.7%	9.4%	9.2%
学校	41.1%	38.1%	38.3%
医院	6.7%	2.7%	3.0%
政府机关	20.4%	20.7%	20.6%
民间组织	2.5%	2.6%	2.6%
总计	100.0%	100.0%	100.0%
列总计	285	3368	3653

Chi-square test：df = 7，卡方值为 17.973，sig = 0.012 < 0.05，所以不同宗教信仰的居民对于“您觉得下列哪类单位最讲道德”的回答有显著差异。

E18b by A9

您觉得下列哪类单位道德水平最差＊宗教信仰 Crosstabulation

	有宗教信仰	没有宗教信仰	总计
国有（控股）企业	4.7%	3.3%	3.5%
民营企业	11.8%	13.2%	13.1%
私营企业	39.6%	36.6%	36.8%
外资企业	1.2%	3.4%	3.3%
学校	3.1%	2.7%	2.7%
医院	20.8%	21.7%	21.6%
政府机关	9.0%	8.8%	8.8%
民间组织	9.8%	10.3%	10.3%
总计	100.0%	100.0%	100.0%
列总计	255	2960	3215

Chi-square test：df = 7，卡方值为 6.231，sig = 0.513 > 0.05，所以不同宗教信仰的居民对于“您觉得下列哪类单位道德水平最差”的回答没有显著差异。

E19a by A9

关于学校的说法，您的同意程度是：学校越来越以营利为目的 * 宗教信仰 Crosstabulation

	有宗教信仰	没有宗教信仰	总计
完全同意	12.9%	11.7%	11.8%
比较同意	48.3%	45.4%	45.7%
不太同意	33.1%	35.5%	35.3%
完全不同意	5.6%	7.4%	7.3%
总计	100.0%	100.0%	100.0%
列总计	356	3843	4199

Chi-square test：df = 3，卡方值为 2.985，sig = 0.394 > 0.05，所以不同宗教信仰的居民对于“学校越来越以营利为目的”的同意程度没有显著差异。

E19b by A9

关于学校的说法，您的同意程度是：学校主要传授知识和技能，培养道德不重要 * 宗教信仰 Crosstabulation

	有宗教信仰	没有宗教信仰	总计
完全同意	1.9%	0.8%	0.9%
比较同意	4.7%	8.4%	8.1%
不太同意	57.3%	55.4%	55.5%
完全不同意	36.0%	35.4%	35.4%
总计	100.0%	100.0%	100.0%
列总计	361	3913	4274

Chi-square test：df = 3，卡方值为 10.800，sig = 0.013 < 0.05，所以不同宗教信仰的居民对于“学校主要传授知识和技能，培养道德不重要”的同意程度有显著差异。

E19c by A9

关于学校的说法，您的同意程度是：学校升学率高比素质教育更重要 * 宗教信仰 Crosstabulation

	有宗教信仰	没有宗教信仰	总计
完全同意	2.2%	1.6%	1.7%
比较同意	10.5%	9.3%	9.4%
不太同意	56.5%	53.5%	53.7%
完全不同意	30.9%	35.6%	35.2%
总计	100.0%	100.0%	100.0%
列总计	363	3902	4265

Chi-square test：df = 3，卡方值为 3.804，sig = 0.283 > 0.05，所以不同宗教信仰的居民对于“学校升学率高比素质教育更重要”的同意程度没有显著差异。

E19d by A9

关于学校的说法，您的同意程度是：青少年儿童行为不端，主要是学校没教好 * 宗教信仰 Crosstabulation

	有宗教信仰	没有宗教信仰	总计
完全同意	2.2%	1.1%	1.2%
比较同意	9.1%	10.0%	10.0%
不太同意	59.3%	58.0%	58.1%
完全不同意	29.4%	30.9%	30.7%
总计	100.0%	100.0%	100.0%
列总计	361	3912	4273

Chi-square test：df = 3，卡方值为 3.842，sig = 0.279 > 0.05，所以不同宗教信仰的居民对于“青少年儿童行为不端，主要是学校没教好”的同意程度没有显著差异。

E19e by A9

关于学校的说法，您的同意程度是：要想孩子培养得好，就要多给老师送礼 * 宗教信仰 Crosstabulation

	有宗教信仰	没有宗教信仰	总计
完全同意	2.2%	1.2%	1.3%
比较同意	5.3%	5.6%	5.6%
不太同意	43.3%	44.8%	44.7%
完全不同意	49.2%	48.4%	48.5%
总计	100.0%	100.0%	100.0%
列总计	360	3914	4274

Chi-square test：df = 3，卡方值为 2.752，sig = 0.431 > 0.05，所以不同宗教信仰的居民对于“要想孩子培养得好，就要多给老师送礼”的同意程度没有显著差异。

E20 by A9

您所在单位当员工或村民受到不应该的对待时，员工或村民有没有申诉的机会 * 宗教信仰 Crosstabulation

	有宗教信仰	没有宗教信仰	总计
有	79.0%	76.6%	76.8%
没有	21.0%	23.4%	23.2%
总计	100.0%	100.0%	100.0%
列总计	210	2094	2304

Chi-square test：df = 1，卡方值为 0.642，sig = 0.423 > 0.05，所以不同宗教信仰的居民对于“您所在单位当员工或村民受到不应该的对待时，员工或村民有没有申诉的机会”的回答没有显著差异。

E21 by A9

您所在单位当员工或村民受到不应该的对待时，员工或村民有没有申诉的地方或渠道 * 宗教信仰 Crosstabulation

	有宗教信仰	没有宗教信仰	总计
有	78.9%	78.1%	78.1%
没有	21.1%	21.9%	21.9%
总计	100.0%	100.0%	100.0%
列总计	209	2015	2224

Chi-square test：df = 1，卡方值为 0.086，sig = 0.769 > 0.05，所以不同宗教信仰的居民对于“您所在单位当员工或村民受到不应该的对待时，员工或村民有没有申诉的地方或渠道”的回答没有显著差异。

E22 by A9

您所在单位当员工或村民受到不应该的对待时，有没有人进行过申诉 * 宗教信仰 Crosstabulation

	有宗教信仰	没有宗教信仰	总计
全部会申诉	1.7%	2.5%	2.4%
大部分会申诉	22.3%	21.1%	21.2%
小部分会申诉	56.6%	55.8%	55.9%
无人申诉	19.4%	20.6%	20.5%
总计	100.0%	100.0%	100.0%
列总计	175	1596	1771

Chi-square test：df = 3，卡方值为 0.644，sig = 0.886 > 0.05，所以不同宗教信仰的居民对于“您所在单位当员工或村民受到不应该的对待时，有没有人进行过申诉”的回答没有显著差异。

E23by A9

您所在单位在多大程度上认真对待员工或村民的申诉 * 宗教信仰 Crosstabulation

	有宗教信仰	没有宗教信仰	总计
完全不认真	7.5%	6.0%	6.2%
不太认真	20.4%	19.7%	19.8%
一般	44.6%	37.2%	38.0%
比较认真	23.1%	31.9%	30.9%
非常认真	4.3%	5.2%	5.1%
总计	100.0%	100.0%	100.0%

续表

	有宗教信仰	没有宗教信仰	总计
列总计	186	1598	1784

Chi-square test：df = 4，卡方值为 7.429，sig = 0.115 > 0.05，所以不同宗教信仰的居民对于“您所在单位在多大程度上认真对待员工或村民的申诉”的回答没有显著差异。

E24 by A9

您所在单位是否有道德方面的教育或活动 * 宗教信仰 Crosstabulation

	有宗教信仰	没有宗教信仰	总计
有	8.3%	11.0%	10.8%
没有	44.6%	34.7%	35.6%
不知道	47.1%	54.2%	53.6%
总计	100.0%	100.0%	100.0%
列总计	363	3920	4283

Chi-square test：df = 2，卡方值为 14.624，sig = 0.001 < 0.05，所以不同宗教信仰的居民对于“您所在单位是否有道德方面的教育或活动”的回答有显著差异。

E25a by A9

对当地企业道德状况的满意度是 * 宗教信仰 Crosstabulation

	有宗教信仰	没有宗教信仰	总计
非常不满意	4.1%	2.3%	2.4%
不太满意	34.8%	24.9%	25.7%
比较满意	59.8%	70.3%	69.4%
非常满意	1.3%	2.6%	2.5%
总计	100.0%	100.0%	100.0%
列总计	316	3579	3895

Chi-square test：df = 3，卡方值为 21.949，sig = 0.000 < 0.05，所以不同宗教信仰的居民对于“对当地企业道德状况的满意度”的回答有显著差异。

E25b by A9

对当地医院道德状况的满意度是 * 宗教信仰 Crosstabulation

	有宗教信仰	没有宗教信仰	总计
非常不满意	6.5%	4.1%	4.3%
不太满意	30.8%	28.2%	28.4%

续表

	有宗教信仰	没有宗教信仰	总计
比较满意	60. 1%	63. 5%	63. 2%
非常满意	2. 6%	4. 1%	4. 0%
总计	100. 0%	100. 0%	100. 0%
列总计	341	3844	4185

Chi-square test：df = 3，卡方值为 6. 947，sig = 0. 074 > 0. 05，所以不同宗教信仰的居民对于“对当地医院道德状况的满意度”的回答没有显著差异。

E25c by A9

对当地政府道德状况的满意度 * 宗教信仰 Crosstabulation

	有宗教信仰	没有宗教信仰	总计
非常不满意	5. 5%	4. 0%	4. 1%
不太满意	27. 0%	25. 2%	25. 4%
比较满意	64. 5%	64. 7%	64. 7%
非常满意	3. 0%	6. 1%	5. 8%
总计	100. 0%	100. 0%	100. 0%
列总计	330	3759	4089

Chi-square test：df = 3，卡方值为 6. 740，sig = 0. 081 > 0. 05，所以不同宗教信仰的居民对于“对当地政府道德状况的满意度”的回答没有显著差异。

E25d by A8

对当地学校的道德状况的满意度 * 宗教信仰 Crosstabulation

	有宗教信仰	没有宗教信仰	总计
非常不满意	4. 8%	2. 6%	2. 7%
不太满意	21. 3%	19. 1%	19. 3%
比较满意	68. 6%	69. 5%	69. 4%
非常满意	5. 4%	8. 9%	8. 6%
总计	100. 0%	100. 0%	100. 0%
列总计	334	3778	4112

Chi-square test：df = 3，卡方值为 10. 632，sig = 0. 014 < 0. 05，所以不同宗教信仰的居民对于“对当地学校的道德状况的满意度”的回答有显著差异。

E25e by A9

对当地的 NGO 组织（如红十字会等）道德状况的满意度＊宗教信仰 Crosstabulation

	有宗教信仰	没有宗教信仰	总计
非常不满意	3.2%	2.0%	2.1%
不太满意	20.4%	18.1%	18.3%
比较满意	67.9%	69.3%	69.2%
非常满意	8.6%	10.6%	10.5%
总计	100.0%	100.0%	100.0%
列总计	221	2522	2743

Chi-square test：df=3，卡方值为 2.696，sig=0.441>0.05，所以不同宗教信仰的居民对于“对当地的 NGO 组织（如红十字会等）道德状况的满意度”的回答没有显著差异。

F1a by A9

您认为以下行为是否关乎道德？随地吐痰＊宗教信仰 Crosstabulation

	有宗教信仰	没有宗教信仰	总计
有关	91.8%	93.8%	93.6%
无关	8.2%	6.2%	6.4%
总计	100.0%	100.0%	100.0%
列总计	365	3970	4335

Chi-square test：df=1，卡方值为 2.230，sig=1.135>0.05，所以不同宗教信仰的居民对于“您认为以下行为是否关乎道德？随地吐痰”的回答没有显著差异。

F1b by A9

您认为以下行为是否关乎道德？插队＊宗教信仰 Crosstabulation

	有宗教信仰	没有宗教信仰	总计
有关	92.6%	94.3%	94.1%
无关	7.4%	5.7%	5.9%
总计	100.0%	100.0%	100.0%
列总计	366	3970	4336

Chi-square test：df=1，卡方值为 1.616，sig=0.204>0.05，所以不同宗教信仰的居民对于“您认为以下行为是否关乎道德？插队”的回答没有显著差异。

F1c by A9

您认为以下行为是否关乎道德？公交或地铁上大声打电话 * 宗教信仰 Crosstabulation

	有宗教信仰	没有宗教信仰	总计
有关	90.4%	90.8%	90.8%
无关	9.6%	9.2%	9.2%
总计	100.0%	100.0%	100.0%
列总计	364	3967	4331

Chi-square test：df = 1，卡方值为 0.077，sig = 0.781 > 0.05，所以不同宗教信仰的居民对于“您认为以下行为是否关乎道德？公交或地铁上大声打电话”的回答没有显著差异。

F1d by A9

您认为以下行为是否关乎道德？餐馆里说话声音很大 * 宗教信仰 Crosstabulation

	有宗教信仰	没有宗教信仰	总计
有关	90.1%	90.0%	90.0%
无关	9.9%	10.0%	10.0%
总计	100.0%	100.0%	100.0%
列总计	365	3969	4334

Chi-square test：df = 1，卡方值为 0.010，sig = 0.920 > 0.05，所以不同宗教信仰的居民对于“您认为以下行为是否关乎道德？餐馆里说话声音很大”的回答没有显著差异。

F1e by A9

您认为以下行为是否关乎道德？在公共场所的椅子或沙发上躺着睡觉 * 宗教信仰 Crosstabulation

	有宗教信仰	没有宗教信仰	总计
有关	91.5%	91.0%	91.1%
无关	8.5%	9.0%	8.9%
总计	100.0%	100.0%	100.0%
列总计	364	3971	4335

Chi-square test：df = 1，卡方值为 0.082，sig = 0.774 > 0.05，所以不同宗教信仰的居民对于“您认为以下行为是否关乎道德？在公共场所的椅子或沙发上躺着睡觉”的回答没有显著差异。

F1f by A9

您本人是否做出过这些行为？随地吐痰＊宗教信仰 Crosstabulation

	有宗教信仰	没有宗教信仰	总计
经常做	5.2%	3.1%	3.3%
偶尔做	35.7%	33.3%	33.5%
从来不做	59.1%	63.6%	63.2%
总计	100.0%	100.0%	100.0%
列总计	364	3942	4306

Chi-square test：df = 2，卡方值为 6.150，sig = 0.046 < 0.05，所以不同宗教信仰的居民对于“您本人是否做出过这些行为？随地吐痰”的回答有显著差异。

F1g by A9

您本人是否做出过这些行为？插队＊宗教信仰 Crosstabulation

	有宗教信仰	没有宗教信仰	总计
经常做	0.6%	0.8%	0.8%
偶尔做	14.9%	15.9%	15.9%
从来不做	84.5%	83.2%	83.3%
总计	100.0%	100.0%	100.0%
列总计	362	3939	4301

Chi-square test：df = 2，卡方值为 0.620，sig = 0.733 > 0.05，所以不同宗教信仰的居民对于“您本人是否做出过这些行为？插队”的回答没有显著差异。

F1h by A9

您本人是否做出过这些行为？公交或地铁上大声打电话＊ 宗教信仰 Crosstabulation

	有宗教信仰	没有宗教信仰	总计
经常做	2.2%	1.0%	1.1%
偶尔做	19.0%	19.2%	19.2%
从来不做	78.8%	79.8%	79.7%
总计	100.0%	100.0%	100.0%
列总计	363	3936	4299

Chi-square test：df = 2，卡方值为 4.246，sig = 0.120 > 0.05，所以不同宗教信仰的居民对于“您本人是否做出过这些行为？公交或地铁上大声打电话”的回答没有显著差异。

F1i by A9

您本人是否做出过这些行为？餐馆里说话声音很大＊宗教信仰 Crosstabulation

	有宗教信仰	没有宗教信仰	总计
经常做	1.7%	1.3%	1.3%
偶尔做	22.1%	19.5%	19.7%
从来不做	76.2%	79.2%	79.0%
总计	100.0%	100.0%	100.0%
列总计	362	3934	4296

Chi-square test：df = 2，卡方值为 1.864，sig = 0.394 > 0.05，所以不同宗教信仰的居民对于“您本人是否做出过这些行为？餐馆里说话声音很大”的回答没有显著差异。

F1j by A9

您本人是否做出过这些行为？在公共场所的椅子或沙发上躺着睡觉＊宗教信仰 Crosstabulation

	有宗教信仰	没有宗教信仰	总计
经常做	0.5%	1.0%	1.0%
偶尔做	10.1%	8.2%	8.4%
从来不做	89.3%	90.8%	90.6%
总计	100.0%	100.0%	100.0%
列总计	366	3941	4307

Chi-square test：df = 2，卡方值为 2.360，sig = 0.307 > 0.05，所以不同宗教信仰的居民对于“您本人是否做出过这些行为？在公共场所的椅子或沙发上躺着睡觉”的回答没有显著差异。

F2 by A9

入夜后，很多中老年朋友在广场上伴着录音机的音乐跳舞，产生噪声，有人向政府或物管投诉，要求阻止。对这件事您怎么看＊宗教信仰 Crosstabulation

	有宗教信仰	没有宗教信仰	总计
在广场上跳舞是居民的自由，不应干预	4.6%	8.2%	7.9%
跳舞如果破坏了别人的清静，就应该停止	19.2%	20.6%	20.4%
中老年人没地方活动，即便跳舞构成干扰，也应尽量容忍和理解	17.3%	21.5%	21.2%
请跳舞者降低音量，大家相互妥协	57.5%	49.4%	50.0%
其他（请说明）	1.4%	0.4%	0.5%

续表

	有宗教信仰	没有宗教信仰	总计
总计	100.0%	100.0%	100.0%
列总计	369	3961	4330

Chi-square test：df = 4，卡方值为 19.240，sig = 0.001 < 0.05，所以不同宗教信仰的居民对于“入夜后，很多中老年朋友在广场上伴着录音机的音乐跳舞，产生噪声，有人向政府或物管投诉，要求阻止。对这件事您怎么看”的回答有显著差异。

F3a by A9

因个人认为自身受到不公正待遇而导致的社会泄愤事件，你对于下列回答的评价是：这是暴徒行为，无论何种情况下，都不应该采取暴力手段 * 宗教信仰 Crosstabulation

	有宗教信仰	没有宗教信仰	总计
完全同意	42.2%	37.0%	37.5%
比较同意	51.0%	52.5%	52.4%
不太同意	4.1%	5.9%	5.8%
完全不同意	2.7%	4.5%	4.3%
总计	100.0%	100.0%	100.0%
列总计	365	3936	4301

Chi-square test：df = 3，卡方值为 6.863，sig = 0.076 > 0.05，所以不同宗教信仰的居民对于“这是暴徒行为，无论何种情况下，都不应该采取暴力手段”的评价没有显著差异。

F3b by A9

因个人认为自身受到不公正待遇而导致的社会泄愤事件，你对于下列回答的评价是：其他社会成员在需要的时候没有及时给予帮助，因此我们每个人都有责任 * 宗教信仰 Crosstabulation

	有宗教信仰	没有宗教信仰	总计
完全同意	16.4%	16.3%	16.3%
比较同意	53.6%	57.3%	57.0%
不太同意	26.5%	23.0%	23.3%
完全不同意	3.6%	3.4%	3.4%
总计	100.0%	100.0%	100.0%
列总计	366	3936	4302

Chi-square test：df = 3，卡方值为 2.666，sig = 0.446 > 0.05，所以不同宗教信仰的居民对于“其他社会成员在需要的时候没有及时给予帮助，因此我们每个人都有责任”的评价没有显著差异。

F3c by A9

因个人认为自身受到不公正待遇而导致的社会泄愤事件，你对于下列回答的评价是：应该去报复那些给予他们不公待遇的人，而不是伤及无辜 * 宗教信仰 Crosstabulation

	有宗教信仰	没有宗教信仰	总计
完全同意	10.5%	9.8%	9.9%
比较同意	37.0%	32.9%	33.3%
不太同意	37.6%	41.1%	40.8%
完全不同意	14.9%	16.2%	16.1%
总计	100.0%	100.0%	100.0%
列总计	362	3932	4294

Chi-square test：df = 3，卡方值为3.164，sig = 0.367 > 0.05，所以不同宗教信仰的居民对于“应该去报复那些给予他们不公待遇的人，而不是伤及无辜”的评价没有显著差异。

F3d by A9

因个人认为自身受到不公正待遇而导致的社会泄愤事件，你对于下列回答的评价是：受到不公平待遇，应该充分相信政府，积极寻求相关部门的帮助 * 宗教信仰 Crosstabulation

	有宗教信仰	没有宗教信仰	总计
完全同意	22.7%	24.7%	24.5%
比较同意	63.4%	63.6%	63.6%
不太同意	11.1%	10.1%	10.2%
完全不同意	2.8%	1.6%	1.7%
总计	100.0%	100.0%	100.0%
列总计	361	3925	4286

Chi-square test：df = 3，卡方值为3.776，sig = 0.287 > 0.05，所以不同宗教信仰的居民对于“受到不公平待遇，应该充分相信政府，积极寻求相关部门的帮助”的评价没有显著差异。

F4 by A9

总的来说，您认为当今的社会公不公平 * 宗教信仰 Crosstabulation

	有宗教信仰	没有宗教信仰	总计
完全不公平	5.3%	4.9%	4.9%
比较不公平	30.0%	29.5%	29.6%
说不上公平但也不能说不公平	38.1%	36.1%	36.3%

续表

	有宗教信仰	没有宗教信仰	总计
比较公平	26.1%	28.2%	28.0%
非常公平	0.6%	1.3%	1.2%
总计	100.0%	100.0%	100.0%
列总计	360	3916	4276

Chi-square test：df =4，卡方值为 2.324，sig =0.676 >0.05，所以不同宗教信仰的居民对于“总的来说，您认为当今的社会公不公平”的回答没有显著差异。

F5 by A9

和前几年相比，您认为目前我国社会的分配不公、两极分化现象 * 宗教信仰 Crosstabulation

	有宗教信仰	没有宗教信仰	总计
有较大改善	25.7%	31.1%	30.6%
没什么变化	42.4%	44.2%	44.1%
更加恶化	31.9%	24.7%	25.3%
总计	100.0%	100.0%	100.0%
列总计	342	3739	4081

Chi-square test：df =2，卡方值为 9.563，sig =0.008 <0.05，所以不同宗教信仰的居民对于“和前几年相比，您认为目前我国社会的分配不公、两极分化现象”的回答有显著差异。

F6 by A9

您认为目前我国社会成员之间的收入差距 * 宗教信仰 Crosstabulation

	有宗教信仰	没有宗教信仰	总计
合理，可以接受	10.3%	13.9%	13.6%
不合理，但可以接受	55.3%	56.2%	56.1%
不合理，不能接受	34.5%	29.9%	30.3%
总计	100.0%	100.0%	100.0%
列总计	351	3786	4137

Chi-square test：df =2，卡方值为 5.366，sig =0.068 >0.05，所以不同宗教信仰的居民对于“您认为目前我国社会成员之间的收入差距”的回答没有显著差异。

F7a by A9

您是否同意当前的社会是人人为自己 * 宗教信仰 Crosstabulation

	有宗教信仰	没有宗教信仰	总计
完全同意	14.8%	14.9%	14.9%
比较同意	58.7%	58.1%	58.1%
不太同意	24.9%	24.7%	24.7%
完全不同意	1.6%	2.4%	2.3%
总计	100.0%	100.0%	100.0%
列总计	366	3948	4314

Chi-square test：df = 3，卡方值为 0.828，sig = 0.843 > 0.05，所以不同宗教信仰的居民对于“您是否同意当前的社会是人人为自己”的回答没有显著差异。

F7b by A9

您是否同意现在社会的大多数人是见利忘义的 * 宗教信仰 Crosstabulation

	有宗教信仰	没有宗教信仰	总计
完全同意	10.7%	11.2%	11.2%
比较同意	46.6%	47.6%	47.5%
不太同意	39.9%	37.5%	37.7%
完全不同意	2.8%	3.7%	3.6%
总计	100.0%	100.0%	100.0%
列总计	363	3938	4301

Chi-square test：df = 3，卡方值为 1.408，sig = 0.704 > 0.05，所以不同宗教信仰的居民对于“您是否同意现在社会的大多数人是见利忘义的”的回答没有显著差异。

F7c by A9

您是否同意现在社会是一个物欲横流的社会 * 宗教信仰 Crosstabulation

	有宗教信仰	没有宗教信仰	总计
完全同意	12.0%	14.5%	14.3%
比较同意	56.4%	48.2%	48.9%
不太同意	29.1%	33.5%	33.1%
完全不同意	2.5%	3.9%	3.8%
总计	100.0%	100.0%	100.0%
列总计	358	3879	4237

Chi-square test：df = 3，卡方值为 9.597，sig = 0.022 < 0.05，所以不同宗教信仰的居民对于“您是否同意现在社会是一个物欲横流的社会”的回答有显著差异。

F7d by A9

您是否同意当前大多数人都是以集体利益为重 * 宗教信仰 Crosstabulation

	有宗教信仰	没有宗教信仰	总计
完全同意	5.1%	5.2%	5.2%
比较同意	34.8%	36.9%	36.7%
不太同意	55.2%	52.4%	52.7%
完全不同意	4.8%	5.5%	5.4%
总计	100.0%	100.0%	100.0%
列总计	353	3906	4259

Chi-square test：df = 3，卡方值为 1.117，sig = 0.773 > 0.05，所以不同宗教信仰的居民对于“您是否同意当前大多数人都是以集体利益为重”的回答没有显著差异。

F7e by A9

您是否同意当前大多数人都是家庭利益至上 * 宗教信仰 Crosstabulation

	有宗教信仰	没有宗教信仰	总计
完全同意	19.4%	16.9%	17.1%
比较同意	62.5%	63.1%	63.1%
不太同意	15.6%	17.7%	17.5%
完全不同意	2.5%	2.2%	2.3%
总计	100.0%	100.0%	100.0%
列总计	360	3939	4299

Chi-square test：df = 3，卡方值为 2.218，sig = 0.528 > 0.05，所以不同宗教信仰的居民对于“您是否同意当前大多数人都是家庭利益至上”的回答没有显著差异。

F7f by A9

您是否同意当前的社会是个金钱至上的社会 * 宗教信仰 Crosstabulation

	有宗教信仰	没有宗教信仰	总计
完全同意	18.7%	19.9%	19.8%
比较同意	55.5%	50.8%	51.2%
不太同意	23.9%	26.2%	26.0%
完全不同意	1.9%	3.0%	3.0%
总计	100.0%	100.0%	100.0%

续表

	有宗教信仰	没有宗教信仰	总计
列总计	364	3936	4300

Chi-square test：df = 3，卡方值为 3. 806，sig = 0. 283 > 0. 05，所以不同宗教信仰的居民对于“您是否同意当前的社会是个金钱至上的社会”的回答没有显著差异。

F7g by A9

您是否同意现在社会守道德的人大都吃亏，不守道德的人占便宜 * 宗教信仰 Crosstabulation

	有宗教信仰	没有宗教信仰	总计
完全同意	8. 5%	8. 9%	8. 9%
比较同意	48. 1%	43. 0%	43. 4%
不太同意	39. 9%	42. 9%	42. 7%
完全不同意	3. 4%	5. 2%	5. 0%
总计	100. 0%	100. 0%	100. 0%
列总计	351	3896	4247

Chi-square test：df = 3，卡方值为 4. 731，sig = 0. 193 > 0. 05，所以不同宗教信仰的居民对于“您是否同意现在社会守道德的人大都吃亏，不守道德的人占便宜”的回答没有显著差异。

F7h by A9

您是否同意现在社会中好人有好报，恶人终归会受到惩罚 * 宗教信仰 Crosstabulation

	有宗教信仰	没有宗教信仰	总计
完全同意	16. 0%	17. 8%	17. 6%
比较同意	58. 0%	54. 0%	54. 3%
不太同意	22. 1%	24. 7%	24. 5%
完全不同意	3. 9%	3. 5%	3. 5%
总计	100. 0%	100. 0%	100. 0%
列总计	362	3922	4284

Chi-square test：df = 3，卡方值为 2. 619，sig = 0. 454 > 0. 05，所以不同宗教信仰的居民对于“您是否同意现在社会中好人有好报，恶人终归会受到惩罚”的回答没有显著差异。

F7i by A9

您是否同意人们的生活水平越高，就越幸福 * 宗教信仰 Crosstabulation

	有宗教信仰	没有宗教信仰	总计
完全同意	16.2%	19.1%	18.8%
比较同意	53.7%	50.9%	51.1%
不太同意	24.9%	27.5%	27.3%
完全不同意	5.2%	2.6%	2.8%
总计	100.0%	100.0%	100.0%
列总计	365	3957	4322

Chi-square test：df = 3，卡方值为 11.283，sig = 0.010 < 0.05，所以不同宗教信仰的居民对于“您是否同意人们的生活水平越高，就越幸福”的回答有显著差异。

F7j by A9

您是否同意我们的社会中道德能够很好地约束人们的行为 * 宗教信仰 Crosstabulation

	有宗教信仰	没有宗教信仰	总计
完全同意	7.6%	11.4%	11.1%
比较同意	51.0%	54.2%	53.9%
不太同意	37.0%	31.6%	32.1%
完全不同意	4.5%	2.8%	2.9%
总计	100.0%	100.0%	100.0%
列总计	357	3899	4256

Chi-square test：df = 3，卡方值为 11.247，sig = 0.010 < 0.05，所以不同宗教信仰的居民对于“您是否同意我们的社会中道德能够很好地约束人们的行为”的回答有显著差异。

F7k by A9

您是否同意现有的规范和习俗能够很好地调节人与人的关系 * 宗教信仰 Crosstabulation

	有宗教信仰	没有宗教信仰	总计
完全同意	5.6%	9.3%	9.0%
比较同意	54.5%	55.9%	55.8%
不太同意	35.3%	31.5%	31.8%
完全不同意	4.5%	3.3%	3.4%
总计	100.0%	100.0%	100.0%

续表

	有宗教信仰	没有宗教信仰	总计
列总计	354	3891	4245

Chi-square test：df = 3，卡方值为 7. 823，sig = 0. 050 = 0. 05，所以不同宗教信仰的居民对于“您是否同意现有的规范和习俗能够很好地调节人与人的关系”的回答有显著差异。

F71 by A9

您是否同意现在社会大多数人都有荣辱感＊ 宗教信仰 Crosstabulation

	有宗教信仰	没有宗教信仰	总计
完全同意	4. 5%	6. 8%	6. 6%
比较同意	57. 5%	56. 3%	56. 4%
不太同意	34. 0%	32. 7%	32. 8%
完全不同意	4. 0%	4. 2%	4. 1%
总计	100. 0%	100. 0%	100. 0%
列总计	353	3848	4201

Chi-square test：df = 3，卡方值为 2. 747，sig = 0. 432 > 0. 05，所以不同宗教信仰的居民对于“您是否同意现在社会大多数人都有荣辱感”的回答没有显著差异。

F8 by A9

您听说过或参加过道德讲堂吗＊宗教信仰 Crosstabulation

	有宗教信仰	没有宗教信仰	总计
参加过	7. 0%	7. 4%	7. 3%
听说过，但没参加过	42. 3%	43. 7%	43. 6%
没听说过	50. 7%	48. 9%	49. 0%
总计	100. 0%	100. 0%	100. 0%
列总计	369	3978	4347

Chi-square test：df = 2，卡方值为 0. 432，sig = 0. 806 > 0. 05，所以不同宗教信仰的居民对于“您听说过或参加过道德讲堂吗”的回答没有显著差异。

F9 by A9

如果您参加过道德讲堂，您觉得开展这样的活动有意义吗＊ 宗教信仰 Crosstabulation

	有宗教信仰	没有宗教信仰	总计
很有意义	96. 0%	94. 1%	94. 2%

续表

	有宗教信仰	没有宗教信仰	总计
可有可无	4.0%	5.2%	5.1%
没有必要		0.7%	0.6%
总计	100.0%	100.0%	100.0%
列总计	25	288	313

Chi-square test：df = 2，卡方值为 0.248，sig = 0.883 > 0.05，所以不同宗教信仰的居民对于“如果您参加过道德讲堂，您觉得开展这样的活动有意义吗”的回答没有显著差异。

F10 by A9

您对您生活的地方（您所在的社区）社会公德状况满意吗 * 宗教信仰 Crosstabulation

	有宗教信仰	没有宗教信仰	总计
非常满意	5.5%	6.7%	6.6%
比较满意	69.7%	74.5%	74.1%
不太满意	21.0%	17.4%	17.7%
非常不满意	3.7%	1.4%	1.6%
总计	100.0%	100.0%	100.0%
列总计	347	3749	4096

Chi-square test：df = 3，卡方值为 15.704，sig = 0.001 < 0.05，所以不同宗教信仰的居民对于“您对您生活的地方（您所在的社区）社会公德状况满意吗”的回答有显著差异。

F11a by A9

当前社会坑蒙拐骗现象的严重程度如何 * 宗教信仰 Crosstabulation

	有宗教信仰	没有宗教信仰	总计
非常不严重	5.6%	6.9%	6.8%
比较不严重	42.3%	40.4%	40.6%
比较严重	38.7%	39.9%	39.8%
非常严重	13.4%	12.8%	12.9%
总计	100.0%	100.0%	100.0%
列总计	359	3935	4294

Chi-square test：df = 3，卡方值为 1.302，sig = 0.729 > 0.05，所以不同宗教信仰的居民对于“当前社会坑蒙拐骗现象的严重程度如何”的回答没有显著差异。

F11b by A9

当前社会人际关系冷漠，见危不救的严重程度如何 * 宗教信仰 Crosstabulation

	有宗教信仰	没有宗教信仰	总计
非常不严重	4.7%	4.7%	4.7%
比较不严重	43.8%	43.8%	43.8%
比较严重	45.5%	42.4%	42.7%
非常严重	6.1%	9.1%	8.9%
总计	100.0%	100.0%	100.0%
列总计	363	3939	4302

Chi-square test：df = 3，卡方值为 4.277，sig = 0.223 > 0.05，所以不同宗教信仰的居民对于“当前社会人际关系冷漠，见危不救的严重程度如何”的回答没有显著差异。

F11c by A9

当前社会诚信缺乏，不讲信用的严重程度如何 * 宗教信仰 Crosstabulation

	有宗教信仰	没有宗教信仰	总计
非常不严重	4.4%	4.8%	4.8%
比较不严重	43.5%	42.2%	42.3%
比较严重	41.3%	43.2%	43.1%
非常严重	10.8%	9.8%	9.9%
总计	100.0%	100.0%	100.0%
列总计	361	3957	4318

Chi-square test：df = 3，卡方值为 0.840，sig = 0.840 > 0.05，所以不同宗教信仰的居民对于“当前社会诚信缺乏，不讲信用的严重程度如何”的回答没有显著差异。

F11d by A9

当前社会人与人之间缺乏信任，社会安全度低的严重程度如何 * 宗教信仰 Crosstabulation

	有宗教信仰	没有宗教信仰	总计
非常不严重	4.1%	4.5%	4.5%
比较不严重	35.6%	34.6%	34.7%
比较严重	49.4%	47.9%	48.0%
非常严重	10.8%	13.0%	12.8%
总计	100.0%	100.0%	100.0%

续表

	有宗教信仰	没有宗教信仰	总计
列总计	362	3942	4304

Chi-square test：df = 3，卡方值为 1.628，sig = 0.653 > 0.05，所以不同宗教信仰的居民对于“当前社会人与人之间缺乏信任，社会安全度低的严重程度如何”的回答没有显著差异。

F11e by A9

当前社会缺乏公德，如公共场所大声喧哗、随地吐痰等的严重程度如何 * 宗教信仰 Crosstabulation

	有宗教信仰	没有宗教信仰	总计
非常不严重	2.7%	5.1%	4.9%
比较不严重	50.1%	51.8%	51.7%
比较严重	37.3%	35.5%	35.6%
非常严重	9.9%	7.6%	7.7%
总计	100.0%	100.0%	100.0%
列总计	365	3946	4311

Chi-square test：df = 3，卡方值为 6.637，sig = 0.084 > 0.05，所以不同宗教信仰的居民对于“当前社会缺乏公德，如公共场所大声喧哗、随地吐痰等的严重程度如何”的回答没有显著差异。

F11f by A9

当前社会自私自利，损人利己的严重程度如何 * 宗教信仰 Crosstabulation

	有宗教信仰	没有宗教信仰	总计
非常不严重	3.9%	5.5%	5.4%
比较不严重	44.9%	45.2%	45.2%
比较严重	42.7%	41.2%	41.3%
非常严重	8.6%	8.1%	8.1%
总计	100.0%	100.0%	100.0%
列总计	361	3933	4294

Chi-square test：df = 3，卡方值为 1.897，sig = 0.594 > 0.05，所以不同宗教信仰的居民对于“当前社会自私自利，损人利己的严重程度如何”的回答没有显著差异。

F11g by A9

当前社会缺乏公正心和正义感的严重程度如何 * 宗教信仰 Crosstabulation

	有宗教信仰	没有宗教信仰	总计
非常不严重	5.8%	5.1%	5.1%

续表

	有宗教信仰	没有宗教信仰	总计
比较不严重	45.3%	43.6%	43.7%
比较严重	39.0%	41.3%	41.1%
非常严重	9.9%	10.1%	10.1%
总计	100.0%	100.0%	100.0%
列总计	364	3928	4292

Chi-square test：df = 3，卡方值为 0.961，sig = 0.811 > 0.05，所以不同宗教信仰的居民对于“当前社会缺乏公正心和正义感的严重程度如何”的回答没有显著差异。

F11h by A9

当前社会私欲膨胀，物欲横流的严重程度如何 * 宗教信仰 Crosstabulation

	有宗教信仰	没有宗教信仰	总计
非常不严重	3.4%	4.3%	4.2%
比较不严重	37.7%	39.0%	38.9%
比较严重	46.6%	44.0%	44.2%
非常严重	12.3%	12.8%	12.7%
总计	100.0%	100.0%	100.0%
列总计	358	3873	4231

Chi-square test：df = 3，卡方值为 1.377，sig = 0.711 > 0.05，所以不同宗教信仰的居民对于“当前社会私欲膨胀，物欲横流的严重程度如何”的回答没有显著差异。

F11i by A9

当前社会缺乏羞耻感的严重程度如何 * 宗教信仰 Crosstabulation

	有宗教信仰	没有宗教信仰	总计
非常不严重	3.9%	5.7%	5.6%
比较不严重	47.0%	50.4%	50.1%
比较严重	39.0%	36.0%	36.3%
非常严重	10.2%	7.8%	8.0%
总计	100.0%	100.0%	100.0%
列总计	362	3892	4254

Chi-square test：df = 3，卡方值为 6.087，sig = 0.107 > 0.05，所以不同宗教信仰的居民对于“当前社会缺乏羞耻感的严重程度如何”的回答没有显著差异。

F11j by A9

当前社会干部贪污受贿，以权谋利的严重程度如何 ＊ 宗教信仰 Crosstabulation

	有宗教信仰	没有宗教信仰	总计
非常不严重	3.5%	2.5%	2.6%
比较不严重	30.0%	33.1%	32.8%
比较严重	47.5%	46.0%	46.2%
非常严重	19.0%	18.3%	18.4%
总计	100.0%	100.0%	100.0%
列总计	343	3770	4113

Chi-square test：df = 3，卡方值为 2.276，sig = 0.517 > 0.05，所以不同宗教信仰的居民对于“当前社会干部贪污受贿，以权谋利的严重程度如何”的回答没有显著差异。

F11k by A9

当前社会生活奢侈，铺张浪费的严重程度如何 ＊ 宗教信仰 Crosstabulation

	有宗教信仰	没有宗教信仰	总计
非常不严重	3.7%	3.7%	3.7%
比较不严重	38.0%	42.0%	41.7%
比较严重	42.5%	40.3%	40.5%
非常严重	15.8%	14.0%	14.1%
总计	100.0%	100.0%	100.0%
列总计	355	3853	4208

Chi-square test：df = 3，卡方值为 2.386，sig = 0.496 > 0.05，所以不同宗教信仰的居民对于“当前社会生活奢侈，铺张浪费的严重程度如何”的回答没有显著差异。

F11l by A9

当前社会干部不作为，扯皮推诿的严重程度如何 ＊ 宗教信仰 Crosstabulation

	有宗教信仰	没有宗教信仰	总计
非常不严重	3.8%	2.9%	2.9%
比较不严重	30.8%	30.6%	30.6%
比较严重	49.1%	46.3%	46.5%
非常严重	16.3%	20.3%	19.9%
总计	100.0%	100.0%	100.0%
列总计	338	3772	4110

Chi-square test：df = 3，卡方值为 4.031，sig = 0.258 > 0.05，所以不同宗教信仰的居民对于“当前社会干部不作为，扯皮推诿的严重程度如何”的回答没有显著差异。

F12a by A9

您怎么看待周围那些经营企业或做生意发了财的人：他们自己有本事，应该发财＊ 宗教信仰 Crosstabulation

	有宗教信仰	没有宗教信仰	总计
未选中	24.4%	22.9%	23.1%
选中	75.6%	77.1%	76.9%
总计	100.0%	100.0%	100.0%
列总计	369	3967	4336

Chi-square test：df = 1，卡方值为 0.401，sig = 0.527 > 0.05，所以不同宗教信仰的居民对于“您怎么看待周围那些经营企业或做生意发了财的人：他们自己有本事，应该发财”的回答没有显著差异。

F12b by A9

您怎么看待周围那些经营企业或做生意发了财的人：尊重他们，他们为社会做了贡献＊ 宗教信仰 Crosstabulation

	有宗教信仰	没有宗教信仰	总计
未选中	51.5%	46.7%	47.1%
选中	48.5%	53.3%	52.9%
总计	100.0%	100.0%	100.0%
列总计	369	3967	4336

Chi-square test：df = 1，卡方值为 3.063，sig = 0.080 > 0.05，所以不同宗教信仰的居民对于“您怎么看待周围那些经营企业或做生意发了财的人：尊重他们，他们为社会做了贡献”的回答没有显著差异。

F12c by A9

您怎么看待周围那些经营企业或做生意发了财的人：没什么了不起，他们常用不正当手段发财＊ 宗教信仰 Crosstabulation

	有宗教信仰	没有宗教信仰	总计
未选中	95.4%	93.9%	94.0%
选中	4.6%	6.1%	6.0%
总计	100.0%	100.0%	100.0%
列总计	369	3967	4336

Chi-square test：df = 1，卡方值为 1.340，sig = 0.247 > 0.05，所以不同宗教信仰的居民对于“您怎么看待周围那些经营企业或做生意发了财的人：没什么了不起，他们常用不正当手段发财”的回答没有显著差异。

F12d by A9

您怎么看待周围那些经营企业或做生意发了财的人：是土豪，没文化，没教养＊ 宗教信仰 Crosstabulation

	有宗教信仰	没有宗教信仰	总计
未选中	94. 0%	92. 5%	92. 7%
选中	6. 0%	7. 5%	7. 3%
总计	100. 0%	100. 0%	100. 0%
列总计	369	3967	4336

Chi-square test：df = 1，卡方值为 1. 117，sig = 0. 291 > 0. 05，所以不同宗教信仰的居民对于“您怎么看待周围那些经营企业或做生意发了财的人：是土豪，没文化，没教养”的回答没有显著差异。

F12e by A9

您怎么看待周围那些经营企业或做生意发了财的人：是他们运气好＊ 宗教信仰 Crosstabulation

	有宗教信仰	没有宗教信仰	总计
未选中	82. 7%	81. 3%	81. 4%
选中	17. 3%	18. 7%	18. 6%
总计	100. 0%	100. 0%	100. 0%
列总计	369	3967	4336

Chi-square test：df = 1，卡方值为 0. 413，sig = 0. 521 > 0. 05，所以不同宗教信仰的居民对于“您怎么看待周围那些经营企业或做生意发了财的人：是他们运气好”的回答没有显著差异。

F12f by A9

您怎么看待周围那些经营企业或做生意发了财的人：有钱没钱，这都是命＊ 宗教信仰 Crosstabulation

	有宗教信仰	没有宗教信仰	总计
未选中	84. 6%	82. 9%	83. 1%
选中	15. 4%	17. 1%	16. 9%
总计	100. 0%	100. 0%	100. 0%
列总计	369	3967	4336

Chi-square test：df = 1，卡方值为 0. 629，sig = 0. 428 > 0. 05，所以不同宗教信仰的居民对于“您怎么看待周围那些经营企业或做生意发了财的人：有钱没钱，这都是命”的回答没有显著差异。

F12g by A9

您怎么看待周围那些经营企业或做生意发了财的人：天道不公，希望他们明天就破产＊宗教信仰 Crosstabulation

	有宗教信仰	没有宗教信仰	总计
未选中	99.5%	99.0%	99.0%
选中	0.5%	1.0%	1.0%
总计	100.0%	100.0%	100.0%
列总计	369	3967	4336

Chi-square test：df = 1，卡方值为 0.765，sig = 0.382 > 0.05，所以不同宗教信仰的居民对于“您怎么看待周围那些经营企业或做生意发了财的人：天道不公，希望他们明天就破产”的回答没有显著差异。

F13a by A9

企业损害社会利益，如污染环境、以虚假广告误导公众等严重程度如何＊宗教信仰 Crosstabulation

	有宗教信仰	没有宗教信仰	总计
非常不严重	2.3%	2.6%	2.6%
比较不严重	38.0%	38.0%	38.0%
比较严重	50.4%	43.5%	44.1%
非常严重	9.3%	15.9%	15.3%
总计	100.0%	100.0%	100.0%
列总计	345	3767	4112

Chi-square test：df = 3，卡方值为 12.590，sig = 0.006 < 0.05，所以不同宗教信仰的居民对于“企业损害社会利益，如污染环境、以虚假广告误导公众等严重程度如何”的回答有显著差异。

F13b by A9

娱乐界以丑闻、绯闻炒作，污染社会风气严重程度如何＊宗教信仰 Crosstabulation

	有宗教信仰	没有宗教信仰	总计
非常不严重	1.2%	1.4%	1.4%
比较不严重	23.0%	22.3%	22.3%
比较严重	60.6%	57.3%	57.5%
非常严重	15.2%	19.0%	18.7%
总计	100.0%	100.0%	100.0%
列总计	322	3520	3842

Chi-square test：df = 3，卡方值为 2.973，sig = 0.396 > 0.05，所以不同宗教信仰的居民对于“娱乐界以丑闻、绯闻炒作，污染社会风气严重程度如何”的回答没有显著差异。

F13c by A9

媒体缺乏社会责任，炒作新闻严重程度如何 * 宗教信仰 Crosstabulation

	有宗教信仰	没有宗教信仰	总计
非常不严重	2.5%	1.5%	1.6%
比较不严重	25.2%	23.9%	24.0%
比较严重	56.3%	51.6%	52.0%
非常严重	16.0%	23.0%	22.4%
总计	100.0%	100.0%	100.0%
列总计	318	3535	3853

Chi-square test：df = 3，卡方值为 9.627，sig = 0.022 < 0.05，所以不同宗教信仰的居民对于“媒体缺乏社会责任，炒作新闻严重程度如何”的回答有显著差异。

F13d by A9

社会财富分配不公，贫富悬殊过大严重程度如何 * 宗教信仰 Crosstabulation

	有宗教信仰	没有宗教信仰	总计
非常不严重	1.1%	1.1%	1.1%
比较不严重	19.5%	19.0%	19.0%
比较严重	53.1%	45.8%	46.4%
非常严重	26.3%	34.0%	33.4%
总计	100.0%	100.0%	100.0%
列总计	354	3894	4248

Chi-square test：df = 3，卡方值为 9.578，sig = 0.023 < 0.05，所以不同宗教信仰的居民对于“社会财富分配不公，贫富悬殊过大严重程度如何”的回答有显著差异。

F13e by A9

教师不尽职严重程度如何 * 宗教信仰 Crosstabulation

	有宗教信仰	没有宗教信仰	总计
非常不严重	6.4%	8.5%	8.3%
比较不严重	58.5%	55.5%	55.7%
比较严重	26.7%	27.3%	27.3%
非常严重	8.4%	8.8%	8.7%
总计	100.0%	100.0%	100.0%

续表

	有宗教信仰	没有宗教信仰	总计
列总计	359	3905	4264

Chi-square test：df = 3，卡方值为 2. 336，sig = 0. 506 > 0. 05，所以不同宗教信仰的居民对于“教师不尽职严重程度如何”的回答没有显著差异。

F13f by A9

医生不守职业道德严重程度如何 * 宗教信仰 Crosstabulation

	有宗教信仰	没有宗教信仰	总计
非常不严重	7. 2%	7. 9%	7. 8%
比较不严重	53. 6%	51. 0%	51. 2%
比较严重	29. 0%	31. 8%	31. 5%
非常严重	10. 2%	9. 4%	9. 4%
总计	100. 0%	100. 0%	100. 0%
列总计	362	3918	4280

Chi-square test：df = 3，卡方值为 1. 694，sig = 0. 638 > 0. 05，所以不同宗教信仰的居民对于“医生不守职业道德严重程度如何”的回答没有显著差异。

F13g by A9

公众人物用知名度攫取财富严重程度如何 * 宗教信仰 Crosstabulation

	有宗教信仰	没有宗教信仰	总计
非常不严重	3. 1%	3. 0%	3. 0%
比较不严重	34. 6%	34. 6%	34. 6%
比较严重	46. 0%	42. 6%	42. 9%
非常严重	16. 4%	19. 8%	19. 5%
总计	100. 0%	100. 0%	100. 0%
列总计	324	3536	3860

Chi-square test：df = 3，卡方值为 2. 557，sig = 0. 465 > 0. 05，所以不同宗教信仰的居民对于“公众人物用知名度攫取财富严重程度如何”的回答没有显著差异。

F13h by A9

两性关系过度开放导致婚姻不稳定严重程度如何 * 宗教信仰 Crosstabulation

	有宗教信仰	没有宗教信仰	总计
非常不严重	2. 9%	2. 4%	2. 4%

续表

	有宗教信仰	没有宗教信仰	总计
比较不严重	37.8%	39.2%	39.1%
比较严重	46.3%	43.0%	43.3%
非常严重	13.0%	15.4%	15.2%
总计	100.0%	100.0%	100.0%
列总计	339	3727	4066

Chi-square test：df = 3，卡方值为 2.563，sig = 0.464 > 0.05，所以不同宗教信仰的居民对于“两性关系过度开放导致婚姻不稳定严重程度如何”的回答没有显著差异。

F13i by A9

年轻人缺乏责任感，不孝敬父母严重程度如何 * 宗教信仰 Crosstabulation

	有宗教信仰	没有宗教信仰	总计
非常不严重	4.0%	6.2%	6.0%
比较不严重	49.7%	52.7%	52.4%
比较严重	35.5%	31.3%	31.6%
非常严重	10.8%	9.9%	9.9%
总计	100.0%	100.0%	100.0%
列总计	352	3881	4233

Chi-square test：df = 3，卡方值为 5.293，sig = 0.152 > 0.05，所以不同宗教信仰的居民对于“年轻人缺乏责任感，不孝敬父母严重程度如何”的回答没有显著差异。

F14 by A9

您是否知道您生活的社区（村）有社区公约、村规民约 * 宗教信仰 Crosstabulation

	有宗教信仰	没有宗教信仰	总计
知道有	47.5%	50.6%	50.3%
知道没有	6.8%	9.0%	8.8%
不知道有没有	45.6%	40.4%	40.9%
总计	100.0%	100.0%	100.0%
列总计	366	3964	4330

Chi-square test：df = 2，卡方值为 4.670，sig = 0.097 > 0.05，所以不同宗教信仰的居民对于“您是否知道您生活的社区（村）有社区公约、村规民约”的回答没有显著差异。

F15a by A9

您周围的人在日常生活中遵守步行、骑车不闯红灯的规则吗 * 宗教信仰 Crosstabulation

	有宗教信仰	没有宗教信仰	总计
不遵守	9.2%	7.6%	7.7%
基本遵守	70.7%	67.7%	68.0%
自觉遵守	20.1%	24.7%	24.3%
总计	100.0%	100.0%	100.0%
列总计	369	3978	4347

Chi-square test：df = 2，卡方值为 4.613，sig = 0.100 > 0.05，所以不同宗教信仰的居民对于“您周围的人在日常生活中遵守步行、骑车不闯红灯的规则吗”的回答没有显著差异。

F15b by A9

您周围的人在日常生活中遵守乘车、购物自觉排队的规则吗 * 宗教信仰 Crosstabulation

	有宗教信仰	没有宗教信仰	总计
不遵守	3.3%	3.8%	3.7%
基本遵守	74.3%	71.5%	71.8%
自觉遵守	22.5%	24.7%	24.5%
总计	100.0%	100.0%	100.0%
列总计	369	3978	4347

Chi-square test：df = 2，卡方值为 1.281，sig = 0.527 > 0.05，所以不同宗教信仰的居民对于“您周围的人在日常生活中遵守乘车、购物自觉排队的规则吗”的回答没有显著差异。

F15c by A9

您周围的人在日常生活中遵守文明游览的规则吗 * 宗教信仰 Crosstabulation

	有宗教信仰	没有宗教信仰	总计
不遵守	3.3%	3.8%	3.8%
基本遵守	76.4%	74.3%	74.5%
自觉遵守	20.4%	21.8%	21.7%
总计	100.0%	100.0%	100.0%
列总计	368	3975	4343

Chi-square test：df = 2，卡方值为 0.825，sig = 0.620 > 0.05，所以不同宗教信仰的居民对于“您周围的人在日常生活中遵守文明游览的规则吗”的回答没有显著差异。

F15d by A9

您周围的人在日常生活中遵守社区公约、村规民约的规则吗 * 宗教信仰 Crosstabulation

	有宗教信仰	没有宗教信仰	总计
不遵守	5.2%	3.3%	3.5%
基本遵守	75.0%	76.1%	76.0%
自觉遵守	19.8%	20.6%	20.5%
总计	100.0%	100.0%	100.0%
列总计	368	3956	4324

Chi-square test：df = 2，卡方值为 3.354，sig = 0.187 > 0.05，所以不同宗教信仰的居民对于“您周围的人在日常生活中遵守社区公约、村规民约的规则吗”的回答没有显著差异。

F16a by A9

您对下列关于网络的说法是否赞同：网络是个虚拟空间，不受现实生活中的道德规范约束 * 宗教信仰 Crosstabulation

	有宗教信仰	没有宗教信仰	总计
非常不赞同	29.8%	34.7%	34.3%
不太赞同	52.3%	50.8%	50.9%
比较赞同	14.9%	11.8%	12.0%
非常赞同	3.0%	2.7%	2.8%
总计	100.0%	100.0%	100.0%
列总计	363	3911	4274

Chi-square test：df = 3，卡方值为 5.307，sig = 0.151 > 0.05，所以不同宗教信仰的居民对于“您对下列关于网络的说法是否赞同：网络是个虚拟空间，不受现实生活中的道德规范约束”的回答没有显著差异。

F16b by A9

您对下列关于网络的说法是否赞同：人肉搜索侵犯个人隐私，应该杜绝 * 宗教信仰 Crosstabulation

	有宗教信仰	没有宗教信仰	总计
非常不赞同	3.9%	3.2%	3.3%
不太赞同	13.3%	10.5%	10.7%
比较赞同	62.2%	62.2%	62.2%
非常赞同	20.7%	24.2%	23.9%
总计	100.0%	100.0%	100.0%

续表

	有宗教信仰	没有宗教信仰	总计
列总计	362	3908	4270

Chi-square test：df = 3，卡方值为 4. 535，sig = 0. 209 > 0. 05，所以不同宗教信仰的居民对于“您对下列关于网络的说法是否赞同：人肉搜索侵犯个人隐私，应该杜绝”的回答没有显著差异。

F16c by A9

您对下列关于网络的说法是否赞同：明知网络谣言仍转发的，应该受到惩罚 * 宗教信仰 Crosstabulation

	有宗教信仰	没有宗教信仰	总计
非常不赞同	2. 7%	2. 1%	2. 2%
不太赞同	8. 7%	7. 6%	7. 7%
比较赞同	63. 4%	60. 8%	61. 1%
非常赞同	25. 1%	29. 4%	29. 1%
总计	100. 0%	100. 0%	100. 0%
列总计	366	3930	4296

Chi-square test：df = 3，卡方值为 3. 617，sig = 0. 306 > 0. 05，所以不同宗教信仰的居民对于“您对下列关于网络的说法是否赞同：明知网络谣言仍转发的，应该受到惩罚”的回答没有显著差异。

F17 by A9

假如您走在街上被陌生人不小心踩到并发出“哎哟”一声后，您认为对方会做何种反应 * 宗教信仰 Crosstabulation

	有宗教信仰	没有宗教信仰	总计
用言语或手势表达歉意	89. 5%	83. 0%	83. 6%
不会有任何表示	7. 9%	12. 6%	12. 2%
反而说你大惊小怪	2. 5%	4. 4%	4. 3%
总计	100. 0%	100. 0%	100. 0%
列总计	354	3802	4156

Chi-square test：df = 2，卡方值为 10. 117，sig = 0. 006 < 0. 05，所以不同宗教信仰的居民对于“假如您走在街上被陌生人不小心踩到并发出‘哎哟’一声后，您认为对方会做何种反应”的回答有显著差异。

F18 by A9

您觉得您周围大多数人工作生活的精神状态怎么样 * 宗教信仰 Crosstabulation

	有宗教信仰	没有宗教信仰	总计
精神饱满、积极向上	43. 1%	47. 5%	47. 1%

续表

	有宗教信仰	没有宗教信仰	总计
安于现状、按部就班	53.7%	50.7%	51.0%
精神萎靡、无所事事	3.3%	1.8%	1.9%
总计	100.0%	100.0%	100.0%
列总计	369	3974	4343

Chi-square test：df = 2，卡方值为 5.746，sig = 0.057 > 0.05，所以不同宗教信仰的居民对于“您觉得您周围大多数人工作生活的精神状态怎么样”的回答没有显著差异。

F19a by A9

这些现象在您身边常见吗？占卜算命 * 宗教信仰 Crosstabulation

	有宗教信仰	没有宗教信仰	总计
经常见到	11.9%	8.7%	8.9%
偶尔见到	48.5%	50.4%	50.2%
没见到	39.6%	40.9%	40.8%
总计	100.0%	100.0%	100.0%
列总计	369	3978	4347

Chi-square test：df = 2，卡方值为 4.383，sig = 0.112 > 0.05，所以不同宗教信仰的居民对于“这些现象在您身边常见吗？占卜算命”的回答没有显著差异。

F19b by A9

这些现象在您身边常见吗？操办喜事比富斗阔 * 宗教信仰 Crosstabulation

	有宗教信仰	没有宗教信仰	总计
经常见到	19.3%	12.9%	13.5%
偶尔见到	49.5%	42.0%	42.7%
没见到	31.3%	45.0%	43.8%
总计	100.0%	100.0%	100.0%
列总计	368	3977	4345

Chi-square test：df = 2，卡方值为 28.935，sig = 0.000 < 0.05，所以不同宗教信仰的居民对于“这些现象在您身边常见吗？操办喜事比富斗阔”的回答有显著差异。

F19c by A9

这些现象在您身边常见吗？在父母生前不尽孝却对父母的丧事大操大办 * 宗教信仰 Crosstabulation

	有宗教信仰	没有宗教信仰	总计
经常见到	13.0%	9.0%	9.3%
偶尔见到	47.0%	41.3%	41.7%
没见到	39.9%	49.7%	48.9%
总计	100.0%	100.0%	100.0%
列总计	368	3977	4345

Chi-square test：df = 2，卡方值为 15.156，sig = 0.001 < 0.05，所以不同宗教信仰的居民对于“这些现象在您身边常见吗？在父母生前不尽孝却对父母的丧事大操大办”的回答有显著差异。

F19d by A9

这些现象在您身边常见吗？赌博或变相赌博 * 宗教信仰 Crosstabulation

	有宗教信仰	没有宗教信仰	总计
经常见到	19.3%	15.1%	15.5%
偶尔见到	51.8%	47.6%	48.0%
没见到	28.9%	37.2%	36.5%
总计	100.0%	100.0%	100.0%
列总计	367	3977	4344

Chi-square test：df = 2，卡方值为 11.469，sig = 0.003 < 0.05，所以不同宗教信仰的居民对于“这些现象在您身边常见吗？赌博或变相赌博”的回答有显著差异。

F19e by A9

这些现象在您身边常见吗？封建迷信活动 * 宗教信仰 Crosstabulation

	有宗教信仰	没有宗教信仰	总计
经常见到	10.6%	5.6%	6.0%
偶尔见到	41.8%	31.8%	32.7%
没见到	47.6%	62.6%	61.3%
总计	100.0%	100.0%	100.0%
列总计	368	3976	4344

Chi-square test：df = 2，卡方值为 36.811，sig = 0.000 < 0.05，所以不同宗教信仰的居民对于“这些现象在您身边常见吗？封建迷信活动”的回答有显著差异。

F19f by A9

这些现象在您身边常见吗？非法宗教活动＊宗教信仰 Crosstabulation

	有宗教信仰	没有宗教信仰	总计
经常见到	2.5%	1.3%	1.4%
偶尔见到	13.4%	11.0%	11.2%
没见到	84.1%	87.7%	87.4%
总计	100.0%	100.0%	100.0%
列总计	365	3977	4342

Chi-square test：df = 2，卡方值为 5.781，sig = 0.056 > 0.05，所以不同宗教信仰的居民对于“这些现象在您身边常见吗？非法宗教活动”的回答没有显著差异。

F20 by A9

您认为目前我国社会中道德和幸福的现实关系是＊宗教信仰 Crosstabulation

	有宗教信仰	没有宗教信仰	总计
总体上道德和幸福能够一致，能惩恶扬善	72.4%	72.5%	72.5%
有道德讲伦理的人大都吃亏，不守道德的人更能讨便宜	22.3%	21.9%	21.9%
道德与幸福没有关系，能挣钱有发展无论怎样行动都行	5.3%	5.6%	5.6%
总计	100.0%	100.0%	100.0%
列总计	341	3742	4083

Chi-square test：df = 2，卡方值为 0.073，sig = 0.964 > 0.05，所以不同宗教信仰的居民对于“您认为目前我国社会中道德和幸福的现实关系是”的回答没有显著差异。

F21a by A9

您在所在单位，有没有一种亲切和踏实的感觉＊宗教信仰 Crosstabulation

	有宗教信仰	没有宗教信仰	总计
有	20.4%	30.6%	29.7%
还可以	67.3%	59.8%	60.5%
没有	12.3%	9.6%	9.8%
总计	100.0%	100.0%	100.0%
列总计	367	3956	4323

Chi-square test：df = 2，卡方值为 17.101，sig = 0.000 < 0.05，所以不同宗教信仰的居民对于“您在所在单位，有没有一种亲切和踏实的感觉”的回答有显著差异。

F21b by A9

您在所在社区/村，有没有一种亲切和踏实的感觉 * 宗教信仰 Crosstabulation

	有宗教信仰	没有宗教信仰	总计
有	25. 5%	31. 2%	30. 8%
还可以	67. 1%	62. 6%	63. 0%
没有	7. 3%	6. 1%	6. 2%
总计	100. 0%	100. 0%	100. 0%
列总计	368	3973	4341

Chi-square test：df = 2，卡方值为 5. 401，sig = 0. 067 > 0. 05，所以不同宗教信仰的居民对于“您在所在社区/村，有没有一种亲切和踏实的感觉”的回答没有显著差异。

F21c by A9

您在所在城市，有没有一种亲切和踏实的感觉 * 宗教信仰 Crosstabulation

	有宗教信仰	没有宗教信仰	总计
有	21. 0%	29. 8%	29. 0%
还可以	69. 5%	62. 9%	63. 5%
没有	9. 5%	7. 3%	7. 5%
总计	100. 0%	100. 0%	100. 0%
列总计	367	3968	4335

Chi-square test：df = 2，卡方值为 13. 426，sig = 0. 001 < 0. 05，所以不同宗教信仰的居民对于“您在所在城市，有没有一种亲切和踏实的感觉”的回答有显著差异。

F22 by A9

您认为您目前的状况是 * 宗教信仰 Crosstabulation

	有宗教信仰	没有宗教信仰	总计
生活富裕，但不感到幸福和快乐	1. 9%	2. 2%	2. 1%
生活富裕，幸福也快乐	9. 3%	10. 1%	10. 0%
生活小康，幸福且快乐	54. 5%	57. 5%	57. 2%
生活小康，但不感到幸福和快乐	6. 5%	6. 6%	6. 6%
生活清贫，幸福且快乐	22. 6%	20. 3%	20. 5%
生活贫困，既不幸福也不快乐	5. 2%	3. 4%	3. 6%

续表

	有宗教信仰	没有宗教信仰	总计
总计	100.0%	100.0%	100.0%
列总计	367	3978	4345

Chi-square test：df = 5，卡方值为 4.545，sig = 0.474 > 0.05，所以不同宗教信仰的居民对于“您认为您目前的状况是”的回答没有显著差异。

F23 by A9

最近这些年，您的生活水平对幸福感的影响是怎样的 * 宗教信仰 Crosstabulation

	有宗教信仰	没有宗教信仰	总计
生活水平提高了，但幸福感和快乐感降低了	10.3%	7.7%	7.9%
生活水平提高了，幸福感和快乐感提高了	59.2%	62.4%	62.1%
生活水平没变，幸福感和快乐感提高了	21.7%	22.6%	22.5%
生活水平没变，幸福感和快乐感降低了	4.9%	5.0%	5.0%
生活水平下降，但幸福感和快乐感提高了	0.8%	0.8%	0.8%
生活水平下降，幸福感和快乐感也降低了	3.0%	1.5%	1.7%
总计	100.0%	100.0%	100.0%
列总计	368	3975	4343

Chi-square test：df = 5，卡方值为 7.987，sig = 0.157 > 0.05，所以不同宗教信仰的居民对于“最近这些年，您的生活水平对幸福感的影响是怎样的”的回答没有显著差异。

F24a by A9

近十年来，您认为下列哪一类人获得的利益最多 * 宗教信仰 Crosstabulation

	有宗教信仰	没有宗教信仰	总计
工人	0.9%	0.5%	0.5%
农民	0.6%	1.8%	1.7%
公务员	11.6%	11.9%	11.9%
国有企业的经营管理者	11.9%	10.2%	10.3%
集体企业的经营管理者	1.7%	2.1%	2.1%
私营企业家	25.9%	21.4%	21.7%
外商、境外来大陆的投资者	8.1%	10.1%	10.0%
个体户	6.1%	5.1%	5.2%

续表

	有宗教信仰	没有宗教信仰	总计
私营、外资企业中的管理人员	5.8%	7.0%	6.9%
专家学者、专业技术人员	5.2%	6.1%	6.0%
政府官员	22.1%	23.5%	23.4%
其他		0.3%	0.3%
总计	100.0%	100.0%	100.0%
列总计	344	3760	4104

Chi-square test：df = 11，卡方值为 12.077，sig = 0.358 > 0.05，所以不同宗教信仰的居民对于“近十年来，您认为下列哪一类人获得的利益最多”的回答没有显著差异。

F24b by A9

近十年来，您认为下列哪一类人获得的利益最少 * 宗教信仰 Crosstabulation

	有宗教信仰	没有宗教信仰	总计
有很大改善	10.7%	12.2%	12.1%
有较大改善	62.5%	63.7%	63.6%
没什么变化	20.8%	20.6%	20.6%
更加恶化	4.8%	2.9%	3.0%
其他	1.2%	0.6%	0.7%
总计	100.0%	100.0%	100.0%
列总计	336	3740	4076

Chi-square test：df = 6，卡方值为 14.624，sig = 0.023 < 0.05，所以不同宗教信仰的居民对于“近十年来，您认为下列哪一类人获得的利益最少”的回答有显著差异。

F25 by A9

您认为弱势群体产生的最主要原因是 * 宗教信仰 Crosstabulation

	有宗教信仰	没有宗教信仰	总计
制度不合理，社会关怀不够	40.9%	39.7%	39.8%
收入分配不公	38.7%	48.4%	47.6%
机会不平等	31.7%	33.8%	33.6%
弱势群体自己不努力	23.8%	20.1%	20.4%
缺乏生存技能	36.1%	34.9%	35.0%
列总计	357	3895	4252

据上表所示，不同宗教信仰的居民对于“您认为弱势群体产生的最主要原因是”的回答有显著差异。

F26 by A9

我们经常看到一些老人或流浪者在垃圾桶中找东西，弄得满身污物，您认为我们是否应该改造城市的垃圾桶，如调整垃圾桶的角度、集中放矿泉水瓶等，以为他们提供方便＊宗教信仰 Crosstabulation

	有宗教信仰	没有宗教信仰	总计
应该，社会有义务为他们提供一种有尊严的生活	87.2%	84.5%	84.7%
不应该，这些人本来就与城市不和谐	7.4%	10.1%	9.9%
做这样的事不值得，应该将钱花到更重要的地方	4.6%	5.2%	5.1%
其他	0.8%	0.3%	0.3%
总计	100.0%	100.0%	100.0%
列总计	367	3961	4328

Chi-square test：df = 3，卡方值为 6.053，sig = 0.109 > 0.05，所以不同宗教信仰的居民对于“我们经常看到一些老人或流浪者在垃圾桶中找东西，弄得满身污物，您认为我们是否应该改造城市的垃圾桶，如调整垃圾桶的角度、集中放矿泉水瓶等，以为他们提供方便”的回答没有显著差异。

F27 by A9

对当今中国社会，您更担忧哪种问题＊宗教信仰 Crosstabulation

	有宗教信仰	没有宗教信仰	总计
坑蒙拐骗，不守信用	32.4%	31.4%	31.5%
人与人之间互不信任，相互提防，没有安全感	48.0%	46.1%	46.2%
可信任的人很少，遇到问题难以找到人倾诉和帮助	15.3%	18.6%	18.3%
其他	4.4%	3.9%	3.9%
总计	100.0%	100.0%	100.0%
列总计	367	3967	4334

Chi-square test：df = 3，卡方值为 2.591，sig = 0.459 > 0.05，所以不同宗教信仰的居民对于“对当今中国社会，您更担忧哪种问题”的回答没有显著差异。

F28 by A9

您觉得大多数人都是可以相信的吗？如果 1 分代表“大多数人都可以相信”，5 分代表“对其他人都应该小心防备”，您会选几分＊宗教信仰 Crosstabulation

	有宗教信仰	没有宗教信仰	总计
大多数人都可以相信	14.1%	9.1%	9.5%
2	34.1%	34.2%	34.2%
3	36.3%	42.3%	41.8%
4	12.7%	12.7%	12.7%

续表

	有宗教信仰	没有宗教信仰	总计
对其他人都应小心防备	2.7%	1.8%	1.8%
总计	100.0%	100.0%	100.0%
列总计	369	3972	4341

Chi-square test：df = 4，卡方值为 13.557，sig = 0.009 < 0.05，所以不同宗教信仰的居民对于“您觉得大多数人都是可以相信的吗”的回答有显著差异。

F29a by A9

您对下面这些人的信任程度如何？您的家人 * 宗教信仰 Crosstabulation

	有宗教信仰	没有宗教信仰	总计
完全信任	80.5%	81.2%	81.2%
比较信任	18.4%	18.5%	18.5%
不太信任	0.5%	0.3%	0.3%
根本不信任	0.5%	0.1%	0.1%
总计	100.0%	100.0%	100.0%
列总计	369	3975	4344

Chi-square test：df = 3，卡方值为 9.920，sig = 0.019 < 0.05，所以不同宗教信仰的居民对于“您对下面这些人的信任程度如何？您的家人”的回答有显著差异。

F29b by A9

您对下面这些人的信任程度如何？您的邻居 * 宗教信仰 Crosstabulation

	有宗教信仰	没有宗教信仰	总计
完全信任	11.2%	12.2%	12.1%
比较信任	75.5%	79.5%	79.2%
不太信任	13.4%	7.6%	8.1%
根本不信任		0.6%	0.6%
总计	100.0%	100.0%	100.0%
列总计	367	3962	4329

Chi-square test：df = 3，卡方值为 16.661，sig = 0.001 < 0.05，所以不同宗教信仰的居民对于“您对下面这些人的信任程度如何？您的邻居”的回答有显著差异。

F29c by A9

您对下面这些人的信任程度如何？外地人 * 宗教信仰 Crosstabulation

	有宗教信仰	没有宗教信仰	总计
完全信任	0.6%	1.0%	1.0%
比较信任	18.9%	19.4%	19.4%
不太信任	64.3%	58.0%	58.5%
根本不信任	16.2%	21.6%	21.1%
总计	100.0%	100.0%	100.0%
列总计	359	3881	4240

Chi-square test：df = 3，卡方值为 7.655，sig = 0.054 > 0.05，所以不同宗教信仰的居民对于“您对下面这些人的信任程度如何？外地人”的回答没有显著差异。

F29d by A9

您对下面这些人的信任程度如何？陌生人 * 宗教信仰 Crosstabulation

	有宗教信仰	没有宗教信仰	总计
完全信任	0.3%	0.7%	0.7%
比较信任	10.5%	7.6%	7.9%
不太信任	62.3%	56.0%	56.5%
根本不信任	26.9%	35.7%	34.9%
总计	100.0%	100.0%	100.0%
列总计	353	3862	4215

Chi-square test：df = 3，卡方值为 13.630，sig = 0.003 < 0.05，所以不同宗教信仰的居民对于“您对下面这些人的信任程度如何？陌生人”的回答有显著差异。

F29e by A9

您对下面这些人的信任程度如何？外国人 * 宗教信仰 Crosstabulation

	有宗教信仰	没有宗教信仰	总计
完全信任	0.6%	0.8%	0.7%
比较信任	11.8%	11.0%	11.0%
不太信任	65.2%	55.6%	56.4%
根本不信任	22.4%	32.7%	31.8%
总计	100.0%	100.0%	100.0%
列总计	322	3550	3872

Chi-square test：df = 3，卡方值为 15.053，sig = 0.002 < 0.05，所以不同宗教信仰的居民对于“您对下面这些人的信任程度如何？外国人”的回答有显著差异。

F29f by A9

您对下面这些人的信任程度如何？同事或同学＊宗教信仰 Crosstabulation

	有宗教信仰	没有宗教信仰	总计
完全信任	7.2%	6.9%	6.9%
比较信任	79.5%	79.9%	79.9%
不太信任	12.5%	12.0%	12.1%
根本不信任	0.8%	1.1%	1.1%
总计	100.0%	100.0%	100.0%
列总计	361	3918	4279

Chi-square test：df = 3，卡方值为 0.398，sig = 0.941 > 0.05，所以不同宗教信仰的居民对于“您对下面这些人的信任程度如何？同事或同学”的回答没有显著差异。

F29g by A9

您对下面这些人的信任程度如何？您的上司或领导＊宗教信仰 Crosstabulation

	有宗教信仰	没有宗教信仰	总计
完全信任	4.4%	7.3%	7.0%
比较信任	75.1%	75.4%	75.4%
不太信任	18.8%	16.1%	16.3%
根本不信任	1.8%	1.3%	1.3%
总计	100.0%	100.0%	100.0%
列总计	341	3796	4137

Chi-square test：df = 3，卡方值为 5.660，sig = 0.129 > 0.05，所以不同宗教信仰的居民对于“您对下面这些人的信任程度如何？您的上司或领导”的回答没有显著差异。

F29h by A9

您对下面这些人的信任程度如何？您的朋友＊宗教信仰 Crosstabulation

	有宗教信仰	没有宗教信仰	总计
完全信任	12.3%	15.3%	15.0%
比较信任	80.7%	81.0%	80.9%
不太信任	6.0%	3.1%	3.4%
根本不信任	1.1%	0.6%	0.6%

续表

	有宗教信仰	没有宗教信仰	总计
总计	100.0%	100.0%	100.0%
列总计	367	3961	4328

Chi-square test：df=3，卡方值为11.448，sig=0.010<0.05，所以不同宗教信仰的居民对于“您对下面这些人的信任程度如何？您的朋友”的回答有显著差异。

F30 by A9

您是否同意“在这个社会上，您一不小心别人就会想办法占您的便宜”＊宗教信仰 Crosstabulation

	有宗教信仰	没有宗教信仰	总计
比较不同意	25.4%	27.9%	27.7%
说不上同意不同意	27.9%	31.1%	30.8%
比较同意	39.7%	33.6%	34.1%
非常同意	3.1%	3.1%	3.1%
总计	100.0%	100.0%	100.0%
列总计	358	3906	4264

Chi-square test：df=4，卡方值为5.397，sig=0.249>0.05，所以不同宗教信仰的居民对于“您是否同意在这个社会上，您一不小心别人就会想办法占您的便宜”的回答没有显著差异。

F31 by A9

您对所生活的地方道德建设满意吗＊宗教信仰 Crosstabulation

	有宗教信仰	没有宗教信仰	总计
满意	10.9%	11.4%	11.3%
基本满意	78.2%	79.2%	79.1%
不满意	10.9%	9.4%	9.5%
总计	100.0%	100.0%	100.0%
列总计	349	3856	4205

Chi-square test：df=2，卡方值为0.868，sig=0.648>0.05，所以不同宗教信仰的居民对于“您对所生活的地方道德建设满意吗”的回答没有显著差异。

F32a by A9

您对下列群体的信任程度如何？商人＊宗教信仰 Crosstabulation

	有宗教信仰	没有宗教信仰	总计
完全信任	1.7%	1.3%	1.3%

续表

	有宗教信仰	没有宗教信仰	总计
比较信任	40.3%	45.1%	44.7%
不太信任	49.7%	48.7%	48.8%
根本不信任	8.2%	4.9%	5.1%
总计	100.0%	100.0%	100.0%
列总计	352	3875	4227

Chi-square test：df = 3，卡方值为 9.411，sig = 0.024 < 0.05，所以不同宗教信仰的居民对于“您对下列群体的信任程度如何？商人”的回答有显著差异。

F32b by A9

您对下列群体的信任程度如何？单位领导/社区（村）干部 * 宗教信仰 Crosstabulation

	有宗教信仰	没有宗教信仰	总计
完全信任	4.1%	4.7%	4.6%
比较信任	61.6%	64.6%	64.3%
不太信任	29.3%	27.7%	27.8%
根本不信任	5.0%	3.1%	3.3%
总计	100.0%	100.0%	100.0%
列总计	362	3887	4249

Chi-square test：df = 3，卡方值为 4.458，sig = 0.216 > 0.05，所以不同宗教信仰的居民对于“您对下列群体的信任程度如何？单位领导/社区（村）干部”的回答没有显著差异。

F32c by A9

您对下列群体的信任程度如何？公务员 * 宗教信仰 Crosstabulation

	有宗教信仰	没有宗教信仰	总计
完全信任	5.1%	7.1%	6.9%
比较信任	62.5%	61.7%	61.7%
不太信任	26.5%	27.9%	27.8%
根本不信任	5.9%	3.3%	3.6%
总计	100.0%	100.0%	100.0%
列总计	355	3858	4213

Chi-square test：df = 3，卡方值为 8.248，sig = 0.041 < 0.05，所以不同宗教信仰的居民对于“您对下列群体的信任程度如何？公务员”的回答有显著差异。

F32d by A9

您对下列群体的信任程度如何？教师＊宗教信仰 Crosstabulation

	有宗教信仰	没有宗教信仰	总计
完全信任	9.9%	11.9%	11.7%
比较信任	71.3%	70.7%	70.7%
不太信任	15.2%	15.3%	15.3%
根本不信任	3.6%	2.1%	2.2%
总计	100.0%	100.0%	100.0%
列总计	363	3950	4313

Chi-square test：df=3，卡方值为4.269，sig=0.234>0.05，所以不同宗教信仰的居民对于“您对下列群体的信任程度如何？教师”的回答没有显著差异。

F32e by A9

您对下列群体的信任程度如何？警察＊宗教信仰 Crosstabulation

	有宗教信仰	没有宗教信仰	总计
完全信任	13.4%	20.9%	20.2%
比较信任	71.0%	65.7%	66.1%
不太信任	12.3%	11.3%	11.4%
根本不信任	3.3%	2.1%	2.2%
总计	100.0%	100.0%	100.0%
列总计	366	3946	4312

Chi-square test：df=3，卡方值为12.953，sig=0.005<0.05，所以不同宗教信仰的居民对于“您对下列群体的信任程度如何？警察”的回答有显著差异。

F32f by A9

您对下列群体的信任程度如何？医生＊宗教信仰 Crosstabulation

	有宗教信仰	没有宗教信仰	总计
完全信任	9.6%	10.5%	10.4%
比较信任	66.3%	66.9%	66.9%
不太信任	18.6%	19.9%	19.8%
根本不信任	5.5%	2.7%	2.9%
总计	100.0%	100.0%	100.0%
列总计	365	3955	4320

Chi-square test：df=3，卡方值为9.537，sig=0.023<0.05，所以不同宗教信仰的居民对于“您对下列群体的信任程度如何？医生”的回答有显著差异。

F32g by A9

您对下列群体的信任程度如何？法官 * 宗教信仰 Crosstabulation

	有宗教信仰	没有宗教信仰	总计
完全信任	11.1%	17.5%	16.9%
比较信任	72.2%	70.9%	71.0%
不太信任	13.6%	10.3%	10.5%
根本不信任	3.1%	1.4%	1.5%
总计	100.0%	100.0%	100.0%
列总计	360	3902	4262

Chi-square test：df = 3，卡方值为 17.766，sig = 0.000 < 0.05，所以不同宗教信仰的居民对于“您对下列群体的信任程度如何？法官”的回答有显著差异。

F32h by A9

您对下列群体的信任程度如何？农民 * 宗教信仰 Crosstabulation

	有宗教信仰	没有宗教信仰	总计
完全信任	9.5%	11.5%	11.3%
比较信任	76.6%	76.7%	76.7%
不太信任	12.5%	10.5%	10.7%
根本不信任	1.4%	1.3%	1.3%
总计	100.0%	100.0%	100.0%
列总计	367	3941	4308

Chi-square test：df = 3，卡方值为 2.455，sig = 0.484 > 0.05，所以不同宗教信仰的居民对于“您对下列群体的信任程度如何？农民”的回答没有显著差异。

F32i by A9

您对下列群体的信任程度如何？工人 * 宗教信仰 Crosstabulation

	有宗教信仰	没有宗教信仰	总计
完全信任	8.0%	10.6%	10.4%
比较信任	77.3%	76.3%	76.4%
不太信任	13.0%	12.0%	12.1%
根本不信任	1.7%	1.1%	1.1%
总计	100.0%	100.0%	100.0%
列总计	361	3936	4297

Chi-square test：df = 3，卡方值为 3.321，sig = 0.345 > 0.05，所以不同宗教信仰的居民对于“您对下列群体的信任程度如何？工人”的回答没有显著差异。

F32j by A9

您对下列群体的信任程度如何？专家学者＊宗教信仰 Crosstabulation

	有宗教信仰	没有宗教信仰	总计
完全信任	5.9%	10.7%	10.3%
比较信任	67.1%	63.5%	63.8%
不太信任	22.6%	22.9%	22.9%
根本不信任	4.4%	2.9%	3.0%
总计	100.0%	100.0%	100.0%
列总计	340	3732	4072

Chi-square test：df=3，卡方值为 10.232，sig=0.017<0.05，所以不同宗教信仰的居民对于“您对下列群体的信任程度如何？专家学者”的回答有显著差异。

F32k by A9

您对下列群体的信任程度如何？演艺娱乐圈＊宗教信仰 Crosstabulation

	有宗教信仰	没有宗教信仰	总计
完全信任	1.0%	1.6%	1.6%
比较信任	31.3%	34.4%	34.1%
不太信任	50.3%	47.5%	47.7%
根本不信任	17.3%	16.5%	16.6%
总计	100.0%	100.0%	100.0%
列总计	300	3443	3743

Chi-square test：df=3，卡方值为 2.003，sig=0.572>0.05，所以不同宗教信仰的居民对于“您对下列群体的信任程度如何？演艺娱乐圈”的回答没有显著差异。

F32l by A9

您对下列群体的信任程度如何？公众人物＊宗教信仰 Crosstabulation

	有宗教信仰	没有宗教信仰	总计
完全信任	1.9%	3.2%	3.1%
比较信任	43.9%	48.2%	47.9%
不太信任	43.5%	39.9%	40.2%
根本不信任	10.6%	8.6%	8.7%
总计	100.0%	100.0%	100.0%
列总计	310	3497	3807

Chi-square test：df=3，卡方值为 4.973，sig=0.174>0.05，所以不同宗教信仰的居民对于“您对下列群体的信任程度如何？公众人物”的回答没有显著差异。

F33 by A9

您在生活中经常买到假冒伪劣商品吗 * 宗教信仰 Crosstabulation

	有宗教信仰	没有宗教信仰	总计
经常	7.2%	4.9%	5.1%
偶尔	67.0%	69.1%	68.9%
没有	25.8%	26.0%	26.0%
总计	100.0%	100.0%	100.0%
列总计	345	3679	4024

Chi-square test：df = 2，卡方值为 3.549，sig = 0.170 > 0.05，所以不同宗教信仰的居民对于“您在生活中经常买到假冒伪劣商品吗”的回答没有显著差异。

F34 by A9

您在购物、就医、理财等方面经常遇到虚假广告吗 * 宗教信仰 Crosstabulation

	有宗教信仰	没有宗教信仰	总计
经常	19.1%	14.4%	14.8%
偶尔	55.7%	58.2%	58.0%
没有	25.2%	27.5%	27.3%
总计	100.0%	100.0%	100.0%
列总计	341	3584	3925

Chi-square test：df = 2，卡方值为 5.534，sig = 0.063 > 0.05，所以不同宗教信仰的居民对于“您在购物、就医、理财等方面经常遇到虚假广告吗”的回答没有显著差异。

F35 by A9

如果在路边看到一个老人摔倒，您的反应是 * 宗教信仰 Crosstabulation

	有宗教信仰	没有宗教信仰	总计
立即扶起	38.9%	37.5%	37.6%
等有证人时再扶	22.3%	27.7%	27.2%
先拍照，再扶起	13.3%	11.8%	11.9%
不扶，避免惹是生非	12.0%	9.0%	9.2%
报警	13.0%	13.3%	13.3%
其他	0.5%	0.7%	0.7%
总计	100.0%	100.0%	100.0%

续表

	有宗教信仰	没有宗教信仰	总计
列总计	368	3972	4340

Chi-square test：df = 5，卡方值为 7.839，sig = 0.165 > 0.05，所以不同宗教信仰的居民对于“如果在路边看到一个老人摔倒，您的反应是”的回答没有显著差异。

F36 by A9

我们都听说过或见证过好心人救助老人却反被诬陷，假如您是这位好心人，您会 * 宗教信仰 Crosstabulation

	有宗教信仰	没有宗教信仰	总计
我是多管闲事，下次再也不会帮助别人了	26.2%	23.0%	23.2%
我正直善良真心待人，对得起良知和良心	40.6%	43.3%	43.0%
下次还是会伸出援手，但是会提高警惕，注意保护自己	33.0%	33.6%	33.5%
其他	0.3%	0.2%	0.2%
总计	100.0%	100.0%	100.0%
列总计	367	3967	4334

Chi-square test：df = 3，卡方值为 2.234，sig = 0.525 > 0.05，所以不同宗教信仰的居民对于“我们都听说过或见证过好心人救助老人却反被诬陷，假如您是这位好心人，您会”的回答没有显著差异。

F37a by A9

您对下列群体的伦理道德整体状况的满意度？政府官员 * 宗教信仰 Crosstabulation

	有宗教信仰	没有宗教信仰	总计
非常不满意	8.6%	5.0%	5.3%
比较不满意	35.2%	36.1%	36.0%
比较满意	53.9%	55.9%	55.7%
非常满意	2.3%	3.0%	3.0%
总计	100.0%	100.0%	100.0%
列总计	347	3810	4157

Chi-square test：df = 3，卡方值为 8.772，sig = 0.032 < 0.05，所以不同宗教信仰的居民对于“您对下列群体的伦理道德整体状况的满意度？政府官员”的回答有显著差异。

F37b by A9

您对下列群体的伦理道德整体状况的满意度？一般公务员 * 宗教信仰 Crosstabulation

	有宗教信仰	没有宗教信仰	总计
非常不满意	4.1%	4.1%	4.1%
比较不满意	31.7%	31.4%	31.4%
比较满意	59.6%	60.9%	60.8%
非常满意	4.7%	3.6%	3.7%
总计	100.0%	100.0%	100.0%
列总计	344	3805	4149

Chi-square test：df = 3，卡方值为 1.102，sig = 0.777 > 0.05，所以不同宗教信仰的居民对于“您对下列群体的伦理道德整体状况的满意度？一般公务员”的回答没有显著差异。

F37c by A9

您对下列群体的伦理道德整体状况的满意度？企业家 * 宗教信仰 Crosstabulation

	有宗教信仰	没有宗教信仰	总计
非常不满意	2.4%	2.6%	2.6%
比较不满意	30.9%	28.5%	28.7%
比较满意	62.1%	63.5%	63.4%
非常满意	4.7%	5.3%	5.3%
总计	100.0%	100.0%	100.0%
列总计	340	3714	4054

Chi-square test：df = 3，卡方值为 1.028，sig = 0.794 > 0.05，所以不同宗教信仰的居民对于“您对下列群体的伦理道德整体状况的满意度？企业家”的回答没有显著差异。

F37d by A9

您对下列群体的伦理道德整体状况的满意度？演艺娱乐界 * 宗教信仰 Crosstabulation

	有宗教信仰	没有宗教信仰	总计
非常不满意	9.1%	10.9%	10.8%
比较不满意	45.6%	42.9%	43.1%
比较满意	42.5%	42.4%	42.4%
非常满意	2.8%	3.8%	3.7%

续表

	有宗教信仰	没有宗教信仰	总计
总计	100.0%	100.0%	100.0%
列总计	285	3328	3613

Chi-square test：df=3，卡方值为1.973，sig=0.578>0.05，所以不同宗教信仰的居民对于“您对下列群体的伦理道德整体状况的满意度？演艺娱乐界”的回答没有显著差异。

F37e by A9

您对下列群体的伦理道德整体状况的满意度？教师 * 宗教信仰 Crosstabulation

	有宗教信仰	没有宗教信仰	总计
非常不满意	4.2%	2.1%	2.3%
比较不满意	19.4%	18.5%	18.6%
比较满意	69.1%	69.6%	69.6%
非常满意	7.3%	9.7%	9.5%
总计	100.0%	100.0%	100.0%
列总计	356	3930	4286

Chi-square test：df=3，卡方值为8.487，sig=0.037<0.05，所以不同宗教信仰的居民对于“您对下列群体的伦理道德整体状况的满意度？教师”的回答有显著差异。

F37f by A9

您对下列群体的伦理道德整体状况的满意度？青少年 * 宗教信仰 Crosstabulation

	有宗教信仰	没有宗教信仰	总计
非常不满意	2.5%	1.9%	2.0%
比较不满意	20.2%	16.0%	16.3%
比较满意	70.2%	70.9%	70.8%
非常满意	7.0%	11.3%	10.9%
总计	100.0%	100.0%	100.0%
列总计	356	3893	4249

Chi-square test：df=3，卡方值为9.620，sig=0.022<0.05，所以不同宗教信仰的居民对于“您对下列群体的伦理道德整体状况的满意度？青少年”的回答有显著差异。

F37g by A9

您对下列群体的伦理道德整体状况的满意度？弱势群体 * 宗教信仰 Crosstabulation

	有宗教信仰	没有宗教信仰	总计
非常不满意	4.2%	2.1%	2.3%
比较不满意	21.1%	21.5%	21.5%
比较满意	72.9%	74.5%	74.4%
非常满意	1.8%	1.8%	1.8%
总计	100.0%	100.0%	100.0%
列总计	336	3658	3994

Chi-square test：df = 3，卡方值为 5.663，sig = 0.129 > 0.05，所以不同宗教信仰的居民对于“您对下列群体的伦理道德整体状况的满意度？弱势群体”的回答没有显著差异。

F37h by A9

您对下列群体的伦理道德整体状况的满意度？自由职业者 * 宗教信仰 Crosstabulation

	有宗教信仰	没有宗教信仰	总计
非常不满意	2.5%	1.5%	1.6%
比较不满意	19.4%	18.4%	18.4%
比较满意	75.4%	76.6%	76.5%
非常满意	2.8%	3.6%	3.5%
总计	100.0%	100.0%	100.0%
列总计	325	3558	3883

Chi-square test：df = 3，卡方值为 2.563，sig = 0.464 > 0.05，所以不同宗教信仰的居民对于“您对下列群体的伦理道德整体状况的满意度？自由职业者”的回答没有显著差异。

F37i by A9

您对下列群体的伦理道德整体状况的满意度？农民 * 宗教信仰 Crosstabulation

	有宗教信仰	没有宗教信仰	总计
非常不满意	1.9%	1.6%	1.6%
比较不满意	12.7%	10.5%	10.7%
比较满意	77.3%	77.6%	77.6%
非常满意	8.0%	10.4%	10.2%

续表

	有宗教信仰	没有宗教信仰	总计
总计	100.0%	100.0%	100.0%
列总计	362	3910	4272

Chi-square test：df=3，卡方值为3.579，sig=0.311>0.05，所以不同宗教信仰的居民对于“您对下列群体的伦理道德整体状况的满意度？农民”的回答没有显著差异。

F37j by A9

您对下列群体的伦理道德整体状况的满意度？商人*宗教信仰 Crosstabulation

	有宗教信仰	没有宗教信仰	总计
非常不满意	2.5%	2.5%	2.5%
比较不满意	33.1%	30.8%	31.0%
比较满意	62.4%	62.7%	62.7%
非常满意	2.0%	4.0%	3.9%
总计	100.0%	100.0%	100.0%
列总计	354	3875	4229

Chi-square test：df=3，卡方值为4.083，sig=0.253>0.05，所以不同宗教信仰的居民对于“您对下列群体的伦理道德整体状况的满意度？商人”的回答没有显著差异。

F37k by A9

您对下列群体的伦理道德整体状况的满意度？工人*宗教信仰 Crosstabulation

	有宗教信仰	没有宗教信仰	总计
非常不满意	0.8%	1.0%	1.0%
比较不满意	14.6%	11.3%	11.6%
比较满意	79.8%	81.4%	81.3%
非常满意	4.8%	6.2%	6.1%
总计	100.0%	100.0%	100.0%
列总计	357	3911	4268

Chi-square test：df=3，卡方值为4.390，sig=0.222>0.05，所以不同宗教信仰的居民对于“您对下列群体的伦理道德整体状况的满意度？工人”的回答没有显著差异。

F37l by A9

您对下列群体的伦理道德整体状况的满意度？专家学者 * 宗教信仰 Crosstabulation

	有宗教信仰	没有宗教信仰	总计
非常不满意	1.8%	1.5%	1.6%
比较不满意	18.9%	16.8%	17.0%
比较满意	74.6%	73.4%	73.5%
非常满意	4.7%	8.3%	8.0%
总计	100.0%	100.0%	100.0%
列总计	339	3742	4081

Chi-square test：df = 3，卡方值为 5.831，sig = 0.120 > 0.05，所以不同宗教信仰的居民对于“您对下列群体的伦理道德整体状况的满意度？专家学者”的回答没有显著差异。

F37m by A9

您对下列群体的伦理道德整体状况的满意度？医生 * 宗教信仰 Crosstabulation

	有宗教信仰	没有宗教信仰	总计
非常不满意	6.1%	3.2%	3.4%
比较不满意	18.9%	22.4%	22.1%
比较满意	71.7%	67.9%	68.2%
非常满意	3.3%	6.5%	6.2%
总计	100.0%	100.0%	100.0%
列总计	360	3925	4285

Chi-square test：df = 3，卡方值为 16.033，sig = 0.001 < 0.05，所以不同宗教信仰的居民对于“您对下列群体的伦理道德整体状况的满意度？医生”的回答有显著差异。

F38 by A9

下列哪些因素可能影响人际关系紧张 * 宗教信仰 Crosstabulation

	有宗教信仰	没有宗教信仰	总计
社会资源缺乏，引发恶性竞争	25.6%	23.3%	23.5%
过度宣扬竞争意识	13.6%	23.5%	22.7%
社会财富分配不公，贫富差距过大	35.3%	33.8%	33.9%
个人主义盛行	19.7%	22.4%	22.2%
缺乏爱心	23.3%	24.8%	24.7%

续表

	有宗教信仰	没有宗教信仰	总计
缺乏相互理解和沟通的意识和能力	20.6%	16.9%	17.2%
制度安排不公正，机会不平等	24.7%	24.1%	24.2%
以权谋私，官员腐败	18.3%	24.9%	24.3%
缺乏道德信用	28.6%	26.0%	26.2%
人与人、人与社会之间缺乏信任	39.4%	35.9%	36.2%
传统伦理瓦解，社会缺乏统一的价值观	8.9%	8.0%	8.1%
一切诉诸利益或法律，人际关系缺乏伦理调节的机制和能力	4.2%	4.8%	4.7%
列总计	360	3894	4254

据上表所示，不同宗教信仰的居民对于“下列哪些因素可能影响人际关系紧张”的回答没有显著差异。

F39 by A9

您认为在现代中国社会实际奉行的道德价值是＊宗教信仰 Crosstabulation

	有宗教信仰	没有宗教信仰	总计
义利合一，用符合道德的方式谋利	64.9%	58.7%	59.3%
见利忘义，唯利是图	25.6%	31.5%	31.0%
不计较利害得失，道德至上	9.6%	9.5%	9.5%
其他		0.2%	0.2%
总计	100.0%	100.0%	100.0%
列总计	356	3854	4210

Chi-square test：df = 3，卡方值为 6.584，sig = 0.086 > 0.05，所以不同宗教信仰的居民对于“您认为在现代中国社会实际奉行的道德价值是”的回答没有显著差异。

F40 by A9

对形成我国当前各种新型伦理关系和道德观念，哪些因素影响最大＊宗教信仰 Crosstabulation

	有宗教信仰	没有宗教信仰	总计
网络和媒体	60.9%	57.4%	57.7%
政府	59.9%	61.9%	61.8%
大学及其文化	22.3%	21.6%	21.7%
市场	36.7%	39.1%	38.9%
企业	19.9%	24.3%	23.9%

续表

	有宗教信仰	没有宗教信仰	总计
社会团体	18.3%	21.6%	21.3%
列总计	327	3645	3972

据上表所示，不同宗教信仰的居民对于“对形成我国当前各种新型伦理关系和道德观念，哪些因素影响最大”的回答没有显著差异。

F41 by A9

对当前我国伦理关系和道德风尚造成最大负面影响的因素是 * 宗教信仰 Crosstabulation

	有宗教信仰	没有宗教信仰	总计
传统文化的崩坏	37.2%	37.9%	37.8%
外来文化的冲击	27.6%	36.5%	35.8%
市场经济导致的个人主义	28.4%	26.6%	26.8%
网络技术的发展	22.9%	22.1%	22.2%
分配不公，两极分化	35.8%	37.6%	37.4%
以权谋私，官员腐败	33.1%	26.3%	26.8%
其他	0.3%	0.2%	0.2%
列总计	341	3764	3764

据上表所示，不同宗教信仰的居民对于“对当前我国伦理关系和道德风尚造成最大负面影响的因素是”的回答有显著差异。

F42 by A9

造成当今不良道德风尚的最主要原因是 * 宗教信仰 Crosstabulation

	有宗教信仰	没有宗教信仰	总计
以权谋私，官员腐败	59.5%	59.9%	59.9%
企业不讲诚信和损害社会利益	30.8%	38.6%	37.9%
学校道德教育功能弱化	25.9%	24.8%	24.9%
家庭伦理功能弱化	16.5%	17.4%	17.4%
个人缺乏道德自觉	50.1%	47.1%	47.3%
分配不公，两极分化	33.3%	34.7%	34.6%
社会的不良影响	42.2%	40.5%	40.7%
列总计	351	3812	4163

据上表所示，不同宗教信仰的居民对于“造成当今不良道德风尚的最主要原因是”的回答没有显著差异。

F43a by A9

导致当前医患关系紧张的主要原因是 * 宗教信仰 Crosstabulation

	有宗教信仰	没有宗教信仰	总计
医生缺乏职业道德，对病人不负责任	42.1%	36.8%	37.3%
医疗制度不合理，看病难看病贵	46.0%	47.2%	47.1%
医生腐败，不送红包不认真看病	8.1%	11.8%	11.5%
“医闹”，病人蓄意闹事	3.1%	3.8%	3.8%
其他	0.8%	0.3%	0.3%
总计	100.0%	100.0%	100.0%
列总计	359	3824	4183

Chi-square test：df = 4，卡方值为 9.944，sig = 0.041 < 0.05，所以不同宗教信仰的居民对于“导致当前医患关系紧张的主要原因是”的回答有显著差异。

F43b by A9

导致当前医患关系紧张的次要原因是 * 宗教信仰 Crosstabulation

	有宗教信仰	没有宗教信仰	总计
医生缺乏职业道德，对病人不负责任	36.9%	38.8%	38.7%
医疗制度不合理，看病难看病贵	37.2%	31.6%	32.1%
医生腐败，不送红包不认真看病	17.9%	19.5%	19.4%
“医闹”，病人蓄意闹事	7.2%	9.8%	9.6%
其他	0.9%	0.2%	0.3%
总计	100.0%	100.0%	100.0%
列总计	347	3717	4064

Chi-square test：df = 4，卡方值为 11.096，sig = 0.026 < 0.05，所以不同宗教信仰的居民对于“导致当前医患关系紧张的次要原因是”的回答有显著差异。

F44 by A9

您是否曾经与医生（医院）发生过矛盾或纠纷 * 宗教信仰 Crosstabulation

	有宗教信仰	没有宗教信仰	总计
是	6.2%	3.3%	3.5%
否	93.8%	96.7%	96.5%
总计	100.0%	100.0%	100.0%
列总计	347	3717	4064

Chi-square test：df = 1，卡方值为 8.722，sig = 0.003 < 0.05，所以不同宗教信仰的居民对于“您是否曾经与医生（医院）发生过矛盾或纠纷”的回答有显著差异。

F45a by A9

您采取了哪些方式来解决医患纠纷？与医院协商 * 宗教信仰 Crosstabulation

	有宗教信仰	没有宗教信仰	总计
未选中	61.9%	48.0%	50.0%
选中	38.1%	52.0%	50.0%
总计	100.0%	100.0%	100.0%
列总计	21	127	148

Chi-square test：df = 1，卡方值为 1.387，sig = 0.239 > 0.05，所以不同宗教信仰的居民对于“您采取了哪些方式来解决医患纠纷？与医院协商”的回答没有显著差异。

F45b by A9

您采取了哪些方式来解决医患纠纷？寻求卫生局的调解或介入 * 宗教信仰 Crosstabulation

	有宗教信仰	没有宗教信仰	总计
未选中	71.4%	79.5%	78.4%
选中	28.6%	20.5%	21.6%
总计	100.0%	100.0%	100.0%
列总计	21	127	148

Chi-square test：df = 1，卡方值为 0.697，sig = 0.404 > 0.05，所以不同宗教信仰的居民对于“您采取了哪些方式来解决医患纠纷？寻求卫生局的调解或介入”的回答没有显著差异。

F45c by A9

您采取了哪些方式来解决医患纠纷？医学鉴定 * 宗教信仰 Crosstabulation

	有宗教信仰	没有宗教信仰	总计
未选中	85.7%	89.8%	89.2%
选中	14.3%	10.2%	10.8%
总计	100.0%	100.0%	100.0%
列总计	21	127	148

Chi-square test：df = 1，卡方值为 0.306，sig = 0.580 > 0.05，所以不同宗教信仰的居民对于“您采取了哪些方式来解决医患纠纷？医学鉴定”的回答没有显著差异。

F45d by A9

您采取了哪些方式来解决医患纠纷？司法诉讼＊宗教信仰 Crosstabulation

	有宗教信仰	没有宗教信仰	总计
未选中	81.0%	84.3%	83.8%
选中	19.0%	15.7%	16.2%
总计	100.0%	100.0%	100.0%
列总计	21	127	148

Chi-square test：df = 1，卡方值为 0.144，sig = 0.704 > 0.05，所以不同宗教信仰的居民对于“您采取了哪些方式来解决医患纠纷？司法诉讼”的回答没有显著差异。

F45e by A9

您采取了哪些方式来解决医患纠纷？寻求媒体曝光＊宗教信仰 Crosstabulation

	有宗教信仰	没有宗教信仰	总计
未选中	90.5%	90.6%	90.5%
选中	9.5%	9.4%	9.5%
总计	100.0%	100.0%	100.0%
列总计	21	127	148

Chi-square test：df = 1，卡方值为 0.000，sig = 0.991 > 0.05，所以不同宗教信仰的居民对于“您采取了哪些方式来解决医患纠纷？寻求媒体曝光”的回答没有显著差异。

F45f by A9

您采取了哪些方式来解决医患纠纷？信访＊宗教信仰 Crosstabulation

	有宗教信仰	没有宗教信仰	总计
未选中	100.0%	93.7%	94.6%
选中		6.3%	5.4%
总计	100.0%	100.0%	100.0%
列总计	21	127	148

Chi-square test：df = 1，卡方值为 1.398，sig = 0.237 > 0.05，所以不同宗教信仰的居民对于“您采取了哪些方式来解决医患纠纷？信访”的回答没有显著差异。

F45g by A9

您采取了哪些方式来解决医患纠纷？寻求第三方医疗纠纷调解委员会调解 * 宗教信仰 Crosstabulation

	有宗教信仰	没有宗教信仰	总计
未选中	81.0%	89.0%	87.8%
选中	19.0%	11.0%	12.2%
总计	100.0%	100.0%	100.0%
列总计	21	127	148

Chi-square test：df = 1，卡方值为 1.086，sig = 0.297 > 0.05，所以不同宗教信仰的居民对于“您采取了哪些方式来解决医患纠纷？寻求第三方医疗纠纷调解委员会调解”的回答没有显著差异。

F45h by A9

您采取了哪些方式来解决医患纠纷？直接找医生或医院算账 * 宗教信仰 Crosstabulation

	有宗教信仰	没有宗教信仰	总计
未选中	71.4%	81.1%	79.7%
选中	28.6%	18.9%	20.3%
总计	100.0%	100.0%	100.0%
列总计	21	127	148

Chi-square test：df = 1，卡方值为 1.043，sig = 0.307 > 0.05，所以不同宗教信仰的居民对于“您采取了哪些方式来解决医患纠纷？直接找医生或医院算账”的回答没有显著差异。

F46 by A9

某些患者会在手术前给医生红包，您认为送红包的主要理由是 * 宗教信仰 Crosstabulation

	有宗教信仰	没有宗教信仰	总计
不相信医生能平等地对待每个病人，送红包能提高关注度，必须送	26.4%	27.2%	27.1%
医生很辛苦，送红包是表示尊敬和感谢	6.3%	9.7%	9.4%
大家都送，我不送会吃亏，不送心里不踏实	23.2%	20.4%	20.7%
送红包能让医生对我更用心，但我不会这么做	23.2%	20.7%	20.9%
大家都送红包，事实上无助于提高治疗效果，我不会这么做	12.3%	15.6%	15.3%
想送，但我没有能力送	8.6%	6.5%	6.7%
总计	100.0%	100.0%	100.0%

续表

	有宗教信仰	没有宗教信仰	总计
列总计	349	3646	3995

Chi-square test：df=5，卡方值为10.380，sig=0.065>0.05，所以不同宗教信仰的居民对于“某些患者会在手术前给医生红包，您认为送红包的主要理由是”的回答没有显著差异。

G1 by A9

和前几年相比，您认为目前我国官员腐败现象有什么变化＊宗教信仰 Crosstabulation

	有宗教信仰	没有宗教信仰	总计
有很大改善	10.7%	12.2%	12.1%
有较大改善	62.5%	63.7%	63.6%
没什么变化	20.8%	20.6%	20.6%
更加恶化	4.8%	2.9%	3.0%
其他	1.2%	0.6%	0.7%
总计	100.0%	100.0%	100.0%
列总计	336	3740	4076

Chi-square test：df=4，卡方值为5.908，sig=0.206>0.05，所以不同宗教信仰的居民对于“和前几年相比，您认为目前我国官员腐败现象有什么变化”的回答没有显著差异。

G2a by A9

您认为干部当官的目的是？为国家与社会做贡献＊宗教信仰 Crosstabulation

	有宗教信仰	没有宗教信仰	总计
未选中	68.9%	68.1%	68.2%
选中	31.1%	31.9%	31.8%
总计	100.0%	100.0%	100.0%
列总计	354	3814	4168

Chi-square test：df=1，卡方值为0.098，sig=0.755>0.05，所以不同宗教信仰的居民对于“您认为干部当官的目的是？为国家与社会做贡献”的回答没有显著差异。

G2b by A9

您认为干部当官的目的是？为人民服务，为百姓做好事做实事 * 宗教信仰 Crosstabulation

	有宗教信仰	没有宗教信仰	总计
未选中	52.3%	51.7%	51.7%
选中	47.7%	48.3%	48.3%
总计	100.0%	100.0%	100.0%
列总计	354	3814	4168

Chi-square test：df = 1，卡方值为 0.044，sig = 0.834 > 0.05，所以不同宗教信仰的居民对于“您认为干部当官的目的是？为人民服务，为百姓做好事做实事”的回答没有显著差异。

G2c by A9

您认为干部当官的目的是？为家庭增光，光宗耀祖 * 宗教信仰 Crosstabulation

	有宗教信仰	没有宗教信仰	总计
未选中	66.1%	67.5%	67.4%
选中	33.9%	32.5%	32.6%
总计	100.0%	100.0%	100.0%
列总计	354	3814	4168

Chi-square test：df = 1，卡方值为 0.305，sig = 0.581 > 0.05，所以不同宗教信仰的居民对于“您认为干部当官的目的是？为家庭增光，光宗耀祖”的回答没有显著差异。

G2d by A9

您认为干部当官的目的是？为自己升官发财 * 宗教信仰 Crosstabulation

	有宗教信仰	没有宗教信仰	总计
未选中	43.8%	50.4%	49.8%
选中	56.2%	49.6%	50.2%
总计	100.0%	100.0%	100.0%
列总计	354	3814	4168

Chi-square test：df = 1，卡方值为 5.613，sig = 0.018 < 0.05，所以不同宗教信仰的居民对于“您认为干部当官的目的是？为自己升官发财”的回答有显著差异。

G2e by A9

您认为干部当官的目的是？没特殊目的，一个稳定而待遇高的职业而已＊宗教信仰 Crosstabulation

	有宗教信仰	没有宗教信仰	总计
未选中	76.6%	79.6%	79.4%
选中	23.4%	20.4%	20.6%
总计	100.0%	100.0%	100.0%
列总计	354	3814	4168

Chi-square test：df = 1，卡方值为 1.869，sig = 0.172 > 0.05，所以不同宗教信仰的居民对于“您认为干部当官的目的是？没特殊目的，一个稳定而待遇高的职业而已”的回答没有显著差异。

G3 by A9

与前几年相比，您对政府官员的信任度有什么变化＊宗教信仰 Crosstabulation

	有宗教信仰	没有宗教信仰	总计
信任度提高了	36.6%	42.2%	41.7%
更加不信任	9.5%	8.6%	8.6%
没什么变化	53.9%	49.0%	49.4%
其他		0.2%	0.2%
总计	100.0%	100.0%	100.0%
列总计	369	3973	4342

Chi-square test：df = 3，卡方值为 5.277，sig = 0.153 > 0.05，所以不同宗教信仰的居民对于“与前几年相比，您对政府官员的信任度有什么变化”的回答没有显著差异。

G4 by A9

在生活中或媒体上看到政府官员时，您首先想到的是＊宗教信仰 Crosstabulation

	有宗教信仰	没有宗教信仰	总计
公仆，为老百姓谋福利	12.7%	18.4%	17.9%
官僚，根本不了解我们的情况	22.8%	19.5%	19.8%
有权有势的人	27.4%	27.4%	27.4%
有本事的人	9.2%	9.3%	9.3%
领导，决定我们命运的人	7.0%	9.4%	9.2%
贪官	9.2%	8.4%	8.5%

续表

	有宗教信仰	没有宗教信仰	总计
惹不起，但躲得起的人	3.0%	2.6%	2.7%
遇到大事可以信任的人	6.2%	3.2%	3.5%
其他	2.4%	1.7%	1.8%
总计	100.0%	100.0%	100.0%
列总计	369	3961	4330

Chi-square test：df = 8，卡方值为 20.347，sig = 0.009 < 0.05，所以不同宗教信仰的居民对于“在生活中或媒体上看到政府官员时，您首先想到的是”的回答有显著差异。

G5 by A9

您觉得当前我国政府官员道德问题最严重的是 * 宗教信仰

	有宗教信仰	没有宗教信仰	总计
贪污受贿	58.7%	56.7%	56.8%
以权谋私	65.2%	66.7%	66.6%
生活作风腐败	31.7%	35.1%	34.8%
官僚主义	20.2%	19.3%	19.4%
平庸，不作为，只保护自己不解决实际问题	43.8%	36.1%	36.8%
乱作为，搞政绩工程折腾百姓	19.4%	24.4%	24.0%
铺张浪费	9.6%	12.2%	12.0%
拉帮结派	8.7%	9.3%	9.3%
骄横跋扈，欺压百姓	4.8%	6.0%	5.9%
列总计	356	3744	4100

据上表所示，不同宗教信仰的居民对于“您觉得当前我国政府官员最严重的道德问题是”的回答有显著差异。

G6 by A9

政府在制定政策和决策时充分考虑到伦理道德方面的要求了吗 * 宗教信仰 Crosstabulation

	有宗教信仰	没有宗教信仰	总计
有考虑，能够从日常生活中感受到	28.1%	33.1%	32.7%
有考虑，能够从政策文件中体会到	30.0%	30.1%	30.1%
只是口头上说说，没有实质性行动	30.0%	28.2%	28.4%
没有考虑，政策制度都是从自己的政绩和富人的利益着想	11.1%	8.3%	8.5%

续表

	有宗教信仰	没有宗教信仰	总计
其他	0.8%	0.3%	0.3%
总计	100.0%	100.0%	100.0%
列总计	360	3916	4276

Chi-square test：df = 4，卡方值为 9.161，sig = 0.057 > 0.05，所以不同宗教信仰的居民对于“政府在制定政策和决策时充分考虑到伦理道德方面的要求了吗”的回答没有显著差异。

G7a by A9

残疾人、留守儿童、孤寡老人等弱势群体需要来自全社会的关爱与帮助，您认为本地区做得怎么样？社区提供的服务 * 宗教信仰 Crosstabulation

	有宗教信仰	没有宗教信仰	总计
很好	7.4%	7.4%	7.4%
比较好	69.8%	72.1%	71.9%
不太好	20.4%	19.4%	19.5%
很差	2.4%	1.0%	1.2%
总计	100.0%	100.0%	100.0%
列总计	338	3831	4169

Chi-square test：df = 3，卡方值为 5.092，sig = 0.165 > 0.05，所以不同宗教信仰的居民对于“残疾人、留守儿童、孤寡老人等弱势群体需要来自全社会的关爱与帮助，您认为本地区做得怎么样？社区提供的服务”的回答没有显著差异。

G7b by A9

残疾人、留守儿童、孤寡老人等弱势群体需要来自全社会的关爱与帮助，您认为本地区做得怎么样？周围人的尊重和关爱 * 宗教信仰 Crosstabulation

	有宗教信仰	没有宗教信仰	总计
很好	9.4%	10.3%	10.2%
比较好	72.0%	73.7%	73.5%
不太好	17.1%	14.9%	15.1%
很差	1.4%	1.1%	1.1%
总计	100.0%	100.0%	100.0%
列总计	350	3901	4251

Chi-square test：df = 3，卡方值为 1.718，sig = 0.633 > 0.05，所以不同宗教信仰的居民对于“残疾人、留守儿童、孤寡老人等弱势群体需要来自全社会的关爱与帮助，您认为本地区做得怎么样？周围人的尊重和关爱”的回答没有显著差异。

G7c by A9

残疾人、留守儿童、孤寡老人等弱势群体需要来自全社会的关爱与帮助，您认为本地区做得怎么样？社会服务机构提供专业化服务 * 宗教信仰 Crosstabulation

	有宗教信仰	没有宗教信仰	总计
很好	8.8%	9.5%	9.4%
比较好	53.8%	56.0%	55.8%
不太好	26.9%	29.8%	29.5%
很差	10.6%	4.7%	5.2%
总计	100.0%	100.0%	100.0%
列总计	320	3612	3932

Chi-square test：df = 3，卡方值为 21.125，sig = 0.000 < 0.05，所以不同宗教信仰的居民对于“残疾人、留守儿童、孤寡老人等弱势群体需要来自全社会的关爱与帮助，您认为本地区做得怎么样？社会服务机构提供专业化服务”的回答有显著差异。

G7d by A9

残疾人、留守儿童、孤寡老人等弱势群体需要来自全社会的关爱与帮助，您认为本地区做得怎么样？政府实施的社会援助 * 宗教信仰 Crosstabulation

	有宗教信仰	没有宗教信仰	总计
很好	10.6%	9.9%	10.0%
比较好	57.3%	61.4%	61.1%
不太好	27.7%	25.4%	25.6%
很差	4.4%	3.3%	3.4%
总计	100.0%	100.0%	100.0%
列总计	321	3619	3940

Chi-square test：df = 3，卡方值为 21.125，sig = 0.000 < 0.05，所以不同宗教信仰的居民对于“残疾人、留守儿童、孤寡老人等弱势群体需要来自全社会的关爱与帮助，您认为本地区做得怎么样？政府实施的社会援助”的回答有显著差异。

G7e by A9

残疾人、留守儿童、孤寡老人等弱势群体需要来自全社会的关爱与帮助，您认为本地区做得怎么样？公益与慈善事业 * 宗教信仰 Crosstabulation

	有宗教信仰	没有宗教信仰	总计
很好	11.1%	8.7%	8.9%
比较好	56.8%	61.6%	61.2%
不太好	27.4%	25.7%	25.9%
很差	4.7%	3.9%	4.0%

续表

	有宗教信仰	没有宗教信仰	总计
总计	100.0%	100.0%	100.0%
列总计	296	3429	3725

Chi-square test：df=3，卡方值为 3.509，sig=0.320>0.05，所以不同宗教信仰的居民对于“残疾人、留守儿童、孤寡老人等弱势群体需要来自全社会的关爱与帮助，您认为本地区做得怎么样？公益与慈善事业”的回答没有显著差异。

G7f by A9

残疾人、留守儿童、孤寡老人等弱势群体需要来自全社会的关爱与帮助，您认为本地区做得怎么样？志愿者帮助 * 宗教信仰 Crosstabulation

	有宗教信仰	没有宗教信仰	总计
很好	9.0%	10.3%	10.2%
比较好	60.0%	61.8%	61.6%
不太好	27.3%	24.5%	24.8%
很差	3.7%	3.4%	3.4%
总计	100.0%	100.0%	100.0%
列总计	300	3402	3702

Chi-square test：df=3，卡方值为 1.492，sig=0.684>0.05，所以不同宗教信仰的居民对于“残疾人、留守儿童、孤寡老人等弱势群体需要来自全社会的关爱与帮助，您认为本地区做得怎么样？志愿者帮助”的回答没有显著差异。

G8 by A9

现在有的地方建了“好人馆”“好人广场”“好人公园”，您认为有必要为好人树碑立传吗 * 宗教信仰 Crosstabulation

	有宗教信仰	没有宗教信仰	总计
很有必要，可以让更多的人知道他们、学习他们	84.1%	81.5%	81.7%
可有可无	8.5%	10.7%	10.5%
没有必要	7.4%	7.8%	7.8%
总计	100.0%	100.0%	100.0%
列总计	352	3816	4168

Chi-square test：df=2，卡方值为 1.745，sig=0.418>0.05，所以不同宗教信仰的居民对于“您认为有必要为好人树碑立传吗”的回答没有显著差异。

G9 by A9

党中央出台了一系列治国理政的新举措，给社会生活带来了什么变化＊宗教信仰 Crosstabulation

	有宗教信仰	没有宗教信仰	总计
社会在向好的方面发展，对未来生活更有信心	61.0%	58.4%	58.6%
目前没看出有什么影响	19.0%	19.9%	19.8%
虽然出台了一些政策，感觉解决不了什么问题	14.4%	15.1%	15.1%
不关心这些、说不清楚	5.7%	6.5%	6.5%
其他		0.1%	0.1%
总计	100.0%	100.0%	100.0%
列总计	369	3974	4343

Chi-square test：df = 4，卡方值为 1.401，sig = 0.844 > 0.05，所以不同宗教信仰的居民对于“党中央出台了一系列治国理政的新举措，给社会生活带来了什么变化”的回答没有显著差异。

G10a by A9

以下政策措施对促进社会公平有效果吗？就业政策＊宗教信仰 Crosstabulation

	有宗教信仰	没有宗教信仰	总计
有较大效果	7.0%	8.1%	8.0%
有点效果	65.8%	66.6%	66.6%
没有效果	23.9%	23.5%	23.5%
更不公平	2.7%	1.5%	1.6%
大大加剧了不公平	0.6%	0.3%	0.3%
总计	100.0%	100.0%	100.0%
列总计	330	3667	3997

Chi-square test：df = 4，卡方值为 4.326，sig = 0.364 > 0.05，所以不同宗教信仰的居民对于“以下政策措施对促进社会公平有效果吗？就业政策”的回答没有显著差异。

G10b by A9

以下政策措施对促进社会公平有效果吗？教育政策＊宗教信仰 Crosstabulation

	有宗教信仰	没有宗教信仰	总计
有较大效果	8.4%	11.2%	11.0%
有点效果	65.7%	68.5%	68.3%

续表

	有宗教信仰	没有宗教信仰	总计
没有效果	15. 7%	15. 3%	15. 3%
更不公平	6. 1%	3. 1%	3. 4%
大大加剧了不公平	4. 1%	1. 8%	2. 0%
总计	100. 0%	100. 0%	100. 0%
列总计	344	3764	4108

Chi-square test：df = 4，卡方值为 18. 960，sig = 0. 001 < 0. 05，所以不同宗教信仰的居民对于“以下政策措施对促进社会公平有效果吗？教育政策”的回答有显著差异。

G10c by A9

以下政策措施对促进社会公平有效果吗？医疗卫生政策 * 宗教信仰 Crosstabulation

	有宗教信仰	没有宗教信仰	总计
有较大效果	7. 8%	12. 9%	12. 4%
有点效果	64. 5%	60. 5%	60. 8%
没有效果	18. 2%	20. 3%	20. 2%
更不公平	4. 0%	3. 9%	3. 9%
大大加剧了不公平	5. 5%	2. 4%	2. 6%
总计	100. 0%	100. 0%	100. 0%
列总计	346	3848	4194

Chi-square test：df = 4，卡方值为 19. 621，sig = 0. 001 < 0. 05，所以不同宗教信仰的居民对于“以下政策措施对促进社会公平有效果吗？医疗卫生政策”的回答有显著差异。

G10d by A9

以下政策措施对促进社会公平有效果吗？低保政策 * 宗教信仰 Crosstabulation

	有宗教信仰	没有宗教信仰	总计
有较大效果	12. 2%	13. 9%	13. 8%
有点效果	60. 8%	60. 8%	60. 8%
没有效果	17. 2%	19. 1%	19. 0%
更不公平	6. 0%	4. 2%	4. 4%
大大加剧了不公平	3. 8%	2. 0%	2. 1%
总计	100. 0%	100. 0%	100. 0%

续表

	有宗教信仰	没有宗教信仰	总计
列总计	319	3589	3908

Chi-square test：df = 4，卡方值为 7. 705，sig = 0. 103 > 0. 05，所以不同宗教信仰的居民对于"以下政策措施对促进社会公平有效果吗？低保政策"的回答没有显著差异。

G10e by A9

以下政策措施对促进社会公平有效果吗？房地产政策 * 宗教信仰 Crosstabulation

	有宗教信仰	没有宗教信仰	总计
有较大效果	5. 4%	5. 2%	5. 2%
有点效果	41. 3%	43. 6%	43. 4%
没有效果	30. 2%	31. 4%	31. 3%
更不公平	10. 4%	12. 7%	12. 5%
大大加剧了不公平	12. 8%	7. 1%	7. 6%
总计	100. 0%	100. 0%	100. 0%
列总计	298	3300	3598

Chi-square test：df = 4，卡方值为 13. 070，sig = 0. 011 < 0. 05，所以不同宗教信仰的居民对于"以下政策措施对促进社会公平有效果吗？房地产政策"的回答有显著差异。

G10f by A9

以下政策措施对促进社会公平有效果吗？拆迁安置政策 * 宗教信仰 Crosstabulation

	有宗教信仰	没有宗教信仰	总计
有较大效果	4. 6%	6. 3%	6. 2%
有点效果	48. 0%	46. 4%	46. 5%
没有效果	25. 6%	26. 2%	26. 2%
更不公平	8. 2%	12. 9%	12. 5%
大大加剧了不公平	13. 5%	8. 2%	8. 6%
总计	100. 0%	100. 0%	100. 0%
列总计	281	3151	3432

Chi-square test：df = 4，卡方值为 14. 507，sig = 0. 006 < 0. 05，所以不同宗教信仰的居民对于"以下政策措施对促进社会公平有效果吗？拆迁安置政策"的回答有显著差异。

G11 by A9

如果遭遇重大公共事件，您相信政府公布的信息和采取的措施吗 * 宗教信仰 Crosstabulation

	有宗教信仰	没有宗教信仰	总计
相信，大都是可靠的，比网络流传的可靠	73.3%	72.6%	72.6%
不相信，都是安抚百姓的策略措施	12.5%	14.4%	14.2%
将信将疑，走一步看一步	13.9%	13.0%	13.1%
其他	0.3%		
总计	100.0%	100.0%	100.0%
列总计	367	3972	4339

Chi-square test：df = 3，卡方值为 5.504，sig = 0.138 > 0.05，所以不同宗教信仰的居民对于“如果遭遇重大公共事件，您相信政府公布的信息和采取的措施吗”的回答没有显著差异。

G12a by A9

政府推动或倡导的下列活动效果如何？文明城市创建 * 宗教信仰 Crosstabulation

	有宗教信仰	没有宗教信仰	总计
完全没效果	4.4%	1.6%	1.9%
效果较差	14.7%	13.4%	13.5%
效果较好	68.9%	66.8%	67.0%
效果很好	12.0%	18.1%	17.6%
总计	100.0%	100.0%	100.0%
列总计	341	3825	4166

Chi-square test：df = 3，卡方值为 19.776，sig = 0.000 < 0.05，所以不同宗教信仰的居民对于“政府推动或倡导的下列活动效果如何？文明城市创建”的回答有显著差异。

G12b by A9

政府推动或倡导的下列活动效果如何？学雷锋活动 * 宗教信仰 Crosstabulation

	有宗教信仰	没有宗教信仰	总计
完全没效果	4.4%	2.3%	2.5%
效果较差	21.6%	18.6%	18.8%
效果较好	61.3%	65.2%	64.9%
效果很好	12.8%	13.9%	13.8%

续表

	有宗教信仰	没有宗教信仰	总计
总计	100.0%	100.0%	100.0%
列总计	320	3624	3944

Chi-square test：df = 3，卡方值为 7.370，sig = 0.061 > 0.05，所以不同宗教信仰的居民对于“政府推动或倡导的下列活动效果如何？学雷锋活动”的回答没有显著差异。

G12c by A9

政府推动或倡导的下列活动效果如何？典型人物的宣传 * 宗教信仰 Crosstabulation

	有宗教信仰	没有宗教信仰	总计
完全没效果	4.1%	1.9%	2.1%
效果较差	20.4%	18.7%	18.8%
效果较好	61.5%	60.9%	60.9%
效果很好	14.0%	18.5%	18.2%
总计	100.0%	100.0%	100.0%
列总计	314	3507	3821

Chi-square test：df = 3，卡方值为 10.798，sig = 0.013 < 0.05，所以不同宗教信仰的居民对于“政府推动或倡导的下列活动效果如何？典型人物的宣传”的回答有显著差异。

G12d by A9

政府推动或倡导的下列活动效果如何？志愿服务的倡导和推广 * 宗教信仰 Crosstabulation

	有宗教信仰	没有宗教信仰	总计
完全没效果	2.3%	2.0%	2.0%
效果较差	19.5%	18.7%	18.8%
效果较好	66.7%	59.9%	60.5%
效果很好	11.6%	19.3%	18.7%
总计	100.0%	100.0%	100.0%
列总计	303	3415	3718

Chi-square test：df = 3，卡方值为 11.301，sig = 0.010 < 0.05，所以不同宗教信仰的居民对于“政府推动或倡导的下列活动效果如何？志愿服务的倡导和推广”的回答有显著差异。

G12e by A9

政府推动或倡导的下列活动效果如何？反腐倡廉的举措＊宗教信仰 Crosstabulation

	有宗教信仰	没有宗教信仰	总计
完全没效果	5.7%	4.0%	4.2%
效果较差	19.0%	18.9%	18.9%
效果较好	59.3%	57.7%	57.9%
效果很好	16.0%	19.3%	19.0%
总计	100.0%	100.0%	100.0%
列总计	332	3657	3989

Chi-square test：df=3，卡方值为3.965，sig=0.265>0.05，所以不同宗教信仰的居民对于“政府推动或倡导的下列活动效果如何？反腐倡廉的举措”的回答没有显著差异。

G12f by A9

政府推动或倡导的下列活动效果如何？《公民道德建设实施纲要》的推进＊宗教信仰 Crosstabulation

	有宗教信仰	没有宗教信仰	总计
完全没效果	3.8%	2.2%	2.3%
效果较差	22.0%	18.7%	18.9%
效果较好	61.7%	62.9%	62.8%
效果很好	12.5%	16.2%	15.9%
总计	100.0%	100.0%	100.0%
列总计	264	3078	3342

Chi-square test：df=123，卡方值为6.287，sig=0.098>0.05，所以不同宗教信仰的居民对于“政府推动或倡导的下列活动效果如何？《公民道德建设实施纲要》的推进”的回答没有显著差异。

G13 by A9

您对我们正在走的中国特色社会主义道路怎么看＊宗教信仰 Crosstabulation

	有宗教信仰	没有宗教信仰	总计
充满信心，因为它可以给中国带来繁荣富强	49.7%	53.9%	53.5%
不太了解，但相信这条路能够让老百姓都过上好日子	35.3%	34.0%	34.1%
表示怀疑，走这条路究竟怎么样，现在还说不清楚	11.4%	7.9%	8.2%
走什么样的路，跟我没关系	3.5%	4.1%	4.0%

续表

	有宗教信仰	没有宗教信仰	总计
其他		0.1%	0.1%
总计	100.0%	100.0%	100.0%
列总计	368	3966	4334

Chi-square test：df = 4，卡方值为 7.051，sig = 0.133 > 0.05，所以不同宗教信仰的居民对于“您对我们正在走的中国特色社会主义道路怎么看”的回答没有显著差异。

G14 by A9

每个人都希望我们的国家越来越好，我们的生活越来越好。党的十八大提出，到 2020 年全面建成小康社会，到本世纪中叶建成社会主义现代化国家，您认为这样的目标能实现吗 ＊ 宗教信仰 Crosstabulation

	有宗教信仰	没有宗教信仰	总计
相信一定能实现	41.9%	39.9%	40.0%
有困难，但只要努力还是能实现的	47.1%	50.2%	49.9%
不可能实现	6.1%	2.8%	3.1%
说不清楚，跟我没关系	4.7%	7.1%	6.9%
其他	0.3%	0.1%	0.1%
总计	100.0%	100.0%	100.0%
列总计	363	3922	4285

Chi-square test：df = 4，卡方值为 16.357，sig = 0.003 < 0.05，所以不同宗教信仰的居民对于“党的十八大提出，到 2020 年全面建成小康社会，到本世纪中叶建成社会主义现代化国家，您认为这样的目标能实现吗”的回答有显著差异。

G15 by A9

您对您周围的党员干部道德状况怎么评价 ＊ 宗教信仰 Crosstabulation

	有宗教信仰	没有宗教信仰	总计
总体还不错	44.2%	52.0%	51.4%
普遍比较差	23.8%	18.6%	19.0%
和普通群众没有太大差别	32.0%	29.4%	29.6%
总计	100.0%	100.0%	100.0%
列总计	344	3666	4010

Chi-square test：df = 2，卡方值为 9.074，sig = 0.011 < 0.05，所以不同宗教信仰的居民对于“您对您周围的党员干部道德状况怎么评价”的回答有显著差异。

G16 by A9

您认为当前官员的勤政作为是怎样的 * 宗教信仰 Crosstabulation

	有宗教信仰	没有宗教信仰	总计
努力作为，成绩显著	23.9%	24.9%	24.8%
努力作为，成绩一般	55.4%	53.3%	53.5%
行政不作为	16.4%	17.4%	17.3%
行政乱作为	4.3%	4.4%	4.4%
总计	100.0%	100.0%	100.0%
列总计	305	3411	3716

Chi-square test：df = 3，卡方值为 0.516，sig = 0.915 > 0.05，所以不同宗教信仰的居民对于“您认为当前官员的勤政作为是怎样的”的回答没有显著差异。

G17 by A9

您到政府部门办事，首先选择的方法是 * 宗教信仰 Crosstabulation

	有宗教信仰	没有宗教信仰	总计
找亲朋好友帮忙办理	12.6%	12.6%	12.6%
找政府中的熟人办理	25.6%	24.4%	24.5%
送红包	0.6%	1.0%	1.0%
直接找相关职能部门办理	60.9%	61.7%	61.7%
其他	0.3%	0.2%	0.2%
总计	100.0%	100.0%	100.0%

Chi-square test：df = 4，卡方值为 0.930，sig = 0.920 > 0.05，所以不同宗教信仰的居民对于“您到政府部门办事，首先选择的方法是”的回答没有显著差异。

H1 by A9

您认为近五年来，您所在地区政府的环境保护工作做得怎么样 * 宗教信仰 Crosstabulation

	有宗教信仰	没有宗教信仰	总计
片面注重经济发展，忽视了环境保护工作	17.7%	17.6%	17.6%
重视不够，环保投入不足	21.8%	26.3%	25.9%
虽尽了努力，但效果不佳	15.7%	14.0%	14.1%
尽了很大努力，有一定成效	38.7%	33.9%	34.3%
取得了很大的成绩	6.1%	8.2%	8.1%

续表

	有宗教信仰	没有宗教信仰	总计
总计	100.0%	100.0%	100.0%
列总计	344	3763	4107

Chi-square test：df = 4，卡方值为 7.016，sig = 0.134 > 0.05，所以不同宗教信仰的居民对于“您认为近五年来，您所在地区政府的环境保护工作做得怎么样”的回答没有显著差异。

H2a by A9

在最近的一年里，您是否从事过？垃圾分类投放 * 宗教信仰 Crosstabulation

	有宗教信仰	没有宗教信仰	总计
从不	44.1%	44.8%	44.8%
偶尔	33.5%	38.9%	38.5%
经常	22.3%	16.2%	16.7%
总计	100.0%	100.0%	100.0%
列总计	367	3978	4345

Chi-square test：df = 2，卡方值为 10.150，sig = 0.006 < 0.05，所以不同宗教信仰的居民对于“在最近的一年里，您是否从事过？垃圾分类投放”的回答有显著差异。

H2b by A9

在最近的一年里，您是否从事过？与自己的亲戚朋友讨论环保问题 * 宗教信仰 Crosstabulation

	有宗教信仰	没有宗教信仰	总计
从不	49.5%	45.3%	45.6%
偶尔	39.4%	43.6%	43.2%
经常	11.1%	11.1%	11.1%
总计	100.0%	100.0%	100.0%
列总计	368	3977	4345

Chi-square test：df = 2，卡方值为 2.673，sig = 0.163 > 0.05，所以不同宗教信仰的居民对于“在最近的一年里，您是否从事过？与自己的亲戚朋友讨论环保问题”的回答没有显著差异。

H2c by A9

在最近的一年里，您是否从事过？采购日常用品时自己带购物篮或购物袋＊宗教信仰 Crosstabulation

	有宗教信仰	没有宗教信仰	总计
从不	28.3%	22.4%	22.9%
偶尔	43.3%	46.1%	45.8%
经常	28.3%	31.5%	31.3%
总计	100.0%	100.0%	100.0%
列总计	367	3976	4343

Chi-square test：df = 2，卡方值为 6.801，sig = 0.033 < 0.05，所以不同宗教信仰的居民对于“在最近的一年里，您是否从事过？采购日常用品时自己带购物篮或购物袋”的回答有显著差异。

H2d by A9

在最近的一年里，您是否从事过？优先选择公交、步行等绿色出行方式＊宗教信仰 Crosstabulation

	有宗教信仰	没有宗教信仰	总计
从不	23.4%	18.3%	18.8%
偶尔	36.2%	40.0%	39.7%
经常	40.3%	41.7%	41.6%
总计	100.0%	100.0%	100.0%
列总计	367	3974	4341

Chi-square test：df = 2，卡方值为 6.026，sig = 0.049 < 0.05，所以不同宗教信仰的居民对于“在最近的一年里，您是否从事过？优先选择公交、步行等绿色出行方式”的回答有显著差异。

H2e by A9

在最近的一年里，您是否从事过？为环境保护捐款＊宗教信仰 Crosstabulation

	有宗教信仰	没有宗教信仰	总计
从不	73.0%	74.1%	74.0%
偶尔	21.9%	22.0%	22.0%
经常	5.2%	4.0%	4.1%
总计	100.0%	100.0%	100.0%
列总计	366	3972	4338

Chi-square test：df = 2，卡方值为 1.326，sig = 0.515 > 0.05，所以不同宗教信仰的居民对于“您在最近的一年里，您是否从事过？为环境保护捐款”的回答没有显著差异。

H2f by A9

在最近的一年里，您是否从事过？主动关注环境方面的信息报道和宣传教育 ＊ 宗教信仰 Crosstabulation

	有宗教信仰	没有宗教信仰	总计
从不	67.6%	69.2%	69.1%
偶尔	24.5%	24.6%	24.6%
经常	7.9%	6.2%	6.3%
总计	100.0%	100.0%	100.0%
列总计	367	3976	4343

Chi-square test：df = 2，卡方值为 1.744，sig = 0.418 > 0.05，所以不同宗教信仰的居民对于“在最近的一年里，您是否从事过？主动关注环境方面的信息报道和宣传教育”的回答没有显著差异。

H2g by A9

在最近的一年里，您是否从事过？积极参加民间环保团体举办的环保活动 ＊ 宗教信仰 Crosstabulation

	有宗教信仰	没有宗教信仰	总计
从不	78.2%	78.3%	78.3%
偶尔	17.2%	17.9%	17.8%
经常	4.6%	3.9%	3.9%
总计	100.0%	100.0%	100.0%
列总计	367	3977	4344

Chi-square test：df = 2，卡方值为 0.582，sig = 0.747 > 0.05，所以不同宗教信仰的居民对于“在最近的一年里，您是否从事过？积极参加民间环保团体举办的环保活动”的回答没有显著差异。

H2h by A9

在最近的一年里，您是否从事过？积极参加要求解决环境问题的投诉、上诉 ＊ 宗教信仰 Crosstabulation

	有宗教信仰	没有宗教信仰	总计
从不	82.3%	81.9%	82.0%
偶尔	12.3%	15.2%	15.0%
经常	5.4%	2.9%	3.1%
总计	100.0%	100.0%	100.0%
列总计	367	3973	4340

Chi-square test：df = 2，卡方值为 9.193，sig = 0.010 < 0.05，所以不同宗教信仰的居民对于“在最近的一年里，您是否从事过？积极参加要求解决环境问题的投诉、上诉”的回答有显著差异。

H3 by A9

如果您的周围有一片森林，政府将成材的树林砍伐下来办木材厂，将极大提高您的收入，但将破坏环境，您会支持这一决定吗 * 宗教信仰 Crosstabulation

	有宗教信仰	没有宗教信仰	总计
支持，对大家有好处	10.0%	8.5%	8.6%
反对，这是发子孙财，破坏生态	65.3%	70.7%	70.2%
不支持也不反对，政府决定	24.4%	20.7%	21.0%
其他	0.3%	0.1%	0.1%
总计	100.0%	100.0%	100.0%
列总计	369	3972	4341

Chi-square test：df = 3，卡方值为 5.856，sig = 0.119 > 0.05，所以不同宗教信仰的居民对于“如果您的周围有一片森林，政府将成材的树林砍伐下来办木材厂，将极大提高您的收入，但将破坏环境，您会支持这一决定吗”的回答没有显著差异。

H4 by A9

如果要办一个化工厂，您是这个厂的持股职工，化工厂的排污管将未经处理的污水排向下游地区，给下游地区造成污染，您会支持这个决定吗 * 宗教信仰 Crosstabulation

	有宗教信仰	没有宗教信仰	总计
支持，我们不会受污染	7.3%	6.6%	6.7%
反对，这是嫁祸于人	76.4%	76.4%	76.4%
不支持也不反对，成了可分红，不成是领导的责任	16.0%	16.9%	16.8%
其他	0.3%	0.1%	0.1%
总计	100.0%	100.0%	100.0%
列总计	368	3968	4336

Chi-square test：df = 3，卡方值为 1.812，sig = 0.612 > 0.05，所以不同宗教信仰的居民对于“如果要办一个化工厂，您是这个厂的持股职工，化工厂的排污管将未经处理的污水排向下游地区，给下游地区造成污染，您会支持这个决定吗”的回答没有显著差异。

H5 by A9

您认为造成生态环境问题的最主要原因是 * 宗教信仰

	有宗教信仰	没有宗教信仰	总计
企业唯利是图，造成环境污染	32.4%	32.4%	32.4%

续表

	有宗教信仰	没有宗教信仰	总计
政府缺乏生态意识，政策失当	32.2%	32.1%	32.1%
个人缺乏环保意识	15.8%	18.2%	18.0%
当代人自私自利，不顾未来和子孙利益	19.1%	16.6%	16.8%
其他	0.5%	0.7%	0.6%
总计	100.0%	100.0%	100.0%
列总计	367	3969	4336

Chi-square test：df = 4，卡方值为 2.373，sig = 0.668 > 0.05，所以不同宗教信仰的居民对于“您认为造成生态环境问题的最主要原因是”的回答没有显著差异。

H6 by A9

如果环境保护主管部门邀请您参加座谈会或听证会，听取对环境保护相关事项或者活动的意见和建议，您是否会出席 * 宗教信仰 Crosstabulation

	有宗教信仰	没有宗教信仰	总计
会	69.2%	67.9%	68.0%
不会	30.8%	32.1%	32.0%
总计	100.0%	100.0%	100.0%
列总计	341	3545	3886

Chi-square test：df = 1，卡方值为 0.256，sig = 0.613 > 0.05，所以不同宗教信仰的居民对于“如果环境保护主管部门邀请您参加座谈会或听证会，您是否会出席”的回答没有显著差异。

H7 by A9

若您所在社区参加“绿色社区”创建活动，您是否会积极参与 * 宗教信仰 Crosstabulation

	有宗教信仰	没有宗教信仰	总计
会	74.6%	73.4%	73.5%
不会	25.4%	26.6%	26.5%
总计	100.0%	100.0%	100.0%
列总计	342	3535	3877

Chi-square test：df = 1，卡方值为 0.2123，sig = 0.065 > 0.05，所以不同宗教信仰的居民对于“若您所在社区参加‘绿色社区’创建活动，您是否会积极参与”的回答没有显著差异。

I1 by A9

如果您周围有很多外国人，您愿意和他们建立什么样的关系 * 宗教信仰 Crosstabulation

	有宗教信仰	没有宗教信仰	总计
愿意做朋友	39.4%	40.7%	40.6%
愿意做兄弟姐妹	3.8%	4.6%	4.5%
不愿意来往，得提防他们	2.2%	3.0%	3.0%
偶尔交往，仅限于礼节性的	16.3%	14.9%	15.0%
无法和他们来往，存在语言、文化、习俗等障碍	38.3%	36.5%	36.6%
其他		0.3%	0.3%
总计	100.0%	100.0%	100.0%
列总计	368	3974	4342

Chi-square test：df = 5，卡方值为 3.375，sig = 0.642 > 0.05，所以不同宗教信仰的居民对于“如果您周围有很多外国人，您愿意和他们建立什么样的关系”的回答没有显著差异。

I2 by A9

您更愿意过春节还是圣诞节 * 宗教信仰 Crosstabulation

	有宗教信仰	没有宗教信仰	总计
圣诞节	0.8%	0.5%	0.5%
春节	82.9%	82.3%	82.3%
两个都愿意过	14.1%	16.0%	15.8%
两个都不想过	2.2%	1.3%	1.4%
总计	100.0%	100.0%	100.0%
列总计	369	3976	4345

Chi-square test：df = 3，卡方值为 3.470，sig = 0.325 > 0.05，所以不同宗教信仰的居民对于“您更愿意过春节还是圣诞节”的回答没有显著差异。

I3 by A9

您同意中国人与外国人通婚吗 * 宗教信仰 Crosstabulation

	有宗教信仰	没有宗教信仰	总计
非常同意	4.2%	3.5%	3.6%
比较同意	66.0%	68.6%	68.4%
不太同意	26.0%	23.0%	23.3%
强烈反对	3.9%	4.9%	4.8%

续表

	有宗教信仰	没有宗教信仰	总计
总计	100.0%	100.0%	100.0%
列总计	335	3566	3901

Chi-square test：df = 3，卡方值为 2.453，sig = 0.484 > 0.05，所以不同宗教信仰的居民对于“您同意中国人与外国人通婚吗”的回答没有显著差异。

I4 by A9

对外来的城市农民工如建筑工人、家庭保姆等，您的态度是 * 宗教信仰 Crosstabulation

	有宗教信仰	没有宗教信仰	总计
看不起和排斥	0.3%	0.7%	0.7%
无视和冷漠以对	2.2%	3.9%	3.7%
尊重和体谅	76.9%	77.1%	77.1%
同情和友爱	20.4%	18.2%	18.4%
其他	0.3%	0.1%	0.1%
总计	100.0%	100.0%	100.0%
列总计	368	3968	4336

Chi-square test：df = 4，卡方值为 5.813，sig = 0.214 > 0.05，所以不同宗教信仰的居民对于“对外来的城市农民工如建筑工人、家庭保姆等，您的态度”的回答没有显著差异。

I5 by A9

您在日常生活中与同乡人和外乡人的关系是 * 宗教信仰 Crosstabulation

	有宗教信仰	没有宗教信仰	总计
与同乡人交往多	49.6%	42.1%	42.7%
与外乡人交往多	12.5%	8.8%	9.1%
一样多	18.5%	23.8%	23.4%
偶尔与外乡人有交往，主要与同乡人交往	19.1%	25.2%	24.6%
其他	0.3%	0.1%	0.1%
总计	100.0%	100.0%	100.0%
列总计	367	3971	4338

Chi-square test：df = 4，卡方值为 19.294，sig = 0.001 < 0.05，所以不同宗教信仰的居民对于“您在日常生活中与同乡人和外乡人的关系是”的回答有显著差异。

I6 by A9

您所在地区的政府对待外来人员的政策取向是＊ 宗教信仰 Crosstabulation

	有宗教信仰	没有宗教信仰	总计
不冷不热，顺其自然	49.7%	45.2%	45.6%
提高门槛，严加限制	12.7%	10.1%	10.4%
降低门槛，广泛吸收	28.8%	33.7%	33.3%
对有钱人、高级专家采取特殊政策吸引，对一般人严加限制	8.2%	10.9%	10.7%
其他	0.6%	0.1%	0.1%
总计	100.0%	100.0%	100.0%
列总计	354	3798	4152

Chi-square test：df = 4，卡方值为 16.906，sig = 0.002 < 0.05，所以不同宗教信仰的居民对于“您所在地区的政府对待外来人员的政策取向是”的回答有显著差异。

I7 by A9

您认为在当前的中国，读书还能不能改变命运＊ 宗教信仰 Crosstabulation

	有宗教信仰	没有宗教信仰	总计
读书只是改变命运的一个路径	42.3%	38.2%	38.6%
读书是改变命运的主要路径	40.4%	40.5%	40.4%
读书是改变命运的唯一路径	9.5%	12.7%	12.5%
不再是改变命运的路径，没权势的人读了书照样穷	7.6%	8.5%	8.4%
其他	0.3%	0.1%	0.1%
总计	100.0%	100.0%	100.0%
列总计	369	3970	4339

Chi-square test：df = 4，卡方值为 6.032，sig = 0.197 > 0.05，所以不同宗教信仰的居民对于“您认为在当前的中国，读书还能不能改变命运”的回答没有显著差异。

I8 by A98

您如何认识名牌大学里农村学生比例急剧减少的现象＊ 宗教信仰 Crosstabulation

	有宗教信仰	没有宗教信仰	总计
是一种社会倒退	8.2%	9.6%	9.5%
农村教育的落后	38.5%	37.1%	37.2%
教育不公平	32.2%	33.3%	33.2%

续表

	有宗教信仰	没有宗教信仰	总计
有钱人和有权人特权的表现	12.0%	13.5%	13.4%
代际不公，社会不公的延续和加剧	7.4%	5.5%	5.7%
其他	1.6%	0.9%	1.0%
总计	100.0%	100.0%	100.0%
列总计	366	3951	4317

Chi-square test：df = 5，卡方值为 5.470，sig = 0.361 > 0.05，所以不同宗教信仰的居民对于“您如何认识名牌大学里农村学生比例急剧减少的现象”的回答没有显著差异。

I9 by A9

您同学指出你们家乡的某一风俗习惯很落后保守，您会做出什么反应 * 宗教信仰 Crosstabulation

	有宗教信仰	没有宗教信仰	总计
坦然面对，承认这一风俗习惯确实落后	55.6%	51.8%	52.1%
虽然认为说得对，但是感觉他或她在批评自己的家乡，因此不自在	26.6%	30.8%	30.4%
虽然认为说得对，但是感到受到羞辱	7.4%	9.1%	8.9%
批评家乡就是批评自己，要为家乡的风俗习惯做辩护	10.4%	8.1%	8.3%
其他		0.2%	0.2%
总计	100.0%	100.0%	100.0%
列总计	365	3953	4318

Chi-square test：df = 4，卡方值为 6.704，sig = 0.152 > 0.05，所以不同宗教信仰的居民对于“您同学指出你们家乡的某一风俗习惯很落后保守，您会做出什么反应”的回答没有显著差异。

I10 by A9

如果您有机会出国，初到国外时，您交朋友会有意识地交中国朋友吗 * 宗教信仰 Crosstabulation

	有宗教信仰	没有宗教信仰	总计
会，认为在异国他乡找自己本国人有一种归属感	72.4%	62.8%	63.6%
不会，看缘分交朋友，不强调国籍	10.3%	13.5%	13.2%
不会，会有意识地多交外国朋友	5.1%	4.4%	4.5%
视情况而定	12.2%	19.3%	18.7%
总计	100.0%	100.0%	100.0%

续表

	有宗教信仰	没有宗教信仰	总计
列总计	369	3961	4330

Chi-square test：df = 3，卡方值为 16.932，sig = 0.001 < 0.05，所以不同宗教信仰的居民对于“如果您有机会出国，初到国外时，您交朋友会有意识地交中国朋友吗”的回答有显著差异。

I11 by A9

您是否愿意与不同民族的人交往 * 宗教信仰 Crosstabulation

	有宗教信仰	没有宗教信仰	总计
非常不愿意	2.2%	2.3%	2.3%
不太愿意	18.3%	17.9%	18.0%
比较愿意	73.1%	74.1%	74.0%
非常愿意	6.4%	5.6%	5.7%
总计	100.0%	100.0%	100.0%
列总计	360	3848	4208

Chi-square test：df = 3，卡方值为 0.412，sig = 0.938 > 0.05，所以不同宗教信仰的居民对于“您是否愿意与不同民族的人交往”的回答没有显著差异。

I12 by A9

您是否愿意与不同宗教信仰的人相处 * 宗教信仰 Crosstabulation

	有宗教信仰	没有宗教信仰	总计
非常不愿意	3.4%	2.8%	2.9%
不太愿意	24.2%	22.9%	23.0%
比较愿意	66.5%	70.4%	70.1%
非常愿意	5.9%	3.9%	4.1%
总计	100.0%	100.0%	100.0%
列总计	355	3782	4137

Chi-square test：df = 3，卡方值为 4.634，sig = 0.201 > 0.05，所以不同宗教信仰的居民对于“您是否愿意与不同宗教信仰的人相处”的回答没有显著差异。

I13 by A9

您与您的邻居平时来往多吗 * 宗教信仰 Crosstabulation

	有宗教信仰	没有宗教信仰	总计
非常多	17.4%	16.9%	17.0%

续表

	有宗教信仰	没有宗教信仰	总计
比较多	54.0%	56.0%	55.8%
偶尔	24.5%	23.5%	23.6%
几乎不来往	4.1%	3.6%	3.6%
总计	100.0%	100.0%	100.0%
列总计	367	3967	4334

Chi-square test：df = 3，卡方值为 0.700，sig = 0.873 > 0.05，所以不同宗教信仰的居民对于“您与您的邻居平时来往多吗”的回答没有显著差异。

I14a by A9

您在多大程度上愿意和下列群体成为邻居：农民工、进城务工人员 * 宗教信仰 Crosstabulation

	有宗教信仰	没有宗教信仰	总计
非常愿意	12.1%	10.6%	10.7%
比较愿意	77.8%	77.8%	77.8%
不太愿意	8.8%	11.0%	10.8%
很不愿意	1.4%	0.6%	0.6%
总计	100.0%	100.0%	100.0%
列总计	365	3945	4310

Chi-square test：df = 3，卡方值为 5.668，sig = 0.129 > 0.05，所以不同宗教信仰的居民对于“您在多大程度上愿意和下列群体成为邻居：农民工、进城务工人员”的回答没有显著差异。

I14b by A9

您在多大程度上愿意和下列群体成为邻居：商人 * 宗教信仰 Crosstabulation

	有宗教信仰	没有宗教信仰	总计
非常愿意	6.9%	7.8%	7.7%
比较愿意	70.4%	70.0%	70.0%
不太愿意	21.0%	21.4%	21.4%
很不愿意	1.7%	0.8%	0.9%
总计	100.0%	100.0%	100.0%
列总计	362	3931	4293

Chi-square test：df = 3，卡方值为 2.793，sig = 0.425 > 0.05，所以不同宗教信仰的居民对于“您在多大程度上愿意和下列群体成为邻居：商人”的回答没有显著差异。

I14c by A9

您在多大程度上愿意和下列群体成为邻居：企业家或高级管理人员＊ 宗教信仰 Crosstabulation

	有宗教信仰	没有宗教信仰	总计
非常愿意	12.0%	15.0%	14.7%
比较愿意	74.1%	71.2%	71.5%
不太愿意	12.8%	12.6%	12.6%
很不愿意	1.1%	1.2%	1.2%
总计	100.0%	100.0%	100.0%
列总计	359	3912	4271

Chi-square test：df = 3，卡方值为 2.442，sig = 0.486 > 0.05，所以不同宗教信仰的居民对于“您在多大程度上愿意和下列群体成为邻居：企业家或高级管理人员”的回答没有显著差异。

I14d by A9

您在多大程度上愿意和下列群体成为邻居：技术工人＊ 宗教信仰 Crosstabulation

	有宗教信仰	没有宗教信仰	总计
非常愿意	16.1%	19.0%	18.7%
比较愿意	77.9%	74.4%	74.7%
不太愿意	6.0%	6.0%	6.0%
很不愿意		0.6%	0.6%
总计	100.0%	100.0%	100.0%
列总计	367	3935	4302

Chi-square test：df = 3，卡方值为 4.295，sig = 0.231 > 0.05，所以不同宗教信仰的居民对于“您在多大程度上愿意和下列群体成为邻居：技术工人”的回答没有显著差异。

I14e by A9

您在多大程度上愿意和下列群体成为邻居：教师＊ 宗教信仰 Crosstabulation

	有宗教信仰	没有宗教信仰	总计
非常愿意	22.8%	26.1%	25.8%
比较愿意	71.0%	68.5%	68.7%
不太愿意	4.9%	4.9%	4.9%

续表

	有宗教信仰	没有宗教信仰	总计
很不愿意	1.4%	0.5%	0.6%
总计	100.0%	100.0%	100.0%
列总计	369	3958	4327

Chi-square test：df=3，卡方值为5.554，sig=0.135>0.05，所以不同宗教信仰的居民对于“您在多大程度上愿意和下列群体成为邻居：教师”的回答没有显著差异。

I14f by A9

您在多大程度上愿意和下列群体成为邻居：医生 ＊ 宗教信仰 Crosstabulation

	有宗教信仰	没有宗教信仰	总计
非常愿意	20.1%	22.4%	22.2%
比较愿意	71.7%	69.1%	69.3%
不太愿意	6.3%	7.6%	7.5%
很不愿意	1.9%	0.9%	1.0%
总计	100.0%	100.0%	100.0%
列总计	368	3959	4327

Chi-square test：df=3，卡方值为5.014，sig=0.171>0.05，所以不同宗教信仰的居民对于“您在多大程度上愿意和下列群体成为邻居：医生”的回答没有显著差异。

I14g by A9

您在多大程度上愿意和下列群体成为邻居：富人 ＊ 宗教信仰 Crosstabulation

	有宗教信仰	没有宗教信仰	总计
非常愿意	6.6%	8.3%	8.1%
比较愿意	55.7%	52.4%	52.7%
不太愿意	30.5%	32.8%	32.6%
很不愿意	7.2%	6.5%	6.6%
总计	100.0%	100.0%	100.0%
列总计	361	3912	4273

Chi-square test：df=3，卡方值为2.548，sig=0.467>0.05，所以不同宗教信仰的居民对于“您在多大程度上愿意和下列群体成为邻居：富人”的回答没有显著差异。

I14h by A9

您在多大程度上愿意和下列群体成为邻居：土豪＊宗教信仰 Crosstabulation

	有宗教信仰	没有宗教信仰	总计
非常愿意	5.8%	6.2%	6.1%
比较愿意	49.3%	46.7%	46.9%
不太愿意	35.1%	36.9%	36.7%
很不愿意	9.7%	10.2%	10.2%
总计	100.0%	100.0%	100.0%
列总计	359	3897	4256

Chi-square test：df = 3，卡方值为 0.876，sig = 0.831 > 0.05，所以不同宗教信仰的居民对于“您在多大程度上愿意和下列群体成为邻居：土豪”的回答没有显著差异。

I14i by A9

您在多大程度上愿意和下列群体成为邻居：专家学者＊宗教信仰 Crosstabulation

	有宗教信仰	没有宗教信仰	总计
非常愿意	11.7%	13.2%	13.1%
比较愿意	67.7%	66.5%	66.6%
不太愿意	15.9%	16.9%	16.8%
很不愿意	4.7%	3.4%	3.5%
总计	100.0%	100.0%	100.0%
列总计	359	3885	4244

Chi-square test：df = 3，卡方值为 2.546，sig = 0.467 > 0.05，所以不同宗教信仰的居民对于“您在多大程度上愿意和下列群体成为邻居：专家学者”的回答没有显著差异。

I14j by A9

您在多大程度上愿意和下列群体成为邻居：政府官员＊宗教信仰 Crosstabulation

	有宗教信仰	没有宗教信仰	总计
非常愿意	8.1%	10.3%	10.1%
比较愿意	60.2%	57.2%	57.5%
不太愿意	25.6%	27.1%	27.0%
很不愿意	6.1%	5.4%	5.4%

续表

	有宗教信仰	没有宗教信仰	总计
总计	100.0%	100.0%	100.0%
列总计	359	3902	4261

Chi-square test：df = 3，卡方值为 2.751，sig = 0.432 > 0.05，所以不同宗教信仰的居民对于“您在多大程度上愿意和下列群体成为邻居：政府官员”的回答没有显著差异。

I14k by A9

您在多大程度上愿意和下列群体成为邻居：公众人物、演艺人士 * 宗教信仰 Crosstabulation

	有宗教信仰	没有宗教信仰	总计
非常愿意	7.4%	5.8%	6.0%
比较愿意	54.0%	49.5%	49.8%
不太愿意	27.4%	33.5%	33.0%
很不愿意	11.2%	11.2%	11.2%
总计	100.0%	100.0%	100.0%
列总计	339	3781	4120

Chi-square test：df = 3，卡方值为 5.977，sig = 0.113 > 0.05，所以不同宗教信仰的居民对于“您在多大程度上愿意和下列群体成为邻居：公众人物、演艺人士”的回答没有显著差异。

I15 by A9

您如何看待中国对其他落后国家的广泛援助计划 * 宗教信仰 Crosstabulation

	有宗教信仰	没有宗教信仰	总计
完全支持，认为这有助于提升国家形象和国际地位	29.2%	35.9%	35.3%
支持，认为我们应该帮助比我们落后的国家	34.7%	32.4%	32.6%
支持，但国家应该征求纳税人的意见	13.5%	11.0%	11.2%
不支持，因为我们国家尚存在很多贫困人口	22.6%	20.7%	20.9%
总计	100.0%	100.0%	100.0%
列总计	349	3761	4110

Chi-square test：df = 3，卡方值为 6.783，sig = 0.079 > 0.05，所以不同宗教信仰的居民对于“您如何看待中国对其他落后国家的广泛援助计划”的回答没有显著差异。

I16 by A9

您听说过一些道德模范的故事吗？您愿意像他们那样做人做事吗 * 宗教信仰 Crosstabulation

	有宗教信仰	没有宗教信仰	总计
知道一些，他们很了不起，应努力向他们学习	57.2%	54.9%	55.1%
知道一些，很敬佩他们，但自己学不来	28.7%	26.4%	26.6%
知道一些，我感到他们那样做有点不值得	4.1%	6.4%	6.2%
没听说过谁是道德模范和身边好人	9.8%	12.2%	12.0%
其他	0.3%	0.1%	0.1%
总计	100.0%	100.0%	100.0%
列总计	369	3972	4341

Chi-square test：df = 4，卡方值为 8.150，sig = 0.086 > 0.05，所以不同宗教信仰的居民对于“您听说过一些道德模范的故事吗，您愿意像他们那样做人做事吗”的回答没有显著差异。

I17 by A9

当有陌生人走进您的单位或社区，或在车厢中与陌生人在一起时，您经常的反应是 * 宗教信仰 Crosstabulation

	有宗教信仰	没有宗教信仰	总计
对他/她微笑	28.7%	27.0%	27.1%
主动打招呼	9.8%	11.2%	11.0%
没有任何反应	26.2%	27.2%	27.1%
保持警惕，防止上当	34.4%	34.5%	34.5%
其他	0.8%	0.2%	0.2%
总计	100.0%	100.0%	100.0%
列总计	366	3898	4264

Chi-square test：df = 4，卡方值为 8.045，sig = 0.090 > 0.05，所以不同宗教信仰的居民对于“当有陌生人走进您的单位或社区，或在车厢中与陌生人在一起时，您经常的反应是”的回答没有显著差异。

I18 by A9

假设您双手抱着东西走进电梯，您觉得电梯里的陌生人可能会怎样 * 宗教信仰 Crosstabulation

	有宗教信仰	没有宗教信仰	总计
主动问您去几楼并帮您按楼层	28.3%	33.1%	32.7%
当作没看见	14.5%	15.0%	15.0%

续表

	有宗教信仰	没有宗教信仰	总计
会在您的请求下给予帮助	57.2%	51.9%	52.3%
总计	100.0%	100.0%	100.0%
列总计	325	3529	3854

Chi-square test：df = 2，卡方值为 3.758，sig = 0.153 > 0.05，所以不同宗教信仰的居民对于“假设您双手抱着东西走进电梯，您觉得电梯里的陌生人可能会怎样”的回答没有显著差异。

J1 by A9

现在我们省正按照习近平总书记的要求，努力建设经济强、百姓富、环境美、社会文明程度高的新江苏，您对江苏实现这样的目标有信心吗 * 宗教信仰 Crosstabulation

	有宗教信仰	没有宗教信仰	总计
很有信心	93.8%	94.4%	94.3%
没有信心	6.3%	5.6%	5.7%
总计	100.0%	100.0%	100.0%
列总计	288	2925	3213

Chi-square test：df = 1，卡方值为 0.203，sig = 0.652 > 0.05，所以不同宗教信仰的居民对于“现在我们省正按照习近平总书记的要求，努力建设经济强、百姓富、环境美、社会文明程度高的新江苏，您对江苏实现这样的目标有信心吗”的回答没有显著差异。

后　记
数字写春秋

纤弱婉约而又婀娜多姿的数字从现身于茫茫宇宙的那一刻，便携带了太多的神奇密码。十个阿拉伯数字仅用了前七个，配上某些标识抑扬顿挫的符号，呆板的信息立马好似被赋予上帝所吹的那口灵气而成为变幻无穷的音乐。人们对数字如此信赖和崇拜，据说寻找外星人最重要的地球符号便是数字。不过，数字的灵性来自人赋予的意义，数字的无穷魅力在于其排列组合所表征的那个或隐或显的大千世界。呈现于眼前的这个偌大的数据库是由图或表组合的数字王国，它的特异之处在于，以伦理道德为主角，演绎着一个可道而又不可道的精神的王国，背后逶迤的是改革开放 40 年激荡在精神世界苍穹所写意的春秋诗篇。这是一个数字呈现的火红时代的精神春秋，当然也包括呈现它的学者及其团队拔节成长的生命春秋。数字写春秋，既是本书的主题，也是创造它的人们的宏愿，只是无论春江水暖，还是秋意阑珊，我们都期待一次灵魂的缠绵。

改革开放 40 年，留下的不只是被某些固守帝国心态的西方人视为“威胁”的经济奇迹，更留下了一个跌宕起伏的精神世界，只是这个世界难以触摸，不仅因为它因其静水流深，更因为这个世界是由无数星辰构成的浩瀚宇宙，没有博大的视界和具有穿透力的思想难以发现其一泻千里的银河和作为宇宙星标的北斗。“四十而不惑”，改革开放已经到达不惑之境，对它的认知和呈现能否“不惑”，如何“不惑”，这不仅是对我们的学术能力的考验，也是对我们学术抱负的考验。为了迈向“不惑”，十年前，在改革开放的“而立”之年，我们东南大学的伦理学团队便开启“而立”之行，通过大规模全国调查，描绘和演绎这个时代伦理道德发展的精神史。历史机遇让我们在漫游思辨王国的同时打开了数字世界的大门，我们决心以最具确定性的数字写意最不具确定性的精神。这是一个浩大、枯燥而又考量耐力的艰苦工程，不仅每一次调查都是一次伦理关系与道德生活的精神体检，而且只有通过多次调查所获得的大数据的链接，才能触摸精神世界脉动的旋律。马克思说，伦理道德是物质生活条件的反映；黑格尔说，伦理道德是绝对精神的客观形态，家庭、社会和国家都是它的外化。伦理道德到底是物质世界的追随者还是生活世界的创造者？我们决定通过数字倾听和体验这一来自两个世界的天籁之音。伴随改革开放，伦理道德到底是“滑坡”，是“爬坡”，还是“永远在路上”？数字向我们展示了被激扬的社会情绪的不息旋律，也展示了经过反思的理性乐章，更有潜藏于高亢情绪和深沉理性背后的那种“天不变道亦不变”的伦理型文化的本能和基因。它让我们坚定了一种追求和抱负，至少坚定了一种信念：以数字展现这个伟大时代到达不惑之境的伦理道德的精神世界及其成长历史，从而为民族精神发展提供集体记忆力；为学术研究提供客观依据；为党和政府治国理政提供科学信息。

历史是人类在生命成长中踏成的康庄大道。在这条大道上，有人欢马叫的缤纷，有对身后足迹的眷念，更有一往无前通向远方的行进。黑格尔将历史分为三种，记事的历史，反省的历史，精神的历史，其中只有精神的历史才具有哲学意义。黑格尔的历史观当然具有绝对精神的偏见，但三种历史的自觉确实具有启发意义。这皇皇数十卷的数据库对改革开放 40 年的伦理道德发展具有记事意义，借此可以对中国伦理道德发展进行历史反思，同时由它们所构成的信息链和数据流既呈现了改革开放 40 年，从中也可以透视整个中国伦理道德发展的精神哲学规律，因而具有深刻的精神史意义。在由“记事的历史”向“反省的历史”和“精神的历史”的不断提升中，我们期待着学术发现和学术慧见。这个数据库呈现的不仅是改革开放 40 年伦理道德发展的春秋史，它的建构过程，也是我们这个团队在改革开放中成长的春秋史。三轮全国调查、四轮江苏调查，从 2007 年到 2017 年，十年生命节律不仅呈现了改革开放从“三十而立”到“四十而不惑”的伦理道德的发展史，而且也呈现了东南大学伦理学团队和社会学团队，以及与之相关的其他学术团队，从对中国伦理道德国情包括对调查研究方法从无知到知，从知之不多到走向专业化的成长之路。在学术和学科成长的过程中，如果说 2007 年伦理学团队展开的全国和江苏调查是少年期，2013 年伦理学与社会学团队会合而进行的大调查是青春期，那么 2017 年的大调查便是成熟期，标志着我们的伦理道德国情研究跟随改革开放同步进入“不惑”之境，其间 2015 年道德发展高端智库和道德发展研究院的成立，是由青春期的躁动走向“不惑”期的成熟的标志。在这个过程中，不仅伦理学与社会学的整合、东南大学与中国人民大学、北京大学等专业调查组织的合作显现学科发展的改革与开放的气派，而且思辨研究和实证研究的深度切合，宣示追求“顶天立地”的“不惑”，并由此迈向“知天命”即履行自己的学术天命的学术征程。

也许有人认为，我们的持续大调查和建立数据库的努力，暗合了当今人文科学的社会科学化及其走向应用的国际趋势。坦率地说，每每听到这类评价，我总是保持高度的警惕和紧张。不错，大数据的建立和运用是当今包括人文科学在内的一切科学发展的重要趋势，国际顶尖的学术机构如哈佛大学的人文科学研究，借助社会科学方法的移植也确实取得了某些突破性进展。但人文科学的“社会科学化”确实必须警惕，两种学科之间的区分，不仅是数据的运用与否，更重要的是理想主义与现实主义两种不同取向，如果失去理想主义，失去意义世界建构的追求，人文科学最终将因“还俗”而失去自身。当今人文科学研究和人的精神世界“祛魅”的现代病，与人文科学被“化”或社会科学对人文科学的僭越存在深刻关联。西方世界运用数学和数据分析的方法进行的学术研究，在经济学等领域占主导地位，有很强的科学性与客观性，但其潜在的问题也已经被发现，经济学领域对人的经济行为的非经济分析已经预示一种新智慧的出现。与之相关的另一种“社会科学化”是所谓“应用研究”。与社会科学相比，人文科学相当程度上指向人的精神世界，其价值是“以无用求大用”。当然，人文科学也应当并且必须服务于国家重大需求，但直接而过度的应用导向同样会使人文科学难以完成自己的学术天命。在这个西方学术掌控话语权与评价权的时代，学术研究的方法和取向很容易以西方学术趋势为趋势，然而事实已经证明，西方学术已经面临难题，甚至正遭遇危机。

2010 年我在伦敦国王学院做访问教授时，曾对大英图书馆和伦敦国王学院图书馆的伦理学藏书做过一次比较全面的检索，试图发现和描绘西方伦理学发展的趋势。结果令我惊讶不已，自 20 世纪 70 年代以来，西方伦理学确实发生走向应用的重大转向，其中 20 世纪 90 年代和 21 世纪初是一个重要拐点，所有藏书中经济伦理、商务伦理、法伦理、伦理心理学等应用类藏书大幅度增加，与之相反，理论研究与历史研究的著作逐年减少，并且越来越少。图书馆折射的不仅是藏书，更是知识生产的状况。这一特点确实是西方趋势，但现实的并不是合理的，它表明，西方学术研究发展已经形成一种断裂带甚至走到悬崖边，宏大高远的理论研究和理论建构，让位于就事论事的问题研究，长此以往，将对文化传承和学术发展以及人的精神世界及其完整性产生深远影响。面对这一“西方趋向”，我们的选择不是跟风，而是保持一份清醒和警惕，以一种学术创新和学术自信宣告：在西方学术的断裂处，我们来了！应该说，这是中国学术发展的一次真正走向世界和赢得话语权的机遇，其中的关键在于，我们是否有足够的卓识和担当。

为此，无论是建立数据库，还是在运用数据库进行研究的过程中，我们都有一份学术清醒，将“热点”和“前沿”分开，将思辨研究和实证研究紧密结合。我们的努力不只是通过数据链和信息流发现和揭示伦理道德发展的事实，更不只是追随“热点”，而是由此寻找和追踪伦理道德发展的前沿，进行前沿性的理论研究和现实研究。我们追求的境界是“顶天立地”，“顶天”即尖端性的理论研究，“立地”即扎实而科学的调查研究，然而理论研究与现实研究、“顶天”与“立地”并不是两个过程，因为前沿和尖端并不存在于理论演绎中，甚至并不只存在于对以往研究的文献综述中，而是存在于现实、存在于生活世界中。这就是数据的意义，也是我们调查研究和建立数据库的意义。通过调查研究和数据分析，作出新发现新解释，甚至发出具有诊断意义的预警，由此进行前沿性的理论研究和理论建构，这是我们进行调查研究和建立数据库的学术追求。这种独特追求的要义就是：在这个不断变化的世界和不断推进的学术发展中，自己谱写自己的学术春秋。

演绎改革开放40年伦理道德发展的精神史的春秋，见证学术团队和学术研究成长史的春秋，自己谱写自己的学术春秋，一言蔽之，这套千万言的数据库和分析报告的要义就是：数字写春秋！

樊　浩

2018年9月10日